向为创建中国卫星导航事业

并使之立于世界最前列而做出卓越贡献的北斗功臣们

致以深深的敬意！

"十三五"国家重点出版物
出版规划项目

卫星导航工程技术丛书

主　编　杨元喜
副主编　蔚保国

卫星导航增强系统原理与应用

Principle and Application of Satellite Navigation Augmentation System

刘天雄　编著

国防工业出版社
·北京·

内容简介

本书系统介绍卫星导航增强系统的基本原理及其在工程中的应用，内容主要包括卫星导航差分改正系统和完好性增强系统的基本原理、星基增强系统（SBAS）、地基增强系统（GBAS）、空基增强系统（ABAS）以及广域差分全球卫星导航系统（WADGNSS）和局域差分全球卫星导航系统（LADGNSS）。通过建立天地一体化的闭环控制系统，增强卫星导航系统的完好性，提高卫星导航系统的精度。

本书可以作为从事卫星导航增强系统研发与应用的工程技术人员的参考书，也可以作为高等学校卫星导航专业师生的教学参考书。

图书在版编目（CIP）数据

卫星导航增强系统原理与应用/刘天雄编著. —北京：国防工业出版社，2021.3
（卫星导航工程技术丛书）
ISBN 978-7-118-12194-0

Ⅰ. ①卫… Ⅱ. ①刘… Ⅲ. ①卫星导航-全球定位系统 Ⅳ. ①P228.4

中国版本图书馆 CIP 数据核字（2020）第 172873 号

审图号 GS（2020）7271 号

※

国防工业出版社出版发行
（北京市海淀区紫竹院南路 23 号　邮政编码 100048）
天津嘉恒印务有限公司印刷
新华书店经售

*

开本 710×1000　1/16　**插页** 26　**印张** 26¼　**字数** 508 千字
2021 年 3 月第 1 版第 1 次印刷　**印数** 1—2000 册　**定价** 168.00 元

国防书店：（010）88540777　书店传真：（010）88540776
发行业务：（010）88540717　发行传真：（010）88540762

孙家栋院士为本套丛书致辞

探索中国北斗自主创新之路
凝练卫星导航工程技术之果

当今世界,卫星导航系统覆盖全球,应用服务广泛渗透,科技影响如日中天。

我国卫星导航事业从北斗一号工程开始到北斗三号工程,已经走过了二十六个春秋。在长达四分之一世纪的艰辛发展历程中,北斗卫星导航系统从无到有,从小到大,从弱到强,从区域到全球,从单一星座到高中轨混合星座,从 RDSS 到 RNSS,从定位授时到位置报告,从差分增强到精密单点定位,从星地站间组网到星间链路组网,不断演进和升级,形成了包括卫星导航及其增强系统的研究规划、研制生产、测试运行及产业化应用的综合体系,培养造就了一支高水平、高素质的专业人才队伍,为我国卫星导航事业的蓬勃发展奠定了坚实基础。

如今北斗已开启全球时代,打造“天上好用,地上用好”的自主卫星导航系统任务已初步实现,我国卫星导航事业也已跻身于国际先进水平,领域专家们认为有必要对以往的工作进行回顾和总结,将积累的工程技术、管理成果进行系统的梳理、凝练和提高,以利再战,同时也有必要充分利用前期积累的成果指导工程研制、系统应用和人才培养,因此决定撰写一套卫星导航工程技术丛书,为国家导航事业,也为参与者留下宝贵的知识财富和经验积淀。

在各位北斗专家及国防工业出版社的共同努力下,历经八年时间,这套导航丛书终于得以顺利出版。这是一件十分可喜可贺的大事!丛书展示了从北斗二号到北斗三号的历史性跨越,体系完整,理论与工程实践相结合，突出北斗卫星导航自主创新精神，注意与国际先进技术融合与接轨，展现了“中国的北斗，世界的北斗，一流的北斗”之大气！每一本书都是作者亲身工作成果的凝练和升华，相信能够为相关领域的发展和人才培养做出贡献。

“只要你管这件事，就要认认真真负责到底。”这是中国航天界的习惯，也是本套丛书作者的特点。我与丛书作者多有相识与共事，深知他们在北斗卫星导航科研和工程实践中取得了巨大成就，并积累了丰富经验。现在他们又在百忙之中牺牲休息时间来著书立说，继续弘扬“自主创新、开放融合、万众一心、追求卓越”的北斗精神，力争在学术出版界再现北斗的光辉形象，为北斗事业的后续发展鼎力相助，为导航技术的代代相传添砖加瓦。为他们喝彩！更由衷地感谢他们的巨大付出！由这些科研骨干潜心写成的著作，内蓄十足的含金量！我相信这套丛书一定具有鲜明的中国北斗特色，一定经得起时间的考验。

我一辈子都在航天战线工作，虽然已年逾九旬，但仍愿为北斗卫星导航事业的发展而思考和实践。人才培养是我国科技发展第一要事，令人欣慰的是，这套丛书非常及时地全面总结了中国北斗卫星导航的工程经验、理论方法、技术成果，可谓承前启后，必将有助于我国卫星导航系统的推广应用以及人才培养。我推荐从事这方面工作的科研人员以及在校师生都能读好这套丛书，它一定能给你启发和帮助，有助于你的进步与成长，从而为我国全球北斗卫星导航事业又好又快发展做出更多更大的贡献。

2020 年 8 月

祝贺卫星导航工程技术丛书

圆满出版

杨元喜

于2019年第十届中国卫星导航年会期间题词。

期待卫星导航工程技术丛书

助力中国北斗系统发展

冉承其

于 2019 年第十届中国卫星导航年会期间题词。

卫星导航工程技术丛书
编审委员会

卫星导航工程技术丛书
编写委员会

丛书序

宇宙浩瀚、海洋无际、大漠无垠、丛林层密、山峦叠嶂，这就是我们生活的空间，这就是我们探索的远方。我在何处？我之去向？这是我们每天都必须面对的问题。从原始人巡游狩猎、航行海洋，到近代人周游世界、遨游太空，无一不需要定位和导航。

正如《北斗赋》所描述，乘舟而惑，不知东西，见斗则寤矣。又戒之，瀚海识途，昼则观日，夜则观星矣。我们的祖先不仅为后人指明了“昼观日，夜观星”的天文导航法，而且还发明了“司南”或“指南针”定向法。我们为祖先的聪颖智慧而自豪，但是又不得不面临新的定位、导航与授时（PNT）需求。信息化社会、智能化建设、智慧城市、数字地球、物联网、大数据等，无一不需要统一时间、空间信息的支持。为顺应新的需求，“卫星导航”应运而生。

卫星导航始于美国子午仪系统，成形于美国的全球定位系统（GPS）和俄罗斯的全球卫星导航系统（GLONASS），发展于中国的北斗卫星导航系统（BDS）（简称“北斗系统”）和欧盟的伽利略卫星导航系统（简称“Galileo 系统”），补充于印度及日本的区域卫星导航系统。卫星导航系统是时间、空间信息服务的基础设施，是国防建设和国家经济建设的基础设施，也是政治大国、经济强国、科技强国的基本象征。

中国的北斗系统不仅是我国 PNT 体系的重要基础设施，也是国家经济、科技与社会发展的重要标志，是改革开放的重要成果之一。北斗系统不仅“标新”“立异”，而且“特色”鲜明。标新于设计（混合星座、信号调制、云平台运控、星间链路、全球报文通信等），立异于功能（一体化星基增强、嵌入式精密单点定位、嵌入式全球搜救等服务），特色于应用（报文通信、精密位置服务等）。标新立异和特色服务是北斗系统的立身之本，也是北斗系统推广应用的基础。

2020 年 6 月 23 日，北斗系统最后一颗卫星发射升空，标志着中国北斗全球卫星导航系统卫星组网完成；2020 年 7 月 31 日，北斗系统正式向全球用户开通服务，标志着中国北斗全球卫星导航系统进入运行维护阶段。为了全面反映中国北斗系统建设成果,同时也为了推进北斗系统的广泛应用,我们紧跟北斗工程的成功进展,组织北斗系统建设的部分技术骨干,撰写了卫星导航工程技术丛书,系统地描述北斗系统的最新发展、创新设计和特色应用成果。丛书共26个分册,分别介绍如下:

卫星导航定位遵循几何交会原理,但又涉及无线电信号传输的大气物理特性以及卫星动力学效应。《卫星导航定位原理》全面阐述卫星导航定位的基本概念和基本原理,侧重卫星导航概念描述和理论论述,包括北斗系统的卫星无线电测定业务(RDSS)原理、卫星无线电导航业务(RNSS)原理、北斗三频信号最优组合、精密定轨与时间同步、精密定位模型和自主导航理论与算法等。其中北斗三频信号最优组合、自适应卫星轨道测定、自主定轨理论与方法、自适应导航定位等均是作者团队近年来的研究成果。此外,该书第一次较详细地描述了"综合PNT"、"微PNT"和"弹性PNT"基本框架,这些都可望成为未来PNT的主要发展方向。

北斗系统由空间段、地面运行控制系统和用户段三部分构成,其中空间段的组网卫星是系统建设最关键的核心组成部分。《北斗导航卫星》描述我国北斗导航卫星研制历程及其取得的成果,论述导航卫星环境和任务要求、导航卫星总体设计、导航卫星平台、卫星有效载荷和星间链路等内容,并对未来卫星导航系统和关键技术的发展进行展望,特色的载荷、特色的功能设计、特色的组网,成就了特色的北斗导航卫星星座。

卫星导航信号的连续可用是卫星导航系统的根本要求。《北斗导航卫星可靠性工程》描述北斗导航卫星在工程研制中的系列可靠性研究成果和经验。围绕高可靠性、高可用性,论述导航卫星及星座的可靠性定性定量要求、可靠性设计、可靠性建模与分析等,侧重描述可靠性指标论证和分解、星座及卫星可用性设计、中断及可用性分析、可靠性试验、可靠性专项实施等内容。围绕导航卫星批量研制,分析可靠性工作的特殊性,介绍工艺可靠性、过程故障模式及其影响、贮存可靠性、备份星论证等批产可靠性保证技术内容。

卫星导航系统的运行与服务需要精密的时间同步和高精度的卫星轨道支持。《卫星导航时间同步与精密定轨》侧重描述北斗导航卫星高精度时间同步与精密定轨相关理论与方法,包括:相对论框架下时间比对基本原理、星地/站间各种时间比对技术及误差分析、高精度钟差预报方法、常规状态下导航卫星轨道精密测定与预报等;围绕北斗系统独有的技术体制和运行服务特点,详细论述星地无线电双向时间比对、地球静止轨道/倾斜地球同步轨道/中圆地球轨道(GEO/IGSO/MEO)混合星座精密定轨及轨道快速恢复、基于星间链路的时间同步与精密定轨、多源数据系统性偏差综合解算等前沿技术方法;同时,从系统信息生成者角度,给出用户使用北斗卫星导航电文的具体建议。

北斗卫星发射与早期轨道段测控、长期运行段卫星及星座高效测控是北斗卫星发射组网、补网,系统连续、稳定、可靠运行与服务的核心要素之一。《导航星座测控管理系统》详细描述北斗系统的卫星/星座测控管理总体设计、系列关键技术及其解决途径,如测控系统总体设计、地面测控网总体设计、基于轨道参数偏置的 MEO 和 IGSO 卫星摄动补偿方法、MEO 卫星轨道构型重构控制评价指标体系及优化方案、分布式数据中心设计方法、数据一体化存储与多级共享自动迁移设计等。

波束测量是卫星测控的重要创新技术。《卫星导航数字多波束测量系统》阐述数字波束形成与扩频测量传输深度融合机理,梳理数字多波束多星测量技术体制的最新成果,包括全分散式数字多波束测量装备体系架构、单站系统对多星的高效测量管理技术、数字波束时延概念、数字多波束时延综合处理方法、收发链路波束时延误差控制、数字波束时延在线精确标校管理等,描述复杂星座时空测量的地面基准确定、恒相位中心多波束动态优化算法、多波束相位中心恒定解决方案、数字波束合成条件下高精度星地链路测量、数字多波束测量系统性能测试方法等。

工程测试是北斗系统建设与应用的重要环节。《卫星导航系统工程测试技术》结合我国北斗三号工程建设中的重大测试、联试及试验,成体系地介绍卫星导航系统工程的测试评估技术,既包括卫星导航工程的卫星、地面运行控制、应用三大组成部分的测试技术及系统间大型测试与试验,也包括工程测试中的组织管理、基础理论和时延测量等关键技术。其中星地对接试验、卫星在轨测试技术、地面运行控制系统测试等内容都是我国北斗三号工程建设的实践成果。

卫星之间的星间链路体系是北斗三号卫星导航系统的重要标志之一,为北斗系统的全球服务奠定了坚实基础,也为构建未来天基信息网络提供了技术支撑。《卫星导航系统星间链路测量与通信原理》介绍卫星导航系统星间链路测量通信概念、理论与方法,论述星间链路在星历预报、卫星之间数据传输、动态无线组网、卫星导航系统性能提升等方面的重要作用,反映了我国全球卫星导航系统星间链路测量通信技术的最新成果。

自主导航技术是保证北斗地面系统应对突发灾难事件、可靠维持系统常规服务性能的重要手段。《北斗导航卫星自主导航原理与方法》详细介绍了自主导航的基本理论、星座自主定轨与时间同步技术、卫星自主完好性监测技术等自主导航关键技术及解决方法。内容既有理论分析,也有仿真和实测数据验证。其中在自主时空基准维持、自主定轨与时间同步算法设计等方面的研究成果,反映了北斗自主导航理论和工程应用方面的新进展。

卫星导航"完好性"是安全导航定位的核心指标之一。《卫星导航系统完好性原理与方法》全面阐述系统基本完好性监测、接收机自主完好性监测、星基增强系统完好性监测、地基增强系统完好性监测、卫星自主完好性监测等原理和方法,重点介绍相应的系统方案设计、监测处理方法、算法原理、完好性性能保证等内容,详细描述我国北斗系统完好性设计与实现技术,如基于地面运行控制系统的基本完好性的监测体系、顾及卫星自主完好性的监测体系、系统基本完好性和用户端有机结合的监测体系、完好性性能测试评估方法等。

时间是卫星导航的基础,也是卫星导航服务的重要内容。《时间基准与授时服务》从时间的概念形成开始:阐述从古代到现代人类关于时间的基本认识,时间频率的理论形成、技术发展、工程应用及未来前景等;介绍早期的牛顿绝对时空观、现代的爱因斯坦相对时空观及以霍金为代表的宇宙学时空观等;总结梳理各类时空观的内涵、特点、关系,重点分析相对论框架下的常用理论时标,并给出相互转换关系;重点阐述针对我国北斗系统的时间频率体系研究、体制设计、工程应用等关键问题,特别对时间频率与卫星导航系统地面、卫星、用户等各部分之间的密切关系进行了较深入的理论分析。

卫星导航系统本质上是一种高精度的时间频率测量系统,通过对时间信号的测量实现精密测距,进而实现高精度的定位、导航和授时服务。《卫星导航精密时间传递系统及应用》以卫星导航系统中的时间为切入点,全面系统地阐述卫星导航系统中的高精度时间传递技术,包括卫星导航授时技术、星地时间传递技术、卫星双向时间传递技术、光纤时间频率传递技术、卫星共视时间传递技术,以及时间传递技术在多个领域中的应用案例。

空间导航信号是连接导航卫星、地面运行控制系统和用户之间的纽带,其质量的好坏直接关系到全球卫星导航系统(GNSS)的定位、测速和授时性能。《GNSS 空间信号质量监测评估》从卫星导航系统地面运行控制和测试角度出发,介绍导航信号生成、空间传播、接收处理等环节的数学模型,并从时域、频域、测量域、调制域和相关域监测评估等方面,系统描述工程实现算法,分析实测数据,重点阐述低失真接收、交替采样、信号重构与监测评估等关键技术,最后对空间信号质量监测评估系统体系结构、工作原理、工作模式等进行论述,同时对空间信号质量监测评估应用实践进行总结。

北斗系统地面运行控制系统建设与维护是一项极其复杂的工程。地面运行控制系统的仿真测试与模拟训练是北斗系统建设的重要支撑。《卫星导航地面运行控制系统仿真测试与模拟训练技术》详细阐述地面运行控制系统主要业务的仿真测试理论与方法,系统分析全球主要卫星导航系统地面控制段的功能组成及特点,描述地面控制段一整套仿真测试理论和方法,包括卫星导航数学建模与仿真方法、仿真模型的有效性验证方法、虚-实结合的仿真测试方法、面向协议测试的通用接口仿真方法、复杂仿真系统的开放式体系架构设计方法等。最后分析了地面运行控制系统操作人员岗前培训对训练环境和训练设备的需求,提出利用仿真系统支持地面操作人员岗前培训的技术和具体实施方法。

卫星导航信号严重受制于地球空间电离层延迟的影响,利用该影响可实现电离层变化的精细监测,进而提升卫星导航电离层延迟修正效果。《卫星导航电离层建模与应用》结合北斗系统建设和应用需求,重点论述了北斗系统广播电离层延迟及区域增强电离层延迟改正模型、码偏差处理方法及电离层模型精化与电离层变化监测等内容,主要包括北斗全球广播电离层时延改正模型、北斗全球卫星导航差分码偏差处理方法、面向我国低纬地区的北斗区域增强电离层延迟修正模型、卫星导航全球广播电离层模型改进、卫星导航全球与区域电离层延迟精确建模、卫星导航电离层层析反演及扰动探测方法、卫星导航定位电离层时延修正的典型方法等,体系化地阐述和总结了北斗系统电离层建模的理论、方法与应用成果及特色。

卫星导航终端是卫星导航系统服务的端点,也是体现系统服务性能的重要载体,所以卫星导航终端本身必须具备良好的性能。《卫星导航终端测试系统原理与应用》详细介绍并分析卫星导航终端测试系统的分类和实现原理,包括卫星导航终端的室内测试、室外测试、抗干扰测试等系统的构成和实现方法以及我国第一个大型室外导航终端测试环境的设计技术,并详述各种测试系统的工程实践技术,形成卫星导航终端测试系统理论研究和工程应用的较完整体系。

卫星导航系统 PNT 服务的精度、完好性、连续性、可用性是系统的关键指标,而卫星导航系统必然存在卫星轨道误差、钟差以及信号大气传播误差,需要增强系统来提高服务精度和完好性等关键指标。卫星导航增强系统是有效削弱大多数系统误差的重要手段。《卫星导航增强系统原理与应用》根据国际民航组织有关全球卫星导航系统服务的标准和操作规范,详细阐述了卫星导航系统的星基增强系统、地基增强系统、空基增强系统以及差分系统和低轨移动卫星导航增强系统的原理与应用。

与卫星导航增强系统原理相似，实时动态（RTK）定位也采用差分定位原理削弱各类系统误差的影响。《GNSS 网络 RTK 技术原理与工程应用》侧重介绍网络 RTK 技术原理和工作模式。结合北斗系统发展应用，详细分析网络 RTK 定位模型和各类误差特性以及处理方法、基于基准站的大气延迟和整周模糊度估计与北斗三频模糊度快速固定算法等，论述空间相关误差区域建模原理、基准站双差模糊度转换为非差模糊度相关技术途径以及基准站双差和非差一体化定位方法，综合介绍网络 RTK 技术在测绘、精准农业、变形监测等方面的应用。

GNSS 精密单点定位（PPP）技术是在卫星导航增强原理和 RTK 原理的基础上发展起来的精密定位技术，PPP 方法一经提出即得到同行的极大关注。《GNSS 精密单点定位理论方法及其应用》是国内第一本全面系统论述 GNSS 精密单点定位理论、模型、技术方法和应用的学术专著。该书从非差观测方程出发，推导并建立 BDS/GNSS 单频、双频、三频及多频 PPP 的函数模型和随机模型，详细讨论非差观测数据预处理及各类误差处理策略、缩短 PPP 收敛时间的系列创新模型和技术，介绍 PPP 质量控制与质量评估方法、PPP 整周模糊度解算理论和方法，包括基于原始观测模型的北斗三频载波相位小数偏差的分离、估计和外推问题，以及利用连续运行参考站网增强 PPP 的概念和方法，阐述实时精密单点定位的关键技术和典型应用。

GNSS 信号到达地表产生多路径延迟，是 GNSS 导航定位的主要误差源之一，反过来可以估计地表介质特征，即 GNSS 反射测量。《GNSS 反射测量原理与应用》详细、全面地介绍全球卫星导航系统反射测量原理、方法及应用，包括 GNSS 反射信号特征、多路径反射测量、干涉模式技术、多普勒时延图、空基 GNSS 反射测量理论、海洋遥感、水文遥感、植被遥感和冰川遥感等，其中利用 BDS/GNSS 反射测量估计海平面变化、海面风场、有效波高、积雪变化、土壤湿度、冻土变化和植被生长量等内容都是作者的最新研究成果。

伪卫星定位系统是卫星导航系统的重要补充和增强手段。《GNSS 伪卫星定位系统原理与应用》首先系统总结国际上伪卫星定位系统发展的历程，进而系统描述北斗伪卫星导航系统的应用需求和相关理论方法，涵盖信号传输与多路径效应、测量误差模型等多个方面，系统描述 GNSS 伪卫星定位系统（中国伽利略测试场测试型伪卫星）、自组网伪卫星系统（Locata 伪卫星和转发式伪卫星）、GNSS 伪卫星增强系统（闭环同步伪卫星和非同步伪卫星）等体系结构、组网与高精度时间同步技术、测量与定位方法等，系统总结 GNSS 伪卫星在各个领域的成功应用案例，包括测绘、工业控制、军事导航和 GNSS 测试试验等，充分体现出 GNSS 伪卫星的“高精度、高完好性、高连续性和高可用性”的应用特性和应用趋势。

GNSS 存在易受干扰和欺骗的缺点，但若与惯性导航系统（INS）组合，则能发挥两者的优势，提高导航系统的综合性能。《高精度 GNSS/INS 组合定位及测姿技术》系统描述北斗卫星导航/惯性导航相结合的组合定位基础理论、关键技术以及工程实践，重点阐述不同方式组合定位的基本原理、误差建模、关键技术以及工程实践等，并将组合定位与高精度定位相互融合，依托移动测绘车组合定位系统进行典型设计，然后详细介绍组合定位系统的多种应用。

未来 PNT 应用需求逐渐呈现出多样化的特征，单一导航源在可用性、连续性和稳健性方面通常不能全面满足需求，多源信息融合能够实现不同导航源的优势互补，提升 PNT 服务的连续性和可靠性。《多源融合导航技术及其演进》系统分析现有主要导航手段的特点、多源融合导航终端的总体构架、多源导航信息时空基准统一方法、导航源质量评估与故障检测方法、多源融合导航场景感知技术、多源融合数据处理方法等，依托车辆的室内外无缝定位应用进行典型设计，探讨多源融合导航技术未来发展趋势，以及多源融合导航在 PNT 体系中的作用和地位等。

卫星导航系统是典型的军民两用系统，一定程度上改变了人类的生产、生活和斗争方式。《卫星导航系统典型应用》从定位服务、位置报告、导航服务、授时服务和军事应用 5 个维度系统阐述卫星导航系统的应用范例。“天上好用，地上用好”，北斗卫星导航系统只有服务于国计民生，才能产生价值。

海洋定位、导航、授时、报文通信以及搜救是北斗系统对海事应用的重要特色贡献。《北斗卫星导航系统海事应用》梳理分析国际海事组织、国际电信联盟、国际海事无线电技术委员会等相关国际组织发布的 GNSS 在海事领域应用的相关技术标准，详细阐述全球海上遇险与安全系统、船舶自动识别系统、船舶动态监控系统、船舶远程识别与跟踪系统以及海事增强系统等的工作原理及在海事导航领域的具体应用。

将卫星导航技术应用于民用航空，并满足飞行安全性对导航完好性的严格要求，其核心是卫星导航增强技术。未来的全球卫星导航系统将呈现多个星座共同运行的局面，每个星座均向民航用户提供至少 2 个频率的导航信号。双频多星座卫星导航增强技术已经成为国际民航下一代航空运输系统的核心技术。《民用航空卫星导航增强新技术与应用》系统阐述多星座卫星导航系统的运行概念、先进接收机自主完好性监测技术、双频多星座星基增强技术、双频多星座地基增强技术和实时精密定位技术等的原理和方法,介绍双频多星座卫星导航系统在民航领域应用的关键技术、算法实现和应用实施等。

本丛书全面反映了我国北斗系统建设工程的主要成就,包括导航定位原理,工程实现技术,卫星平台和各类载荷技术,信号传输与处理理论及技术,用户定位、导航、授时处理技术等。各分册:虽有侧重,但又相互衔接;虽自成体系,又避免大量重复。整套丛书力求理论严密、方法实用,工程建设内容力求系统,应用领域力求全面,适合从事卫星导航工程建设、科研与教学人员学习参考,同时也为从事北斗系统应用研究和开发的广大科技人员提供技术借鉴,从而为建成更加完善的北斗综合 PNT 体系做出贡献。

最后,让我们从中国科技发展史的角度,来评价编撰和出版本丛书的深远意义,那就是:将中国卫星导航事业发展的重要的里程碑式的阶段永远地铭刻在历史的丰碑上!

杨元喜

2020 年 8 月

前言

在频谱对抗日趋激烈的战场电磁环境中，导航信号发射功率低、穿透能力差等固有弱点，极易受到电磁干扰和电子欺骗威胁。卫星导航系统的定位精度、连续性、完好性和可用性存在风险，因此，需要建立卫星导航增强系统，从导航信号和导航信息两个维度提高卫星导航系统的定位精度和增强系统的完好性。

2004 年 12 月，中国空间技术研究院杨嘉墀、屠善澄、童铠院士联名给国家提出"关于发展导航卫星及其应用要启动一个完整的广域增强系统的建议"。2009 年 5 月，针对美国新一代空中交通管理系统 NextGen 项目，中国空间技术研究院范本尧院士和时任中国民用航空局空中交通管理局副局长的吕小平博士，提出要结合我国北斗二代导航系统建设，研发我国的北斗星基增强系统。

卫星导航系统是以导航卫星为核心的一个开环系统，卫星导航增强系统的任务是建立天地一体化的闭环控制系统，利用差分改正技术和完好性增强技术，将卫星导航系统的伪距、钟差、轨道、电离层和对流层延迟差分改正数以及系统完好性信息同步播发给用户，从导航信号和导航信息两个维度增强系统的性能。以增强卫星导航系统完好性为目标的系统有星基增强系统(SBAS)、地基增强系统(GBAS)以及空基增强系统(ABAS)。以提高卫星导航系统定位精度为目标的系统有广域差分全球卫星导航系统(WADGNSS)和局域差分全球卫星导航系统(LADGNSS)。这些系统为以民用航空、自动驾驶、无人机为代表的用户提供安全可靠的导航服务，为以大地测量、精准农业为代表的用户提供实时精密定位服务。

因此，编写一本介绍卫星导航增强系统原理与应用的技术专著十分迫切和必要。本书从星基增强系统、地基增强系统、空基增强系统、差分改正系统 4 个维度，系统地阐述导航增强系统的基本原理、组成、性能指标以及典型应用，各章内容相对独立，内容完整，相信可以让更多的用户、科研和管理人员、高等学校师生系统地理解卫星导航增强系统内涵，推进北斗卫星导航及其增强系统的规模化、产业化和国际化应用。

第 1 章通过分析卫星导航系统的误差源及其影响，给出卫星导航差分改正技术的定义和工作模式。通过分析表征卫星导航系统完好性的告警门限、告警时间、完好性风险、保护级 4 个参数，给出卫星导航完好性增强技术的定义。介绍国际民航组织

(ICAO)定义的全球卫星导航系统(GNSS)信号性能要求和导航服务保护级及告警门限,便于读者理解后续章节内容。

第2章通过分析星历和钟差分离广域差分改正、等效钟差改正、观测方程、伪距残差计算、等效钟差的计算方法,阐明卫星导航差分系统和增强系统的基本工作原理,给出广域差分改正和完好性监测的计算方法,这是卫星导航星基增强系统、地基增强系统、空基增强系统以及差分改正系统的工作基础。

第3章以航空无线电技术委员会(RTCA)制定的最低运行性能标准(MOPS)RTCA DO-229D为基础,简要介绍卫星导航星基增强系统(SBAS)的工作原理、系统组成、性能指标、信息处理、信号体制以及典型应用。SBAS是一种广域增强系统,通过地球静止轨道(GEO)卫星播发差分改正数、完好性信息和测距信号来增强GNSS的性能,且不需要在机场建设地面技术支持系统,可以为民航提供从航路到终端区域导航阶段的导航服务。为了帮助读者更好地理解和推广SBAS的应用,本章介绍了两个典型星基增强系统——美国广域增强系统(WAAS)和欧洲地球静止轨道卫星导航重叠服务(EGNOS)的系统组成、工作原理和应用现状。

第4章以ICAO制定的《航空电信卷1无线电导航辅助标准》为基础,参考RTCA制定的基于GNSS局域增强系统(LAAS)信号接口控制文件(ICD)RTCA DO-246D,简要介绍卫星导航地基增强系统(GBAS)的工作原理、系统组成、性能指标、信息处理、信号体制以及典型应用。GBAS是对GNSS的区域增强,采用LADGNSS技术,提高用户的定位精度,同时通过完好性监视算法,给出系统的完好性信息,利用地面甚高频(VHF)无线电通信链路向用户播发差分改正数和完好性信息,进而实现增强GNSS定位精度、完好性以及可用性指标。为了帮助读者更好地理解和推广GBAS的应用,本章介绍了美国LAAS的组成、工作原理和服务性能。

第5章简要分析空基增强系统(ABAS)的基本原理和系统组成,ICAO定义ABAS利用接收机自主完好性监测(RAIM)、飞行器自主完好性监测(AAIM)或者GNSS与其他传感器融合技术来提升GNSS或者机载导航系统的定位精度、完好性、连续性以及可用性。为了帮助读者更好地理解和推广ABAS的应用,本章介绍了美军联合精确进近与着陆系统(JPALS)的舰载相对全球定位系统(SRGPS)定位方案,以及如何利用基于航空综合电子设备的完好性增强(ABIA)技术来提升SRGPS性能,实现舰载机在航空母舰和两栖攻击舰上的精密进近和自动着陆。

第6章简要分析卫星导航差分改正系统的基本原理和差分模式,为了帮助读者更好地理解卫星导航差分系统本质的应用,本章介绍了美国国家差分GPS(NDGPS)的系统组成、系统性能和发展趋势,同时对比分析了北斗地基增强系统(BDSGAS)的组成、性能、产品特征以及测试结果。

第7章是全书的展望,简要分析了卫星导航增强系统的发展趋势,主要包括低轨卫星系统导航增强技术、卫星自主完好性技术、北斗卫星导航星基增强系统以及空天地一体化导航增强技术。卫星导航系统在时间精度上和空间覆盖性上，在定位、导航与授时（PNT）的性能指标上都取得了革命性的进步，彻底改变了人们的生产、生活和斗争方式，追求无止境。卫星导航增强技术将促进卫星导航系统新的发展与应用。

时光荏苒，本人有幸参加北斗一号、二号、三号卫星导航系统建设工作，在老一辈科学家的指引下，参加了北斗星基增强系统的论证和建设，北斗星基增强系统空间段卫星终于在2020年6月23日完成部署，目前正在开展全系统的测试和联调工作。

本书在成稿过程中得到相关专家的指导和帮助，中国科学院上海天文台胡小工和曹月玲研究员编写了第2章基本算法，中国民用航空局空中交通管理局技术中心李欣研究员、北京卫星导航中心高杨高级工程师、中国空间技术研究院总体部聂欣研究员合作编写了第3章SBAS部分内容，中国空间技术研究院总体部刘彬高级工程师、93216部队汪陶胜高级工程师、中国电子科技集团公司第二十研究所耿永超研究员合作编写了第4章GBAS部分内容，中国空间技术研究院总体部皇甫松涛高级工程师和申洋赫高级工程师合作编写了第5章ABAS部分内容，中国空间技术研究院总体部刘庆军高级工程师和航天恒星科技有限公司云岗地面站刘天惠工程师合作编写了第6章差分系统部分内容，中国空间技术研究院西安分院边朗高级工程师编写了第7章7.2节卫星自主完好性监测。感谢大家对本书所做的努力！

本书出版之际，衷心感谢中国空间技术研究院范本尧院士，地理空间工程国家重点实验室杨元喜院士，清华大学陆明泉教授，中国航天科技集团宇航部张广宇高级工程师，上海交通大学战兴群教授，北京航空航天大学黄智刚教授，李锐高级工程师和薛瑞教授，93216部队史鹏亮高级工程师，中国电子科技集团公司第五十四研究所甘兴利博士审阅了部分书稿并提出了建设性修改意见。国防工业出版社的王晓光编审对本书的出版给予了大力支持。感谢业内专家对作者的帮助与支持！

卫星导航增强系统涉及多个学科的专业知识，随着我国北斗卫星导航系统的建设，我国的卫星导航增强系统将得到快速发展，限于作者专业水平，书中难免出现不妥与疏漏之处，敬请读者批评指正。我将与大家一起共同建设更加泛在、更加融合、更加智能的国家综合定位、导航与授时体系，进一步提升时空信息服务能力，以实现北斗卫星导航系统及增强系统的高质量建设和高效益发展。

刘天雄

2020年8月于北京

目录

第1章 绪论 …… 1

1.1 概述 …… 1

1.2 差分改正系统 …… 7

1.2.1 误差分析 …… 8

1.2.2 差分改正技术 …… 11

1.3 完好性增强系统 …… 16

1.3.1 完好性分析 …… 18

1.3.2 完好性增强技术 …… 20

1.4 小结 …… 24

参考文献 …… 26

第2章 基本算法 …… 28

2.1 概述 …… 28

2.1.1 差分改正技术进展 …… 29

2.1.2 完好性增强技术进展 …… 30

2.2 工作原理 …… 31

2.2.1 星历和钟差分离广域差分改正 …… 32

2.2.2 等效钟差改正 …… 38

2.2.3 观测方程 …… 38

2.2.4 伪距残差计算 …… 39

2.2.5 等效钟差 …… 39

2.3 广域差分改正 …… 40

2.3.1 卫星钟差改正数 …… 40

2.3.2 卫星轨道改正数 …… 43

2.3.3 电离层格网改正 …… 45

2.4 完好性监测 …… 52

2.4.1 GNSS 完好性故障因素分析 …… 52
2.4.2 广域差分完好性参数——UDRE …… 53
2.4.3 基本完好性慢变参数——SISA …… 56
2.4.4 基本完好性快变参数——SISMA …… 61
参考文献 …… 63

第3章 星基增强系统 …… 66

3.1 概述 …… 66
3.2 工作原理 …… 71
3.2.1 广域差分改正 …… 72
3.2.2 完好性监测 …… 79
3.3 系统组成 …… 85
3.3.1 空间段 …… 86
3.3.2 地面段 …… 89
3.3.3 用户段 …… 90
3.4 系统指标 …… 90
3.5 信息处理 …… 97
3.5.1 地面段数据处理 …… 98
3.5.2 空间段数据处理 …… 102
3.5.3 用户段数据处理 …… 104
3.6 信号体制 …… 111
3.6.1 信号射频特征 …… 111
3.6.2 SBAS L1 信号 …… 114
3.6.3 SBAS L5 信号 …… 141
3.7 典型应用 …… 147
3.7.1 美国广域增强系统 …… 147
3.7.2 欧洲地球静止轨道卫星导航重叠服务 …… 161
参考文献 …… 178

第4章 地基增强系统 …… 182

4.1 概述 …… 182
4.2 系统组成 …… 183
4.2.1 地面站 …… 184
4.2.2 机载设备 …… 184
4.3 工作原理 …… 186
4.3.1 差分改正 …… 187

4.3.2 完好性监测 …… 190
4.3.3 保护级计算 …… 196
4.4 服务类型 …… 199
4.5 系统指标 …… 203
4.5.1 服务等级 …… 203
4.5.2 服务范围 …… 204
4.5.3 完好性 …… 207
4.5.4 可用性 …… 215
4.5.5 连续性 …… 216
4.6 通信体制 …… 216
4.6.1 射频特征 …… 217
4.6.2 信号体制 …… 221
4.6.3 数据结构 …… 222
4.6.4 电文类型 …… 226
4.7 典型应用 …… 232
4.7.1 美国 LAAS …… 232
4.7.2 北斗 GBAS …… 240
参考文献 …… 251

第5章 空基增强系统 …… 255

5.1 概述 …… 255
5.2 接收机自主完好性监测 …… 256
5.2.1 系统架构 …… 257
5.2.2 工作原理 …… 258
5.3 飞行器自主完好性监测 …… 265
5.3.1 系统架构 …… 265
5.3.2 工作原理 …… 271
5.4 GNSS 与 INS 融合 …… 274
5.4.1 系统架构 …… 274
5.4.2 工作原理 …… 280
5.5 典型应用 …… 285
参考文献 …… 290

第6章 差分系统 …… 294

6.1 概述 …… 294
6.2 工作原理 …… 295

6.2.1 伪码测距差分改正 …… 296
6.2.2 载波相位差分改正 …… 297
6.3 差分模式 …… 299
6.3.1 局域差分系统 …… 302
6.3.2 广域差分系统 …… 303
6.3.3 连续运行参考站 …… 304
6.4 美国国家差分 GPS(NDGPS) …… 307
6.4.1 系统组成 …… 307
6.4.2 服务指标 …… 309
6.4.3 发展趋势 …… 310
6.5 北斗地基增强系统(BDSGAS) …… 311
6.5.1 系统组成 …… 311
6.5.2 服务指标 …… 319
6.5.3 产品特征 …… 320
6.5.4 数据格式 …… 321
6.5.5 测试结果 …… 327
参考文献 …… 330
第7章 展望 …… 333
7.1 低轨卫星导航增强 …… 333
7.1.1 高 GPS 完好性(iGPS)项目 …… 336
7.1.2 低轨移动通信 GNSS 增强 …… 342
7.2 卫星自主完好性监测 …… 347
7.2.1 处理流程与告警方式 …… 350
7.2.2 导航信号监测 …… 351
7.2.3 卫星钟监测技术 …… 354
7.2.4 导航信息监测 …… 355
7.3 北斗卫星导航星基增强系统 …… 356
7.3.1 系统方案 …… 357
7.3.2 信号体制 …… 358
7.3.3 服务性能 …… 361
7.4 空天地一体化增强网络 …… 363
参考文献 …… 371
缩略语 …… 376

第1章 绪 论

1.1 概 述

在给定覆盖范围或者服务区域内，精度、完好性、连续性、可用性是评价一个卫星导航系统性能优劣的关键指标。精度是在给定时间内，接收机给出位置和速度的测量值与真值之间的一致性的度量。当前卫星导航系统一般可以实现定位精度10m（95%），授时精度100ns（95%）的服务，这个精度可以满足大部分用户的要求。例如：借助高精度的矢量电子地图及地图匹配技术，利用卫星导航系统提供的一般精度定位服务，车载导航系统就可以满足人们日常的车载导航服务需求；在开阔海域航行的商船，数十米的水平定位精度就足以满足需求；在船舶进港、船舶靠岸等特殊场景，定位精度则要求达到米级；大地测量、地理测绘等特殊应用领域，定位精度要求到厘米级甚至毫米级；水库或水电站的大坝由于水负荷的重压而产生变形，危及坝体的安全，需要对大坝外观形变进行连续而精密的监测，监测精度则要求为亚毫米级。如此高的定位精度要求，仅仅依靠卫星导航系统自身的能力是无法实现的。

完好性是当卫星导航系统出现异常、故障或者服务精度不能满足指标要求时，系统按约定时间向用户发出"不可用"告警信息的能力。没有完好性保证的卫星导航系统无法为用户提供安全可靠的定位、导航与授时（PNT）服务。涉及生命安全的导航服务，更加关注的是当系统处于95%服务可用性之外时，系统的完好性能力。卫星导航系统自身具有一定的完好性监测能力，地面运行控制系统通过接收导航信号和遥测参数来监测卫星的状态，然后将监测的告警信息上注给卫星并再由卫星以导航电文方式广播给用户，这个周期一般是1h，最短一般也需要15min。不同用户对卫星导航系统完好性要求不同，例如，船舶在远洋航路上航行时，对完好性要求相对较低，依靠卫星导航系统提供的完好性服务，以及用户接收机自主完好性监测（RAIM）技术，就可满足使用要求。民用航空用户对卫星导航系统的完好性指标提出了严格的要求，在民航定义的5个典型阶段，即航路飞行、终端区飞行、精密进近、着陆、场面滑行，都需要在卫星导航系统的基础上，建设专门的导航增强系统，提高系统定位精度，提供系统完好性信息，保证PNT服务的安全性。

回眸卫星导航系统的发展历程，美国政府在20世纪90年代，采用选择可用性（SA）技术有意降低全球定位系统（GPS）民用L1 C/A信号的精度，反而无意促进了卫星导航系统以提高定位精度为目标的差分系统和以增强完好性为目标的增强系统的发展。1991 年 7 月 1 日，美国国防部在 GPS Block Ⅱ导航卫星上实施 SA 技术，将特定的误差引入 GPS 卫星基准频率信号和卫星星历数据中，即在卫星时频基准信号中引入了高频抖动噪声（δ 技术）以及人为将卫星星历中轨道参数的精度降低到 200m 左右（ε 技术）。1991 年—2000 年，在 GPS 实施 SA 措施的漫漫十年间，GPS 有意降低民用用户的定位精度，仅为民用用户提供水平 100m 左右，高程 150m 左右的标准定位服务（SPS）。

SA 的变化周期大约是 120s，而卫星钟差变化则相对非常缓慢，故可以分离 SA 对卫星时频基准信号施加的高频抖动噪声，可以基本消除 SA 的影响，但是，差分技术无法消除 SA 带来的轨道参数偏差。20 世纪 90 年代初，为消除 SA 对定位精度的影响，利用监测站间差分处理技术，可以消除监测站间公共测量误差，将 GPS L1 C/A 信号水平定位精度提升到 15m 左右，基本恢复了 GPS SPS 的设计指标。与此同时，俄罗斯全球卫星导航系统（GLONASS）在民用领域与 GPS 展开竞争，GLONASS 的定位、测速及定时精度优于施加 SA 之后的 GPS，1991 年 4 月 GLONASS 公布民用接口控制文件（ICD），打破了 GPS 一家独大的局面。2000 年 1 月，美国国防部“局部屏蔽 GPS 信号”试验获得成功，美国具备了选择给用户提供 PNT 服务的能力。由此，2000 年 5 月 1 日美国东部时间 5 月 2 日凌晨，美国政府宣布停止使用 SA 技术，一般民用用户的定位精度从 100m 提高到 10m 以内，关闭 SA 技术后，GPS SPS 定位精度变化如图 1.1 所示[1]，一夜之间，一般民用 GPS 接收机的定位精度提高了 10 倍。

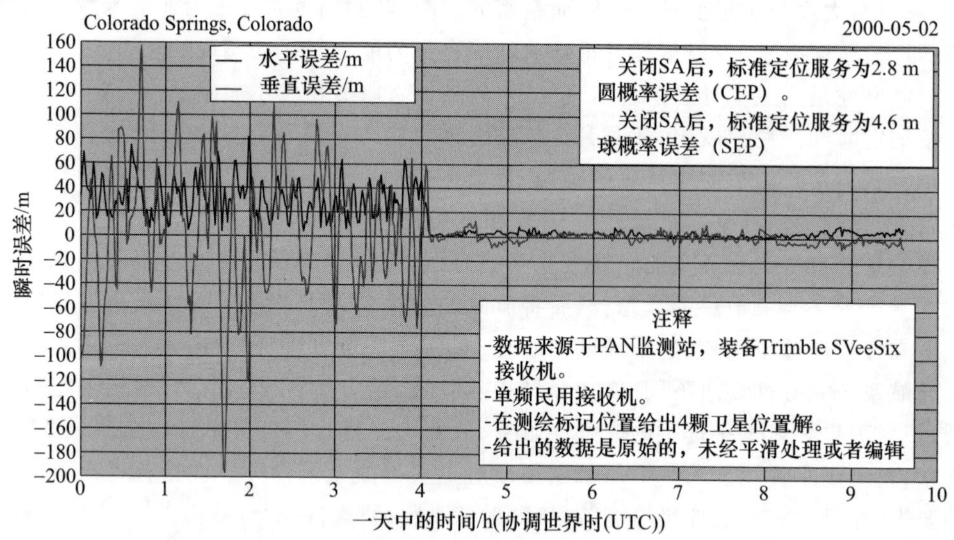

图 1.1 美国 GPS 关闭 SA 前后 SPS 定位精度变化（见彩图）

关闭 SA 后，GPS 的 1 秒脉冲（1PPS）的标准偏差由 100.3ns 减少到 51.8ns，1PPS 的峰峰漂移显著减小，如图 1.2 所示[2]，这对于利用 GPS 授时服务，实现高精度时间同步用户来说至关重要。所谓“时间同步”就是指用户机的本地时钟与系统标准时钟的时间保持一致。

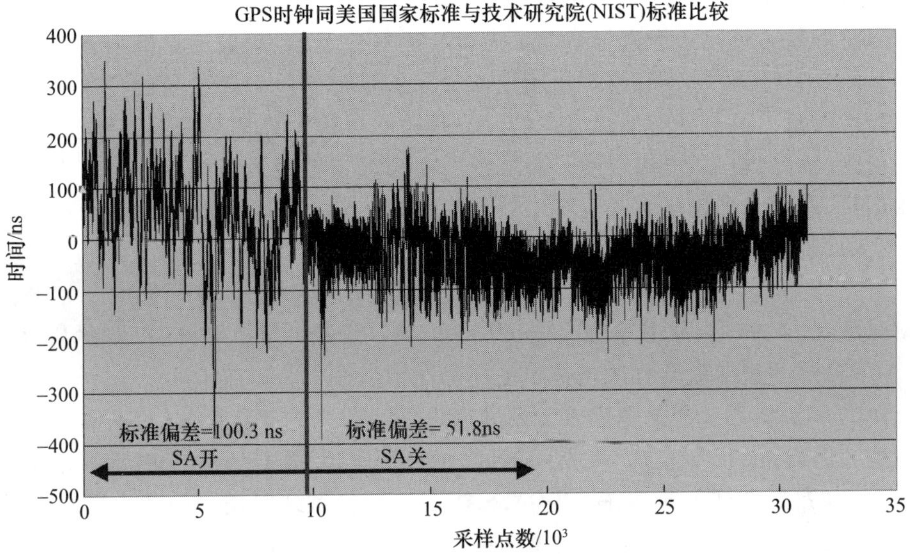

图1.2 GPS关闭SA技术前后1PPS(秒脉冲)的精度变化(见彩图)

时间频率信号是卫星导航系统的关键,无线电和数字编码及数字通信技术都涉及信号频率及其准确度问题。在无线通信和网络技术中,时间基准和时间同步是系统功能实现的前提,无线通信和网络所涉及的安全、认证和计费等事宜都是以时间测量为基础的。移动通信网络的基站收发信机需要统一到一个时间基准以确保运行正常,否则会导致通话切换失败,甚至无法建立通话链路。为了保证切换成功,基站之间时间同步误差要求在 1μs 以内,否则就会导致切换成功率下降[3]。通信网络的时间同步精度要求一般为 10×10^{-6}s。中国移动时分同步码分多址(TD-SCDMA)移动通信系统要求所有基站之间严格保持时间同步。由于缺乏先进的网络同步技术,TD-SCDMA基站曾经采用 GPS 的授时服务实现站间时间同步,通信系统的时间同步完全依赖于美国 GPS,存在非常大的安全隐患。目前,中国移动、中国联通以及中国电信三大移动通信系统一方面通过有线传输网络传送精确时间同步信号,另一方面利用我国自主研发的北斗卫星导航系统(简称“北斗系统”)提供的授时服务作为时间基准,从时间基准信号的来源和传输两个方面彻底摆脱对 GPS 的依赖。

随着卫星导航系统应用的不断深入,如何提高卫星导航系统的定位精度和增强卫星导航系统的完好性,给用户以更好的体验已成为当前卫星导航系统迫切需要解决的热点问题。在实际应用中,用户往往既需要提高系统的定位精度,又希望同时增强系统的完好性。提高精度是减少误差的能力,是增强系统完好性的手段之一,完好性是对卫星导航系统 PNT 服务可信度的度量。完好性贯穿在卫星导航系统整个生命周期内，特别到系统运行后期，随着星地设备的性能老化衰退，系统完好性告警服务能力就更加重要。

卫星导航系统是一个以导航卫星为核心的开环系统，导航卫星播发调制有测距码和导航数据的无线电导航信号，用户接收导航信号就能解算自身的位置并获取系统完好性信息。卫星导航增强系统的任务是建立天地一体闭环控制系统，将导航系统的伪距、钟差、轨道、电离层和对流层延迟差分改正数以及系统完好性信息同步播发给用户，由此实现提高系统的定位精度和增强系统的完好性的要求。由此，实时动态（RTK）载波相位差分技术、连续运行参考站（CORS）技术、精密单点定位（PPP）技术以及差分全球卫星导航系统（DGNSS）技术、美国国家差分 GPS（NDGPS）、美国广域增强系统（WAAS）、星基增强系统（SBAS）、地基增强系统（GBAS）以及空基增强系统（ABAS）等卫星导航差分改正技术与完好性增强技术应运而生。

DGNSS 的核心思想是消除参考站和用户之间的公共测量误差，提高导航信号定位精度。例如，在 GPS 实施 SA 期间，可以将水平民用 L1 C/A 信号的水平定位精度由 100m 左右提高到 15m 左右。DGNSS 技术依赖参考站与用户站之间的空间几何相关性，定位精度随着站间距离的增加而下降。因此，在服务区布设多个参考站进行连续观测，并将卫星轨道、钟差、电离层延迟等各项误差模型化处理后发送至用户，由此消除参考站与用户之间的距离限制。据此原理，美国研发了广域差分全球定位系统（WADGPS），WADGPS 将参考站均匀离散分布在不同的位置上，将观测误差按误差的不同来源划分为星历误差、卫星钟差以及大气对流层折射和电离层延迟误差。参考站接收并预处理 GPS 信号，同时将计算出来的差分信息利用地面光纤传输给中心处理站，中心处理站分析来自各地参考站的差分全球定位系统（DGPS）信息，给出中心站视界范围内的每一颗 GPS 卫星信号的差分修正参数，然后上传给地球静止轨道（GEO）卫星，由 GEO 卫星再把广域差分改正数广播给地面用户。

DGNSS 及 WADGPS 技术以伪码测距为主要观测量，只能实现亚米级定位精度，难以满足以大地测量和地理测绘为代表的高精度用户对厘米甚至毫米级定位精度的要求。要得到厘米级的定位估算就要将伪距观测误差减少到厘米级精度，只有通过双差载波相位测量消除两个接收机之间的公共误差，使短基线达到厘米级的精度[4]。因此，基于载波相位的相对定位技术及快速模糊度固定的 RTK 技术得到广泛研究和迅速发展。RTK 技术突破了以往载波相位静态定位需要长时间后处理的限制，能够在外场实时获得厘米级定位精度，是卫星导航应用中的重大里程碑。基于 RTK 原理，CORS 为特定行业或地区提供标准化高精度服务，在经济建设中发挥了重要作用。

为了实现单机测量获取厘米级定位精度，我们需要载波相位测量，并且必须设法去除双差法中能够去除的公共误差，这个方法称为 PPP。PPP 的优点在于不受在两个点同步测量和基线长度的限制，研究表明对于短基线（小于 100km）上的不同位置，固体地球潮汐引发的两个监测站的位移几乎是相等的。PPP 服务用户接收机不

再使用卫星导航系统导航卫星播发的时钟和星历数据,例如 GPS 卫星广播的星历误差和钟差为 2 ~ 3m(均方根值(RMS))[4],而是使用 GEO 卫星等外部网络和通信链路提供的精密时钟和卫星轨道位置估计值,例如通过国际 GNSS 服务(IGS)可以获得实时预报星历误差小于 10cm,钟差小于 5ns[4]。利用双频导航接收机估算电离层延迟,残差约为厘米级。利用模型估算对流层延迟,同时还要考虑导航卫星天线频移量和相位曲线修正。

2018 年 11 月 5 日,在 ICG(全球卫星导航系统国际委员会)-13 大会上,日本政府内阁办公室国家空间政策秘书处宣布 QZSS 播发 L6D 信号,为日本本土及周边用户提供厘米级增强服务(CLAS),PPP 指标为水平 6.0cm(95%)、高程 12.0cm(95%)[5]。欧盟委员会 Galileo 卫星导航系统宣布播发 E6B 信号,将为用户免费提供高精度 PPP 服务,水平定位精度为 20cm[6]。中国卫星导航系统管理办公室重点介绍了北斗卫星导航系统(BDS)的 BDS-3 建设、国际合作以及近期计划等情况,同时宣布 BDS-3 利用 3 颗 GEO 卫星播发 B2b 信号,在中国及中国周边区域提供 PPP 服务,可实现低动态分米级和静态厘米级定位精度[7]。

利用差分改正技术,通过对用户伪距、载波相位等测量值误差,卫星轨道、钟差等系统误差以及电离层、对流层等大气延迟误差进行修正,可有效提高用户的定位精度和性能。然而,涉及生命安全的民用航空等领域,更加关注的是卫星导航系统 PNT 服务的完好性,并提出了严格的指标要求。例如,民航Ⅰ类精密进近(CAT Ⅰ)利用卫星导航系统提供民航飞机导航服务时,要求:水平定位精度为 16m(95%),高程定位精度为 4m(95%);完好性告警门限水平定位精度为 40m,高程定位精度为 10m;告警时间 6s,危险误导信息概率 2×10^{-7}/进近,连续性风险概率 8×10^{-6}/(15s),可用性 0.99 ~ 0.99999[8]。正如斯坦福大学教授 Sheman Lo 在中国第 10 届导航年会 S07 分会报告指出的"Major challenge in using GPS for safety of life is integrity"[9]。

卫星导航增强系统能够在基本导航系统的导航卫星或者地面运行控制系统出现异常或故障时,及时检测异常并向用户告警,保障航空等涉及生命安全服务导航的安全。考虑航空机载接收机在高动态特性情况下对导航信号和增强信号的接收可靠性,SBAS 一直以伪码测距为主要观测量。由于 SBAS 完好性难以达到国际民航组织(ICAO)定义的 CAT Ⅱ及 CAT Ⅲ精密进近性能指标要求,美国联邦航空管理局(FAA)又开展了针对机场局域范围提供完好性服务的局域(完好性)增强系统(LAAS)系统建设,现在改称为 GBAS。GBAS 的技术基础也是差分改正技术,但是更加注重系统完好性监测,能够在机场局域范围实现 CAT Ⅱ甚至 CAT Ⅲ精密进近导航服务。

不同用户对卫星导航系统的定位精度、完好性以及可用性要求是不同的,航空、航海和大地测量等典型用户的需求如图 1.3 所示[10]。以大地测量为代表的高精度定位需求用户对定位精度的要求是分米、厘米甚至毫米级,完好性告警时间是小时级;航海用户对定位精度的要求从米级到百米以内不等,在船舶进港时定位精度则要求到米级，完好性告警时间是 6～10s；船舶航路导航和编队管理时，完好性告警时间是 1～15s。

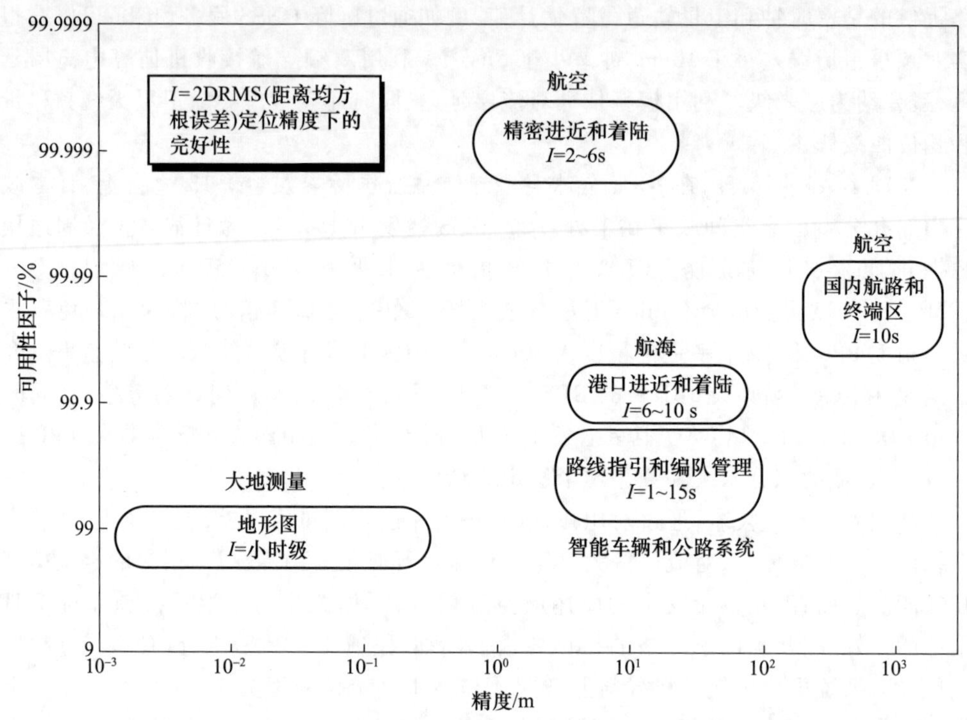

图 1.3　航空、航海和大地测量等典型用户对定位精度、完好性以及可用性的需求

综上所述，卫星导航增强系统是对基本导航系统的性能增强，包括信号增强和信息增强两种类型，其中信号增强主要是对导航信号功率、信号数量进行增强，例如，GPS 在 L1 和 L2 载波信号上采用频谱分裂调制技术生成军用 M 码信号（L1M、L2M 信号），实现了军用和民用导航信号频谱分离，一方面为导航战提供了技术保障，另一方面军用 M 码信号可以实现全球和重点区域工作方式的切换，在重点区域可以将导航信号功率较目前功率提高 100 倍，这将大幅度提高系统在战时的抗干扰能力。

信息增强包括提高精度和增强完好性两个方面，增强系统利用一定数量的地面参考站对导航信号进行连续跟踪观测，处理生成差分改正数和完好性信息，利用通信链路将增强信号播发给用户，增强信号有时也具备测距能力，由此进一步提高系统可用性。广域差分改正技术结合伪距观测量的状态域改正数或者观测值域改正数生成相应的完好性信息，及时有效地识别、剔出导致卫星导航 PNT 服务不可信的各类因素，在系统出现故障或者异常情况下及时告知用户。

卫星导航增强系统一般由监测站网络、数据处理中心、数据通信链路 3 大部分组成。监测站网络分为精度监测站和完好性监测站（IS）两类，一般配置高性能的原子

钟及高性能监测接收机,接收导航信号获得原始观测数据。完好性监测站获得的伪距观测量不用来计算精度修正值,而用于完好性检验,当系统出现异常时,生成“系统不可用”电文信息向用户终端告警。两类监测站可以联合运行,这时监测站除了产生修正数据外,还要给出完好性信息,系统不可用时,发布告警信息。通过获取不同空间和不同地域分布的测量数据,有利于分析和处理误差数据,提高监测精度和完好性检验置信度。

数据处理中心有时也称为主控站,主要任务是接收监测站原始观测数据,处理生成卫星轨道、钟差、电离层、对流层等大气延迟差分改正数,电离层时延栅格分布参数,以及完好性等级及告警时间等系统完好性数据,生成导航增强数据,利用通信链路以导航增强电文方式将导航增强数据广播给用户。数据处理中心的能力决定着增强系统性能的优劣,为了保证增强系统的可靠性,导航增强系统一般设置 2 ~ 3 个主控站,例如,美国的 WAAS 在美国大陆两端设置了 3 个主控站。

数据通信链路一般有地基和星基两类,例如,WAAS 利用 Intelsat 公司的 Galaxy 15 卫星(CRW)、Telesat 公司的 Anik F1R 卫星(CRE)、Inmarsat 公司的 Inmarsat-4 F3 卫星(AMR)3 颗商业地球静止同步轨道卫星播发增强信息,接收地面上行注入站上注的 C_{1up} 和 C_{5up} 两路上行 C 频段导航增强数据,然后作为透明转发器将 WAAS 增强数据广播给用户。WAAS 增强信号调制有 GPS L1 C/A 测距码信号,因此,WAAS 的 GEO 卫星也可以作为 GPS 的导航卫星使用。

1.2 差分改正系统

卫星导航系统利用信号到达时间(TOA)观测星地伪距,基于三边测量法实现用户位置解算。导航卫星在轨道空间运动过程中,受到地球质心引力作用,同时还受到太阳、月球及其他天体引力的作用,以及大气阻力、太阳光压、地球潮汐等摄动力的影响,导航卫星不可能稳定地运行在预定的轨道上,总会有偏差,导航卫星在各种摄动力作用下将沿着另一条略微不同的轨道运动。

导航无线电信号在空间中的传播也会受到很多因素的影响,特别是太阳电磁辐射引起高空大气分子光致电离,在距地球 50 ~ 1000km 范围形成电子密度很高的等离子体电离层,无线电导航信号在其中传播会影响传播的速率和方向,最终导致导航信号在空间传播时间发生变化,所以需要在导航电文中给出电离层延迟修正系数,为单频用户改正电离层误差,同时利用双频测量技术消除电离层延迟的影响。

用户同时至少要收到 4 颗导航卫星播发的信号才能定位的要求是开展卫星导航星座设计的基本约束条件,卫星在轨道空间运动,这 4 颗导航卫星在空间的几何关系也是变化的,在某些时间段的几何关系会影响定位方程的解算精度。最理想的卫星空间几何分布是一颗卫星在用户天顶,其他 3 颗卫星等间隔地分布在与用户和天顶卫星连线相互垂直的平面上。即用户指向每颗卫星的单位矢量描绘出一个具有顶点在用户天顶方向的四面体,该四面体的底面是一个等边三角形,这个四面体体积最大时的卫星可见几何分布是最优几何分布,这是由卫星导航系统实现定位的数学原理决定的。解算用户位置的一组导航卫星的空间几何分布对用户定位精度的影响用位置精度衰减因子(PDOP)表征。当系统的测距精度一定时,位置解算过程中所选定的这4颗以上导航卫星在空间的几何关系就成为影响系统定位精度的主要因素。卫星空间几何分布与定位精度的关系如图1.4所示,卫星的几何分布不仅影响定位精度,甚至会造成解算的模糊性问题。

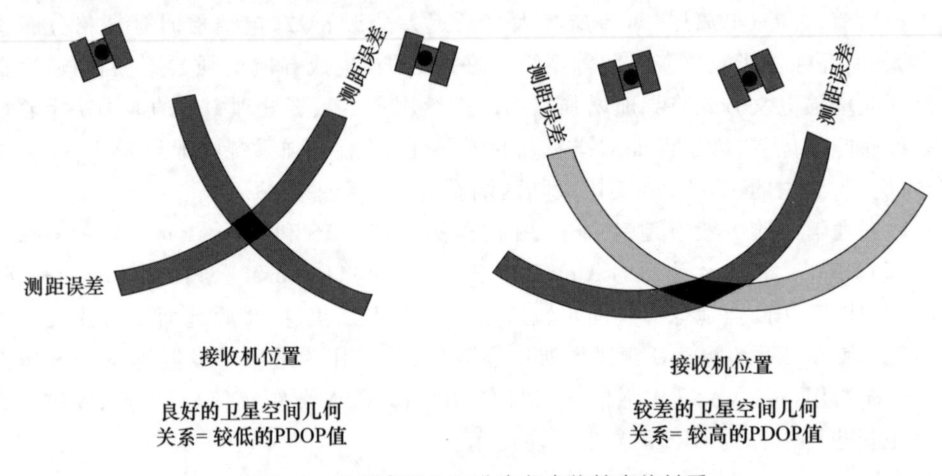

图1.4 卫星空间几何分布与定位精度的关系

卫星导航接收机在接收信号过程中,会接收到与导航信号无关的射频噪声信号,天线、放大器、电缆和接收机内置电路产生的热噪声,以及多径(即“多路径”)干扰噪声和信号量化噪声。导航接收机在跟踪导航信号时会存在一定的延迟和失真。这些不利因素影响了卫星导航系统的定位精度,即使用户静止不动,每次计算出来的坐标位置也都会略有不同。

1.2.1 误差分析

用户接收机的基本测量参数是导航信号从卫星到接收机的传播时间,卫星导航系统在定位中的各种误差从来源上可以分为与卫星有关的误差(在卫星播发的导航电文中的参数误差)、与卫星信号传播有关的误差(影响信号从卫星到接收机的传播时间)以及与接收机有关的误差(影响精确测量的接收机噪声和接收机天线附近的多径信号干扰)3类,6个部分如图1.5所示。星地之间几何距离约为导航卫星轨道高度,中圆地球轨道(MEO)卫星轨道高度一般为20000km左右,导航信号从播发到用户接收期间,卫星轨道位置变化约300m,星载原子钟时钟偏差会造成几百甚至上千米的测距误差,星载时钟相对论效应会导致13m的测距误差,导航载荷时延会导致米级测距误差,电离层时延会导致2~30m测距误差,对流层时延也会导致2~30m

测距误差,用户接收机时钟偏差会造成 3km 左右的测距误差,接收机时延会导致米级测距误差。

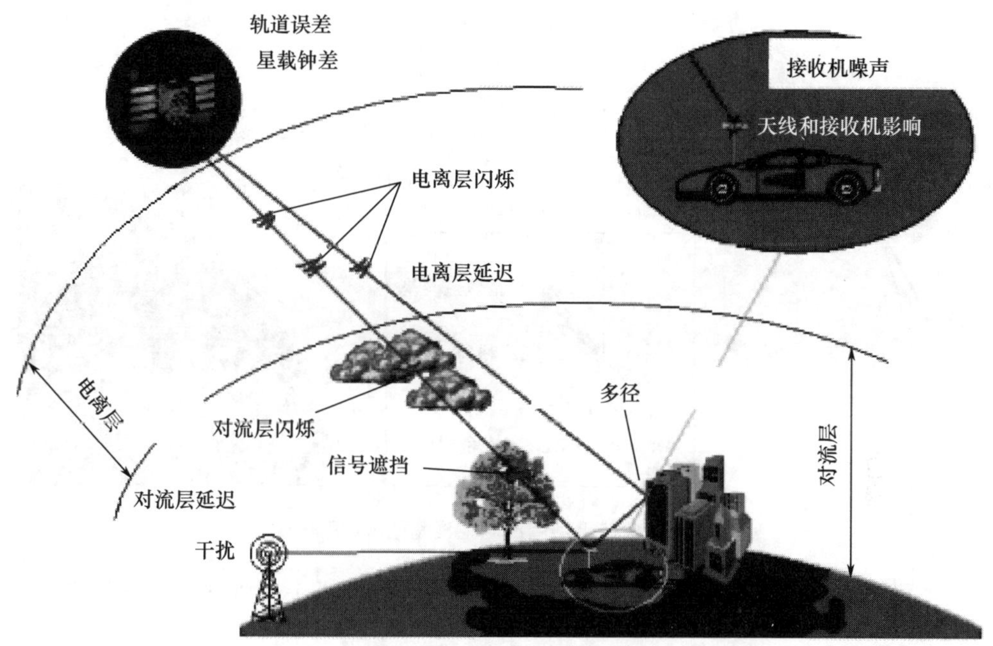

图 1.5 卫星导航系统定位过程中的误差源(见彩图)

上述 3 类误差又可以分为有意误差和无意误差两类:有意误差如美国政府有意降低 GPS 定位精度所采取的 SA 措施,也是 GPS 最大的误差源;无意误差是指卫星导航系统在定位中出现的各种系统误差,包括星载原子钟误差(卫星钟差)、卫星轨道误差(星历误差)、电离层延迟误差、对流层延迟误差、多径干扰以及接收机热噪声产生的误差。

根据误差的性质,上述 3 类误差又可以分为系统误差与偶然误差两类:系统误差包括星历误差、卫星钟差、接收机时钟误差、电离层以及对流层延迟误差;偶然误差包括信号的观测误差和多径干扰误差。系统误差远远大于偶然误差,是卫星导航系统伪距测量的主要误差。系统误差具有一定的规律性,根据其产生的原因可以采取不同的措施予以消除,例如建立系统误差模型对观测量进行修正,引入相应未知数,在数据处理中与其他未知参数一起求解,将不同监测站对相同卫星的同步观测值进行求差等方法。

研究各类误差对卫星导航系统定位精度的影响时,一般将误差影响数学变换为卫星到接收机之间的距离,通常将各种误差的影响投影到地面用户接收机到卫星的距离上,以相应的距离误差表示,称为用户测距误差(URE),全球平均用户测距误差图解如图 1.6 所示。

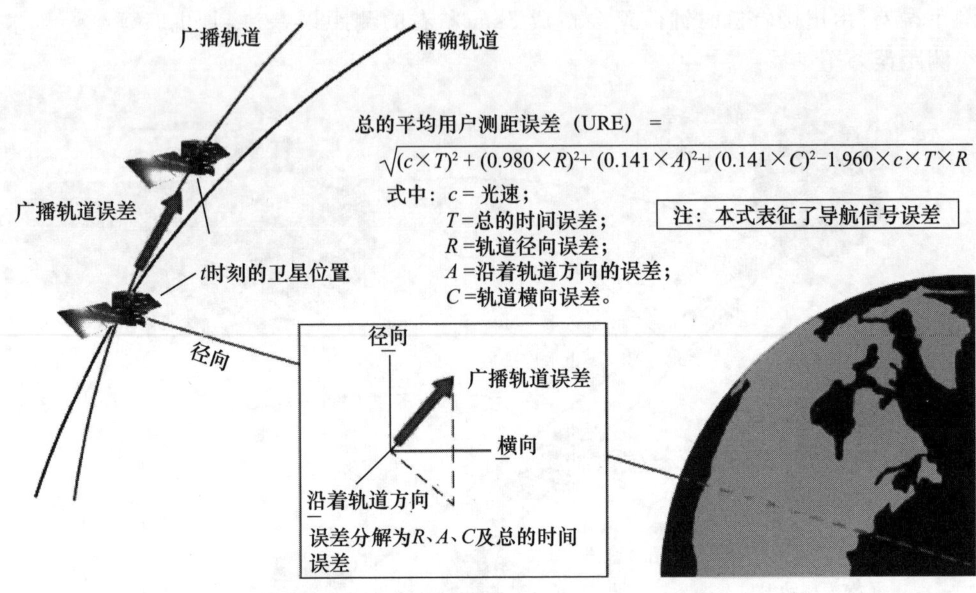

图 1.6　全球平均用户测距误差图解（见彩图）

根据国内外实测数据，GPS 主要误差分量的量级如表 1.1 所列[11]，其他全球卫星导航系统（GNSS）定位误差的量级与 GPS 基本一致。

表 1.1　GPS 定位误差的量级

误差源		P 码伪距		C/A 码伪距	
		无 SA	有 SA	无 SA	有 SA
卫星误差	卫星星历误差	5m	10 ~ 40m	5m	10 ~ 40m
	卫星时钟误差	1m	10 ~ 50m	1m	10 ~ 50m
传播误差	电离层时延改正误差	cm ~ dm	cm ~ dm	cm ~ dm	cm ~ dm
	电离层时延改正模型误差	—	—	2 ~ 100m	2 ~ 100m
	对流层时延改正模型误差	dm	dm	dm	dm
	多径误差	1m	1m	5m	5m
接收误差	观测噪声误差	0.1 ~ 1m	0.1 ~ 1m	1 ~ 10m	1 ~ 10m
	内时延误差	dm ~ m	dm ~ m	m	m
	天线相位中心误差	mm ~ cm	mm ~ cm	mm ~ cm	mm ~ cm

卫星钟差、星历误差、电离层误差、对流层误差等误差对用户来说具有时间和空间相关性，利用差分技术可以完全消除影响卫星导航系统定位的第一类误差，可以消除大部分第二类误差，但与参考接收机和用户接收机之间的距离有关。差分技术无法消除多径干扰噪声、接收机内部噪声、通道延迟等第三类误差，只能靠提高导航接收机本身的技术能力来降低不利影响。为了消除前两类误差，在参考站需要配置高稳定度的原子钟以提供稳定频率标准，中心站获得原始测量值，对测量误差进行分析

处理时,若采用误差分项分析及剥离方法,则必须建立分项误差模型。如果提高星历误差的估计精度,就要建立卫星动力学模型,这种动力学方法用载波相位作为测量值,需要解决整周模糊度问题。

1.2.2 差分改正技术

卫星导航用户接收机的伪距观测量受到各种误差的影响,误差源给相距不远的用户所造成的误差都是类似的,且随时间缓慢变化,也就是说,误差在空间和时间上都是相关的,差分技术意味着我们可以从两个相隔一定距离(基线)的接收机中获得相似的测量值集合,将两个接收机得到的相似的测量值差分处理,就可以消除两个接收机共有误差。差分系统利用这些相关特性可以改善整个系统的性能。例如,在只有一个参考站的简单局域差分系统中,如图 1.7 所示,参考站对于视场内导航卫星的伪距和载波相位测量值的误差可以认为与附近用户的误差是相近的。

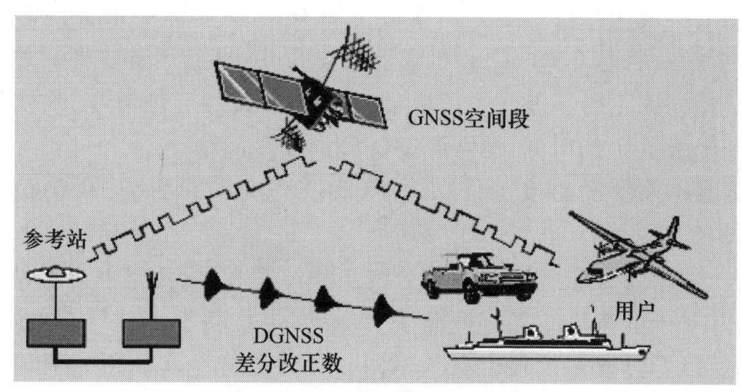

图 1.7 卫星导航差分系统

如果参考站接收机所在的位置是确定的,那么参考站就可以利用其已知的测量位置对测量误差进行估计,这样的估算误差的方法习惯上称为差分改正。如果参考站把差分改正数提供给附近的用户,那么就可以用差分改正信息来减少定位解算误差,大幅度改善定位精度,称为差分全球卫星导航系统(DGNSS),DGNSS 利用误差的空间和时间相关性来改善全球卫星导航系统(GNSS)的定位精度。DGNSS 技术可以按不同的方式分类:按差分方式可分为绝对差分和相对差分;按观测量类型可分为伪码和载波相位观测量差分;按照参考站播发的改正信息内容可分为位置差分、伪距差分以及载波相位差分;按服务范围可分为单基站差分系统、局域差分系统以及广域差分系统。简述如下。

(1) 根据差分方式,DGNSS 分为绝对差分和相对差分定位技术。

绝对差分定位技术就是确定用户相对于卫星导航系统空间参考框架坐标系的位置,该空间参考框架一般是地心地固(ECEF)坐标系。绝对差分定位系统中每个参考站的位置坐标必须是精确已知的,该坐标是相对于用户位置所要求的同一个 ECEF 坐标系而言的。民航飞机利用绝对差分定位技术来帮助其自身保持在所期望的航线内,同样,远洋货轮利用绝对差分定位技术来帮助其自身保持在所期望的航道中。

相对差分定位技术是确定用户相对于参考站所关联坐标系中的位置,而参考站在卫星导航系统空间参考框架(ECEF 坐标系)的绝对位置可能不是完全已知的。例如,如果 DGNSS 装备与航空母舰用于舰载机起飞和降落导航服务,那么参考站在 ECEF 坐标系中的位置坐标是不固定的,且还在随时间不断变化,在这种情况下,领航员(机载导航系统)只需获取舰载机相对于航空母舰的位置即可实现导航服务。相对差分定位技术另一个典型应用是精准农业中的农机自动驾驶系统导航服务,农机自动驾驶系统的导航模块只需获取农机相对于移动参考站的位置即可实现高精度的自动驾驶。

(2) 根据观测量类型,DGNSS 分为伪码(码基)差分技术和载波相位观测量差分技术。

码基 GNSS 主要依靠伪码观测量实现用户位置解算,基于载波的 GNSS 主要依靠载波相位观测量实现用户位置解算。实际上所有的 DGNSS 一般会同时使用伪码测距和载波相位测距,码基 GNSS 技术和基于载波的 GNSS 技术的主要区别是对各自观测量类型的依赖程度。码基差分系统能够提供分米级的定位精度,载波相位差分系统能够提供毫米级的定位精度,但需要解决整周模糊问题[12]。

(3) 根据参考站播发的改正信息内容,DGNSS 分为位置差分、伪距差分以及载波相位差分技术。

位置差分、伪距差分和载波相位差分的工作原理相同,都是由参考站播发改正信息,用户接收并对于其测量结果进行改正,以提高定位精度,不同的是播发的改正数内容不一样,所以差分改正效果也有所不同。位置差分是实现差分卫星导航系统最简单的办法。位置差分不足之处是要求所有接收机对同样一组卫星进行伪距测量,才能满足所受的偏差影响是相同的要求,或者参考站必须测定并播发对所有可见卫星定位组合而言的位置改正值,显然这种方法对用户来说不方便,对参考站来说也不经济。实际上,不同位置上的用户接收机和参考站的接收机很难保证定位解算过程中的几何精度衰减因子(GDOP)是相同的。

伪距差分是目前应用最广的一种差分技术。首先测量参考站与可见卫星之间的距离,并与含有星历误差、卫星钟漂移、SA 误差、对流层及对流层延迟等测量误差的测量伪距加以比较;然后参考站将所有可视卫星的伪距测量误差广播给周边用户,用户用差分改正后的伪距观测量来求解当前的位置,消去公共误差,提高定位精度。与位置差分类似,伪距差分能消除用户和参考站之间的公共误差,但随着用户到参考站之间距离的增长又出现了系统误差,这类误差用任何差分法都是不能消除的。用户和参考站之间的距离对于精度提高的程度有决定性影响。

实时动态(RTK)载波相位差分就是采用载波相位相对定位技术,RTK 利用多部接收机同时跟踪同一组导航卫星,参考站位于位置已知的固定点上,参考站利用无线电通信链路将位置和测量信息播发给移动的用户,用户接收机内置的软件合成并处理来自

参考站信号和来自导航卫星的信号,实现位置解算。宽巷技术为“在航(模糊度解算)(OTF)”快速整周模糊度解算提供了有利条件,这种方法适用于用户与参考站的距离为10~15km、用户需要实时解算出三维位置坐标、信号传播路径无障碍3种情况。

(4) 按照系统服务范围,DGNSS分为单基站差分全球卫星导航系统(SRDGNSS)、局域差分全球卫星导航系统(LADGNSS)以及广域差分全球卫星导航系统(WADGNSS)。

单基站差分系统是最简单的DGNSS,以一个参考站所提供的差分修正值来进行改正。单基站差分系统只在很小的一个地理区域(用户距离参考站的距离小于10~100km)内起作用[12]。传统的单基站差分系统差分数据发布主要采用在参考站架设电台,利用特高频(UHF)或者甚高频(VHF)无线电通信链路在区域广播差分改正数,存在成本高、有盲区、无法选择设站等问题。随着移动通信网络技术的发展,现在可以利用无线话音信道或者无线数传信道作为差分数据传输信道,用户实时接收差分数据后,可以实现最优到厘米级的测量作业,这样参考站差分数据可以实现大范围、全天候发布[13]。

区域差分系统的工作原理是参考站和用户的伪距观测误差具有时间和空间强相关特征,为了扩展区域差分系统服务范围,同时摆脱因用户离参考站的间隔距离过大而导致参考站和用户的伪距观测误差时间和空间相关性弱化问题,可以在区域差分系统服务范围周边建立多个参考站,用户接收机通过对来自各个参考站的伪距差分改正数进行加权平均而获得更精确的位置解。系统由若干个参考站、数据通信链路和用户终端3部分组成。

区域差分系统的参考站具有厘米级精度的三维位置坐标,配置的监测接收机可以提供伪距和载波相位观测信息,同时自动气象记录仪给出相关气象信息。参考站测定视场内每颗可见卫星的伪距校正值,采用100kHz~1.5GHz无线数据通信链路将伪距校正值广播给附近用户。区域差分系统一般的覆盖范围最大到1000km[12]。区域差分系统定位精度取决于用户与参考站的距离,以及无线电链路发射差分修正信息的延迟量。

通过建立多个参考站LADGNSS网,区域差分系统主要用于城市或近海域较高精度的实时定位和导航服务。20世纪80年代后期,美国海岸警卫队(USCG)研发了海上差分GPS(MDGPS)以满足美国对海事导航的需求。1997年2月,已有54个无线电信标被改造成MDGPS的参考站,采用285~325kHz频段,广播国际海事无线电技术委员会(RTCM)SC-104电文格式的DGPS改正数,数据传输速率为50bit/s、100bit/s、200bit/s三挡,覆盖了大部分美国海岸地区和内陆水域。

1999年3月MDGPS投入运营,即使在GPS实施选择可用性SA期间,MDGPS也能为离参考站100km的用户提供1~10m(95%)的定位精度。MDGPS规定的精度在覆盖区内为10m(2 DRMS(距离均方根误差)),典型的精度要好得多,一般为1~3m[12]。一般如果参考站发射机的精度为1m,则每隔150km误差增加1m[14]。当参考站和用户之间的距离增大,特别是间隔大于300km时,参考站和用户之间定位误差的时间和空间相关性就会减弱,用户定位精度就会迅速降低。对于一个参考站而言,其有效作用范围(覆盖范围)主要由差分系统定位精度要求和数据通信链路的性能决定。差分定位可以提高精度的原因在于它可以消除参考站与用户之间的公共误差,但随着用户与参考站的距离的增加、对流层和电离层延迟误差与用户之间的时间和空间相关性逐渐减弱,定位精度又会逐渐降低。参考站和用户之间的距离对用户定位精度有决定性的影响。差分系统对各类误差的改正效果如表1.2所列[15],

表1.2 DGNSS对测量定位精度的改进值

误差类型	GNSS	DGNSS			
		间距/km			
		0	100	300	500
卫星钟误差/m	3.0	0	0	0	0
卫星星历误差/m	2.4	0	0.04	0.13	0.22
SA:卫星钟频抖动/m	24	0.25	0.25	0.25	0.25
SA:人为引入的星历误差/m	24	0	0.43	1.30	2.16
大气延迟误差:电离层延迟/m	4.0	0	0.73	1.25	1.60
大气延迟误差:对流层延迟/m	0.4	0	0.40	0.40	0.40
参考站接收机误差噪声和多径误差/m		0.50	0.50	0.50	0.50
参考站接收机误差:测量误差/m		0.20	0.20	0.20	0.20
DGNSS误差/m		0.59	1.11	1.94	2.79
用户接收机误差/m	1.0	1.0	1.0	1.0	1.0
用户等效距离误差(RMS)/m	34.4	1.16	1.49	2.19	2.96
导航精度(2DRMS)水平精度衰减因子(HDOP)=1.5	103.2	3.5	4.5	6.6	8.9

广域差分全球卫星导航系统(WADGNSS)可以在更大的区域获得米级的定位精度。WADGNSS的基本思想是对GNSS观测量的误差源加以区分,把伪距观测误差分解为星历误差、卫星钟差、电离层延迟误差以及大气对流层折射误差4个分量,对每一个误差分量分别“模型化”,估计整个区域各个分量,而不仅在参考站上估计误差量,然后将计算出来的每一个误差源的误差修正值,通过数据通信链路广播给用户,对用户接收机的观测误差加以改正,以达到削弱这些误差源影响,改善用户定位精度的目的。于是,WADGNSS用户定位精度就与用户和某一个参考站的远近程度无关了,克服了DGNSS技术中对参考站和用户之间时空相关性的限制,提高了较远距离时用户的定位精度及可靠性。

WADGNSS由一个参考站网络(分布式参考站)、一个或多个主控站,以及一条为用户提供校正值的数据链(地球静止轨道通信卫星)组成。每个参考站包含一个或多个GNSS监测接收机,测量所有可见卫星的伪码和载波相位伪距观测量。主控站

利用从参考站网络获得伪距和载波相位原始数据，利用模型精确估计网络可见导航卫星的真实位置和时钟误差。将每颗导航卫星的WADGNSS位置估计值和广播位置之间三维位置误差广播给用户，然后用户通过将位置误差投影到指向卫星的视线方向，而将卫星位置校正值映射为伪距校正值。单独的时钟校正值也广播给用户，用户可以直接将其作为一个附加的伪距校正值来使用。单频WADGNSS还对服务区内的电离层延迟误差进行估计并广播给用户，对流层延迟误差则一般由参考站和用户端建模处理。

利用GEO卫星播发的WADGNSS电文一般分为卫星慢变改正数、卫星快变改正数、电离层延迟改正数3种类型，主要特点如下。

(1) 卫星慢变改正数：校正由卫星时钟和星历引起的误差，以四维矢量的形式播发误差，广播频率1次/120s。

(2) 卫星快变改正数：改正卫星时钟快速变化误差，以标量形式播发，广播频率6次/s。

(3) 电离层延迟改正：改正电离层延迟误差，使用电离层格网模型，播发各个格网点校正模型，用户接收到格网点数据后，按照内插法计算本地电离层延迟，广播频率1次/300s。

1999年3月15日，美国海岸警卫队导航中心(USCG/NAVCEN)负责运行控制美国国家差分GPS(NDGPS)，拓展了美国海上差分GPS(MDGPS)服务能力，并与之组成联合系统共同为美国本土用户提供高精度定位服务，成为美国的地基差分GPS。NDGPS由一个地面控制中心和38个远程广播台组成[16]。NDGPS通信协议为国际海事无线电技术委员会(RTCM)制定的RTCM SC-104格式，数据传输速率为50bit/s、100bit/s、200bit/s，所有数据均没有加密，采用最小频移键控(MSK)技术调制差分改正信号，通过285~325kHz海事无线电信标频段实时播发GPS差分改正数[17-19]。

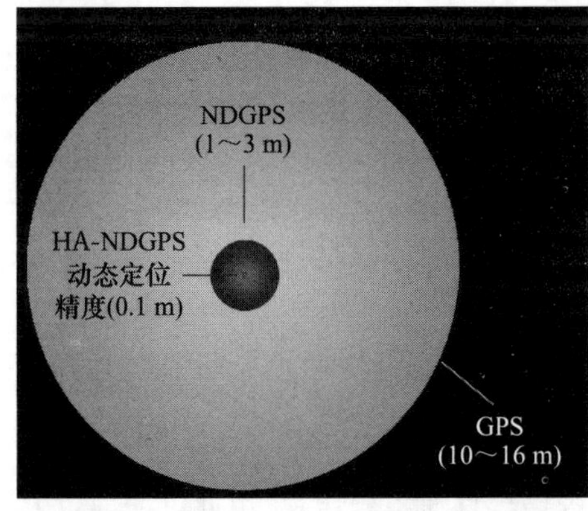

图1.8 NDGPS、HA-NDGPS和GPS的定位精度比较(见彩图)

NDGPS为美国水陆运输、农业、林业、资源勘察、环境管理、应急救援等领域提供高精度的GPS差分定位服务。2006年，基于无线电信标的DGPS服务已在超过30个国家得到使用[12]。目前已有50多个国家采用NDGPS标准建造了GPS地基差分系统[20]。NDGPS现代化成果是高精度NDGPS(HA-NDGPS)，HA-NDGPS在服务区域内提供10~15cm的实时定位精度，动态定位精度可以达到0.1m[21]。NDGPS的定位精度为1~3m，而GPS标准定位服务的精度为10~16m，3个系统的定位精度比较如图 1.8 所示。

综上所述,DGNSS 是提高 GNSS 定位和授时性能的一种技术,利用一个或者多个位置已知的参考站,参考站配置一台或多台监测接收机,通过一条通信链路将差分改正数据播发给附近的用户,差分改正信息包括 4 方面内容:一是终端用户原始伪距测量值的改正数,GNSS 导航卫星提供的时钟和星历数据的改正数或者用来取代广播时钟和星历信息的数据;二是参考站伪距或者载波相位的观测量原始测量值;三是简单的完好性数据,例如可视导航卫星的健康状态、所提供差分改正数的精度等级等;四是参考站的位置、健康状态和气象数据等辅助数据。

DGNSS 差分改正数据生成方式有观测值域改正数和状态域改正数两类。观测值域改正数不对误差源细化细分,主要对伪距或者载波相位的观测量进行综合误差改正,采用伪距及其误差改正数可以获得亚米级定位精度,采用载波相位观测及其误差改正数可以获得厘米级定位精度。观测值域改正数与地面站地理位置空间相关,适用于局域差分改正,是用户级差分,一般地基差分系统采用观测值域差分改正。状态域改正数对伪距和载波相位误差源细化为星历、钟差、电离层延迟等误差,并分别对相应误差进行修正,改正数与地面站地理位置空间弱相关,适用于广域差分,是系统级差分服务,一般星基差分系统采用状态域差分改正技术。

1.3 完好性增强系统

美国海岸警卫队(USCG)主导的海上差分 GPS(MDGPS)以及美国国家差分 GPS(NDGPS)使用码基 LADGNSS 技术,利用参考站(RS)监测 GPS 信号健康状态,同时产生差分改正数,利用完好性监测站(IS)监测参考站给出差分改正数的完好性,即利用 GPS 信号和接收差分改正数计算参考站位置,然后将计算结果与已知的测量坐标相比较,如果计算结果超过了一个预选设定的门限,出现问题的导航卫星就会从差分改正数的计算中除去,这样用户可以知道“卫星不健康”或者“参考站被关闭了”,由此,可以确保精确可靠的差分改正数[12]。导航完好性的初衷一直没变,2019 年 6 月 20 日,伊朗通过干扰 GPS 信号击落了一架美国 MQ-4C“海神”无人机,伊朗宣称该无人机侵犯了伊朗南部霍尔木兹甘省的边境,这次击落几乎导致了美国对伊朗的军事打击,同一天 FAA 发布紧急命令,禁止在美国注册的飞机在海湾地区霍尔木兹海峡和阿曼湾及其附近空域飞行,理由是存在“计算错误和识别错误”的风险。

卫星导航系统提供的服务是单方向的,用户只要同时接收 4 颗导航卫星播发的信号就能获得位置、速度和时间(PVT)信息,但系统对定位、导航与授时(PNT)服务质量缺乏闭环监测和实时反馈能力。卫星导航系统没有快速告警手段和通道,系统发生异常情况或服务中断情况时,不能及时把告警信息通报给用户,由此可能导致大量用户仍使用错误的导航信息,引发生命安全事故。完好性增强主要是利用地面监测站网络,监测导航信号健康状态,结合伪距观测量的状态域改正数或者观测值域差

分改正数生成相应的完好性信息,在系统出现故障或者异常情况下及时告知用户,卫星导航完好性增强技术的本质是及时有效地识别、剔除导致卫星导航系统 PNT 服务不可用的各类因素,卫星导航系统完好性概念示意如图 1.9 所示,图中 HPL 代表水平保护级,HAL 代表水平告警门限。

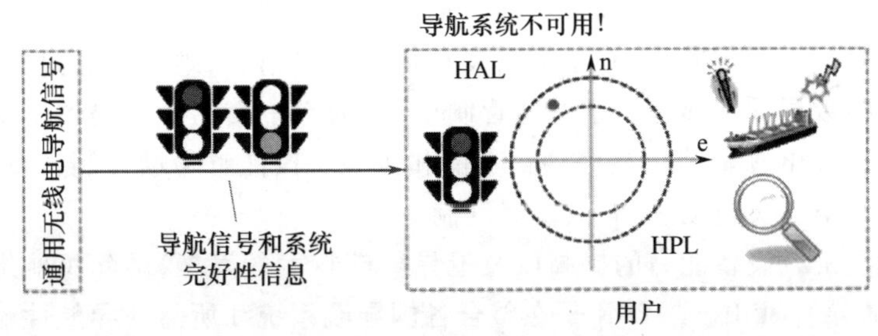

图 1.9 卫星导航系统完好性概念示意(见彩图)

GNSS 在覆盖区不同区域提供的 PNT 服务的性能是不同的,并且随时间变化,而一旦出现系统服务性能下降、系统工作异常时,仅依靠 GNSS 本身无法在精度、完好性、连续性以及可用性 4 个方面都满足民用航空对导航服务的性能指标需求,特别是不具备在系统出现问题时实时给用户告警的能力。例如,从精度方面看,GPS 标准定位服务(SPS)单点定位精度在 10m 左右,这个精度可以满足民航非精密进近前的导航服务精度要求(220m),但不能满足民航精密进近导航服务(民航 CAT Ⅰ精密进近在垂直方向的定位精度要求是 6.0~4.0m)。从完好性方面看,GPS 自身能进行一定程度的完好性监测,但告警时间太长,通常需 1h,延迟告警的最坏情况为 6h,不能满足民航 CAT Ⅰ精密进近完好性告警时间 6s 的要求,而 CAT Ⅱ和 CAT Ⅲ精密进近完好性告警时间指标要求则为 1s。从连续性和可用性方面看,GPS 虽然能保证所有用户视场有 4 颗以上卫星,但导航卫星的 GDOP 仍然存在较差情况,加上完好性要求,这时系统可用性会变差。民用航空等领域对卫星导航系统的首要诉求是导航服务安全性。通过完好性增强,能够在导航星和系统异常或故障时及时检测并向用户告警,保障航空等生命安全领域用户的安全性。

因此,建立卫星导航系统的 SBAS、GBAS 以及 ABAS 无疑是解决航空等涉及生命安全服务导航安全性问题的有效措施,通过给卫星导航系统打“补丁”的方式来提升系统导航服务的完好性和可用性。卫星导航系统完好性增强的服务范围与伪距观测量差分改正数生成方式相关,完好性体现了误差超出门限的概率以及故障报警能力。SBAS 可以在精度、完好性、连续性和实时性 4 个方面对卫星导航系统进行增强。出于这样的应用背景以及航空接收机在高动态特性情况下的可靠性考虑,SBAS 一直以伪码为主用测距模式。

2014 年 3 月 8 日,马来西亚航空公司 MH370 航班与地面失去联系,至今下落不明。对航路的监视和跟踪的需求十分迫切。航路跟踪的手段多样,一般民航运输飞机均安装二次应答机、飞机通信寻址与报告系统(ACARS)以及广播式自动相关监视(ADS-B)系统等,通过地面二次监视雷达(SSR)、数据链网关、ADS-B地面站和多点时差定位(MLAT)等实现对合作目标的实时监视。ADS-B系统使用机载卫星导航设备得到飞机精确的位置和速度信息,并从机载大气数据系统中获得飞机的气压高度信息,利用机载电子设备向外周期性地广播飞机的识别号(ID)、空间位置参数、速度矢量、高度参数、飞行方向、爬升速率以及航行意图等信息,地面站通过空-地高速数据链接收这些数据并传递给空中交通管制单位,为空中交通管制提供丰富和准确的监视信息。ADS-B所具有的良好通信功能和监视手段能够帮助管制员及时、准确和连续地掌握航空器飞行动态,有效实时管制。

随着航空机载设备能力的提高以及卫星导航技术的发展,国际民航组织提出了“基于性能的导航(PBN)”,PBN是在整合各国导航系统和所需的导航性能(RNP)运行实践和技术的基础上,提出的一种新型运行概念,将航空器的机载设备能力与卫星导航及其他先进技术结合起来,涵盖了从航路、终端区到进近着陆的所有飞行阶段,提供了更加精确、安全的飞行方法和更加高效的空中管理模式。

1.3.1 完好性分析

卫星导航系统的完好性表征导航系统不可用时及时通知用户放弃不准确位置解算结果的能力。连续性表征在卫星导航系统没有发出“不可用”警报的情况下,系统提供正常PNT服务的能力。由于卫星导航系统自身问题造成定位结果出现比较大的误差时,限制或降低卫星导航系统出现异常的风险就是完好性。限制或降低系统丧失不可预期的风险就是连续性。完好性和连续性强调卫星导航系统的整体性能。

卫星导航系统的定位精度降低后,系统可用性也随之降低。系统告警门限变小后,可用性也同样随之降低。完好性和连续性是系统中相互制约的指标,最后的折中是系统的可用性,强调卫星导航系统的运行控制的经济性,在给定精度、完好性和连续性指标要求下,计算系统可以提供服务的时间百分比。可用性是对卫星导航系统PNT服务的精度、完好性和连续性的综合考量,4者的关系如图1.10所示。

2012年10月1日,*GPS WORLD*发表了GPS之父、美国工程院院士Bradford W · Parkinson教授撰写的关于如何提高PNT性能建议的文章“Three Key Attributes and Nine Druthers”[22]。面对GPS新的威胁、新的需求和新的挑战,借用现代产品质量管理中的产品保证(PA)理念,Parkinson教授提出了GPS的PNT服务保证要求,GPS需要进一步提升可用性(availability)、可负担性(affordability)和精度(accuracy)3种关键特性,简称为3A特性。针对3种系统关键特性,Parkinson教授给美国政府提出了9项建议,在业界引起了强烈反响。

卫星导航信号完好性是指利用卫星导航信号实现定位、导航和授时服务正确性的信任程度的一种度量,当卫星导航信号不能用于定位、导航和授时服务时,系统应及时向用户告警。例如,GPS标准定位服务(SPS)空间导航信号(SIS)及时告警

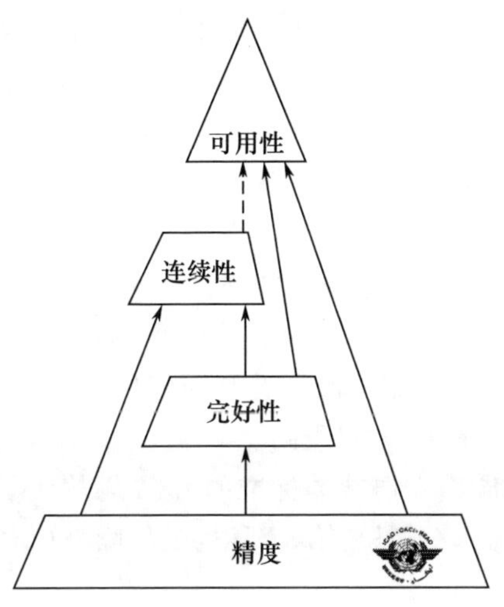

图1.10 卫星导航系统的定位精度、完好性、连续性和可用性之间的关系

(timely alert)定义为“当瞬时误差超过用户测距误差的导航容差(NTE)范围时,系统告警信息应该在8s内到达GPS用户接收机天线端,另外的2s为GPS用户接收机的响应时间”[23]。当导航信号异常并导致“错误引导信号信息(MSI)”事件发生时,导航信号应给用户指示为不可用,“错误引导(misleading)”的门限不超过导航信号用户测距误差(URE)的导航容差(NTE)。例如,民航CAT Ⅲ类精密进近对GNSS导航的完好性要求为当水平告警门限超过15.5m,垂直告警门限超过5.3m时,系统未能在1s时间内告警的危险误导信息概率低于10^{-9}/(30s)(水平)、10^{-9}/(15s)(垂直),如表1.3所列[24],

表1.3 ICAO定义的CAT Ⅲ导航性能需求

飞行阶段	精度(95%)		完好性				连续性	可用性
	水平	垂直	告警门限		告警时间	危险误导信息概率		
			水平	垂直				
CAT Ⅲ	6.2m	2m	15.5m	5.3m	1s	10^{-9}/(30s)(水平) 10^{-9}/(15s)(垂直)	$(1-2\times10^{-6})$/(30s)(水平) $(1-2\times10^{-6})$/(15s)(垂直)	0.99~0.99999

下面根据GPS标准定位服务(SPS)性能标准简述卫星导航系统完好性相关参数[23]。表征GPS PNT服务完好性的参数为主服务失效概率(probability of a major service failure)、告警时间(TTA)、标准定位服务(SPS)空间信号(SIS)用户测距误差(URE)的导航容差(NTE)、告警(alert)4个分量。主服务失效概率指当SPS的SIS瞬时用户测距误差超过NTE时,即发生了MSI事件,系统没有及时发出告警的概率。告警一般包括“警报”和“警告”两种类型。TTA定义为从发生“错误引导信号信息”事件开始直到告警(警报或警告)指示(标识)到达用户接收机天线为止的时间。实时告警信息作为导航电文数据的一部分播发给用户。GPS SPS空间信号用户测距误

差的导航容差定义为用户测距精度(URA)值上限的 ±4.42 倍(卫星播发健康信号情况下),URA 值与当前导航电文中的 URA 标志“N”相对应,是导航电文重要参数之一。当 GPS 的标准定位服务空间信号给出“警报标示”(alarm indications)时,表明导航信号由“健康”或者“临界”状态变为“不健康”状态。如果出现下列 6 类“警报标示”信息,则说明 SPS SIS 也许不正确。

(1) 接收机无法跟踪标准定位服务的空间信号,例如导航信号功率下降 20dB,信号相关损失增加 20dB。接收机无法跟踪的信号一般又分为以下 4 种情况。

① 导航卫星停止播发标准定位服务的空间信号。

② 导航信号中没有调制 C/A 测距码。

③ 导航信号中的标准 C/A 码被非标准的 C/A 码替代了。

④ 导航信号中的标准 C/A 码被第 37 号伪随机噪声(PRN)测距码(PRN C/A-code number 37)替代了。

(2) 导航数据(NAV data)中的奇偶校验字连续 5 个失效(3s)。

(3) 接收到的广播星历数据版本号(IODE)与时钟数据版本号(IODC)的最后一位二进制数据最低有效位(LSB)不匹配,正常数据集合切换除外,详见文献“IS-GPS-200F”[25];一个 IODE 值对应一套星历校正参数,如果卫星信号播发了一个新的 IODE 值,则表明该卫星更新了星历校正参数。

(4) 导航信号中导航电文子帧 1、2 或 3 的数据均被设置为“0”或“1”。

(5) 导航信号中导航电文子帧 1、2 或 3 的数据为默认的导航数据(详见文献[25])。

(6) 导航信号中导航电文的 8 位“帧头”不等于 10001011(二进制)或 139(十进制)或 8B(十六进制)(帧头用于导航电文子帧同步,帧头标记了导航数据子帧的起始位置,主要作用是指明卫星注入数据的状态,作为捕获导航电文的前导,其中所含的同步信号为各子帧提供了一个同步的起点,使用户便于解释电文数据)。

当 GPS 的标准定位服务空间导航信号给出“警告标识”(warning indications)时,表明导航信号变为“临界”或者“不健康”状态。一般在发生“错误引导信号信息”事件之前,导航信号会给出“警告标识”。导航电文子帧 1 中用预先设置的 6bit 的“健康状态字”来表征导航信号的健康状态,在实施卫星计划内维护之前,导航电文会通过“健康状态字”来通知用户卫星的健康状态。通常“警告标识”出现在“警报标识”之后或者在卫星寿命末期。

1.3.2 完好性增强技术

民航导航涉及用户的生命安全,完好性是用户最为关注的性能,例如,GPS 标准定位服务空间信号瞬时用户测距误差(URE)的完好性要求如表 1.4 所列,延迟告警时间的最坏情况为 6h。GPS 标准定位服务空间信号瞬时协调世界时(美国海军天文台)(UTC(USNO))偏差误差(UTCOE)定义为卫星播发空间信号的 GPS 时相对于

UTC(USNO)的偏差,其完好性要求如表1.5所列。

表1.4 GPS标准定位服务空间信号瞬时URE标准[23]

空间信号完好性标准	条件和约束
单频C/A测距码: 正常运控模式下,任意1h内,当标准定位服务空间信号的瞬时用户测距误差超过NTE时,系统没有及时向用户告警的概率≤1×10^{-5}	(1)任何健康的标准定位服务空间(导航)信号(SIS)。 (2)空间信号用户测距误差的NTE定义为用户测距精度(URA)值上限的±4.42倍。 (3)假定任意1h的开始阶段,瞬时用户测距误差不超过NTE范围。 (4)延迟告警的最坏情况为6h。 (5)忽略单频电离层延迟模型误差

表1.5 GPS标准定位服务空间信号瞬时UTC(USNO)的偏差误差完好性标准[23]

空间信号精度标准	条件和约束
单频C/A测距码: 正常运控模式、任意1h内,当标准定位服务空间信号的UTC(USNO)的UTCOE超过NTE时,系统没有及时向用户告警的概率≤1×10^{-5}	(1)任何健康的标准定位服务空间信号(SIS)。 (2)标准定位服务空间信号的UTC(USNO)的UTCOE的NTE为±120 ns。 (3)延迟告警的最坏情况为6h

目前:尚未制定GPS标准定位服务空间信号的瞬时用户测距率误差(URRE)完好性要求,URRE为卫星播发的空间信号造成的伪距速度误差;也没有制定瞬时用户测距加速度误差(URAE)完好性要求,URAE为卫星播发的空间信号造成的伪距加速度误差。对于广播星历中最多可能有32颗导航卫星信息,相应GPS标准定位服务空间信号的瞬时URE丧失完好性的次数为平均每年3次。假定这3次完好性丧失事件每次持续的时间不超过6h,则等效发生“错误引导信号信息(MSI)”事件的最坏情况概率为0.002(18/8760)。

2018年7月,国际民航组织(ICAO)标准与建议措施(SARP)《无线电导航辅助(Radio Navigation Aids)卷1航空电信(Aeronautical Telecommunications)》附件10,定义卫星导航完好性为“卫星导航系统给出的PNT信息正确性可信程度的一种度量”。完好性包括当卫星导航系统不能提供用户导航服务时,向用户提供及时有效警告/警报的能力。为了确保定位误差(PE)处于可以接受的水平,需要定义告警门限(AL)来代表可以用于安全导航所允许的最大误差。在没有告知用户的情况下,定位误差不能超过告警门限。ICAO对GNSS信号性能要求[26]请见表3.5,这些指标(定位精度、完好性、告警时间、连续性和可用性)仅依靠GNSS自身是不能满足要求的,需要借助增强系统来实现,不同的飞行阶段,民航对卫星导航的性能指标要求不同。

对于CAT Ⅰ精密进近,如果一个特定系统设计的垂直告警门限(VAL)大于10m,则只有完成了系统安全性分析,系统才是可用的。ICAO制定的告警门限如表1.6所列。N/A表示不适用或无要求。

表 1.6 ICAO 导航服务告警门限

典型操作	水平告警门限	垂直告警门限
航路(大洋/大陆)	7.4km	N/A
航路(大陆)	3.7km	N/A
航路-终端	1.85km	N/A
非精密进近(NPA)	556m	N/A
APV-Ⅰ	40m	50m
APV-Ⅱ	40m	20m
CAT Ⅰ	40m	35~10m

ICAO 定义 GNSS 的定位误差(PE)为估计位置和实际位置之间的差别,指定地点估计位置的 PE 在精度要求范围内的概率至少为 95%。GNSS 的误差特征导致 GNSS 定位误差随时间变化,定位精度还随着导航卫星空间几何变化而变化,用户不可能连续测量 GNSS 的定位精度,需要依靠误差特征和误差分析来反映定位精度。因此,GNSS 的定位精度反映的是规定的典型取样的定位误差在精度要求范围内的概率统计,而不是在特定的测量间隔内典型取样的百分比。对于大样本不相关的集合,至少 95% 的典型取样的定位误差在精度要求的范围内。ICAO 对 GNSS 信号性能给出的定位精度考虑了导航卫星空间几何变化的影响。

ICAO 定义 GNSS 完好性为系统提供 PNT 信息正确性可信程度的度量,当系统不能用于期望的典型操作或者飞行阶段导航时,系统应具备及时向用户发出警告或者警报的能力。ICAO 对 GNSS 信号完好性要求由告警门限(AL)、告警时间(TTA)、完好性风险(IR)、保护级(PL)4 个参数来表征,简述如下[26-27]。

1) 告警门限

为了确保系统 PE 可接受,告警门限定义为用于涉及生命安全的导航服务时,系统所允许的最大 PE。当 PE 超过 AL 时,必须向用户告警。对于给定卫星导航系统的测量参数,AL 是系统不发布告警信息前提下测量参数的 NTE。HAL 是最大允许的水平位置误差(HPE),VAL 是最大允许的垂直定位误差(VPE)。当 PE 超过 AL 时,卫星导航系统应该宣布不能用于期望的典型操作或者飞行阶段导航。

2) 告警时间

当发生完好性事件时,在规定的时间段内,系统应当发布告警信息,即所谓的具备及时发布告警的能力。严格来说,只有发生完好性事件后,其持续时间超过 TTA,系统没有发布告警信息情况下,才需要考虑完好性事件。发生完好性事件时,要么在 TTA 内被检测出来,同时发布告警信息,要么完好性事件持续时间短于 TTA,由此不能认为发生了统计意义上的完好性事件。TTA 定义为从 GNSS 定位误差超出告警门限开始到用户机收到告警信息为止所允许的最长时间。

3) 保护级

PL 是一种计算得到的统计边界误差(statistical bound error),以保证绝对定位误差超过统计边界的次数小于或等于导致发生完好性风险发生的概率。ICAO 定义水平保护级(HPL)从系统完好性要求给出了 HPE 的边界,垂直保护级(VPL)则是从系统完好性要求给出了 VPE 的边界[26]。因为我们不知道飞机在正常飞行过程中的 PE,为了能够度量 PE 超过 AL 的风险,我们定义了一个 PE 的统计边界,又称为保护级(PL)。当系统用于期望的典型操作或者飞行阶段导航时,只有 PL 低于 AL 时,GNSS 导航信号才是可用的,即 VPL < VAL 且 HPL < HAL。因此,当 PE 超过 AL 时,系统不会宣布不可用。

对于 GNSS 星基增强系统(SBAS)设备导航服务,航空无线电技术委员会(RTCA)对保护级给出了类似等价的定义,水平保护级是水平面上的一个圆的半径所确定的范围,该水平面与 1984 世界大地坐标系(WGS-84)椭球相切,圆心是位置真值(true position),在半径确定的区域范围内可以确保覆盖接收机给出的水平位置(indicated horizontal position)[28]。考虑预期 GNSS 固有的误差特点,在合理的假设条件下,可以给出水平保护级的预测值。ICAO 和 RTCA 给出的保护级定义均未明确如何与完好性风险关联,由此也可以定义水平保护级是一种计算得到的水平定位误差的统计边界,由此可以保证绝对水平位置误差超出统计边界的次数小于或等于导致发生完好性风险发生的概率。类似地可以定义垂直保护级。定位系统可用的前提是给出虚警(FA)概率要求,由此才能设定如何放宽保护级范围的约束条件。水平和垂直保护级示意图如图 1.11所示[29]。

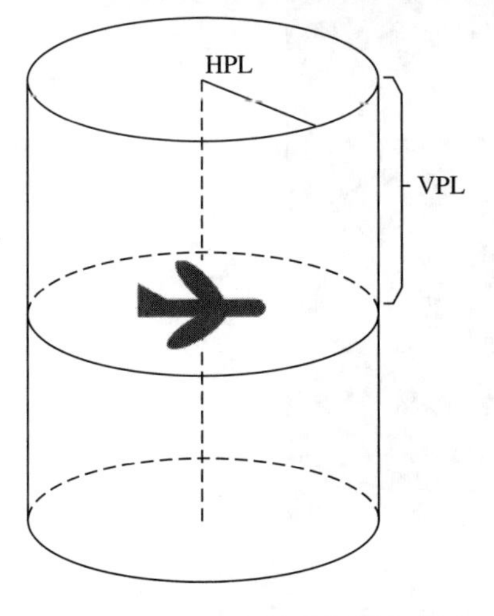

图 1.11 水平和垂直保护级示意图

4）完好性风险

完好性风险可以理解为系统完好性指标不满足期望的典型操作或者飞行阶段导航要求时,在任何时刻,PE 超过 AL 的概率。完好性风险通常假定包括对告警时间的考量,即系统发生故障后,故障被检测前,一种潜在的留给系统的时间。为了计算完好性风险,PE 超过 AL 的时间要长于 TTA。

ICAO 定义完好性事件为如果水平定位误差超出了水平保护级,那么就发生了水平完好性事件,如果垂直定位误差超出了垂直保护级,那么就发生了垂直完好性事件。如果完好性事件持续的时间超过了 TTA,在 TTA 内系统没有给出警报时,则称为完好性失效。一般用 Stanford 图用来描述完好性事件,但不能说明完好性失效,可以用来区分“错误引导信息(MI)”和“危险错误引导信息(HMI)事件”两种类型的完好性事件。当 PE 超出了 PL 但没有超出 AL,系统宣布可用时,定义为发生了 MI 事件。当 PE 超出了 AL,系统宣布可用时,定义为发生了 HMI 事件。

Stanford 图可以用于评估定位系统的性能,也是用于解释和说明完好性 4 个参数的直观工具[30,31]。Stanford 图横坐标代表定位误差(PE),纵坐标代表相应的保护级(PL)。通常可以分别绘出反映 PE 的水平和垂直分量及其对应的 PL 关系的 Stanford 图。Stanford 图的对角线将采样点分成两个大的区域,如图 1.12 所示[32]:对角线之上,PE 在 PL 范围内;对角线之下,PE 在 PL 范围外。Stanford 图可简便快速检查系统完好性状态,只要确认所有的采样点是否位于 Stanford 图对角线的上边即可。此外,通过采样点云图在 Stanford 图中的位置可以判断定位的安全等级,例如,如果采样点在对角线上方,但是很接近对角线,则说明系统在发生完好性事件的边缘。

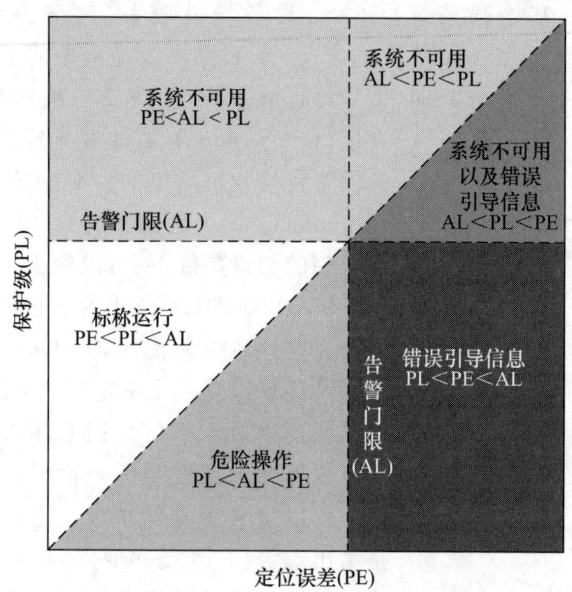

图 1.12 表征完好性的 Stanford 图(见彩图)

Stanford 图中那些在对角线以下且在垂直虚线(横坐标等于 AL)左边的三角形区域的采样点代表 MI 事件,那些在虚的垂直线(横坐标等于 AL)右边的且在虚的横直线(纵坐标等于 AL)以下的矩形区域的采样点代表 HMI 事件。Stanford 图还可以用来评估系统的可用性要求,图 1.12 中纵坐标在 AL 以上的区域表征系统“不可用”。因此,当且仅当所有的采样点位于 Stanford 图中“PE < PL < AL”的三角形区域时,系统可用性和完好性指标才满足要求,即系统工作正常(导航性能满足要求)。利用 Stanford 图也可以评估系统定位精度,图中间垂直于横轴的垂线等于目标误差上限,位于该垂线左手边的采样点表征系统定位精度满足指标要求。

1.4 小结

以地理测绘和形变监测为代表的定位服务高精度需求和以民航为代表的导航服务完好性需求,成为卫星导航技术与系统建设的两大主要方向。用户往往既需要提

高系统的定位精度，又希望增强系统的完好性。提高精度是减少误差的能力，是增强系统完好性的手段之一，完好性是对卫星导航系统 PNT 服务可信度的度量。

完好性增强系统利用广域差分改正技术和完好性检测技术，通过地面监测站采集伪距观测数据，获得卫星导航系统的完好性信息和各类误差改正数，再通过通信链路实时地播发给用户。完好性监测算法包括导航信号质量监测、导航电文质量监测、测量数据质量监测、多参考站一致性校验、均值-标准差监测和信息域范围测试。不同的监测算法分别对不同类型的故障或者较大的误差进行监测，根据监测算法，当发现监测数据存在较大误差时，将告警信息播发给用户。完好性信息主要包括卫星导航系统卫星的可用状态以及与导航信号有关的误差限制，用户可以由此确定观测卫星是否可用并计算得到定位误差限值，从而实现对故障的快速反应。验证卫星导航系统完好性监视模型的正确性和有效性也是一个复杂的过程。卫星导航增强系统按照维度可以分为不同种类，例如，按照播发链路的不同，可以分为星基增强系统和地基增强系统，按照服务范围可以分为广域增强系统和局域增强系统。星基增强系统、地基增强系统以及空基增强系统等卫星导航差分改正技术与完好性增强技术可以有效提高 GNSS 定位精度，同时增强系统的完好性。

此外，接收机自主完好性监测（RAIM）技术在利用所接收的多颗导航卫星观测量进行定位处理的同时，采用最小二乘法或奇偶空间矢量算法对多星冗余观测量进行故障卫星的检测和排除分析处理，从而及时得到具有一定完好性的定位结果。RAIM 算法有利用当前测量值进行一致性检测的“快照法”，也有利用当前测量值和过去测量值的“平均法”或“滤波法”。RAIM 算法一般都是基于测量值的一致性检测技术，即利用冗余测量值检测多个测量值中可能存在的问题。RAIM 虽然几乎不存在告警时延，但一般只能针对单颗卫星发生较大故障进行监测，完好性监测性能相对较弱，一般只用于航路阶段。用户接收机组合了惯导或气压高度测量等辅助信息进行完好性监测处理，又称辅助飞行器自主完好性监测（AAIM）技术。用户接收机引入 SBAS 信息，二者可实现优势互补，又称“相对”接收机自主完好性监测（RRAIM）技术。多卫星系统组合进行完好性监测处理又称增强型先进接收机自主完好性监测（ARAIM）技术。

近年来，GNSS 利用卫星自主完好性监测（SAIM）技术提高系统完好性性能，在导航卫星上配置完好性监测接收机，直接对导航卫星播发的信号进行监测，一旦发现异常立即生成告警标志并向用户播发。卫星自主完好性监测的优势在于星上直接监测，避免了地面监测的时延，有利于缩短告警时间，是完好性监测体系的重要补充。北斗全球卫星导航系统和 GPS Block Ⅲ导航卫星均计划在导航卫星上配置 SAIM 监测载荷，进一步提升系统完好性服务能力。

卫星导航增强系统的目标是提高基本导航系统的定位精度、增强基本导航系统的完好性。根据应用背景产生的增强技术与系统种类繁多，各增强技术和系统之间的分散式建设和非体系化发展，不仅不利于导航资源之间的统筹共享和协同工作，也在概念与专业术语上产生一定的混淆,给用户的认知和使用带来困难,不利于导航应用完整"生态圈"的形成[33]。体系化建设是解决这一问题的有效措施,例如:欧洲Galileo系统通过定义和设计服务类型,来规划和引导系统建设[6];日本QZSS则在基本系统基础上,一体化建设和提供SBAS及PPP服务[34]。卫星导航增强服务包括公益服务、商业服务、全球服务、区域服务、天基服务、地基服务等,可以满足不同用户的多种应用需求。

参考文献

[1] Data from the first week without selective availability, GPS fluctuations over time on May 2,2000 [EB/OL]. [2019-12-26]. https://www.gps.gov/systems/gps/modernization/sa/data.

[2] GPS without selective availability[EB/OL]. (2000-5-10)[2019-11-20]. http://www.datum.com/pdfs/GPSWIPI.PDF.

[3] 杨俊,单庆晓. 卫星授时原理与应用[M]. 北京:国防工业出版社,2013.

[4] MISRA P. 全球定位系统——信号、测量与性能(第二版)[M]. 罗鸣,译. 北京:电子工业出版社,2008.

[5] KUGI M. QZSS Update-ICG-13 providers system and service updates:13th meeting of the international committee on global navigation satellite systems[R]. Xi'an:ICG,2018.

[6] HAYES D. Galileo programme UP-date:13th meeting of the international committee on global navigation satellite systems[R]. Xi'an:ICG,2018.

[7] MA J Q. Update on BeiDou navigation satellite system:13th meeting of the international committee on global navigation satellite systems[R]. Xi'an:ICG,2018.

[8] Minimum operational performance standards for global positioning system/wide area augmentation systems airborne equipment:RTCA DO-229D[S]. Washington DC (USA):Radio Technical Commission for Aeronautics (RTCA) Special Committee No. 159,2006.

[9] LO S M. Using GNSS for autonomous applications:from planes to trains & automobiles [R]. Beijing:CSNC,2019.

[10] The global positioning system: assessing national policies [EB/OL]. [2019-10-27]. https://www.rand.org/pubs/monograph_reports/MR614.html.

[11] 刘基余. GPS卫星导航定位原理与方法[M]. 北京:科学出版社,2003.

[12] KAPLAN E D. GPS原理与应用:第2版[M]. 寇艳红,译. 北京:电子工业出版社,2007.

[13] 王华,程鹏飞,蔡艳辉. 单基站GPS差分系统设计与实现方法[J]. 测绘工程,2006,15(1):41-43.

[14] CHOP J,WOLFE D,et al. Local corrections,disparate users:cooperation spawns national differential GPS [J]. GPS World,2012,13(4):38-41.

[15] 武汉大学测绘学院GPS原理及其应用课程组. GPS原理及其应用(十二)[EB/OL]. [2019-12-26]. https://ishare.iask.sina.com.cn/f/1937s4t6KGn.html.

[16] NDGP general information[EB/OL]. [2019-11-20]. https://www.navcen.uscg.gov/NDGP Gen-

eral Information. html.

[17] RAY E C. The global positioning system:policy,program status and international activities:15th korean global navigation satellite system (GNSS) workshop[R]. Busan:GNSS Workshop,2008.

[18] 2019_Decomm_DGPS_Coverage[EB/OL]. [2019-11-20]. https://www. navcen. uscg. gov/images/Plots/2019_Decomm_DGPS_Coverage. jpg.

[19] Differential GPS navipedia[EB/OL]. [2019-11-20]. http://www. navipedia. net/Differential GPS-Navipedia. htm.

[20] NDGPS general information[EB/OL]. [2019-11-20]. https://www. navcen. uscg. gov/? pageName = dgpsMain.

[21] 赵爽. 国外卫星导航增强系统发展概览[J]. 卫星应用,2015(4):34-35.

[22] Tree key attributes and nine druthers[EB/OL]. [2012-10-1]. http://www. gpsworld. com/expert-advice-pnt-for-the-nation.

[23] Minimum operational performance standards (MOPS) for global positioning system/aircraft based augmentation system airborne equipment:RTCA DO-316[S]. Washington DC (USA):Radio Technical Commission for Aeronautics (RTCA),2009.

[24] Explanatory note[EB/OL]. [2019-12-07]. http://www. icao. int/safety/airnavigation/documents/gnss_cat_ii_iii. pdf.

[25] IS-GPS-200F[EB/OL]. [2019-12-7]. https://www. gps. gov/technical/icwg/IS-GPS-200F. pdf.

[26] ICAO. Annex 10-aeronautical telecommunications-volume I-radio navigational aids[M]. 7th ed. Montreal:International Civil Aviation Organization,2018.

[27] Integrity and action[EB/OL]. [2019-12-26]. http://www. navipedia. net/index. php? title = Talk:Integ-rity&action = edit&redlink = 1.

[28] Minimum operational performance standards for global positioning system/wide area augmentation system airborne equipment:RTCA DO-229[S]. Washington DC (USA):Radio Technical Commission for Aeronautics (RTCA),2006.

[29] Integrity protection level[EB/OL]. [2019-12-26]. http://www. navipedia. net/index. php/File:Integrity-protection-level. jpg.

[30] WAAS precision approach metrics:accuracy,integrity,continuity and availability-oct 1999[EB/OL]. [2019-12-26]. http://waas. stanford. edu/metrics. html.

[31] The stanford-ESA integrity diagram:focusing on SBAS integrity[EB/OL]. [2019-12-26]. http://www. navipedia. net/index. php/The_Stanford_% E2% 80% 93_ESA_Integrity_Diagram:_Focusing_on_SBAS_Integrity.

[32] Integrity-integrity-failure[EB/OL]. [2019-12-26]. http://www. navipedia. net/index. php/File:integrity-i1ntegrity-failure. jpg.

[33] 郭树人,刘成,高为广,等. 卫星导航增强系统建设与发展[J]. 全球定位系统,2019,44(2):1-12.

[34] Performance standard (PS-QZSS) and interface specification (IS-QZSS)[EB/OL]. [2019-12-30]. https://qzss. go. jp/en/technical/ps-is-qzss/ps-is-qzss. html.

第2章 基本算法

2.1 概　　述

2020 年，全球有美国 GPS、俄罗斯 GLONASS、中国 BDS 和欧盟 Galileo 系统四大全球导航卫星系统（GNSS）为全世界用户免费提供定位（P）、导航（N）和授时（T）服务，定位精度将优于 10m（95%），授时精度优于 100ns（95%），这个精度可以满足大部分用户的要求。例如，我国 BDS 能达到水平优于 6m，高程优于 10m 的定位精度，但该精度仍满足不了高精度用户定位服务的需求[1]。

GNSS 伪距观测量误差的影响在空间和时间上都是相关的，差分技术意味着我们可以从两个相隔一定距离（基线）的接收机中获得相似的测量值集合，将两个接收机得到的相似的测量值差分处理，就可以消除两个接收机共有误差，由此改善整个系统的性能。通过建立差分改正系统和完好性增强系统，播发差分改正及完好性增强信息，可以在提高定位精度的同时增强系统完好性。随着 GNSS 的发展，根据导航系统的特点及薄弱环节，进一步完善 GNSS 的差分及完好性算法，并结合实测数据进行分析验证，对 GNSS 建设具有重要意义。

广域差分技术通过对参考站观测量的误差源进行区分并“模型化”，再将计算出来的误差修正值，通过数据通信链路广播给用户，对用户接收机的观测误差加以改正，以达到削弱这些误差源影响、改善用户定位精度的目的。广域差分技术既削弱了局域差分技术中对参考站和用户站之间时空相关性的要求，又保持了局域差分的定位精度。在广域差分系统中，只要数据通信链有足够能力，参考站和用户站间的距离原则上是没有限制的。

广域差分系统通常由地面广域参考站、主控站以及通信链路 3 部分组成。每个参考站都已知其准确的地理位置，通过接收导航信号，检测出导航信号中的误差，通过地面的通信网络传输到主控站，主控站生成广域差分改正信息，之后通过通信链路发布给用户，使其得到更加精确的定位结果。

广域增强系统通常采用地球静止轨道（GEO）卫星作为通信链路载体发播导航增强信息，GEO 卫星既作为导航星座的测距源，也作为完好性告警通道。GEO 卫星覆盖范围广，位置稳定，对地面用户高仰角（高度角）工作，没有中轨卫星起落的影响，作为一个稳定的测距信号源，可补充星座有效可见卫星数量，增强系统的星座分布和稳定性，一方面减小定位几何精度衰减因子，提高系统定位服务的精度，同时也增强了系统的可用性，增强了系统自主完好性的管理能力。

2.1.1 差分改正技术进展

广域差分技术是一种矢量化误差改正技术,一般是在方圆几千千米区域内布设30~40个参考站,主要利用伪距观测量(辅以载波观测量)进行可视卫星轨道、钟差以及空间电离层延迟精确测定,并向服务区域内用户实时广播相对于导航电文的星历、钟差和电离层格网改正数,用户再利用导航卫星观测伪距和导航电文以及所接收的改正参数进行差分定位处理。

Parkinson教授和Kee博士于1990年最早进行广域差分GPS的研究,他们用全状态法来估计并分离卫星误差分量,采用最小二乘估计法同时求解卫星星历误差、卫星钟误差和参考站站钟[2]。这种方法把所有的卫星都用一个大的逆矩阵处理,因而计算强度非常大,而且这种早期的研究没有考虑带宽限制和数据播发时延,也没有将快变和慢变误差源分开以满足带宽限制的要求,用这种方法卫星星历误差和卫星钟误差都必须作为快变改正数进行传送。Yeou-Jyh Tsai设计了星历误差运动学模型,成功地分离出星历误差和时钟误差,并提出算法来估计用户差分距离误差(UDRE),用户可以在加权最小二乘导航算法中使用UDRE来检核WAAS服务的质量[3]。广域差分改正数一般是通过GEO卫星在服务区内集中式实时广播,经广域差分改正后,空间信号URE一般能优于米级,用户定位精度可达3m左右[4]。

另外,有学者对WAAS、欧洲地球静止轨道卫星导航重叠服务(EGNOS)等星基增强系统(SBAS)播发的差分改正数进行评估,分析了WAAS和多功能卫星(星基)增强系统(MSAS)播发的差分改正数校正的准确性,发现SBAS的卫星轨道改正数和钟差高度相关,差分改正数的准确性取决于SBAS地面网络的大小和轨道轨迹[5]。Hebelbarth等[6]还将星基增强系统播发的改正数应用到双频精密单点定位(PPP)技术中,其中WAAS的改正数用于PPP的定位精度最高,24h的静态定位精度优于10cm,2h的动态定位结果优于30cm,EGNOS和MSAS的改正数PPP的定位误差是WAAS的2~4倍。

对于星基星历和钟差改正算法,国内专家学者也开展了一些研究,其中,陈刘成基于北斗区域导航系统在动力学定轨的基础上,提出快速处理星历和星钟改正数的模型和方法[7]。曹月玲[8]利用北斗系统特有的星地双向时间同步测量,将卫星轨道误差和星钟误差进行分离,提高了北斗差分改正精度。关于实时轨道和钟差改正数解算的动力学模型和方法,文献[9]进行了深入研究,并采用基于非差、历元间差分组合模式的实时高频卫星钟差估计算法,利用北斗实验结果表明实时钟差确定精度优于0.2ns。宋伟伟[10]提出一种混合差分精密钟差估计方法,采用伪距单差与相位双差方程同时估计,解决了历元间差分估计方法中忽略初始卫星钟差偏差的问题。楼益栋等[11]基于武汉大学北斗试验跟踪系统(BETS)和多GNSS试验(MGEX)数据对北斗卫星精密定轨问题进行了分析和研究,倾斜地球同步轨道(IGSO)和中圆地球轨道(MEO)卫星三维重叠轨道差异分别优于20cm和14cm。在单系统精密定轨的基础上,多模GNSS精密定轨的研究取得较大进展,基于全球分布的100多个参考站数据联合解算 GPS、GLONASS、Galileo 系统、BDS 的轨道参数,除 BDS GEO 卫星切向重叠轨道差异较大外,其他系统定轨精度较高[12]。

2.1.2 完好性增强技术进展

GNSS 基本完好性监测技术利用系统所布设的监测站观测数据进行卫星轨道和钟差处理的同时,对导航电文中预报星历和钟差所对应的空间信号精度再进行实时分析处理,得到相应的完好性参数并随导航电文一起播发给用户,用户在进行定位处理的同时,利用所接收的完好性参数进行完好性处理。早期 GPS Block Ⅱ卫星在导航电文中播发用户测距精度(URA)、信号健康标志等参数,告警时间为小时级,系统完好性风险概率为 10^{-4}/h(自由故障概率),完好性性能较弱;现代化GPS Block ⅡR 卫星在导航电文中将 URA 改进为 URAoe、URAocb、URAoc1、URAoc2 参数,告警时间提高到分钟级,系统完好性性能可一定程度提高,另外,还定义了卫星星历差分改正(EDC)和钟差差分改正(CDC)相应的完好性参数用户差分距离精度(UDRA)及其变化率;GPS Block Ⅲ导航卫星计划通过增加卫星自主监测技术,以及改进 URA 参数,达到 CAT Ⅰ类精密进近性能要求;Galileo 系统将利用全球布设的 40 个监测站,在定轨与钟差处理的同时,并行分析处理全球完好性信息,包括空间(导航)信号精度(SI-SA)、空间(导航)信号监测精度(SISMA)、完好性标志(IF)共 3 个参数,更新率达到秒级,满足 CAT Ⅰ类精密进近性能要求,形成全球生命安全服务能力。

广域完好性监测技术是指在实现广域差分改正的同时,利用所布设监测站的并行观测数据,进行卫星星历、钟差以及电离层格网改正数的完好性分析处理,得到相应的用户差分距离误差(UDRE)、格网点电离层垂直延迟改正数误差(GIVE)及补偿参数等完好性信息,随广域差分改正数一起播发给用户,用户在进行广域差分定位处理的同时,进行相应的完好性分析处理。现代化 GPS 在导航电文中定义了 GNSS 卫星星历和钟差差分改正相应的完好性参数 UDRA 及其变化率。广域差分完好性监测告警时间一般为 6s,达到 CAT Ⅰ类精密进近性能要求。

广域增强系统在提高定位精度的同时确保系统的完好性、可用性、连续性等服务质量[13]。系统的完好性是指为确保导航安全,当卫星导航系统出现异常、故障或精度不满足要求时,实时向用户发出告警的能力;连续性是指用户使用定位服务中预计的服务质量(包括精度、完好性监测),与实际导航系统提供的服务质量相比较,预计与实际过程相符合的概率;可用性是指整个系统的导航功能和异常检测功能都正常工作的概率。总体说来,广域增强系统是着重提升定位服务安全性指标的系统。

国内学者在 20 世纪 90 年代中后期开始关注卫星导航完好性监测问题。2001 年,陈金平博士[14]对 GPS 完好性增强的方法进行了详细描述,设计了一套综合的多层验证方法的 SBAS 完好性监测体系,并给出 UDRE 和 GIVE 的验证算法。2008 年,牛飞博士[15]对 SBAS 展开了深入研究,对 UDRE 和 GIVE 以及用户保护级的计算进行分析,提出了一种综合考虑精度和完好性的 SBAS 定位解算优化方案。2010 年,秘金钟博

士[16]从卫星信号源误差出发，将 GNSS 完好性监测分为系统级、监测站级和用户级，并对系统完好性关键技术指标 SISA 和 SISMA 进行了深入研究和仿真。2010 年，李娟[17]建立了卫星导航系统星钟和星历误差的状态方程和量测方程，设计了一种 UDRE 的改进算法，用卡尔曼滤波计算星历、星钟误差改正数并改正精度，最后通过滤波误差估计精度矩阵计算 UDRE。2011 年，杨鑫春[18]借鉴 SBAS 完好性算法的原理，分析和研究了 BDS 在中国大陆区域内所能提供的用户保护级性能指标。

2.2 工作原理

差分改正系统和完好性增强系统的基本工作原理是利用分布在覆盖区域内的参考站监测全部可见 GNSS 导航卫星，将监测数据通过数据链路发送至中心站，中心站用所收集的数据计算 GNSS 差分改正数和完好性信息。差分改正数包括卫星钟差、卫星星历、电离层延迟改正数。完好性信息包括“不可用”“未被监测”和 GNSS 伪距误差以及差分改正数的误差。差分改正数和完好性信息通过 GEO 卫星数据播发给用户，用户根据接收的差分改正数、完好性信息和 GNSS 卫星数据得到精确的用户位置及导航参数，根据完好性信息得到 GNSS 卫星及差分系统的完好性状况。

差分系统和增强系统主要由监测站、中心处理系统、用户应用终端以及相应的数据传输链路组成，例如欧洲的星基增强系统（SBAS）——欧洲地球静止轨道卫星导航重叠服务（EGNOS）系统信息流如图 2.1 所示，完好性增强系统的监测站比差分改正

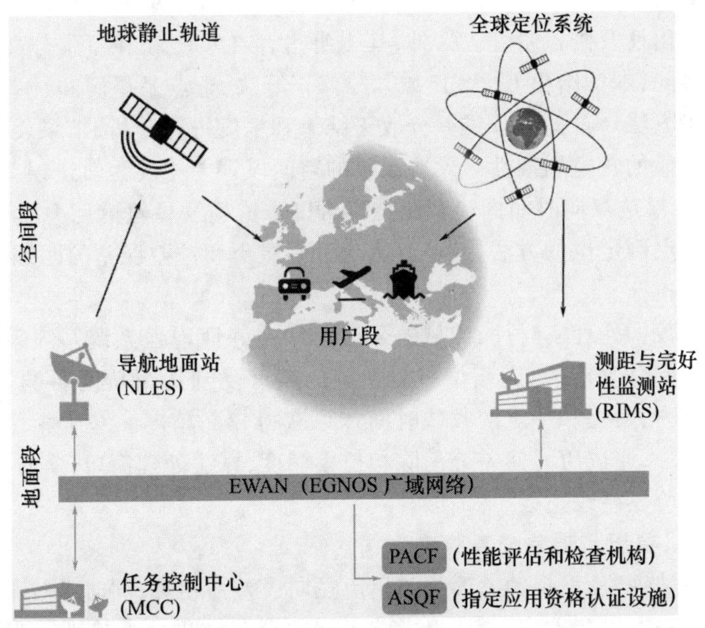

图 2.1 欧洲地球静止轨道卫星导航重叠服务系统信息流（见彩图）

系统的监测站多一项任务——对系统服务完好性进行监测和评估。位置确定的监测站的主要任务是对GNSS导航信号进行连续观测，实时获取载波相位、伪距等原始观测量，并采集当地温度、湿度、气压等气象数据，经过数据预处理和完好性验证后，通过通信链路和地面网络发送至中心处理系统。中心处理系统作为系统差分服务和完好性服务的信息处理和运行控制中心，主要任务是收集各监测站观测的原始数据，进行精密轨道确定、实时精密轨道及钟差改正数处理、实时完好性分析处理，将处理得到的差分改正数与完好性信息借助数据通信链路向用户广播，并进行全系统运行状况监视与控制。数据传输链路分站间数据传输链路和广播信息发播链路两种。站间数据传输链路进行监测站与中心站之间的数据传输，主要通过GEO卫星的卫星通信链路，同时利用地面通信网络。广播信息发播链路是将中心站处理得到的精密广域差分与完好性信息向用户发播，也将留有通过地面通信网络的发播途径，以服务于各类不同用户。

用户应用终端的主要任务是接收GNSS导航信号，同时接收获取GEO卫星广播的广域差分与完好性信息，进行实时精密定位与完好性应用处理，最终为用户提供精密导航定位应用。用户应用终端分为单频伪距差分用户终端、单频载波差分用户终端、双频载波差分用户终端等不同类型。

2.2.1 星历和钟差分离广域差分改正

等效钟差模型针对正常星历状况下的改正是有效的，具有上传参数少的优点，但其修正精度随轨道误差增加而降低，且没有考虑到导航卫星频繁机动等状况会降低差分系统的可用性及修正精度。另外，其本身也存在星历和钟差不分离导致精度损失的问题。由此，本章给出GNSS广域差分修正算法，重点是星历和钟差误差分离的四维差分改正方法。首先对一维差分改正结果和精度进行分析，结果表明，等效钟差结果中存在明显的轨道周期性。导航系统的空间段误差主要为轨道误差而非钟差误差，利用GNSS星地双向时间同步观测技术可以不依赖卫星轨道动力学建模，仅采用运动学平滑单点倒定位的方法，就可以成功分离星历和钟差误差的四维差分模式，可以实现高精度指标。

为了保证数据处理实时性，广域差分改正和完好性增强系统一般采用相位平滑伪距计算广域差分改正信息，相位平滑伪距的精度受到伪距精度影响，一旦发生周跳，则需要重新初始化和一定的收敛时间才可获得较高精度。基于相位观测值的四维差分改正算法，通过历元间差分消除相位模糊度，算法处理简单，实时性强，并可获得高精度的星历误差改正数。

2.2.1.1 星历和钟差分离算法

由于监测站钟差、卫星钟差误差与星历径向误差强相关，同时求解星历误差与钟差误差会导致法方程严重病态，所以影响了误差分离结果的准确性。为了解决上述问题，美国广域增强系统（WAAS）利用监测站站间单差处理，首先消除测距残差中的

卫星钟差误差，然后通过站间时间同步获得监测站接收机钟差，基于站间单差观测量，采用 snapshot 算法计算三维星历误差改正。在修正星历误差后，最后利用各监测站的非差观测量计算卫星钟差改正。

相对于中圆地球轨道（MEO）导航卫星 2 万 km 左右的轨道高度，广域差分区域监测网对卫星监测的几何构形很差。进行站间单差处理后，若直接采用最小二乘解算，误差方程对观测噪声极其敏感，计算结果异常。为了解决上述问题，WAAS 在计算星历改正时，增加了星历改正先验信息以及先验信息矩阵进行约束，利用最小方差（MV）算法计算星历改正信息。不同于 WAAS 的理念，中国科学院上海天文台提出一种基于星地时间同步的运动学四维差分改正算法，利用时间同步技术，可以获取实时钟差观测量，通过与广播星历的预报卫星钟差进行比对，可以获取卫星钟差改正信息。这种方法避免了进行站间单差处理，直接采用加权最小二乘即可以计算得到较高精度的星历改正信息，相对于 MV 算法，简化了信息处理复杂度。采用监测站共视同步法，消除伪距残差中的监测站钟差，利用独立星地时间同步观测，计算卫星钟差改正，将星历和钟差误差解耦，最后计算三维星历误差改正。星地时间同步支持下的星历和钟差分离算法处理流程（四维差分改正算法处理流程）如图 2.2 所示。监测站钟差、卫星钟差误差改正和卫星星历误差改正的具体实现算法在下面进行详细介绍。

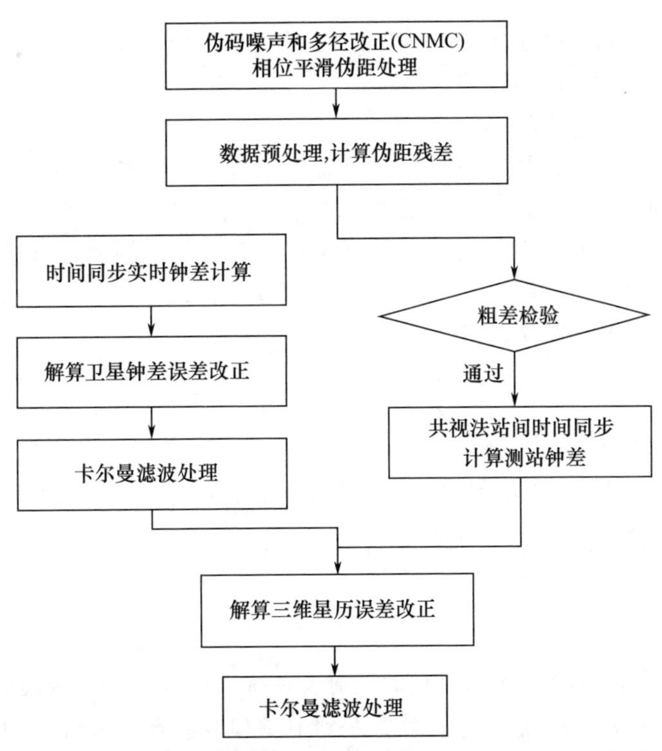

图 2.2　星历和钟差分离算法处理流程（四维差分改正算法处理流程）

2.2.1.2 共视法站间时间同步

本节介绍各监测站的接收机钟差 Staclk_i 的计算方法。采用卫星共视法实现站间时间同步,实现各监测接收机的钟差计算。首先,因主控站时钟的高稳定性,所以可将其作为监测站时间同步的公共基准。主控站钟差计算方法为

$$\Delta t_{\mathrm{sta,M}} = \frac{1}{P_{\mathrm{sta,M}}}\sum_{j=1}^{N}\frac{\Delta\rho_{\mathrm{M}}^{j}}{\sigma_{\Delta\rho_{\mathrm{M}}^{j}}^{2}+(\mathrm{URA}^{j})^{2}} \tag{2.1}$$

式中:$\Delta t_{\mathrm{sta,M}}$为主控站钟差;$\Delta\rho_{\mathrm{M}}^{j}$ 为相位平滑后伪距残差;$\sigma_{\Delta\rho_{\mathrm{M}}^{j}}^{2}$ 为测距观测精度;URA^{j} 为第 j 颗卫星的用户测距精度;$P_{\mathrm{sta,M}}$为权重。然后,利用监测站与主控站 $N_{i,\mathrm{M}}$颗共视卫星,进行站间单差处理:

$$\Delta_{i,\mathrm{M}}^{j} = \Delta\rho_{i}^{j} - \Delta\rho_{\mathrm{M}}^{j} \tag{2.2}$$

式中:$\Delta_{i,\mathrm{M}}^{j}$为站间单差,包含星历误差投影差异和监测站钟差互差。

计算主控站扣除钟差后的测距残差(O-C),当 O-C 大于阈值时,判断为异常卫星。剔除异常卫星,区域网条件下卫星星历误差投影差异可忽略[19]。可得监测站与主控站的钟差互差:

$$\mathrm{dclk}_{\mathrm{sta},i} = \Delta t_{\mathrm{sta},i} = \Delta t_{\mathrm{sta,M}} = \frac{1}{N_{i,\mathrm{M}}}\sum_{j=1}^{N_{i,\mathrm{M}}}\Delta_{i,\mathrm{M}}^{j} \tag{2.3}$$

则各监测站站钟为 $\mathrm{Staclk}_i = \mathrm{dclk}_{\mathrm{sta},i} + \Delta t_{\mathrm{sta,M}}$

最后,在监测站 i 对卫星 j 的伪距残差 $\Delta\tilde{\rho}_{i}^{j}$ 中扣除 Staclk_i,可将全部监测站残差同步到主控站,消除监测站钟差。

2.2.1.3 星地时间同步

本节中介绍利用时间同步实时钟差观测量计算卫星钟差误差的方法。利用星地时间同步的实时钟差观测值与多星定轨采用相位数据计算的卫星钟差进行比对,分析结果表明,时间同步实时钟差处理精度可达 0.5 ~ 1ns。因此,可以利用时间同步实时钟差观测量计算广播星历的卫星钟差预报误差。例如,根据北斗系统星地时间同步基本原理,时间同步实时卫星钟差观测量可表示为

$$\Delta T_{\mathrm{AS}} = \frac{1}{2}(R_{\mathrm{A}} - R_{\mathrm{S}}) + \frac{1}{2}(t_{\mathrm{AS}} - t_{\mathrm{SA}}) \tag{2.4}$$

式中:ΔT_{AS}为星地间相对钟差;R_{A}、R_{S} 分别为地面站 A 和卫星 S 的观测量;t_{AS}、t_{SA}分别为地面站 A 到卫星和卫星到地面站 A 的信号传播时延。考虑到各种影响可得

$$\begin{aligned}\Delta T_{\mathrm{AS}} = {} & \frac{1}{2}(R_{\mathrm{A}} - R_{\mathrm{S}}) + \frac{1}{2}\left[(\tau_{\mathrm{A}}^{\mathrm{T}} + \tau_{\mathrm{S}}^{\mathrm{R}}) - (\tau_{\mathrm{S}}^{\mathrm{T}} + \tau_{\mathrm{A}}^{\mathrm{R}})\right] + \frac{1}{2}(\tau_{\mathrm{AS}}^{\mathrm{ion}} - \tau_{\mathrm{SA}}^{\mathrm{ion}}) + \\ & \frac{1}{2}(\tau_{\mathrm{AS}}^{\mathrm{tro}} - \tau_{\mathrm{SA}}^{\mathrm{tro}}) + \frac{1}{2}(\tau_{\mathrm{AS}}^{\mathrm{G}} - \tau_{\mathrm{SA}}^{\mathrm{G}}) + \frac{1}{2}(\tau_{\mathrm{AS}}^{\mathrm{Ant}} - \tau_{\mathrm{SA}}^{\mathrm{Ant}}) + \frac{1}{2}(\Delta\tau_{\mathrm{AS}} - \Delta\tau_{\mathrm{SA}})\end{aligned} \tag{2.5}$$

式中:$\tau_{\mathrm{A}}^{\mathrm{T}}$、$\tau_{\mathrm{S}}^{\mathrm{T}}$ 分别为地面站 A 和卫星的发射设备时延;$\tau_{\mathrm{A}}^{\mathrm{R}}$、$\tau_{\mathrm{S}}^{\mathrm{R}}$ 分别为地面站 A 和卫星的接收设备时延;$\tau_{\mathrm{AS}}^{\mathrm{ion}}$、$\tau_{\mathrm{SA}}^{\mathrm{ion}}$分别为地面站 A 到卫星和卫星到地面站 A 的电离层时延;$\tau_{\mathrm{AS}}^{\mathrm{tro}}$、$\tau_{\mathrm{SA}}^{\mathrm{tro}}$分别为地面站 A 到卫星和卫星到地面站 A 的对流层时延;$\tau_{\mathrm{AS}}^{\mathrm{G}}$、$\tau_{\mathrm{SA}}^{\mathrm{G}}$分别为地面

站 A 到卫星和卫星到地面站 A 的引力时延；τ_{AS}^{Ant}、τ_{SA}^{Ant} 分别为卫星接收和发射天线相位中心；$\Delta\tau_{AS}$ 和 $\Delta\tau_{SA}$ 分别为信号由地面站 A 到卫星和由卫星到地面站 A 过程中由于观测目标运动引起的时延。

由于星地时间同步采用双向伪距观测数据作差，基本消除单向伪距测量中包含的绝大多数误差，并且不受监测站坐标误差、卫星位置误差和导航信号传播路径误差的影响，得到的钟差结果具有较高精度。式(2.5)中的第 2 项通过在线系统标校及信息处理系统的系统差解算结果进行改正；第 3 项由于为单频观测，采用电离层延迟模型进行改正；第 4 项采用大气延迟模型（Hopfield 模型或 Saastamoinen 模型）进行改正，也可以忽略不计；第 5 项中引力时延改正可以采用相对论时延改正式进行计算；第 6 项中天线相位中心改正通过天线姿态模型进行修正；最后一项可以采用下式进行计算：

$$\delta = \frac{1}{2}[(\Delta\tau_{AS} - \Delta\tau_{SA})] = \frac{\boldsymbol{\rho}_{AS} \cdot \dot{\boldsymbol{x}}_S}{c^2} + \frac{1}{2}\frac{\boldsymbol{\rho}_{AS} \cdot \dot{\boldsymbol{x}}_S}{c\rho_{AS}}(\tau_{AS}^{at} + \tau_{SA}^{at}) + \frac{\rho_{AS}\boldsymbol{\rho}_{AS} \cdot \ddot{\boldsymbol{x}}_S}{4c^3} + \frac{\rho_{AS}\dot{\boldsymbol{x}}_S \cdot \dot{\boldsymbol{x}}_S}{4c^3} +$$
$$\frac{\rho_{AS}\boldsymbol{\rho}_{AS} \cdot \ddot{\boldsymbol{x}}_A}{4c^3}\frac{\rho_{AS}\dot{\boldsymbol{x}}_S \cdot \dot{\boldsymbol{x}}_A}{c^3} - \frac{\rho_{AS}\dot{\boldsymbol{x}}_A \cdot \dot{\boldsymbol{x}}_A}{4c^3} + \frac{\boldsymbol{\rho}_{AS} \cdot \dot{\boldsymbol{x}}_A}{2c\rho_{AS}}\Delta T_{AS} - \frac{\boldsymbol{\rho}_{AS} \cdot \dot{\boldsymbol{x}}_S}{2c\rho_{AS}}\Delta T_{AS} \tag{2.6}$$

式中：$\boldsymbol{\rho}_{AS}$ 为从 A 到 S 的矢量；ρ_{AS} 为该矢量的模；$\dot{\boldsymbol{x}}_S$ 为 S 的速度矢量；$\ddot{\boldsymbol{x}}_S$ 为 S 的加速度矢量；$\dot{\boldsymbol{x}}_A$ 为 A 的速度矢量；$\ddot{\boldsymbol{x}}_A$ 为 A 的加速度矢量。

广播星历发播 a_0、a_1 和 a_2 3 个卫星钟差参数，利用广播星历中的钟差参数计算卫星钟差为

$$\mathrm{Sclk}_{brd} = a_0 + (a_1 + a_2 \times \Delta t) \times \Delta t \tag{2.7}$$

式中：Δt 为观测时刻相对于钟差参数参考历元的时间差。则卫星钟差误差的实时监测结果可表示为

$$\Delta\mathrm{Satclk}^j = \Delta T_{AS}^j - \mathrm{Sclk}_{brd}^j \tag{2.8}$$

2.2.1.4　最小方差法星历误差改正

本节介绍卫星星历误差的运动学解算方法。利用时间同步观测计算星钟误差改正后，测距残差中仅包含星历投影误差和观测噪声，建立运动学星历误差监测方程：

$$\begin{aligned}\Delta\tilde{\rho}_i^j &= \Delta\rho_i^j - \mathrm{Staclk}_i + \Delta\mathrm{Satclk}^j = \\ &a_{x,ij} \cdot \mathrm{d}x_i^j + b_{y,ij} \cdot \mathrm{d}y_i^j + c_{z,ij} \cdot \mathrm{d}z_i^j + \varepsilon_i^j\end{aligned} \tag{2.9}$$

式中：$(\mathrm{d}x_i^j \quad \mathrm{d}y_i^j \quad \mathrm{d}z_i^j)$ 为星历误差。

采用矩阵形式，上述观测方程可以表示为

$$\boldsymbol{z} = \boldsymbol{A}\boldsymbol{x} + \boldsymbol{v} \tag{2.10}$$

式中

$$\boldsymbol{z} = \begin{bmatrix} \Delta\tilde{\rho}_1^j \\ \vdots \\ \Delta\tilde{\rho}_{m-1}^j \\ \Delta\tilde{\rho}_m^j \end{bmatrix}, \quad \boldsymbol{A} = \begin{bmatrix} \dfrac{X^j - X_1}{R_1} & \dfrac{Y^j - Y_1}{R_1} & \dfrac{Z^j - Z_1}{R_1} \\ \vdots & \vdots & \vdots \\ \dfrac{X^j - X_m}{R_m} & \dfrac{Y^j - Y_m}{R_m} & \dfrac{Z^j - Z_m}{R_m} \end{bmatrix}, \quad \boldsymbol{x} = [\mathrm{d}x^j \quad \mathrm{d}y^j \quad \mathrm{d}z^j]^{\mathrm{T}} \tag{2.11}$$

利用多站多星观测数据,可实时计算卫星的三维星历改正误差,$\boldsymbol{v}$ 是测量噪声。

1）最小二乘解

当观测数大于未知数个数时,可采用最小二乘算法计算星历误差改正数。

最小二乘算法计算原则为残差平方和最小,其成本函数 $\boldsymbol{J}(x)$ 表示为

$$\boldsymbol{J}(x)=(\boldsymbol{z}-\boldsymbol{A}\boldsymbol{x})^{\mathrm{T}}(\boldsymbol{z}-\boldsymbol{A}\boldsymbol{x}) \tag{2.12}$$

最小二乘解为

$$\boldsymbol{x}_{\mathrm{LS}}=\boldsymbol{X}^{0}+(\boldsymbol{A}^{\mathrm{T}}\boldsymbol{A})^{-1}\boldsymbol{A}^{\mathrm{T}}\boldsymbol{v} \tag{2.13}$$

误差协方差矩阵用来描述最小二乘解对观测噪声的敏感性,表示为

$$\boldsymbol{P}_{\mathrm{LS}}=(\boldsymbol{A}^{\mathrm{T}}\boldsymbol{A})^{-1} \tag{2.14}$$

若用观测误差协方差作为权矩阵,可得加权最小二乘解:

$$\boldsymbol{x}_{\mathrm{WLS}}=\boldsymbol{X}^{0}+(\boldsymbol{A}^{\mathrm{T}}\boldsymbol{W}^{-1}\boldsymbol{A})^{-1}\boldsymbol{A}^{\mathrm{T}}\boldsymbol{W}^{-1}\boldsymbol{v} \tag{2.15}$$

加权最小二乘的误差协方差矩阵为

$$\boldsymbol{P}_{\mathrm{WLS}}=(\boldsymbol{A}^{\mathrm{T}}\boldsymbol{W}^{-1}\boldsymbol{A})^{-1} \tag{2.16}$$

2）最小方差解

最小二乘算法中,估计参数作为完全未知变量。但某些情况下,如果我们有星历改正参数的一些先验信息,并且先验信息比较准确,则可将未知参数看作已知均值和协方差的随机变量,采用最小方差法计算星历改正。假设已知星历改正数的先验无偏估计 $\tilde{\boldsymbol{x}}$ 和先验信息矩阵 $\tilde{\boldsymbol{\Lambda}}$,则最小方差算法的成本函数 $J(x)$ 表示为[20]

$$\boldsymbol{J}(x)=(\boldsymbol{x}-\tilde{\boldsymbol{x}})^{\mathrm{T}}\tilde{\boldsymbol{\Lambda}}(\boldsymbol{x}-\tilde{\boldsymbol{x}})+(\boldsymbol{z}-\boldsymbol{A}\boldsymbol{x})^{\mathrm{T}}(\boldsymbol{z}-\boldsymbol{A}\boldsymbol{x}) \tag{2.17}$$

$$E[\boldsymbol{x}]=\tilde{\boldsymbol{x}} \tag{2.18}$$

$$E[\boldsymbol{x}\boldsymbol{x}^{\mathrm{T}}]=\tilde{\boldsymbol{\Lambda}}=\boldsymbol{A}^{\mathrm{T}}\boldsymbol{A} \tag{2.19}$$

相应的,最小方差解为

$$\boldsymbol{x}_{\mathrm{MV}}=(\tilde{\boldsymbol{\Lambda}}+\boldsymbol{A}^{\mathrm{T}}W^{-1}\boldsymbol{A})^{-1}(\tilde{\boldsymbol{\Lambda}}\tilde{\boldsymbol{x}}+\boldsymbol{A}^{\mathrm{T}}W^{-1}z) \tag{2.20}$$

误差协方差矩阵为

$$\boldsymbol{P}_{\mathrm{MV}}=(\tilde{\boldsymbol{\Lambda}}+\boldsymbol{A}^{\mathrm{T}}W^{-1}\boldsymbol{A})^{-1} \tag{2.21}$$

最小二乘解计算得到的星历改正协方差矩阵信息可以作为最小方差法的先验信息矩阵。

2.2.1.5 差分改正的卡尔曼滤波

为了提高卫星钟差误差和卫星星历误差监测精度,对实时四维差分误差监测结果进行卡尔曼滤波处理。首先介绍基本的卡尔曼滤波方程,设随机线性离散系数的方程为

$$\boldsymbol{X}_k=\boldsymbol{\Phi}_{k,k-1}\boldsymbol{X}_{k-1}+\boldsymbol{\Gamma}_{k,k-1}\boldsymbol{W}_{k-1} \tag{2.22}$$

$$\boldsymbol{Z}_k=\boldsymbol{H}_k\boldsymbol{X}_k+\boldsymbol{V}_k \tag{2.23}$$

式中:$\boldsymbol{X}_k$ 是系统的 n 维状态矢量;$\boldsymbol{Z}_k$ 是系统的 m 维观测序列;$\boldsymbol{W}_k$ 是 p 维系统过程噪

声序列；$\boldsymbol{V}_k$ 是 m 维观测噪声序列；$\boldsymbol{\Phi}_{k,k-1}$ 是系统的 $n\times n$ 维状态转移矩阵；$\boldsymbol{\Gamma}_{k,k-1}$ 是 $n\times p$ 维噪声输入矩阵；$\boldsymbol{H}_k$ 是 $m\times n$ 维观测矩阵。设 $\boldsymbol{W}_k$ 的方差矩阵为 $\boldsymbol{Q}_k$；$\boldsymbol{R}_k$ 为系统观测噪声的方差矩阵。

$\boldsymbol{X}_k$ 的估计 $\hat{\boldsymbol{X}}_k$ 可按下述方程求解：

状态预测为

$$\hat{\boldsymbol{X}}_{k,k-1}=\boldsymbol{\Phi}_{k,k-1}\hat{\boldsymbol{X}}_{k-1} \tag{2.24}$$

状态估计为

$$\hat{\boldsymbol{X}}_k=\hat{\boldsymbol{X}}_{k,k-1}+\boldsymbol{K}_k[\boldsymbol{Z}_k-\boldsymbol{H}_k\hat{\boldsymbol{X}}_{k,k-1}] \tag{2.25}$$

滤波增益矩阵为

$$\boldsymbol{K}_k=\boldsymbol{P}_{k,k-1}\boldsymbol{H}_k^{\mathrm{T}}[\boldsymbol{H}_k\boldsymbol{P}_{k,k-1}\boldsymbol{H}_k^{\mathrm{T}}+\boldsymbol{R}_k]^{-1} \tag{2.26}$$

预测误差方差阵为

$$\boldsymbol{P}_{k,k-1}=\boldsymbol{\Phi}_{k,k-1}\boldsymbol{P}_{k-1}\boldsymbol{\Phi}_{k,k-1}^{\mathrm{T}}+\boldsymbol{\Gamma}_{k,k-1}\boldsymbol{Q}_{k-1}\boldsymbol{\Gamma}_{k,k-1}^{\mathrm{T}} \tag{2.27}$$

估计误差方差阵为

$$\boldsymbol{P}_k=[\boldsymbol{I}-\boldsymbol{K}_k\boldsymbol{H}_k]\boldsymbol{P}_{k,k-1}[\boldsymbol{I}-\boldsymbol{K}_k\boldsymbol{H}_k]^{\mathrm{T}}+\boldsymbol{K}_k\boldsymbol{R}_k\boldsymbol{K}_k^{\mathrm{T}} \tag{2.28}$$

其中 2 项可以进一步写为

$$\boldsymbol{K}_k=\boldsymbol{P}_k\boldsymbol{H}_k^{\mathrm{T}}\boldsymbol{R}_k^{-1},\boldsymbol{P}_k=[\boldsymbol{I}-\boldsymbol{K}_k\boldsymbol{H}_k]\boldsymbol{P}_{k,k-1} \tag{2.29}$$

只要给定初值 $\hat{\boldsymbol{X}}_0$ 和 $\boldsymbol{P}_0$，根据 k 时刻的观测值 $\boldsymbol{Z}_k$，就可以递推计算得到 k 时刻的状态估计 $\hat{\boldsymbol{X}}_k$。

在一个滤波周期内，卡尔曼滤波有两个明显的信息更新过程：时间更新过程和观测更新过程。滤波器的输入是系统状态的观测值，输出是系统状态的估计值。卫星钟差误差监测的状态方程为

$$\boldsymbol{X}(k+1)=\boldsymbol{\Phi}_k\boldsymbol{X}(k)+\boldsymbol{w}(k) \tag{2.30}$$

观测方程为

$$\mathbf{dclk}_{k+1}=\boldsymbol{H}_k\boldsymbol{X}(k)+\boldsymbol{v}(k) \tag{2.31}$$

式中：$\boldsymbol{X}(k)=[a_0\quad a_1]$；$\boldsymbol{H}_k=[1\quad 0]$；$\mathbf{dclk}_{k+1}$ 为实时钟差误差监测结果；$\boldsymbol{w}(k)$ 为系统过程噪声；$\boldsymbol{v}(k)$ 为测量噪声。

卫星星历误差监测的状态方程为

$$\boldsymbol{X}_{\mathrm{orb}}(k+1)=\boldsymbol{\Phi}_{\mathrm{orb}\_k}\boldsymbol{X}_{\mathrm{orb}}(k)+\boldsymbol{w}_{\mathrm{orb}}(k) \tag{2.32}$$

观测方程为

$$\boldsymbol{Z}_{\mathrm{orb}}(k)=\boldsymbol{H}_{\mathrm{orb}\_k}\boldsymbol{X}_{\mathrm{orb}}(k)+\boldsymbol{v}_{\mathrm{orb}}(k) \tag{2.33}$$

式中

$$\boldsymbol{\Phi}_{\mathrm{orb}\_k}=\begin{bmatrix}1&0&0&T&0&0\\0&1&0&0&T&0\\0&0&1&0&0&T\\0&0&0&1&0&0\\0&0&0&0&1&0\\0&0&0&0&0&1\end{bmatrix},\quad \boldsymbol{H}_{\mathrm{orb}\_k}=\begin{bmatrix}1&0&0&0&0&0\\0&1&0&0&0&0\\0&0&1&0&0&0\end{bmatrix}$$

$$X_{orb}(k)=[\Delta_{eph}\quad \dot{\Delta}_{eph}]=[\Delta x\quad \Delta y\quad \Delta z\quad \dot{\Delta} x\quad \dot{\Delta} y\quad \dot{\Delta} z]$$

式中：$Z_{orb}(k)$为实时计算的星历误差改正结果；Δ_{eph}为星历位置改正数；$\dot{\Delta}_{eph}$为星历速度改正数；$w_{orb}(k)$为系统过程噪声的轨道影响分量；$v_{orb}(k)$为测量噪声的轨道影响分量。

2.2.2 等效钟差改正

北斗系统是目前唯一同时提供基本导航服务和广域差分改正服务的系统，在已经公布的北斗用户ICD中，规定了广域差分改正数的含义与使用算法。北斗区域导航系统差分体制设计时考虑了星座主干星是高轨的GEO和IGSO卫星的轨道特点，提出采用等效钟差方式一维差分改正模型。利用等效钟差改正，有效地修正了由IGSO卫星动偏转零偏姿态调控引起的空间信号误差。为了便于处理，目前我国北斗区域卫星导航系统对授权用户播发一维的等效钟差改正，统一修正卫星星历径向误差和卫星钟差误差，同时消除星历切向、法线方向误差在各站视线方向的平均误差。

2.2.3 观测方程

导航卫星的观测量为多频伪距/相位观测数据。伪距观测量可以写为

$$\rho_i(t)=|X^j(t-\mathrm{d}t)-X_k(t)|+\delta t^j-\delta t_k+\delta\rho_{trop}+\delta\rho_{iono\_i}+\delta\rho_{sa\ tant}+\delta\rho_{rcvant}+\delta\rho_{rel}+\delta\rho_{tide} \tag{2.34}$$

相位观测量可以写为

$$(l_i+N_i)\cdot\lambda_i=|X^j(t-\mathrm{d}t)-X_k(t)|+\delta t^j-\delta t_k+\delta\rho_{trop}+\delta\rho_{iono}+\delta\rho_{sa\ tant}+\delta\rho_{rcvant}+\delta\rho_{rel}+\delta\rho_{tide} \tag{2.35}$$

式中：$\rho_i(t)$为第i频点在t时刻伪距观测量；$X_k(t)$为接收机在t时刻接收信号时的位置；$X^j(t-\mathrm{d}t)$为卫星在$t-\mathrm{d}t$时刻发射信号时的位置；δt^j和δt_k分别为卫星和接收机钟差；$\delta\rho_{trop}$为信号穿过大气层产生的折射时延；$\delta\rho_{iono_i}$为第i频点电离层折射误差；$\delta\rho_{sa\ tant}$为卫星天线相位中心偏心改正；$\delta\rho_{rcvant}$为接收机天线相位中心偏心改正；$\delta\rho_{rel}$为相对论效应改正；$\delta\rho_{tide}$为潮汐改正，主要是固体潮对监测站坐标的影响。相位观测方程中：λ_i为第i频点波长；l_i为第i频点相位观测量；N_i为第i频点整周模糊度。

在GNSS测量中，地面接收机除了接收从卫星播发的直接信号外，还会接收到地面反射波、介质散射波等多径信号。这些间接波对直接波的破坏性干涉，影响信号测量精度的误差称为"多径效应"。目前，GNSS测量中削减多径干扰的方法包括正确的选址、抗多径天线的设计、接收机结构设计和观测数据后处理等。使用抗多径天线是一种比较简单的方法，但是当残余的多径干扰过大时，仍然需要进行数据后处理。数据后处理有信噪比法、反射信号计算法、多径重复性法等方法。例如：利用多径重复性方法通过数据后处理的方式来减弱多径效应；利用各种滤波方法进行去噪，并分

离出具有重复性的多径效应改正模型。

根据伪距和载波相位观测方程,可以容易地验证,同历元伪码和载波相位观测量之差(CMC)包括双倍电离层延迟改正、模糊度和通道时延组合值、伪距多径误差和噪声信息。根据双频载波相位观测量可计算当前历元(带模糊度的)电离层延迟改正,如果能估计出模糊度和通道时延组合值,就可以分离出伪距多径和噪声。伪码噪声和多径改正(CNMC)算法通过递推估计模糊度和通道时延组合值。通过实测数据试验表明,CNMC 方法去除多径干扰明显,而且可以实现实时处理。

2.2.4 伪距残差计算

从 CNMC 平滑后的伪距观测量中扣除几何距离及各项系统误差,得到伪距残差为

$$\Delta\rho_i^j = \rho_i(t) - |X^j(t - \mathrm{d}t) - X_k(t)| - \delta t^j - \delta\rho_{\mathrm{sys}} \tag{2.36}$$

式中利用导航电文中提供的卫星轨道和钟差参数计算星地几何距离和卫星钟差改正。考虑到导航电文中提供的轨道、钟差等信息均为预报信息,随着预报时间的增加其误差会越来越大。式(2.36)又可以表示为

$$\Delta\rho_i^j = c\Delta t_i - \varepsilon_{\mathrm{orb}} - \varepsilon_{\mathrm{satclk}} + \varepsilon_i^j \tag{2.37}$$

式中:$\Delta\rho_i^j$ 为利用 CNMC 平滑后的伪距残差;$c\Delta t_i$ 为接收机钟差;$\varepsilon_{\mathrm{orb}}$ 为广播星历的轨道误差;$\varepsilon_{\mathrm{satclk}}$ 为钟差误差;ε_i^j 为残余的多径误差及噪声。

2.2.5 等效钟差

反映在伪距测量中的卫星钟差误差与方向无关,但卫星星历误差在不同用户视线方向投影不同。不过因导航卫星轨道高度为几万 km,分析表明,在服务区域内卫星轨道径向与用户测距方向的夹角小于 10°,若星历径向误差引起的最大 URE 为 R,则最小 URE 仅为 $0.98R$,区域内的“平均 URE”与真实星历引起的 URE 的误差小于 $0.01R$。正常服务情况下,区域卫星导航系统星历径向误差一般小于 1m[21],在不同方向的投影差异约 1cm,可忽略。

在上述条件下,可以将轨道投影误差与钟差投影误差统一处理,表示为等效钟差改正,即

$$\mathrm{pcor} = \varepsilon_{\mathrm{orb}} + \varepsilon_{\mathrm{satclk}} \tag{2.38}$$

因此,伪距观测残差又可以表示为

$$\Delta\rho_i^j = C\Delta t_i - \mathrm{pcor} + \varepsilon_i^j \tag{2.39}$$

式中:pcor 表示等效钟差改正。

在正常服务状态下,采用等效钟差改正模型,可以有效修正轨道径向误差和钟差预报误差。利用等效钟差改正后,可以将基本服务下双频用户定位精度由 5m 提高至 3m,单频用户定位精度由 6m 提高至 4m。北斗二号卫星导航系统 IGSO 卫星存在动偏转零偏姿态调控设计,动偏转零偏期间卫星轨道预报误差显著增加,利用等效钟

差改正,有效地提高了 IGSO 卫星动偏转零偏期间的空间信号精度,通过差分修正,提高了系统动偏转零偏调控卫星的可用性。

2.3 广域差分改正

北斗星基增强系统结合我国北斗区域卫星导航系统的特点,利用一维等效钟差模型对卫星轨道的径向误差以及卫星钟差进行改正。它不依赖卫星轨道动力学建模而仅采用运动学倒单点定位的方法计算(正常运动学单点定位是利用卫星位置解算地面用户的位置,运动学倒单点定位就是反过来,利用地面监测站的位置计算卫星的位置),但等效钟差的精度受到伪距残余噪声的限制,并且无法包含卫星轨道误差切向和法向分量的影响。为尽量降低伪距观测值噪声的影响,需要采用相位观测数据。而相位观测数据的引入涉及复杂的模糊度参数计算,使用相位历元间差分能够消除模糊度参数,Bock H. 和陈俊平采用该方法进行低轨卫星的后处理精密定轨[22]。Ge 等人采用相位历元间差分实时估计卫星钟差历元间变化及其累加值,同时利用伪距估计钟差的初始偏差,并将该初始偏差加到历元间差分累加值上获取卫星钟差[23]。通过历元间差分消除相位模糊度,算法处理简单,实时性强,并可获得高精度的星历和星钟误差改正数。

2.3.1 卫星钟差改正数

在已经公布的北斗用户 ICD 中[24],规定了广域差分改正数的含义和使用算法,通过对授权用户发播一维等效钟差改正,统一修正卫星钟差误差和轨道径向误差,下面在等效钟差的基础上给出基于相位历元间差分的钟差改正数算法。

2.3.1.1 共视法

无论在等效钟差还是在基于相位历元间差分的钟差改正数算法中,都采用卫星共视法实现站间时间同步,得到各监测接收机的钟差。共视法站间时间同步方法见 2.2.1.2 节所述。

2.3.1.2 等效钟差估计模型

计算等效钟差的流程如图 2.3 所示,首先判断各监测站观测数据的可用性,剔除过期观测数据,然后在经过 CNMC 算法平滑后的伪距观测量中,消除星地几何距离及传播路径的大气改正等公共误差,得到伪距残差,以此为基础计算钟差改正信息,如下式所示:

$$\Delta\rho_i^j = c\delta t_i - \varepsilon_{\text{orb}} - \varepsilon_{\text{satclk}} + \varepsilon_i^j \tag{2.40}$$

式中:$\Delta\rho_i^j$ 为伪距残差;$c\delta t_i$ 为监测站钟差;$\varepsilon_{\text{satclk}}$ 为卫星钟差误差;ε_{orb} 为轨道误差在视向的投影;ε_i^j 为观测噪声。

以等效钟差改正数统一修正卫星钟差误差和轨道误差在视线方向的投影,可以表示为

$$\text{ESclkcor} = \varepsilon_{\text{orb}} + \varepsilon_{\text{satclk}} \tag{2.41}$$

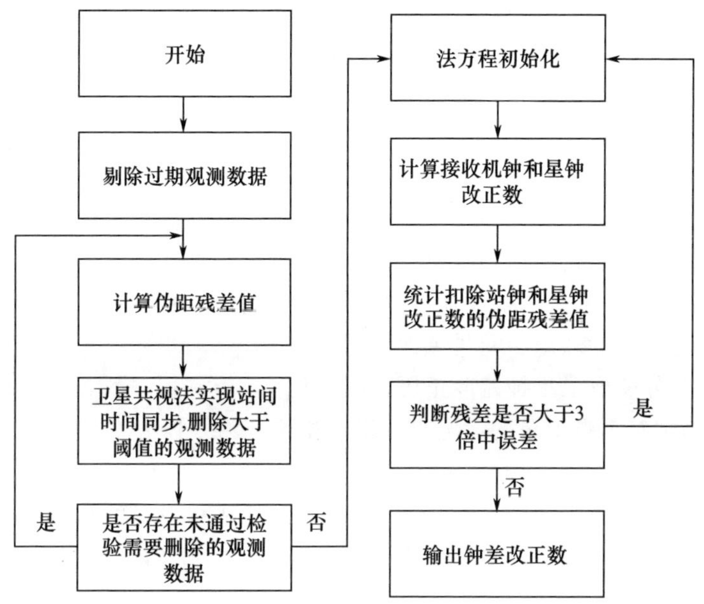

图 2.3 伪距数据解算卫星钟差改正数流程图

在运动学卫星钟差误差监测方程式(2.40)中,固定主控站的站钟,利用最小二乘法实时解算其他监测站站钟 $c\delta t_i$ 及等效钟差改正数 ESclkcor。

在计算等效钟差时还需要对观测数据进行检验,剔除主控站伪距残差大于 10m 的观测数据,同时判断其他监测接收机伪距减去钟差后的伪距残差,判断该残差是否大于 10m,当大于 10m 时同样剔除对应观测数据。在此之后,建立运动学星钟误差监测方程,固定主控站的站钟,利用最小二乘法实时解算其他监测站站钟及星钟改正数。在其他监测站伪距残差中扣除对应站钟和星钟改正数,计算验后单位权中误差,判断当大于 3 倍权中误差时,剔除该观测数据,并重新建立观测方程,直至满足条件后输出钟差改正数。值得说明的是,利用该模式求解的钟差改正数包含了卫星钟差误差和轨道误差在视向投影的均值。

2.3.1.3 结合相位数据的钟差改正数估计模型

为了提高等效钟差解算精度,采用伪距相位综合解算等效钟差方案。具体步骤如下:

1) 基于伪距求解卫星钟差改正数

任意监测站对一颗卫星在频率 i 的伪距观测方程为

$$P_i = \rho(x^{\mathrm{sat}}) + c \cdot (\mathrm{d}t_{\mathrm{rec}} - \mathrm{d}t^{\mathrm{sat}}) + (b_{i\mathrm{fb}} - b^{\mathrm{tgd}}) + I_i + m \cdot \mathrm{ZTD} + \zeta \quad (2.42)$$

式中:P_i 为伪距观测值;ρ 为星地理论距离,受卫星轨道 x^{sat} 误差的影响;$\mathrm{d}t_{\mathrm{rec}}$、$\mathrm{d}t^{\mathrm{sat}}$ 分别为监测站和卫星钟差改正数;$b_{i\mathrm{fb}}$、b^{tgd} 分别为监测站和卫星在频点 i 的伪距的硬件延迟;I_i 为频点 i 信号的电离层延迟改正函数,可利用双频观测数据组合消除;m、

ZTD 分别为对流层投影函数以及天顶对流层延迟；ζ 包含多径误差等噪声信息。

在式(2.42)中，卫星伪距硬件延迟频间偏差参数 b^{tgd} 的残余误差会被吸收到卫星钟差改正数中，而监测站伪距硬件延迟频间偏差参数 b_{ifb} 的残余误差会被吸收到监测站钟差参数中。

计算卫星钟差改正数时，首先采用 CNMC 算法，进行伪距数据多径误差的实时消减。在此基础上，利用导航电文中提供的卫星轨道、钟差以及卫星硬件延迟频间偏差参数对相关误差进行修正。对流层的修正采用监测站实测气象参数，结合经验大气模型进行修正。一般采用双频无电离层组合观测值，固定监测站精确坐标以及一个参考站钟，进而实时获取卫星钟差改正数。

2）相位差分获取卫星钟差改正历元间变化

任意监测站对 1 颗卫星的无电离层组合相位观测方程为

$$L = \rho(x^{sat}) + c \cdot (dt_{rec} - dt^{sat}) + (B_{ifb} - B^{tgd}) + N + m \cdot ZTD + \varepsilon \quad (2.43)$$

式中：ε 为相位观测值的噪声；B_{ifb}、B^{tgd} 分别为监测站和卫星的相位硬件延迟，通常处理中并不考虑；其他参数与式(2.42)相同。与式(2.42)相比，相位观测方程多了模糊度参数 N。

采用以上观测模型，综合伪码和相位观测量能够进行卫星钟差改正数的处理。相比伪码测距观测的数据处理，相位测距观测量包含了模糊度的处理。通常在实时逐历元处理模式下，模糊度的连续处理存在较长的收敛时间，此外在出现数据中断或者周跳的情况下，需要重新收敛。考虑到以上因素，不直接采用相位观测值，对相邻历元的相位观测值作差分，可得

$$\Delta L(t_{i-1}, t_i) = \Delta\rho(x_{i-1}^{sat}, x_i^{sat}) + c \cdot (\Delta dt_{rec} - \Delta dt^{sat}) + \Delta m \cdot ZTD + \Delta\varepsilon \quad (2.44)$$

由式(2.44)可以看到，通过历元间差分，硬件延迟以及模糊度在历元间不变的参数得到了消除，而对流层延迟历元间的差异体现在投影函数的差异上。此外，式(2.44)中钟差参数变成了历元间的变化量 Δdt_{rec}、Δdt^{sat}。由于没有模糊度参数，方程解算过程中不存在收敛性的问题。可采用与伪距一致的处理方法，获取卫星钟差改正数在历元间的高精度变化值。采用以上模型，在数据丢失或周跳的情况下，只会影响一个历元的处理。

3）伪距相位综合求解卫星钟差改正数

第一步伪距解算得到卫星钟差改正的绝对值，第二步相位差分获取卫星钟差改正历元间的变化，因此，给出如下定义：历元 t_i 基于伪码测距的卫星钟差改正数为 $x_{c,i}$，历元 t_i 基于相位测距的卫星钟差改正数变化为 $x_{\varphi,i} - x_{\varphi,i-1}$。

在卫星钟差改正历元间变化结果中，只要已知其中任意一个历元的绝对值，所有与该历元一起构成连续观测的卫星钟差改正即可确定，这在平差领域被归结为基准问题。可采用的解决方案为：利用伪码测距解算得到的卫星钟差改正绝对值作为初值，当初值多于 1 个时，可以将其作为虚拟观测值进行加权，再采用最小二乘法进行求解，具体算法可参考下面内容。

2.3.2 卫星轨道改正数

北斗区域导航系统的等效钟差模型中,播发的等效钟差只包含卫星钟差误差以及轨道误差在视向投影的均值。其中,轨道径向误差在不同视向投影的误差差异在厘米量级,任意视向的轨道径向误差可近似等价于其均值;而轨道法向误差和轨道切向误差在不同视向投影的误差差异较大,其在不同视向投影的误差最大可达轨道在这两个方向误差的 25%[25]。因此,对于更高精度的广域差分定位需求,需要在广域差分中增加不同视向情况下的轨道法向误差改正和轨道切向误差改正的设计。

2.3.2.1 卫星轨道改正数估计模型

卫星钟差误差和轨道误差耦合在一起,同时求解将使得法方程病态影响解算值的准确性。因此在伪距残差中先消除已解算的等效钟差改正数,再解算卫星轨道改正数。

$$\delta\varepsilon_{\text{orb}} = \Delta\rho_i^j - c\delta t_i + \text{ESatcor} = a_i \cdot x + b_i \cdot y + c_i \cdot z \tag{2.45}$$

式中:$\delta\varepsilon_{\text{orb}}$ 为星历误差在监测站视线方向的投影误差;a_i、b_i、c_i 为星历误差在该监测站方向的投影系数;x、y、z 为三维轨道误差,其他参数定义参考式(2.40)和式(2.44)。假设监测站对于某颗卫星连续跟踪,在没有周跳发生的情况下,对历元间的相位观测值差分能够消除模糊度参数,从而可以通过相位残差历元间差分数据计算轨道改正数历元间变化。

$$\begin{cases} \Delta L_i^j = c\delta t_i - \delta\varepsilon_{\text{orbi}} - \text{ESatcor}_i + \lambda N + \varepsilon_i^j \\ \text{d}\Delta L_i^j = c(\text{d}\delta t_i) - (\delta\varepsilon_{\text{orb}i} - \delta\varepsilon_{\text{orb}i-1}) - (\text{ESatcor}_i - \text{ESatcor}_{i-1}) + \Delta\varepsilon_i^j \end{cases} \tag{2.46}$$

式中:ΔL_i^j 为双频无电离层载波相位残差;N 为模糊度;ε_i^j 为载波相位噪声;$\text{d}\Delta L_i^j$ 是相位残差历元间差分结果;$\text{d}\delta t_i$ 是历元间接收机钟差的差值,可以利用卫星共视法实现站间时间同步,从而将各监测接收机的钟差计算消除。轨道误差历元间变化量可以由下式求解:

$$\begin{aligned} \text{d}\Delta L_i^j &= \text{d}\Delta L_i^j - c(\text{d}\delta t_i) + \text{dESatcor} = \\ & a_i(x_i - x_{i-1}) + b_i(y_i - y_{i-1}) + c_i(z_i - z_{i-1}) = \\ & a_i \text{d}x_{\varphi,i} + b_i \text{d}y_{\varphi,i} + c_i \text{d}z_{\varphi,i} \end{aligned} \tag{2.47}$$

以上通过伪距残差计算轨道改正数绝对值,然后利用相位残差历元间差分计算轨道改正数历元间变化,最终将高精度的轨道改正数历元变化和伪距计算的轨道改正进行综合,获取轨道改正数。

2.3.2.2 轨道改正数平滑模型

利用伪距的结果作为初值,当初值多于 1 个时,可以将伪距观测值作为虚拟观测值加权,最后采用最小二乘法进行求解。

假设第 i 个历元的卫星轨道改正值为 $\hat{x}'_i$,第 $i-1$ 个历元的卫星轨道改正值为 $\hat{x}'_{i-1}$,并假设第 i 个历元的伪距卫星轨道改正数为 $x'_{c,i}$,第 i 个历元与第 $i-1$ 个历元间的相位卫星轨道改正值的变化量为 $x'_{\varphi,i} - x'_{\varphi,i-1}$，将伪距结果作为实际参数的观测值,则观测方程可以写为

$$\hat{x}'_i - x'_{c,i} = v'_{c,i} \tag{2.48}$$

$$(\hat{x}'_i - \hat{x}'_{i-1}) - (x'_{\varphi,i} - x'_{\varphi,i-1}) = v'_{\Delta\varphi,i} \tag{2.49}$$

式中：$v'_{c,i}$ 为 $\hat{x}'_i$ 与 $x'_{c,i}$ 的残差；$v'_{\Delta\varphi,i}$ 为 $\hat{x}'_i - \hat{x}'_{i-1}$ 与 $x'_{\varphi,i} - x'_{\varphi,i-1}$ 的相位历元间残差。

将式(2.48)和式(2.49)分别转换为法方程的形式,得到

$$\boldsymbol{E}^{\mathrm{T}} \cdot \boldsymbol{P}_{c} \cdot \boldsymbol{E} \cdot \hat{\boldsymbol{x}}' = \boldsymbol{E}^{\mathrm{T}} \cdot \boldsymbol{P}_{c} \cdot \boldsymbol{x}'_{c} \tag{2.50}$$

$$\boldsymbol{C}^{\mathrm{T}} \cdot \boldsymbol{P}_{\varphi} \cdot \boldsymbol{C} \cdot \hat{\boldsymbol{x}}' = \boldsymbol{E}^{\mathrm{T}} \cdot \boldsymbol{P}_{\varphi} \cdot \Delta\boldsymbol{x}'_{\varphi} \tag{2.51}$$

式中：$\boldsymbol{E}$ 为单位阵；$\boldsymbol{C}$ 为系数阵,且

$$\boldsymbol{C} = \begin{bmatrix} -1 & 1 & 0 & \cdots & 0 & 0 \\ 0 & -1 & 1 & \cdots & 0 & 0 \\ \vdots & \vdots & \vdots & & \vdots & \vdots \\ \vdots & \vdots & \vdots & & \vdots & \vdots \\ 0 & 0 & 0 & \cdots & -1 & 1 \end{bmatrix}_{(n-1)\times n} \tag{2.52}$$

式中：n 为历元数量，$\boldsymbol{P}_{c}$、$\boldsymbol{P}_{\varphi}$ 分别为伪距观测值和相位观测的分块权矩阵,且有

$$\begin{aligned} \hat{\boldsymbol{x}}' &= (\hat{x}'_1 \quad \hat{x}'_2 \quad \cdots \quad \hat{x}'_n)^{\mathrm{T}} \\ \boldsymbol{x}'_{c} &= (x'_{c,1} \quad x'_{c,2} \quad \cdots \quad x'_{c,n})^{\mathrm{T}} \\ \Delta\boldsymbol{x}'_{\varphi} &= (x'_{\varphi,2} - x'_{\varphi,1} \quad x'_{\varphi,3} - x'_{\varphi,2} \quad \cdots \quad x'_{\varphi,n} - x'_{\varphi,n-1})^{\mathrm{T}} \end{aligned} \tag{2.53}$$

联合式(2.50)和式(2.51),采用最小二乘法可利用相位历元间差分数据平滑卫星轨道改正值。

2.3.2.3 轨道改正数拟合模型

在得到卫星轨道改正数后,还需要对多个历元的轨道改正数进行拟合,生成轨道慢变信息并播发。卫星轨道拟合生成慢变改正信息算法如下。在一般情况下,对于任意时刻轨道改正数 $(\mathrm{d}x,\mathrm{d}y,\mathrm{d}z)$ 与参考时刻的关系可以用线性表达式表示,即

$$\begin{cases} \mathrm{d}x(t) = \mathrm{d}x_0 + \mathrm{d}x_1(t - t_0) \\ \mathrm{d}y(t) = \mathrm{d}y_0 + \mathrm{d}y_1(t - t_0) \\ \mathrm{d}z(t) = \mathrm{d}z_0 + \mathrm{d}z_1(t - t_0) \end{cases} \tag{2.54}$$

式中：$\mathrm{d}x_0$、$\mathrm{d}y_0$、$\mathrm{d}z_0$ 和 $\mathrm{d}x_1$、$\mathrm{d}y_1$、$\mathrm{d}z_1$ 分别是参考时刻 t_0 的轨道改正数的常数项和速度项。

设 $\mathrm{d}x$ 表示轨道在 t 时刻的轨道改正数,显然,如果观测时间为 t_j，观测误差为 v_j，则可以建立误差方程为

$$\mathrm{d}x(t_j) + v_j = \mathrm{d}x_0 + \mathrm{d}x_1(t_j - t_0) \tag{2.55}$$

设 $\hat{x}_0$、$\hat{x}_1$ 为轨道改正数 $\mathrm{d}x_0$ 和 $\mathrm{d}x_1$ 的估计值,则有

$$\hat{x}(t_j) = \hat{x}_0 + \hat{x}_1(t_j - t_0) \tag{2.56}$$

根据最小二乘估计原则,参数 x_0、x_1 的估值可由多次轨道改正数数据求出,即

$$\begin{bmatrix} \hat{x}_0 \\ \hat{x}_1 \end{bmatrix} = \begin{bmatrix} n & \sum_{j=1}^{n} \Delta t_j \\ \sum_{j=1}^{n} \Delta t_j & \sum_{j=1}^{n} \Delta t_j^2 \end{bmatrix}^{-1} \begin{bmatrix} \sum_{j=1}^{n} x_j \\ \sum_{j=1}^{n} x_j \Delta t_j \end{bmatrix} \tag{2.57}$$

式中:n 为同步观测次数;$\Delta t_j = t_j - t_0$。

2.3.3 电离层格网改正

2.3.3.1 电离层延迟改正监测与处理基本原理

电离层改正模型处理首先采用多频伪距相位数据,通过双频或多频组合及相位平滑伪距处理计算出电离层延迟量,在多频组合处理电离层延迟量时需要扣除卫星及接收机的频率间偏差。利用国际参考电离层(IRI)模型计算预报服务区格网电离层(垂直)电子总含量(TEC),依据电离层的观测结果与上期 IRI 计算结果之间的差异,对 TEC 进行调整,得到中国区域上空分辨力为3°×3°格网电离层垂直总电子含量。电离层时间序列分析拟合出预报 Klobuchar 模型参数,作为模型参数解算中法方程迭代的初值使用。最后利用当天积累的实测垂直(电离层)电子总含量(VTEC)观测量、IRI 模型计算的 VTEC 以及电离层时间序列分析预报的 Klobuchar 模型参数解算电离层改正模型参数。

1) 电离层预处理

单层电离层模型示意图见图 2.4,R 为接收机位置,其与卫星连线在穿刺点 P' 处与电离层薄层相交,假设 OP' 方向上的自由电子集中于 P' 点。

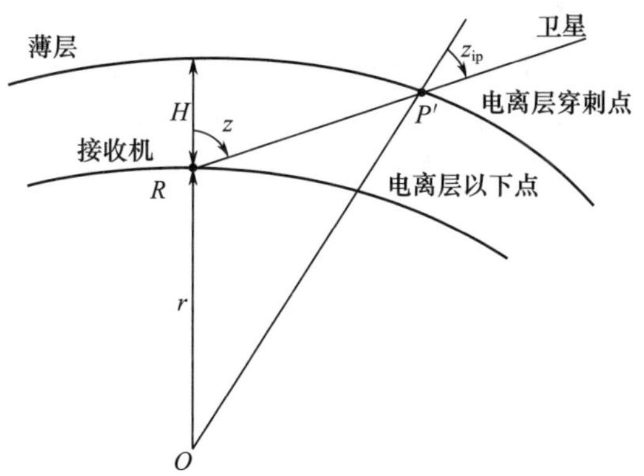

图 2.4 单层电离层模型示意图

穿刺点位置以球极坐标(φ,λ)表示,以$(x_r \quad y_r \quad z_r)^T$ 表示监测站坐标,以$(x_s \quad y_s \quad z_s)^T$ 表示卫星坐标,容易求出穿刺点 P'的坐标$(x \quad y \quad z)^T$,球心至 P'方向与监测站(R)至卫星方向的夹角为穿刺点(P')处的天顶距 z',图中 z_{ip}是电离层穿刺点的天顶角。从卫星传播到接收机的信号的电离层延迟为

$$\Delta d_{\text{ion}} = \pm \frac{40.28}{f^2}\text{VTEC}\,\frac{1}{\cos z'} \tag{2.58}$$

式中：VTEC 是穿刺点 P' 处天顶方向的电子总含量。对于伪距改正上式取正，对于相位改正上式取负。对于伪距观测量：

$$P = \rho - \frac{40.28}{f^2}\text{VTEC}\,\frac{1}{\cos z'} + \Delta \tag{2.59}$$

式中：ρ 为接收机至卫星的距离；改正项 Δ 包括接收机钟差项、卫星钟差项、对流层延迟项、卫星和监测站天线相位中心改正、相对论改正、多径误差改正、卫星电路延迟偏差、接收机电路延迟偏差等，均与频率无关。

相位观测量也可列相应的观测方程，但方程中包含模糊度参数。采用伪距观测量时，每个历元两个频率上的伪距之差即能解出天顶方向自由电子含量 VTEC。

$$P_j - P_i = -\frac{40.28}{f_j^2}\text{VTEC}\,\frac{1}{\cos z'} + \frac{40.28}{f_i^2}\text{VTEC}\,\frac{1}{\cos z'} \qquad i,j=1,2,3,i\neq j \tag{2.60}$$

解出

$$\text{VTEC} = \frac{\cos z'}{40.28}\frac{f_i^2 f_j^2}{f_i^2 - f_j^2}(P_j - P_i) = \frac{\cos z'}{40.28}\frac{f_i^2 f_j^2}{f_i^2 - f_j^2}\Delta P_{ij} \qquad i,j=1,2,3,i\neq j \tag{2.61}$$

式中：ΔP_{ij} 为伪距之差。

对于一站一星，每个历元按 3 个频率的伪距观测值可以组合计算 2 个电离层延迟量，按相位也可以计算出 2 个电离层延迟量，理论上这 4 个量应该相等，但由于存在误差等因素，不完全相等，按误差传播定律剔除粗差，加权平均得到该站该星该历元的电离层延迟量。穿刺点位置用电离层薄层的球极坐标表示。

天顶方向的电离层延迟 $t_{\text{ion-z}}$ 在实际应用中必须换算到接收机-卫星的斜距方向的 $t_{\text{ion-s}}$，在此可以利用映射函数来实现，具体关系式如下：

$$t_{\text{ion-s}} = t_{\text{ion-z}} \cdot \text{SF} \qquad \text{SF} = \sec[\arcsin[r\cos(\text{elev})/(r+h)]] \tag{2.62}$$

式中：elev 是卫星的高度角（单位：rad）；r 为地球平均半径；h 为电离层单层模型球壳的高度，取为 375km（该参数可调整），此时上述投影函数自身的误差很小，约为 0.1%。

2）硬件延迟解算

监测站跟踪某颗卫星 j，获取了双频的伪距观测量 P_2^j、P_1^j。此时，电离层观测量为

$$\text{TEC} = 9.52437 \cdot (P_2^j - P_1^j + B) \qquad B = q^j + q_{\text{r}} = q_2^j - q_1^j + q_{\text{r}} \tag{2.63}$$

式中：q^j 是卫星电路频率间偏差（频率间组合硬件延迟）；q_2^j、q_1^j 分别对应于卫星 j 在 P_2^j、P_1^j 两个频率上的组合硬件延迟；q_{r} 为该监测站接收机的硬件延迟。单层电离层多项式展开模型是将 VTEC 看作是纬度差 $\varphi - \varphi_0$ 和太阳时角差 $S - S_0$ 的函数。其具体表达式为

$$\text{VTEC} = \sum_{i=0}^{n}\sum_{k=0}^{m} E_{ik}(\varphi - \varphi_0)^i (S - S_0)^k \tag{2.64}$$

式中:E_{ik}为后处理模型系数;φ_0 为测区中心点的地理纬度;S_0 为测区中心点(φ_0,λ_0)在该时段中央时刻 t_0 时的太阳时角;$S-S_0=(\lambda-\lambda_0)+(t-t_0)$,$\lambda$ 为信号路径与单层的交点 P'的地理纬度,t 为观测时刻。

在穿刺点处,将下式

$$\text{VTEC}=\text{TEC}\cdot\cos z' \tag{2.65}$$

代入式(2.64)。式中:z'为卫星在穿刺点处的天顶距,可得到利用伪距观测值之差 $P_2^j-P_1^j$ 来确定 VTEC 电离层延迟模型的观测方程,最终形式为

$$\sum_{i=0}^{n}\sum_{k=0}^{m}E_{ik}(\varphi-\varphi_0)^i(S-S_0)^k-9.52437\cdot\cos z'\cdot B=9.52437\cdot(P_2^j-P_1^j)\cdot\cos z' \tag{2.66}$$

对于 12 参数单站电离层延迟模型,如果观测时段内监测站跟踪了 n 颗卫星,则利用该站数据建立电离层模型时,上述观测方程中待估参数的个数为 $12+n$,而单监测站在 4h 观测时段内的采样个数一般大于 1000 个,采用最小二乘法,可同时解算该时段内的电离层模型参数和接收机、卫星的组合硬件延迟。观测矩阵如下:

$$\begin{bmatrix} E_{00} & \cdots & E_{23} & k_1 & 0 & \cdots & 0 \\ E_{00} & \cdots & E_{23} & 0 & k_2 & \cdots & 0 \\ \vdots & & \vdots & \vdots & \vdots & & \vdots \\ E_{00} & \cdots & E_{23} & 0 & 0 & \cdots & k_n \end{bmatrix} \tag{2.67}$$

依据观测矩阵,将一个时段内(如 4h)的观测数据联立形成观测方程,可以同时解得该时段内的电离层多项式模型和所观测卫星、接收机的组合硬件延迟。由于受天空视图变化的影响,这样解算的结果不稳定。为此,将一天 24h 分成 6 个时段,每个时段内分别设置 12 个参数,全天共 72 个电离层模型参数,而卫星、接收机的硬件延迟作为全局变量,单独设置。此时,对于单站数据求解的情形,参数的个数为$72+29=101$(假定 29 颗卫星,每颗卫星对每个站有一个参数),对于多站数据求解的情形,参数个数为 $72+29\times n$,n 为监测站数。

上述解算的结果是卫星与监测站的组合硬件延迟。此时,可以利用各监测站得到的这些延迟,在所有卫星硬件延迟之和为零的假定下,进行求解,可以得到各卫星、接收机相对于这个虚拟基准的硬件延迟。此时,观测方程为

$$B=q^j+q_{\mathrm{r}} \tag{2.68}$$

约束方程为

$$\sum_{j=1}^{29}q^j=0 \tag{2.69}$$

采用附有条件的间接平差,可以得到各卫星、监测站相对于该基准的相对硬件延迟。

3)国际参考电离层(IRI)模型计算分析

IRI 模块的主要功能是利用 IRI 模型计算输出观测时刻中国区域上空分辨力为 3°×3°格网电离层的垂直电子总含量,作为电离层延迟的背景场,并综合比较分析电

离层观测量与背景场的差异,调整用于计算电离层改正模型参数的观测量的加权策略。

模型计算的相关参数有:地理或地磁坐标、时间;太阳射电辐射强度 F10.7;太阳黑子相对数 12 个月的流动平均值 R12;地磁 Ap 指数;电离层特性预报指数 IC,表征了太阳活动性的预测 F2 电离层指数;本地或区域参数(F2 层的临界频率、峰值高度,或峰值电子密度)。

IRI 模型计算的核心问题是实时获取上述参数,特别是 foF2—F2 层的临界频率(高于此频率的电磁波会穿透电离层 F2 层,低于则被反射)和 M(3000)F2——F2 层 3000km 最高可用频率因子,分析预报服务区格网电离层 TEC,依据电离层的观测结果与上期 IRI 计算结果之间的差异,对 TEC 进行调整。

4)电离层时间序列分析

电离层时间序列分析对历史电离层观测资料进行函数展开,计算各纬度周日变化参数时间序列,按照时间序列分析的方法对各纬度周日参数进行时间序列分析,获取谐函数展开系数,计算谐函数系数预报值,并拟合出 Klobuchar 模型参数以及相应方差-协方差信息,作为模型参数解算中法方程迭代的初值使用。

电离层历史数据时间序列分析采用电离层延迟谐函数展开式:

$$\psi(t) = C_0 + \sum_{i=0}^{n} (C_i\cos(\omega_i t) + S_i\sin(\omega_i t)) \qquad \omega_i = 2\pi/T_i \tag{2.70}$$

式中:$\psi(t)$ 为 t 时刻电离层延迟趋势函数;C_0 为常数项;n 为电离层趋势变化的周期数,一般考虑 5 种周期:11 年、1 年、半年、14.77 天和 1 天;C_i 和 S_i 为谐函数对应用于第 i 个周期的系数;ω_i 为第 i 个周期对应的角频率。该模型一般用来分析电离层长时间序列大尺度的周期变化特性。

5)电离层改正模型参数解算

综合利用电离层历史资料时间序列分析处理的相关信息、IRI 模型提供的电离层背景场信息、实时的电离层观测数据,在地磁参考坐标系中按照不同的加权策略和相应的数据处理方法,解析出电离层改正模型参数,参数形式采用改进后的 Klobuchar模型,并推算出满足系统指标的一定时段的预报值。电离层改正模型采用改进后的 Klobuchar 模型为

$$I_z(f,t) = k(f) \times I_z'(t)$$

$$I_z'(t) = \begin{cases} \mathrm{DC}_0 + A_2\cos\left[\dfrac{2\pi(t-A_3)}{A_4}\right] & 21600 < t < 72000 \\ \mathrm{DC} & t\ \text{为其他值} \end{cases} \tag{2.71}$$

式中:$I_z'(t)$ 为电离层垂直天顶延迟,暂定单位为 s,相应频率为 L1;t 为以 s 为单位的接收机至卫星连线与电离层交点(M)处的地方时。对于计算不同频率的 $I_z(f,t)$,需要乘一个与频率有关的因子 $k(f)$;夜间电离层延迟偏差改正(DC)计算方法如下:

$$DC=\begin{cases}A_1+B(t-86400) & 72000\leqslant t\leqslant 86400\\ A_1+B(t-0) & 0\leqslant t\leqslant 21600\end{cases},DC_0=A_1+B(t-72000)\tag{2.72}$$

在 Klobuchar 模型中采用常数 $DC=DC_0=5ns$，是对夜晚观测精度的最大限制。通常一个太阳周期里夜间电离层延迟 DC 的值在 5～20ns 之间变化，每天夜晚不是常数，是简单时间函数。新增加的 A_1 和 B 参数作为慢变参数分别描述 DC 的长期变化和每天晚上的时间变化。A_2 为白天电离层延迟余弦曲线的幅度，用 α_n 系数计算得到

$$A_2=\begin{cases}\sum_{n=0}^{3}\alpha_n\phi_M^n & A_2\geqslant 0\\ 0 & A_2<0\end{cases}\tag{2.73}$$

A_4 为余弦曲线的周期，用 β_n 系数求得

$$A_4=\begin{cases}\sum_{n=0}^{3}\beta_n\phi_M^n & A_4\geqslant 72000\\ 72000 & A_4<72000\end{cases}\tag{2.74}$$

式中：ϕ_M^n 为电离层穿刺点的地磁纬度。A_3 为余弦函数的初始相位，对应于曲线极点的地方时，用 γ_n 系数求得

$$A_3=\begin{cases}50400+\sum_{i=0}^{3}\gamma_i\phi_M^j & 43200\leqslant A_3\leqslant 55800\\ 43200 & A_3<43200\\ 55800 & A_3>55800\end{cases}\tag{2.75}$$

对改进后的 Klobuchar 模型进行泰勒级数线性化展开，利用双频观测平滑后的伪距差，构建得到线性观测方程为

$$\boldsymbol{AX}+\boldsymbol{L}=0\tag{2.76}$$

式中：$\boldsymbol{A}$ 为矩阵；$\boldsymbol{X}$ 为未知参数矢量；$\boldsymbol{L}$ 为观测矢量。

$$\boldsymbol{A}=\left(1,t-t_0,\frac{\partial T_g}{\partial\alpha_0},\frac{\partial T_g}{\partial\alpha_1},\frac{\partial T_g}{\partial\alpha_2},\frac{\partial T_g}{\partial\alpha_3},\frac{\partial T_g}{\partial\beta_0},\frac{\partial T_g}{\partial\beta_1},\frac{\partial T_g}{\partial\beta_2},\frac{\partial T_g}{\partial\beta_3},\frac{\partial T_g}{\partial\gamma_0},\frac{\partial T_g}{\partial\gamma_1},\frac{\partial T_g}{\partial\gamma_2},\frac{\partial T_g}{\partial\gamma_3}\right)$$

$$\boldsymbol{X}=(A_1,B,\alpha_0,\alpha_1,\alpha_2,\alpha_3,\beta_0,\beta_1,\beta_2,\beta_3,\gamma_0,\gamma_1,\gamma_2,\gamma_3)^T$$

$$\boldsymbol{L}=T_g^0-5.156(\cos Z)(P_1-P_2)/C$$

式中：T_g 为电离层延迟；α_0、α_1、α_2、α_3、β_0、β_1、β_2、β_3、γ_1、γ_2、γ_3 为式(2.73)～式(2.75)中的模型系数。

另外，为了保障模型各参数本身的特性，数据处理时将依据不同的加权策略，引入随机过程的方法来调整方差、协方差矩阵，并通过最小二乘平差并迭代，可以实现连续解算，不断地更新电离层延迟参数。

2.3.3.2　电离层格网改正精度

利用陆态网络 GNSS 观测数据对监测站个数与格网电离层改正精度的关系进行分析。分别采用不同个数(21、45、53、66、75、83、93、103)的监测站数据每 30s 解算一组格网。考虑监测站数据的可用性，21 个监测站近似代表目前系统全网 29 个监测站整网瞬时的观测情况，而 45 个监测站也近似代表全网 53 个监测站(其中 24 个为

新增)瞬时的观测情况。将整点时刻的格网与 CODE 公布的整点时刻 GIM 进行比较,对该天所有结果取平均,具体结果如图 2.5 所示。

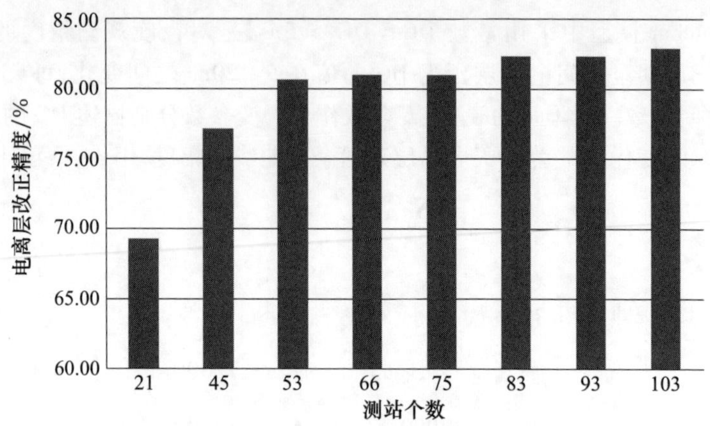

图 2.5 不同站数的格网电离层改正精度

从以上结果可以看出,采用 21、45、53 个站的格网电离层改正精度分别为 69%、77% 和 80%,当监测站个数为 53 个时,格网电离层改正精度明显改善。

2.3.3.3 电离层格网改正可用度

基于当前北斗现有监测站网络,所获取的格网点的可用度在某些区域较低,影响该区域单频用户的定位精度。通过增加一定数量的监测站可明显改善部分北斗格网电离层改正部分区域可用度较低的问题。当前系统监测站网络条件下的格网可用度情况如图 2.6 所示,可以看到电离层格网在服务区的中间区域可用度较高,而其他区域格网的可用度则大大低于中间区域,其中完全可用的格网个数为 36 个。

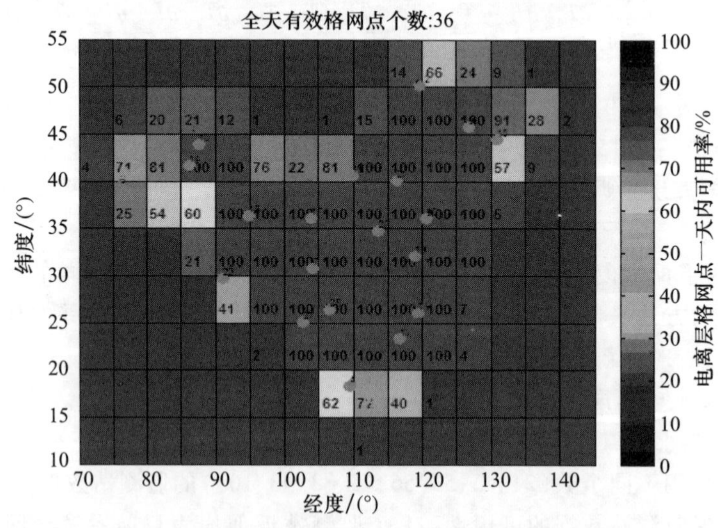

图 2.6 当前系统监测站网情况下电离层格网可用度情况(见彩图)

在同样区域，通过新增 5 个监测站观测数据之后的电离层格网可用度情况如图 2.7 所示，通过增加这 5 个站，电离层格网的可用度大大提高，其中完全可用的格网个数为 40 个。增加 24 个监测站之后的电离层格网可用度情况如图 2.8 所示。

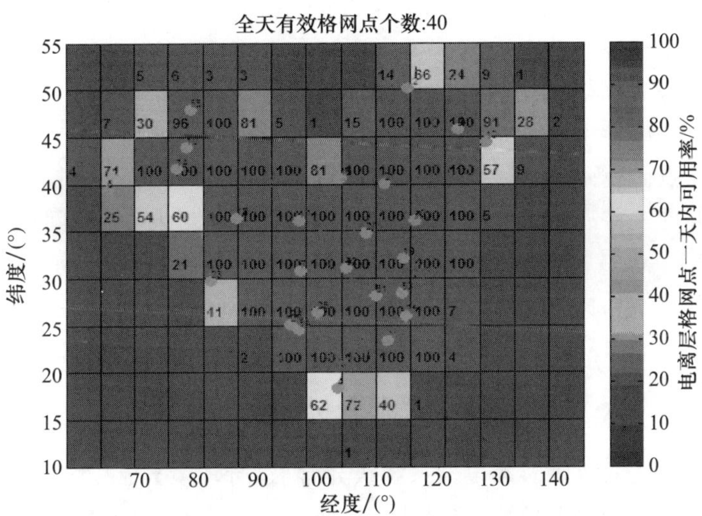

图 2.7　当前系统监测站网增加 5 个新增站情况下电离层格网可用度情况（见彩图）

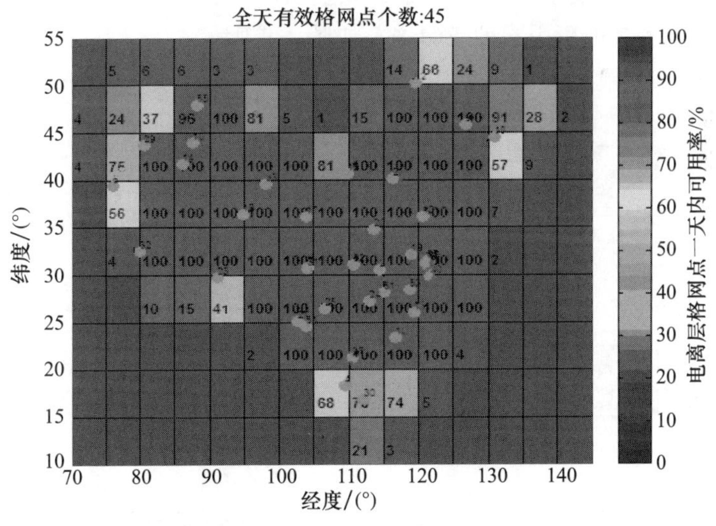

图 2.8　当前系统监测站网增加 24 个新增站情况下电离层格网可用度情况（见彩图）

比较以上 3 个图可知，在增加监测站后，电离层格网可用度在西南、西北以及沿海地区整体得到了明显改善，完全可用的范围得到了大幅提高。此外，在现有监测站网基础上增加西南、西北方向监测站对格网电离层可用度有明显改善。

2.4 完好性监测

随着卫星导航系统的技术升级以及各卫星导航系统差分技术的应用，卫星导航定位精度显著提高，使得系统定位精度达到甚至超过了厘米级。与之相比，影响用户安全性能的导航系统完好性问题变得日益突出。而从用户安全的角度考虑，尤其是对于生命安全服务，导航系统的完好性至关重要。

对于差分完好性主要研究用户差分距离误差（UDRE），而对于北斗卫星基本完好性参数将重点研究两类：第一类是对卫星轨道和钟差信息的预报精度进行评估，可以将事先已知的一些故障信息广播给用户，向用户提供北斗系统空间信号预报精度，称为空间（导航）信号精度（SISA），为基本导航慢变完好性信息；第二类是对突变的系统级异常和运行环境级异常，如卫星钟差跳变等进行实时完好性监测，向用户播发快变的完好性信息，称空间信号监测精度（SISMA），为基本导航快变完好性信息。

2.4.1 GNSS 完好性故障因素分析

卫星导航系统的故障因素包括系统级异常、运行环境异常、用户端异常[26]。系统级异常又可具体分为卫星钟运行故障、地面主控站故障、卫星轨道偏差异常、卫星有效载荷故障、导航卫星故障和射频（RF）故障 6 类。运行环境异常分为人为故意干扰、无意干扰和信号突变 3 类。用户端异常包括接收机硬件和软件异常，以及人工失误造成的异常。各类故障因素的逻辑关系如图 2.9 所示。

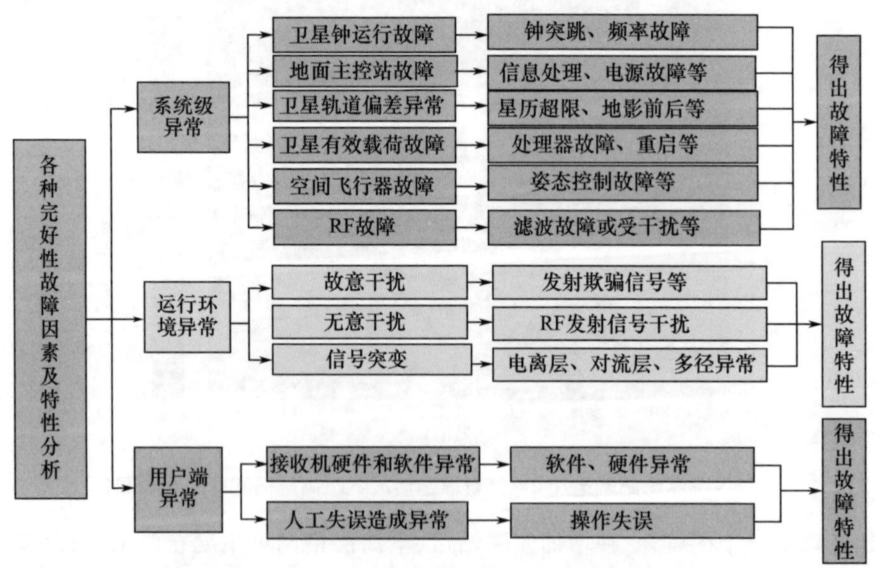

图 2.9 完好性故障因素及特性分析（见彩图）

针对上述故障因素，设计对故障因素进行告警的完好性监测处理方法。系统完好性监测处理思路为通过对卫星轨道和钟差信息的预报精度进行评估，向用户提供 GNSS 空间信号预报精度，此类慢变更新的完好性信息，可以将事先已知的一些故障信息广播给用户。但通常情况下，系统会发生一些突变的系统级异常和运行环境级异常现象，如卫星钟差跳变等，因此还需要对空间信号的精度进行实时监测，并向用户播发快变的完好性信息，同时给出告警信息。通过上述完好性监测处理原则，根据不同的服务范围，设计系统基本完好性参数和广域差分完好性参数，并研究完好性参数的处理方法及信息结果。

2.4.2　广域差分完好性参数——UDRE

UDRE 定义为系统服务区内，可视卫星星历误差及钟差误差相应的伪距误差置信限值。通过观测伪距和计算伪距的比较值进行统计计算得到。基本原理是：对应用了差分改正后的伪距残差进行数理统计，给出系统服务区内，与可视卫星星历及钟差改正数误差相应的伪距误差的置信限值 UDRE 或与之对应的标准差 σ_{UDRE}。北斗星基增强系统中的 UDRE 计算流程如下。

（1）利用广泛分布的各个完好性监测站数据，对每台接收机伪距数据作监测站天线相位中心改正、卫星天线相位中心改正、卫星广播星历钟差改正、地球自转改正、对流层改正、相对论改正、潮汐改正后，统计观测伪距数据分组 $\rho_{j,k,i}^{(\mathrm{o})}$（其中 j 为监测站号，k 为历元，i 为卫星号）。

（2）利用监测站坐标、广播星历和广域差分改正数计算改正后的几何距离 $\rho_{j,k,i}^{(\mathrm{c})}$（其中，$j$ 为监测站号，i 为卫星号，k 为历元）。

（3）二者求差为差分后的伪距残差 $\mathrm{d}\rho_{j,k,i}$ 序列，即

$$\mathrm{d}\rho_{j,k,i} = \rho_{j,k,i}^{(\mathrm{o})} - \rho_{j,k,i}^{(\mathrm{c})} \tag{2.77}$$

（4）计算相同历元、同一监测站对全部卫星的伪距残差平均值，作为站钟，并从伪距残差中消除：

$$\mathrm{Staclk}_{j,k} = \frac{\sum_{i=1}^{N_{j,k}} \mathrm{d}\rho_{j,k,i}}{N_{j,k}} \qquad \mathrm{d}\tilde{\rho}_{j,k,i} = \mathrm{d}\rho_{j,k,i} - \mathrm{Staclk}_{j,k} \tag{2.78}$$

式中：$N_{j,k}$表示监测站 j 在历元 k 观测到的全部可用卫星数，$\mathrm{d}\rho_{j,k,i}$表示伪距残差，即伪距观测值扣除理论值后的残余误差。

（5）将同一卫星在一个更新周期内全部伪距残差 $\mathrm{d}\tilde{\rho}_{j,k,i}$ 序列按数理统计方法进行统计，若卫星 i 的全部伪距残差观测个数为 N_i，则计算差分距离误差的均值及方差，以方差表征相应卫星的差分用户距离精度。计算公式为

$$\sigma_{\mathrm{UDRE},i}^{2} = \left(\left| \mathrm{d}\bar{\rho}_i \right| + \sqrt{\frac{1}{N-1} \sum_{j} \sum_{k} (\mathrm{d}\tilde{\rho}_{j,k,i} - \mathrm{d}\bar{\rho}_i)^2} \right)^2 \qquad \mathrm{d}\bar{\rho}_i = \frac{\sum_{j} \sum_{k} \mathrm{d}\tilde{\rho}_{j,k,i}}{N_i} \tag{2.79}$$

式中：$d\bar{\rho}_i$ 为均值；$\sigma_{\mathrm{UDRE},i}$ 为对应的零均值正态分布的差分后伪距残差的方差。

(6) 将计算得到的 $\sigma^2_{\mathrm{UDRE},i}$ 按照转换关系转换为 UDRE 标识(UDREI)，通过卫星播发给用户，UDRE 等级转换如表 2.1 所列。

表 2.1 UDRE 等级转换表

UDREI	UDRE 限值/m	$\sigma^2_{\mathrm{UDRE},i}$ /m^2
0	0.75	0.0520
1	1.00	0.0924
2	1.25	0.1444
3	1.75	0.2830
4	2.25	0.4678
5	3.00	0.8315
6	3.75	1.2992
7	4.50	1.8709
8	5.25	2.5465
9	6.00	3.3326
10	7.50	5.1968
11	15.00	20.7870
12	50.00	230.9661
13	150.00	2078.695
14	未监测	未监测
15	不可用	不可用

利用 2017 年 4 月至 10 月共 7 个月的北斗系统实测数据，统计 UDRE 参数对差分后 O-C 值的包络能力。数据采样间隔为 60s，表 2.2 为 10 个月试验星 UDRE 参数包络能力统计结果，图 2.10～图 2.12 为 BDS31 号星 4 月、6 月和 10 月 UDRE 参数包络图。

表 2.2 UDRE 参数包络能力统计结果

PRN	4 月	5 月	6 月	7 月	8 月	9 月	10 月	月平均
31	89.00%	83.22%	90.72%	80.22%	45.57%	69.96%	90.02%	78.39%
32	84.28%	72.77%	85.58%	77.68%	71.17%	59.33%	80.42%	75.89%
33	61.88%	61.09%	85.64%	36.25%	47.66%	86.56%	96.69%	67.97%
34	90.08%	78.12%	89.32%	47.88%	67.58%	86.85%	94.09%	79.13%
星平均	81.31%	73.80%	87.82%	60.51%	58.00%	75.68%	90.31%	75.35%

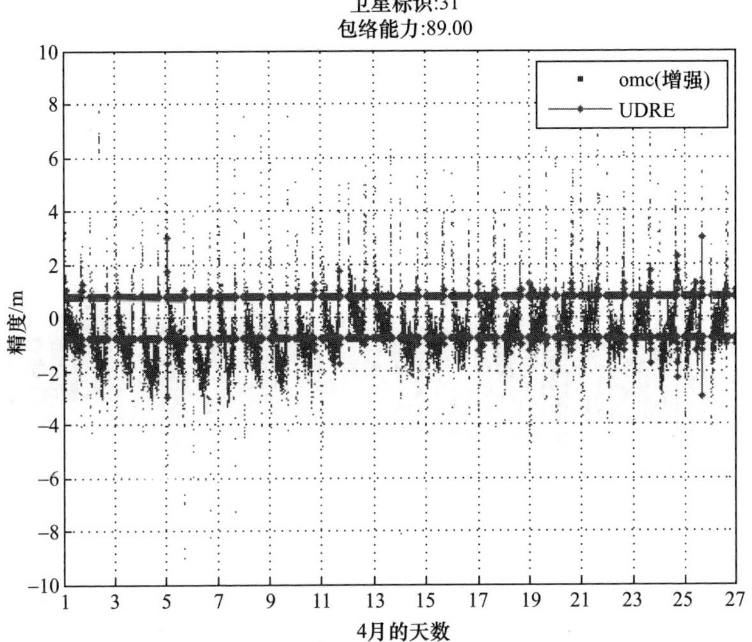

红色为UDRE参数，蓝色为监测站增强模式实际测量值与电文计算值之差（omc）。

图 2.10 BDS31 号卫星 4 月 UDRE 参数包络图(见彩图)

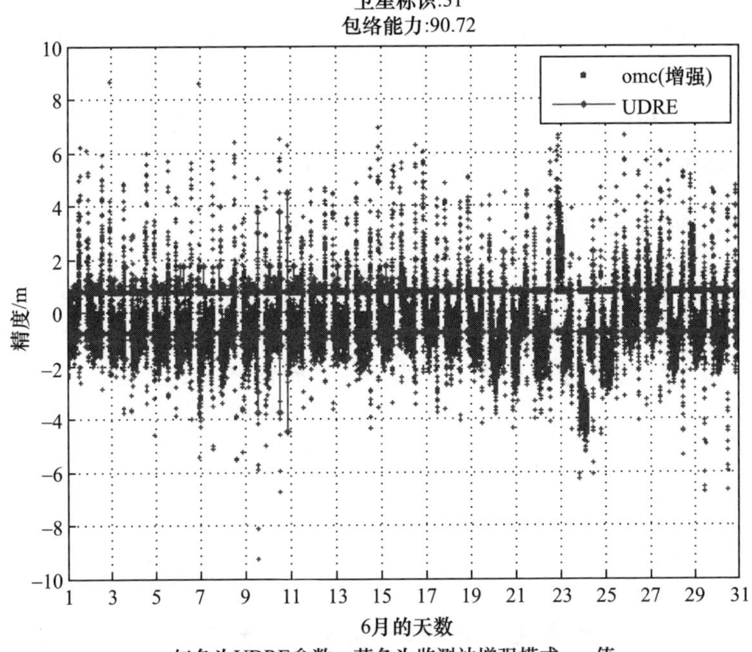

红色为UDRE参数，蓝色为监测站增强模式omc值。

图 2.11 BDS31 号卫星 6 月 UDRE 参数包络图(见彩图)

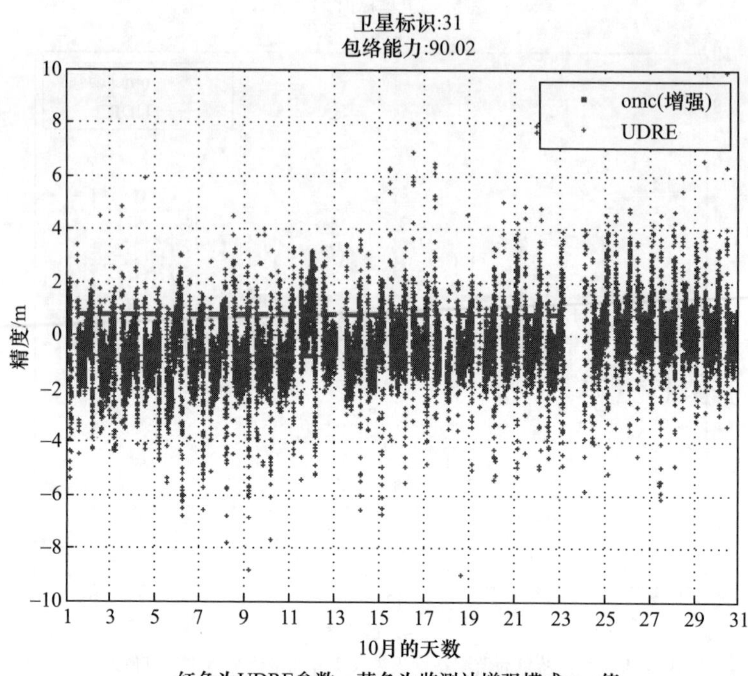

图 2.12 BDS31 号卫星 10 月 UDRE 参数包络图(见彩图)

从 UDRE 参数的包络特性可以看出,IGSO 卫星完好性参数对测距残差的包络能力比 MEO 卫星好,主要原因是 IGSO 和 MEO 卫星在出入境时,观测数据的噪声较大,完好性参数 UDRE 对差分空间误差的包络能力较差。而 MEO 卫星在境内弧段较短,出现出入境的次数更多。UDRE 参数对差分距离误差的包络能力约为 75% 。

2.4.3 基本完好性慢变参数——SISA

基本完好性慢变信息是针对导航系统空间段误差进行监测,Galileo 系统用空间信号精度(SISA)定义基本完好性参数,同样将参数细化为轨道平面空间信号完好性参数 $SISA_{oe}$,以及轨道径向与卫星钟差综合的空间信号完好性参数 $SISA_{ocb}$、$SISA_{oc1}$、$SISA_{oc2}$。在北斗全球系统中,采用 Galileo 系统的完好性参数定义。$SISA_{oe}$表示轨道平面的空间信号监测精度,$SISA_{oc}$ 表示卫星轨道径向及钟差预报精度,$SISA_{oc}$ 按二次模型考虑,包括 $SISA_{ocb}$、$SISA_{oc1}$、$SISA_{oc2}$ 三个参数。$SISA_{ocb}$ 表示卫星钟偏差和轨道径向偏差的综合估计,$SISA_{oc1}$ 表示卫星钟偏差精度估计,$SISA_{oc2}$ 表示卫星钟漂移精度估计。

卫星星历与钟差精度预测是指利用轨道与钟差解算的结果及协方差信息进行空间信号精度的分析结果。协方差信息能够反映轨道与钟差的随机误差统计特性,随轨道钟差值抖动而抖动,并随着龄期的增加而衰退。另外考虑轨道与钟差周

期特性不同,对位置用户的影响效果不同,应该将空间信号针对轨道与钟差分类标识。

北斗系统基本完好性参数SISA是对广播星历中卫星预报轨道和钟差精度的预测。由于轨道与钟差误差的周期特性不同,对位置用户的影响效果不同,因此,将空间信号精度针对轨道与钟差进行分类标识。SISA参数将与卫星导航电文中的轨道和钟差参数一一匹配。

本节给出一种基于先验信息调节的SISA参数处理算法,具体处理过程为:第一步,在定轨系统预报轨道和钟差参数的同时,利用转移矩阵进行预报方差传递,给出各预报历元的预报轨道和钟差参数的协方差矩阵,再根据预报轨道和钟差协方差信息,计算卫星预报轨道和钟差的预报精度SISA预测值;第二步,利用事后处理得到精密轨道和钟差产品与广播星历的预报轨道和钟差相比,计算轨道和钟差的预报误差,对SISA预测值进行调节,得到最终导航电文中的SISA播发参数。

根据误差理论,若系统误差影响不显著,对卫星预报轨道与钟差精度的预测分析,可利用状态转移矩阵及卫星轨道与钟差的解算协方差等信息处理得到。其中协方差信息能够反映轨道与钟差的随机误差统计特性,状态转移矩阵可根据轨道和钟差预报周期特性,将解算误差进行传递。

在定轨系统计算预报轨道和钟差参数的同时,并行利用转移矩阵给出各个历元预报轨道和钟差参数的协方差子矩阵$\boldsymbol{D}_{\mathrm{e},i}$(假设需要预报168组广播星历,每组广播星历更新周期为1h,预报轨道和钟差参数采样间隔为5min,则将得到$168\times60/5=2016$个历元的轨道和钟差的协方差矩阵信息)。各历元的协方差矩阵为

$$\boldsymbol{D}_{\mathrm{e},i}=\begin{bmatrix}\sigma_{x,i}^{2} & \sigma_{xy,i} & \sigma_{xz,i} & \sigma_{x\mathrm{clk},i}\\ \sigma_{xy,i} & \sigma_{y,i}^{2} & \sigma_{yz,i} & \sigma_{y\mathrm{clk},i}\\ \sigma_{xz,i} & \sigma_{yz,i} & \sigma_{z,i}^{2} & \sigma_{z\mathrm{clk},i}\\ \sigma_{x\mathrm{clk},i} & \sigma_{y\mathrm{clk},i} & \sigma_{z\mathrm{clk},i} & \sigma_{\mathrm{clk},i}^{2}\end{bmatrix} \tag{2.80}$$

根据卫星状态矢量,计算投影矩阵$\boldsymbol{R}_{3\times3}$,将协方差矩阵转换到卫星轨道坐标系:

$$\boldsymbol{D}'_{\mathrm{e},i}=\begin{pmatrix}\boldsymbol{R}_{3\times3} & \boldsymbol{0}_{3\times1}\\ \boldsymbol{0}_{1\times3} & 1\end{pmatrix}\begin{bmatrix}\sigma_{x,i}^{2} & \sigma_{xy,i} & \sigma_{xz,i} & \sigma_{x\mathrm{clk},i}\\ \sigma_{xy,i} & \sigma_{y,i}^{2} & \sigma_{yz,i} & \sigma_{y\mathrm{clk},i}\\ \sigma_{xz,i} & \sigma_{yz,i} & \sigma_{z,i}^{2} & \sigma_{z\mathrm{clk},i}\\ \sigma_{x\mathrm{clk},i} & \sigma_{y\mathrm{clk},i} & \sigma_{z\mathrm{clk},i} & \sigma_{\mathrm{clk},i}^{2}\end{bmatrix}\begin{pmatrix}\boldsymbol{R}_{3\times3}^{\mathrm{T}} & \boldsymbol{0}_{3\times1}\\ \boldsymbol{0}_{1\times3} & 1\end{pmatrix} \tag{2.81}$$

$$\boldsymbol{D}'_{\mathrm{e},i}=\begin{bmatrix}\sigma_{\mathrm{R},i}^{2} & \sigma_{\mathrm{RT},i} & \sigma_{\mathrm{RN},i} & \sigma_{\mathrm{Rclk},i}\\ & \sigma_{\mathrm{T},i}^{2} & \sigma_{\mathrm{TN},i} & \sigma_{\mathrm{Tclk},i}\\ & & \sigma_{\mathrm{N},i}^{2} & \sigma_{\mathrm{Nclk},i}\\ & & & \sigma_{\mathrm{clk},i}^{2}\end{bmatrix} \tag{2.82}$$

式中:下标R表示轨道径向;T表示轨道切向;N表示轨道法向;余下各式含义相同。

卫星轨道预报精度以轨道切向和法向方向误差综合表示，取预报龄期时段内时间序列的最大值，可表示为

$$\mathrm{SISA_{oe}} = \max\left(\sqrt{\frac{\sigma_{\mathrm{T},i}^2 + \sigma_{\mathrm{N},i}^2}{2} + \frac{\sqrt{(\sigma_{\mathrm{T},i}^2 - \sigma_{\mathrm{N},i}^2)^2 + 4\sigma_{\mathrm{TN},i}^2}}{2}}\right) \tag{2.83}$$

卫星钟差预报精度以卫星轨道径向和卫星钟差误差的综合表示，对每个采样历元有

$$\mathrm{SISA}_{\mathrm{oc},i} = \sqrt{(\cos(\mathrm{el}), -1)\begin{pmatrix}\sigma_{\mathrm{R},i}^2 & \sigma_{\mathrm{Rclk},i} \\ \sigma_{\mathrm{Rclk},i} & \sigma_{\mathrm{clk},i}^2\end{pmatrix}\begin{pmatrix}\cos(\mathrm{el}) \\ -1\end{pmatrix}} \approx$$

$$\sqrt{\sigma_{\mathrm{R},i}^2 + \sigma_{\mathrm{clk},i}^2 - 2\sigma_{\mathrm{Rclk},i}} \qquad i = 0,1,\cdots,n \tag{2.84}$$

式中：el 为卫星高度角。

将钟差预报精度细化为钟偏和轨道径向偏差预报精度、钟偏变化率精度、钟漂精度。对全部历元的钟差预报精度进行模型化处理，当预报龄期小于 26h 时，采用一次拟合函数，否则采用二次拟合函数。计算钟差预报精度的细化参数 $\mathrm{SISA_{ocb}}$、$\mathrm{SISA_{oc1}}$ 和 $\mathrm{SISA_{oc2}}$：

$$\begin{cases}\mathrm{SISA}_{\mathrm{oc},i} = \mathrm{SISA_{ocb}} + \mathrm{SISA_{oc1}}(t_i - t_0) & \text{预报龄期} \leqslant 26\mathrm{h} \\ \mathrm{SISA}_{\mathrm{oc},i} = \mathrm{SISA_{ocb}} + \mathrm{SISA_{oc1}}(t_i - t_0) + \mathrm{SISA_{oc2}}(t_i - t_0)^2 & \text{预报龄期} > 26\mathrm{h}\end{cases} \tag{2.85}$$

式中：t_0 为预报龄期初始时刻；t_i 为各预报协方差采样时刻。

由于轨道钟差解算的协方差传播误差不能反映轨道和钟差的系统误差，按照上述算法预测的 SISA 参数值偏小（这里以 $\mathrm{SISA}_{预测}$ 表示），需要进行校正。

校正方法是利用最新获得的精密轨道与广播星历预报轨道相比，计算轨道预报误差，并统计得到 $\mathrm{SISA}_{\mathrm{oe}后处理}$ 参数；利用星地双向时频传递计算实时钟差观测值，作为精密钟差与广播预报钟差相比，计算钟差预报误差，并统计得到 $\mathrm{SISA}_{\mathrm{ocb/oc1/oc2}后处理}$ 等参数。将同一龄期后处理的 SISA 值与已经发播出去的 SISA 参数值进行比较，得到该龄期的 SISA 参数调节系数为

$$\kappa_{1(\mathrm{oe/ocb/oc1/oc2})} = \frac{\mathrm{SISA}_{\mathrm{oe/ocb/oc1/oc2}后处理}}{\mathrm{SISA}_{\mathrm{oe/ocb/oc1/oc2}发播}} \tag{2.86}$$

假设相邻两组广播星历的同一龄期的系统误差影响相似，将调节系数 κ_1 作为先验信息，对最新计算的 $\mathrm{SISA}_{预测}$ 值进行校正得到 SISA′，即

$$\begin{gathered}\mathrm{SISA}'_{\mathrm{oe}} = \kappa_{1\mathrm{oe}}\mathrm{SISA}_{\mathrm{oe}预测}, \mathrm{SISA}'_{\mathrm{ocb}} = \kappa_{1\mathrm{ocb}}\mathrm{SISA}_{\mathrm{ocb}预测} \\ \mathrm{SISA}'_{\mathrm{oc1}} = \kappa_{1\mathrm{oc1}}\mathrm{SISA}_{\mathrm{oc1}预测}, \mathrm{SISA}'_{\mathrm{oc2}} = \kappa_{1\mathrm{oc2}}\mathrm{SISA}_{\mathrm{oc2}预测}\end{gathered} \tag{2.87}$$

利用 2017 年 3 月至 2017 年 10 月共 8 个月的 SISA 参数和轨道及钟差预报误差对二者的包络情况进行统计分析，表 2.3 为 $\mathrm{SISA_{oe}}$ 对轨道平面误差的包络能力统计，表 2.4 为 $\mathrm{SISA_{oc}}$ 对轨道径向误差和钟差的包络能力统计。SISA 参数的算法设计为对轨道平面误差取误差椭圆的半长轴，对径向误差取轨道径向预报误差的半长轴和钟差预报误差的标准偏差。

表 2.3 $SISA_{oe}$对轨道平面误差的包络能力统计

PRN	3月	4月	5月	6月	7月	8月	9月	10月
31	99.21%	97.98%	99.42%	92.53%	99.18%	97.90%	94.08%	96.87%
32	99.59%	88.74%	97.91%	97.31%	98.07%	97.62%	92.92%	89.10%
33	100%	93.10%	95.01%	86.28%	99.52%	100%	100%	99.05%
34	100%	95.77%	95.90%	89.49%	98.80%	100%	97.43%	100%
平均	99.7%	93.90%	97.06%	91.40%	98.89%	98.88%	96.11%	96.26%

表 2.4 $SISA_{oc}$对轨道径向误差和钟差的包络能力统计

PRN	3月	4月	5月	6月	7月	8月	9月	10月
31	54.29%	77.49%	85.12%	71.03%	70.98%	68.50%	59.56%	57.34%
32	43.25%	80.04%	94.46%	70.92%	70.05%	69.90%	67.68%	60.42%
33	73.33%	88.08%	88.82%	78.91%	87.29%	94.09%	85.48%	89.86%
34	100%	89.46%	95.78%	80.41%	90.96%	90.70%	86.97%	90.60%
平均	68%	83.77%	91.05%	75.32%	79.82%	80.80%	74.92%	74.55%

从表2.3和表2.4可以看出，SISA参数对轨道和钟差的误差包络能力有很好的稳定性，且对误差的包络能力与算法设计相吻合。图2.13为BDS31号卫星4月、6月$SISA_{oe}$对轨道平面误差的包络统计图，红色为轨道平面误差，黑色为$SISA_{oe}$参数。

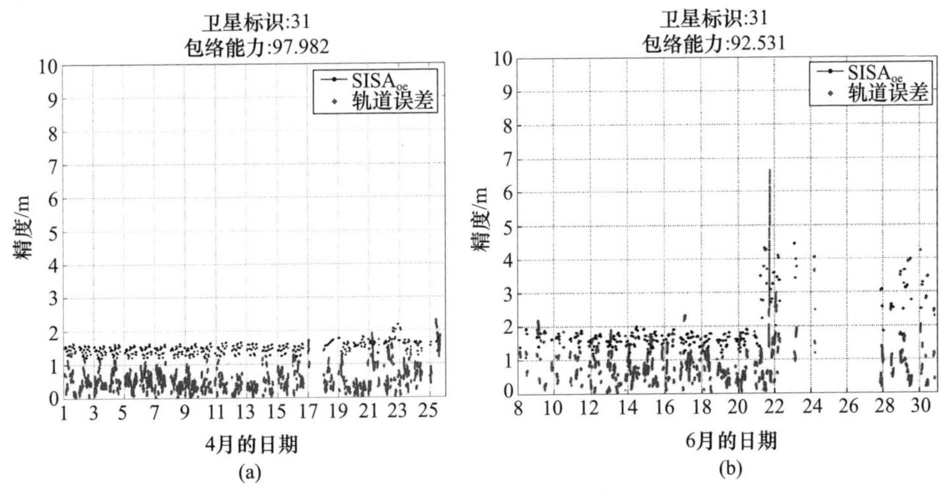

图2.13 BDS31号卫星4月和6月$SISA_{oe}$对轨道平面误差的包络统计图(见彩图)

图2.14至图2.16为BDS31号卫星4月、6月、10月$SISA_{oc}$对轨道径向误差和钟差的包络统计图，黑色为$SISA_{oc}$参数，红色为轨道径向与钟差综合误差，绿色为钟差预报误差，蓝色为轨道径向误差。从图可以看出，$SISA_{oc}$的数值较为稳定，长期统计下来，并未出现较大的变化。

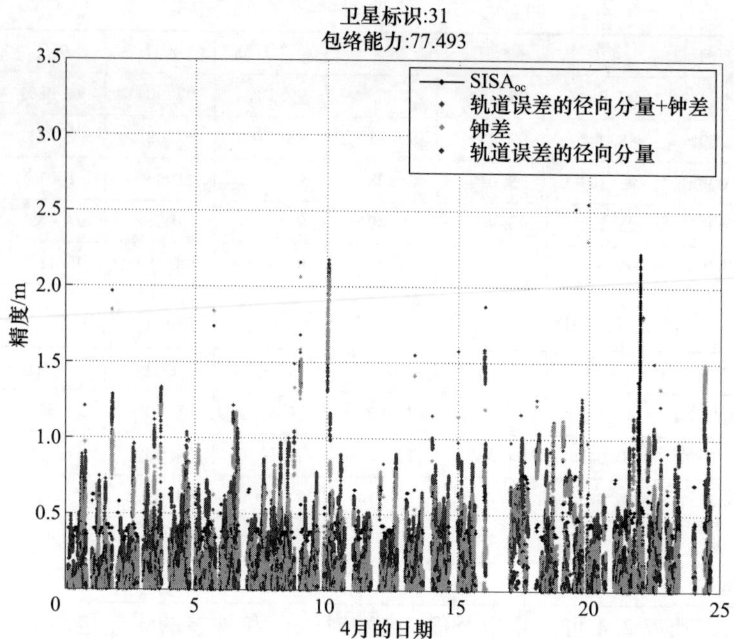

图 2.14　BDS31 号卫星 4 月 $SISA_{oc}$对轨道径向误差和钟差的包络统计图(见彩图)

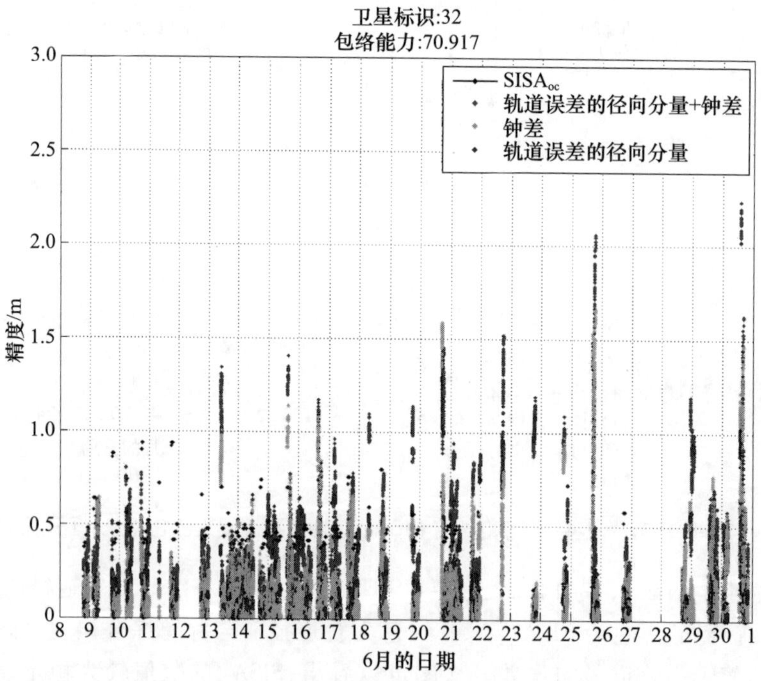

图 2.15　BDS31 号卫星 6 月 $SISA_{oc}$对轨道径向误差和钟差的包络统计图(见彩图)

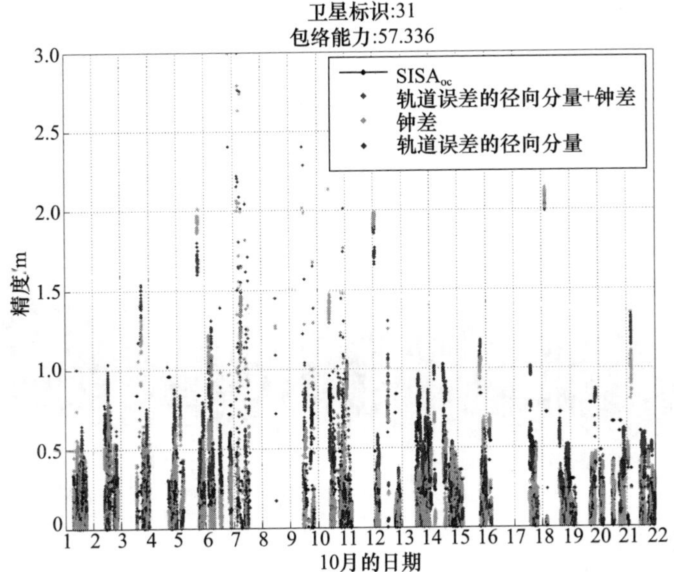

图2.16 BDS31号卫星10月 $SISA_{oc}$ 对轨道径向误差和钟差的包络统计图(见彩图)

2.4.4 基本完好性快变参数——SISMA

SISA是衡量空间(导航)信号误差(SISE)的指标,由于SISA是预测值,并且通常随着星历更新而更新,因此,存在较大的不确定性,利用SISMA来确定SISA反映SISE的精度。利用全部监测站数据计算,对每台接收机的伪距数据作监测站天线相位中心改正、卫星天线相位中心改正、卫星广播星历钟差改正、地球自转改正、广播星历计算出的电离层改正、对流层改正、相对论改正、潮汐改正,得到修正伪距观测值 $\rho^{(o)}$,利用观测站坐标和广播星历计算出星地几何距离(即理论距离观测值 $\rho^{(c)}$),由此可以计算修正伪距观测值与理论距离观测值之差,记为 $d\rho$。$d\rho$ 中还包含接收机钟差误差,接收机钟差误差可以直接估计,如某历元某监测接收机观测了 n 颗卫星,则该历元该接收机钟差为

$$\frac{\sum_{n}(\rho^{(o)}-\rho^{(c)})}{n} \tag{2.88}$$

采用多个监测站的观测数据,对各导航卫星的伪距残差 $d\rho$ 进行接收机误差修正,得到 $d\tilde{\rho}$,然后统计 $d\tilde{\rho}$ 的标准偏差 $\sigma_{d\rho}$,即相应卫星的SISMA,将SISMA分成16等级,按预先设定的等级关系,计算出对应的空间信号监测精度等级值(SISMAI),发布给用户参考。等级值中包含“未监测”“不可用”等信息。

利用2017年4月—10月的北斗系统实测数据(PRN为31、32、33、34),统计SISMA参数对O-C值的包络能力。数据采样间隔为60s,表2.5为7个月试验卫星

SISMA参数包络能力统计结果,图 2. 17 ~ 图 2. 19 为 BDS32 号卫星 4 月、6 月和 10 月 SISMA 参数包络图。

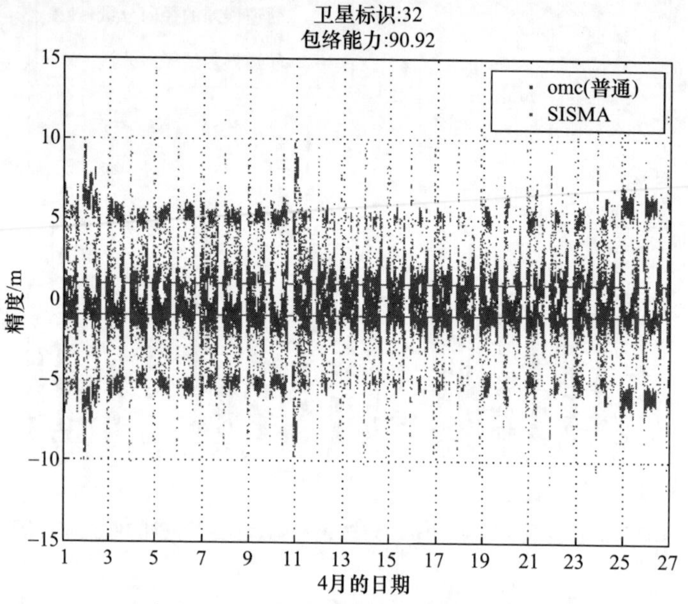

图 2. 17　BDS32 号卫星 4 月 SISMA 参数包络图(见彩图)

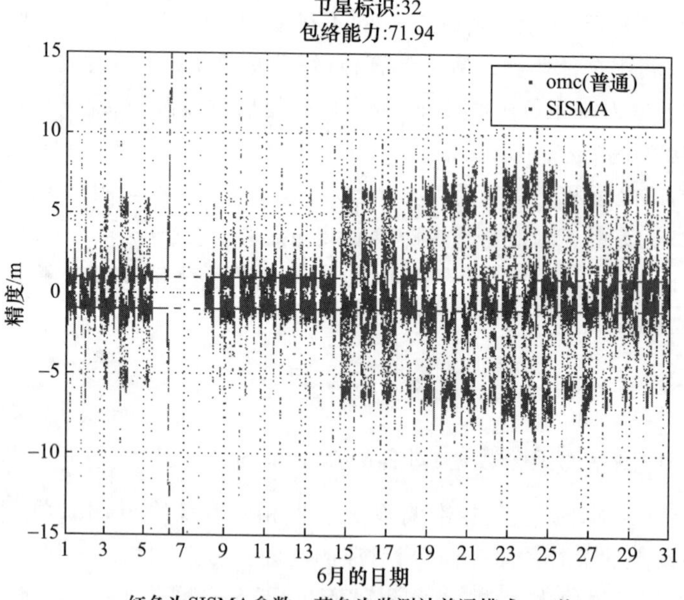

图 2. 18　BDS32 号卫星 6 月 SISMA 参数包络图(见彩图)

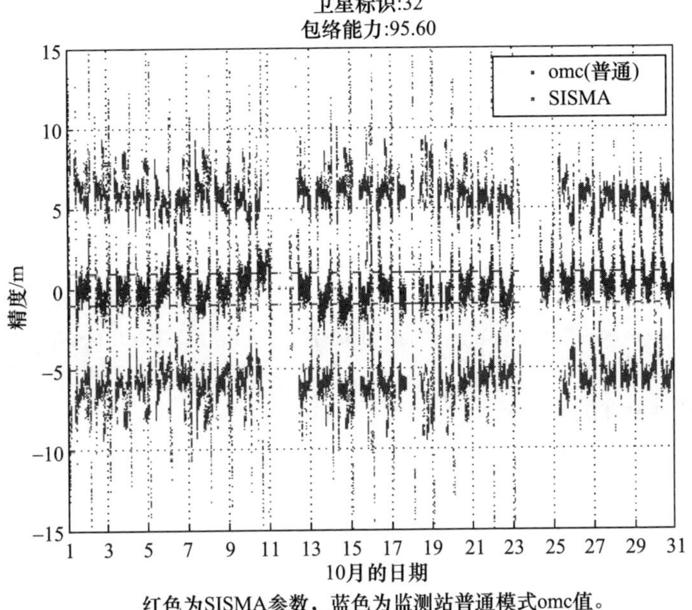

图 2.19 BDS32 号卫星 10 月 SISMA 参数包络图(见彩图)

表 2.5 SISMA 参数包络特性统计

PRN	4 月	5 月	6 月	7 月	8 月	9 月	10 月	月平均
31	90.31%	83.30%	94.33%	86.43%	89.44%	80.23%	96.07%	88.59%
32	90.92%	78.22%	71.94%	78.95%	99.59%	90.94%	95.60%	86.59%
33	83.40%	73.83%	85.12%	70.19%	90.66%	95.04%	91.24%	84.21%
34	85.81%	86.22%	89.88%	81.47%	63.66%	92.10%	94.58%	84.82%
星平均	87.61%	80.39%	85.32%	79.26%	85.84%	89.58%	94.37%	86.05%

通过对 SISMA 参数的残差包络能力的长期统计可以看出,其包络特性较为稳定,对 4 颗试验星的包络能力平均在 86% 。

参考文献

[1] 杨元喜,李金龙,王爱兵,等. 北斗区域卫星导航系统基本导航定位性能初步评估[J]. 中国科学地球科学,2014(1):72-81.

[2] KEE C,PARKINSON B W,AXELRAD P. Wide area differential GPS[J]. Navigation,1991,38(2):123-145.

[3] TSAI Y. Wide area differential operation of the global positioning system:ephemeris and clock algorithms[M]. Palo Alto:Stanford University,1999.

[4] 周善石. 简化广域差分 GPS 系统在中国区域的建立与试算[D]. 上海:同济大学,2007.
[5] JEONG M S,KIM J R. Accuracy analysis of SBAS satellite orbit and clock corrections using IGS precise ephemeris[J]. Journal of Korea Navigation Institute,2009,13(2):178-186.
[6] HEBELBARTH A,WANNINGER L. SBAS orbit and satellite clock corrections for precise point positioning[J]. GPS solutions,2013,17(4):465-473.
[7] CHEN L C,HU X G,FENG X,et al. The models and arithmetic for WADS real-time corrections of regional satellite navigation system [J]. Annals Shanghai Astronomical Observatory Chinese Academy of Sciences,2010(1):45-53.
[8] CAO Y L,HU X G,ZHOU J H,et al. Kinematic wide area differential corrections for BeiDou regional system basing on two-way time synchronization[J]. Lecture Notes in Electrical Engineering,2014(305):277-288.
[9] 吴显兵. 广域实时精密差分定位系统关键技术研究[D]. 西安:长安大学,2016.
[10] 宋伟伟. 导航卫星实时精密钟差确定及实时精密单点定位理论方法研究[D]. 武汉:武汉大学,2011.
[11] LOU Y D,LIU Y,SHI C,et al. Precise orbit determination of BeiDou constellation based on BETS and MGEX network[J]. Scientific Reports,2014,4.
[12] LI X X,GE M R,DAI X L,et al. Accuracy and reliability of multi-GNSS real-time precise positioning:GPS,GLONASS,BeiDou,and Galileo[J]. Journal of Geodesy,2015,89(6):607-635.
[13] HOFMANNWELLENHOF B,LICHTENEGGER H,WASLE E. GNSS global navigation satellite system:GPS,GLONASS,Galileo and more[M]. Austria:Springer,2008.
[14] 陈金平. GPS 完好性增强研究[D]. 郑州:信息工程大学,2001.
[15] 牛飞. GNSS 完好性增强理论与方法研究[D]. 郑州:解放军信息工程大学,2008.
[16] 秘金钟. GNSS 完备性监测方法、技术与应用[D]. 武汉:武汉大学,2010.
[17] 李娟,张军. 空间信号完好性监测技术研究[J]. 航空电子技术,2010(41):9-12.
[18] 杨鑫春,李征航. 北斗卫星导航系统的星座及 XPL 性能分析[J]. 测绘学报,2011(40):68-72.
[19] CAO Y L,HU X G,ZHOU J H,et al. Kinematic wide area differential corrections for BeiDou regional system basing on two-way time synchronization:第五届中国卫星导航学术年会论文集-S3 精密定轨与精密定位[C]. 北京:中国卫星导航学术年会组委会,2014.
[20] MANABE H. Status of MSAS:MTSAT satellite based augmentation system[C]//Proceedings of the 21st International Technical Meeting of the Satellite Division of the Institute of Navigation (ION GNSS 2008),September 16-19,2008,Savannah Convention Center,Savannah,GA. Manassas:Wiley c 2008:1032-1059.
[21] BOCK H. Efficient methods for determining precise orbits of low earth orbiters using the global positioning system[D]. Switzerland:Astronomical Institute University of Berne,2003.
[22] 陈俊平. 低轨卫星精密定轨研究[D]. 上海:同济大学,2007.
[23] GE M,CHEN J,DOUSA J,et al. A computationally efficient approach for estimating high-rate satellite clock corrections in realtime[J]. GPS Solutions,2012,16(1):9-17.
[24] CSNO. BeiDou navigation satellite system signal in space interface control document,open service

signal (Version 2.0)[S]. Peking:China Satellite Navigation Office (CSNO),December 2013.

[25] 杨赛男. 北斗分米级星基增强系统关键技术研究及精度评估[D]. 上海:中国科学院上海天文台,2017.

[26] ZHOU S S,HU X G,WU B,et al. Orbit determination and time synchronization for a GEO/IGSO satellite navigation constellation with regional tracking network [J]. Science China Physics,Mechanics & Astronomy,2011,54(6):1089-1097.

第3章 星基增强系统

3.1 概　　述

全球卫星导航系统(GNSS)不能全面满足航空用户的导航性能要求,特别在涉及生命安全的精密进近和自动着陆导航过程中,GNSS 定位精度和完好性指标均不能满足要求。以 GPS 标准定位服务(SPS)为例,SPS 全球平均定位精度水平误差不大于 9m(95% 置信度)、垂直误差不大于 15m(95% 置信度),可以满足民航非精密进近阶段的定位精度要求(220m),但不能满足 CAT Ⅰ精密进近垂直精度 6.0～4.0m 要求。从完好性指标要求看,GPS 可以提供一定程度的完好性服务,GPS 在正常运行控制模式下,任意 1h 内,当 SPS 导航信号的瞬时用户测距误差超过导航容差(NTE)时,系统没有及时向用户告警的概率不大于 1×10^{-5},延迟告警的最坏情况为 6h,不能满足 CAT Ⅰ精密进近完好性要求($(1-2\times10^{-7})$/进近,且告警为 6s)。从连续性方面看,SPS 导航信号的计划外失效中断定义为任意 1h 内,卫星计划外服务中断后,系统不丧失 SPS 导航信号可用性的概率不小于 0.9998,不能满足 CAT Ⅰ精密进近连续性 $(1-8\times10^{-6})$/15s 要求。从可用性方面看,SPS 导航信号星座可用性定义为在标称 24 颗导航卫星轨道位置的星座中,至少有 21 个轨位的导航卫星能够播发健康的 SPS 导航信号情况下,或者在扩展 24 颗卫星的星座中,部分轨位有 2 颗卫星能够播发健康的标准定位服务空间信号的情况下,星座可用性概率不小于 0.98 才能满足 CAT Ⅰ精密进近可用性 0.99～0.99999 要求。GPS SPS 性能标准详见相关的标准定位服务性能标准(“GPS GLOBAL POSITIONING SYSTEM STANDARD POSITIONING SERVICE PERFORMANCE STANDARD”[S],4th Edition,2008-08)。

因此,GNSS 在为民航提供 PNT 服务时,需要采取适当的增强措施,以满足国际民航组织(ICAO)规定的精度、完好性、可用性、连续性要求,特别是完好性要求。ICAO 研究表明,在设定的飞行阶段,在保证飞行安全的前提下,可以利用统计学准则放大导航误差边界。因此,典型定位精度的置信度为 95% (2σ),完好性的置信度要求为 99.999% (6σ)或者更高,数值取决于特定的飞行阶段[1]。其目的是保证可能导致人身生命安全风险的危险事件的概率保持在极低的水平。从系统性能角度考量,完好性是一个实时决策准则,决定了系统可用或者不可用。一般将系统完好性与一组机制相关联,或者制定一组保护级和门限,并作为系统完好性的一部分,这组机制独立于系统的其他环节以确保完好性的置信度。

一般来说,在系统规定的概率下,水平/垂直定位误差(PE)不能超越设定的水平

告警门限(HAL)/垂直告警门限(VAL),如果超越预先设定的告警门限,则在设定的告警时间(TTA)内,系统需要给出告警信息。为了检测当前定位误差是否超越预先设定的门限,就需要在导航系统内配置完好性监测系统。GNSS 的地面段具有监测系统完好性的功能,但告警时间在小时量级,不能满足民航对导航服务的完好性要求,即使在巡航阶段 TTA 也有 60s 的要求,而对于零米垂直可视性的自动着陆系统而言,TTA 不能超过 2s[2]。虽然 GNSS 差分系统的主要目标是提高定位精度,但是差分系统可以补偿异常测距信号和导航电文的影响,因此,在一定程度上也能改善系统完好性。GNSS 伪码测距差分改正系统播发的伪距和伪距变化率差分改正数可以补偿斜坡(ramp)和阶跃(step)类型的异常导航信号的影响,如果差分改正数超过了系统所定义的最大值(门限),则可以通过在差分改正电文中播发卫星不可用信息("do-not-use"),由此警告用户不要使用当前卫星播发的信号,或者忽略当前卫星的差分改正数。

阶跃类型异常导航信号通常会造成载波相位差分系统接收机失锁,需要参考接收机和用户接收机再次初始化。GNSS 差分系统不能补偿用户接收机噪声、信号处理异常以及多径干扰误差的影响,这些误差的影响已包含在系统误差预算中。典型的广域差分(WAD)系统和局域差分(LAD)系统参考站都会配置完好性检测系统,以确保播发的差分改正数的安全性和有效性。

民用航空典型飞行阶段分为航路(en-route)、终端区(terminal)、进近(approach)、场面滑行(surface)和起飞(departure),其中进近又细化分为非精密进近(NPA)、Ⅰ类垂直引导进近(APV-Ⅰ)、Ⅱ类垂直引导进近(APV-Ⅱ)、Ⅰ类精密进近(CAT Ⅰ)、失误进近(missed approach)、Ⅱ类精密进近(CAT Ⅱ)、Ⅲ类精密进近(CAT Ⅲ)。民用航空典型飞行阶段分类如图 3.1 所示。为民航提供导航服务的系统包括定向机/无方向信标(DF/NDB)、仪表着陆系统(ILS)、甚高频全向信标(VOR)、距离测量设备(DME)以及全球卫星导航系统(GNSS)。

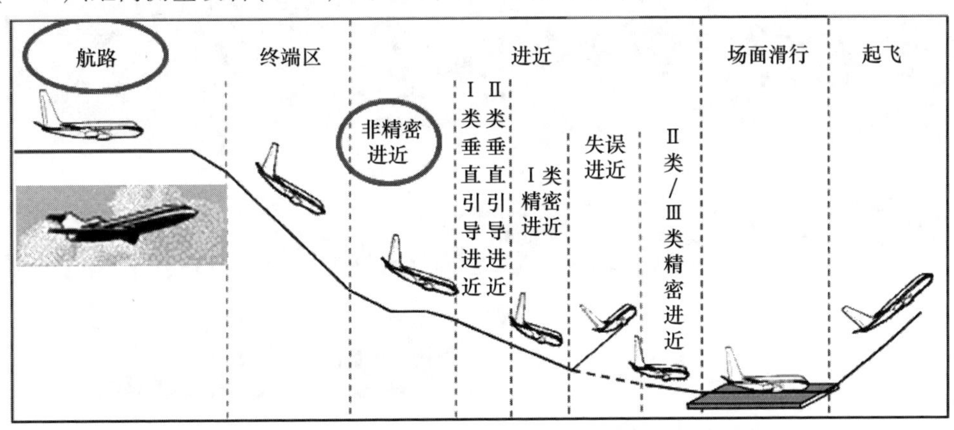

图 3.1　民用航空典型飞行阶段分类

使用 VOR/DME 和 NDB 系统时，为了保证飞机在规定的航路宽度内飞行，必须按照一定的密度设置 VOR/DME 地面导航台。在山区和沙漠地区，建设地面导航台有一定的困难，大洋航路更不能依靠传统地面导航设备，显然 GNSS 是最好的解决方案。飞机在航路上飞行时，卫星导航 + 机载接收机自主完好性监测(RAIM) + 惯性导航能够满足洋区航路对定位精度、完好性和可用性的要求，定位精度能够满足大陆空域航路的要求。在终端区、进近、场面滑行和起飞过程中，GNSS 不能为用户提供符合民航要求的 PNT 服务。为了提高基于 GNSS 和差分全球卫星导航系统(DGNSS)的航空导航和着陆系统的定位精度，提供系统完好性信息，建立星基增强系统(SBAS)和地基增强系统(GBAS)来辅助民航所有飞行阶段的操作，无疑是提升 GNSS 性能的最有效途径。SBAS 在广域差分全球卫星导航系统(WADGNSS)基础上，利用矢量差分技术和完好性检测技术，提升系统导航服务性能；GBAS 在局域差分全球卫星导航系统(LADGNSS)基础上，利用标量伪距差分技术和完好性检测技术，提升系统导航服务性能。

SBAS 不需要在机场建设地面技术支持系统，可以为民航提供从航路到终端区域导航(RNAV)阶段的导航服务，SBAS 和 GBAS 服务范围如图 3.2 所示[3]。SBAS 使得民航飞机可以在机场间沿着最有效的路径飞行，由此提高了机场的效率和容量。SBAS 为用户提供低成本垂直引导进近(APV)服务的同时又具有较高的可用性，使得传统导航辅助(NAVAID)系统逐渐退出机场服务。SBAS 能满足大陆空域航路的精度、完好性和可用性的要求，在采用 GNSS/SBAS/GBAS 联合为民航提供 PNT 服务的前提下，可为民航提供从航路飞行到场面滑行各个阶段的导航服务。

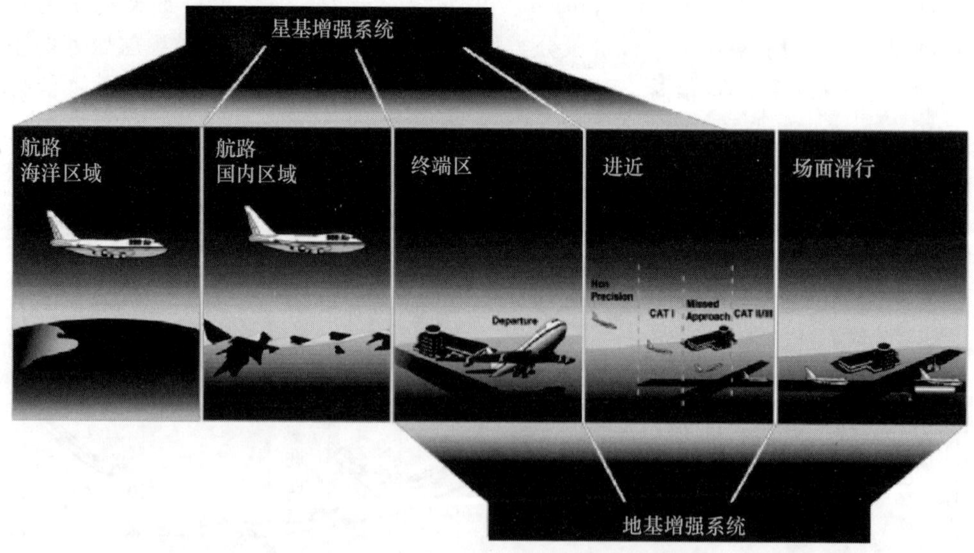

图 3.2　全球卫星导航系统的星基增强系统和地基增强系统服务范围(见彩图)

SBAS是一种广域增强系统，通过地球静止轨道（GEO）卫星播发差分改正数、完好性信息和测距信号来增强GNSS的性能。在某些配置下，SBAS可以支持垂直引导进近（APV）导航服务，APV的指标要求介于非精密进近（NPA）和Ⅰ类精密进近（CAT Ⅰ）之间，APV又分为Ⅰ类垂直引导进近（APV-Ⅰ）和Ⅱ类垂直引导进近（APV-Ⅱ），APV-Ⅱ具有更低的决断高度要求，因此，垂直引导性能更优。APV的决断高度为75m（250ft），比CAT Ⅰ进近的决断高度要高，但是，SBAS的APV服务不需要地面设施提供支持，因此，对于大部分机场来说，SBAS的APV服务不仅提高了进近的安全性而且降低了运维成本。

目前，世界上提供SBAS服务的有美国广域增强系统（WAAS），欧洲地球静止轨道卫星导航重叠服务（EGNOS）系统，日本基于多功能（传输）卫星（MTSAT）的多功能卫星（星基）增强系统（MSAS），印度的GPS辅助型地球静止轨道卫星增强导航（GAGAN）系统，各SBAS均对美国GPS的L1导航信号进行导航增强，播发GPS L1频点的增强信号，服务区域如图3.3所示[4]。其他在研和建设中的SBAS包括俄罗斯的差分校正和监测系统（SDCM）、中国的北斗三号全球卫星导航系统的北斗星基增强系统（BDSBAS）、中/南美洲和加勒比海地区星基增强（SACCSA）系统、马来西亚增强系统（MAS）以及在非洲和印度洋（AFI）地区的增强系统。目前，BDSBAS正在稳步建设中，2018年11月1日，我国成功发射第一颗符合国际民航组织（ICAO）要求的、具备播发SBAS双频导航增强信号的北斗三号GEO卫星。

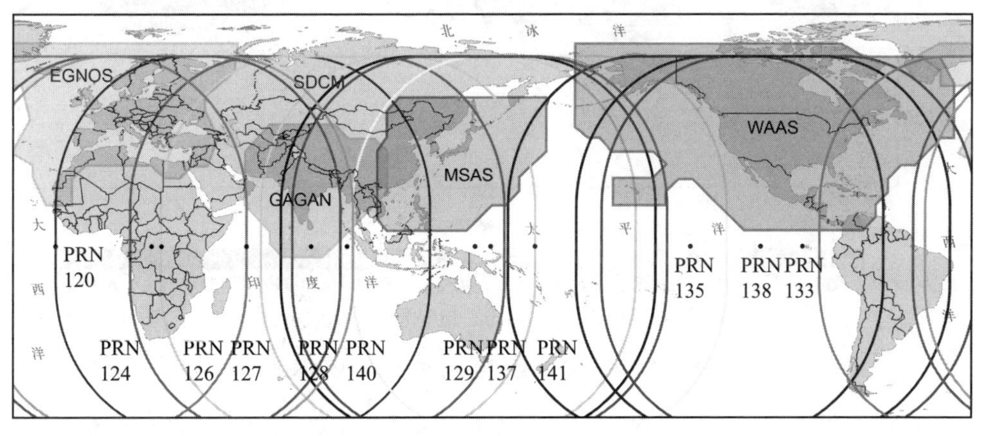

图3.3　对美国GPS进行增强的SBAS服务区域（见彩图）

WAAS、EGNOS、MSAS和GAGAN已经通过当地民航机构认证，认证时间、服务等级及建设和认证机构如表3.1所列。各个SBAS都在不断地扩展服务范围，提高各自的影响力。WAAS重点服务北美地区，计划向南美扩展；EGNOS重点服务欧洲地区，计划向非洲扩展；MSAS和GAGAN都提出向东南亚甚至澳洲扩展。各国的SBAS均是由民航局或航天局主导建设，民航局下属业务部门负责运行。

表 3.1 SBAS 的认证及应用情况

系统	首次认证时间	认证服务等级	建设和认证机构
WAAS	2003	LPV-200	美国联邦航空管理局
MSAS	2007	NPA	日本民航局
EGNOS	2011	APV-Ⅰ	欧洲空间局
GAGAN	2014	RNP 0.1	印度民航局
注:LPV-200—决断高度为 200ft(1ft = 30.48cm)的带垂直引导的航向定位性能			

在 SBAS 服务区域内,ICAO 成员国提供 SBAS 支持认证的服务,需要负责服务区域内 SBAS 信号的完好性,并要求成员国在服务区内提供“给飞行员的航行通告(NOTAM)”信息服务,服务区域内的其他国家可以接收 SBAS 信号,改善 GNSS 的 PNT 性能。显然,SBAS 可用性是用户位置的函数,SBAS 提高了 GNSS 的定位精度、服务的连续性和可用性,提供了可以用于民航导航服务的完好性信息,在系统完好性水平告警门限(HAL)为 40m、垂直告警门限(VAL)为 35m 的情况下,SBAS 服务区可用性云图如图 3.4 所示[5]。

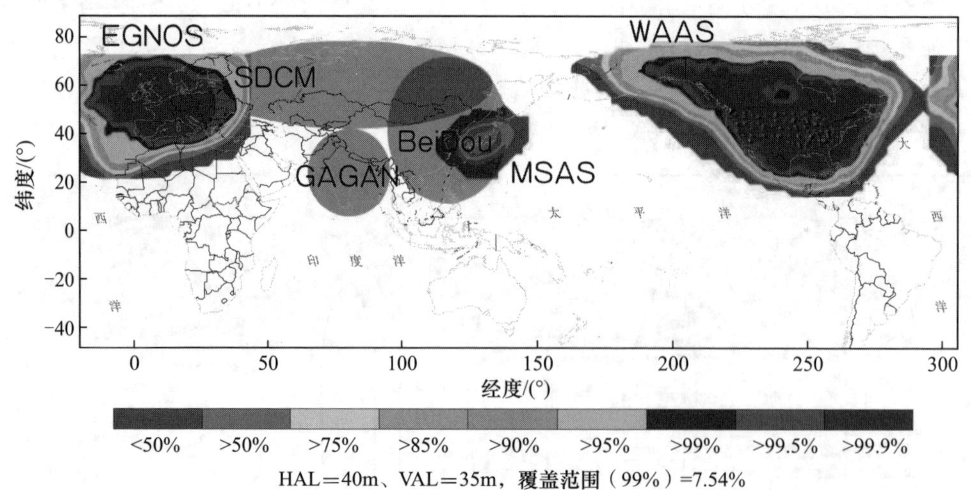

图 3.4 SBAS 服务区可用性云图(见彩图)

目前提供服务的 SBAS 均为单频单系统,仅增强 GPS 的 L1 频点导航信号,由于电离层延迟的影响,其服务性能均没能达到 SBAS 设计目标 CAT Ⅰ进近的指标要求。为减小电离层异常对 SBAS 服务性能的影响,未来 SBAS 将增强 GNSS 的 L1 和 L5 频点导航信号,从单频单系统向双频多星座(DFMC)过渡。为了实现 SBAS 服务的全球无缝连接,目前各个 SBAS 成员国通过互操作工作组(IWG)国际多边协调平台,共同商讨制定 DFMC 星基增强接口控制文件(ICD),各国根据 ICD 要求建设 SBAS,未来有望实现各 SBAS 的兼容互操作,使 DFMC SBAS 服务达到全球覆盖。

3.2 工作原理

SBAS由一定数量的位置确定的广域参考站(WRS)组成监测网络,对GNSS信号进行连续监测,同时监测电离层和对流层等大气传播对导航信号传播时延的影响,将伪距和载波相位等原始观测数据通过通信链路传送至广域主控站(WMS),WMS数据处理中心根据这些观测数据对空间信号中的各种误差进行分类和建模,计算卫星轨道、星钟误差以及电离层延迟误差对应的差分改正数,同时计算系统的完好性,按约定的通信协议和数据格式编排生成增强数据(差分改正数和完好性信息),地面上行注入站(GUS)利用C频段上行通信链路将增强数据注入GEO卫星,GEO卫星利用L1频段信号将增强电文(广域差分改正数和完好性信息)播发给用户。用户接收到差分改正数和完好性信息后,可以对测距误差进行改正并根据完好性信息决定系统当前是否可用。GEO卫星同时也可以播发测距信号,改善GNSS的GDOP值,进一步提高系统的可用性和连续性。WAAS、EGNOS和MSAS为代表的SBAS的信息流如图3.5所示[6]。

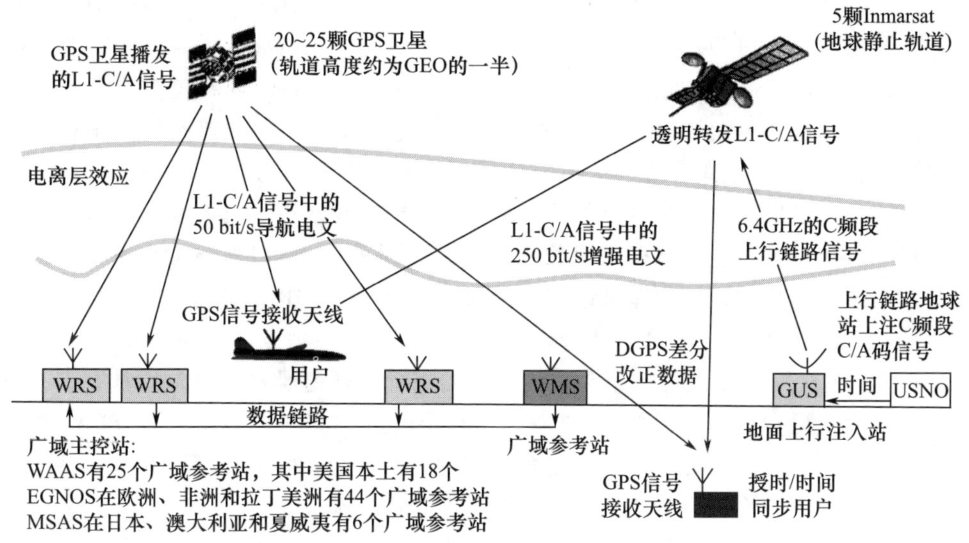

图3.5　星基增强系统的信息流(见彩图)

SBAS采用广域矢量化误差改正技术,通过在服务区内建设30~40个参考站,利用伪距观测量,精确测定可视卫星轨道、钟差以及空间电离层延迟,并向服务区域内用户实时广播星历、钟差和电离层格网改正数,用户同时接收GNSS信号和SBAS信号。SBAS利用差分改正技术提高用户定位精度的同时,利用完好性通道(IC)检测技术,监测导航卫星星历、钟差以及电离层格网改正数的完好性,得到相应的用户差分距离误差(UDRE)、格网点电离层垂直延迟改正数误差(GIVE)以及补偿参数等完好性信息，随广域差分改正数一起播发给用户，用户在进行广域差分定位处理的同时，进行相应的完好性分析处理[7]。

ICAO 的标准与建议措施(SARP)和 RTCA 的最低运行性能标准(MOPS)均以 WAAS 为依据制定了 SBAS 标准，特别是 RTCA 的 DO-229 标准定义了 SBAS 的最低性能、功能和系统特点。虽然当前各 SBAS 的架构略有不同，但工作原理与实现方案与 WAAS 基本相同。WAAS 于 2003 年通过美国联邦航空管理局(FAA)认证，目前可以为民航提供支持决断高度为 200ft 的带垂直引导的航向定位性能(LPV-200)进近服务，WAAS 可以为用户在水平和垂直两个方向提供优于 7.6m 的定位精度[8]。WAAS 的目标是提供增强信号以修正 GPS 的主要误差并提供地心地固(ECEF)坐标系下的定位结果差分改正、电离层格网差分改正、长期项星历误差差分改正、短期项和长期项卫星星钟误差差分改正以及系统完好性信息。

3.2.1 广域差分改正

GNSS 误差源主要有星载原子钟误差、卫星星历误差、电离层延迟误差、对流层延迟误差、多径效应误差及接收机噪声，其中电离层延迟是 GNSS 的最大误差源，电离层延迟随着时间和地点而变化。SBAS 的 GEO 卫星播发 GNSS 的完好性数据和广域差分改正数，其中广域差分改正数分为快变改正数(fast corrections)、慢变改正数(long-term corrections)和电离层改正数(ionospheric corrections)3 种类型[5]。快变改正数用于改正选择可用性(SA)等快速变化的误差以及伪距差分等对用户来说是公共的数据，慢变改正数用于改正导航卫星星历和星钟参数等缓慢变化误差以及提供给用户的可视卫星的位置和钟差的估计值，电离层改正数是系统播发的广域电离层延迟模型以及每颗卫星用该模型评估电离层延迟时的实时数据。SBAS 播发的广域差分改正数还包括用户使用差分改正数的误差估计，即 UDRE 的方差 σ^2_{UDRE} (不包括电离层和对流层延迟改正)以及 GPS L1 信号在电离层穿刺点(IPP)的 GIVE 的方差 σ^2_{GIVE}。用户差分测距误差的方差和电离层格网点垂直延迟误差的方差均具有正态分布特性。大气层中对流层的温度、压力和相对湿度的空间相关距离很短，SBAS 播发的增强电文不含对流层延迟误差改正数，对流层延迟误差需要接收机内置软件结合当地气象条件予以修正，一般可以消除 90% 的对流层延迟误差。

UDRE 是由经差分改正后的导航信号误差引起的用户误差，因此，它是经星历误差改正和卫星钟差改正后的真实用户级误差。考虑完好性的概率要求，UDRE 可以定义为在系统服务区内，可视卫星星历及钟差改正数误差相应的伪距误差的置信限值要求为 Pr(UDRE > 卫星星历及钟差改正数) ≥99.9%。计算 UDRE 时，应考虑如下因素。

(1) 直接计算：UDRE 计算应直接基于接收到的轨道及钟差误差影响的伪距观测量，能够使用户得到更加严格的完好性保证，对系统所受到的异常影响会尽快做出反应。

（2）置信度限制的完好性：UDRE应对系统服务区内的所有位置，以99.9%的置信度给出卫星轨道及钟差改正误差的置信限值。

（3）告警时间：UDRE要能尽快对异常影响做出反应，且要尽快通过同步卫星广播给用户，处理及播发的总时间不应超过系统规定的6s告警时间。

（4）定位可用性：UDRE越小，可用性越高。用户对UDRE的可用性有严格规定。

地球大气层中的电离层位于地球表面高度约为350km处，SBAS将全球电离层分割成许多格网，电离层格网点空间分布如图3.6所示，SBAS配备双频GNSS接收机的测距与完好性监测站（RIMS）测量可见卫星的电离层延迟数据，获得的电离层延迟再转换为对应IPP的垂直延迟。RIMS将观测的垂直延迟送入任务控制中心（MCC），用于计算某一电离层格网的4个电离层格网点（IGP）的垂直电离层延迟。主控站再将电离层校正数据注入GEO卫星，由卫星播发给服务区的用户。SBAS提供几乎是实时的每一个电离层格网中4个电离层格网点（IGP）的垂直电离层延迟数据，用户利用格网内插法便可获得非常精确的电离层延迟。

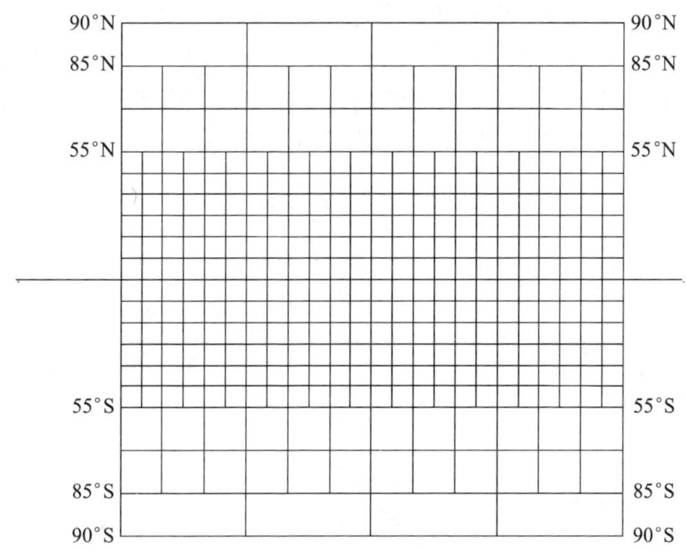

图3.6 全球电离层格网点空间分布

GIVE用于计算用户电离层垂直误差（UIVE）和用户电离层测距误差（UIRE），UIVE和UIRE分别是用户由于电离层延迟引起的垂直和测距误差的置信边界，要求具有99.9%的置信度。GIVE和UIVE的计算必须满足完好性、告警时间及精度要求。

（1）完好性是指由GIVE得到的UIVE必须以99.9%的置信度限定用户电离层改正误差。

（2）告警时间是指对电离层异常的处理，必须在规定时间内到达用户。

（3）精度需求来自全面的系统精度需求，包括垂直及水平定位精度和定位保护限值需求。

例如,WAAS 播发的电离层延迟改正数是在指定电离层格网点(IGP)处的垂直延迟估计,并用于修正 L1 信号的电离层延迟。WAAS 参考站(WRS)测量所有可视卫星的斜向电离层延迟。因为用户和导航卫星之间的仰角与 WRS 和导航卫星之间的仰角不同,所以这些测量数据必须转换成为用户可用的格式。WAAS 利用一个二维的格网来标识垂直电离层延迟分布[9]。全球范围定义 10 个不同的格网带用于描述均匀间隔的 IGP,在格网带 0~8 有 1808 个 IGP 位置点,在格网带 9~10 有 384 个 IGP 位置点。WAAS 播发的电文类型 Type26 中给出了 IGP 误差数据,表示为格网点电离层垂直延迟改正数误差指数(GIVEI),并与指定的 GIVE 和 GIVE 的方差($\sigma_{i,\mathrm{GIVE}}^2$)相对应。WAAS 在电文中定义了与卫星星历和钟差差分改正相应的完好性参数 UDRA 及其变化率。完好性监测告警时间一般为 6s,完好性风险概率为 $2\times10^{-7}/(150\mathrm{s})$,满足 CAT Ⅰ类精密进近性能要求[10]。

UIVE 和 UIRE 均以电离层穿刺点(IPP)处作为参考点。IPP 定义为用户(接收机)和导航卫星的连线与 WGS-84 椭球面以外高度 350km 处(h_1)的球面(地心为球心)相交点处,用户位置和 IPP 位置的几何关系如图 3.7 所示[8]。GIVE 和 UIVE 既要能确实反映所受的误差影响,以保证为服务区内的所有用户提供安全服务,并能对电离层异常影响及时做出反应,又不能估计得太大,以保证连续性、可用性。不同导航用户,定位误差都有最大限值规定,因此,GIVE 和 UIVE 必须在规定的门限以下。

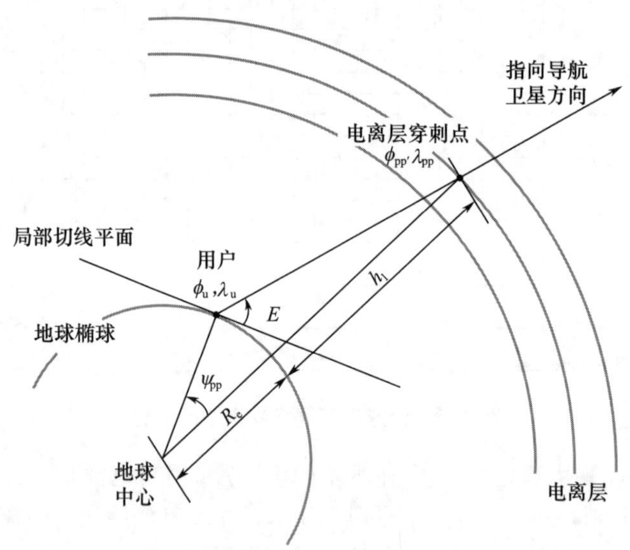

图 3.7 用户位置和 IPP 位置的几何关系(见彩图)

文献[2]给出了 IPP 的纬度和经度相关计算公式,IPP 的纬度为

$$\phi_{pp} = \arcsin(\sin\phi_u\cos\psi_{pp} + \cos\phi_u\sin\psi_{pp}\cos A) \tag{3.1}$$

式中:ϕ_u 为用户所在位置的纬度;A 为从用户位置处(ϕ_u,λ_u)由北向南顺时针测量导航卫星的方位角;λ_u 为用户所在位置的经度;ψ_{pp} 为用户位置处和电离层穿刺点与

地心连线之间的地球的中心角。

如果 $\phi_u > 70°$ 且 $\tan\psi_{pp}\cos A > \tan(\pi/2 - \phi_u)$ 或者 $\phi_u < -70°$ 且 $\tan\psi_{pp}\cos(A+\pi) > \tan(\pi/2+\phi_u)$，那么 IPP 的经度为

$$\lambda_{pp} = \lambda_u + \pi - \arcsin\left(\frac{\sin\psi_{pp}\cdot\sin A}{\cos\phi_{pp}}\right)$$

否则

$$\lambda_{pp} = \lambda_u + \arcsin\left(\frac{\sin\psi_{pp}}{\cos\phi_{pp}}\sin A\right) \tag{3.2}$$

式中：$\psi_{pp} = \frac{\pi}{2} - E + \arcsin\left(\frac{R_e}{R_e + h_I}\cos E\right)$，其中 E 为从用户的位置处测量的导航卫星的高度角，R_e 为地球半径，约 6378.163km，h_I 为地球大气层电子密度最大位置处，位于 WGS-84 椭球面以外高度约 350km 处的球面。IPP 插值原则如图 3.8 所示[8]。图中，τ_{vi}表示在 IGP 点的 4 个角广播的格网点垂直延迟数值，τ_{vpp}表示在期望的穿刺点 pp 输出的数值，λ_1 表示 IPP 以西的 IGP 点经度，λ_2 表示 IPP 以东的 IGP 点经度，ϕ_1 表示 IPP 以南的 IGP 点纬度，ϕ_2 表示 IPP 以北的 IGP 点纬度。

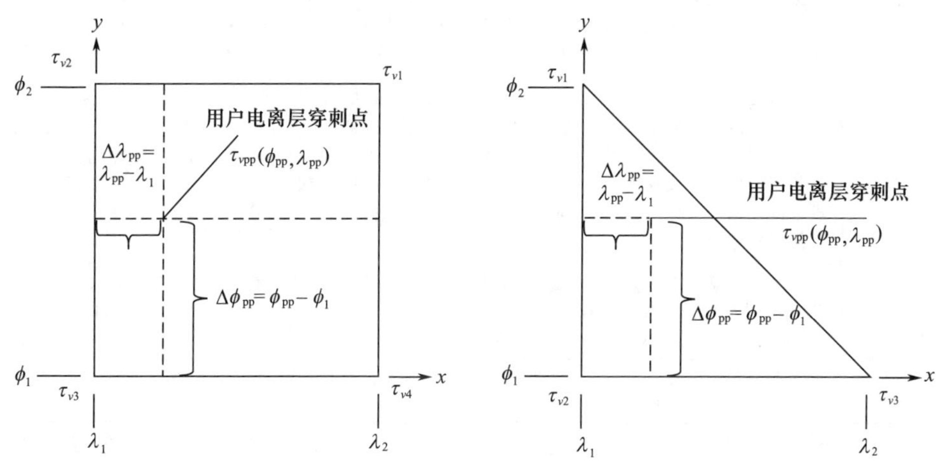

图 3.8 IPP 插值原则

UIVE 的方差计算公式为[2]

$$\sigma^2_{UIVE} = \sum_{n=1}^{4} W_n(x_{pp}, y_{pp})\sigma^2_{n,\text{ionogrid}} \tag{3.3}$$

式中：$\sigma^2_{n,\text{ionogrid}}$ 为在电离层格网点(IGP)处电离层垂直延迟的方差。WAAS 的最低运行性能标准(MOPS)给出了计算快变和慢变改正降效分量的详细模型(计算方法)，如果降效分量的模型输入参数不完备，不能计算 IGP 处电离层垂直延迟的方差，则基本的 WAAS 电离层模型可简化为 $\sigma^2_{n,\text{ionogrid}} = \sigma^2_{GIVE}$，对于第 i 颗导航卫星，用户电离层测距误差(UIRE)的方差计算公式为[2]

$$\sigma_{i,\text{UIRE}}^2 = F_{\text{pp}}^2 \sigma_{i,\text{UIVE}}^2 \tag{3.4}$$

式中：F_{pp} 为倾斜因子(obliquity factor)，计算公式为

$$F_{\text{pp}} = \sqrt{1 - \left(\frac{R_{\text{e}}\cos E}{R_{\text{e}} + h_{\text{I}}}\right)^2} \tag{3.5}$$

用户通过美国联邦航空管理局(FAA)网站可以获取 WAAS 给出的电离层相关的实时数据，通过欧洲空间局(ESA)网站可以获取 EGNOS 给出的电离层相关的实时数据。WAAS 的 MOPS 定义了机载接收机工作模式，根据工作模式给出了机载接收机的误差定义，标识为 $\sigma_{i,\text{air}}$。WAAS 的 MOPS 定义了 SBAS 的 4 类工作模式，如表 3.2 所列[8]。

表 3.2　SBAS 的 4 类工作模式

分类	说明
一类	导航服务设备能够支持海洋区域和国内区域航路、终端区、LNAV 进近以及起飞操作。当民航飞机在开展海洋区域和国内区域航路、终端区、LNAV 进近以及起飞操作时，若慢变的以及快变的 SBAS 差分改正数可用，则一类工作模式的设备可以使用这些数据
二类	导航服务设备能够支持海洋区域和国内区域航路、终端区、LANV 及 LNAV/VNAV 进近以及起飞操作。当民航飞机在开展 LNAV/VNAV 进近操作时，二类工作模式可以使用慢变的以及快变的电离层改正数据。当民航飞机在开展海洋区域和国内区域航路、终端区、LANV 进近以及起飞操作时，若慢变的以及快变的 SBAS 差分改正数可用，则二类工作模式的设备可以使用这些数据
三类	导航服务设备能够支持海洋区域和国内区域航路、终端区、LANV、LNAV/VNAV、LP 及 LPV 进近以及起飞操作。当民航飞机在开展 LPV、LP 或 LNAV/VNAV 进近操作时，三类工作模式可以使用慢变的以及快变的电离层改正数据。当民航飞机在开展国内区域航路、终端区、LANV 进近以及起飞操作时，若慢变的以及快变的 SBAS 差分改正数可用，则三类工作模式的设备可以使用这些数据
四类	导航服务设备能够支持最后进近段操作。四类工作模式可以代替仪表着陆系统(ILS)支持 LP 及 LPV 进近操作。四类工作模式的设备唯一满足 Delta 类功能可用性要求，同时也符合 Delta 4 类以及 Beta-1、2，或 3 类功能可用性要求
注：LNAV—水平导航；VNAV—垂直导航；LP—不带垂直引导的航向定位性能；LPV—带垂直引导的航向定位性能	

SBAS 播发快变改正数和慢变改正数两类重要的电文，慢变改正数包括缓慢变化的导航卫星轨道误差和星载原子钟钟差，快变改正数为用户提供星载原子钟钟差快速变化分量的附加改正信息。例如，EGNOS 播发慢变改正数包括导航卫星的位置和钟差，WAAS 播发慢变改正数除了包括卫星的位置和钟差，还有卫星的速度和钟漂改正数。

SBAS 播发的用户差分距离误差(UDRE)电文参数可以使得用户将导航卫星的轨道误差和星载原子钟钟差转化为星地方向的测距误差，电文参数以用户 UDRE 标识(UDREI)方式表示 UDRE。

以 WAAS 为例，根据完好性特点，电文类型 Type27 和 Type28 非常重要，Type27 播发选定区域 UDRE 的方差(σ_{UDRE})改正数。当用户在 Type27 电文定义的地理区域范围之内或者之外时，Type27 电文给出 UDRE 的降效因子(δ_{UDRE})，δ_{UDRE} 标识与 δ_{UDRE} 数值之间有明确的对应关系。用户利用完好性监测算法计算数据的完好性时，

δ_{UDRE}还需要与 Type2-6 和 24 电文中 UDRE 标识(UDREI)给出的 UDRE 标准偏差相乘。当 SBAS 的 GEO 卫星播发的多个 Type27 电文中含有同一个服务电文数据版本号(IODS)时,在所有电文中有相同的快变改正数降效因子 δ_{UDRE} 标识。

SBAS 服务提供商有时也会播发电文类型 Type28,作为 Type27 的替换电文,Type28 与用户位置相关联,可以更新改正数,提高系统服务的置信度。因此,电文类型 Type28 提高了系统服务区之内的可用性,改善了系统服务区之外的完好性。协方差矩阵是导航卫星空间位置和参考站观测几何的函数,反映了参考站伪距观测数据的置信度。因此,协方差矩阵也是随时间慢变的函数,每个协方差矩阵只需要更新与长期慢变改正数对应的参数。SBAS 播发的每个电文包含两颗卫星的协方差矩阵,为了保证合理的动态范围,需要增强系统每 6s 更新一次完好性信息和协方差矩阵比例因子。

假设 SBAS 播发电文类型 Type28,用户利用快变和慢变改正降效分量的详细模型计算快变改正数和长期慢变改正数并修正定位结果,那么快变改正数和长期慢变改正数误差的残差定义为[8]

$$\sigma_{i,\text{flt}}^2 = [\sigma_{i,\text{UDRE}}^2(\delta_{\text{UDRE}} + 8)]^2 \tag{3.6}$$

大气层中对流层对导航信号的延迟误差的残差定义为 $\sigma_{i,\text{tropo}}$,WAAS 的 MOPS 定义了 $\sigma_{i,\text{tropo}}$ 随机变量模型。SBAS 利用 Cholesky 分解来压缩协方差矩阵 $\boldsymbol{C}$,生成 4×4阶的上三角矩阵 $\boldsymbol{R}$,可以用来重构相对协方差矩阵,$\boldsymbol{C} = \boldsymbol{R}^{\text{T}}\boldsymbol{R}$。尽管存在量化误差,对于每颗卫星,三角矩阵 $\boldsymbol{R}$ 仅仅包含 10 个非零元素,因此,Cholesky 分解可以保证用户接收到的协方差矩阵保持正定特性。这 10 个非零元素除以比例因子后生成矩阵 $\boldsymbol{E}$,电文类型 Type28 将最终播发表征协方差矩阵 $\boldsymbol{C}$ 信息的矩阵 $\boldsymbol{E}$[8]:

$$\boldsymbol{E} = \frac{\boldsymbol{R}}{\psi} = \begin{bmatrix} E_{11} & E_{12} & E_{13} & E_{14} \\ 0 & E_{22} & E_{23} & E_{24} \\ 0 & 0 & E_{33} & E_{34} \\ 0 & 0 & 0 & E_{44} \end{bmatrix} \tag{3.7}$$

式中:$\psi = 2^{\text{scale exponent}-5}$,然后用户可以重构协方差矩阵 $\boldsymbol{C}$,并用于修正 SBAS 播发的与用户位置关联的选定区域 UDRE 的方差 σ_{UDRE},指定位置 UDRE 的降效因子(δ_{UDRE})修改为[8]

$$\delta_{\text{UDRE}} = \sqrt{\boldsymbol{I}^{\text{T}}\boldsymbol{C}\boldsymbol{I}} + \varepsilon_{\text{C}} \tag{3.8}$$

式中:$\boldsymbol{I}$ 是在 WGS-84 地心地固坐标系下给出的从用户到卫星之间的四维矢量,其中前 3 个分量是从用户到卫星的距离的 3 个单位矢量,第 4 个分量是“1”。附加项 ε_{C} 表征量化误差,如果降效模型可用,则根据电文类型 Type10 播发的协方差矩阵数据可以计算 ε_{C} 为[8]

$$\varepsilon_{\text{C}} = \boldsymbol{C}_{\text{covariance}}\psi \tag{3.9}$$

如果电文类型 Type10 播发的协方差矩阵数据 $\boldsymbol{C}_{\text{covariance}}$ 不可用,那么 ε_{C} 为 0,WAAS 的 MOPS 定义快变改正数和慢变改正数误差的残差需增加 8m 的误差。

WAAS 给用户播发快变改正数和长期慢变改正数的最新信息，一般来说，用户在接收增强电文过程中有可能丢失电文，为了确保系统完好性，即使在没有接收到多帧电文的情况下，用户能够正常实施水平导航/垂直导航（LNAV/VNAV）、不带垂直引导的航向定位性能（LP）或者 LPV 精密进近操作，用户必须使用降效模型给出的数据。在其他飞行阶段，降效模型的使用是可选项，WAAS 的 MOPS 定义了全球降效因子。与快变改正数和长期慢变改正数关联的残余误差表模型定义为[8]

$$\sigma_{\mathrm{flt}}^{2}=\begin{cases}\sigma_{\mathrm{UDRE}}\delta_{\mathrm{UDRE}}+\varepsilon_{\mathrm{fc}}+\varepsilon_{\mathrm{rrc}}+\varepsilon_{\mathrm{ltc}}+\varepsilon_{\mathrm{er}} & \mathrm{RSS}_{\mathrm{UDRE}}=0\\(\sigma_{\mathrm{UDRE}}\delta_{\mathrm{UDRE}})^{2}+\varepsilon_{\mathrm{fc}}^{2}+\varepsilon_{\mathrm{rrc}}^{2}+\varepsilon_{\mathrm{ltc}}^{2}+\varepsilon_{\mathrm{er}}^{2} & \mathrm{RSS}_{\mathrm{UDRE}}=1\end{cases}\tag{3.10}$$

式中：$\mathrm{RSS}_{\mathrm{UDRE}}$ 为电文类型 Type10 播发的和平方根（RSS）标识；σ_{UDRE} 为电文类型 Type2～6 及 Type24 播发的模型参数；δ_{UDRE} 为电文类型 Type28 或 Type27 播发的与用户位置有关的降效因子，若电文没有给出降效因子，则默认为 1；$\varepsilon_{\mathrm{fc}}$ 为快变改正数的降效参数；$\varepsilon_{\mathrm{rrc}}$ 为伪距率改正数的降效参数；$\varepsilon_{\mathrm{ltc}}$ 为长期慢变改正数或者 GEO 卫星电文参数的降效参数；$\varepsilon_{\mathrm{er}}$ 是用于航路到非精密进近（NPA）操作的降效参数。

文献[8]给出第 i 颗导航卫星有关定位结果的全部误差的方差 σ_i^2 为

$$\sigma_{i}^{2}=\sigma_{i,\mathrm{flt}}^{2}+\sigma_{i,\mathrm{UIRE}}^{2}+\sigma_{i,\mathrm{air}}^{2}+\sigma_{i,\mathrm{tropo}}^{2}\tag{3.11}$$

式中：$\sigma_{i,\mathrm{flt}}^2$ 为 UDRE 的方差 σ_{UDRE}^2 及其随时间的降效的残差，$\sigma_{i,\mathrm{UIRE}}^2$ 为用户位置处电离层穿刺点的 GIVE 的方差 σ_{GIVE}^2 插值的残差，SBAS 电文会播发计算这两个方差的相关参数；$\sigma_{i,\mathrm{tropo}}^2$ 为对大气对流层延迟改正后的残差；$\sigma_{i,\mathrm{air}}^2$ 为民航用户飞行环境和 GNSS 接收机噪声的影响。在评估广域差分改正数残余误差和完好性过程中需要特别关注 4 个参数。

对于一类（Class 1）设备，$\sigma_{i,\mathrm{air}}^2=25\mathrm{m}^2$；对于二、三和四类（Class 2,3,4）设备，

$$\sigma_{i,\mathrm{air}}=\sqrt{\sigma_{\mathrm{noise,GNSS}}^{2}[i]+\sigma_{\mathrm{multipath}}^{2}[i]+\sigma_{\mathrm{divg}}^{2}[i]}\tag{3.12}$$

文献[8]定义投影矩阵 $\boldsymbol{S}$ 为

$$\boldsymbol{S}=\begin{bmatrix}S_{\mathrm{east},1} & S_{\mathrm{east},2} & \cdots & S_{\mathrm{east},N}\\S_{\mathrm{north},1} & S_{\mathrm{north},2} & \cdots & S_{\mathrm{north},N}\\S_{\mathrm{U},1} & S_{\mathrm{U},2} & \cdots & S_{\mathrm{U},N}\\S_{\mathrm{t},1} & S_{\mathrm{t},2} & \cdots & S_{\mathrm{t},N}\end{bmatrix}=(\boldsymbol{G}^{\mathrm{T}}\boldsymbol{W}\boldsymbol{G})^{-1}\boldsymbol{G}^{\mathrm{T}}\boldsymbol{W}\tag{3.13}$$

式中：$\boldsymbol{G}$ 为观测矩阵；$\boldsymbol{W}$ 为加权矩阵；$S_{\mathrm{east},i}$ 为第 i 颗导航卫星与伪距误差关联的朝东方向的位置误差的偏导数；$S_{\mathrm{north},i}$ 为第 i 颗导航卫星与伪距误差关联的朝北方向的位置误差的偏导数；$S_{\mathrm{U},i}$ 为第 i 颗导航卫星与伪距误差关联的垂直方向的位置误差的偏导数；$S_{t,i}$ 为第 i 颗导航卫星与伪距误差关联的时间误差的偏导数，加权矩阵

$$\boldsymbol{W}=\begin{bmatrix}w_1 & 0 & \cdots & 0\\0 & w_2 & \cdots & 0\\\vdots & \vdots & & \vdots\\0 & 0 & \cdots & w_N\end{bmatrix}\tag{3.14}$$

式中：$w_i = 1/\sigma_i^2$。

观测矩阵 $\boldsymbol{G}$ 由 N 行星地视线（LOS）矢量组成，考虑时钟影响，将该矢量增广成元素为1的新矢量，因此，观测矩阵 $\boldsymbol{G}$ 的第 i 行与用户可见的第 i 颗导航卫星关联，根据从用户位置处由北向南顺时针测量导航卫星的方位角 A_{zi} 及从用户的位置处测量的导航卫星的高度角 θ_i，观测矩阵 $\boldsymbol{G}$ 的第 i 行矢量为

$$\boldsymbol{G}_i = [-\cos\theta_i\sin A_{zi} \quad -\cos\theta_i\cos A_{zi} \quad -\sin\theta_i \quad 1] \tag{3.15}$$

3.2.2 完好性监测

国际民航组织（ICAO）标准与建议措施（SARP）相关文件定义完好性为SBAS提供增强信息正确性可信任程度的度量措施，这种完好性度量措施还应具备当系统不可用时能够给用户及时有效提供告警的能力。完好性包括水平保护级（HPL）和垂直保护级（VPL）以及给用户告警时间（TTA）。在指定的飞行阶段，飞行员必须清楚地知道当前飞机的实际位置是在以导航接收机位置计算结果为中心、以水平保护级为半径的一个球面内，飞机在水平方向的位置则是在以导航接收机位置计算结果为中心的一个圆内，如图3.9所示，球面在水平方向的半径定义为HPL，在垂直方向的半径定义为VPL。系统导航安全所允许的最大半径定义为告警门限（AL），接收机定位误差系统超出保护级（PL）而没有给用户告警的概率就是完好性风险（integrity risk），在给定时间内必须给用户报警的时间就是TTA。HPL和VPL的误差边界（bound the error）具有确定的置信度。AL、TTA和完好性风险的数值与具体飞行阶段有关。

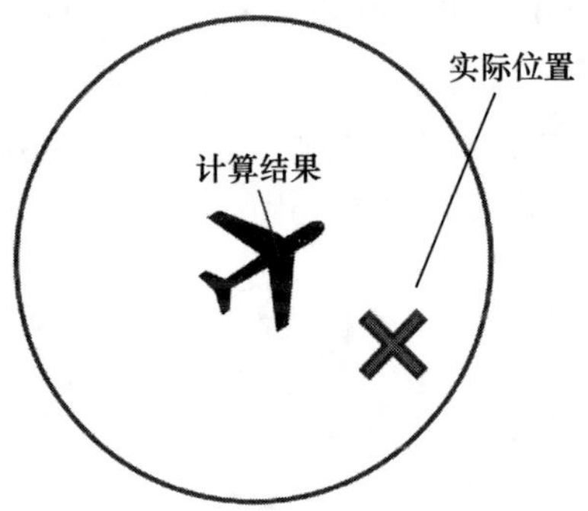

图3.9 飞机在水平方向的位置在以导航接收机位置计算结果为中心的一个圆内（见彩图）

完好性的内涵是当确定保护级（PL）的球面半径变大且超过预定的门限时，系统在规定的时间内给出告警信息。对于期望的飞行阶段的操作，当HPL和VPL在指定的水平告警门限（HAL）和垂直告警门限（VAL）之内时，GNSS提供的PNT服务才能满足水平和垂直完好性要求，如图3.10所示[2]，图中水平面位于导航系统地理参考椭球（例如WGS-84椭球）面的切平面处，垂直轴是该切平面的局部垂线。只要HPL > HAL或者VPL > VAL，GNSS就不能提供符合期望飞行操作（例如精密进近）要求的完好性服务，导航系统必须在指定TTA内发布告警信息。

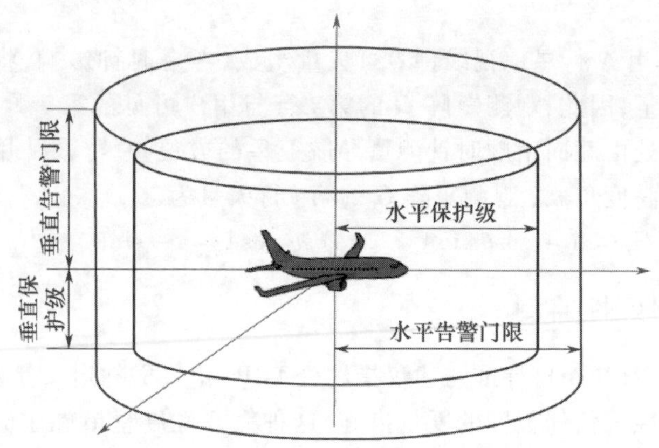

图 3.10 SABS 设定的导航系统保护级和告警门限(见彩图)

精度指标反映的是由观测量解算出来的位置和真实位置之间的接近程度,由两者之差来表示,定义为导航系统误差(NSE),精度越高的卫星导航系统 NSE 越小。SBAS 在提高导航系统的精度,减小系统的误差的同时,利用完好性反映的是根据观测量解算出来的位置结果的可靠性,以 PL 表示对定位误差具有“包络”,PL 是以一定的置信概率限定的误差范围。

在一些不利的情况下,NSE 可能超出 HPL 或者 VPL,在这种情况下,定义系统发生了完好性事件,系统提供的 PNT 服务信息不可靠,一般分为错误引导信息(MI)事件和危险错误引导信息(HMI)事件,MI 事件和 HMI 事件区别如图 3.11 所示[2]。可用性定义为在指定飞行阶段,即卫星导航系统提供的定位精度和完好性满足指定飞行阶段的要求,卫星导航系统正常工作的概率。因此,如果 PL 低于指定飞行操作的告警门限(AL),则导航系统可以认为是可用的。

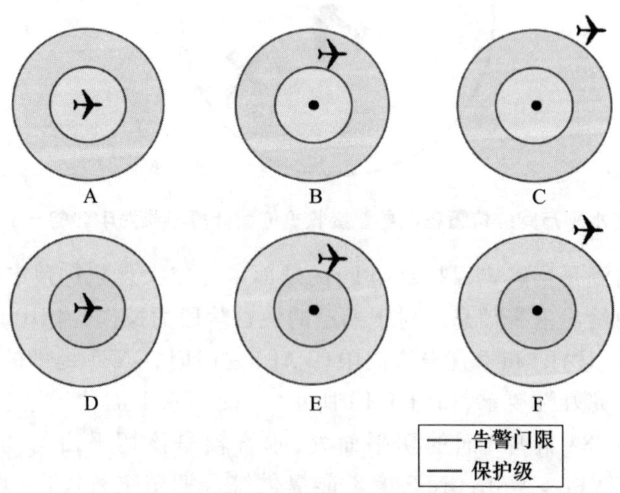

图 3.11 导航系统保护级、告警门限和对应错误引导信息(见彩图)

图3.11中，GNSS给出的飞机的估计位置位于圆心，分别以PL和AL为半径绘圆周，图中飞机图形代表飞机的实际位置，NSE是飞机的实际位置到圆心的距离。ICAO定义B、C、F 3类完好性事件，其中B类完好性事件对应MI事件，C、F类完好性事件对应HMI事件。理想的情况是图中的工况A。C类完好性事件危险性最大，这时GNSS不可用，但系统却没有给用户发布告警信息，对于某些飞行操作，可能会导致生命安全(SOL)风险。完好性检测过程中，与故障检测与排除(FDE)相关联的不同情况如图3.12所示[11]。不同的FDE事件定义如下[8]。

(1) 报警(alert)：当用户接收机获取的定位结果不满足完好性要求时，GNSS设备给出的标识。

(2) 定位失败(positioning failure)：当用户的位置真值和接收机给出的位置解算结果之间的差别超过应用场景的告警门限时，定义发生定位失败问题。

(3) 虚检测(false detection)：当没有发生定位失败问题时，系统检测出定位失败问题。

(4) 漏检测(missed detection)：当发生了定位失败问题时，系统没有检测出定位失败问题。

(5) 排除失败(failed exclusion)：当检测到真实的定位失败问题时，在告警时间

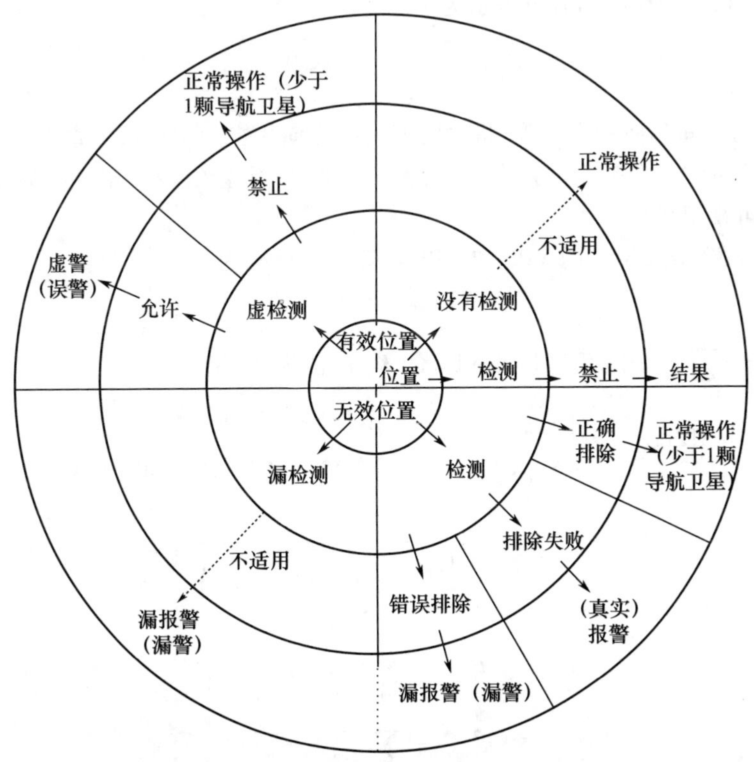

图3.12　全球卫星导航系统SBAS和GBAS服务

内检测到的情况(问题)不能被排除,定义为失败排除。失败排除会触发警报。

(6) 错误排除(wrong exclusion):在进行检测时,当存在定位失败问题时,但由于被排除而系统未能检测到发生了问题,会导致漏警。

(7) 虚警(false alert):当没有发生定位失败问题时,系统给出定位失败标识。虚警是虚检测的结果。

(8) 漏警(missed alert):在告警时间内,对于发生的定位失败问题,系统没有给出警报。漏检测和失败排除都会造成漏警。

综上所述,对于期望的飞行操作,当 HPL 和 VPL 在指定的水平告警门限(HAL)和垂直告警门限(VAL)之内时,卫星导航系统提供的 PNT 服务才能满足水平和垂直完好性要求,如图 3.11 所示[2],图中水平面位于导航系统地理参考椭球(例如WGS-84 椭球)面的切平面处,垂直轴是该切平面的局部垂线。只要 HPL > HAL 或者 VPL > VAL,卫星导航系统就不能提供符合期望飞行操作(例如精密进近)要求的完好性服务,卫星导航系统必须在指定告警时间(TTA)内发布告警信息。

SBAS 在给出误差源的差分改正数的同时还给出相应 UDRE、GIVE 的完好性信息,这些完好性信息表示的是经差分改正数改正后各误差项的残余误差,由各个误差项的残余误差可以计算出伪距域上的误差范围,最后再将伪距域的误差范围转换为定位域的 VPL 和 HPL,VPL 可表示为[12]

$$\mathrm{VPL} = K_{\mathrm{md\_ff}} \sqrt{\sum_{i=1}^{n} \boldsymbol{s}_{\mathrm{v},i}^{2} \sigma_i^2} \tag{3.16}$$

式中:$\boldsymbol{s}_{\mathrm{v},i}^{2}$ 为空间几何投影矩阵,将伪距域视线方向投影为定位域垂直方向;σ_i 为第 i 颗卫星用户视线方向伪距域残余误差;$K_{\mathrm{md\_ff}}$ 为与一定置信概率相对应的系数;n 为用户当前可视卫星数。

文献[8]给出 SBAS 的 VPL 和 HPL 计算公式分别为

$$\mathrm{VPL_{SBAS}} = K_{\mathrm{V}} d_{\mathrm{U}} \tag{3.17}$$

式中:$d_{\mathrm{U}} = \sum_{i=0}^{N} S_{\mathrm{U},i}^{2} \sigma_i^2$;用于计算 VPL 的 K_{V} 的值为 5.33。

$$\mathrm{HPL_{SBAS}} = \begin{cases} K_{\mathrm{H,NPA}} d_{\mathrm{major}} & \text{从航路到 LNAV} \\ K_{\mathrm{H,PA}} d_{\mathrm{major}} & \text{LNAV/VNAV、LP、LPV 进近} \end{cases} \tag{3.18}$$

式中

$$d_{\mathrm{major}} = \sqrt{\frac{d_{\mathrm{east}}^2 + d_{\mathrm{north}}^2}{2} + \sqrt{\left(\frac{d_{\mathrm{east}}^2 - d_{\mathrm{north}}^2}{2}\right)^2 + d_{\mathrm{EN}}^2}} \tag{3.19}$$

$$d_{\mathrm{east}}^2 = \sum_{i=0}^{N} S_{\mathrm{east},i}^2 \sigma_i^2 v \tag{3.20}$$

$$d_{\mathrm{north}}^2 = \sum_{i=0}^{N} S_{\mathrm{north},i}^2 \sigma_i^2 \tag{3.21}$$

对于从航路到 LNAV 进近导航服务,$K_{\mathrm{H,NPA}} = 6.18$;从 LNAV/VNAV、LP、LPV 进

近导航服务，$K_{H,NPA}=6.0$；更详细的信息见文献[8]，RTCA DO-229D 关于 GPS/WAAS 最低运行（控制）性能标准（MOPS）相关说明。

由此可见，由完好性参数计算出的 PL 与定位误差有相似之处，相同的是它们都是对位置误差范围的限定，它们都由伪距域误差范围、卫星几何精度因子和置信概率三个因素决定。PL 通常使用 99.99999% 的置信概率来限定误差范围，它是位置误差的极限值，因而它对位置误差具有“包络”作用[13]。SBAS 用户根据发布的完好性参数 UDRE、GIVE 的标准差和均值监测（σμ-M）结果，剔除“不可用”卫星及“不可用”IGP 垂直电离层延迟，然后综合 σμ-M 结果以及用户局部对流层校正残差、多径误差、接收机观测噪声，并结合当前观测的 GDOP 值，计算 HPL 与 VPL。

ICAO 定义 HPL 是从系统完好性要求给出了 HPE 的边界，VPL 则是从系统完好性要求给出了 VPE 的边界。当估计位置的定位误差（PE）超过 PL，即当 HPE 超过 HPL 或者 VPE 超过 VPL 时，系统需在给定的 TTA 内向用户发出告警信息，否则认为存在完好性风险。某个飞行阶段的完好性风险可定义为[14]

$$P_{\text{Integrity\_Risk}} = P_r\left\{\begin{pmatrix}\text{VPE} > \text{VPL}\\ \text{HPE} > \text{HPL}\end{pmatrix} \cap \text{没有在 TTA 内告警}\right\} \tag{3.22}$$

HPL 和 VPL 分别与 HAL、VAL 相比较，只要有一项超出门限，则说明系统不能保证所需要的完好性需求，随之生成告警。导航系统误差（NSE）> HAL 或 VAL，称为发生了危险错误引导信息（HMI）事件。对于精密进近和垂直引导进近操作，如果 VPL 超过了 VAL，则 SBAS 应给出“系统不可用”告警信息，此时系统发生“错误引导信息（MI）”或者“危险错误引导信息（HMI）”事件的概率极高。垂直 NSE、VPL、VAL 与 MI、系统不可用、HMI、MI 和系统不可用之间的关系如图 3.13 所示[15]。

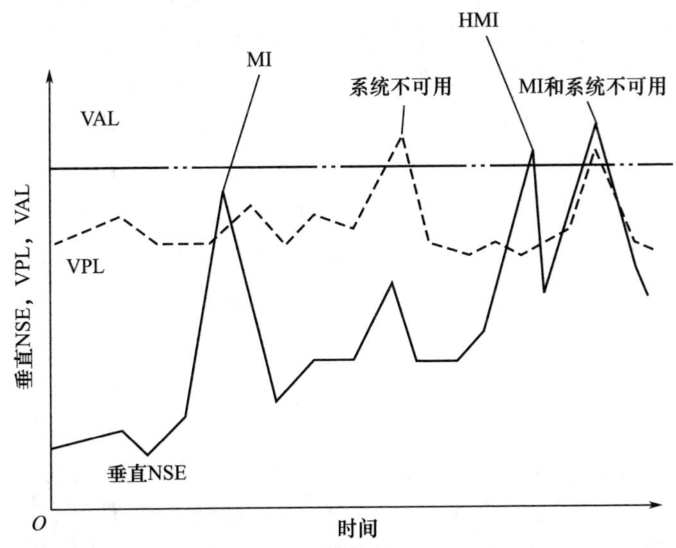

图 3.13 垂直 NSE、VPL、VAL 与 MI、系统不可用、HMI、MI 和系统不可用之间的关系

NSE > HPL 或 NSE > VPL 通常称为“错误引导信息(MI)”,NSE > HAL 或 NSE > VAL 通常被称为“危险错误引导信息(HMI)”,当 HPL > HAL 或者 VPL > VAL 时被称为系统不可用[15]。

综上所述,系统的完好性性能一般需要告警门限(AL)、告警时间(TTA)和完好性风险三项指标表征。

定位精度体现误差的空间分布特性,完好性体现误差超出门限的概率,连续性体现定位误差的时间分布特性,可用性表征精度满足服务要求的可靠性或者说可信度。GNSS 的定位精度降低后,系统可用性也随之降低。系统告警门限变小后,可用性也同样随之降低。对于飞机垂直引导进近而言,卫星导航系统的垂直定位精度是较为重要的指标之一,由于 GNSS 空间段卫星星座的几何分布特性,导致系统高程解算误差比水平解算误差相对较大。2000 年 6 月,国际民航组织(ICAO)的全球卫星导航系统专家组(GNSSP)以 GNSS SARP 方式确定了 SBAS 完好性相关算法,2002 年 11 月,该 SARP 正式对外发布。SBAS 的完好性服务应该从两个方面来保护用户。

(1) GNSS/SBAS-GEO 卫星失效,地面参考站网络监测到卫星信号异常,检测并剔除故障卫星(信号)。

(2) SBAS 播发错误或者不准确的差分改正数,未检测出的地面段故障、地面段测量噪声及算法执行过程中异常会造成这些错误或者不准确的差分改正数。

当发生上述第 2 种类型的失效模式时,系统仍然处于正常工作状态,空间段 GNSS/SBAS-GEO 卫星工作正常,地面段和用户段设备也正常工作,即所谓的“无故障工况(fault free case)”,在“无故障工况”情况下发生这类非完好性事件是数据测量和数据处理过程中的固有现象。HPL 和 VPL 均是统计误差边界。

HMI、MI 和系统不可用的关系还可以用 Stanford 图来表征,Stanford 图用在给定测量期间系统的 VPE 和 VPL 的关系来说明系统完好性和可用性之间的权衡关系。例如,2005 年 3 月,EGNOS 在法国 Toulouse 的实际测试结果如图 3.14 所示,图中横坐标表示 VPE,纵坐标表示 VPL,对角线将采样点分成两个大的区域,对角线的左面表示是系统安全操作区(PE 在 PL 范围内),对角线的右面表示系统处于不安全状态(PE 在 PL 范围外),测试结果表明 EGNOS 在测试期间Ⅰ类垂直引导进近 APV-Ⅰ是 100% 可用的[16]。

通常可以分别给出水平位置 Stanford 图和垂直位置 Stanford 图。Stanford 图可用来快速检查系统完好性状态,只要简单确认采样点是否在 Stanford 图的对角线轴上方即可,同时也可借助 Stanford 图判断系统定位结果的安全等级,例如,如果采样点在对角线上方,但是很接近对角线,说明系统在发生完好性事件的边缘。Stanford 图还可以用来评估系统的可用性是否满足要求,图中纵坐标在告警门限以上的区域表征系统“不可用”。

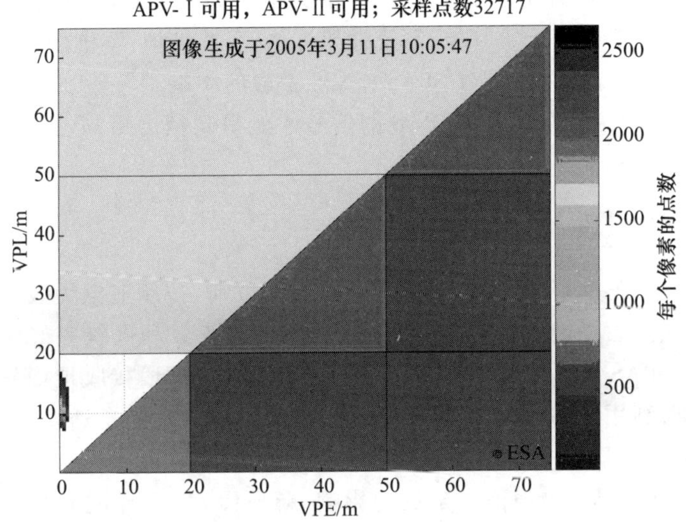

图 3.14 EGNOS Ⅰ类垂直引导进近 APV-Ⅰ实测 Stanford 图（见彩图）

3.3 系统组成

SBAS 由空间段、地面段和用户段三部分组成，如图 3.15 所示。空间段由地球静止轨道（GEO）卫星组成，播发与卫星导航信号类似的增强信号；地面段生成导航增强数据，由监测站网络、数据处理中心、GEO 卫星控制中心、系统通信网络组成，其中 GEO 卫星控制中心根据数据处理中心计算得到导航增强数据并生成增强信号，通信

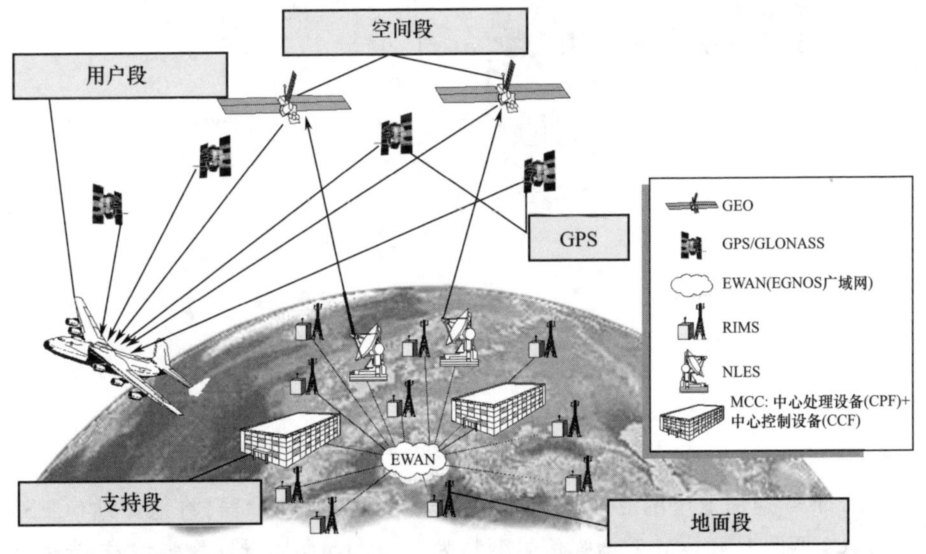

图 3.15 SBAS 组成（见彩图）

网络建立 SBAS 地面段各个环节的通信链路;地面段同时对 SBAS 的正常运行和维护提供技术支持,负责系统配置管控、系统性能评估、系统维护、系统研发和系统救援等工作。用户段包括能够同时接收 SBAS/GNSS 信号的终端[16]。

用户需要同时接收 GNSS 和 SBAS 的信号才能得到精度更高、完好性更强、安全性更好的 PNT 服务。

3.3.1 空间段

SBAS 卫星一般为 GEO 卫星,配置 SBAS 导航载荷,按照航空无线电技术委员会(RTCA)的格式播发格网点电离层信息、广域差分改正数和系统完好性信息以及基本导航信息。SBAS 导航载荷一般是透明转发器,用 C 频段接收地面站上行注入的导航增强信息,利用 L 频段将地面控制段生成的导航增强信息透明转发给用户,也称为透明 C/L 转发器。

为了消除电离层对增强信号延迟的影响,新一代 SBAS 导航载荷配置 L1/L5 双频转发器,同时进一步扩大信号带宽。例如,EGNOS 利用 Inmarsat-4 通信卫星的全球波束天线为移动用户播发 GPS L1、L5 两个频点的导航增强信号,卫星外形如图 3.16所示[17]。

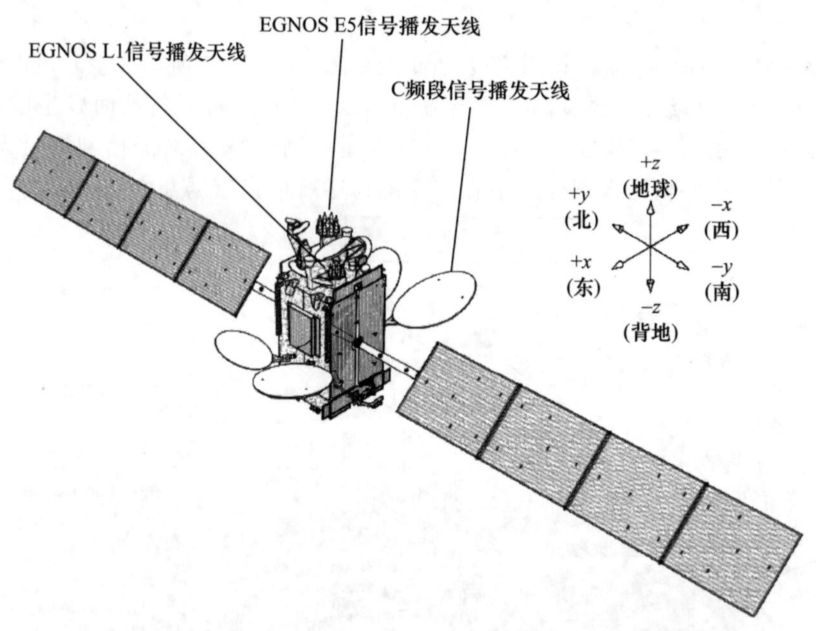

图 3.16 EGNOS Inmarsat-4 通信卫星外形

Inmarsat-4 通信卫星的导航载荷是一个双通道透明转发器,将地球站(GES)上注的 C1、C5 两路 C 频段导航增强信号变频为 L1 和 L5 两路导航增强信号,导航载荷方案如图 3.17 所示[18]。导航载荷与通信载荷共用 C 频段上行链路,利用 C 频段低

噪声放大器(LNA)放大上行链路信号,利用功分器得到右旋圆极化(RHCP)导航增强注入信号,然后导航模拟处理器将上行6.5GHz增强信号下变频为490 MHz基带信号,再利用两个声表面波(SAW)滤波器生成两路基带信号,然后分别上变频为L1、L5两个频点的导航增强信号,利用L频段固态功率放大器(SSPA)放大导航增强信号,最后利用导航载荷天线将导航增强信号播发给用户,L1频点有效全向辐射功率(EIRP)为28.1dBW,L5频点EIRP为26.2dBW。

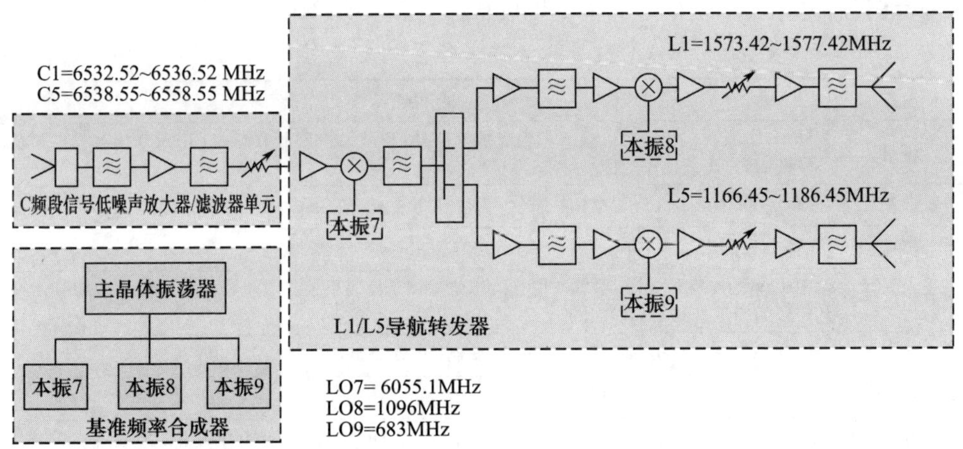

图3.17　EGNOS Inmarsat-4通信卫星SBAS载荷方案

与Inmarsat-3通信卫星的导航载荷天线不同,Inmarsat-3卫星的导航载荷天线采用一个杯状螺旋馈电的抛物面天线,Inmarsat-4卫星的导航载荷天线采用具有12个贴片的阵列天线,阵列天线具有更高的天线增益指标。L1和L5两路导航增强信号各用一副赋球波束阵列天线播发导航增强信号,主要技术特点如表3.3所列。

表3.3　Inmarsat-4通信卫星导航载荷主要技术特点

设计参数	性能/指标	
	C1-L1通道	C5-L5通道
上行链路频率/MHz	6534.52	6548.55
上行链路频率带宽/MHz	4.0	20.0
下行链路频率/MHz	1575.42	1176.45
下行链路频率带宽/MHz	4.0	20.0
上行链路信号计划方式	RHCP(右旋圆极化)	RHCP
下行链路信号计划方式	RHCP	RHCP
转发器EIRP/dBW	28.1	26.2
导航信号播发天线	专用	专用
覆盖范围	全球	全球
短期稳定度	$<1\times10^{-11}$	

SBAS 导航增强信号包括测距信号、差分改正数以及系统完好性信息 3 个分量：测距信号与 GPS L1 C/A 信号类似,可以改善民用航空用户的可用性;差分改正数包括卫星的轨道、时钟以及电离层延迟等误差的改正数;系统完好性信息主要为涉及生命安全应用的用户提供系统完好性信息;此外还包括时间、UDRE、GIVE、对流层延迟模型以及服务水平降级等一些辅助信息。SBAS 增强信号接口特征包括载波频率、电文结构、通信协议以及增强信息数据等内容。下面以美国 WAAS 的 L1 频点增强信号为例,简要介绍增强信号的主要接口特征,如表 3.4 所列。

表 3.4 WAAS L1 频点增强信号的主要接口特征[19]

参数	说明
调制	SBAS 增强数据和测距码模二和生成扩频信号,利用二进制相移键控(BPSK)技术将扩频信号调制到 L1 载波信号上
带宽	L1：±30.69MHz,L5：±12MHz 带宽内,信号功率不小于 95%
测距码	Gold 码,码周期为 1ms,伪码速率为 1.023Mchip/s
载波相位噪声	10Hz 单边噪声带宽时,单载波信号的相位噪声谱密度要使接收机锁相环路能够跟踪到载波信号的精度是 0.1rad(RMS)
SBAS 数据	信息符号速率 500symbol/s,module-2 调制(有效 250bit/s)
功率	-161 ~ -155dBW,用户 5°仰角

为民航用户服务时,WAAS 信号还需满足航空机载设备相关要求,主要包括多普勒频移、载波频率稳定性(carrier frequency stability)、极化方式(polarization)、伪码/载波频率相干性(code/carrier frequency coherence)以及相干损失(correlation loss)等内容。

(1) 多普勒频移:在最坏情况下,稳态用户的相对速度应小于 40m/s,在 L1 频点的多普勒频移近似为 210Hz。

(2) 载波频率稳定性:排除电离层延迟和多普勒频移后,在用户接收机天线的输入端处的载波频率短期稳定性(Allan 方差的平方根值)优于 5×10^{-11}(1 ~ 10s),即 1s 频率稳定度和 10s 频率稳定度均是 5×10^{-11}。

(3) 极化方式:右旋圆极化,轴比小于 2dB。

(4) 伪码/载波频率相干性:伪码相位率和载波频率之间的频率差短期内(<10s)小于 $5\times10^{-11}(1\sigma)$;伪码相位变化(转化为载波周期)与载波相位变化之间的差异长期内(<100s)应当在一个载波周期之内(1σ)。

(5) 相关损失:由于信号调制过程中的不理想或者转发器滤波损失引起的相关损失小于 1dB。

综上所述,WAAS 增强信号与 GPS 信号的主要差异有两方面:一是导航电文的信息数据速率不同,GPS 信息速率是 50bit/s,而 WAAS 为了快变电文发播的需求,采用了更高的 250bit/s 信息速率;二是导航电文内容、格式存在较大差异,WAAS 电文以 GPS 差分数据、电离层格网等数据为主,星历直接以空间三维坐标、速度、加速度方式表示,与 GPS 星历格式不同。由于 WAAS 信号功率未增大,而导航电文信息速率却

增加了,因此,为了保证用户在低仰角时,信号电平较低情况下保持导航电文的解调能力(误码率),WAAS导航电文采用了卷积码,区别于GPS采用一般的循环冗余校验(CRC)码。

SBAS信号在传输过程中经过了GEO卫星透明转发器,由于转发器中变频器本振的频率基准与地面频率基准完全不相关,所以破坏了信号扩频码与载波的相关特性。同时,SBAS的时间频率基准、发射信号的位置基准都在地面,通过转发器转发的整个传输过程中增加了很多环节的附加时延。为此,需要地面控制系统根据卫星位置的实时变化,动态调整扩频码的相位(包括在导航电文中改正时间起始点),补偿上行路径延迟与各种传输延迟,使SBAS信号的发射时间起始点始终虚拟保持在GEO卫星上。星上采用直发方式可以解决以上问题。即卫星接收上行注入信号,对信号进行接收处理后,获得差分和增强信息。卫星重新生成调制后的差分和增强信号,信号上变频后由功率放大器放大,再播发给用户。

3.3.2　地面段

地面段的主要任务是生成导航增强电文数据,同时将导航增强电文数据上注给空间段的地球静止轨道卫星。地面段的监测站网络在精密测绘的地点配置多套高精度双频导航监测接收机,要求监测站的地理精度为1~3cm国际地球参考框架(ITRF)[20],配置高精度、高稳定度的原子钟,能够接收视界范围内所有的导航信号及地球静止轨道卫星播发的信号,开展导航信号质量评估,同时监测监测站所在区域电离层延迟的影响,导航信号数据采集频率为1Hz,完成数据质量检查的同时剔除异常数据,能够在毫秒量级完成导航信号处理,为了避免单点失效问题,一般采用同一监测站的多套接收机观测数据并行开展差分改正数和完好性数据计算。

地面段的数据处理中心是SBAS的核心单元,需要有精确的卫星轨道确定模型(能够区分轨道要素和钟差),确定SBAS参考时间和星载时钟偏差改正的精度要优于2ns,开展实时电离层延迟估计过程中能够识别局部的和快变变化的空间天气影响,可以根据规定的性能要求在一定区域范围内估算系统完好性。根据监测站网络接收的原始数据,估算导航信号差分改正数、电离层延迟改正数和方差项,给出系统完好性信息,生成导航增强电文。地面段的SBAS通信网络利用具有高标准、高可靠、宽带宽、高冗余、大数据交换能力的通信网络,配置满足系统通信安全要求的通信网络设备,建立SBAS地面段各个环节的双向通信链路。

例如,WAAS地面段的GEO卫星控制中心的主要功能是:将数据处理中心生成的导航增强数据进行扩频处理,然后将扩频信号调制到载波信号中;实现生成的增强信号与基本导航系统保持时间同步;保证增强信号中载波与伪码分量的时间同步(相干);通过接收SBAS下行增强信号,进一步对上行注入信号开展闭环管理。

地面段同时负责SBAS的运行和维护,对SBAS设计、研发、运行与验证阶段的工作提供技术支持,对系统服务性能进行仿真,对系统应用进行验证,对增强算法的可靠性进行验证,在线核查系统精度、完好性、连续性和可用性是否满足指标要求,实时监测系统工作状态,收集整理系统故障和异常情况,预测系统期望的工作性能指标并当性能劣化时给出告警信息,对系统运行进行维护和救援,开展系统应用验证相关工作,对系统内部产生的增强数据以及外部接收的星历、钟差以及电离层延迟等的数据进行存档。

3.3.3 用户段

用户段通过接收 SBAS 信号,获取广域差分改正数、电离层延迟模型及其改正数以及完好性等相关计算数据,完成距离测量、定位解算、完好性分析等一系列计算分析工作,并将计算的预警结果播发给用户,用来提醒用户判断是否信任系统当前状态下的输出结果以及是否可进行下一步操作或转用其他系统。

用户段不受 SBAS 服务提供商的控制,完全由 SBAS 应用市场驱动。SBAS 服务提供商一般提供开放服务、生命安全服务以及商业服务 3 种类型的业务,可以满足不同用户群体的应用需求。对于生命安全服务,SBAS 机载终端需要满足 ICAO 民用航空 SBAS 相关标准,机载设备需要完全满足 RTCA MOPS DO-229 标准,接收机天线设计需要完全满足 RTCA MOPS 228 和 301 标准、美国联邦航空管理局(FAA)技术标准规范(TSO)C190,C145b,C146b 标准,此外,还应满足飞行管理系统(FMS)等航空综合电子设备要求。

3.4 系统指标

GNSS 定位误差是用户的估计位置和实际位置之间的差异。通过每次采样的概率统计,而不是在特定测量间隔的采样百分比,给出 GNSS 精度指标。完好性是 GNSS 提供信息正确性置信程度的一种度量,当系统不可用时,系统应及时给出有效的告警信息。连续性是在预期的飞行操作过程中,没有非计划中断,GNSS 实现定位、测速和授时功能的能力。可用性是在可靠的导航信息提供给机组人员、自动驾驶仪或者其他飞行管理系统过程中,GNSS 可以用于导航服务的时间比例。GNSS 可用性应该通过设计、分析和建模仿真来确定,而不是一个测量值。

GNSS 的定位精度降低后,系统可用性也随之降低。系统告警门限变小后,可用性也同样随之降低。对于飞机垂直引导进近导航服务而言,由于导航卫星星座的空间几何特性,导致系统高程解算误差比水平解算误差相对较大,卫星导航系统的垂直定位精度是较为重要的指标之一。卫星导航完好性概念最初起源于民用航空对导航服务安全性的需求。在早期的卫星导航应用中,用户往往只关注系统的定位精度而忽略定位结果的安全性,而民用航空涉及生命安全服务,对系统的安全性要求很高,从而引出完好性的概念,本节将重点分析民用航空对卫星导航的性能需求。民用航

空飞行器飞行过程主要包括航路飞行(包含远洋和内陆)、终端区飞行、进近和场面滑行4个阶段[21]。GNSS及其SBAS和GBAS可以满足民航部分阶段的导航服务性能需求,其中SBAS可以为在航飞行和终端区飞行提供导航服务,GBAS可以为终端区飞行和进近及场面滑行提供导航服务,民用航空的4个飞行阶段及增强系统的服务范围如图3.2所示。

进近阶段可定义为从飞机初步获得着陆目标开始到下降至清晰可视机场跑道为止,这一过程是飞机飞行阶段中最有难度、最具风险的过程。当飞机驾驶员能够清晰可视机场跑道时,开始着陆阶段,着陆阶段一直到飞机滑行结束为止。在进近着陆这一过程中,任何异常均会导致进近失败、中止本次进近,并要求飞机迅速爬升,寻求再次进近。当飞机进入进近阶段,首先被引导至初始进近点(IAP),然后调整方向对准跑道进入最终进近点(FAP),开始最后的进近过程包括NPA、APV-Ⅰ、APV-Ⅱ、CAT Ⅰ、CAT Ⅱ、CAT Ⅲ,飞机进近程序如图3.18所示。

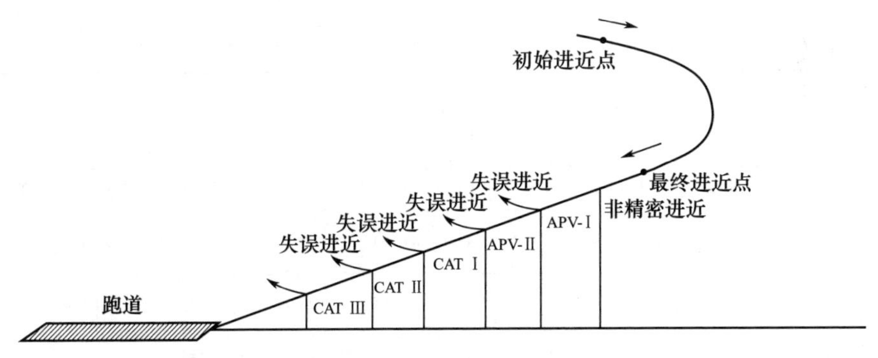

图3.18 飞机进近程序图

在不同的进近阶段,飞机飞行高度都不能低于相应阶段的最低飞行高度,除非驾驶员能够清晰地看到机场跑道。当飞机降至相应阶段的最小飞行高度还不能看到地面跑道时,需立刻中止进近,迅速爬升,如图3.18所示。ICAO定义了不同飞行阶段的告警门限(AL),只有保护级(PL)小于AL,才认为系统是工作正常的并可用于民航导航服务,误差保护限制逻辑框图如图3.19所示[22]。AL是由某一特定的飞行阶段决定的,例如CAT Ⅰ的VAL为10m,CAT Ⅱ的VAL为5.3m。若HPL或者VPL超过某一飞行阶段的HAL或者VAL,则认为此时系统不支持该阶段的完好性性能需求[23]。

为了适应民航的需求,SBAS需要在精度、完好性、连续性和可用性4个方面对卫星导航系统性能进行增强。ICAO对GNSS信号性能要求如表3.5所列[8,19,24],飞行的不同阶段对卫星导航的性能指标要求是不同的,性能指标同卫星导航系统一样,也是用定位精度、完好性、连续性和可用性来衡量的。定位精度、完好性、告警时间、连续性和可用性指标仅依靠GNSS自身是不能满足要求的,需要借助增强系统来实现,不同的飞行阶段,民航对卫星导航的性能指标要求是不同的。

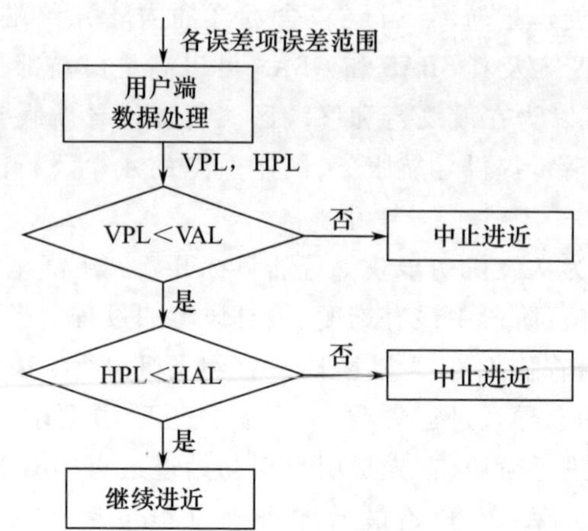

图 3.19 误差保护限制逻辑框图

表 3.5 ICAO 对 GNSS 信号性能的要求

典型操作	水平精度(95%)	垂直精度(95%)	完好性	告警时间	连续性	可用性
航路	3.7km	N/A	$(1-1\times10^{-7})$/h	5min	$(1-1\times10^{-4})$/h ~ $(1-1\times10^{-8})$/h	0.99 ~ 0.99999
航路—终端	0.74km	N/A	$(1-1\times10^{-7})$/h	15s	$(1-1\times10^{-4})$/h ~ $(1-1\times10^{-8})$/h	0.99 ~ 0.99999
非精密进近	220m	N/A	$(1-1\times10^{-7})$/h	10s	$(1-1\times10^{-4})$/h ~ $(1-1\times10^{-8})$/h	0.99 ~ 0.99999
APV-Ⅰ	16m	20m	$(1-2\times10^{-7})$/进近	10s	$(1-8\times10^{-6})$/(15s)	0.99 ~ 0.99999
APV-Ⅱ	16m	8m	$(1-2\times10^{-7})$/进近	6s	$(1-8\times10^{-6})$/(15s)	0.99 ~ 0.99999
CAT Ⅰ	16m	6.0 ~ 4.0m	$(1-2\times10^{-7})$/进近	6s	$(1-8\times10^{-6})$/(15s)	0.99 ~ 0.99999
注:只有定位精度(95%)在预期典型操作最低的高度门限(HAT)所需要的数值范围内,GNSS 才是可用的;完好性要求包括可以评估的告警门限(AL)						

为了确保定位误差(PE)满足相应阶段的使用要求,需要定义 AL 来代表可用于安全导航所允许的最大误差。在没有告知用户的情况下,定位误差不能超过告警门限。例如,对于 CAT Ⅰ精密进近来说,如果一个特定系统设计的 VAL 大于 10m,则只有完成了系统安全性分析,系统才是可用的。ICAO 制定的告警门限如表 3.6 所列[24]。

表 3.6 ICAO 导航服务告警门限

典型操作	水平告警门限	垂直告警门限
航路(大洋/大陆)	7.4km	N/A
航路(大陆)	3.7km	N/A
航路—终端	1.85km	N/A

（续）

典型操作	水平告警门限	垂直告警门限
非精密进近(NPA)	556m	N/A
Ⅰ类垂直引导进近(APV-Ⅰ)	40m	50m
Ⅱ类垂直引导进近(APV-Ⅱ)	40m	20m
Ⅰ类精密进近 CAT Ⅰ	40m	35~10m

表3.5中,SBAS定义定位精度为飞机实际的位置与机载导航设备解算的位置之间的差别,即用导航系统误差(NSE)来表述定位精度,SBAS通过给用户提供卫星导航系统卫星的星历、星钟以及电离层延迟误差差分改正数,满足民航对导航系统的定位精度要求。对于给定的某一飞行操作期间,假设在该飞行操作期间的初始阶段系统是可用的,且预测在该飞行操作期间系统也是可用的,SBAS定义连续性为系统维持规定性能的概率。系统连续性不满足要求意味着系统存在风险,必须中断飞行操作。假设在计划的某一飞行操作期间的初始阶段导航服务是可用的,当系统的精度、完好性、连续性指标满足指标要求时,对于任意给定用户在任何给定时间,用导航服务可用的概率来度量SBAS的可用性。实际上,一般用保护级低于相应告警门限的概率来计算系统的可用性。ICAO将完好性定义为SBAS提供差分改正数可信程度的度量。当导航位置误差超出告警门限,SBAS没有在规定的时间内发出告警信息时,系统可以接受的最大概率。SBAS通过下列两个措施保证系统完好性。

(1) 给用户提供卫星/电离层延迟告警信息,通知用户在解算位置过程中,剔除相应卫星/电离层延迟误差改正数。

(2) 给用户提供水平和垂直保护级(HPL,VPL)信息,对于某一飞行操作,ICAO SARP定义的空间导航信号(SIS)完好性要求如表3.7所列,通过比较HPL和VPL以及相应的告警门限(AL),用户可以评估系统在此飞行阶段的可用性。利用用户差分距离误差(UDRE)改正数以及格网点电离层垂直延迟改正数误差(GIVE),SBAS可以计算并广播系统完好性边界,用户可以计算HPL和VPL超出系统完好性边界的程度[8,25,26]。

表3.7　ICAO SARP定义的空间导航信号(SIS)完好性要求

典型操作	告警时间	完好性	水平告警门限	垂直告警门限
航路(大洋/大陆)	5min	$(1-1\times10^{-7})$/h	4n mile	N/A
航路(大陆)	15s	$(1-1\times10^{-7})$/h	2n mile	N/A
航路—终端	15s	$(1-1\times10^{-7})$/h	1n mile	N/A
非精密进近	10s	$(1-1\times10^{-7})$/h	0.3n mile	N/A
Ⅰ类垂直引导进近(APV-Ⅰ)	10s	$(1-2\times10^{-7})$/进近	40.0m	50m
Ⅱ类垂直引导进近(APV-Ⅱ)	6s	$(1-2\times10^{-7})$/进近	40.0m	20m
Ⅰ类精密进近(CAT Ⅰ)	6s	$(1-2\times10^{-7})$/进近	40.0m	15~10m

ICAO定义:Ⅰ类精密进近(CAT Ⅰ)允许飞机下降到的最低高度为200ft,即决断高度(DH或DA)为200ft,并且跑道视程(RVR)不小于1600ft;Ⅱ类精密进近

(CAT Ⅱ)的 DH 下降至 100ft，并且最小 RVR 不小于 1200ft。Ⅲ类精密进近(CAT Ⅲ)细分为 A、B、C 三级，主要区别是系统对 DH、RVR 或者“能见度”的数值定义不同，CAT ⅢA 和 CAT ⅢB 的 DH 取决于跑道可视情况，若 RVR 小于 700ft，CAT ⅢA 进近的 DH 为 100ft，否则没有 DH 限值；同样，若 RVR 小于 150ft，CAT ⅢB 进近的 DH 为 50ft，否则没有 DH 限值；CAT ⅢC 没有 DH 和 RVR 的限值，被称为“zero-zero”进近，飞机被引导至快要接触跑道地面的位置处，使飞机自动着陆。ICAO 定义的这三类精密进近对卫星导航系统的定位精度和完好性要求如表 3.8 所列[27-28]。

表 3.8　CAT Ⅰ、CAT Ⅱ和 CAT ⅢB 精密进近对定位精度和完好性要求

类型	CAT Ⅰ	CAT Ⅱ	CAT ⅢB
决断高度	>200ft	>100ft	>50ft
侧向定位精度	16.0m(NSE)	6.9m(NSE)	6.2m(NSE)
垂向定位精度	4.0m(NSE)	2.0m(NSE)	2.0m(NSE)
侧向告警限	40.0m	17.3m	15.5m
垂向告警限	10.0m	5.3m	5.3m
告警时间	6s	1s	1s
允许的完好性风险	2×10^{-7}/进近	1×10^{-7}/进近	1×10^{-7}/进近

WAAS 将非精密进近(NPA)和 CAT Ⅰ之间的垂直引导进近(APV)划分为水平导航(LNAV)、水平导航/垂直导航(LNAV/VNAV)、带垂直引导的航向定位性能(LPV)进近 3 个阶段[29]，LNAV、LNAV/VNAV 和 LPV 3 个精密进近阶段的最小决断高度(MDA)及决断高度(DA)要求如图 3.20 所示。

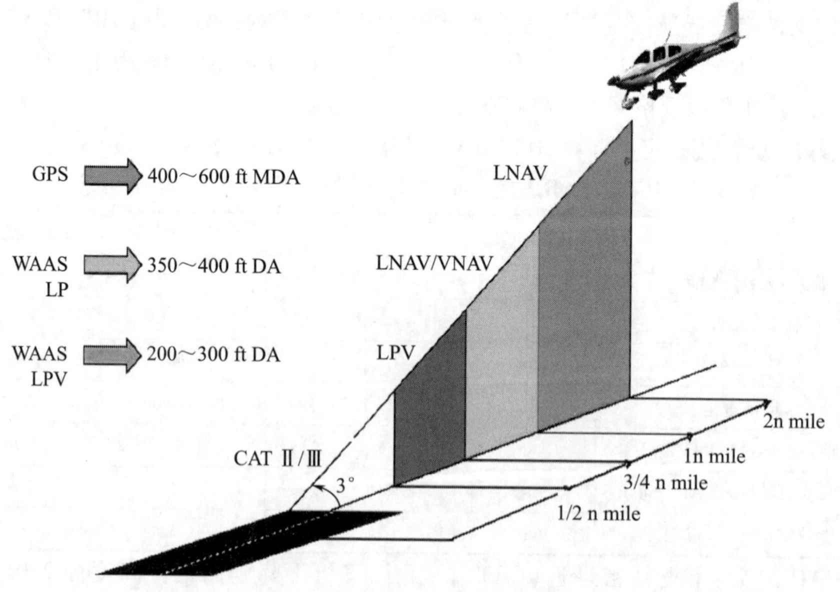

图 3.20　在飞机进近过程中的决断高度要求(见彩图)

利用 GNSS/SBAS/GBAS 进行民航飞机进近/着陆导航服务时,方案简单、性能可靠,进近和着陆线路灵活,可以有效提高机场的服务能力。随着卫星导航技术的不断发展,卫星导航及其增强系统与惯性导航系统(INS)形成组合系统(GBAS、SBAS、INS)共同为民航提供进近和着陆服务。

一般利用与评估 GPS 标准定位服务完全兼容的监测接收机来评估 WAAS 性能,WAAS 的完好性风险定义为系统估算的载体的位置精度超过 HAL 或者 VAL 时,卫星导航系统在规定的告警时间内没有告警的概率。连续性风险定义为在系统正常工作过程中,系统没有生成告警信息的概率。WAAS 给出 HMI 的概率是每次进近(150s)小于 1×10^{-7},水平或者垂直定位精度(95%)小于 1.6m。当 VPL 小于 50m 时,最大观测误差小于 12m(6σ),水平和垂直定位精度(95%)小于 4m[30]。

WAAS 的最低运行性能标准(MOPS)定义差分改正的导航解在 VPL 以及 HPL 范围内的概率必须满足 99.99999%。因此,误差的真值在 10^7s 内超过保护限的次数不能多于 1 次。如果计算的保护级超过了相应的告警门限,那么系统将告警,测量的数据不能用于导航服务。如果系统在运行过程中发出了告警信息,必须针对告警信息给出处理措施,否则系统在整个周期内将被宣布不可用[8]。

美国斯坦福大学在美国加利福尼亚州的国家卫星测试平台(NSTB)开展了 WAAS 性能评估测试,绘制了 Stanford 图,横坐标代表定位误差,表示 WAAS 给出的位置测量结果和实际位置之间的误差,纵坐标代表相应的保护级。水平定位完好性性能测试结果如图 3.21 所示,垂直定位完好性性能测试结果如图 3.22 所示,图中 HMI 表示"危险错误引导信息",MI 表示"错误引导信息"。有关广域差分全球定位系统(WADGPS)以及广域增强系统 WAAS 的实时信息可以访问美国 NSTB 网站。

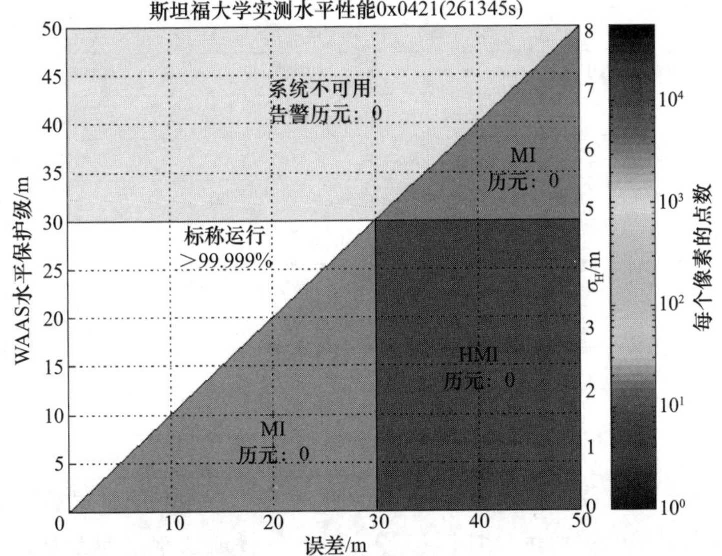

图 3.21 广域增强系统的二维水平定位完好性性能测试结果(见彩图)

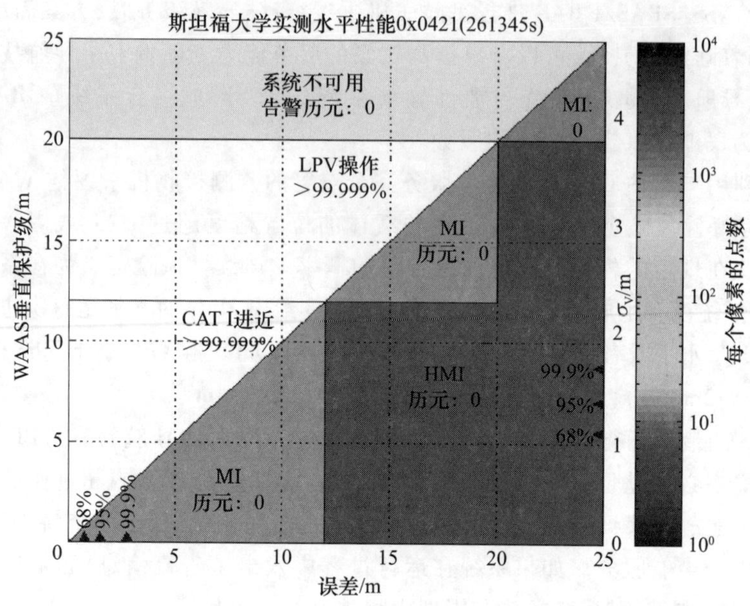

图 3.22　广域增强系统的垂直定位完好性性能测试结果(见彩图)

美国联邦航空管理局(FAA)的技术中心网站 www. nstb. tc. faa. gov 会给出当前实时的和历史的 WAAS 可用性云图。根据 WAAS 设计、分析和实测数据,WAAS 增强信号的性能指标如表 3.9 所列[30]。

表 3.9　WAAS 增强信号的性能指标

性能	性能指标	说明
告警时间	6.2s	符合要求
告警时间,接收机 RAIM/FDE	8s	TSO-C 145/146
HMI 发生概率	$<1\times10^{-7}$/进近(150s)	低于要求
连续性	$(1-8\times10^{-6})$/(15s)	符合要求
标称水平精度	1.6m(95%)	性能分析报告
最大水平精度	12m(最大观测量)	
水平精度门限	4m(95% 保守门限)	
标称垂直精度	1.6m(95%)	性能分析报告
最大垂直精度	12m(最大观测量)	
垂直精度门限	4m(95% 保守门限)	
可用性	实时可用性云图	www. nstb. tc. faa. gov

FAA 的技术中心负责测量和分析 WAAS 的性能,WAAS 根据民航对决断高度为 200ft 的带垂直引导的航向定位性能(LPV-200)的导航要求发布当前服务水平(能力),LPV-200 服务水平在整个 WAAS 服务区域都是可用的,在服务能力不可用的局

部区域，WAAS 在其 GEO 卫星播发的增强信号中要给出服务可用性降级程度的指示信息，如 LPV 或者 LNAV/VNAV，服务可用性区域可以实时显示在 WAAS 监测控制中心的屏幕上。WAAS 的航路导航、终端区导航、LNAV、LNAV/ VNAV、LPV、LPV-200 导航性能要求如表 3.10 所列[30-31]。

表 3.10 WAAS 导航性能要求

性能	航路	终端区	LNAV	LNAV/VNAV	LPV	LPV-200
TTA	15s	15s	10s	10s	6.2s	6.2s
HAL	2 n mile	1 n mile	556m	556m	40m	40m
VAL	N/A	N/A	N/A	50m	50m	35m
HMI 概率	10^{-7}/h	10^{-7}/h	10^{-7}/h	2×10^{-7}/进近	2×10^{-7}/进近(150s)	2×10^{-7}/进近(150s)
区域1连续性	$(1-10^{-5})$/h	$(1-10^{-5})$/h	$(1-10^{-5})$/h	$(1-5.5\times10^{-5})$/(15s)	$(1-8\times10^{-6})$/(15s)	$(1-8\times10^{-6})$/(15s)
水平精度(95%)	0.4 n mile	0.4 n mile	220m	220m	16m	16m
垂直精度(95%)	N/A	N/A	N/A	20m	20m	4m
可用性(区域1覆盖区)	0.99999(100%)	0.99999(100%)	0.99999(100%)	0.99(100%)	0.99(80%~100%)	0.99(40%~60%)
可用性(区域2覆盖区)	0.999(100%)	0.999(100%)	0.999(100%)	0.95(75%)	0.95(75%)	N/A
可用性(区域3覆盖区)	0.999(100%)	0.999(100%)	0.999(100%)	N/A	N/A	N/A
可用性(区域4覆盖区)	0.999(100%)	0.999(100%)	0.999(100%)	N/A	N/A	N/A
可用性(区域5覆盖区)	0.99999(100%)	0.999(100%)	0.999(100%)	N/A	N/A	N/A

WAAS 设置 CAT Ⅰ精密进近的 HAL 为 30m，如果用户定位误差大于 HAL，但在 HPL 范围内时，那么系统将提升系统告警状态，将导致整个系统丧失可用性，即系统不可用，将会导致系统连续性出现风险。在任何情况下，真值和测量值之间的误差应小于 HPL，否则判定导航系统 HPL 失效。WAAS 的长期可用性指标是 99.9%，在系统正常运行时，水平定位的可用性指标为 99.999%，VAL 为 12m。在定位精度、系统完好性和连续性同时满足指标要求时，系统的可用性指标为 99.671%。

3.5 信息处理

SBAS 的信息处理流程为利用分布在服务区内的参考站网络监测全部可见 GNSS 卫星，将监测数据通过通信链路传送至主控站，主控站利用收集的数据计算出差分改正数和系统的完好性信息，经格式编排后播发给服务区内的用户，通信链路一般为地球静止轨道(GEO)卫星。用户接收广域差分和完好性数据[32]。SBAS 的信息流如图 3.23 所示,地面段的运行控制管理是 SBAS 稳定运行的核心,包括对卫星的管理和监测、对导航信号的接收、对各种数据的处理、各种控制命令的生成以及导航增强数据的上行注入。

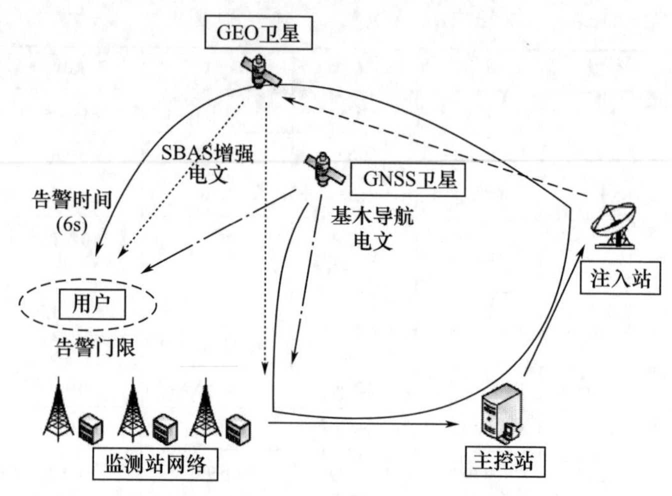

图 3.23　星基增强系统的信息流

SBAS 正常运行依靠地面任务段的管理和控制,地面段的数据处理中心是 SBAS 的信息和决策中心。数据处理中心生成的差分改正数和系统完好性信息是实现 SBAS 功能的关键,系统完好性信息是确保用户定位导航安全性的前提,是系统应用的一项重要指标。系统级的完好性保证体现在两个方面:一是系统向用户播发完好性信息,以限定系统定位服务的误差范围,标识定位结果的可靠性;二是系统对自身各个组成部分可能发生异常的环节进行监测,当发现异常后,根据相应的算法将其消除,若不能消除则需要在规定的时间内给出告警信息。地面运行控制系统提供的系统完好性信息可以为系统 PNT 服务以及系统的稳定运行提供可靠性保证。

3.5.1　地面段数据处理

3.5.1.1　数据预处理

监测站的主要作用是预处理观测数据,提供主控站所需的伪距观测量。该过程主要通过伪距残差估计来实现,伪距残差估计是监测站数据处理的重要组成部分,它为主控站提供了计算差分改正和完好性信息的基本观测数据。伪距残差估计由载波平滑、导航电文处理、对流层延迟估计和伪距改正 4 部分构成。利用数据冗余检验输出两条数据流 1 和 2,分别独立地进行伪距残差估计,然后对两条数据流的结果进行一致性检验。

载波平滑码伪距数据是预处理重要环节,下面重点说明其处理方法。在载波平

滑码伪距处理过程中，先对原始相位监测数据进行周跳探测与修复，采用接收机跟踪环信息和双频相位数据组合来修复周跳。然后利用 Hatch 滤波或卡尔曼滤波等方法生成载波相位平滑伪距。

3.5.1.2　精密轨道确定

卫星精密轨道实时处理，是利用短时间、准实时、高精度载波相位和伪距观测数据，根据精密轨道确定算法确定卫星轨道，然后通过数值积分生成预报轨道参数，为用户提供高精度轨道数据。精密定轨的基本原理是使用带有随机误差的观测数据，以及不够精确的初始状态，求解卫星运动状态矢量的"最佳"估值。

为了实现高精度实时轨道确定，通常需要载波相位和伪码测距数据，可以采用无电离层双频组合作为观测量以消除电离层影响。在观测方程中的待解参数为参考时刻卫星状态、力学模型参数、地球自转参数、大气参数、监测站坐标、卫星钟差、接收机钟差等。对于载波观测量，整周模糊度也需要进行解算，增加了处理的复杂度。

精密定轨的基本方法是在初始轨道与钟差处线性展开构建观测方程，利用轨道变分方程构建动力学参数方程，采用最小二乘方法快变估计所有监控卫星的待估参数，最后通过轨道数值积分器生成精密卫星轨道。导航卫星力学模型主要包括地球引力位、日月引力摄动、潮汐摄动、广义相对论效应、坐标轴偏差、太阳光压摄动。其中太阳光压摄动模型参数、坐标轴偏差模型参数作为力学模型的待估参数。除精密定轨的基本原理与方法外，需要针对性地处理策略设计，一般采用滑动窗口法实现。

轨道精确预报是将精密轨道确定快变改正的卫星力学模型参数与初始状态矢量参数作为运动方程中的常数和初值，再利用轨道数值积分器生成短时间（至少一个滑动窗口 + 滑动处理时间）的预报轨道。因此快变轨道积分是其关键问题，数值积分方法一般采用单步法与多步法相结合的算法，轨道积分器起步算法采用 RKF6(7)阶嵌套的 Runge-Kutta-fehlberg 方法[33]，起步后采用基于 Adams 显式 Adams-Bashfort 公式和隐式 Adams-Moulton 公式的预报校正多步线性积分算法[34]。

3.5.1.3　卫星精密钟差实时处理

卫星精密钟差实时处理是利用实时高精度载波相位和伪距观测数据，经实时钟差估计算法来快速更新初始钟差的偏差参数，然后通过短期钟差预报算法生成实时卫星钟差，以满足实时用户对卫星钟差的需求。主要包括实时钟差估计和短期钟差预报处理。卫星精密钟差实时处理的基本原理是通过一阶高斯马尔可夫过程逼近钟差的变化特性，通过实时监测站的观测数据构建观测方程，以滤波的方式每秒处理1次所有监测卫星的钟差和接收机的钟差。

实时钟差估计：实时高精度卫星精密钟差处理需要载波观测量作为主要观测数据，并采用非差观测值，以无电离层双频组合作为观测量以消除电离层影响。考虑到卫星钟差处理与精密轨道处理的更新频率不同，因此，需要每秒采样的实时观测数据作为输入，采用与实时轨道处理独立的进程处理，实时精密轨道作为输入值。在观测方程中的待解参数包括大气参数、卫星钟差、接收机钟差等。

钟差短期预报:根据卫星钟差特性建立短期预报模型,快变外推最近几秒的实时钟差,供快变伪距改正使用。利用快变钟差估计的过程数据和钟差外推的数学模型,确定和刷新卫星钟差短期预报系数,并外推计算6~8s监测卫星的钟差。

3.5.1.4 卫星星历与钟差改正数处理[35]

卫星星历与钟差慢变改正数处理包括误差改正序列生成和慢变改正数确定。误差改正序列生成包括卫星精密轨道实时处理的预报轨道位置、速度序列,卫星精密钟差实时处理的预报钟差序列与对应时刻的其他 GNSS 卫星广播星历轨道和钟差求差,得到 GNSS 误差改正序列。慢变改正数确定是利用处理时段误差改正序列、慢变更新周期、慢变改正模型、系统时差参数,生成输出参数包括监测卫星的改正数。

慢变改正数处理的算法是假定慢变改正数更新周期为 n 分钟,则在当前 n 分钟时段内对监测可视的 i 星误差改正序列求平均值,便可得到该时段内慢变轨道和钟差差分改正数,对应的时刻为时段历元均值。若进一步考虑钟漂,再对 n 分钟时段钟差误差改正序列拟合得到对应时刻的钟差差分改正数,$n \leqslant 2$。

卫星星历与钟差改正数快变改正参数处理的输入数据是钟差误差改正序列、慢变钟差改正数、卫星 i 的快变降效参数值。卫星星历与钟差快变改正参数处理的计算步骤如下。

(1) 将钟差误差改正序列与钟差慢变改正求差,得到快变差分误差序列。

(2) 利用卫星 i 的快变降效参数值确定快变改正的时效周期。根据时效周期是6s的倍数关系,确定出6s整倍数的伪距快变改正更新周期。

(3) 将时段内对 i 星取均值,作为该更新周期卫星 i 的快变改正。对所有监测可视卫星、所有公开服务伪距(不止1个频点)按同样算法确定其值,组成快变改正参数集。

3.5.1.5 用户差分距离误差及降效参数处理[36]

用户差分距离误差(UDRE)及降效参数处理包括 UDRE 处理、降效参数处理和参数分档设定。UDRE 处理的输入数据包括差分系统计算的差分改正值,导航电文中广播星历和钟差值,经双频电离层改正值等预处理后的观测伪距、监测站点位坐标、监测站接收机钟差、交叉验证观测值等数据。UDRE 处理的基本原理是对应用了慢变、快变改正差分后的伪距残差进行数理统计,给出系统服务区内与可视卫星星历及钟差改正数误差相应的伪距误差的置信限值或与之对应的方差。

用户差分距离误差处理的流程:首先将各个监测站经双频电离层改正值等预处理后的观测伪距数据分组(假定也进行了接收机钟差改正,j 是监测站号,k 是历元,i 是卫星号);其次由监测站坐标、广播星历和慢变、快变改正数计算伪距;最后二者求差即差分后的伪距残差序列。将 i 星当前更新周期内全部伪距残差序列按数理统计方法进行统计,计算差分距离误差的均值及方差,以方差表征相应卫星的差分用户距

离精度。

降效参数又分为与时效性有关的降效参数和与空间有关的降效参数两个部分。时效性有关的降效参数等引入的原因是:用户有可能更新不及时或丢失慢变、快变差分参数,为了确保连续性和可用性,必要时用先前的数据外推差分改正,这样改正后的用户差分距离误差精度下降,可通过降效参数对用户差分距离误差进行补偿,确保降效后的用户差分距离误差能够反映外推差分用户距离精度,加强了完好性信息的连续可用性。

空间有关的降效参数是将已测视线方向的用户差分距离误差方差传播给卫星 i 服务区内其他用户方向上而引入的协因数矩阵,目的是更精细地计算用户视线方向上差分参数的精度估计值,确保能包络该方向上的误差。

3.5.1.6 电离层格网改正处理[37]

电离层格网改正处理是指基于 GNSS 观测数据,利用电离层的色散效应、延迟量大小与频率相关的特性,提取穿刺点处的电离层延迟,并作格网化模型,提供给格网覆盖区域内用户使用,以提高单频用户的定位精度。

电离层格网改正处理的基本方法是采用多个频率的 GNSS 电离层残差组合相位平滑伪距观测值,求取穿刺点沿信号斜路径的电离层延迟,通过区域电离层延迟模型获得穿刺点垂直(电离层)电子总含量(VTEC)造成的延迟并分离出卫星硬件延迟与接收机硬件延迟。通过曲面拟合法、加权插值法等将穿刺点处 VTEC 按照一定的经纬度间隔归算为到格网点的电离层垂直延迟。

3.5.1.7 电离层格网改正误差及降效参数处理[38]

电离层格网改正误差处理的输入数据包括电离层格网垂直延迟、改正硬件延迟后的穿刺点双频电离层延迟,给出格网电离层延迟改正的精度信息。电离层格网改正误差处理的原理是利用格网电离层内插得到穿刺点电离层延迟,与双频观测计算的电离层延迟进行比较,得到格网点电离层延迟的改正误差,通过对误差序列进行统计,格网点电离层垂直延迟改正所能承受的最大误差限值,用 GIVE 表征,反映电离层格网的改正精度。

按照完好性要求,GIVE 验证值是由参考站的一路数据形成的格网点电离层延迟估计值与另一路观测值之间的残差统计得到的。即用参考站的一路数据计算格网点电离层延迟改正,用另一路数据进行格网改正误差验证,可得到更加准确的 GIVE。在 SBAS 电文中,以格网点电离层垂直延迟改正数误差指数(GIVEI)表征。

GIVE 降效参数引入的原因是 GIVE 的播发间隔最大为 300s,在数据更新间隔内,GIVE 数值的性能会出现退化,为此引入电离层降效方差模型,即

$$\varepsilon_{\text{iono}} = C_{\text{iono\_step}} \left\lfloor \frac{t - t_{\text{iono}}}{I_{\text{iono}}} \right\rfloor + C_{\text{iono\_ramp}} (t - t_{\text{iono}}) \tag{3.23}$$

式中:$C_{\text{iono_step}}$为格网点电离层延迟更新周期内的变化限值;$C_{\text{iono_ramp}}$为格网点电离层延迟更新周期内的变化速度限值;I_{iono}为电离层格网点模型的更新周期;t_{iono}为电离层

格网点模型的接收参考时间；t 为用户定位时刻。

使得用户能够利用该降效方差模型准确估计当前时刻的 GIVE。式中模型的参数称为 GIVE 降效参数。

3.5.2 空间段数据处理

WAAS、EGNOS 等星基增强系统曾经采用 Inmarsat-3 地球静止轨道通信卫星作为透明转发器，播发 GPS 的增强信息。SBAS 地面段监测每颗卫星的信号，生成差分改正数和完好性信息，按约定通信协议和数据格式将这些增强数据上行注入 Inmarsat-3卫星，卫星采用 GPS L1 频点将增强数据以增强导航电文的方式播发给用户。卫星的导航载荷主要是一组 C/L 透明转发器，同时配置一组 C/C 透明转发器，用于标校增强信号上行注入链路电离层延迟。

Inmarsat-3 通信卫星 SBAS 导航载荷框图如图 3.24 所示[39]，在中频信号滤波之前，两组 C 频点上行信号（C-L 和 C-C）共用星上载荷硬件通道，其中 SBAS 右旋圆极化（RHCP）的上行信号的中心频率为 6455MHz，将 6455MHz 上行信号下变频到频率为 1330MHz 的通信中频信号，前向中频处理器的中频分频器输出该信号。导航载荷首先接收这个中频信号，并将其下变频为 181MHz，然后利用通道带宽为 2.2MHz 的声表滤波器对 181MHz 中频信号进行滤波处理，最后再把 181MHz 中频信号上变频到 1575.42MHz 导航增强信号。导航载荷采用了可靠性冗余设计手段，具有主份和备份通道，每个通道均有独立的链路增益调整能力。L 频段信号高功率放大器（HPA）同样采用主份和备份配置，功率放大后的 1575MHz 导航增强信号通过赋球波束天线播发给地面用户。SBAS 卫星导航载荷 C/C 透明转发器同样采用主备份的冗余设计方案，频率为 1330MHz 的中频信号馈送到左旋圆极化（LHCP）的返向链路中频处理器，合成其他信号后再上变频到 3.6GHz 下行链路信号播发给地面站。

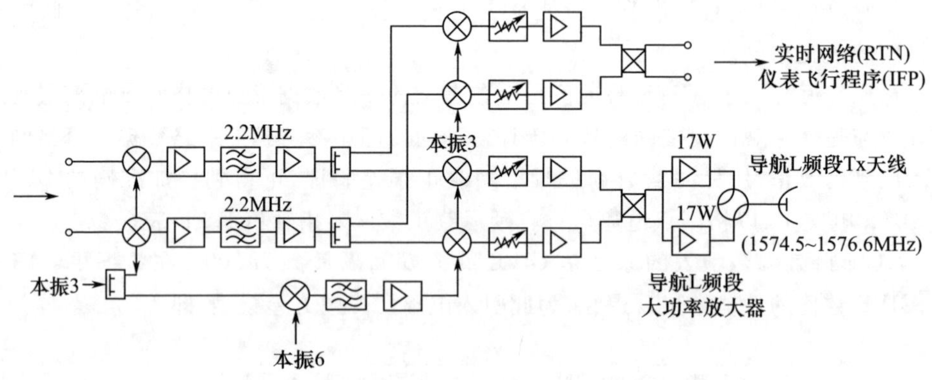

图 3.24 Inmarsat-3 卫星 SBAS 导航载荷框图

Inmarsat-3 卫星作为 SABS 的完好性通道，播发增强信号的频率为 1575.42MHz，

与 GPS 民用 C/A 信号频点一致,也采用 GPS 直接序列伪随机测距码,地面任务段监测站网络给出每颗 GNSS 卫星的 URE,GNSS 完好性通道(GIC)再将 URE 播发给地面用户。所有的测距误差源,无论星载原子钟钟差还是卫星星历误差都将转换成复合 URE。GIC 增强电文数据速率为 50bit/s,与 GPS 导航电文数据速率一致,GIC 增强电文数据格式如图 3.25 所示[40]。

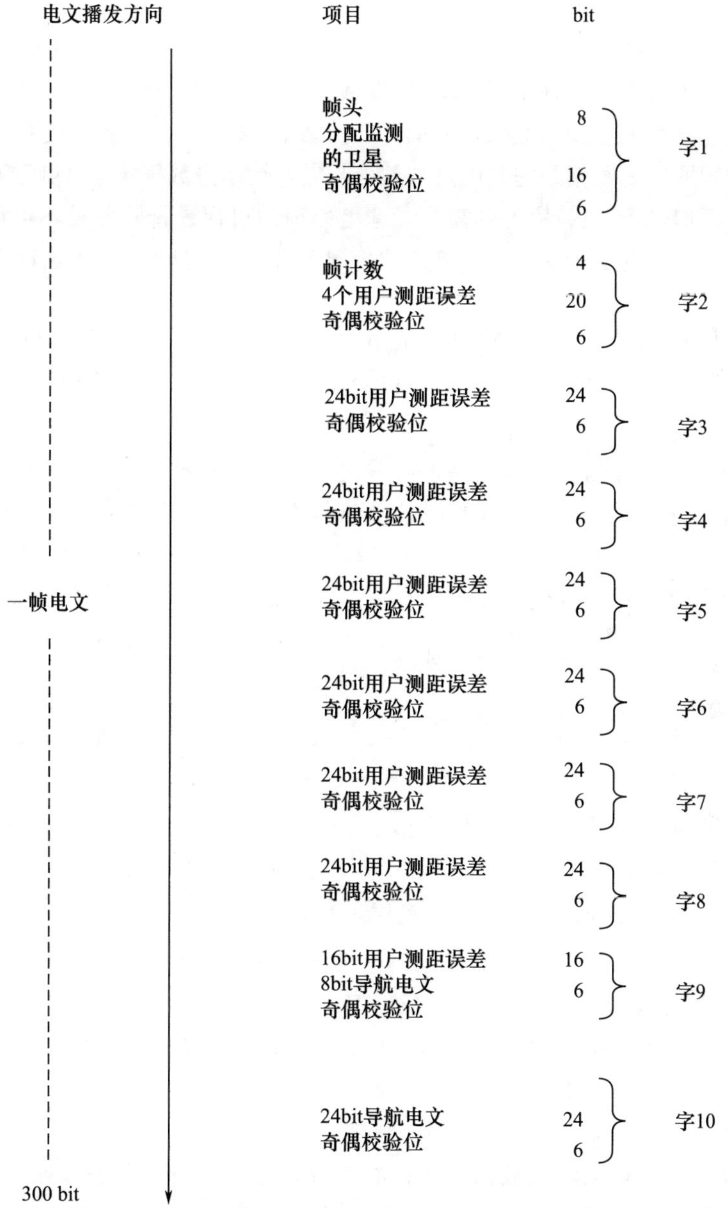

电文播发方向 | 一帧电文 | 300 bit

项目	bit	
帧头 分配监测的卫星 奇偶校验位	8 16 6	字1
帧计数 4个用户测距误差 奇偶校验位	4 20 6	字2
24bit用户测距误差 奇偶校验位	24 6	字3
24bit用户测距误差 奇偶校验位	24 6	字4
24bit用户测距误差 奇偶校验位	24 6	字5
24bit用户测距误差 奇偶校验位	24 6	字6
24bit用户测距误差 奇偶校验位	24 6	字7
24bit用户测距误差 奇偶校验位	24 6	字8
16bit用户测距误差 8bit导航电文 奇偶校验位	16 6	字9
24bit导航电文 奇偶校验位	24 6	字10

图 3.25　GIC 增强电文数据格式

3.5.3 用户段数据处理

用户接收到差分改正数和完好性信息后,剔除不可用状态或不适合参与位置计算的导航信号,确保用户定位解算结果的完好性,然后对伪距观测量进行慢变、快变差分改正处理,同时计算与飞行阶段相匹配的水平和垂直误差保护限,必要时给出报警信号。

3.5.3.1 选星处理

根据广域差分与完好性信息设计定义,航空用户必须收齐符合飞行阶段要求(时效期内)的慢变、快变改正参数及对应的降效参数后,才可以进行差分定位和保护级计算。选星处理的输入数据是完整的广域差分与完好性信息数据集合、伪距观测量、广播星历和用户近似坐标、飞行完好性需求。选星处理的目标是排除各种不可用状态或不适合参与计算的卫星,确保用户导航定位解算结果的完好性。选星处理的计算步骤如下。

(1) 根据掩码信息判决卫星是否可用。

(2) 判定每颗卫星的 $\sigma_{i,\mathrm{UDRE}}$ 状态是否符合要求。若为“不可用”“未检测”,则该星不参与差分定位与完好性计算。

(3) 判定所有观测到的卫星是否有与之匹配的广域差分与完好性信息。若缺失某星的广域差分与完好性信息或其时效性不符合要求,则该星不参与差分定位与完好性计算。

(4) 判定每个穿刺点位置能否进行穿刺点电离层和 $\sigma_{i,\mathrm{GIVE}}$ 插值。若用于插值的任一元素为“不可用”“未检测”,则与该穿刺点相关的伪距不参与差分定位与完好性计算。

(5) 按照飞行阶段判断 $k_{\mathrm{v}}\sqrt{\sigma_{i,\mathrm{fit}}^2+\sigma_{i,\mathrm{UIVE}}^2+\sigma_{i,\mathrm{air}}^2+\sigma_{i,\mathrm{tropo}}^2}$ 是否满足需求,否则该星不可用。其中:

k_{v} 为计算垂直保护级(VPL)的参数;

$\sigma_{i,\mathrm{fit}}^2$ 为对于第 i 颗卫星,快变和慢变差分改正数的残余误差;

$\sigma_{i,\mathrm{UIVE}}^2$ 为对于第 i 颗卫星,用户电离层垂直误差(UIVE)的方差;

$\sigma_{i,\mathrm{air}}^2$ 为对于第 i 颗卫星,机载接收机测量误差的方差;

$\sigma_{i,\mathrm{tropo}}^2$ 为对于第 i 颗卫星,对流层延迟误差的残余误差。

(6) 其他不可用限制,如高度截止角限制、精度衰减因子(DOP)等。

选星处理的输出数据是“可用卫星索引”。

3.5.3.2 差分改正和完好性数据处理

差分改正数处理的输入数据是完整的广域差分与完好性信息集合,可用卫星索引、观测伪距、广播星历和用户近似坐标。差分改正数处理包括伪距差分改正数处理和卫星位置改正数处理。伪距差分改正数由慢变卫星钟差改正、快变卫星钟差插值

改正和视线方向倾斜电离层插值与投影改正组成。用户接收机应对第 j 颗卫星进行的长期校正为

$$\begin{bmatrix} \tilde{x}^j \\ \tilde{y}^j \\ \tilde{z}^j \end{bmatrix} = \begin{bmatrix} \bar{x}^j + \Delta x^j \\ \bar{y}^j + \Delta y^j \\ \bar{z}^j + \Delta z^j \end{bmatrix} \tag{3.24}$$

式中：$(\bar{x}^j, \bar{y}^j, \bar{z}^j)$ 是根据广播星历信息计算的卫星位置。改正后的卫星时钟传输时间由下式给出：

$$\tilde{t} = t_{\mathrm{SV}}^j - (\Delta \bar{t}_{\mathrm{SV}}^j + \Delta t_{\mathrm{b}}^j) \tag{3.25}$$

式中：$\Delta \bar{t}_{\mathrm{SV}}^j$ 是相对于广播星历的时钟校正；Δt_{b}^j 为卫星硬件的频间偏差修正。对于伪距的改正过程如下：

$$\tilde{\rho}^j = \rho^j + \mathrm{FC}^j + \mathrm{IC}^j + \mathrm{TC}^j \tag{3.26}$$

式中：FC、IC 和 TC 分别表示快变改正、IGP 改正和对流层延迟改正，j 表示卫星导航系统的第 j 颗卫星。用户接收机使用改正后的卫星位置、时钟和伪距计算其位置。

差分信息还包含电离层校正，对纬度和经度分别为 5° × 5°的电离层格网点（IGP）的垂直延迟进行改正。用户接收机应按照 SARP 规定的程序进行空间双线性插值和垂直倾斜转换，以获得相应电离层穿刺点（IPP）的视线（LOS）方向延迟。对于 SBAS，对流层校正通过预定义模型计算，而不是通过广播改正值。

完好性功能通过保护级别实现。保护级是对实际用户位置处可能的最大位置误差的估计。用户接收机应根据从 SBAS 广播的完整性信息计算 HPL 和 VPL，并将分别与 HAL 和 VAL 进行比较。每种飞行模式都有对应的警报限值。例如：终端空域的 HAL = 556m，VAL = N/A（不适用）；对于具有垂直引导（模式）进近（APV-Ⅰ）的情况，HAL = 40m，VAL = 50m。如果保护级（水平或垂直）超过告警门限，则 SBAS 不能用于相应的操作模式。每个 SBAS 提供商必须广播适当的完好性信息（UDREI 和 GIVEI），以便实际位置误差超过相关保护级别的事件发生概率小于 10^{-7}。

MOPS 要求中对于基于 SBAS 的导航位置与完好性信息的计算具有很高的复杂度，具体的计算逻辑取决于使用何种差分改正信息、信息从哪个卫星中获得以及设备的模式等多个因素。例如，民航飞机从航路飞行到水平导航进近过程中，系统在启用故障检测与排除（FDE）程序后，SBAS 不再需要计算系统快变、慢变和电离层延迟差分改正数。

下面的计算流程提供了在某个可能的操作模式下计算与逻辑流程的例子，不代表所有实现方式或满足所有的性能要求，主要目的是通过图例描述 MOPS 的各种要求在计算位置信息和保护间隔过程中的相互关系。所有操作模式下通用的 SBAS 差分改正参数的使用流程如图 3.26 所示[41]，如果在航路到 NPA 阶段使用

FDE,则不需要对于 GPS 卫星观测量的 SBAS 快变改正、长期改正以及电离层改正数据。

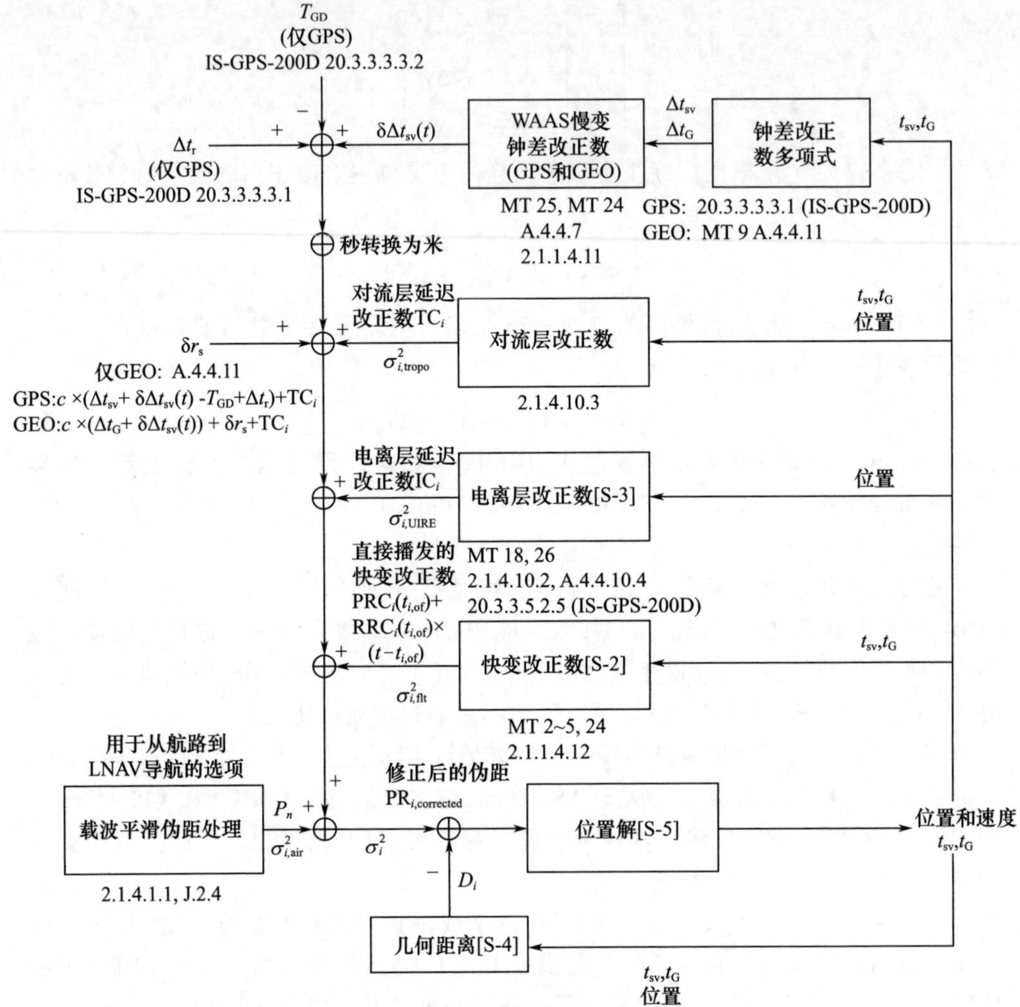

图 3.26　SBAS 差分改正参数的使用流程

使用 SBAS 差分改正数和完好性参数的应用流程如图 3.27 所示[41],SBAS 的服务提供商可以提供也可以不提供对于本系统 GEO 卫星的 Type24/25 长期改正数据。用户设备不应该将对同一供应商的 GEO 卫星的长期改正数作为 GEO 的改正参数使用。对于其他服务商的 SBAS GEO 卫星,长期改正数也是需要的。

SBAS 电离层延迟改正数的详细流程如图 3.28 所示[41],对于航路、终端和进近模式,分别给出了两个独立的处理流程。

计算星地几何距离的详细流程如图 3.29 所示[41]。

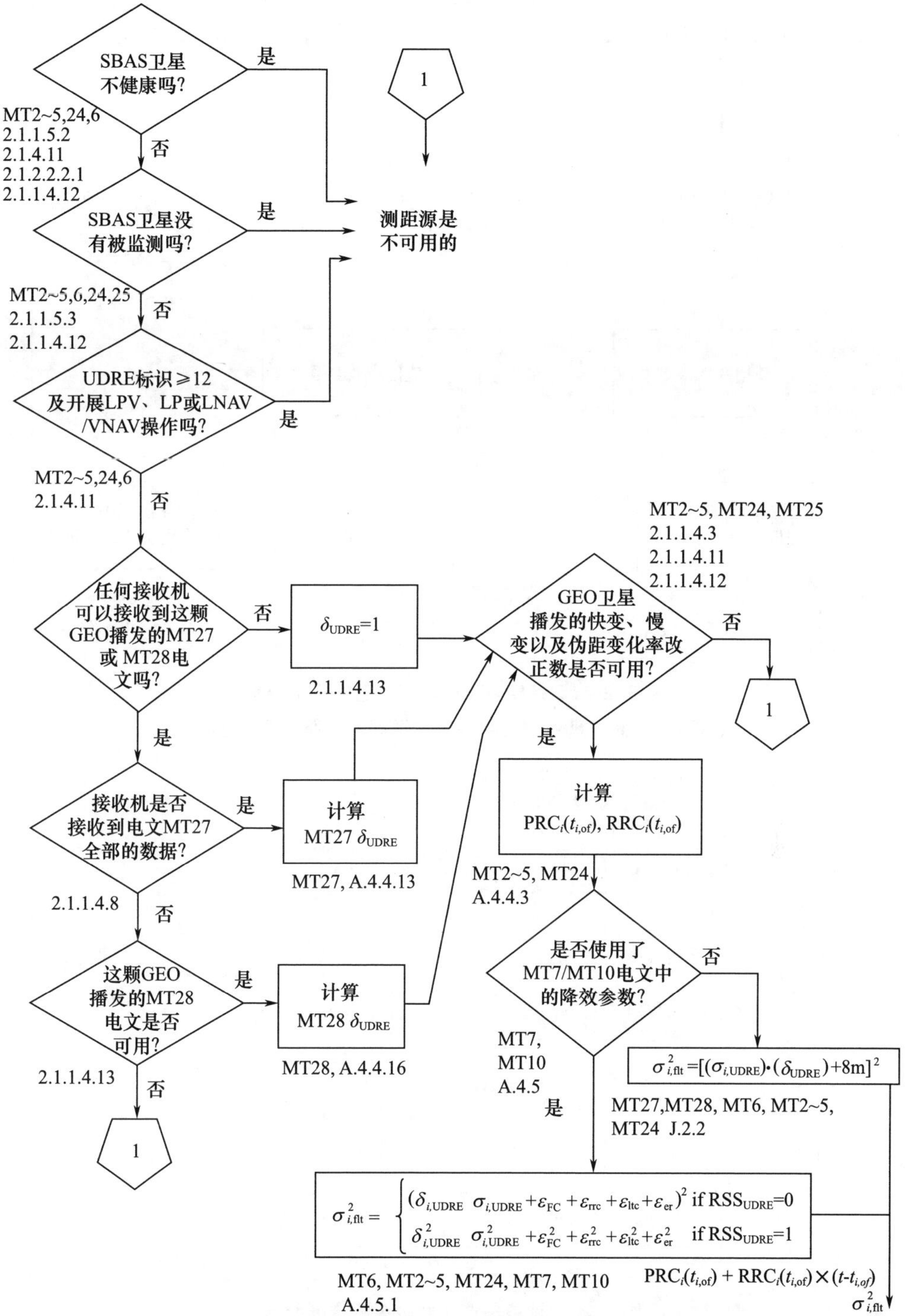

SBAS卫星不健康吗?

是

1

MT2~5,24,6
2.1.1.5.2
2.1.4.11
2.1.2.2.2.1
2.1.1.4.12

否

SBAS卫星没有被监测吗?

是

测距源是不可用的

MT2~5,6,24,25
2.1.1.5.3
2.1.1.4.12

否

UDRE标识≥12及开展LPV、LP或LNAV/VNAV操作吗?

是

MT2~5,24,6
2.1.4.11

否

任何接收机可以接收到这颗GEO播发的MT27或MT28电文吗?

否

$\delta_{\mathrm{UDRE}}=1$

2.1.1.4.13

MT2~5, MT24, MT25
2.1.1.4.3
2.1.1.4.11
2.1.1.4.12

GEO卫星播发的快变、慢变以及伪距变化率改正数是否可用?

否

1

是

接收机是否接收到电文MT27全部的数据?

是

计算 MT27 δ_{UDRE}

MT27, A.4.4.13

是

计算 $\mathrm{PRC}_i(t_{i,\mathrm{of}})$, $\mathrm{RRC}_i(t_{i,\mathrm{of}})$

2.1.1.4.8

否

MT2~5, MT24
A.4.4.3

这颗GEO播发的MT28电文是否可用?

是

计算 MT28 δ_{UDRE}

MT28, A.4.4.16

2.1.1.4.13

否

1

是否使用了MT7/MT10电文中的降效参数?

否

$\sigma^2_{i,\mathrm{flt}}=[(\sigma_{i,\mathrm{UDRE}})\cdot(\delta_{\mathrm{UDRE}})+8\mathrm{m}]^2$

MT7,
MT10
A.4.5

是

MT27,MT28, MT6, MT2~5,
MT24 J.2.2

$$\sigma^2_{i,\mathrm{flt}}=\begin{cases}(\delta_{i,\mathrm{UDRE}}\ \ \sigma_{i,\mathrm{UDRE}}+\varepsilon_{\mathrm{FC}}+\varepsilon_{\mathrm{rrc}}+\varepsilon_{\mathrm{ltc}}+\varepsilon_{\mathrm{er}})^2 & \text{if } \mathrm{RSS}_{\mathrm{UDRE}}=0\\ \delta^2_{i,\mathrm{UDRE}}\ \ \sigma^2_{i,\mathrm{UDRE}}+\varepsilon^2_{\mathrm{FC}}+\varepsilon^2_{\mathrm{rrc}}+\varepsilon^2_{\mathrm{ltc}}+\varepsilon^2_{\mathrm{er}} & \text{if } \mathrm{RSS}_{\mathrm{UDRE}}=1\end{cases}$$

MT6, MT2~5, MT24, MT7, MT10
A.4.5.1

$\mathrm{PRC}_i(t_{i,\mathrm{of}})+\mathrm{RRC}_i(t_{i,\mathrm{of}})\times(t-t_{i,of})$

$\sigma^2_{i,\mathrm{flt}}$

图 3.27 SBAS 差分改正数和完好性参数的应用流程

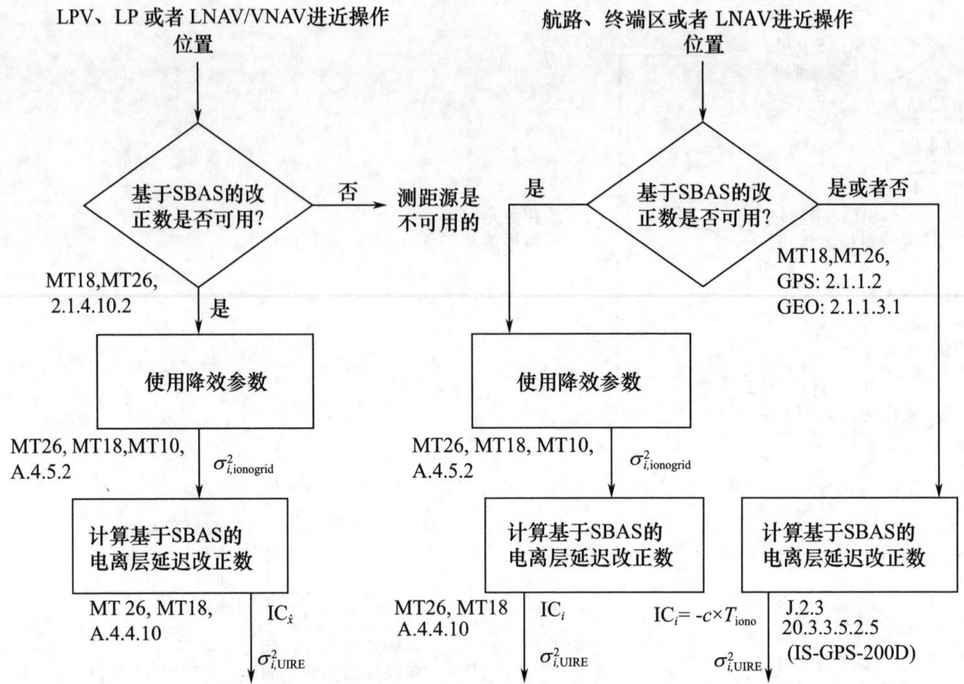

图 3. 28　SBAS 电离层延迟改正的详细流程
（SBAS 电离层延迟改正数在这种类型的操作中是可选的）

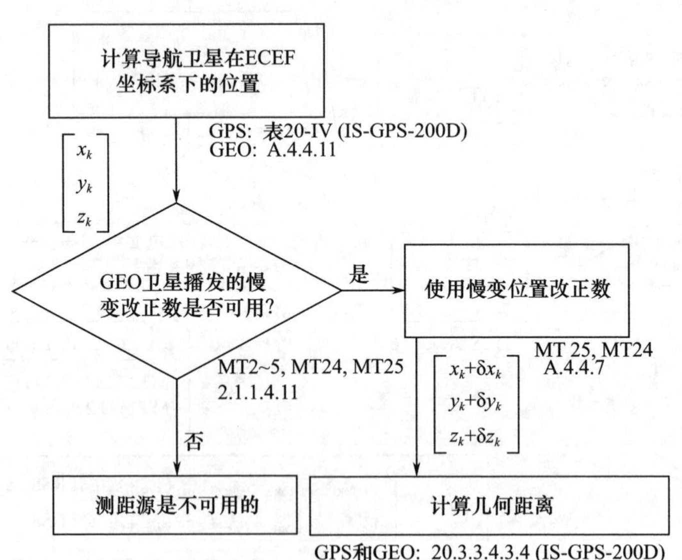

图 3. 29　计算星地几何距离的详细流程
（使用 SBAS 完好性参数）

民航飞机在航路、终端和进近模式下,位置信息和保护级的计算流程如图 3.30 所示[41],计算过程考虑了基于 SBAS 完好性的算法要求,典型飞行阶段包括航路、终端区和进近等不同过程,其中进近过程包括带垂直引导的航向定位性能(LPV)、不带垂直引导的航向定位性能(LP)、水平导航/垂直导航(LNAV/VNAV)、水平导航(LNAV)模式。民航飞机在 LPV、LP 以及 LNAV/VNAV 进近导航阶段,SBAS 一定给出完好性信息,不会发生"没有提供完好性信息"事件。只有 GNSS 给出符合要求的伪距观测量(从 1 颗合适的 SBAS 卫星中获得了可用改正数),SBAS 给出的差分改正数可用时,SBAS 才是可用的。只有至少 4 个伪距观测信息满足定位方程解算要求时,SBAS 才会计算用户位置及其计算结果对应的保护级。

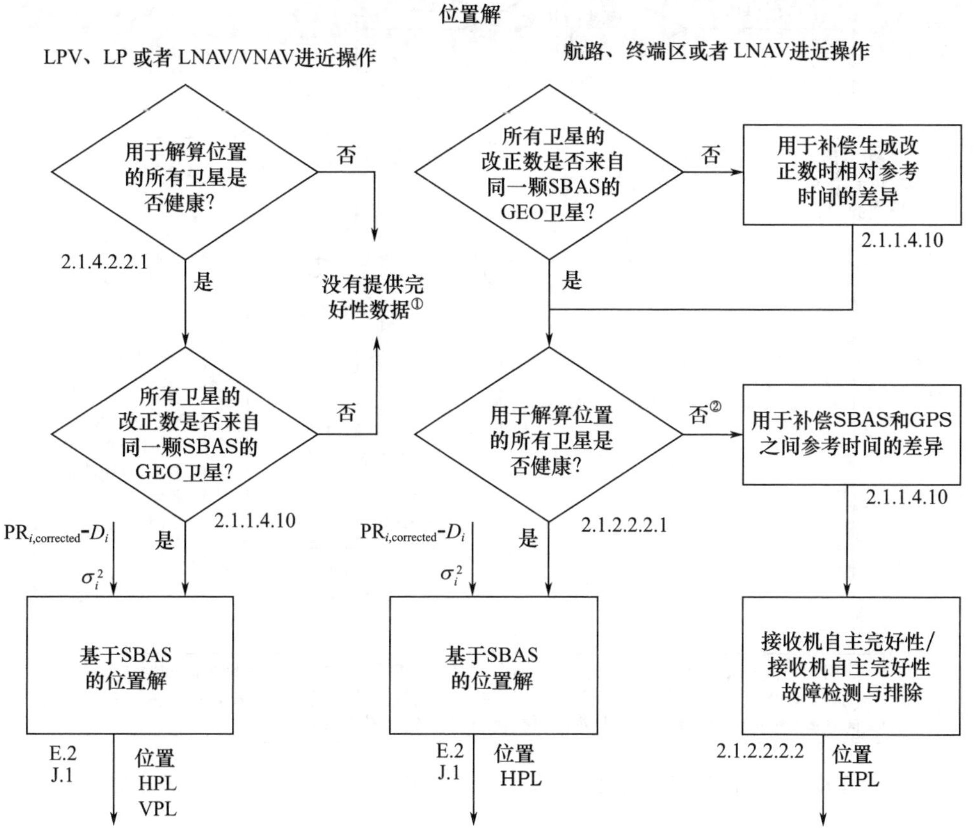

位置解

LPV、LP 或者 LNAV/VNAV进近操作

用于解算位置的所有卫星是否健康?

否

2.1.4.2.2.1

是

没有提供完好性数据①

所有卫星的改正数是否来自同一颗SBAS的GEO卫星?

否

2.1.1.4.10

$PR_{i,corrected}$-D_i

是

σ_i^2

基于SBAS的位置解

E.2
J.1

位置
HPL
VPL

航路、终端区或者 LNAV进近操作

所有卫星的改正数是否来自同一颗SBAS的GEO卫星?

否

用于补偿生成改正数时相对参考时间的差异

2.1.1.4.10

是

用于解算位置的所有卫星是否健康?

否②

用于补偿SBAS和GPS之间参考时间的差异

2.1.1.4.10

$PR_{i,corrected}$-D_i

是

2.1.2.2.2.1

σ_i^2

基于SBAS的位置解

E.2
J.1

位置
HPL

接收机自主完好性/接收机自主完好性故障检测与排除

2.1.2.2.2.2

位置
HPL

图 3.30　位置信息和保护级的计算流程

图 3.30 中:①流程的分支重点关注民航飞机在 LPV、LP 以及 LNAV/VNAV 进近阶段的导航性能要求。实际上,用户应该尝试使用不同 GNSS 的伪距观测信息及对应 SBAS 给出的差分改正数,并计算用户位置及其计算结果的保护级。②当 SBAS GEO 卫星不健康时,系统不能启用接收机自主完好性监视(RAIM)或者故障检测与排除(FDE)给出的位置解算结果。

民航飞机从航路飞行到 LNAV 进近过程中，采用故障检测与排除（FDE）技术情况下计算水平保护级（HPL_{FD}）时，钟差/星历加权计算流程如图 3.31 所示[41]。

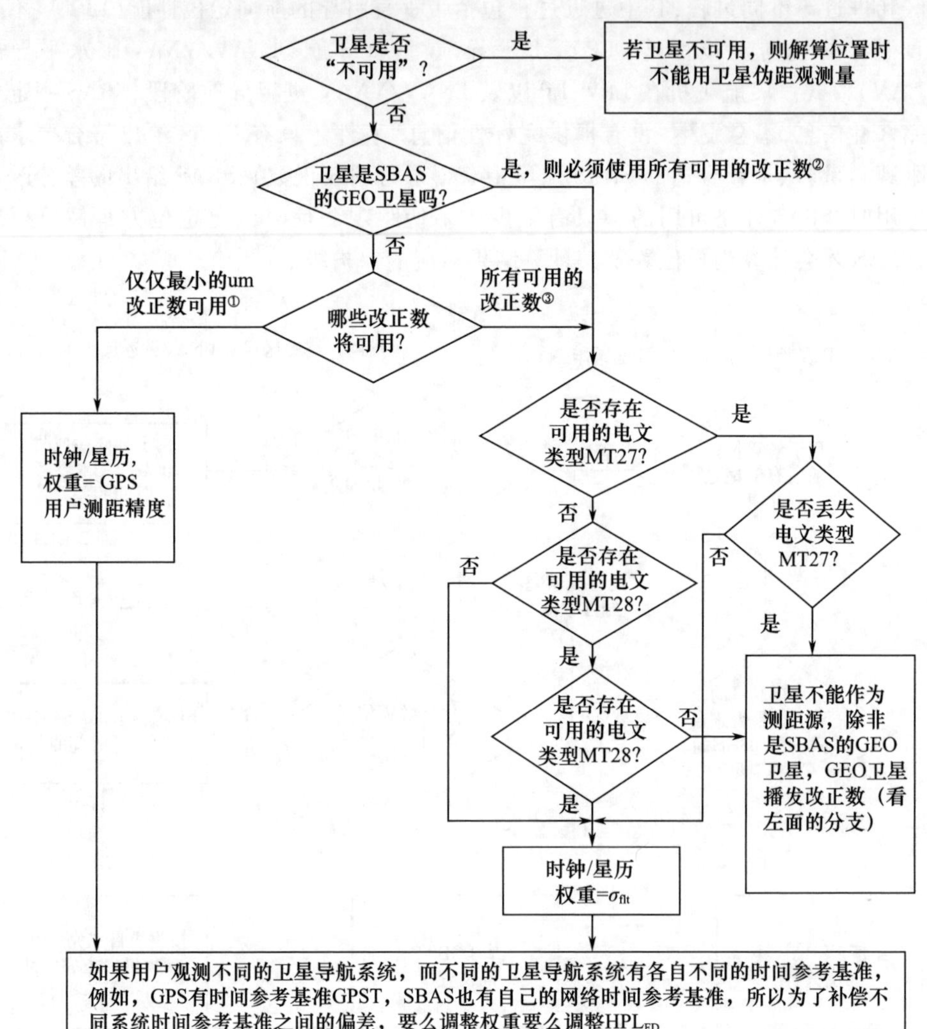

图 3.31　计算水平保护级（HPL_{FD}）时系统建议的钟差/星历加权计算流程

图 3.31 中：①最小差分改正数包括 GPS 卫星的时钟误差（Δt_{SV}）、群时延（T_{GD}）、对流层延迟、电离层延迟改正数；②可以应用的差分改正数是信息类型 MT 9 中的钟差、对流层延迟、电离层延迟、快变以及测距变化率的差分改正数时，除了 SBAS 作为差分改正源，还有之前 GEO 卫星播发的差分改正数和慢变改正数，以及 GPS 卫星的最小、快变、慢变、测距变化率的差分改正数；当 GEO 卫星作为测距源时，用户不应该使用 GEO 卫星播发的慢变改正数；③为了使用快变、慢变以及测距变化率的差分改正数，用户差分距离误差（UDRE）标识（UDREI）的数值必须小于 14。

3.6 信号体制

SBAS 一般利用 GEO 卫星向用户广播 GNSS 的完好性和差分改正数据。GEO 卫星一般还同时播发测距信号，作为 GNSS 星座的导航卫星，从系统可用性和连续性角度增强 GNSS。本节简要介绍 SBAS 完好性和差分改正数据增强信号的射频特征、内容和数据格式。

GNSS 在民航领域应用的关键问题是系统完好性监测，以美国 WAAS 为代表的星基增强系统已在民航等对于完好性、可用性等性能指标要求比较高的行业应用中发挥了重要的作用。随着多个 SBAS 的建设和广泛应用，SBAS 正在从单频点单星座服务（SFSC）向着双频多星座（DFMC）运行服务发展[42]。

3.6.1 信号射频特征

GEO 卫星向用户广播导航增强信号（广域差分改正数和完好性信息）的基本要求是对 GNSS 用户接收机硬件修改的程度降低到最小，因此，增强信号需要采用 GNSS 导航信号的频率、调制方式以及测距码，此外，生成增强信号的伪码和载波的时间应该与 GNSS 时间保持一致。RTCA DO-229E（Minimum Operational Performance Standards for Global Positioning System/Satellite-Based Augmentation System Airborne Equipment）规定了 SFSC 服务的性能指标，在 Appendix A（SPACE-BASED AUGMENTATION SYSTEM SIGNAL SPECIFICATION）对 L1 频点信号射频特性进行了规定，详见文献[41]。SBAS L5 DFMC Interface Control Document（SBAS L5 DFMC ICD）对 DFMC 服务的性能指标，对 L5 频点信号的射频特性进行了规定，详见文献[43]，主要包括 12 个方面，简述如下。

1）载波频率（carrier frequency）

SBAS GEO 卫星广播 SBAS 导航增强信号的载波频率的中心频点分别是 1575.42 MHz（GPS L1）和 1176.45MHz（L5）。

2）信号带宽（signal bandwidth）

SBAS L1 导航增强信号窄带（NB）带宽约为 2MHz，宽带（WB）带宽约为 20MHz。SBAS L5 导航增强信号输出带宽（3dB）应该在 20～24MHz 范围内，至少 95% 的发射功率落入 3dB 带宽内。

3）杂散（spurious transmissions）

当信号调制有测距码时，相对于非调制载波的所有频率来说，或者说相对于在射频通道带宽内的载波功率，杂散至少应低于 40dB。

4）调制（modulation）

对于 SBAS L1 导航增强信号，测距码和导航数据的调制方案与 GPS L1 C/A 导航信号一致，导航电文数据速率 250bit/s，先与 1023bit 的测距码模二和扩频处理，再利用二进制相移键控(BPSK)技术将扩频处理信号调制到1575.42MHz载波上,码速率为1.023Mchip/s。伪码与载波相干性需要符合GPS IS-GPS-200D(NAVSTAR Global Positioning System Interface Specification,7,December 2004)相关规定。1/2卷积编码后符号速率为500symbol/s的导航电文再与伪随机测距码信号保持同步。

SBAS L5导航增强信号利用BPSK技术将扩频处理信号调制到1176.45MHz载波上,导航电文采用Manchester编码方案,1/2卷积编码后符号速率为500symbol/s,同时采用前向纠错(FEC)编码技术提高电文可靠性。导航电文先与10230bit的测距码模二和扩频处理,再利用BPSK技术将扩频处理信号调制到1176.45MHz载波上,扩频码速率为10.23Mchip/s。伪码与载波相干性需要符合GPS IS-GPS-705D(Navstar GPS Space Segment / User Segment L5 Interfaces,2013-09-24)相关规定。导航电文符号需要与测距码同步在一个测距码周期之内。

5) 载波相位噪声(carrier phase noise)

对于SBAS L1导航增强信号,未调制信号的载波的相位噪声谱密度应使得接收机在单边噪声带宽为10Hz时,锁相环(PLL)的载波跟踪精度均方值为0.1rad(RMS)。

对于SBAS L5导航增强信号,端到端信号单边相位噪声不能大于表3.11所规定的数值。

表3.11　端到端信号单边相位噪声

载波频率偏置/Hz	相对载波的相位噪声/(dBc/Hz)
0	0
1	-19.5
5	-47.5
10	-52.5
1×10^2	-66.5
1×10^3	-74.5
1×10^4	-85.5
1×10^5	-90.5
3×10^5	-90.5
$>1\times10^6$	-92.5

相位噪声谱密度对典型接收机锁相环的性能影响由下式评估:

$$\sigma_{\phi} = \sqrt{\int_{0}^{\frac{B_L}{2}} G_{\phi}(f)\cdot \left|1 - H(f)\right|^2 \cdot \mathrm{d}f} \tag{3.27}$$

式中:$G_{\phi}(f)$为表3.11定义的端到端信号相位噪声谱密度;B_L为接收机双边带预检测锁相环带宽。

$$\left|1 - H(f)\right|^2 = \frac{f^{2n}}{f^{2n} + f_N^{2n}} \tag{3.28}$$

式中：n 为锁相环阶数；f_N 为接收机锁相环闭环传递函数的角频率。对于 2 阶锁相环，其阻尼比为 $1/\sqrt{2}$，$f_N = \frac{1.885 \times B_L}{2\pi}$；对于 3 阶锁相环，其阻尼比为 $1/\sqrt{2}$，$f_N = \frac{1.2 \times B_L}{2\pi}$。

6）多普勒频移（doppler shift）

对于 SBAS L1 导航增强信号，地面静止用户接收 SBAS GEO 卫星广播的增强信号时，卫星寿命末期最坏情况下，增强信号的相对速度应该不大于 40m/s，所以在 L1 频率上的多普勒频移约为 210 Hz。

对于 SBAS L5 导航增强信号，地面静止用户接收 SBAS GEO 卫星广播的增强信号时，卫星寿命末期最坏情况下，增强信号的相对速度不大于 ±86m/s，即在 L1 频率上的多普勒频移约为 ±337 Hz。

7）载波频率稳定性（carrier frequency stability）

不考虑电离层和多普勒频移对信号的影响时，用户接收机天线输入端 L1 导航增强信号载波频率的短期稳定性应优于 5×10^{-11}/(1 ~ 10s)（Allan 方差的均方根值），L5 导航增强信号载波频率的短期稳定性应优于 6.7×10^{-11}/(1 ~ 10s)（Allan 方差的均方根值）

8）极化方式（polarisation）

广播信号采用右旋圆极化方式，其椭圆率在视轴方向的方位角 ±9.1°范围内优于 2dB。

9）相关损失（correlation loss）

相关损失定义为理想相关处理器下信号输出功率的比率，对于 SBAS 导航增强信号，卫星 SBAS 有效载荷信号调制和滤波器设计的非理想状态导致的相关损失应小于 1dB。

10）用户接收到的信号电平（user received signal levels）

在 5°仰角时，地面接收机采用 0dBi 右旋圆极化（RHCP）天线接收 SBAS GEO 卫星播发的 L1 导航增强信号时，接收到的辐射功率水平应大于 -131dBm，最大为 -119.5dBm。同样条件下，用户接收到的 L5 导航增强信号辐射功率水平应大于 -158.5dBW，最大为 -150.5dBW。

11）码/载波频率相干性（code/carrier frequency coherence）

对于 SBAS L1 导航增强信号，需要约束载波相位和码相位之间的非相干性，码/载波相位速率的短时分数频率差应小于 5×10^{-11}（1σ），即长时广播码/载波相位之间的差应在一个载波周期以内，即不包括下行传播路径上电离层折射影响造成的码/载波之间的分散性。

对于 SBAS L5 导航增强信号，码/载波频率相干性要求包括短期相干要求、长期相干要求以及 L1 和 L5 导航增强信号短期和长期分数相干性（short and long term fractional coherence）要求。

12）信号功率谱（signal spectrum）

对于 SBAS L1 导航增强信号，至少 99% 的功率应集中在中心频率为1575.42MHz

的±12MHz 带宽内。SBAS 卫星播发增强信号的带宽至少为 2.2MHz。

对于 SBAS L5 导航增强信号,其 95% 的功率应集中在中心频率为 1176.45MHz 的 3dB 带宽内。

3.6.2 SBAS L1 信号

SBAS 用户通过伪随机噪声测距码编号(PRN number)、G2 寄存器延迟(G2 delay in chips)、G2 寄存器初值(initial G2 state)3 种方式识别 L1 导航增强信号。SBAS GEO 卫星广播的 L1 导航增强信号首先不能对 GPS 信号产生不利的干扰,其次 L1 导航增强信号采用 GPS L1C/A 信号的测距码,即 1023bit 的 Gold 码,与当前 GPS 保留的 37 个 C/A 码为同一个码族,前 35 个测距码用于 GPS 卫星,后 5 个保留为其他用途,详见 GPS IS-GPS-200D(NAVSTAR Global Positioning System Interface Specification,2004-12-07)相关规定。

3.6.2.1 测距码结构

L1 导航增强信号测距码是 SBAS 设计生成包含 19 个测距码的一个子集合,如表 3.12 所示。与 GPS L1C/A 信号的测距码类似,伪随机测距码编号是任意的,但是编号从 120 开始而不是 1。SBAS L1 导航增强信号测距码要么由 G2 码延迟确定,要么由预先设定的 G2 码初始状态确定。表 3.12 给出的 L1 导航增强信号测距码的顺序是这些测距码与 36 个 GPS L1C/A 信号测距码互相关处理得到的相关峰平均数(不考虑多普勒频移)。用户接收机应该可以捕获跟踪表 3.12 给出的 L1 导航增强测距码信号。目前 SBAS 导航增强信号测距码的分配信息详见美国 GPS 项目办公室网站 http://gps.losangeles.af.mil/prn。

表 3.12 SBAS L1 导航增强信号测距码[①]

伪随机噪声码	G2 延迟/码片	G2 初始设置(八进制)	前 10 个 SBAS 码片(八进制)	GEO 轨道卫星 PRN 码分配
120	145	1106	0671	Inmarsat3F2 AOR-E
121	175	1241	0536	Inmarsat4F2
122	52	0267	1510	Inmarsat3F4 AOR-W
123	21	0232	1545	LM RPS-1,RPS-2[②]
124	237	1617	0160	Artemis
125	235	1076	0701	LM RPS-1,RPS-2[②]
126	886	1764	0013	Inmarsat 3F5 IND-W
127	657	0717	1060	INSATNAV
128	634	1532	0245	INSATNAV
129	762	1250	0527	MTSAT-1R(或 MTSAT-2)[③]
130	355	0341	1436	Inmarsat 4F1

（续）

伪随机噪声码	G2 延迟/码片	G2 初始设置（八进制）	前 10 个 SBAS 码片（八进制）	GEO 轨道卫星 PRN 码分配
131	1012	0551	1226	Inmarsat 3F1 IOR
132	176	0520	1257	Unallocated
133	603	1731	0046	Inmarsat 4F3
134	130	0706	1071	Inmarsat 3F3 FOR
135	359	1216	0561	LM RPS-1
136	595	0740	1037	Inmarsat Reserved
137	68	1007	0770	MTSAT-2（或 MTSAT-1R）③
138	386	0450	1327	LM RPS-2

① 表中给出的 G2 码的前 10 个八进制码片或者 SBAS 码片中，左边的第 1 个数字代表第 1 个码片的“0”或“1”；最后面的 3 个八进制数字代表剩余的 9 个码片；注意 SBAS 的前 10 个码片仅仅是 G2 码初始值的八进制反码。
② 这个测距码仅用于在轨测试。
③ 当 MTSAT-2 卫星不可用时，MTSAT-1R 卫星将会广播两个测距码信号，每个测距码信号由一个独立的上行注入站注入，以保证在上行注入信号强度变弱或者上行注入站设备出现故障时，系统能够保持连续服务。类似地，当 MTSAT-1R 卫星不可用时，MTSAT-2 卫星将会广播两个测距码信号。当 MTSAT-1R 卫星和 MTSAT-2 卫星均可用时，MTSAT-1R 卫星将仅播发 PRN 129 信号，MTSAT-2 卫星将仅播发 PRN 137 信号

3.6.2.2 测距码生成

不能利用双抽头选择生成 GPS C/A 码的技术再生成已分配的测距码，因此，生成 SBAS L1 导航增强信号测距码时，推荐要么采用具有单路输出的可编程 G2 码移位寄存器延迟电路，如图 3.32 所示，要么采用具有单路输出的可编程初始 G2 码移位寄存器状态电路，如图 3.33 所示。利用这两种编码电路也能生成预留的 GPS C/A 测距码。表 3.12 设定了 G2 码移位寄存器延迟信息，前 10 个八进制码片是初始 G2 码移位寄存器状态的八进制逆。

3.6.2.3 数据内容和格式

SBAS GEO 卫星要么播发初步 GNSS 完好性数据（coarse integrity data）要么播发初步完好性数据和广域差分改正数据。初步完好性数据包括用户视场范围内导航信号的可用/不可用信息，广域差分改正数据包括差分改正处理后的误差估计。利用 SBAS 提供的快变改正数据和长期改正数据（不包括大气效应改正数），对于一颗给定的导航卫星播发的导航信号进行改正后，参数 σ^2_{UDRE} 表征 UDRE 的正态分布方差，参数 σ^2_{GIVE} 表征导航信号在电离层格网点处电离层延迟垂直误差方差。

下面先从准则和假设、电文格式、增强电文类型 3 个方面对数据内容和格式做一简要说明。

（1）准则和假设（principles and assumptions）。

设计信号数据内容和格式时，有如下假设，首先是 SBAS 导航增强信号带宽应当满足在整个服务区内同时播发完好性和差分改正数的带宽要求，其次是为了降低导

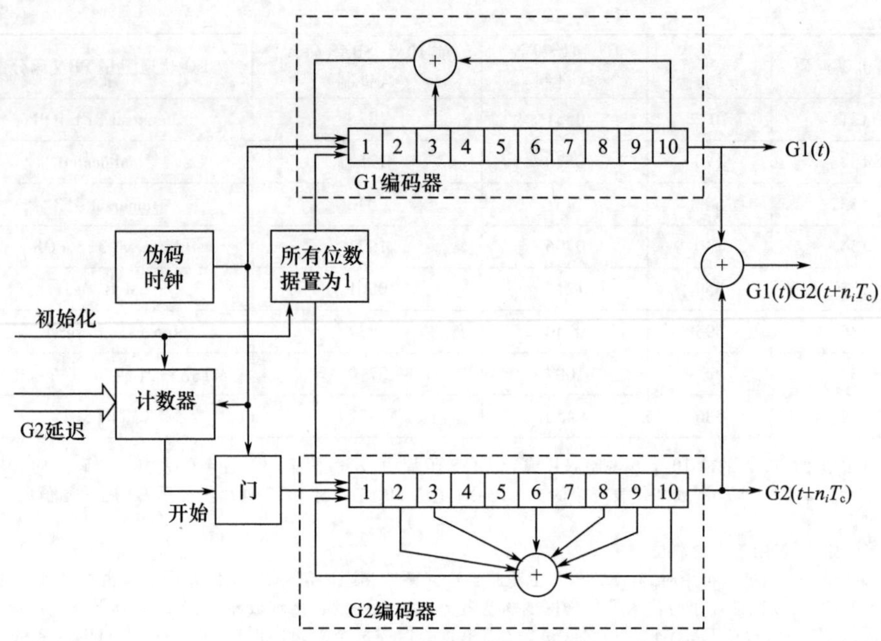

图 3.32　SBAS/GPS 具有单路输出的可编程 G2 码移位寄存器延迟电路

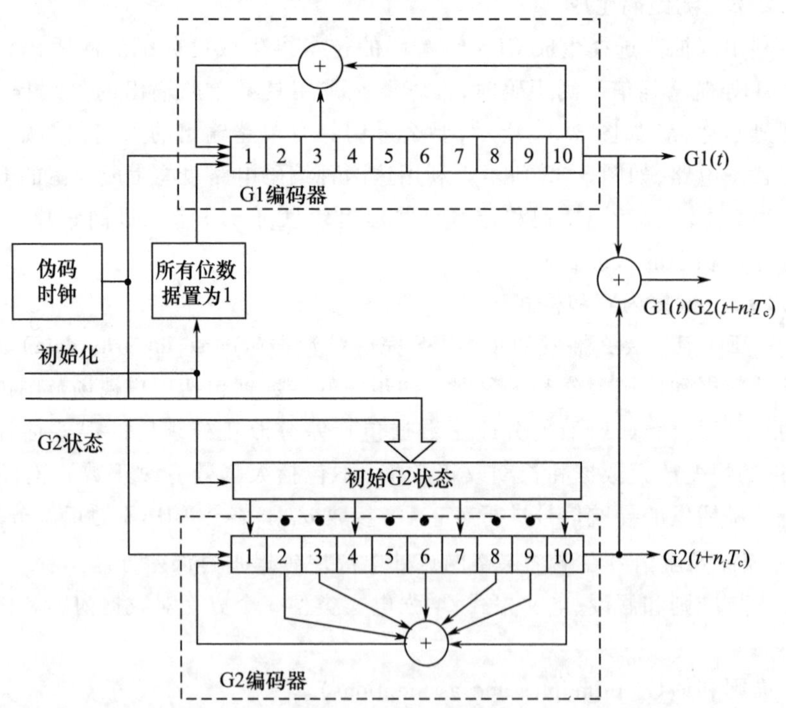

图 3.33　SBAS/GPS 具有单路输出的可编程初始 G2 码移位寄存器状态电路

航增强服务所要求的最低数据传输速率要求，对应完好性和差分改正数据的一般共有的信息不应该重复播发。另外，通过调整差分改正数据精度可以控制 SBAS 服务精度，但是完好性信息需要播发给用户。

① 数据传输速率（data rate）。

SBAS L1 信号的信息数据传输速率 250bit/s，1/2 卷积编码后符号速率为 500symbol/s，同时采用前向纠错（FEC）技术提高电文可靠性。卷积编码技术将约束长度 7 位为 Viterbi 解码的标准，卷积编码器逻辑框图如图 3.34 所示。G1 码符号输出作为 4ms 数据 bit 周期的前半部分。

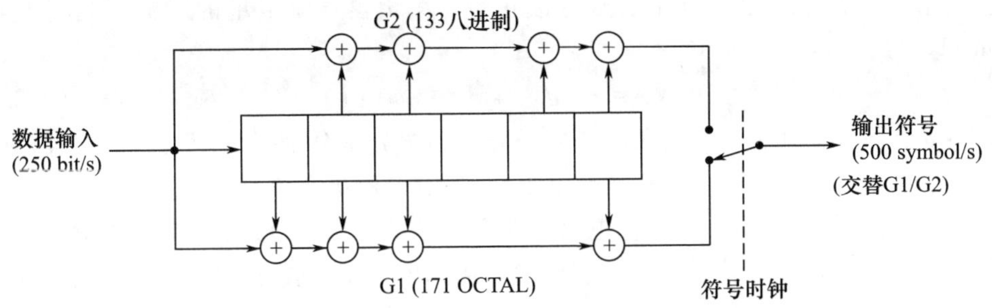

图 3.34　卷积编码器逻辑框图

② 时间基准（timing）。

SBAS 定义并维持自身的时间基准——SBAS 网络时间（SNT），用户根据 SBAS 信号时间信息，与 GPS 时（GPST）保持同步，并满足 SBAS 的性能要求。基于同样的性能要求，SBAS 导航增强电文数据块与 GPS 导航电文数据块保持时间同步。当用户使用差分改正数据时，SBAS 接收机将按照 SNT 解算用户位置。如果用户没有使用差分改正数据，则 SBAS 接收机将按照 GPST/SNT 复合时间解算用户位置，由此导致位置解算精度受到两个系统时间偏差的影响。SNT 与 GPST 之间的偏差在 50 ns 之内。SNT 与协调世界时（UTC）之间的偏差以及与 GLONASS 时间之间的偏差估计则利用 SBAS 电文类型 12（Type12）广播给用户。SBAS 卫星播发的导航增强电文第一个比特对应的第一个符号的前沿与 SNT 的 1s 历元保持同步。SBAS 卫星播发电文的第一个比特对应的第一个符号的前沿与 SNT 的一秒历元同步。

③ 误差改正（error corrections）。

SBAS 导航增强电文有快变（fast）和慢变或长期（long-term）两类改正数据（correction data），快变改正数据用于改正 GNSS 时钟误差等快变变化的误差，慢变改正数据用于改正地球大气延迟、GNSS 时钟长期误差以及星历误差等长期变化的误差。快变改正数据一般会播发给所有用户。对于慢变改正数据，利用导航增强电文 Types24 和 Types25 给用户播发 GNSS 卫星星历和时钟误差估计量。GNSS 时钟长期误差对服务区域内的用户都是一样的，且变化缓慢并与电文数据版本号（IOD）相关。因此，将 GNSS 时钟误差改正定义为慢变改正量是合理的。此外，用户利用广域电离层延迟模型(wide-area ionospheric delay model)以及导航增强电文 Types18 和 Types26 给用户播发的电离层实时数据,可以准确计算每颗卫星的电离层延迟改正量。用户采用慢变改正数据后,SBAS 应当最大程度减少卫星轨道位置不连续性的影响,因此,当计算测距速率改正(range-rate corrections)时,用户测距误差一般以 UDRE 的正态分布方差 σ_{UDRE}^2 来补偿。另外,需要建模表征定位精度的劣化以说明没有导航增强电文时的影响。

④ 对流层延迟模型(tropospheric model)。

因为地球大气对流层对导航信号折射效应导致的信号传播时间延迟是一个局部现象,用户需要自己计算对流层延迟改正量。第 i 颗导航卫星的对流层延迟改正(量)TC_i 为

$$\text{TC}_i = -(d_{\text{hyd}} + d_{\text{wet}}) \cdot m(\text{El}_i) \tag{3.29}$$

式中:d_{hyd}、d_{wet} 是对流层大气水蒸气的干分量和湿分量分别对伪距延迟的估计(90°仰角),对流层延迟随对流层折射率而变,而折射率取决于当地的温度、压力和相对湿度。地球大气层的对流层不像电离层那样对导航信号有色散作用(即折射率与信号的频率无关)。导航信号在对流层中的传播速度比真空要小,因此,到卫星的观测距离比实际要长,误差范围在 2.5~25m,随卫星仰角而变化。相速和群速相同,即不同频点导航信号的伪码和载波信号分量被同等地延迟了,这种延迟不能通过双频观测计算出来。$m(\text{El}_i)$ 是一个无量纲的映射函数,用来标定卫星实际仰角对对流层延迟的影响。

用户接收机根据所在位置的海拔高度以及估计的 5 个气象学参数——压力 P(mbar)、温度 T(K)、水蒸气压力 e(mbar)、温度递减率 β(K/m)、水蒸气递减率 λ(无量纲)来计算 d_{hyd}、d_{wet}。第 i 颗导航卫星的对流层延迟改正量的残余误差(residual tropospheric error)$\sigma_{i,\text{tropo}}$ 为

$$\sigma_{i,\text{tropo}} = \sigma_{\text{TVE}} \cdot m(\text{El}_i) \tag{3.30}$$

式中:σ_{TVE} 为地球大气对流层延迟垂直误差;$\sigma_{\text{TVE}} = 0.12\text{m}$。

⑤ PRN 掩码(PRN masks)。

PRN 掩码用来指明导航信号来自哪个 GNSS 星座的哪颗导航卫星,例如,GPS 导航卫星的 PRN 掩码被定义为 PRN(1~37),PRN 掩码提高了增强电文的数据播发效率,避免了在快变改正电文以及 UDRE 的正态分布方差 σ_{UDRE}^2 中连续写入原始 PRN 码。GNSS 为每颗卫星设计一对唯一的 PRN,作为空间在轨卫星识别号(space vehicle number),系统通过码分多址(CDMA)技术来区分不同的卫星。例如,GPS L1 C/A 测距码是由 M 序列优选对组合码形成的 Gold 码(G 码),C/A 测距码信号长度为 1023 个码片,目前 GPS 有 32 种不同的 C/A 码序列并分配给不同的 GPS 卫星(C/A 码与卫星一一对应)。对于 GLONASS 卫星导航系统,PRN 掩码则表示其导航卫星的轨道位置号。

SBAS 将最多为 GNSS 星座的 51 颗导航卫星提供增强服务。

⑥ 电文数据版本号(issue of data)。

SBAS 增强电文中的快变数据将用快变改正数据的数据版本号(IODF)标识给用户,以避免错误地使用 UDRE 的正态分布方差 σ^2_{UDRE} 数据。SBAS 增强电文中的长期误差改正数据项则在电文中通过 IOD 标识给用户,以避免错误地使用改正数据。对于 GPS 导航卫星,SBAS 增强电文中的长期误差改正数据定义与 GPS IOD 定义一致,与 GLONASS 卫星导航系统定义类似。SBAS 增强电文中其他改正数据的 IOD 用来避免用户错误地使用 PRN 掩码以及 IGP 等相关数据。

⑦ 捕获信息(acquisition information)。

SBAS 定义增强电文帧同步头(preambles)用于导航电文数据捕获。

(2) 电文格式(format summary)。

SBAS L1 电文帧数据长度为 250bit,由 8bit 的部分同步头(preamble)、6bit 的电文类型、24bit 的循环冗余校验(CRC)、212bit 的电文数据组成。一个完整的同步头共有 24bit,由连续三帧电文循环播发(01010011、10011010、11000110),电文帧结构如图 3.35 所示(图 3.35 给出了国际上的标准电文形式,本书对此类图均采用原本样式)。SBAS L1 电文帧播发时间为 1s,因此数据速率为 250bit/s。

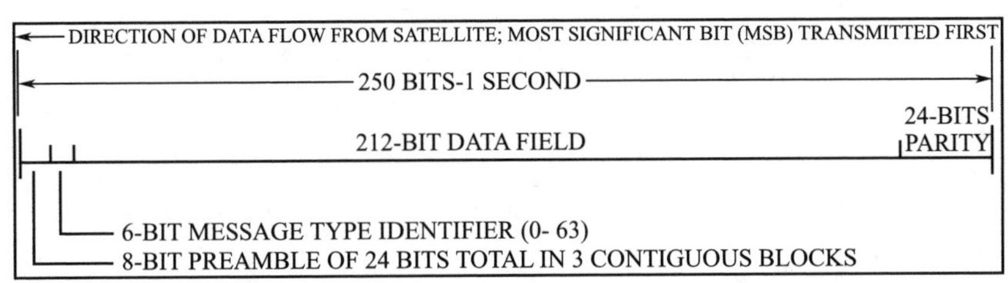

图 3.35　SBAS L1 电文帧数据格式

每 24bit 同步头的起始位与 GPS 周期为 6s 的电文子帧保持时间同步,电文帧长度与所要求的完好性告警时间保持协调一致,并具有一个有效的数据奇偶校验位。

(3) 增强电文类型(messages and relationships between message types)。

SBAS L1 电文类型(message type ID)用 6bit 数据表列,如表 3.13 所列,用于区分有效数据域播发的信息内容,电文数据均用无符号二进制格式(unsigned binary format)整数计算获得。为了保证不同信息类型所播发信息内容的关联性,采用 IOD 对信息进行标识,并表征电文的有效性,IOD 包括 IOD_k、IODP(PRN 掩码数据版本号)、$IODF_j$(快变改正数据的数据版本号)、IODI(电离层格网点掩码数据版本号)、IODS 5 种类型,简述如下。

IOD_k:用于识别 GNSS 的时钟和星历的数据版本号,其中 $IODC_k$ 表示 GPS IOD 时钟,$IODE_k$ 表示 GPS IOD 星历,$IODG_k$ 表示 GLONASS 数据,k 表示第 k 颗导航卫星。

IODP:用于识别当前导航卫星 PRN 掩码的数据版本号。

$IODF_j$:用于识别当前快变改正数据的数据版本号,j 表示快变改正电文类型 2 ~

5(Types 2 ~5)。

IODI:用于识别当前电离层格网点掩码的数据版本号。

IODS:用于识别当前增强服务类型的数据版本号(对应电文类型 Type27)。

表 3.13 SBAS L1 电文类型定义

电文类型 ID	信息内容
0	不要用于生命安全服务,系统测试用
1	PRN 掩码分配
2 ~ 5	快变改正数
6	完好性信息
7	快变改正数降效因子
8	预留
9	GEO 卫星导航电文
10	降效因子
11	预留
12	SBAS 与 UTC 的时差参数
13 ~ 16	预留
17	GEO 卫星历书
18	电离层格网点掩码
19 ~ 23	预留
24	快变/慢变改正数
25	慢变改正数
26	电离层延迟改正数
27	SBAS 服务信息
28	星钟-星历协方差阵
29 ~ 61	预留
62	内部测试
63	空信息

SBAS L1 各个电文类型之间的关系如图 3.36 所示,为了区分不同电文类型之间的联系,定义了 IOD 来描述每颗导航卫星播发的电文,且各自独立更新数据内容。SBAS 播发的增强电文数据每次仅对应一个 PRN 掩码、一个电离层各网点掩码以及增强服务类型。快变改正数据被分配在不同的电文类型中,并用不同的 $IODF_j$ 来标识每个增强电文数据帧。当改正数据变化不大,以至于没有必要在电文 Type24、25 以及 Type2 ~5 中标明数据版本号时,为了确保长期改正数据的有效性,SBAS 需要将这些长期改正数据多次播发给用户。此外,当一些改正数据存在小的变化时,SBAS 将以足够高的速率更新慢变改正数据。

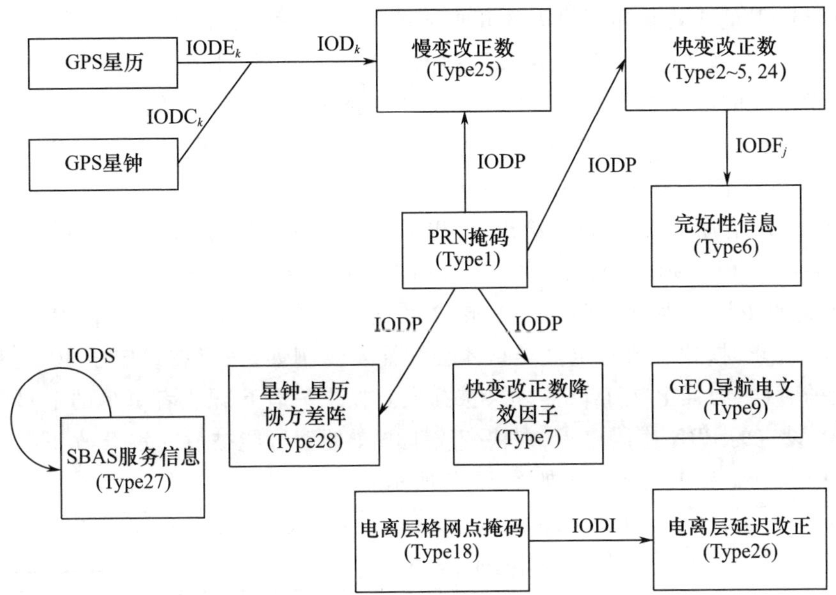

图 3.36 SBAS L1 各电文类型之间的关系

1）PRN 掩码分配电文类型 1（Type 1）

SBAS L1 增强电文 Type 1 给出了 PRN 掩码分配（PRN mask assignments）方案，Type 1 电文由 210 个预先定义的轨位（ordered slots）组成，用来标识相应卫星的数据是否提供服务，PRN 掩码分配如表 3.14 所列。PRN 掩码之后是一个 2bit 的 PRN 掩码数据版本号（IODP），用来标识导航电文中差分改正数据及其精度的可用性。PRN 掩码最多支持 51 个 bit 集合，对应预先定义的 210 个轨位，因此，SBAS 提供差分改正服务的卫星号也必须只能由 1 排列到 51，由此才能解调出 SBAS L1 增强电文类型 Type 2 ~ 5、6、7、24、25、28 所定义的增强电文数据。电文类型 Type2 ~ 5、6、7 以及 Type24 定义的部分快变改正电文将顺序播发给用户。由于 PRN 掩码号设定到每个改正数据，因此，电文类型 Type24、25 定义的长期改正数据以及 Type28 定义的星钟和星历协方差矩阵不再顺序播发给用户。

表 3.14 PRN 掩码分配表

PRN 轨道位置	PRN 掩码分配
1 ~ 37	GPS/GPS 预留 PRN
38 ~ 61	GLONASS 轨道位置数加 37
62 ~ 119	未来的全球卫星导航系统
120 ~ 138	GEO/SBAS PRN
139 ~ 210	未来的 GNSS/GEO/SBAS/伪卫星

PRN 掩码的变化由 2bit 的 IODP 控制实现，序列在 0 ~ 3 之间。相同的 IODP 将会出现在可用的电文类型 Type2 ~ 5、7、24、25、28 中。PRN 掩码的变化通常发生在发

射新的导航卫星或者某颗卫星失效并永久停止 PNT 服务的时候。如果 PRN 掩码的 IODP 与电文类型 Type2 ~ 5、7、24、25、28 的 IODP 不一致,那么用户将不能使用这些电文类型定义的电文数据。IODP 电文数据的变化总是先于其他电文数据 IODP 的变化,否则用户接收机不能接收这些电文类型定义的电文数据。

2）快变改正电文——类型 2 ~ 5（Type 2 ~ 5）

SBAS L1 增强电文 Type 2 给出了 PRN 掩码中设定的前 13 颗卫星的电文数据。Type 3 给出了 PRN 掩码中设定为 14 ~ 26 的卫星电文数据。以此类推,Type 5 给出了 PRN 掩码中设定为 40 ~ 51 卫星的电文数据。只有卫星的数量符合 SBAS 设定的 PRN 掩码要求时,快变改正电文类型才会被播发。例如,只有在设定了 40 或者更多颗卫星的时候,增强电文 Type 5 才会被播发。如果只有 6 颗或者更少的卫星数量符合 SBAS 设定的 PRN 掩码要求,则快变改正电文类型可能被放在混合改正电文类型 type24 中。快变改正电文格式如图 3. 37 所示。

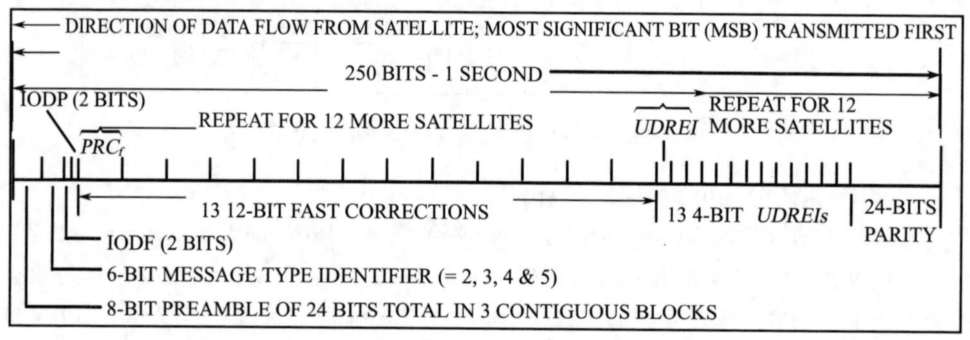

图 3. 37　电文 2 ~ 5——快变改正信息格式

增强电文 Type 2 ~ 5 及 24 包含用于识别当前快变改正数据的 2bit 的 IODF_j,增强电文 Type 6 包含 UDRE 的正态分布方差 σ^2_{UDRE}数据。如果增强电文 Type 2 ~ 5 及 24 中没有告警信息,那么 IODF_j的计数为 0 ~ 2;如果出现告警信息,那么 IODF_j的计数为 3,此时,增强电文 Type 2 ~ 6 及 Type24 的 UDRE 的正态分布方差 σ^2_{UDRE} 数据可以用于所有相应电文类型(Type 2 ~ 5)定义的差分改正数据,而不是一个特定的快变改正数据集合。增强电文 Type 24 的后半部分电文数据用于保存快变改正数据。一颗卫星的快变数据有 16bit,其中 12bit 为快变改正数,4bit 为 UDRE 指标,UDRE 标识(UDREI)的精度与 UDRE 的正态分布方差 σ^2_{UDRE}对应关系如表 3. 15 所列,每个增强电文类型同时还会包含 2bit 表征当前导航卫星的 PRN 掩码的数据标志 IODP。

表 3. 15　UDREI 评估

UDREI_i	UDRE_i/m	$\sigma^2_{i,\mathrm{UDRE}}/\mathrm{m}^2$
0	0. 75	0. 0520
1	1. 0	0. 0924
2	1. 25	0. 1444

（续）

$UDREI_i$	$UDRE_i$/m	$\sigma^2_{i,UDRE}/m^2$
3	1.75	0.2830
4	2.25	0.4678
5	3.0	0.8315
6	3.75	1.2992
7	4.5	1.8709
8	5.25	2.5465
9	6.0	3.3260
10	7.5	5.1968
11	15.0	20.7870
12	50.0	230.9661
13	150.0	2078.695
14	没有监测	没有监测
15	不可用	不可用

12bit 的直接播发的快变伪距改正数（PRC_f）有 0.125m 的分辨力，有效范围在 $-256.000 \sim 255.875$m，若数据超过这个范围，则在 UDREI 位置处会标明“不可用（don't use）”告警信息。PRC_f的可用时间（t_{of}）是 SBAS 网络时间（SNT）历元的开始时间，与 GEO 卫星播发导航增强电文数据帧的第一个 bit 时间是同步的。

SBAS GEO 卫星不播发快变改正数的距离变化率改正（RRC）数据，用户通过差分快变改正数而计算得到数据变化速率，对于给定卫星的全部快变改正数有如下公式：

$$PR_{corrected}(t) = PR_{measured}(t) + PRC(t_{of}) + RRC(t_{of}) \times (t - t_{of}) \tag{3.31}$$

如果快变改正数降效因子 $ai_i \neq 0$，则需要根据用户差分快变改正数而计算 RRC：

$$RRC(t_{of}) = \frac{PRC_{current} + PRC_{previous}}{\Delta t} \tag{3.32}$$

式中：$PRC_{current}$ 为最新的快变改正数，与 $PRC(t_{of})$ 一致；$PRC_{previous}$ 为以前的快变改正数；$PR_{measured}(t)$ 为测量伪距；$\Delta t = t_{of} - t_{of,previous}$，$t_{of}$ 为应用最新的快变改正数的时间，$t_{of,previous}$ 为应用以前的快变改正数 $PRC_{previous}$ 的时间。

如果 $ai_i = 0$，则 RRC 也为 0。

用户必须采用接收到的最新的快变改正数（$PRC_{current}$）来计算 RRC 数。如果 $\Delta t > I_{fc,j}$（最短的快变改正数时间间隔）或者在电文类型 Type 24 中有快变改正数，则需要暂停计算 RRC 数据。此外，如果（$t - t_{of} - 1$）大于 $8\Delta t$，那么也要暂停计算 RRC。

用户应当选择以前的快变改正数来确定 RRC。在完好性告警期间，很可能是在很短的时间内给出了多个差分改正数据，在这种情况下，为了降低噪声对计算 RRC 的不良影响，应该采用当前快变改正数接近 $I_{fc}/2$s 之前的快变改正数来确定 RRC。

在任何时候用户接收机接收到“不可用”或者“没有监测（not monitored）”告警信

息时，随后的有效差分改正以及 RRC 的计算程序都需要重新初始化。在计算程序重新初始化期间，RRC 数据是不可用的。即使当前 $IODF_j$ 是同样的，也需要再次计算 RRC。

3）完好性信息电文——类型 6（Type 6）

SBAS L1 增强 Type 2 ~ 5 电文均给出了各自的 IODF。每颗导航卫星 UDRE 的正态分布方差（σ^2_{UDRE}）均对应一个 IODF 来匹配快变改正数据信息。IODF 用 2bit 数据表示，有 $IODF_2$、$IODF_3$、$IODF_4$、$IODF_5$ 4 种类型，因此，Type 6 电文数据段剩下的 204bit 电文数据分为 51 段来表征 UDRE 的标识 UDREI，每段对应一颗导航卫星（PRN 掩码），UDREI 用 4bit 数据表示，Type 6 完好性电文内容如表 3.16 所列。

表 3.16　完好性信息的内容

参数	比特数	比例因子（针对 LSB）	有效范围	单位
$IODF_2$	2	1	0 ~ 3	无
$IODF_3$	2	1	0 ~ 3	无
$IODF_4$	2	1	0 ~ 3	无
$IODF_5$	2	1	0 ~ 3	无
对 51 颗卫星的每一颗	—	—	—	—
UDREI	4	表 3.15	表 3.15	无

Type6 完好性电文允许 Type2 ~ 5、24 电文的快变改正数据的不频繁更新，并与星载原子钟动态误差相对应。如果所有的快变改正数据均以 6s 一次的速率更新，且 Type2 ~ 5、24 的电文中有 UDREI，那么 SBAS 就不需要设计 Type 6 电文了，然而在某些时间条件下，Type 6 电文还是必要的，Type 6 电文还用于标识多颗导航卫星的告警状态，Type 6 完好性电文格式如图 3.38 所示。

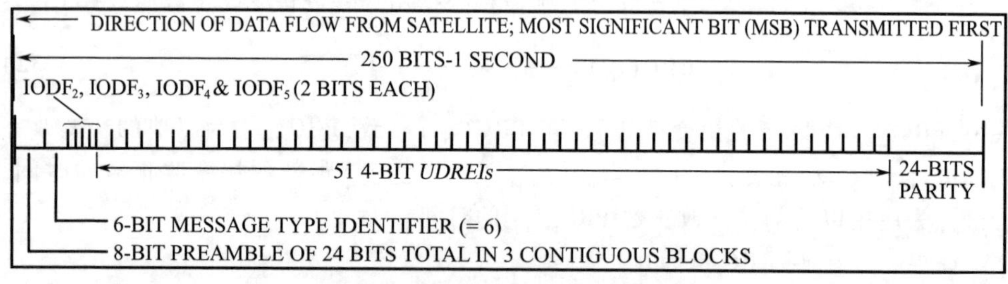

图 3.38　Type 6 完好性电文格式

4bit 数据的 UDREI 用于估计每颗导航卫星 UDRE 的正态分布方差 σ^2_{UDRE}，表征快变改正和慢变误差改正的组合精度，不包括电离层延迟改正精度（$\sigma^2_{GIVE's}$），Type 26电文会独立给出电离层延迟改正相关数据和标识。星历精度分量是一个等效的伪距精度，而不是地心地固（ECEF）坐标精度分量。UDRE 的正态分布方差 σ^2_{UDRE} 与 UDREI 的精度对应关系水平如表 3.15 所列。

4）快变改正降效因子电文——类型7（Type 7）

在使用相关的差分改正数据之前，用户需要启用Type 2～6以及24电文数据中的UDRE正态分布方差σ^2_{UDRE}数据。当需要计算快变改正数和慢变改正数的降效情况时，Type 7电文数据详细给出当前可用的导航卫星PRN掩码数据版本号（IODP）、系统延迟时间（t_{lat}）以及快变改正降效因子标识（ai_i）。Type 7电文数据给出的快变改正降效因子电文内容如表3.17所列，电文格式如图3.39所示。表3.18给出了在给定降效因子指标时的快变改正降效因子的估计值，表3.18同时还给出了使用快变改正信息的时间间隔。快变改正信息的暂停使用时间间隔是从快变改正信息接收结束时开始计时的。

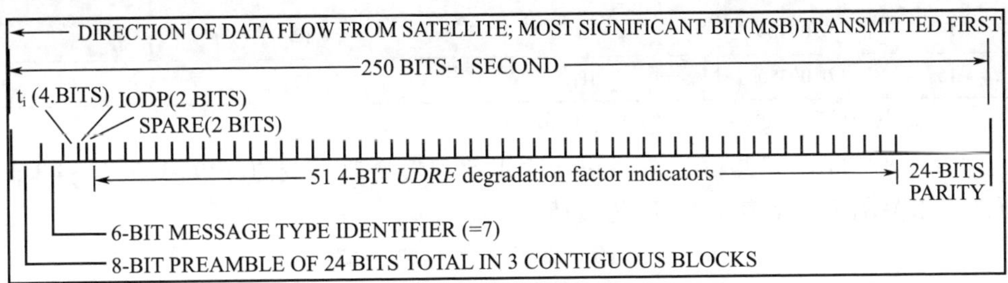

图3.39 Type 7快变改正降效因子电文格式

表3.17 Type 7快变改正降效因子电文内容

参数	比特数	比例因子（针对LSB）	有效范围	单位
系统延迟	4	1	0～15	s
IODP	2	1	0～3	无
空余位	2	—	—	—
对51颗卫星的每一颗	204	—	—	—
ai_i	4	1	0～15	—

表3.18 给定降效因子指标时的快变改正降效因子的估计值

ai_i	快变改正降效因子/（m/s^2）	快变改正用户暂停时间间隔/s 航路—LNAV进近（I_{fc}）	快变改正用户暂停时间间隔/s LNAV/VNAV，LPV，LP进近（I_{fc}）	快变改正最大更新时间间隔/s
0	0.00000	180	120	60
1	0.00005	180	120	60
2	0.00009	153	102	51
3	0.00012	135	90	45
4	0.00015	135	90	45
5	0.00020	117	78	39
6	0.00030	99	66	33
7	0.00045	81	54	27

（续）

ai_i	快变改正降效因子/(m/s^2)	快变改正用户暂停时间间隔/s 航路—LNAV 进近（I_{fc}）	快变改正用户暂停时间间隔/s LNAV/VNAV，LPV，LP 进近（I_{fc}）	快变改正最大更新时间间隔/s
8	0.00060	63	42	21
9	0.00090	45	30	15
10	0.00150	45	30	15
11	0.00210	27	18	9
12	0.00270	27	18	9
13	0.00330	27	18	9
14	0.00460	18	12	6
15	0.00580	18	12	6

5）降效因子电文——类型 10（Type 10）

SBAS L1 Type 10 电文给出了快变改正数和慢变改正数的降效因子，如表 3.19 所列。相关说明详见表 3.17 和表 3.18。

表 3.19 降效因子信息内容

参数	比特数	比例因子（针对 LSB）	有效范围	单位
B_{rrc}	10	0.002	0～2.046	m
$C_{ltc\ lsb}$	10	0.002	0～2.046	m
$C_{ltc\ v1}$	10	0.00005	0～0.05115	m/s
$I_{ltc\ v1}$	9	1	0～511	s
$C_{ltc\ v0}$	10	0.002	0～2.046	m
$I_{ltc\ v0}$	9	1	0～511	s
$C_{geo\ lsb}$	10	0.0005	0～0.5115	m
$C_{geo\ v}$	10	0.00005	0～0.05115	m/s
I_{geo}	9	1	0～511	s
C_{er}	6	0.5	0～31.5	m
$C_{iono\ step}$	10	0.001	0～1.023	m
I_{iono}	9	1	0～511	s
$C_{iono\ ramp}$	10	0.000005	0～0.005115	m/s
RSS_{UDRE}	1	—	0～1	无
RSS_{iono}	1	—	0～1	无
$C_{covariance}$	7	0.1	0～12.7	无
空余	81	—	—	—
注：空余位可用于定义 GLONASS 导航卫星的降效因子；如果系统没有播发 Type 28 电文，则协方差（$C_{covariance}$）数据项不可用；对于参数 I_{iono} 和 $I_{ltc\ v0}$，如果用户收到一个“0”，则需要改为“1”				

6）慢变误差改正电文——类型25（Type 25）

SBAS L1 Type 25 电文给出了缓慢变化的卫星星历和钟差的误差估计，其中参考框架为 WGS-84 地心地固坐标系。这些误差改正是关于 GNSS 广播星历和钟差的误差估计，且不能用于 SBAS 自身 GEO 卫星的误差改正。SBAS L1 Type 9 电文则专门给出了 GEO 卫星的缓慢变化的卫星星历和钟差的误差估计。Type 25 电文数据的前半部分给出了两颗卫星的慢变星历和钟差改正数据，Type 25 电文格式如图 3.40 所示，内容如表 3.20 所列，此时只需要位置和钟差改正就可以达到所需精度水平，图 3.40 和表 3.20 仅仅给出了 212bit 电文数据中的前 106bit 所定义的内容，后 106bit 所定义的内容与前 106bit 所定义的内容是完全一致的。106bit 电文数据的第一 bit 是速度编码，标识这一半电文是否包含星载原子钟的钟漂（clock drift）和钟速（clock velocity）分量的误差估计。如果该速度编码标明是"1"，则表明这一半电文包含星载原子钟的钟漂和钟速分量的误差估计，否则这一半电文包含两颗卫星的星载原子钟的时钟偏移（clock offset）和星历的误差估计。Type 25 电文也可以给出1、2、3 颗或者4 颗卫星的慢变星历和钟差的误差估计数据，取决于这一半电文的速度编码以及有多少颗卫星的数据被改正。与这些误差估计一起播发的还有 IODF 以及相应的 PRN 掩码。

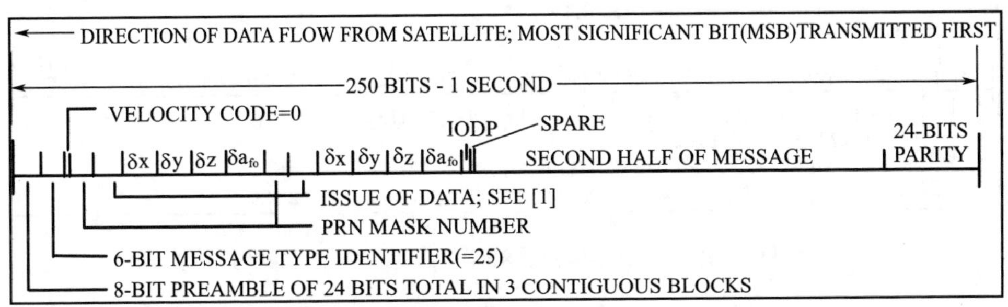

图 3.40　Type 25 电文慢变卫星误差改正电文格式（速度编码为 0）

表 3.20　Type 25 电文慢变卫星误差改正电文中有关星历和钟差的电文参数（速度编码为 0）

参数	比特数①	比例因子	有效范围①	单位
速度编码 =0	1	1	—	无
PRN 掩码编号②	6	1	0 ~ 51	—
数据版本号③	8	1	0 ~ 255	无
δx（ECEF）	9	0.125	±32	m
δy（ECEF）	9	0.125	±32	m
δz（ECEF）	9	0.125	±32	m
δa_{f0}	10	2^{-31}	$\pm 2^{-22}$	s

（续）

参数	比特数①	比例因子	有效范围①	单位
IODP	2	1	0~3	无
空余位	1	—	—	—

① 所有的数据符号均用二进制补码表示，符号位位于编码的最高有效位(MSB)。实际的数据有效范围低于表中给出的范围。
② 关于 PRN 掩码编号顺序，PRN 掩码第一位的计数代表所选择的卫星，如果计数为0，则表示数据无效。
③ 数据版本号(Issue of Data)与 GPS 星历数据版本号(IODE)格式一致，均用 8bit 数据表示

当用户需要卫星的速度和钟漂差分改正数据时，Type 25 电文数据的前半部分同时给出 1 颗卫星的位置、速度、钟差、钟漂的慢变数据，电文格式如图 3.41 所示，内容如表 3.21 所列，同样图 3.41 和表 3.21(包括速度和钟漂)仅仅给出了 212bit 电文数据中的前 106bit 所定义的内容，后 106bit 所定义的内容与前 106bit 所定义的内容是完全一致的。106bit 电文数据的第 1bit 也是速度编码，标识这一半电文是否包含星载原子钟的钟漂和钟速分量的误差估计，此时前 106bit 中的第 1bit 是速度编码“1”。

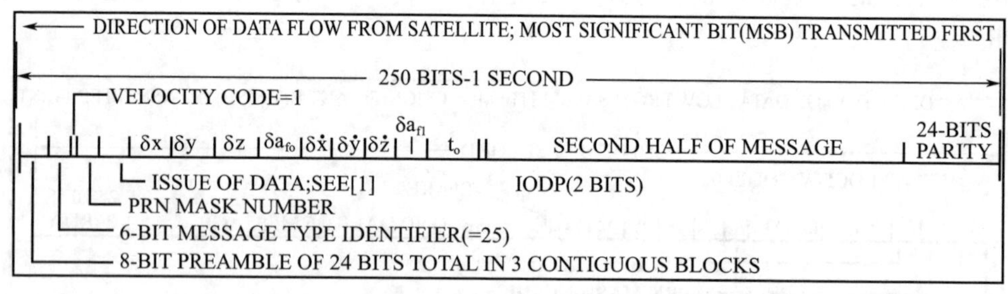

图 3.41　Type 25 卫星慢变误差改正电文格式(速度编码为 1)

表 3.21　Type 25 卫星慢变误差改正前半部分电文数据(速度编码为 1)

参数	比特数	比例因子	有效范围	单位
速度编码 =1	1	1	—	无
PRN 掩码编号	6	1	0~51	—
数据版本号	8	1	0~255	无
δx(ECEF)	11	0.125	±128	m
δy(ECEF)	11	0.125	±128	m
δz(ECEF)	11	0.125	±128	m
δa_{f0}	11	2^{-31}	$\pm 2^{-21}$	s
δx 的变化率(ECEF)	8	2^{-11}	±0.0625	m/s
δy 的变化率(ECEF)	8	2^{-11}	±0.0625	m/s
δz 的变化率(ECEF)	8	2^{-11}	±0.0625	m/s

（续）

参数	比特数	比例因子	有效范围	单位
δa_{f1}	8	2^{-39}	$\pm 2^{-32}$	s/s
可用时间 t_0（天秒）	13	16	0 ~ 86384	s
IODP	2	1	0 ~ 3	无

PRN 掩码编号是 210bit 掩码的序列号码，范围是 1 ~ 51。与 Type 2 ~ 5 的电文数据不同，Type 25 电文数据可以不按顺序排列出现。此外，卫星长期误差改正项中变化较快部分的误差改正，相对那些变化缓慢部分的误差改正，可以较高的速率重复播出。Type 25 电文数据中的导航卫星 PRN 掩码数据版本号（IODP）必须与 Type 1 电文数据中定义的 PRN 掩码相关联的 IODP 保持一致。

Type 25 电文中播发的 8bit 数据版本号（IOD）必须与 GNSS 卫星广播的时钟数据版本号（IODC）和星历数据版本号（IODE）保持一致。如果 GNSS 卫星广播的 IOD 与 Type 25 电文中播发的 IOD 不一致，则表明 GNSS 卫星广播的 IOD 发生了变化。直到 SBAS GEO 卫星播发新的、匹配的 Type 24 或者 Type 25 电文为止，用户需要继续使用前期与 IOD 匹配（一致）的 SBAS 增强电文数据。

在 GNSS 卫星播发新的星载时钟和星历数据的过渡阶段，SBAS GEO 卫星将继续播发 2 ~ 4min 旧的时钟和星历慢变改正项数据，这个时间延迟可以使得 SBAS 用户有时间捕获新的 GNSS 电文。

7）混合快变/慢变误差改正电文——类型 24（Type 24）

在 type 2 ~ 5 给定的快变电文条件下，SBAS L1 Type 24 电文给出了混合快变/慢变改正数据，电文格式如图 3.42 所示。Type 24 电文的前半部分由 6 组快变数据集合组成，一共有 106bit 数据，包括 PRN 掩码序列、2bit 卫星的 IODP、2bit 数据块标识、2bit IODF、4bit 空余数据位。数据块标识（0，1，2，3）分别表示 Type 24 电文是否包含 Type2、Type3、Type4 或 Type5 电文的快变改正数据。最后的 106bit 的数据区域由 type 25 所定义的慢变改正电文数据组成。

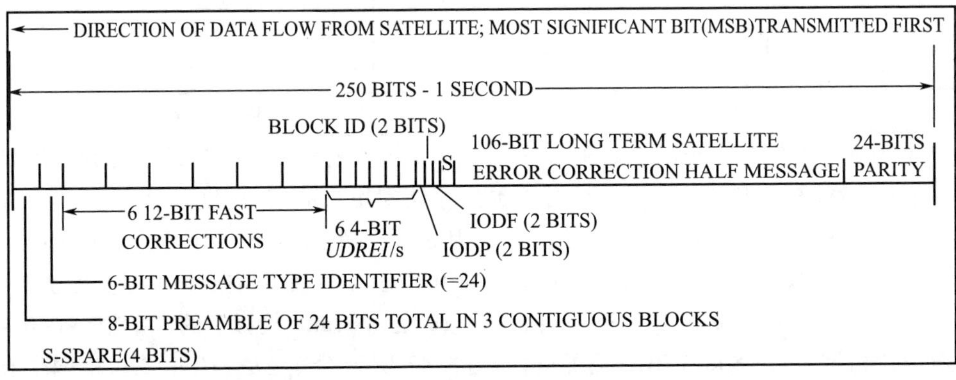

图 3.42 Type 24 混合快变/慢变改正电文格式

当 SBAS 提供差分改正服务的所有导航卫星的数量是 1 和 6,14 和 19,27 和 32 或者 40 和 45 之间时,每次播发第 1 ~ 6,14 ~ 19,27 ~ 32 或者 40 ~ 45 颗卫星的快变误差改正数时,可同时容纳 1 颗或 2 颗卫星的慢变误差改正数。

8) 电离层格网点掩码电文——类型 18(Type 18)

为了方便用户使用 IGP 垂直时延估计数据,将电离层分割成许多网格,SBAS 为各个较小的区域分别提供近乎实时的电离层延迟数据。全球电离层格网点划分的原因是电离层在低纬度地区比较活跃,梯度比较明显,全球范围定义的电离层格网点空间分布(格网带 0 ~ 8)如表 3.22 所列,格网带 9 ~ 10 如表 3.23 所列。SBAS 广播每一个电离层格网中 4 个电离层格网点(IGP)的垂直电离层延迟,用户利用格网内插法便可获得非常精确的电离层延迟。在太阳活动高年期间,IGP 垂直时延估计可能会发生剧烈变化,特别是在低纬度地区。因此,SBAS 不可能广播所有可能位置的 IGP 垂直时延估计,同时 SBAS 电文中会定义 IGP 掩码,由此为用户实时提供最有效的电离层时延改正模型参数。

表 3.22 全球范围预定义的格网带 0 ~ 8

纬度/(°)	纬度差/(°)	经度差/(°)
N85	10	90
N75 ~ N65	10	10
S55 ~ N55	5	5
S75 ~ S65	10	10
S85	10	90(向东偏移 40°)

表 3.23 全球范围预定义的格网带 9 ~ 10

纬度/(°)	纬度差/(°)	经度差/(°)
N85	10	30
N75 ~ N65	5	10
N60	5	5
S60	5	5
S75 ~ S65	5	10
S85	10	30(向东偏移 10°)

在 0 ~ 8 电离层格网带定义的 1808 个 IGP 位置点有预定义对应的经度和纬度坐标,详见文献[36],IGP 位置点坐标必须预先存储到用户的接收机中。IGP 位置点在低纬度地区密度较高,这是因为经度越大时其表示的距离越小。由于一帧电文中需要播发的 IGP 数量较多,因此,将预先定义的 IGP 分为 11 个电离层格网带(编号 0 ~ 10),0 ~ 8 带是 Mercator 投影下的竖直带,9 ~ 10 是 Mercator 投影下的水平带。在 0 ~ 8 电离层格网带有 1808 个 IGP 位置点,如图 3.43 所示[20],在 9 ~ 10 电离层格网带有 384 个 IGP 位置点,图中没有显示。

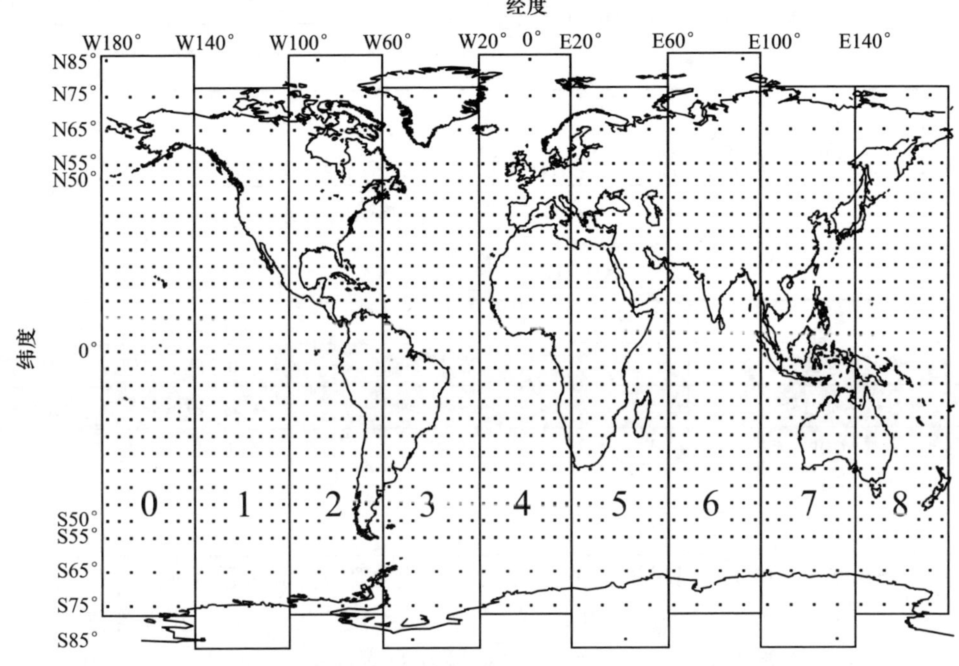

图 3.43　全球电离层格网点(图中没有给出格网带 9 和 10)

SBAS L1 Type 18 每帧电文给出 201 个 IGP 数据,电文会标识出 11 个电离层格网带的电离层格网点掩码,同时给出电离层格网点掩码数据版本号(IODI),由此可以确保接收机能够正确解调出电离层延迟改正数据。另外的 4bit 数字标识表示 SBAS 的 GEO 卫星播发电离层格网带掩码的个数,以便用户确认是否接收所有可用的 IGP 垂直时延估计改正数据,或者是否需要等待另一个电离层格网点掩码的数据。用户必须接收并且存储所在位置处 IGP 正方形格网的垂直时延估计,一个正方形格网由 4 个预先定义的 IGP 组成。在格网带 0 ~ 7,IGP 从 0 到 201 编号。在格网带 8,IGP 从 1 到 200 编号。在格网带 9 和 10,IGP 从 1 到 192 编号。SBAS 的 GEO 卫星仅播发格网带 0 ~ 8 电离层垂直时延估计,如果格网带的数量标识为 0,那么意味着 Type 18 电文中没有给出电离层时延改正数,意味着 SBAS 的 GEO 卫星暂时不提供 LNAV/VNAV,LP 以及 LPV 精密进近服务。

在某一个格网带的 IGP 掩码中,一个 bit 位的数值为“1”时,表明此时 SBAS 的 GEO 卫星播发与 IGP 相关联的电离层改正数据;一个 bit 位的数值为“0”时,表明此时 SBAS 的 GEO 卫星没有播发与 IGP 相关联的电离层改正数据。IODI 的有效范围是 0 ~ 3,每次随着 IGP 掩码变化而变化,这种情况极少发生。用户接收机需要确保接收到的 Type 18 电文某一个格网带的 IODI 与 Type 26 电文定义的 IODI 完全一致(匹配)时,才能使用 IGP 垂直时延估计数据。Type 18 电离层 IGP 掩码电文格式如图 3.44 所示,IGP 掩码电文内容如表 3.24 所列。

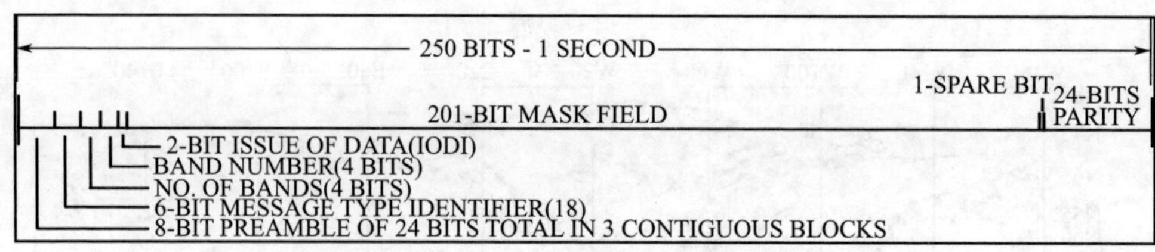

图 3.44　Type 18 电离层 IGP 掩码电文格式

表 3.24　Type 18 电离层 IGP 掩码电文内容

参数	比特数	比例因子	有效范围	单位
格网带广播数量	4	1	0 ~ 11	无
格网带编号	4	1	0 ~ 10	无
IODI	2	1	0 ~ 3	无
IGP 掩码	201	—	—	无
空余位	1	—	—	—

在 SBAS 某颗 GEO 卫星覆盖范围的星下点边缘附近，电离层穿刺点(IPP)将会位于系统定义的电离层格网点(IGP)范围之外，由于多颗 GEO 卫星覆盖范围的重叠，IPP 将会被临近的其他 SBAS GEO 卫星播发的临近格网带所覆盖。对用户来说这颗临近的其他 SBAS GEO 卫星将会有更高的仰角。

9）电离层延迟改正电文——类型 26(Type 26)

SBAS L1 Type 26 电离层延迟改正电文给出 GPS L1 导航信号在 IGP 经度和纬度所确定地理位置处的电离层垂直时延估计数据，及其在电离层格网点/格网节点处电离层延迟垂直误差残差的正态分布方差或者精度($\sigma^2_{\mathrm{GIVE'S}}$)，全球电离层格网点(IGP)定义的结果详见图 3.43。Type 26 每帧电文包含一个格网点电离层带编号和一个电文帧 ID，其中电文帧 ID 由 4bit 数据组成，用来标识对应的电离层带掩码所确定的 IGP 位置。每个格网带的电离层延迟改正电文分为 14 帧数据，当 GNSS 轨位数超出了 IGP 格网带掩码数量时，与 GNSS 轨位数关联的差分改正数据是不可用的。Type 26 电离层延迟改正电文格式如图 3.45 所示，电文的数据内容如表 3.25 所列，IGP 处电离层延迟垂直误差残差方差($\sigma^2_{\mathrm{GIVE'S}}$)的评估精度如表 3.26 所列。

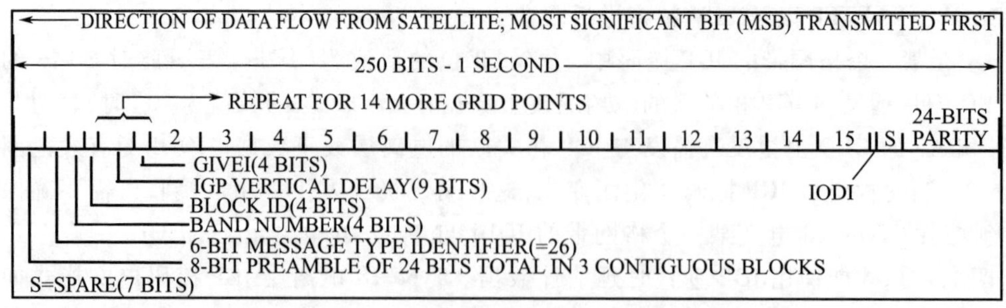

图 3.45　Type 26 电离层延迟改正电文格式

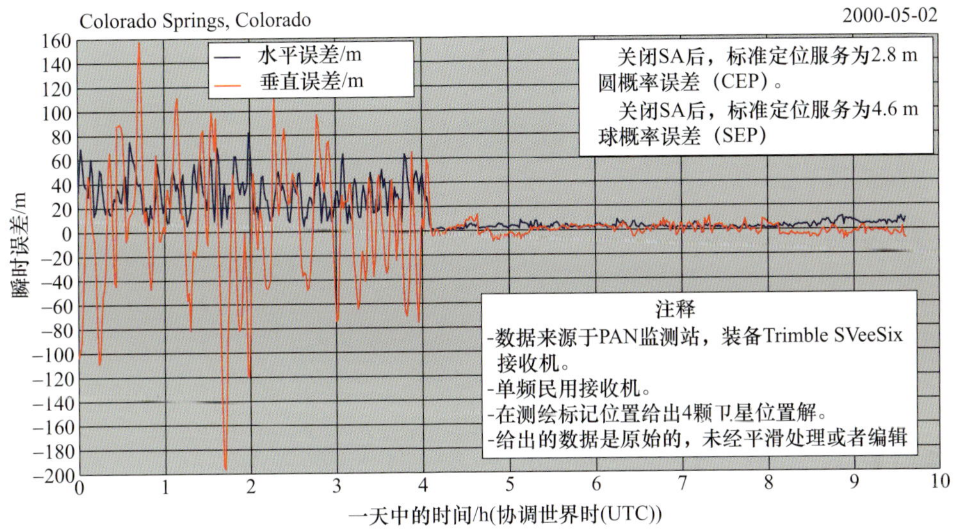

图 1.1　美国 GPS 关闭 SA 前后 SPS 定位精度变化

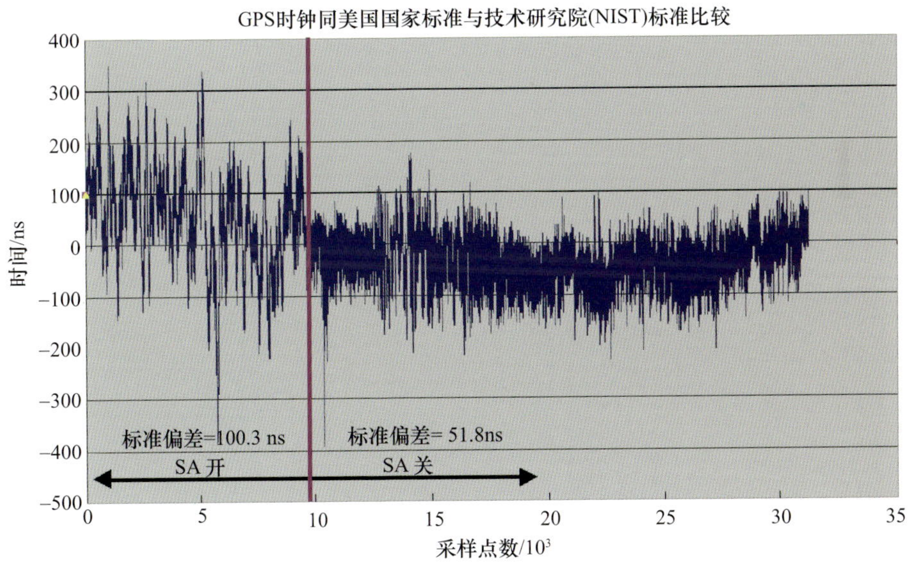

图 1.2　GPS 关闭 SA 技术前后 1PPS(秒脉冲)的精度变化

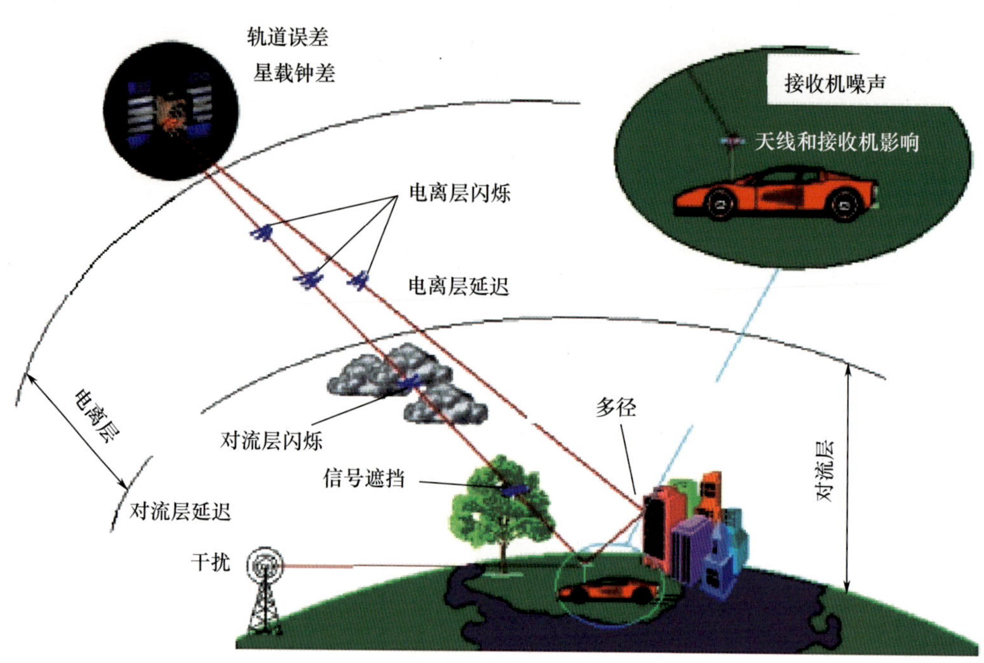

图 1.5　卫星导航系统定位过程中的误差源

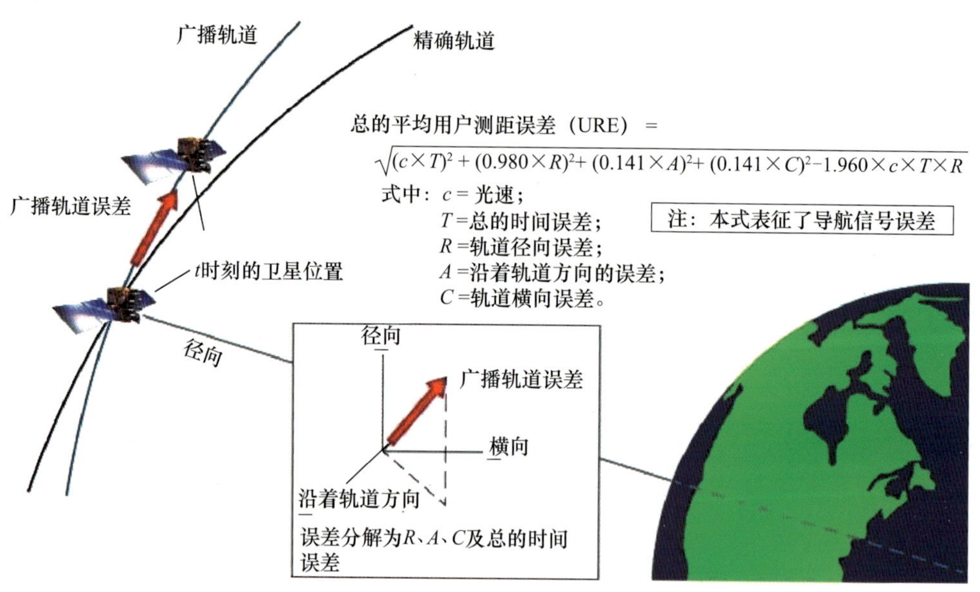

图 1.6　全球平均用户测距误差图解

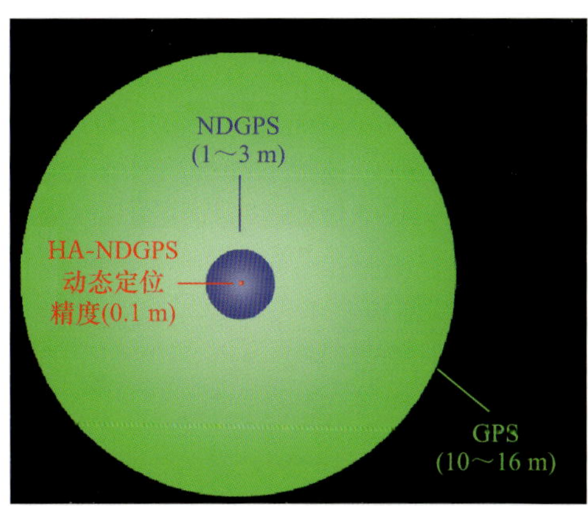

图 1.8　NDGPS、HA-NDGPS 和 GPS 的定位精度比较

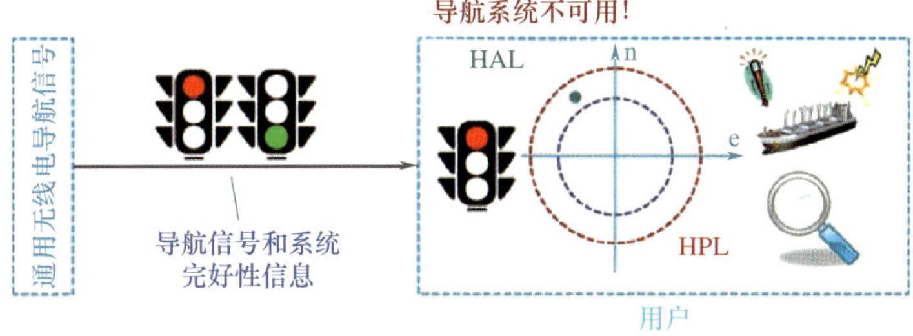

图 1.9　卫星导航系统完好性概念示意

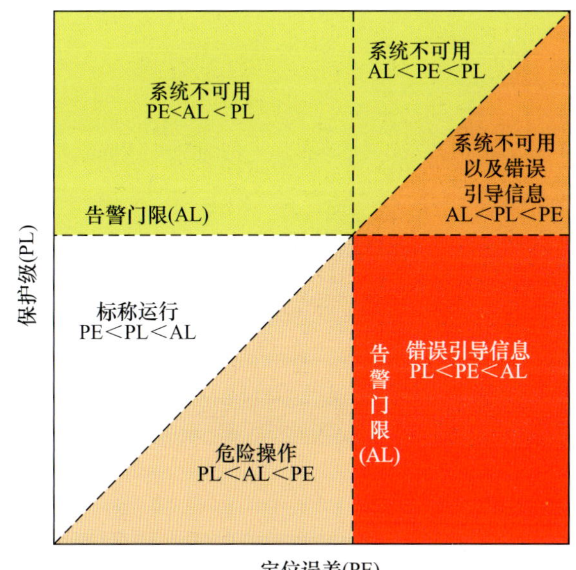

图 1.12　表征完好性的 Stanford 图

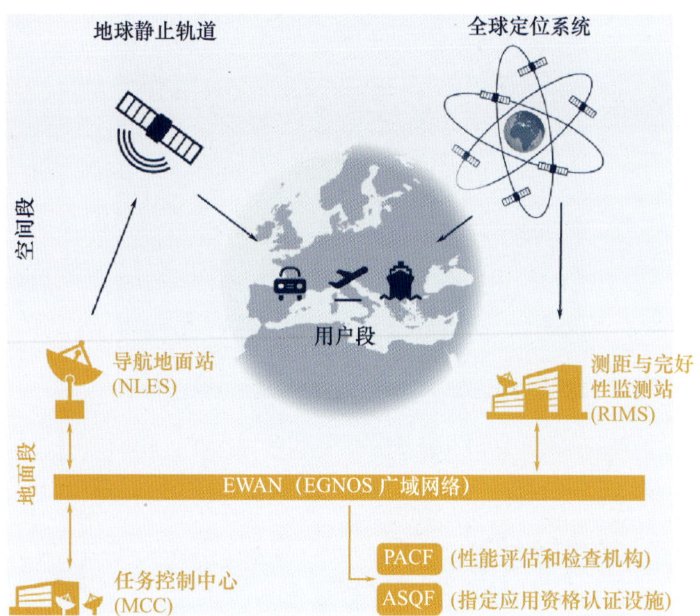

图 2.1 欧洲地球静止轨道卫星导航重叠服务系统信息流

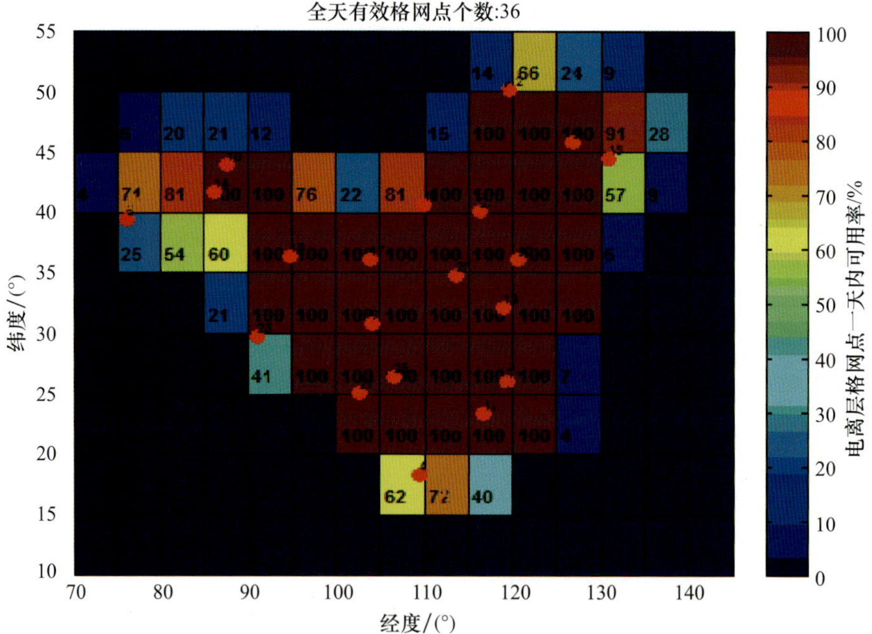

图 2.6 当前系统监测站网情况下电离层格网可用度情况

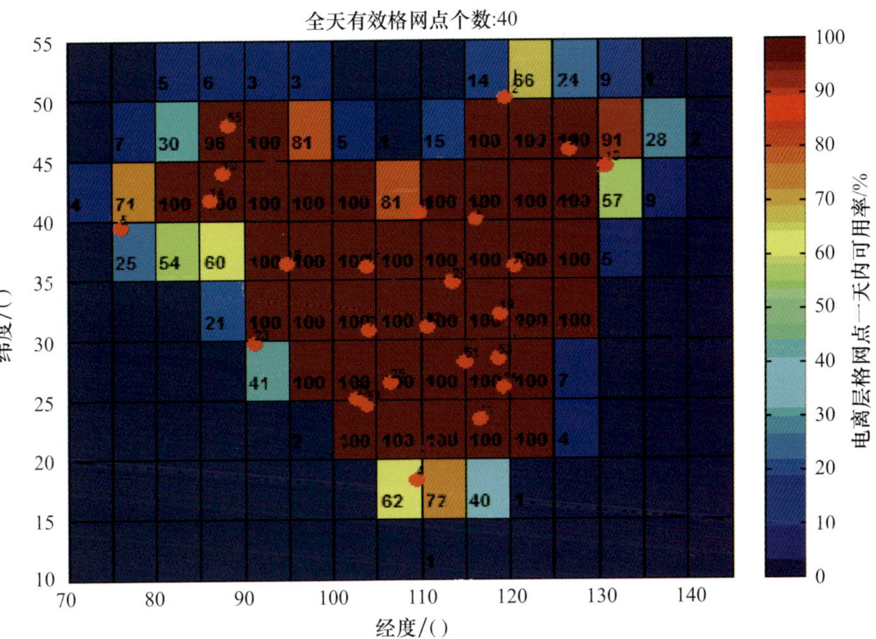

图 2.7　当前系统监测站网增加 5 个新增站情况下电离层格网可用度情况

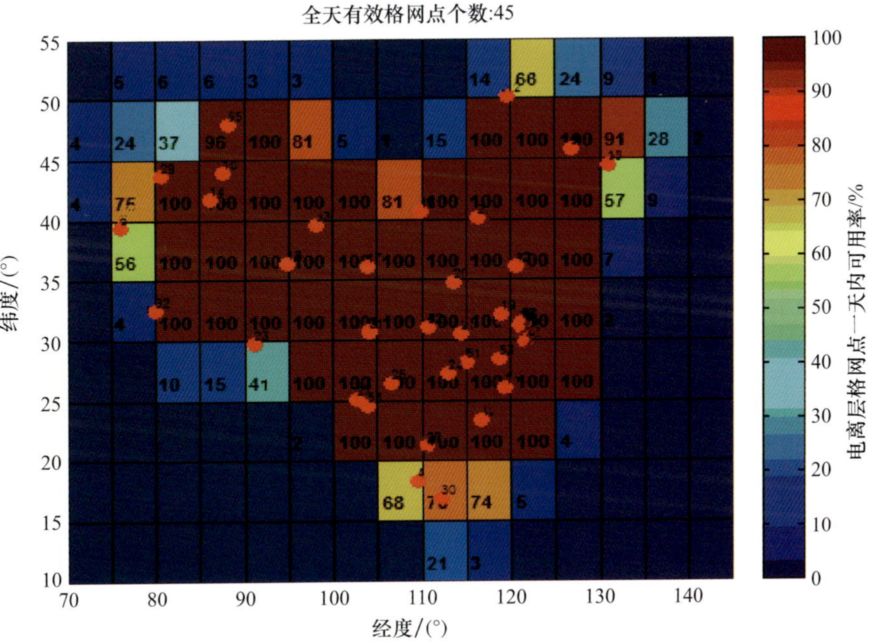

图 2.8　当前系统监测站网增加 24 个新增站情况下电离层格网可用度情况

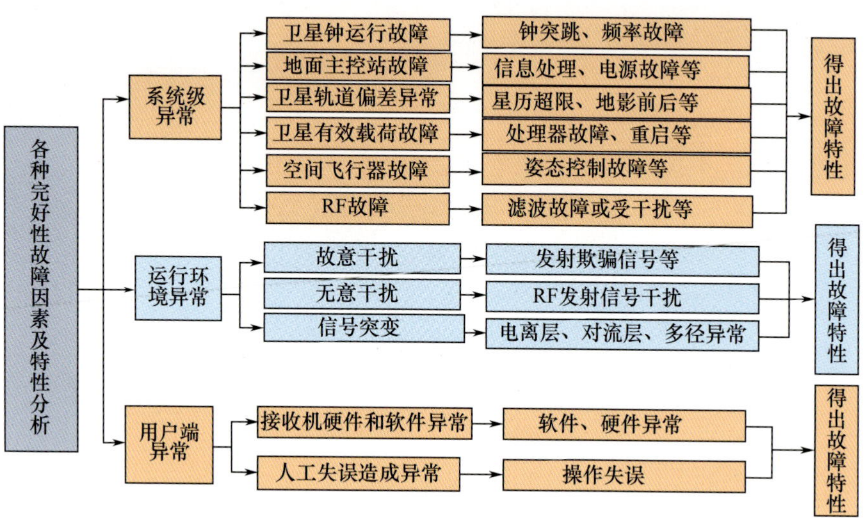

图 2.9　完好性故障因素及特性分析

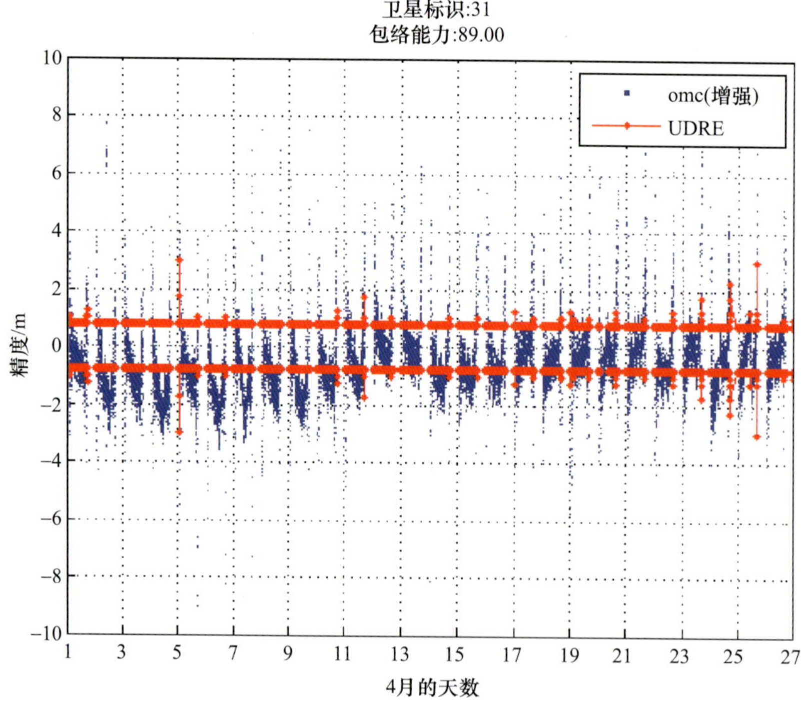

图 2.10　BDS31 号卫星 4 月 UDRE 参数包络图

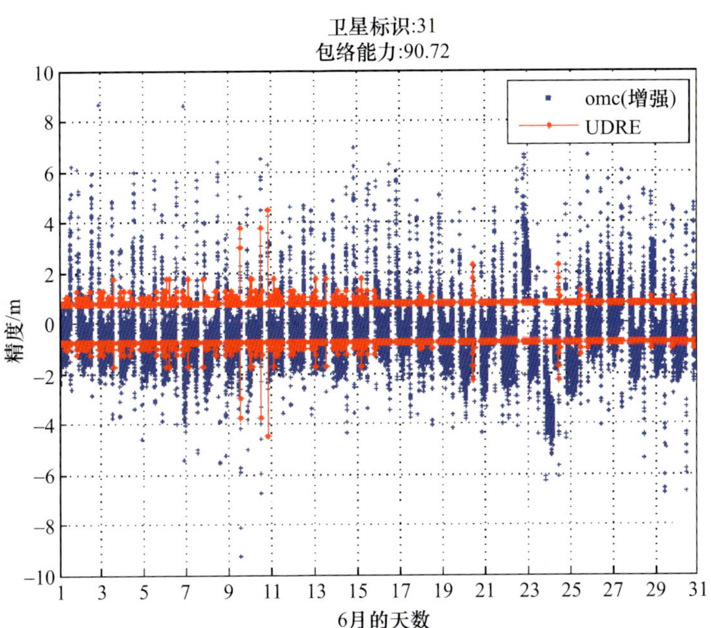

红色为UDRE参数，蓝色为监测站增强模式omc值。

图 2.11 BDS31 号卫星 6 月 UDRE 参数包络图

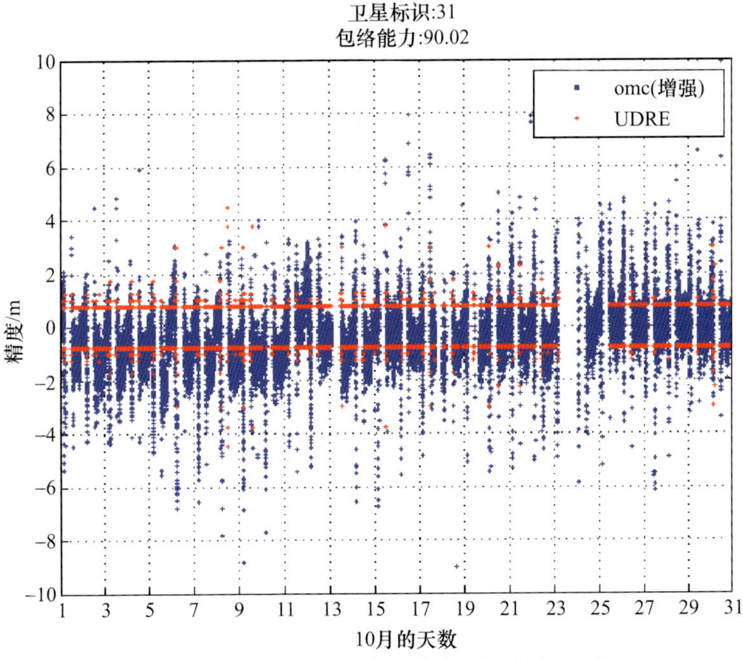

红色为UDRE参数，蓝色为监测站增强模式omc值。

图 2.12 BDS31 号卫星 10 月 UDRE 参数包络图

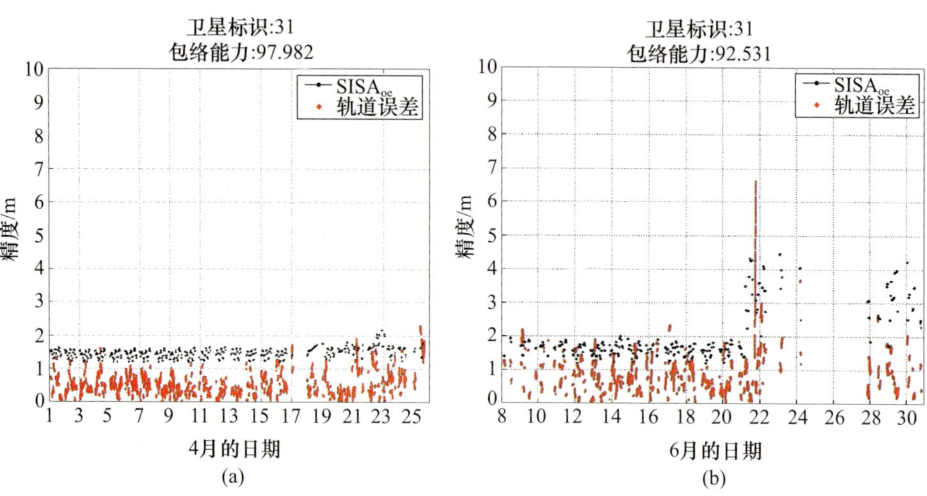

图 2.13　BDS31 号卫星 4 月和 6 月 SISA$_{oe}$ 对轨道平面误差的包络统计图

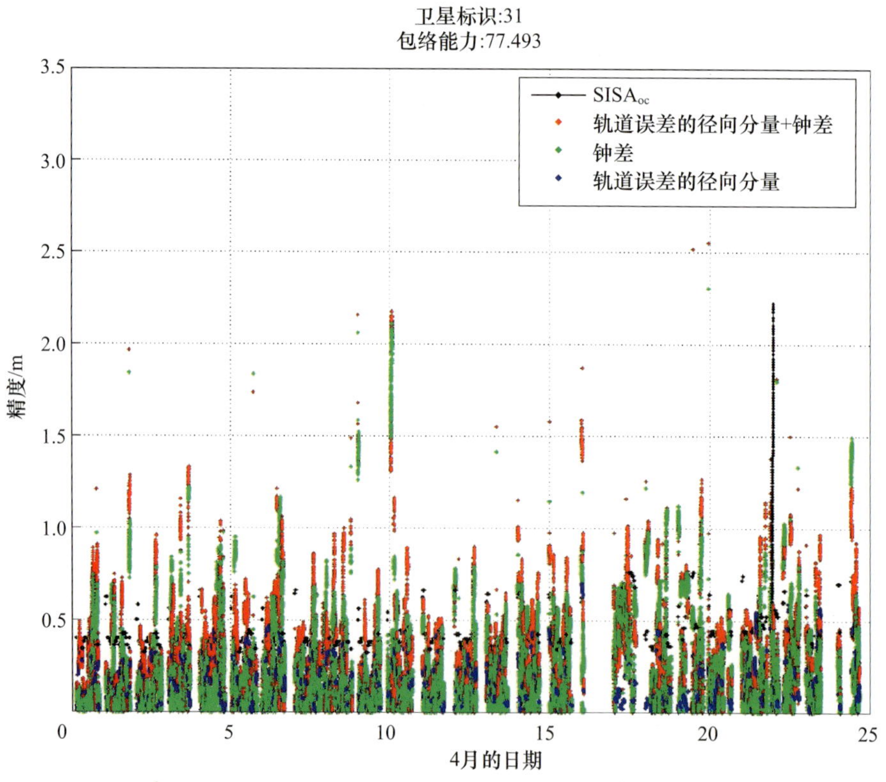

图 2.14　BDS31 号卫星 4 月 SISA$_{oc}$ 对轨道径向误差和钟差的包络统计图

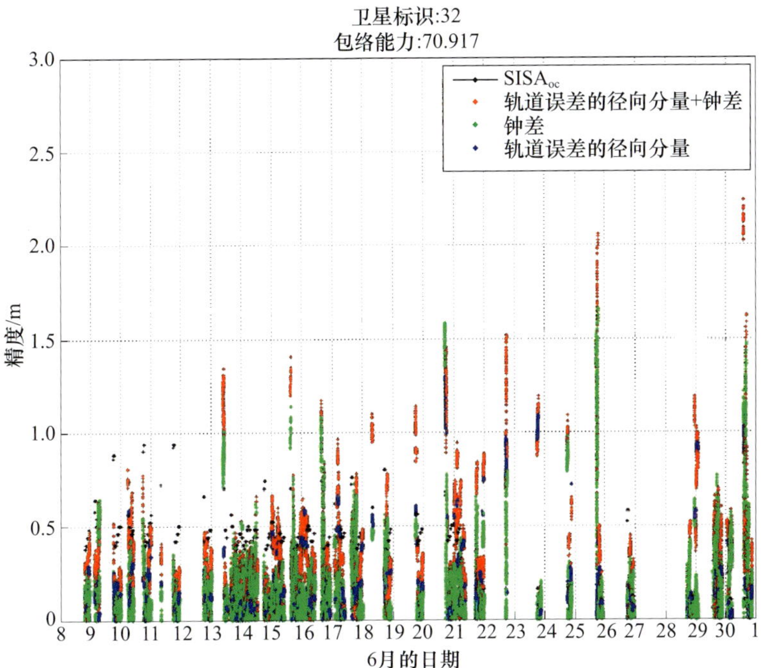

图 2.15　BDS31 号卫星 6 月 SISA$_{oc}$对轨道径向误差和钟差的包络统计图

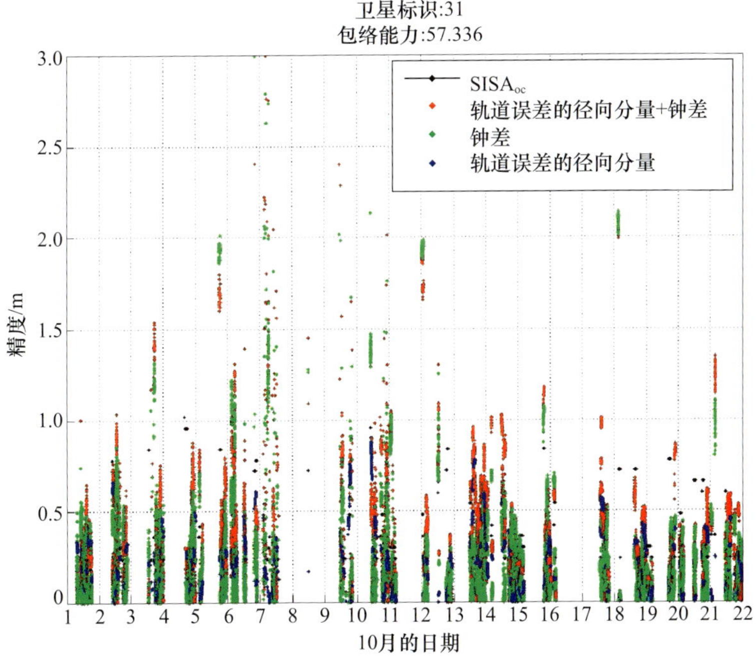

图 2.16　BDS31 号卫星 10 月 SISA$_{oc}$对轨道径向误差和钟差的包络统计图

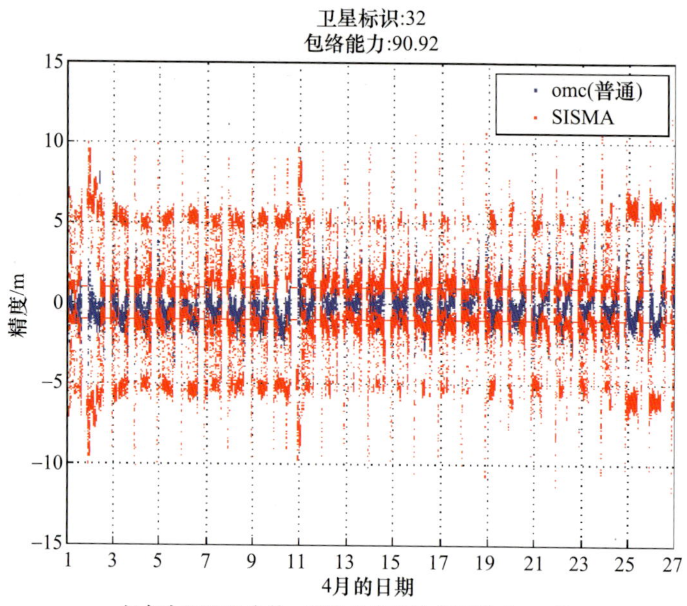

图 2.17　BDS32 号卫星 4 月 SISMA 参数包络图

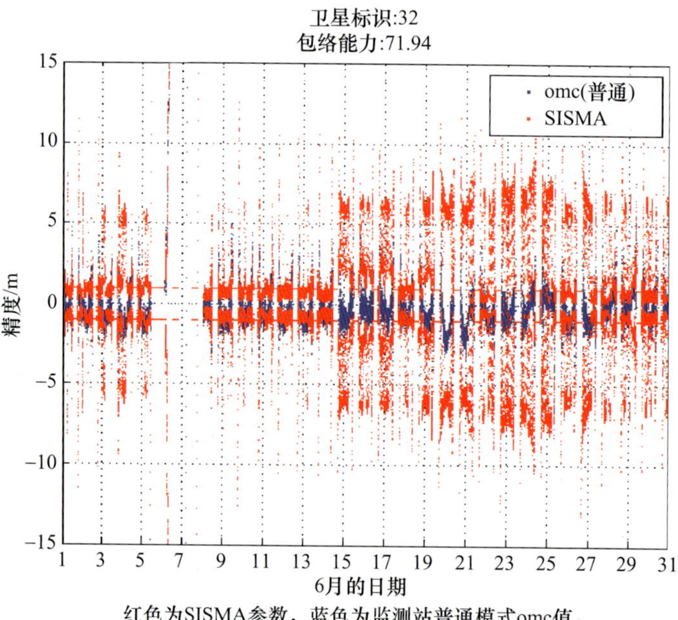

图 2.18　BDS32 号卫星 6 月 SISMA 参数包络图

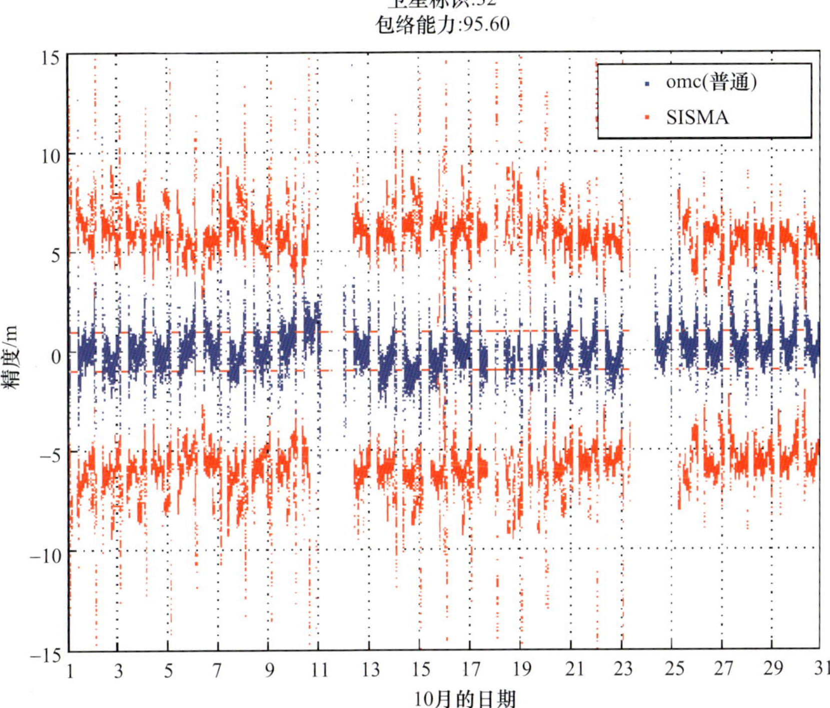

红色为SISMA参数，蓝色为监测站普通模式omc值。

图 2.19　BDS32 号卫星 10 月 SISMA 参数包络图

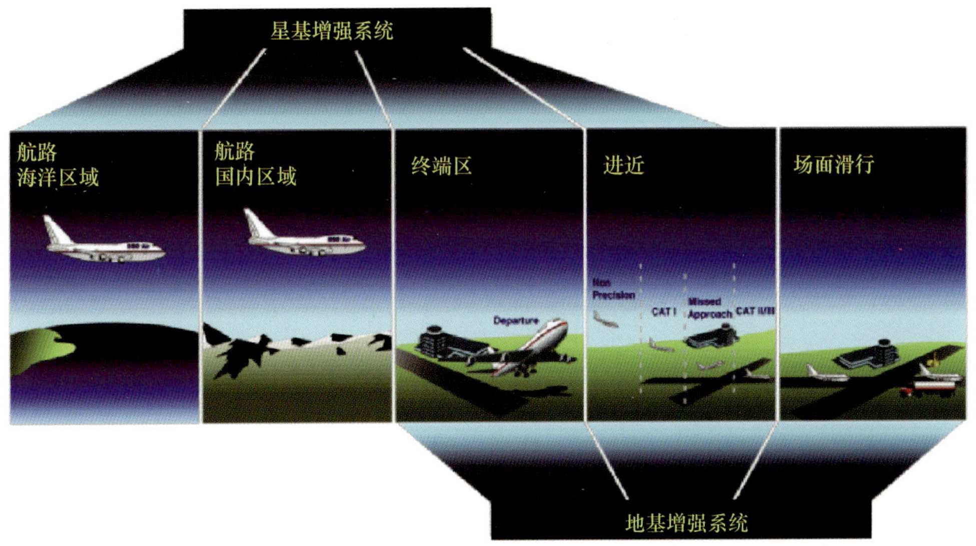

图 3.2　全球卫星导航系统的星基增强系统和地基增强系统服务范围

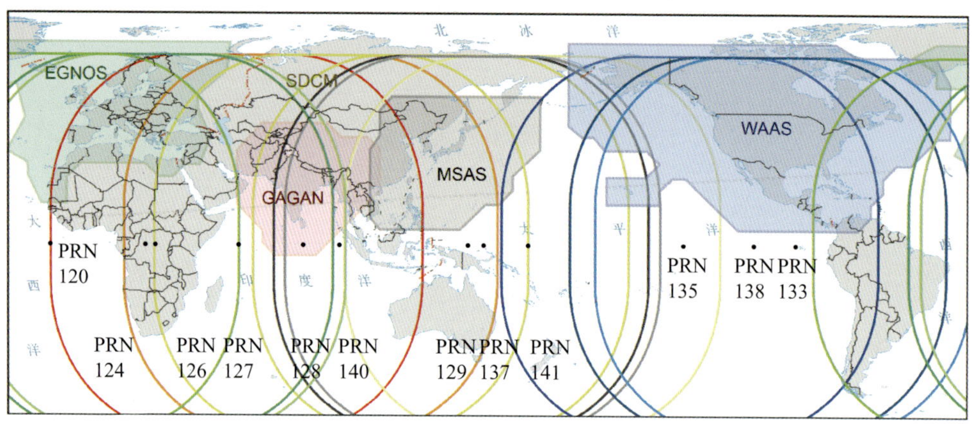

图 3.3　对美国 GPS 进行增强的 SBAS 服务区域

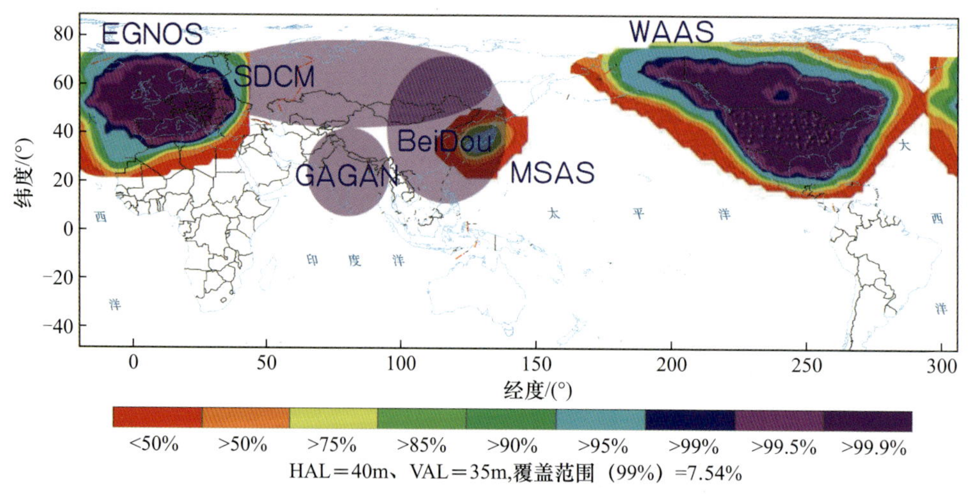

图 3.4　SBAS 服务区可用性云图

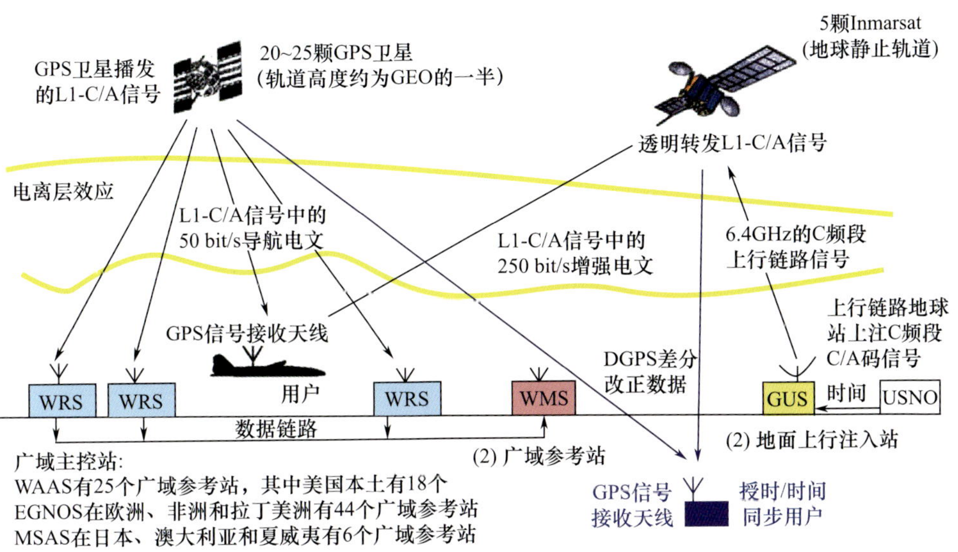

图 3.5　星基增强系统的信息流

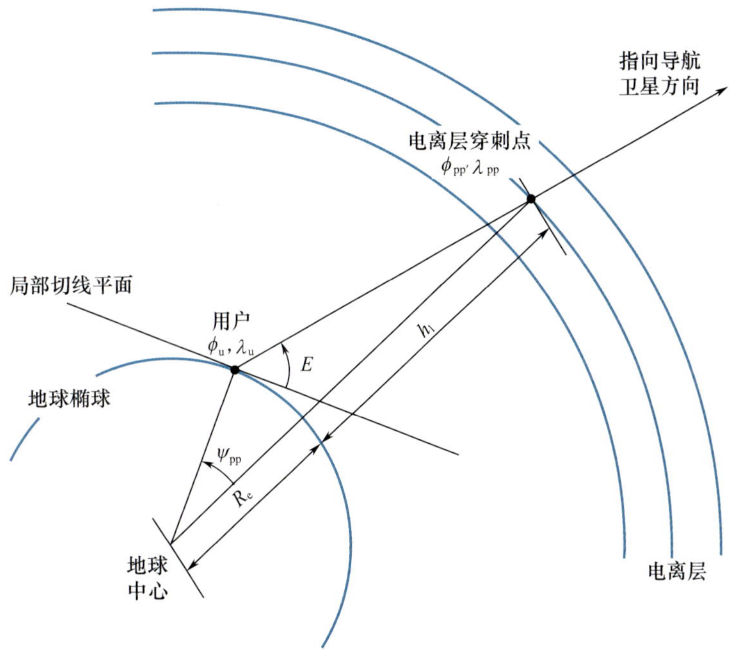

图 3.7　用户位置和 IPP 位置的几何关系

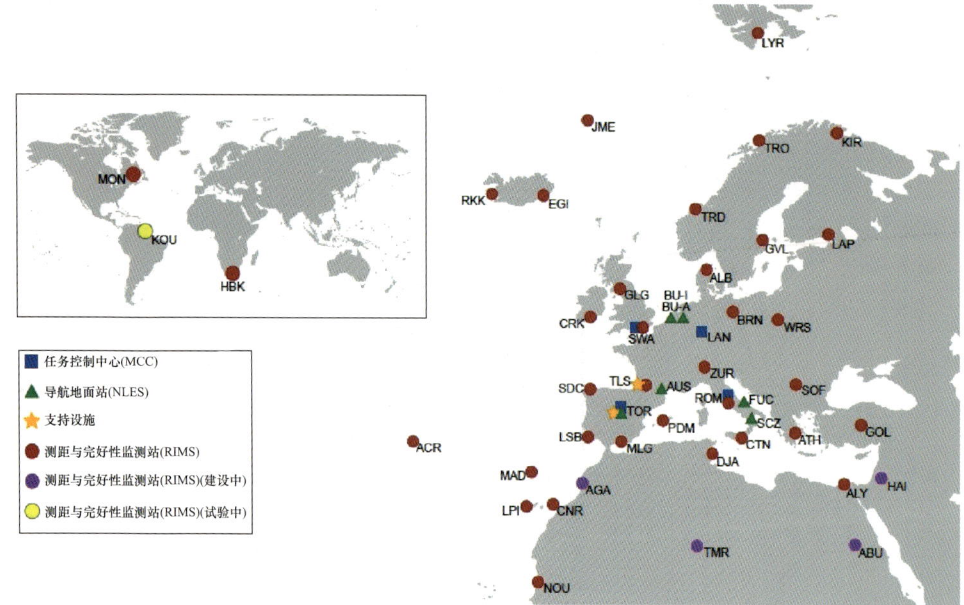

图 3.63　EGNOS 系统监测站分布

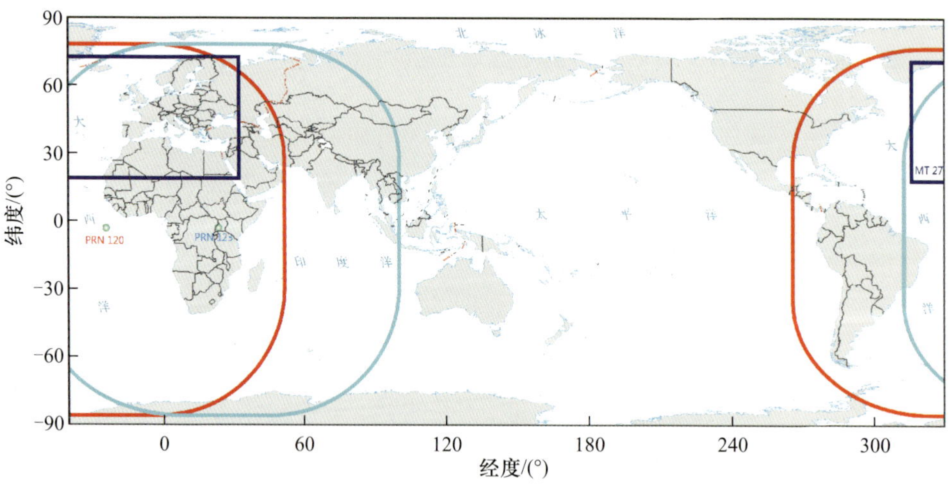

图 3.65　EGNOS 系统 GEO 卫星覆盖范围

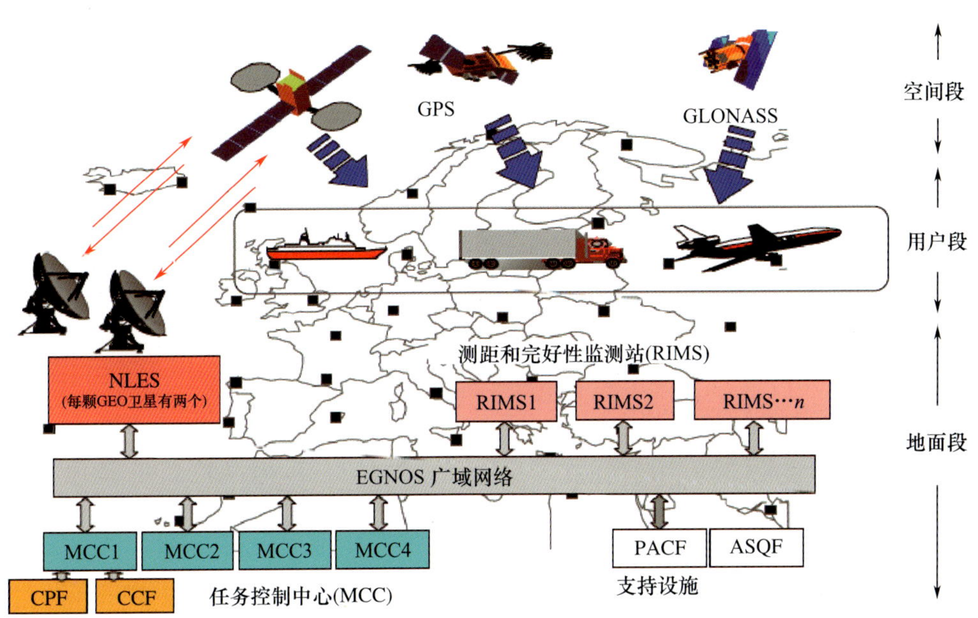

图 3.66　EGNOS 系统框架

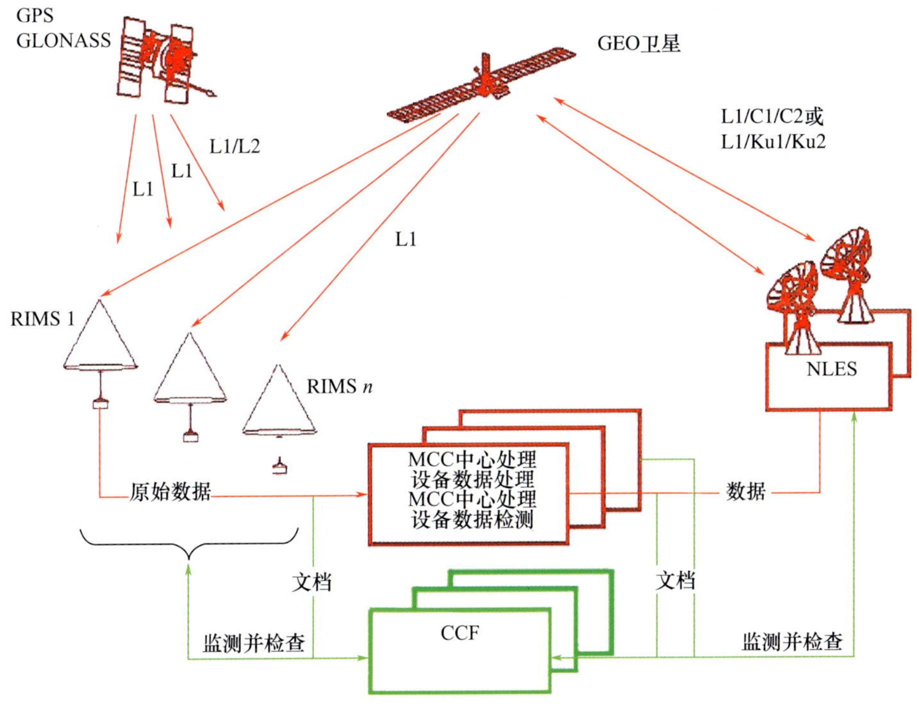

图 3.67　EGNOS 系统数据流

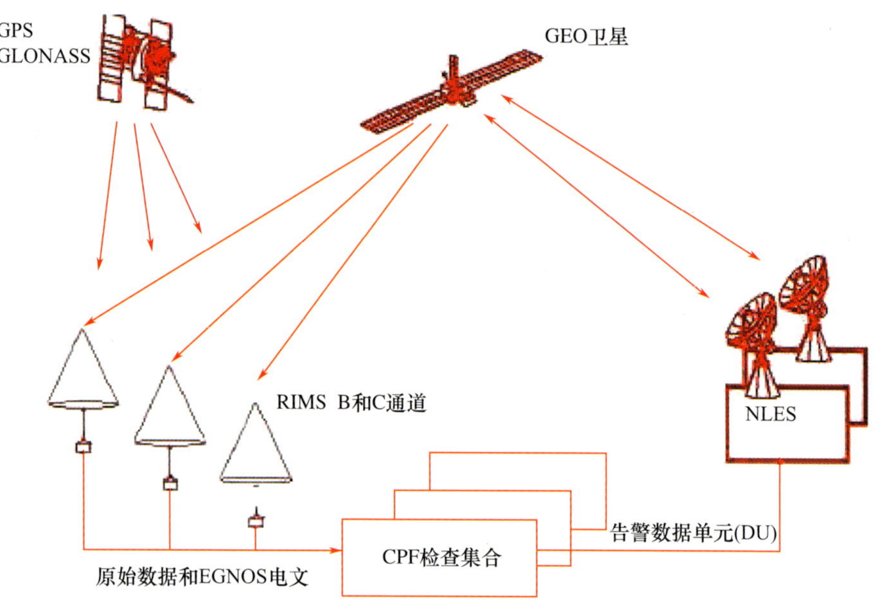

图 3.68 EGNOS 系统信号处理环路的实时关键数据流

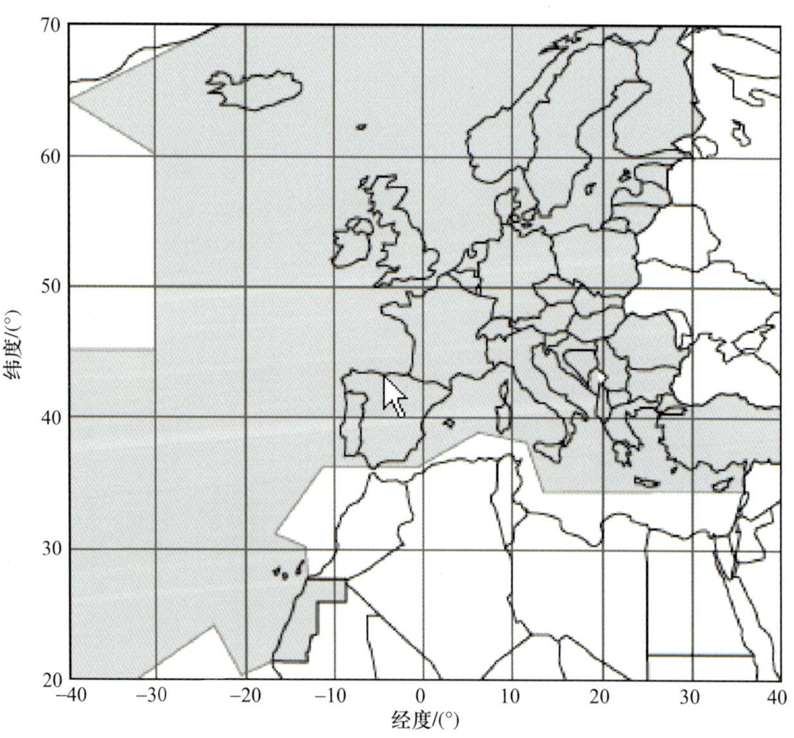

图 3.69 ECAC 96 规定的飞行情报区

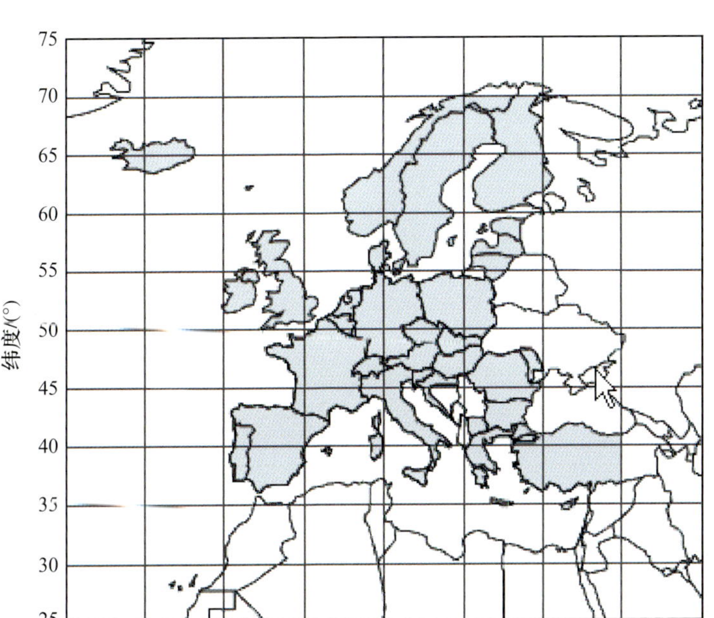

图 3.70　ECAC 96 规定的陆地区

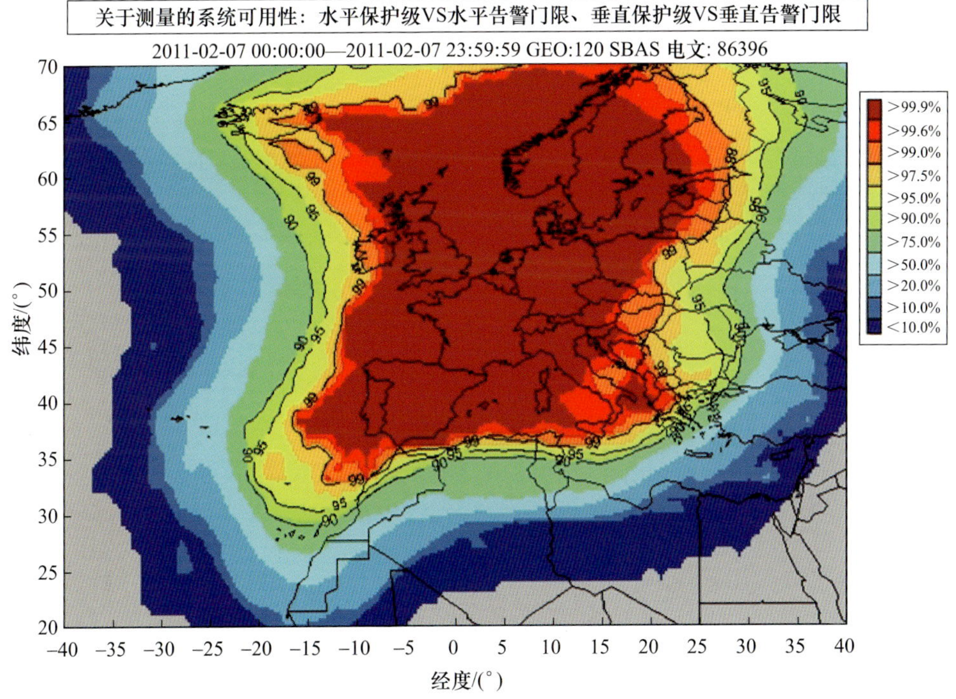

图 3.71　EGNOS 系统可用性云图(HPL-HAL、VPL-VAL)

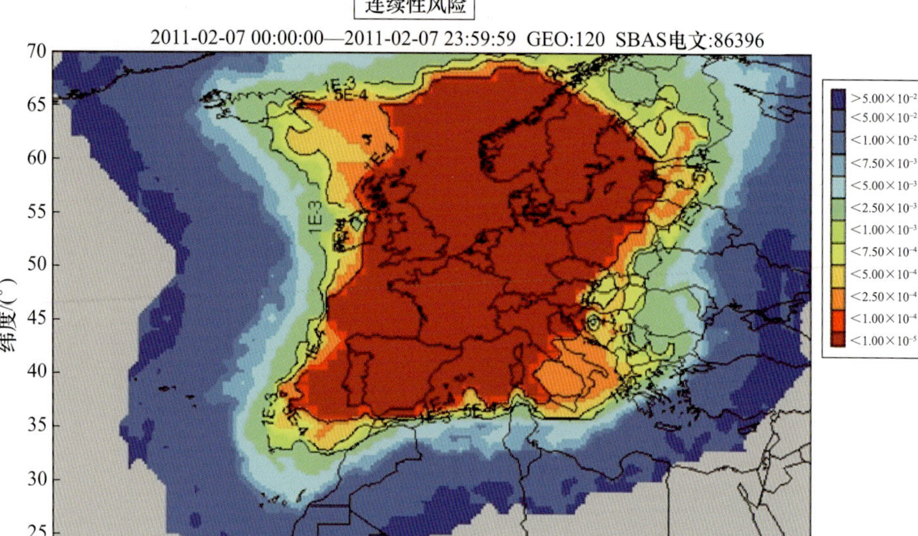

图 3.72 EGNOS 系统连续性风险云图

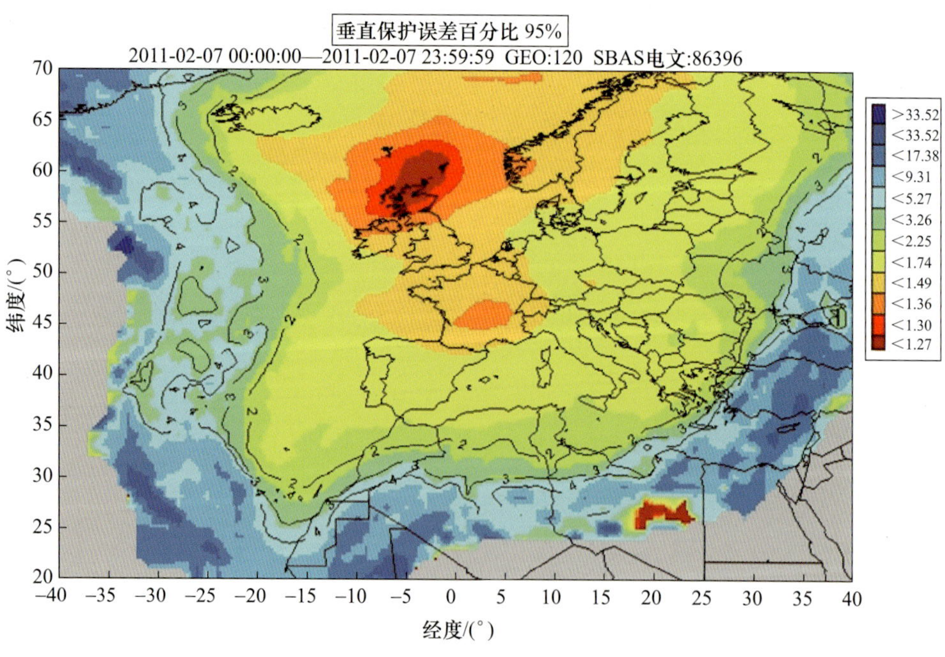

图 3.73 EGNOS 系统的垂直定位误差(VPE)云图

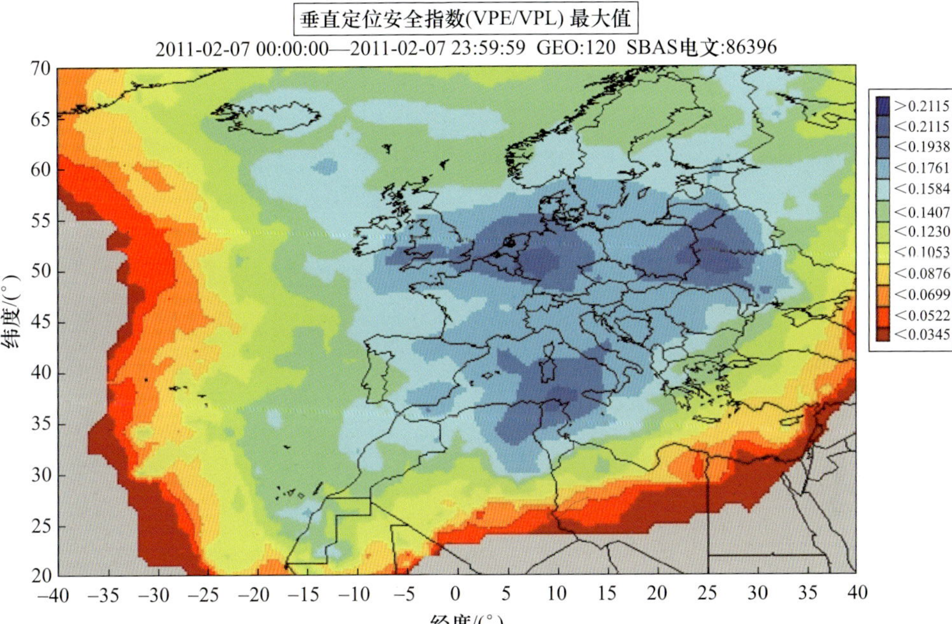

图 3.74 EGNOS 系统的最大垂直安全指数地图(VPE/VPL)

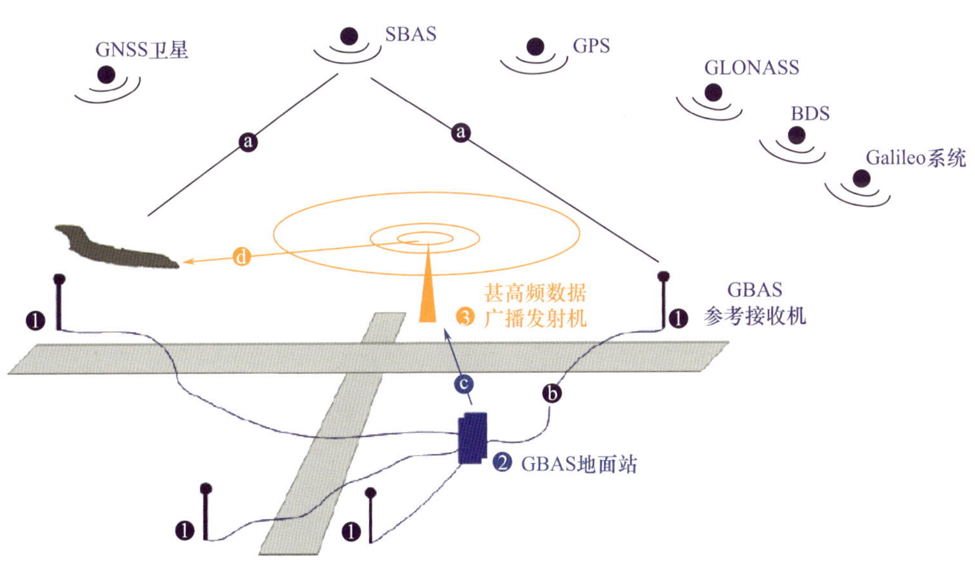

图 4.1 地基增强系统组成

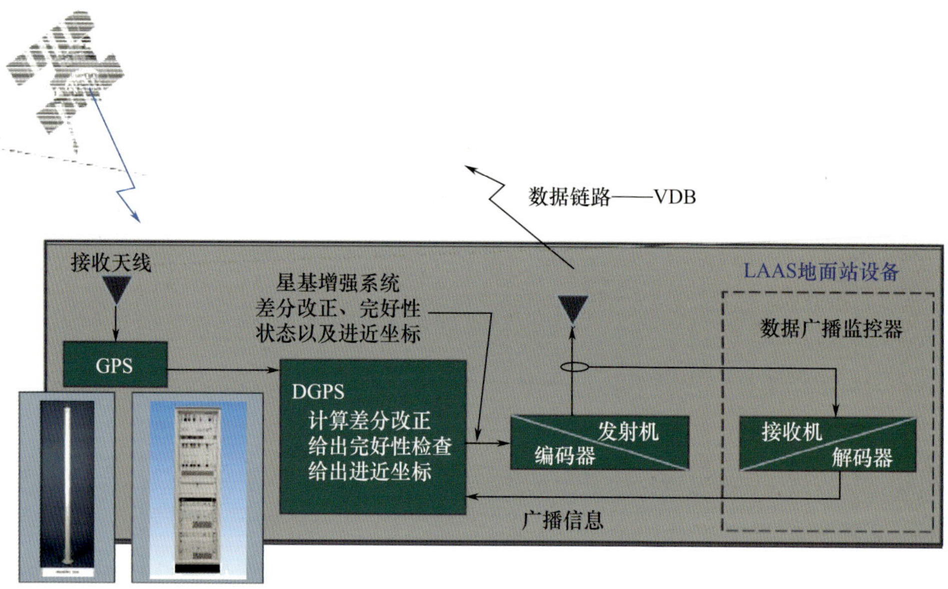

图 4.2　GBAS 地面子系统组成

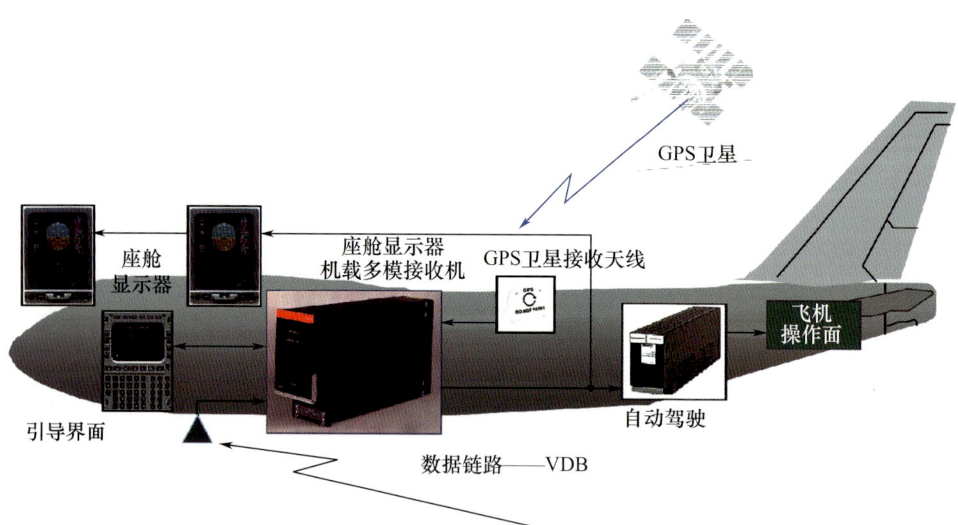

图 4.3　GBAS 机载接收机设备组成

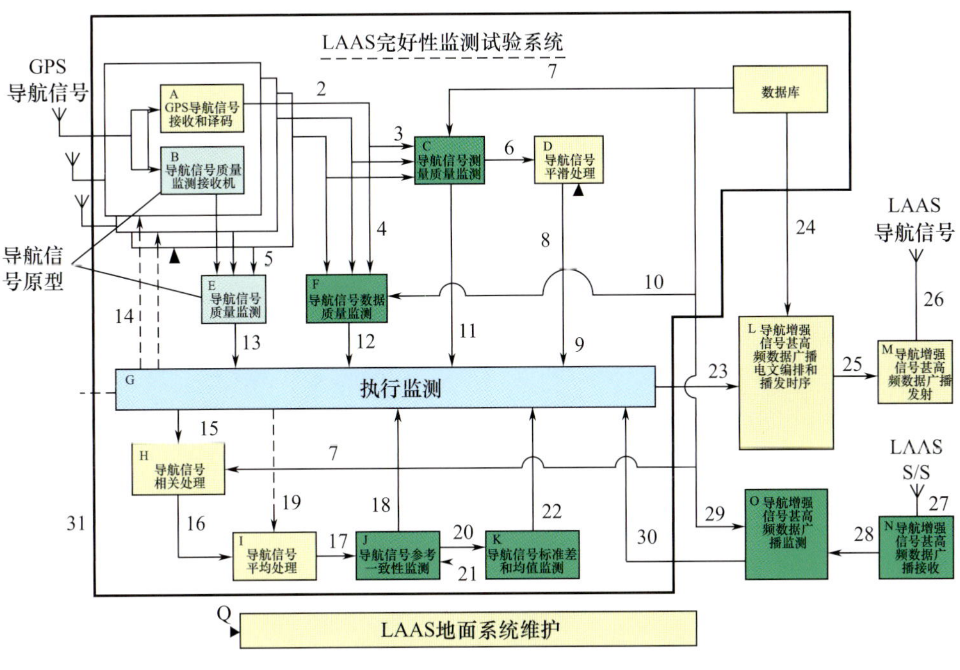

图 4.5　LAAS 完好性监测测试系统架构

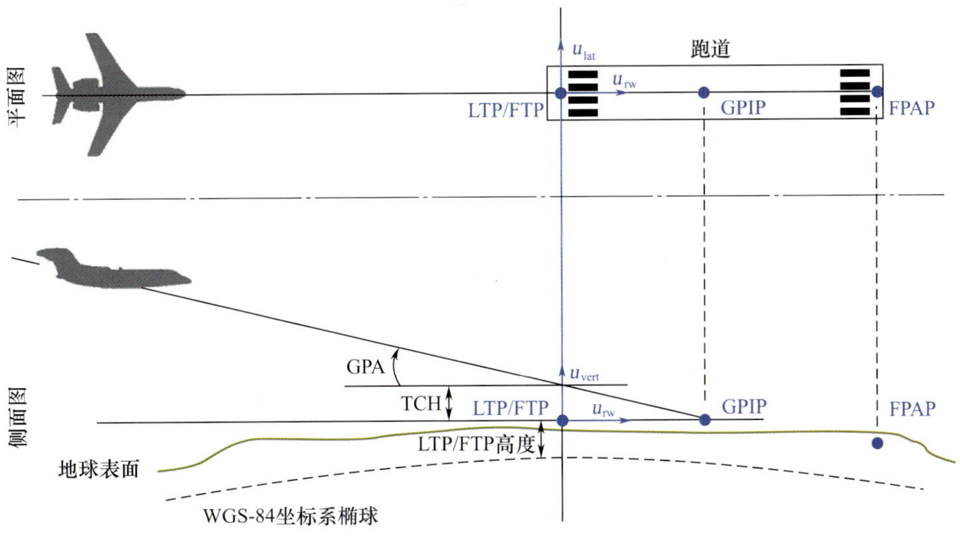

图 4.15　飞机在 FAS 的图解

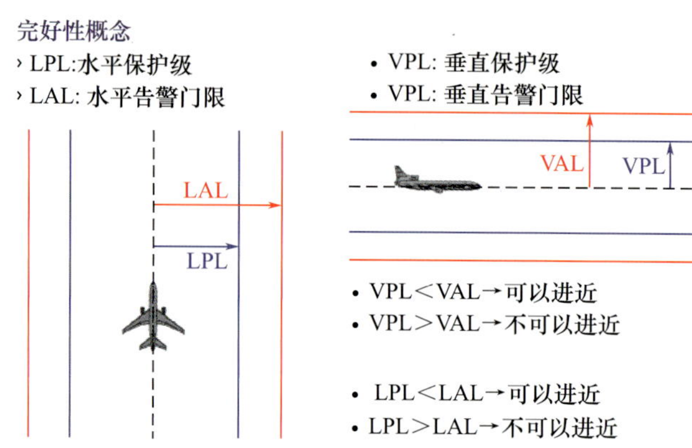

图 4.16　GBAS 完好性概念

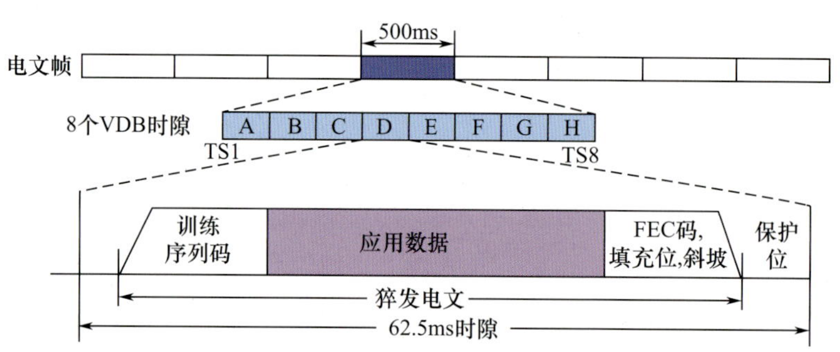

图 4.20　GBAS 增强信号 TDMA 帧结构

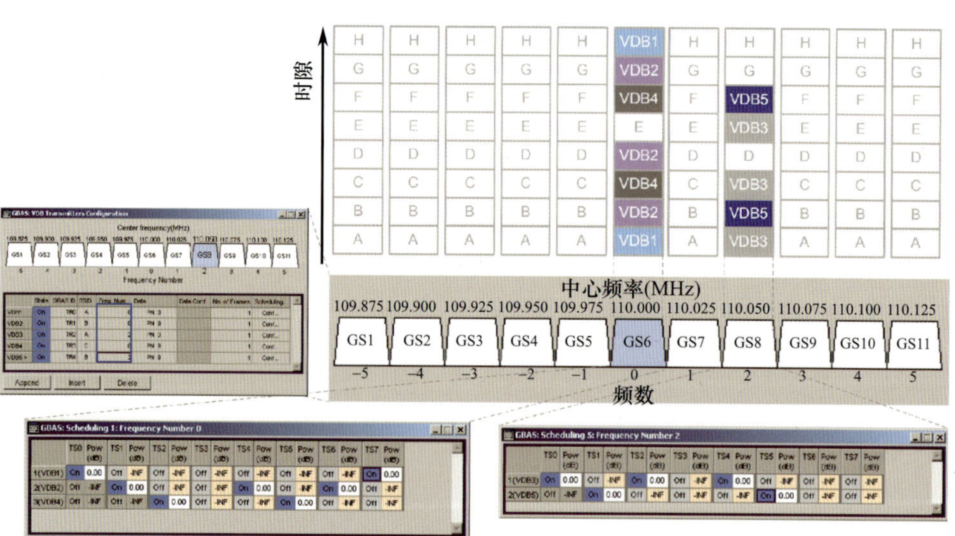

图 4.21　GBAS 增强信号多频 TDMA 规划方案

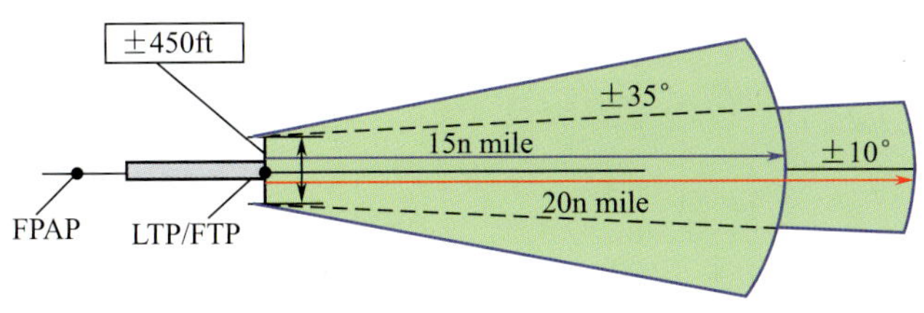

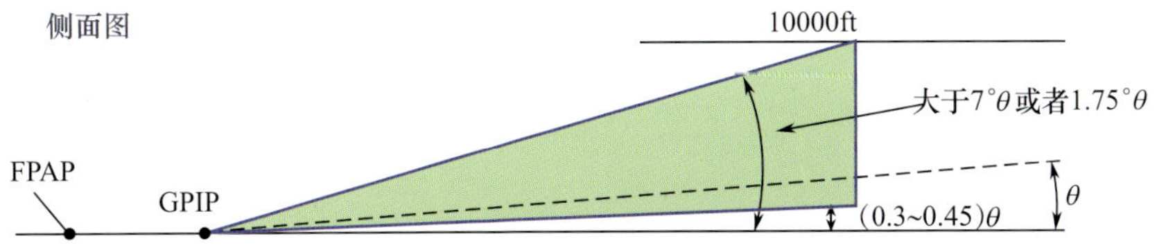

图 4.24　LAAS 支持 CAT Ⅰ、CAT Ⅱ、APV 进近的最小覆盖范围

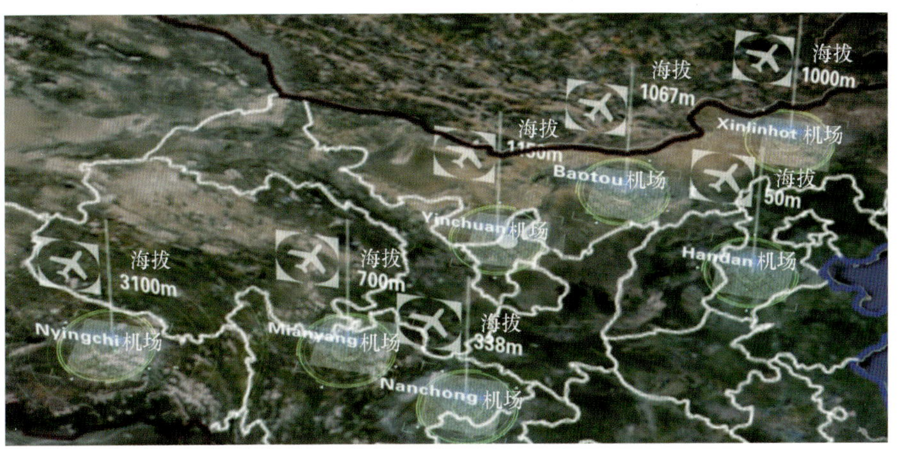

图 4.26　GPS L1 地基增强系统原型样机飞行试验过程

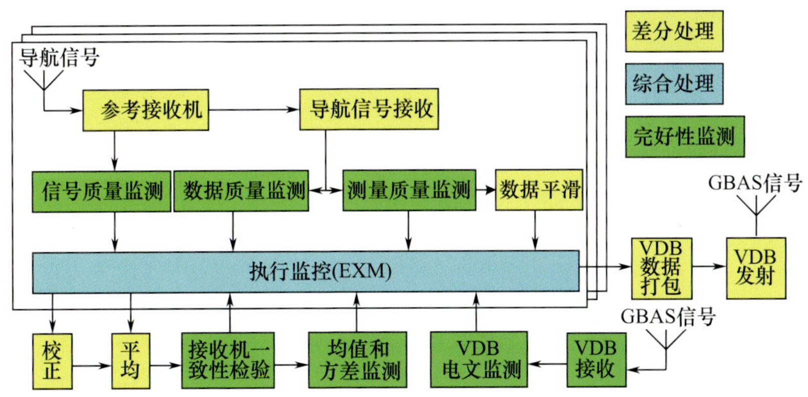

图 4.27　北斗 GBAS 地面站架构

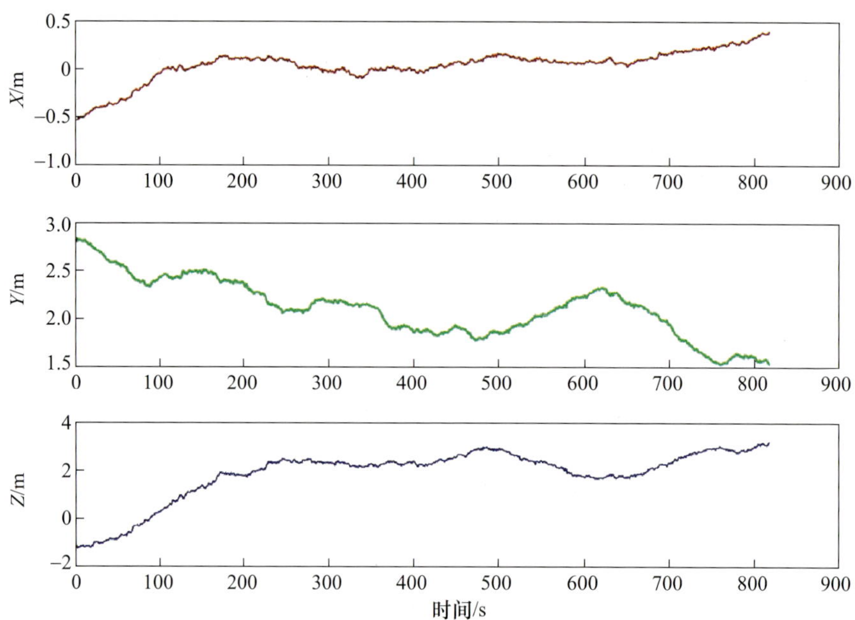

图 4.32 BD2 B1 GBAS 地面静态试验定位误差

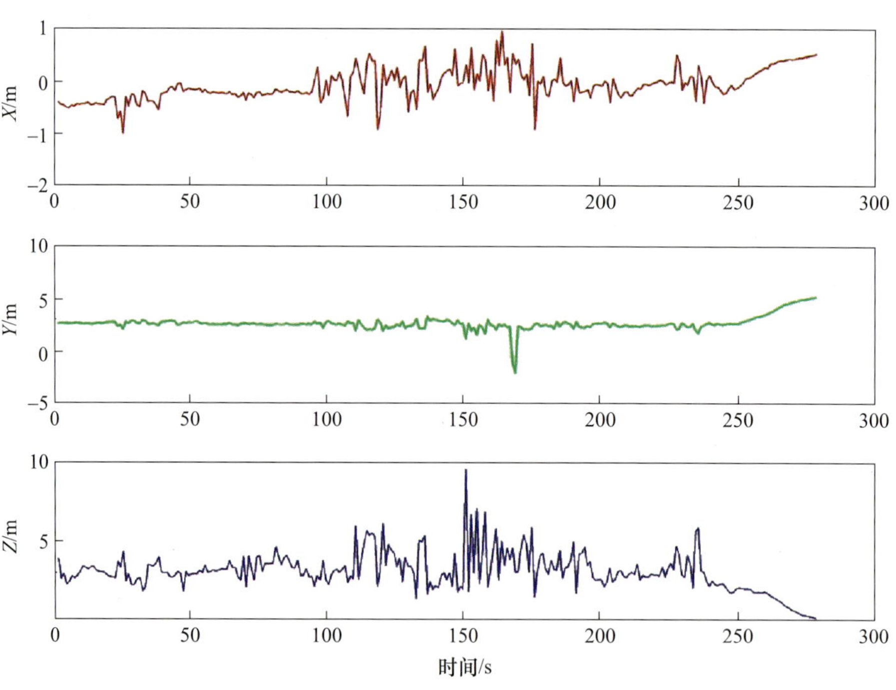

图 4.33 BD2 B1 GBAS 地面动态试验定位误差

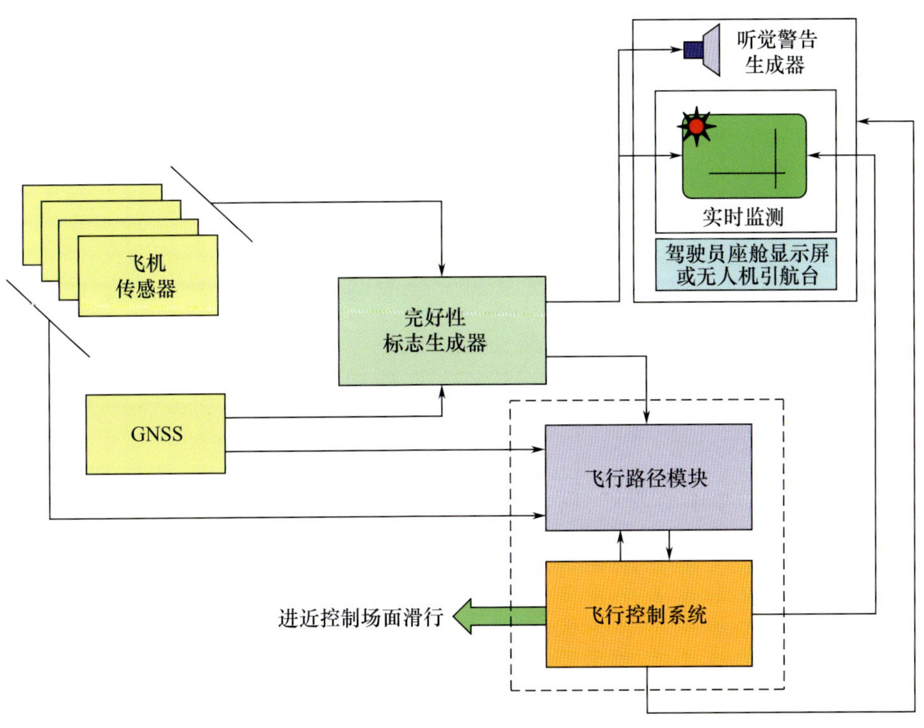

图 5.1 无人和有人驾驶航空器 ABIA 系统组成

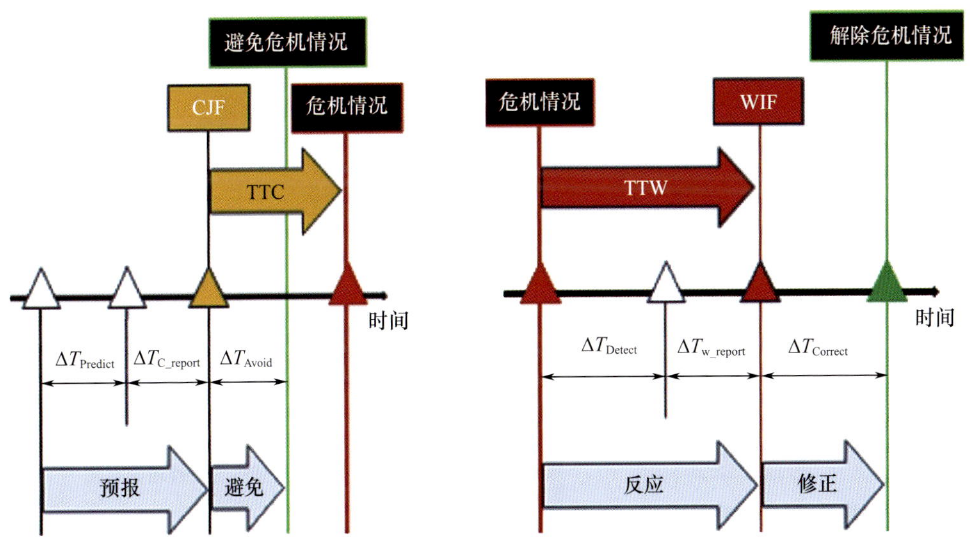

图 5.2 ABIA 系统 PA 功能和 RC 功能

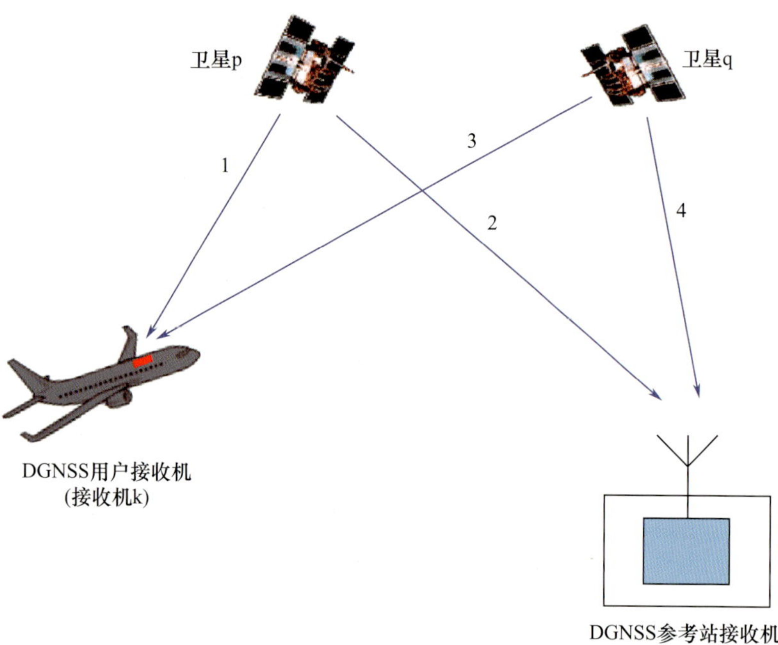

图 6.2　典型 DGNSS 架构

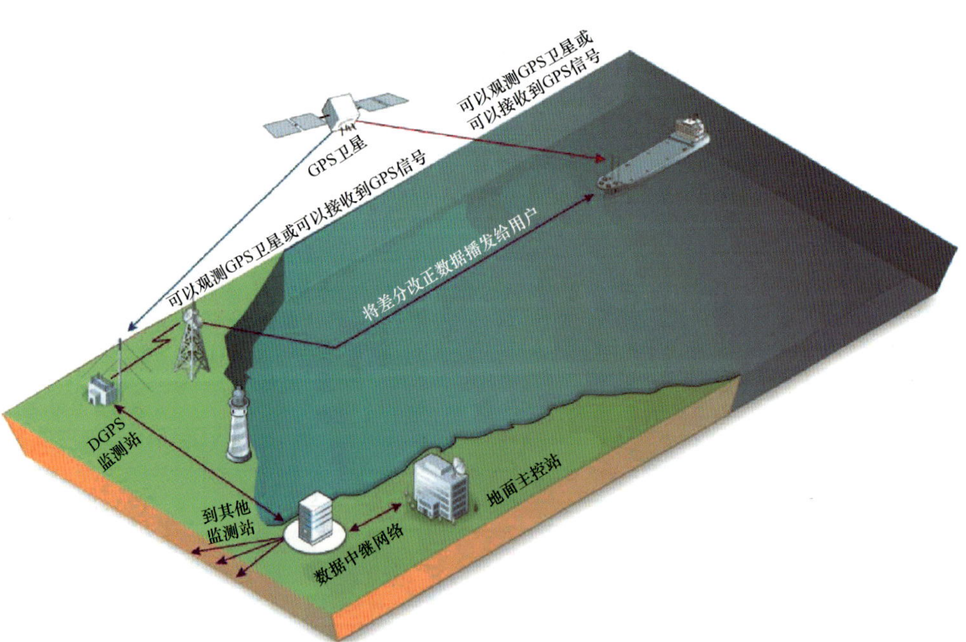

图 6.7　NDGPS 组成

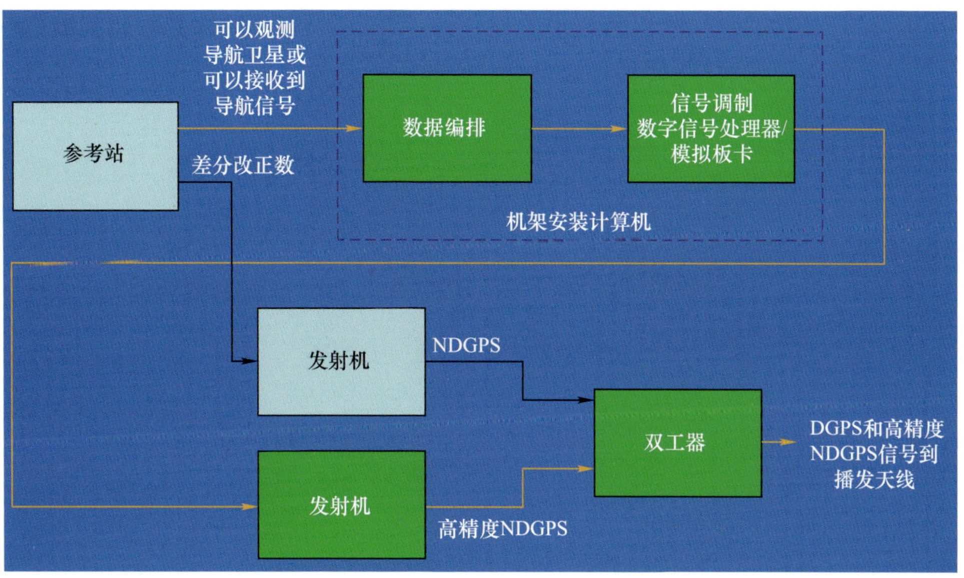

图 6.8　NDGPS 差分改正信号播发流程

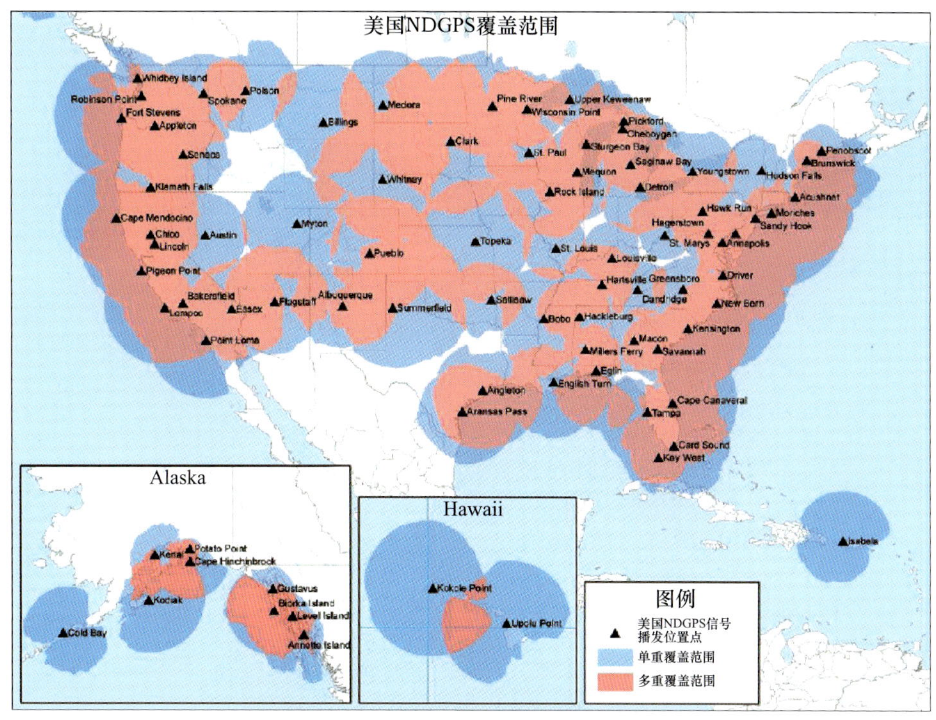

图 6.10　NDGPS 在全美及周边地区覆盖范围

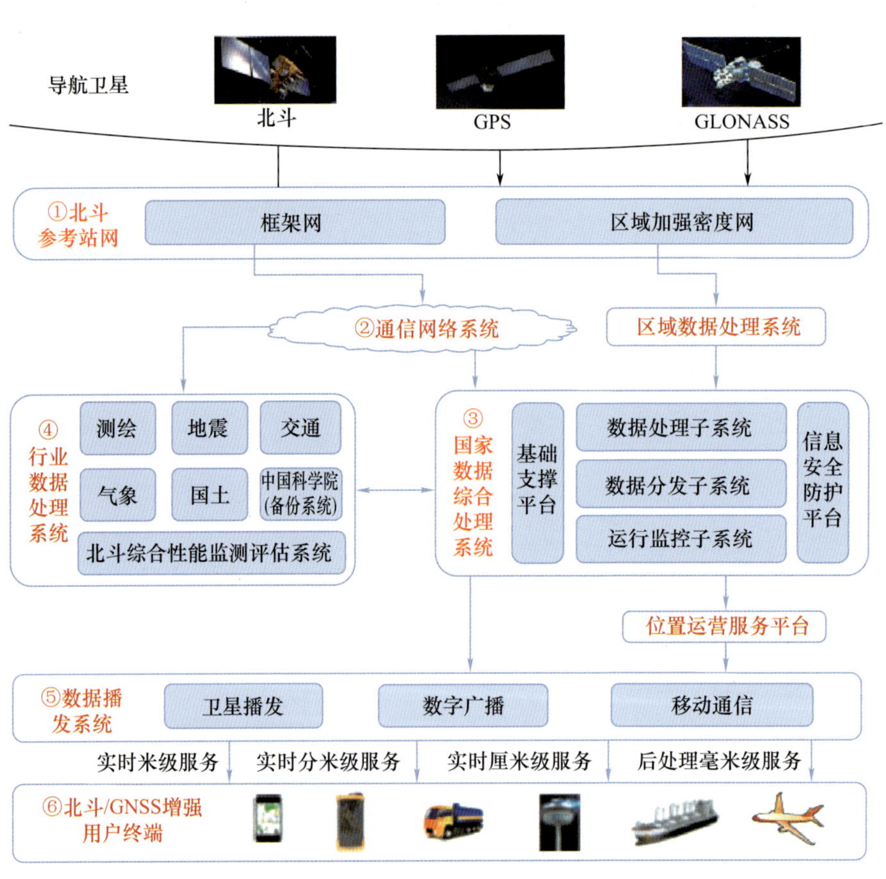

图 6.11　北斗地基增强系统组成

图6.12 北斗地基增强系统336个测试站的分布示意图

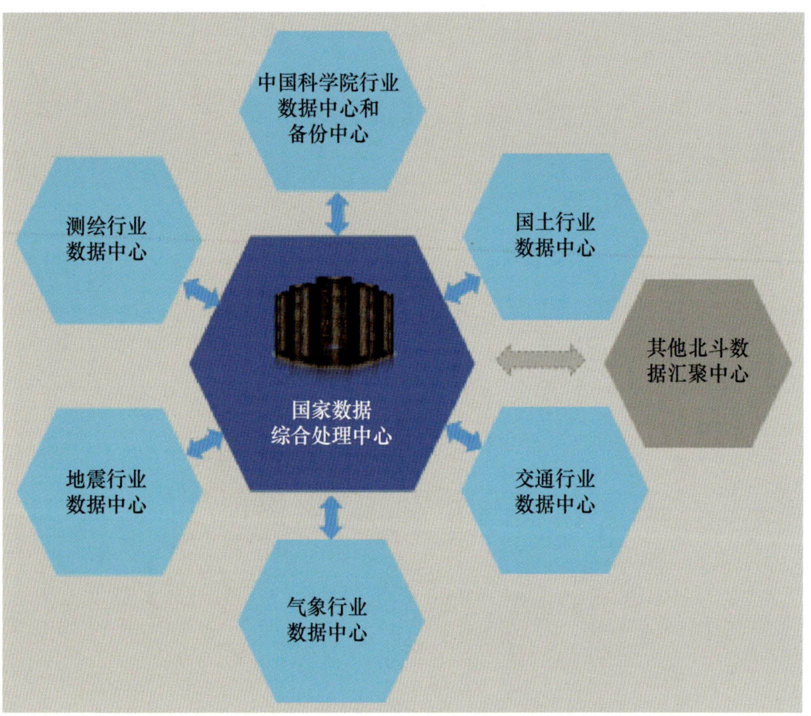

图 6.14　国家数据综合处理系统与行业数据处理系统接口

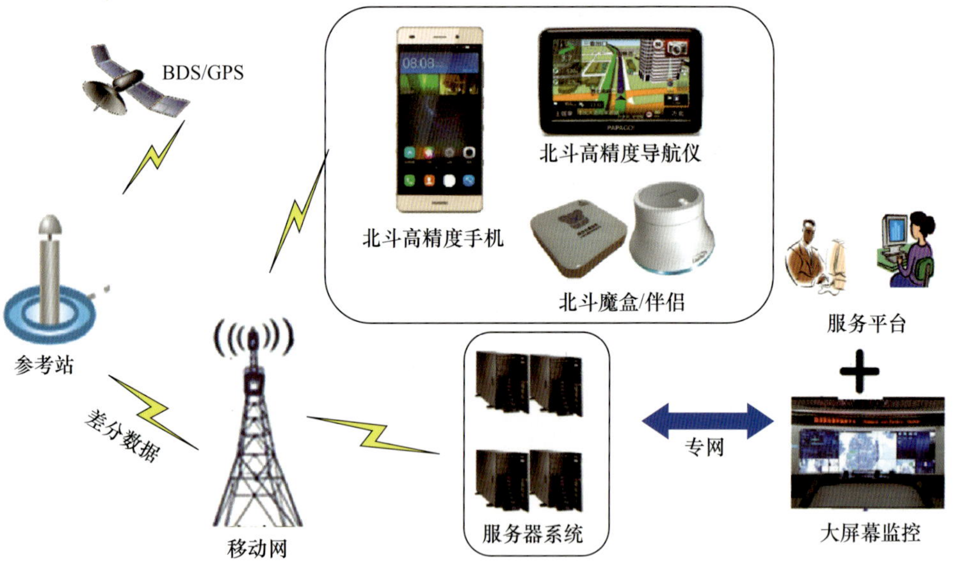

图 6.18　北斗地基增强系统用户终端

图6.20 进行测试的BDS GAS1200个北斗增强站及其分布示意图

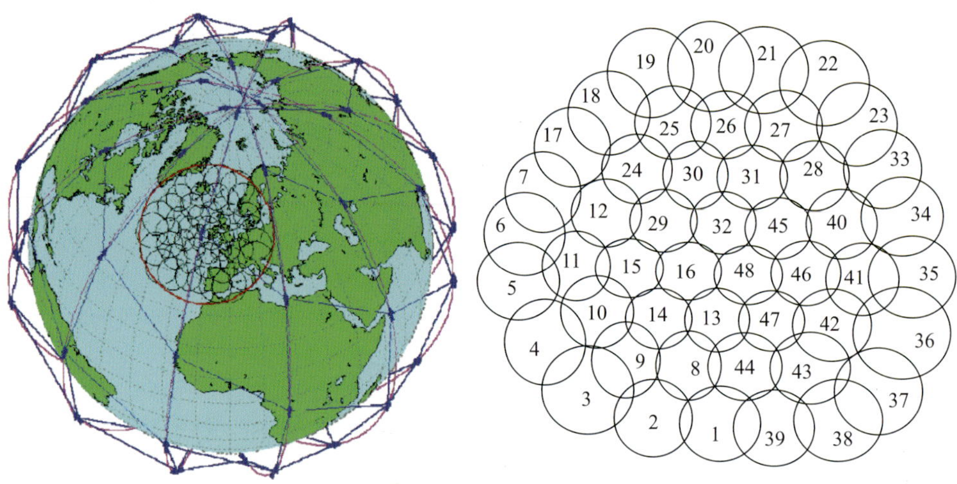

图 7.1 铱星移动通信系统 66 颗卫星组成的星座及点波束信号配置

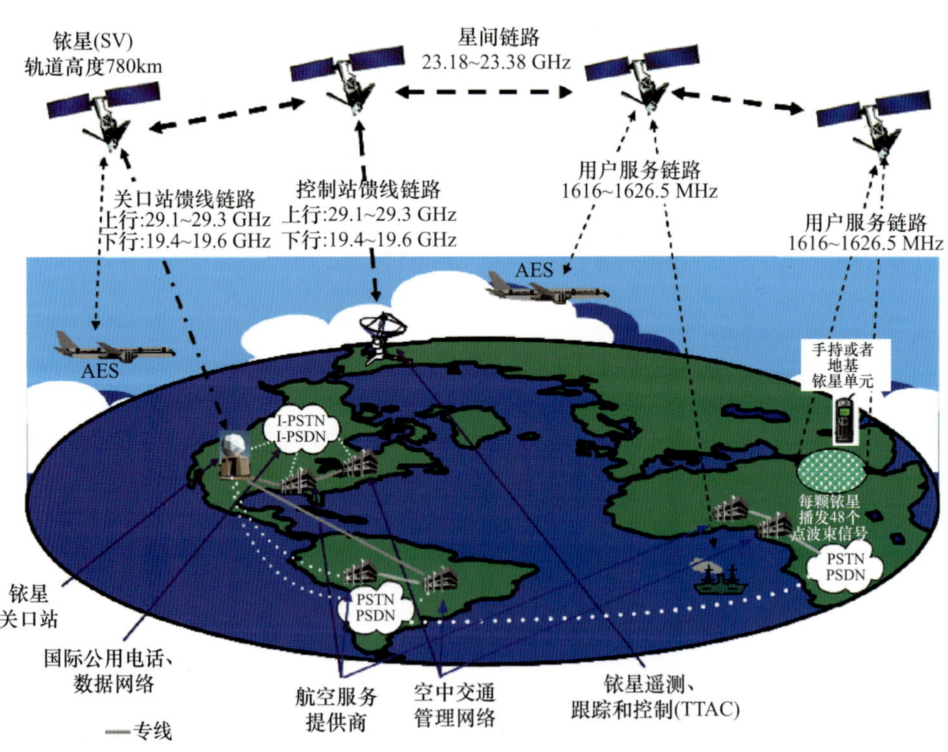

图 7.2 铱星移动通信系统核心要素

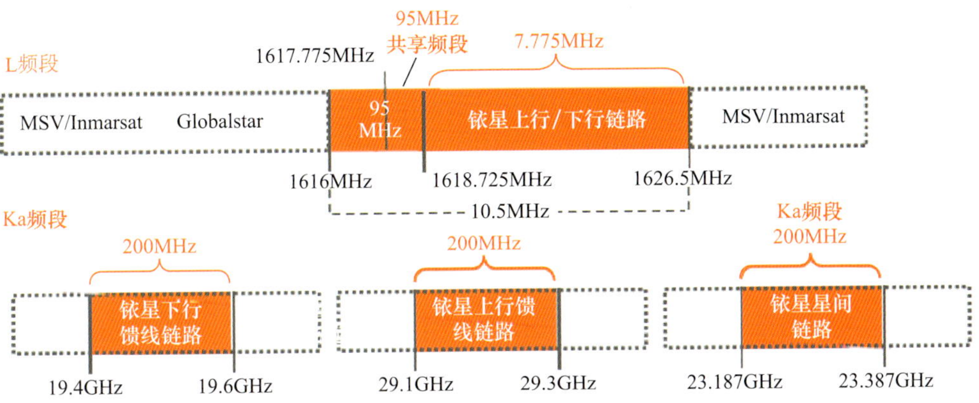

图 7.3　铱星系统通信链路规划

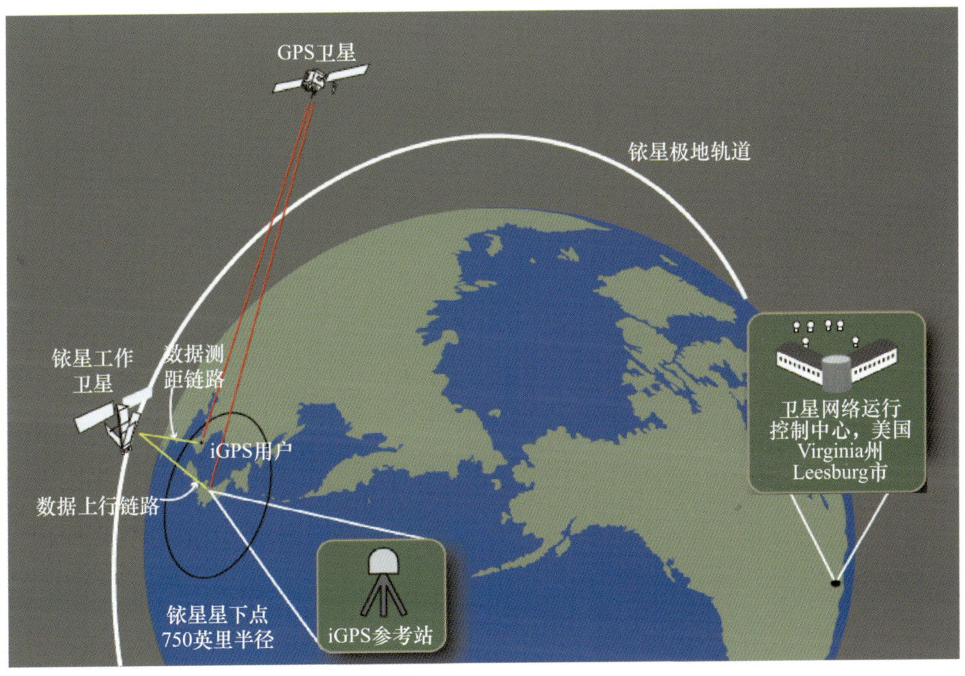

图 7.4　iGPS 组成及对 GPS 增强示意

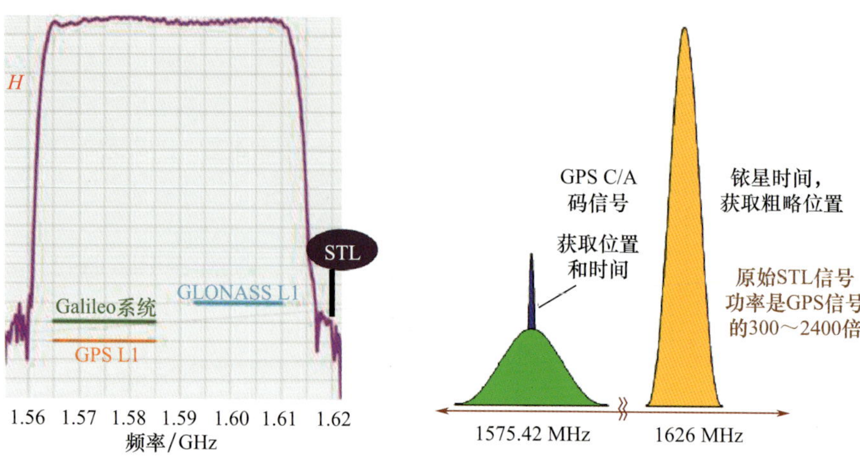

图 7.6　STL 信号频谱范围及与 GPS L1 信号功率谱的比较

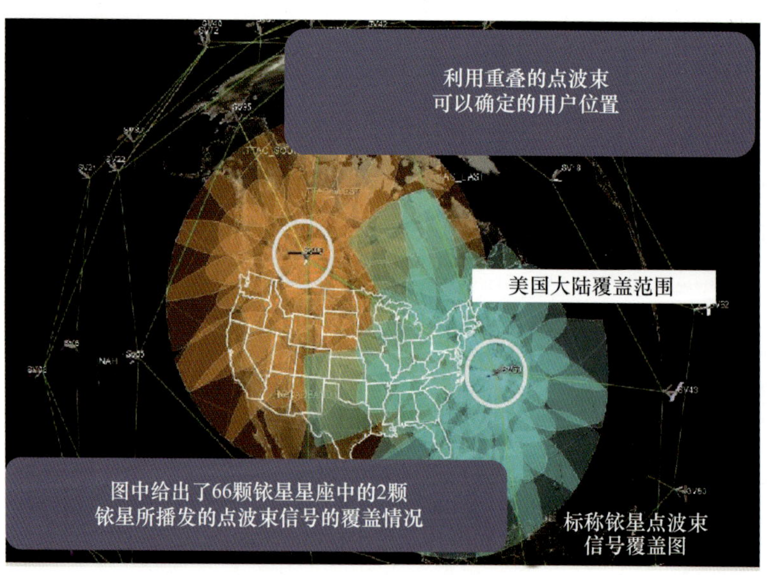

图 7.7　铱星两个点波束信号覆盖重叠区域示意

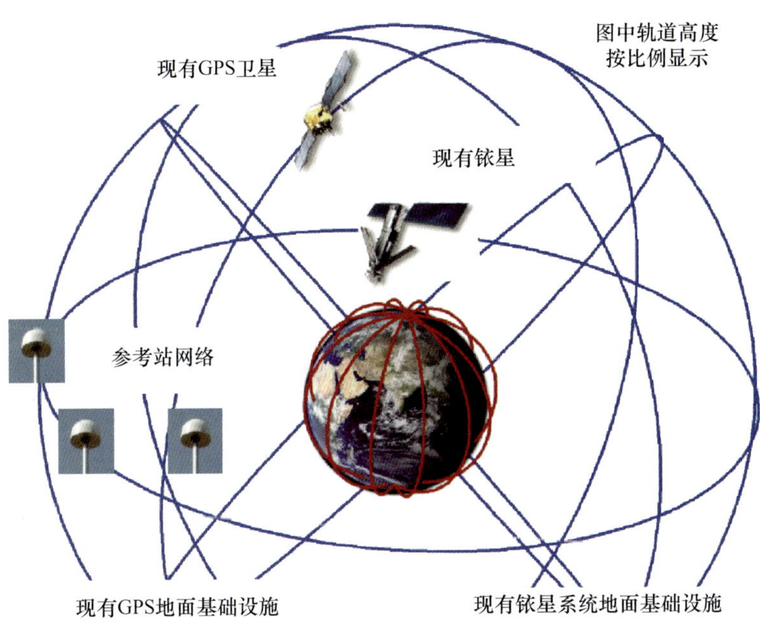

图 7.9　LEO、MEO 卫星轨道高度比较

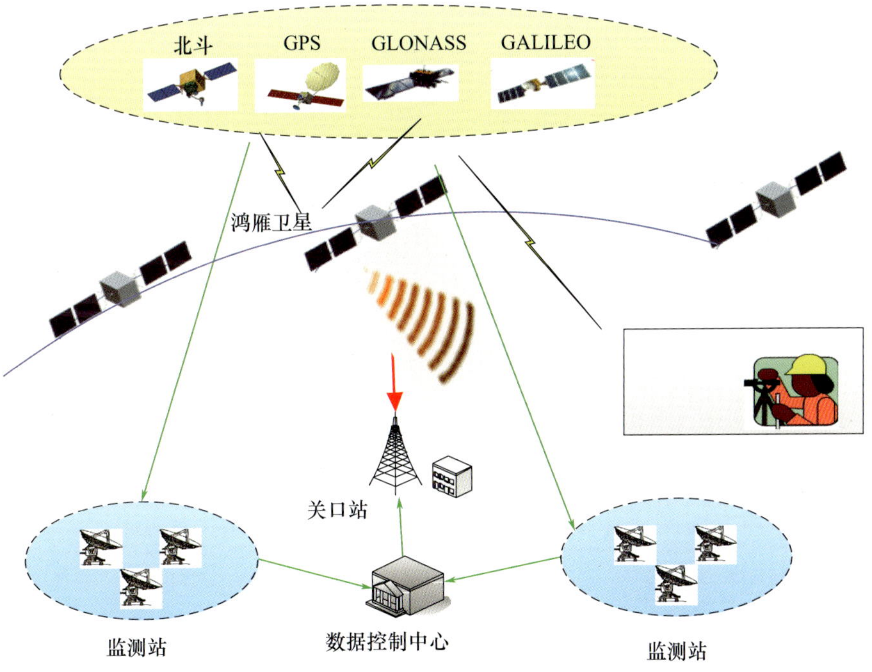

图 7.10　基于鸿雁星座的全球导航增强系统原理框图

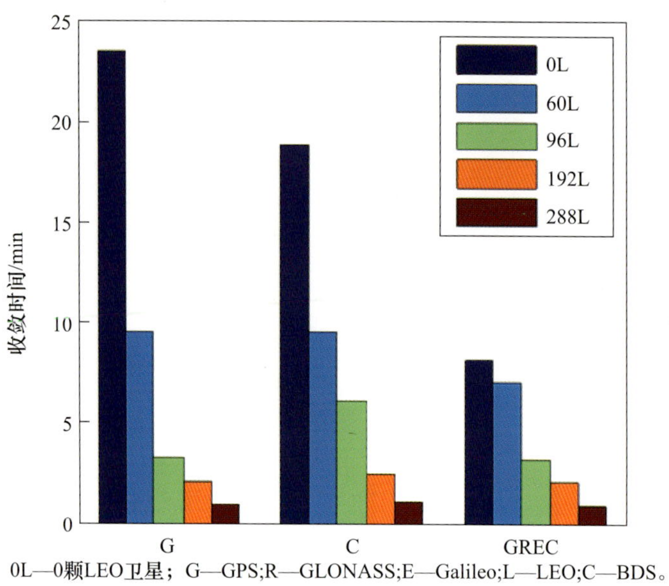

0L—0颗LEO卫星；G—GPS;R—GLONASS;E—Galileo;L—LEO;C—BDS。

图 7.11　不同低轨卫星数情况下的收敛时间对比

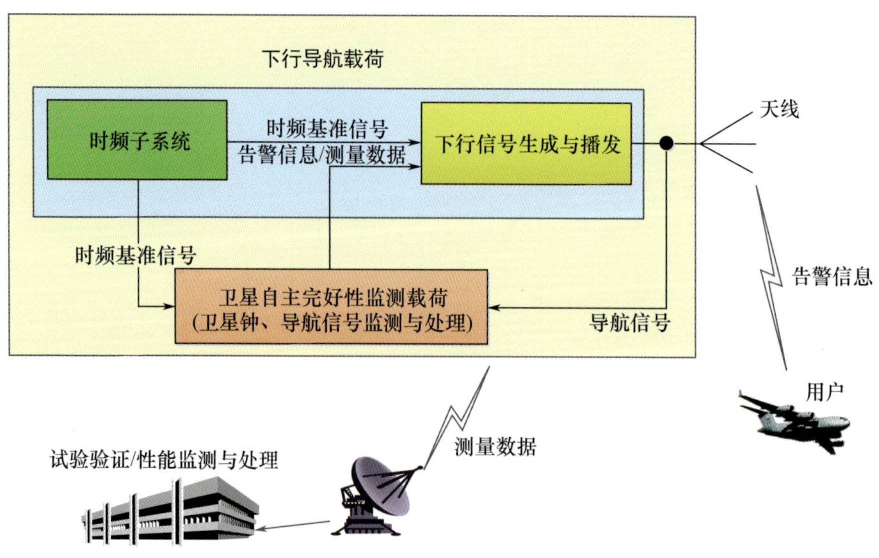

图 7.14　北斗卫星自主完好性监测总体方案

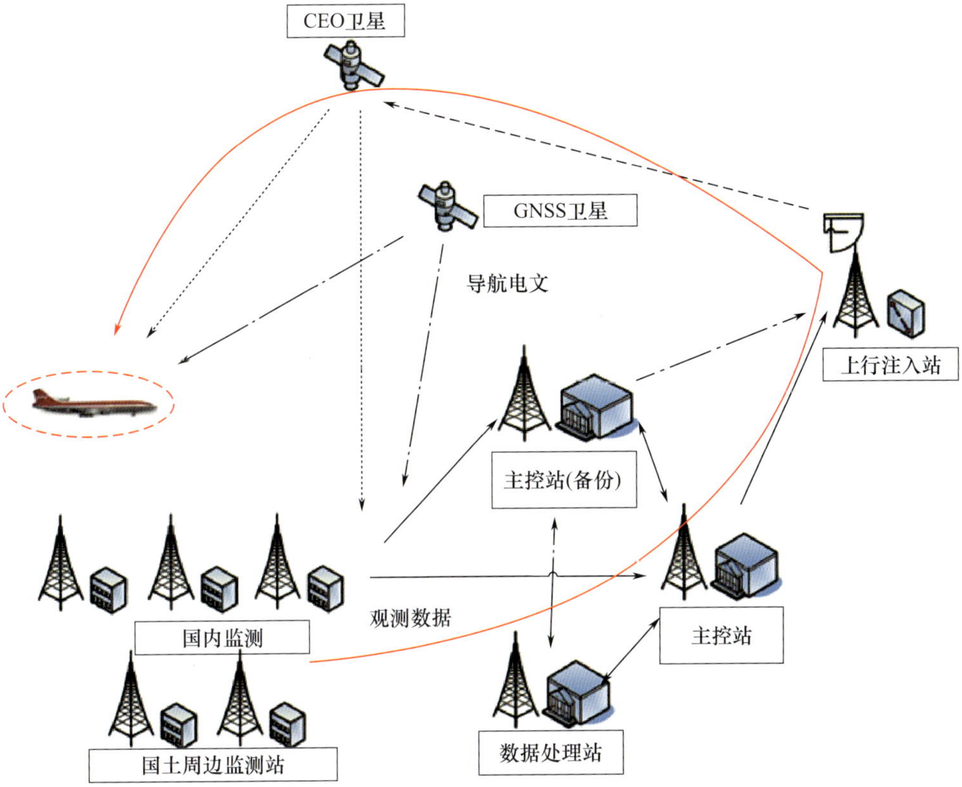

图 7.16　北斗三号星基增强系统组成

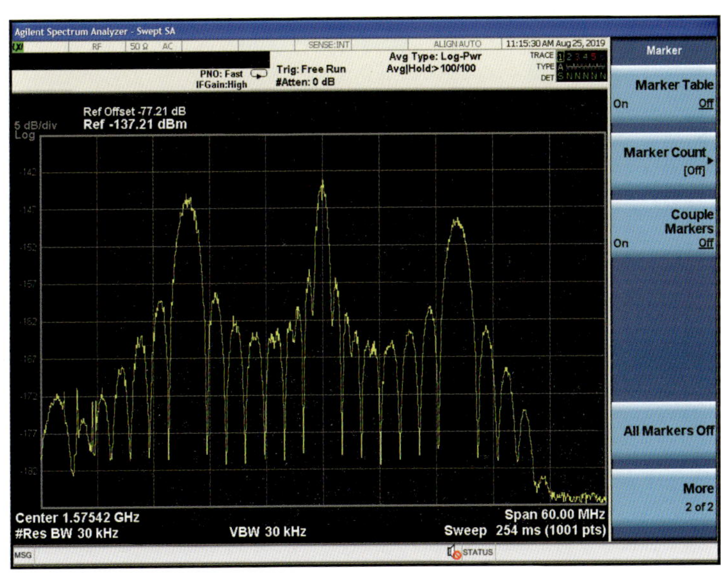

图 7.17　北斗三号 GEO 卫星 B1 频点信号频谱

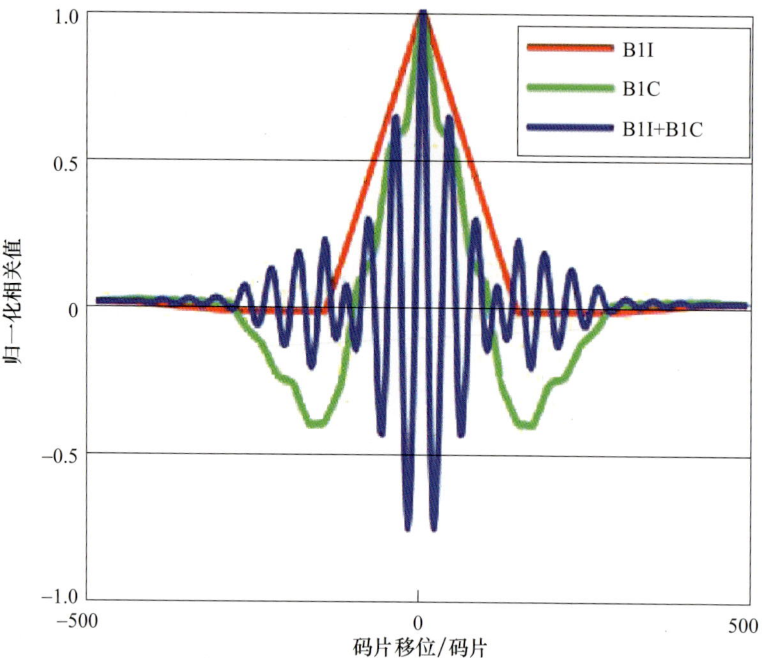

图 7.18　B1I、B1C 信号的自相关函数

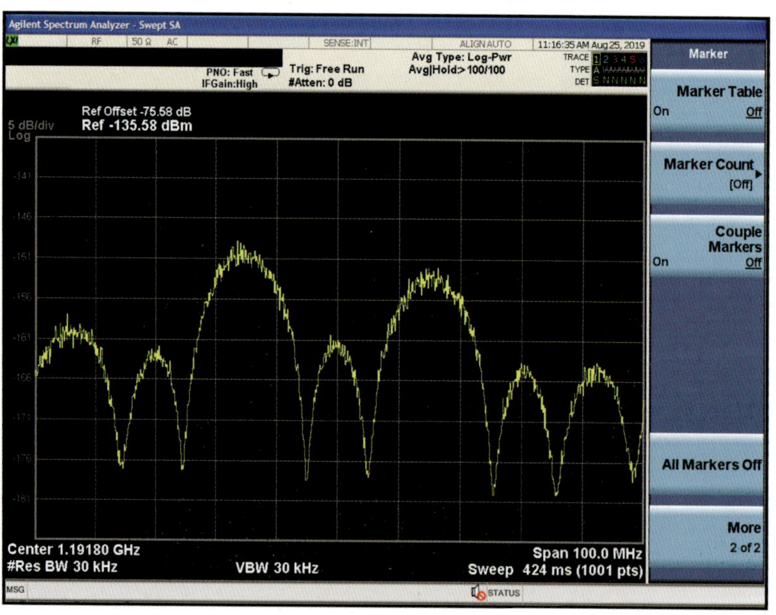

图 7.19　北斗三号 GEO 卫星 B2 频点信号频谱

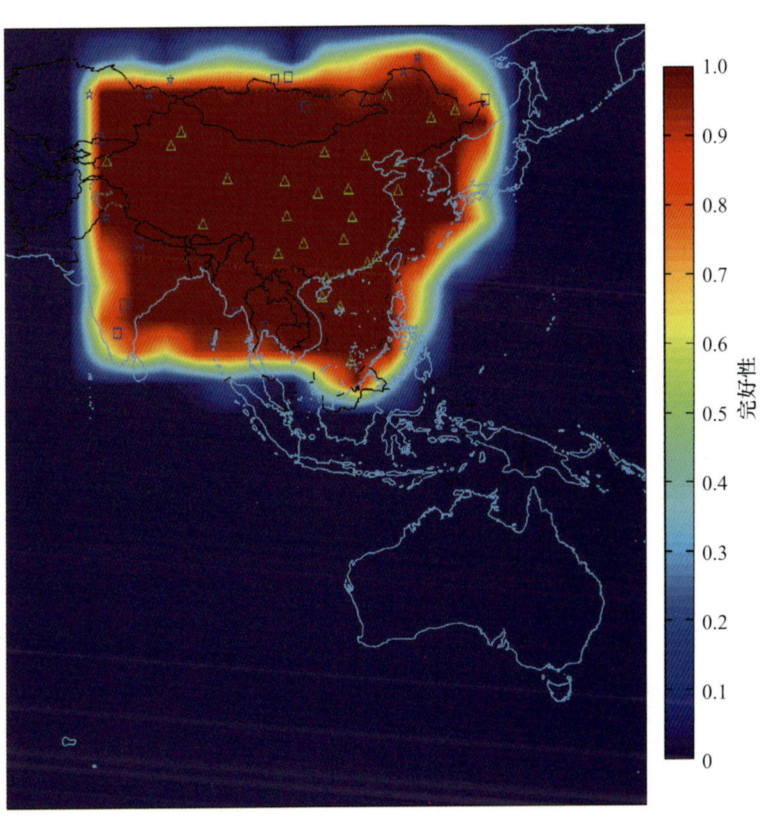

图 7.21　BDSBAS 目标服务区域

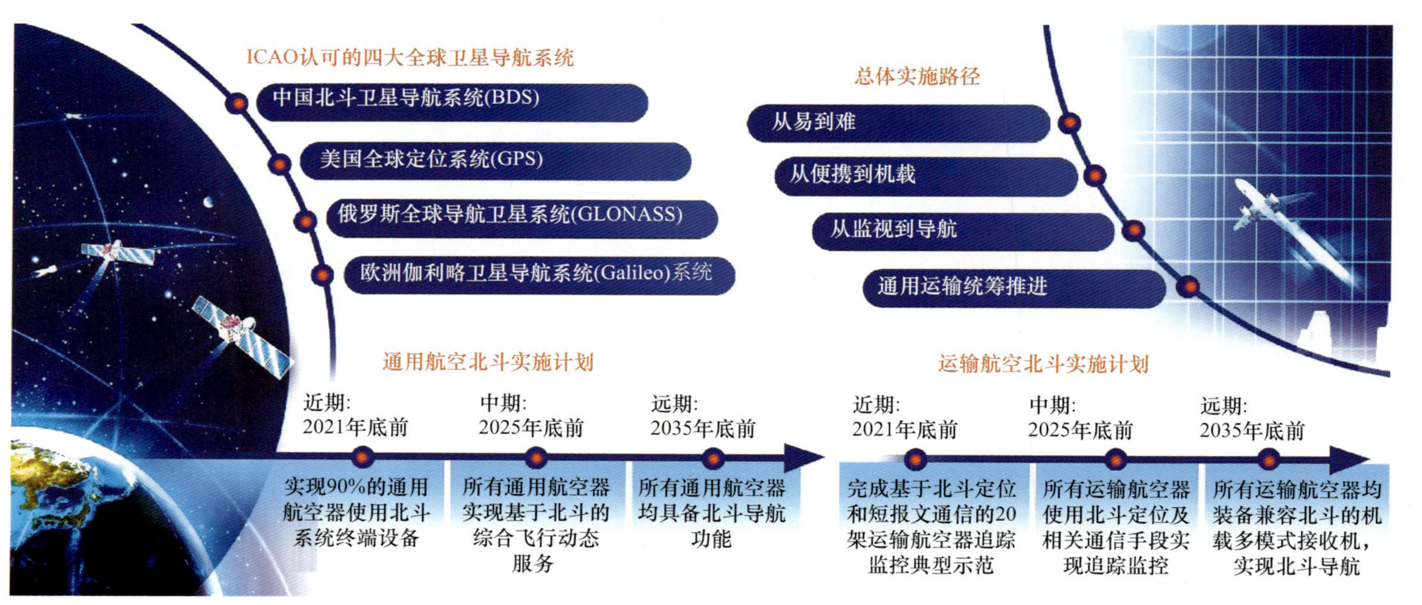

图7.22 中国民航北斗卫星导航系统应用实施路线图

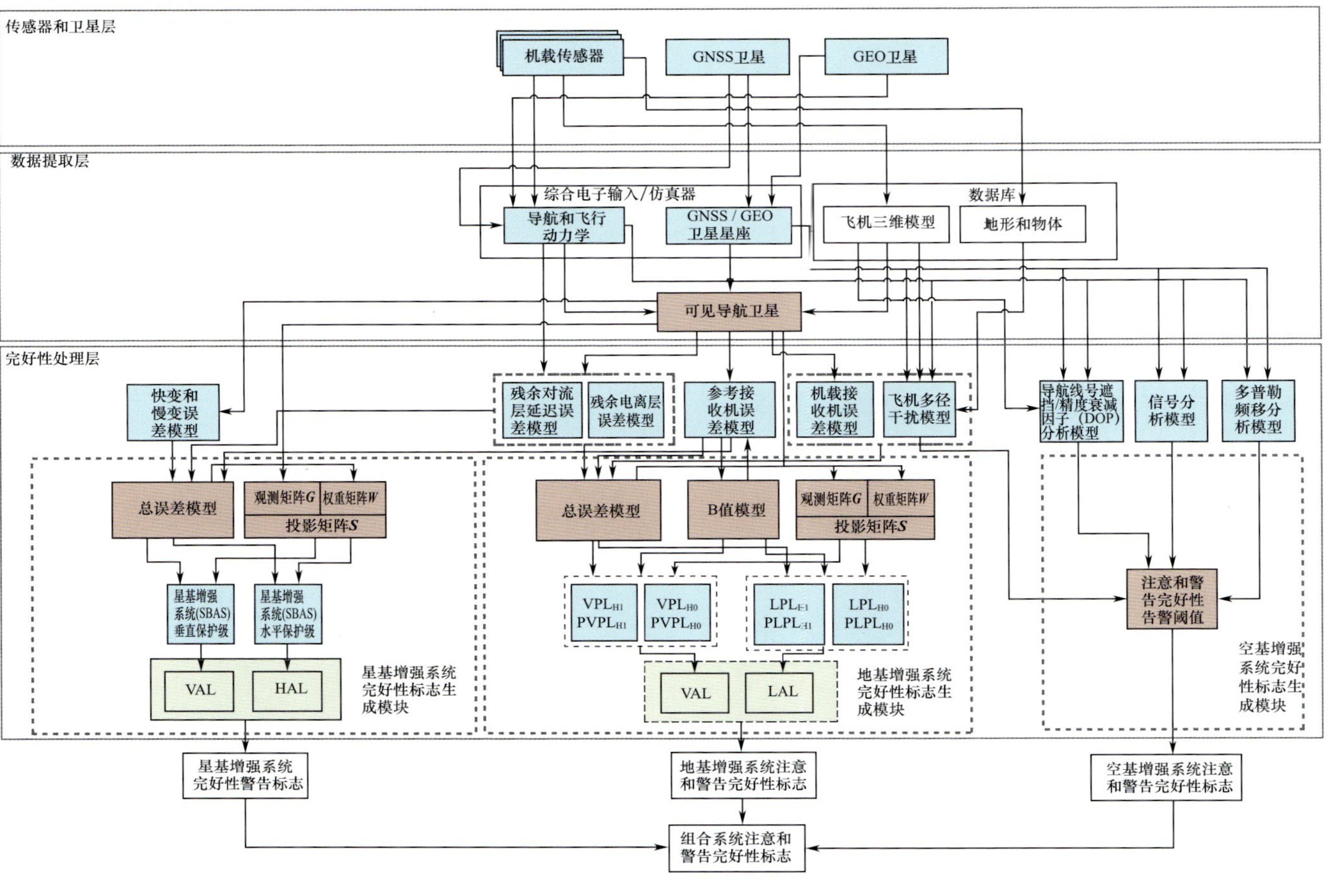

图7.25 空天地一体化网络完好性增强架构

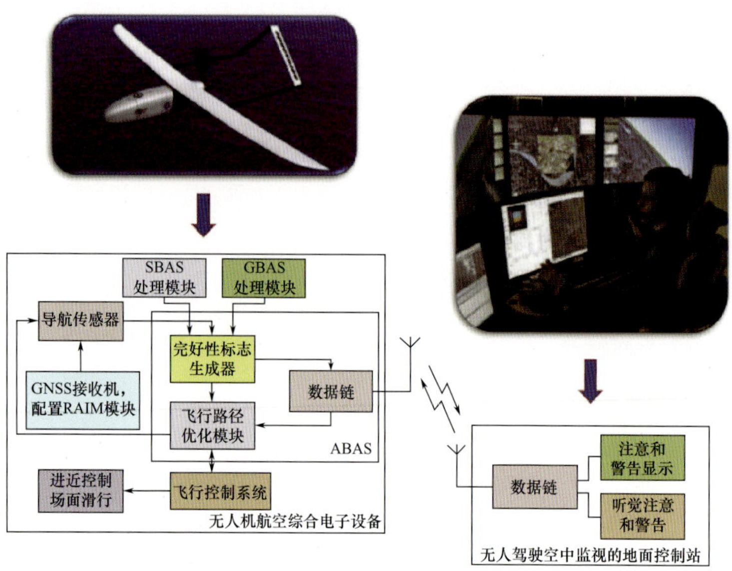

图 7.26　UAS 应用的 ABIA 系统架构

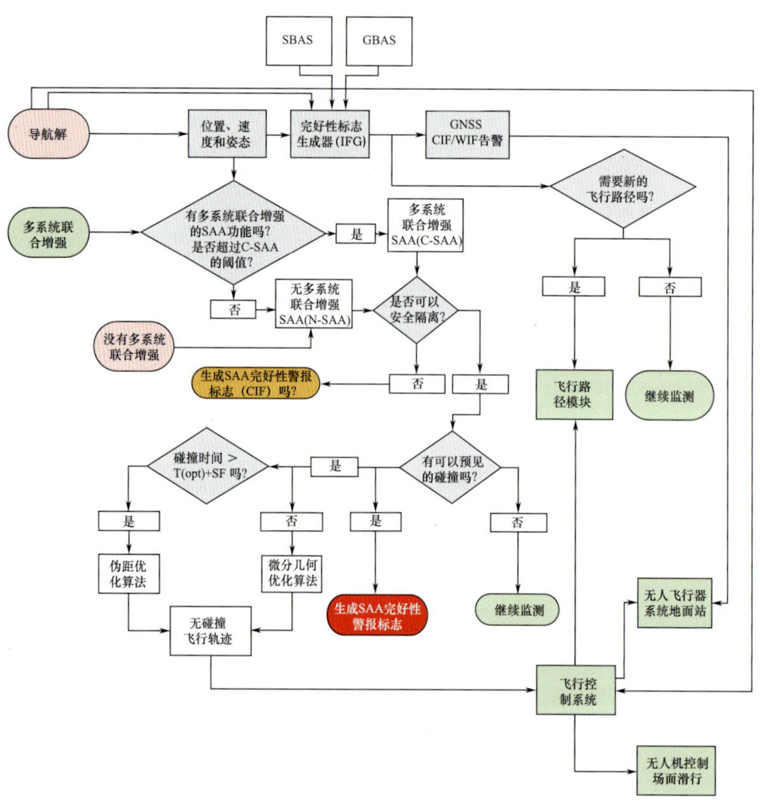

图 7.27　ABIA/SAA 系统集成架构

表 3.25　Type 26 电离层延迟模型参数

参数	比特数	比例因子(针对 LSB)	有效范围	单位
格网带编号	4	1	0 ~ 10	无
帧 ID	4	1	0 ~ 13	无
每 15 个格网点	13	—	—	—
格网点电离层延迟	9	0.125	0 ~ 63.875	m
GIVEI	4	1	0 ~ 15	无
IODI	2	1	0 ~ 3	无
空余位	7	—	—	—

表 3.26　IGP 处电离层延迟垂直误差残差方差的精度

$GIVEI_i$	$GIVE_i$/m	$\sigma^2_{GIVE'S}/m^2$
0	0.3	0.0084
1	0.6	0.0333
2	0.9	0.0749
3	1.20	0.1331
4	1.5	0.2079
5	1.8	0.2994
6	2.1	0.4075
7	2.4	0.5322
8	2.7	0.6735
9	3.0	0.8315
10	3.6	1.1974
11	4.5	1.8709
12	6.0	3.3260
13	15.0	20.7870
14	45.0	187.0826
15	不监测	不监测

用户插值计算所在位置的电离层穿刺点(IPP)的 IGP 垂直时延估计及其 $\sigma^2_{GIVE'S}$，插值计算结果还需要乘以倾斜因子。对于 0 ~ 63.750m 格网点电离层延迟有效距离来说，9bit 的 IGP 垂直延迟的分辨力是 0.125m。如果电离层垂直延迟达到 63.875m (111111111)，那么这个数据是不可用的，也就是说，电离层垂直延迟不可能超过 63.750m，如果超过则标记为不可用。

10) GEO 导航电文——类型 9(Type 9)

SBAS L1 Type 9 电文给出了 GEO 卫星在 ECEF 框架下的位置、速度和加速度以及时钟和频率偏差，同时还包括可用时间 t_0 以及表明 GEO 卫星测距信号健康状况的精度指数 URA。a_{Gf0} 和 a_{Gf1} 是 GEO 卫星时钟相对 SBAS 网络时间的钟差和钟漂估计。钟差和钟漂的组合将引入到 GEO 卫星测距信号传播时间的估计中。GEO 导航电文的格式如图 3.46 所示，电文参数如表 3.27 所列。

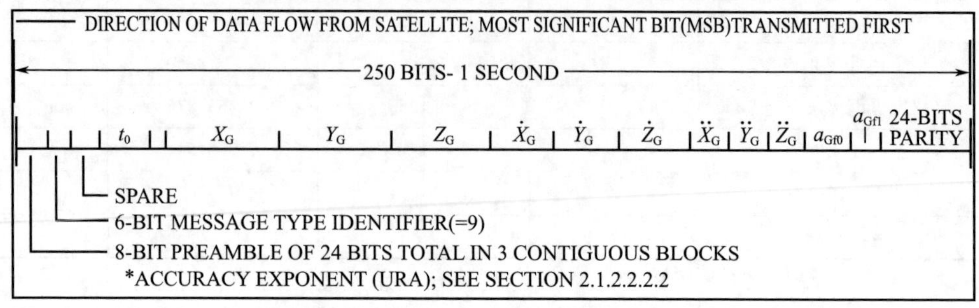

图 3.46 Type 9 GEO 导航电文格式

表 3.27 Type 9 GEO 导航电文参数

参数	比特数	比例因子(针对 LSB)	有效范围①	单位
保留	8			
t_0	13	16	0 ~ 86384	s
URA	4	②	②	
X_G(ECEF)	30	0.08	±42949673	m
Y_G(ECEF)	30	0.08	±42949673	m
Z_G(ECEF)	25	0.4	±6710886.4	m
X_G的变化率	17	0.000625	±40.96	m/s
Y_G的变化率	17	0.000625	±40.96	m/s
Z_G的变化率	18	0.004	±524.288	m/s
X_G的加速度	10	0.0000125	±0.0064	m/s^2
Y_G的加速度	10	0.0000125	±0.0064	m/s^2
Z_G的加速度	10	0.0000625	±0.032	m/s^2
a_{Gf0}	12	2^{-31}	$\pm 0.9537 \times 10^{-6}$	s
a_{Gf1}	8	2^{-40}	$\pm 1.1642 \times 10^{-10}$	s

① 所有的数据符号均用二进制补码表示，符号位位于编码的最高有效位(MSB)。实际的数据有效范围低于表中给出的范围。
② URA = 15 时，表明 GEO 卫星测距信号不可用，其他不符合本表格规定的精度指数同样表明 GEO 卫星测距信号不可用

11) GEO 卫星历书电文——类型 17(Type 17)

SBAS L1 Type 17 电文周期地向用户播发 3 颗 GEO 卫星的历书，以告知用户 SBAS GEO 卫星的位置、健康情况、工作状态以及通用服务信息。Type 17 GEO 卫星历书电文格式如图 3.47 所示，Type 17 GEO 卫星历书电文参数如表 3.28 所列。通过

重复播发 Type 17 电文以覆盖每一颗 SBAS GEO 卫星的上述信息,当 PRN 为 0 时,表明 Type 17 电文不可用,用户必须忽略。

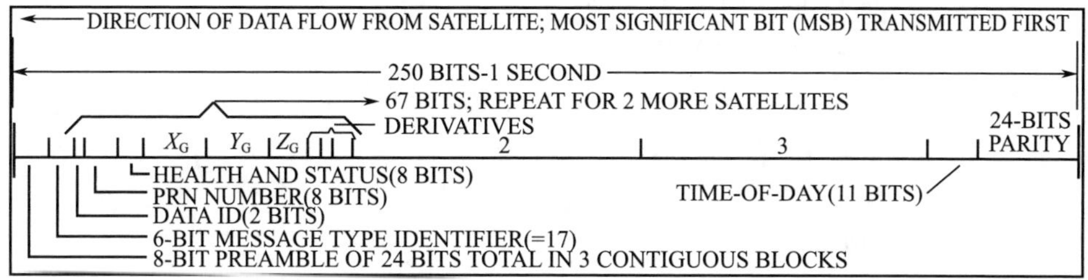

图 3.47 Type 17 GEO 卫星历书电文格式

表 3.28 Type 17 GEO 卫星历书电文参数

参数	比特数	比例因子(针对 LSB)	有效范围①	单位
每一颗 GEO 卫星	67	—	—	—
数据 ID	2	1	0 ~ 3	无单位
PRN	8	1	0 ~ 210	—
健康状况	8	—	—	无单位
X_G(ECEF)	15	2600	±42595800	m
Y_G(ECEF)	15	2600	±42595800	m
Z_G(ECEF)	9	26000	±6630000	m
X_G 的变化率	3	10	±40	m/s
Y_G 的变化率	3	10	±40	m/s
Z_G 的变化率	4	60	±480	m/s
t_0(每天时间)	11	64	0 ~ 86336	s

① 所有的数据符号均用二进制补码表示,符号位位于编码的最高有效位(MSB)。实际的数据有效范围低于表中给出的范围

SBAS L1 Type 17 电文中 SBAS GEO 卫星健康情况(health)、工作状态(status)bit 定义如下。

(1) bit 0(LSB):测距信号开(0),关(1)。

(2) bit 1:差分改正开(0),关(1)。

(3) bit 2:广播完好性开(0),关(1)。

(4) bit 3:预留位。

(5) bit 4 ~7:SBAS 服务商 ID。

通过 Type 17 GEO 卫星历书电文信息,用户可以识别哪颗 SBAS GEO 卫星提供导航星基增强服务,Type 17 电文不会干扰其他 SBAS GEO 卫星播发的增强电文。Type 17 电文的 Bit 0 标识 SBAS GEO 卫星是否播发测距信号,Bit 1 标识 SBAS GEO 卫星是否播发快变改正数据,Bit 2 标识 SBAS GEO 卫星是否提供完好性服务信息,当 bit 2 设置为 Off(1)时,GEO 卫星将播发 type 0 电文或者设定为不再监测所有的差分改正数据。

SBAS L1 Type 17 电文中 SBAS 服务商 ID 定义如下。

(1) 0:WAAS(美国广域增强系统)。

(2) 1:EGNOS(欧洲地球静止轨道卫星导航重叠服务)。

(3) 2:MSAS(日本多功能卫星增强系统)。

(4) 3~13:尚未分配。

(5) 14~15:预留位。

12) SBAS 服务电文——类型 27(Type 27)

SBAS L1 Type 27 电文用来改善选定区域的 UDRE 正态分布标准差 σ_{UDRE},Type 27 电文格式如图 3.48 所示,Type 27 服务电文参数如表 3.29 所列。每帧 Type 27 服务电文参数的数量标识了电文中当前提供的服务电文数据版本号(IODS)的总数。IODS 的每个独特电文包含一个顺序服务信息编号。Type 27 电文中任何一个参数发生变化,所有电文中的 IODS 标识都会增加。

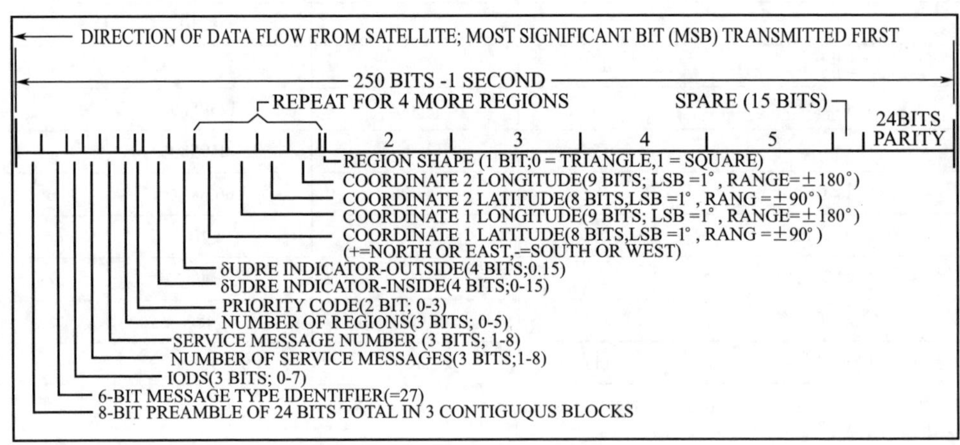

图 3.48 Type 27 服务电文格式

表 3.29 Type 27 服务电文参数

参数	比特数①	比例因子	有效范围	单位
IODS	3	1	0~7	—
服务信息数量	3	1	1~8	—
服务信息编号②	3	1	1~8	—
区域数目	3	1	0~5	—
优先码	2	1	0~3	—
δ_{UDRE}标识——内部③	4	1	0~15	—
δ_{UDRE}标识——外部③	4	1	0~15	—

（续）

参数		比特数[①]	比例因子	有效范围	单位
共5个区域	坐标1纬度[④]	8	1	±90	(°)
	坐标1经度[④]	9	1	±180	(°)
	坐标2纬度[④]	8	1	±90	(°)
	坐标2经度[④]	9	1	±180	(°)
	区域形状[⑤]	1	—	—	—
空余位		15	—	—	—

① 所有的数据符号均用二进制补码表示，符号位位于编码的最高有效位(MSB)。
② 服务电文编号编码值含有“1”的偏移量，例如，一个编码数值“7”（二进制表示为111）表明电文的数量或者电文编号为“8”。
③ 快变改正数降效因子δ_{UDRE}标识的含义见表3.30。
④ 正值表示北纬或者东经。
⑤ 区域形状编码“0”表示三角形区域，“1”表示矩形区域

当用户在电文定义的地理区域范围之内或者之外时，Type 27每一帧电文给出了快变改正数降效因子δ_{UDRE}标识，δ_{UDRE}标识与δ_{UDRE}数值之间的对应关系详见表3.30，用户利用完好性监测算法计算数据的完好性时，δ_{UDRE}还需要与Type 2～6和24电文中UDRE标识(UDREI)给出的UDRE标准偏差相乘。一个δ_{UDRE}标识用于用户在Type 27电文设定的区域内使用。另一个δ_{UDRE}标识用于用户在Type 27电文设定的区域之外使用。当SBAS GEO卫星播发的多个Type 27电文中含有同一个服务电文数据版本号(IODS)时，在所有电文中有相同的快变改正数降效因子δ_{UDRE}标识。

表3.30 δ_{UDRE}标识的含意

δ_{UDRE}标识	δ_{UDRE}数值
0	1
1	1.1
2	1.25
3	1.5
4	2
5	3
6	4
7	5
8	6
9	8
10	10
11	20
12	30
13	40

（续）

δ_{UDRE}标识	δ_{UDRE}数值
14	50
15	100

Type 27 每一帧电文最多包括 5 个地理区域，电文参数“区域数目”中会给出地理区域数目。如果设定的地理区域少于 5 个，它们就占据最少的可用比特位置。每个地理区域要么是三角形要么是矩形，在经度/纬度坐标框架下，由区域形状参数确定。利用 3 个或 4 个坐标标识区域的拐角点，这取决于区域的形状。Type 27 电文会播发坐标 1 和坐标 2 的经度和纬度，坐标 3 采用坐标 1 的纬度和坐标 2 的经度。如果地理区域是矩形的，那么坐标 4 采用坐标 2 的纬度和坐标 1 的经度。

Type 27 电文定义的地理区域都是一个封闭的多边形，多边形的顶点具有预先给定的坐标。边界部分在经纬度坐标框架下具有恒定的斜率，两个坐标在沿着边界区域的经纬度变化不超过 ±179°。边界上的点被认为是在区域之内的点。

一帧 Type 27 电文定义的地理区域或者另一帧电文定义的地理区域也许彼此之间存在重叠覆盖的范围，每帧电文中的“优先码”参数用来给出不同电文重叠覆盖区域 UDRE 因子的优先权。“优先码”参数标识了电文定义区域的相关顺序，在两个地理区域的重叠覆盖区域，用户优先使用那些拥有较高“优先码”参数码值的 UDRE 因子的地理区域。

13）空电文——类型 63（Type 63）以及内部测试电文——类型 62（Type 62）

SBAS L1 Type63 为空电文类型（null message type），如果在 1s 时隙内没有可用电文播发，则 Type 63 作为填充电文（filler message）。Type 62 为内部测试电文类型（internal test message），用于 SBAS 开展内部测试使用。此时，用户将继续接收 SBAS GEO 卫星播发的增强信号，增强信号仍然具有测距能力。

14）SBAS 网络时间电文——类型 12（Type 12）

SBAS L1 Type12 电文由 8bit 同步头、6bit 电文类型标识、104bit 协调世界时（UTC）信息、3bit 用以标识由哪个 GNSS 时间确定 UTC 标准时间的参数等信息组成。Type 12 电文的起始位置是 20bit 的周内秒（SOW）计数参数，然后是 10bit 的 GPS 整周计数（WN），最后 75bit 是空余位。SBAS 网络时间/UTC 时间参数定义如表 3.31 所列，表 3.32 给出了所示 UTC 标识参数，WN 定义、UTC 时间参数定义及使用算法详见“NAVSTAR Global Positioning System Interface Specification”，IS-GPS-200D，7 December 2004。

表 3.31　SBAS 网络时间/UTC 时间参数定义

参数	比特数①	比例因子（针对 LSB）	有效范围①	单位
A_{1SNT}	24	2^{-50}	$\pm 7.45\times10^{-9}$	s/s
A_{0SNT}	32	2^{-30}	±1	s

（续）

参数	比特数[①]	比例因子(针对 LSB)	有效范围[①]	单位
t_{0t}	8	212	0 ~ 602112	s
WN_t	8	1	0 ~ 255	周
Δt_{LS}	8	1	±128	s
WN_{LSF}	8	1	0 ~ 255	周
DN	8	1	1 ~ 7	d
Δt_{LSF}	8[②]	1	±128	s
UTC 标准标识	3	—	—	无单位
GPS 周内秒(SOW)	20	1	0 ~ 604799	s
GPS 整周计数(WN)	10	1	0 ~ 1023	周
GLONASS 标识	1	1	0 ~ 1	无单位
GLONASS 时间偏差	74	TBD[③]	TBD	TBD

① 所有的数据符号均用二进制补码表示，符号位位于编码的最高有效位(MSB)。实际的数据有效范围低于表中给出的范围。
② 右对齐。
③ TBD—待定

表 3.32　UTC 标识参数

UTC 标识	UTC 标准
0	通信研究实验室(CRL)运维的 UTC，日本东京
1	美国国家标准与技术研究所(NIST)运维的 UTC
2	美国海军天文台(USNO)运维的 UTC
3	国际计量局(BIPM)运维的 UTC
4	欧洲实验室运维的 UTC(待定)
5 ~ 6	为未来定义预留
7	没有提供 UTC

15）时钟-星历的误差协方差矩阵电文——类型 28(Type 28)

SBAS L1 Type28 电文播发钟差和星历误差的协方差矩阵信息，是 UDRE 正态分布标准差 σ_{UDRE} 的扩展信息，给出用户位置函数差分改正的置信度，提高了系统服务区内的可用性，同时改善了系统服务区内的完好性。协方差矩阵是卫星位置、参考站观测几何条件和参考站观测置信度的函数，因此，协方差矩阵是一个随时间缓慢变化的函数。每一个协方差矩阵只需要以慢变改正的顺序来更新，每帧 Type 28 电文包含两颗卫星的协方差矩阵信息，包括实时的每 6s 更新一次的系统完好性信息、协方差矩阵的比例因子(以保证矩阵数据在合理的动态范围内)。Type 28 时钟-星历的误差协方差矩阵电文格式如图 3.49 所示，电文参数如表 3.33 所列，给出了两个 PRN 码的时钟-星历的误差协方差矩阵的 Cholesky 分解因子。时钟-星历的误差协方差矩阵带有与卫星 PRN 掩码相关联的 IODP 信息。

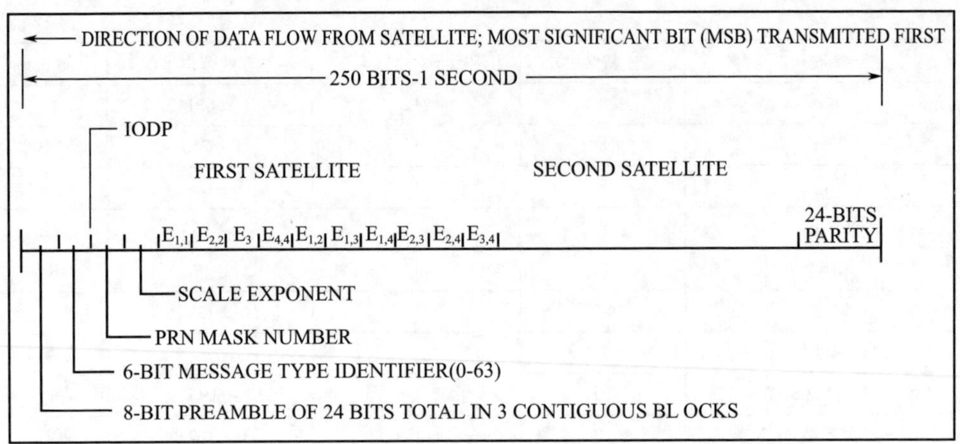

图 3.49 Type 28 时钟-星历的误差协方差矩阵电文格式

表 3.33 Type 28 时钟-星历的误差协方差矩阵电文参数

参数	比特数①	比例因子	有效范围①	单位
IODP	2	1	0 ~ 3	无
PRN 掩码编号②	6	1	0 ~ 51	
比例指数	3	1	0 ~ 7	无
$E_{1,1}$	9	1	0 ~ 511	无
$E_{2,2}$	9	1	0 ~ 511	无
$E_{3,3}$	9	1	0 ~ 511	无
$E_{4,4}$	9	1	0 ~ 511	无
$E_{1,2}$	10	1	± 512	无
$E_{1,3}$	10	1	± 512	无
$E_{1,4}$	10	1	± 512	无
$E_{2,3}$	10	1	± 512	无
$E_{2,4}$	10	1	± 512	无
$E_{3,4}$	10	1	± 512	无
PRN 掩码编号②	6	1	0 ~ 51	
比例指数	3	1	0 ~ 7	无
$E_{1,1}$	9	1	0 ~ 511	无
$E_{2,2}$	9	1	0 ~ 511	无
$E_{3,3}$	9	1	0 ~ 511	无
$E_{4,4}$	9	1	0 ~ 511	无
$E_{1,2}$	10	1	± 512	无
$E_{1,3}$	10	1	± 512	无

（续）

参数	比特数[1]	比例因子	有效范围[1]	单位
$E_{1,4}$	10	1	±512	无
$E_{2,3}$	10	1	±512	无
$E_{2,4}$	10	1	±512	无
$E_{3,4}$	10	1	±512	无

① 所有的数据符号均用二进制补码表示，符号位位于编码的最高有效位（MSB）。实际的数据有效范围低于表中给出的范围。
② PRN 掩码顺序。

PRN 掩码编号是在 210bit 掩码中设置的 bit 集合的序列号，即 1～51 之间。Type 28 电文中有一个唯一的 IODP，该 IODP 必须与 Type 1 电文的 PRN 掩码匹配，Type 28 电文的内容如图 3.49 所示。Type 28 电文中余下的 212bit 数据被分配给两颗卫星的时钟-星历的误差协方差矩阵。时钟－星历的误差协方差矩阵带有与卫星 PRN 掩码相关联的 IODP 信息。

3.6.3 SBAS L5 信号

SBAS L5 信号的射频频点为 1176.45MHz，信号 3dB 带宽为 20～24MHz，其中 95% 的信号播发功率在信号 3dB 带宽内。L5 信号包括同相支路（in-phase）和正交支路（quadrature-phase）两个分量。同相支路（I 支路）数据速率为 250bit/s，采用卷积码及曼彻斯特编码（Manchester encoded）技术编码，后生成符号速率为 500symbol/s 的电文，同时采用前向纠错（FEC）技术提高编码可靠性。然后将 500symbol/s 的电文与 10230bit/s 的伪随机噪声测距码（PRN code）模二和处理，生成扩频码速率为 10.23Mchip/s的扩频信号，最后采用 BPSK 技术将扩频处理信号调制到 1176.45MHz 载波上。电文符号与测距码时间同步在一个测距码周期内。码/载波频率相干性要求详见 3.6.1 节。

通过伪随机噪声测距码编号（PRN number）、XBI 和 XBQ 寄存器的超前量（XBI and XBQ advances in chips）、XBI 和 XBQ 寄存器的初值（initial XBI and XBQ states）3 种方式识别 SBAS L5 导航增强信号。XBI 和 XBQ 寄存器的超前量或者寄存器初值的设定用于生成伪随机测距码。每颗卫星会分配一个唯一的伪随机测距码编号。

3.6.3.1 测距码结构

SBAS L5 导航增强信号随机测距码的定义如表 3.34 所示，给 SBAS 卫星分配的随机测距码编号是 120～158 范围内的整数。实际的随机测距码由 XBI 和 XBQ 寄存器的初值设定。L5 信号 I 支路信号和 Q 支路信号都是由卫星的伪随机测距码与电文数据模二和生成。大约有 4000 多个唯一的伪随机测距码（XB 码）用于生成 XBI 和 XBQ 寄存器不同的初值。

表 3.34　SBAS L5 导航增强信号伪随机测距码

测距码标识	XB 码超前量[①]/码片		初始 XB 码状态[②]	
	I_5	Q_5	I_5	Q_5
120	2797	6837	1101001100010	1101001011001
121	934	1393	1100011001100	0010001111001
122	3023	7383	1000011000101	1111110011111
123	3632	611	1111011011011	1000110000001
124	1330	4920	0000001100100	0000111100011
125	4909	5416	1101110000101	0111011011100
126	4867	1611	1100001000010	0101101010100
127	1183	2474	0001101001101	0000101010111
128	3990	118	1010100101011	1010111101101
129	6217	1382	1111011110100	0100010000010
130	1224	1092	1111111101100	1010111011111
131	1733	7950	0000010000111	0110001000010
132	2319	7223	1111110000010	1011000011010
133	3928	1769	0011100111011	1000100000111
134	2380	4721	1101100010101	1001011110110
135	841	1252	0101011111011	1000001011000
136	5049	5147	0001100011011	0000110010111
137	7027	2165	0001101110111	0010101101011
138	1197	7897	1110011110000	0011100001100
139	7208	4054	011110001111	0100011001011
140	8000	3498	0011101110000	1010101001111
141	152	6571	1111001001000	0100001000101
142	6762	2858	0001101110010	0000001111100
143	3745	8126	0101100111100	1101001110111
144	4723	7017	0010010111101	1110111110001
145	5502	1901	1101110110011	1110111010001
146	4796	181	001111001111	001010110011
147	123	1114	1001010101111	0111111000101
148	8142	5195	0111111101111	0100010011100
149	5091	7479	0000100100001	1110000010011
150	7875	4186	1110001101011	0110010101000
151	330	3904	1111010010001	0000100000100

（续）

测距码标识	XB 码超前量[①]/码片		初始 XB 码状态[②]	
	I_5	Q_5	I_5	Q_5
152	5272	7128	1011010111101	0100100101011
153	4912	1396	0001101110000	1000010001111
154	374	4513	0000010111100	1110101000010
155	2045	5967	0100101111100	1110000111011
156	6616	2580	1110110111010	1110110010010
157	6321	2575	1101110101011	1001001001000
158	7605	7961	1101000110001	0011100001101

① XB 寄存器的超前量是指超过初始状态（全“1”）的 XB 时钟周期数。
② 表 3.22 给出了 L5 信号 I 支路和 Q 支路信号 XB 寄存器的前 13 位码片的二进制定义，最右边的位是最低位。因为 XA 寄存器的初始值都是 1，所以 XA 寄存器的前 13 位码片是 I 支路和 Q 支路信号的补码。因为 XB 寄存器的初始状态为全“1”，所以前 13 个码片也是 I5 或 Q5 码初始状态的补码

3.6.3.2　测距码生成

L5 信号结构和信号生成方法决定了 I 支路和 Q 支路信号的编码特征，码速率为 10.23Mchip/s 的 I 支路信号和 Q 支路信号测距码生成简化框图如图 3.50 所示，I 支路信号和 Q 支路信号测距码再分别与 SBAS 电文数据码流模二和处理生成扩频信号。

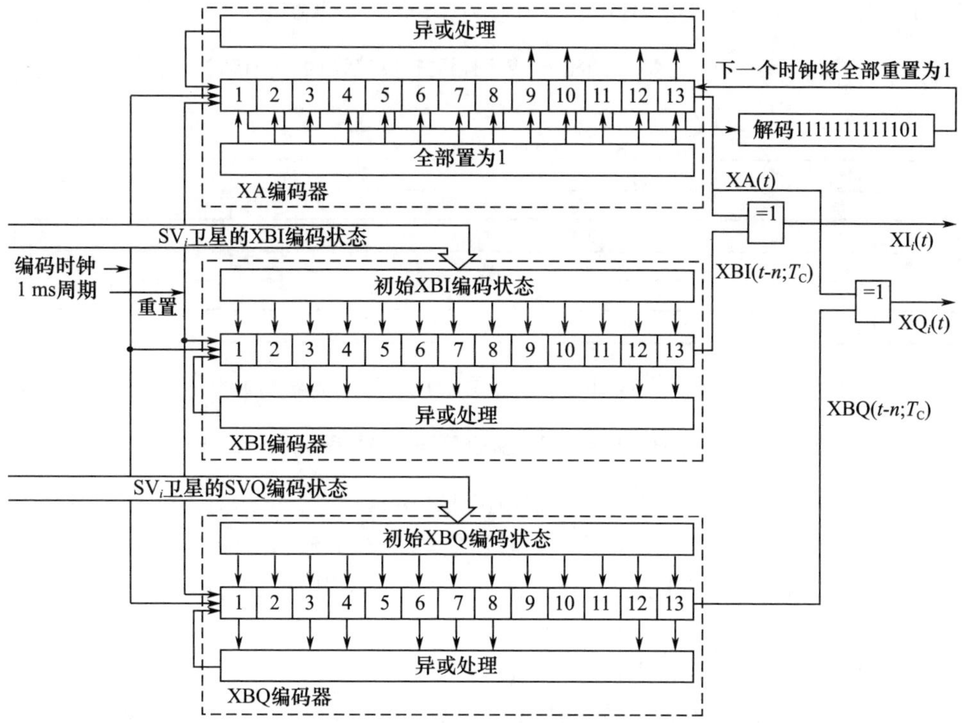

图 3.50　L5 信号 I 支路和 Q 支路测距码生成简化框图

L5 信号 I 支路和 Q 支路测距码的码速率为 10.23Mbit/s，XA 编码寄存器的长度是 8191，初始状态均为 1，测距码的码片长度是 10230（chip），码的周期为 1ms，与 GPS 的 L1 C/A 码信号保持时间同步。I 支路和 Q 支路信号 XB 寄存器（XBI_i 和 XBQ_i）的初值如表 3.34 所列，编码寄存器的长度也是 8191，测距码的码片长度是 10230（chip），码的周期为 1ms，XA 移位寄存器和 XB（XBI_i 和 XBQ_i）移位寄存器的生成多项式为

$$XA: \quad G(x) = 1 + x^9 + x^{10} + x^{12} + x^{13} \tag{3.33}$$

$$XBI_i \text{ 或 } XBQ_i \quad G(x) = 1 + x + x^3 + x^4 + x^6 + x^7 + x^8 + x^{12} + x^{13} \tag{3.34}$$

根据 XB（XBI_i 和 XBQ_i）移位寄存器的初值，在 10230 码片序列一个循环完成之前，寄存器启用第三个 8191 码片序列。XA 和 XB 序列相对相位如图 3.51 和图 3.52 所示，其中 B0 = 1ms 处的初值。

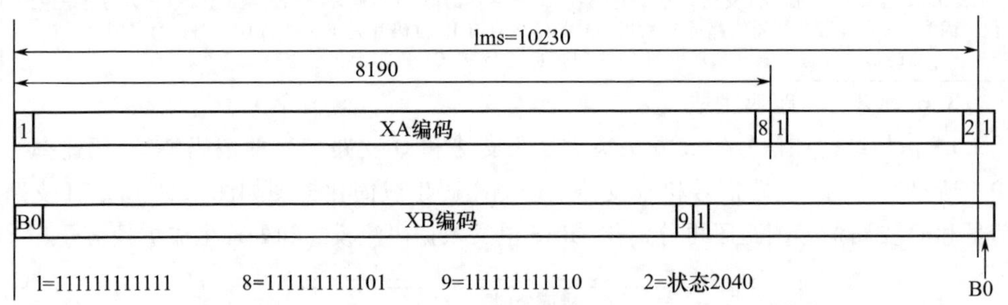

图 3.51　XA 序列和 XB 序列相对相位（状态小于 6152）

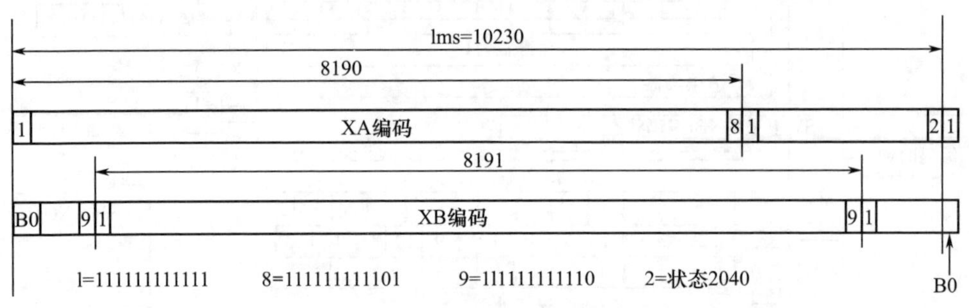

图 3.52　L5 信号 I 支路和 Q 支路测距码生成框图（状态大于 6151）

图 3.51 给出的 XB 生成方式中，XB 序列的初始状态，即 B0 小于 6152，因此，在下 1ms 周期之前，第二个 XB 序列不会循环完毕。图 3.52 给出的 XB 生成方式中，XB 序列的初始状态，即 B0 大于 6151，因此，在下 1ms 周期之前，第二个 XB 序列将循环完毕。

3.6.3.3　数据内容和格式

SBAS L5 信号电文在同相支路或称为 I 支路（L5-I）播发，新定义了电文帧同步头，SBAS L5 信号电文及其同步头完全独立于 SBAS L1 电文及其参数。L5 信号电文

格式如图3.53所示，一帧电文长250bit(1s)，包括4bit的部分同步头(preamble)，6bit的电文类型标识(message type identifier)、216bit的数据位(message)、24bit的循环冗余校验(CRC)。SBAS L5电文数据速率是250bit/s，用于双频多星座(DFMC)服务。

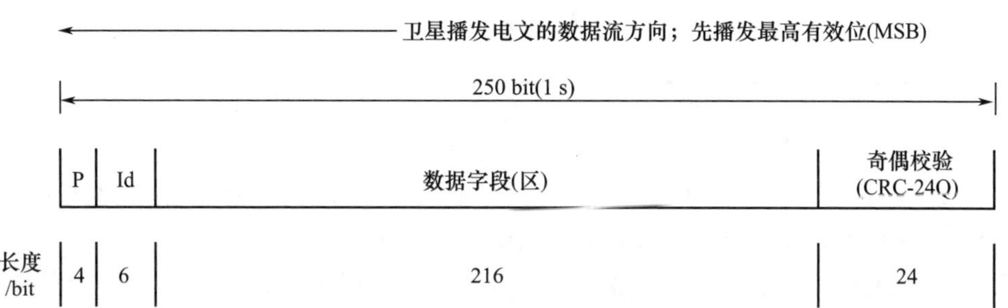

图3.53 SBAS L5信号DFMC电文帧格式

SBAS L5一帧电文的同步头共有24bit，由连续6帧电文循环播发(0101、1100、0110、1001、0011、1010)完成。每个4bit同步头的起始时间与SBAS网络时间的秒时刻保持同步。采用曼彻斯特卷积编码技术，同步头蕴藏在编码后的bit流中。在卷积解码完成前，同步头不能用于增强信号捕获或者电文译码后实现bit同步。因此，用户接收机的卷积解码算法必须具有保持数据bits同步的功能。

SBAS L5一帧电文的电文时间(T_{MT})是本帧电文第一个bit的第一个符号的上升沿的起始时间，一帧电文的起始时间与SBAS网络时间同步在1s历元内。以上电文时间与SBAS网络时间的1s(1秒)历元同步。除MT 0，MT 62和MT 63电文类型外，SBAS L5一帧电文的电文类型标识与SBAS L1的电文类型标识不同，用于区分有效数据域播发的信息内容，L5电文类型标识(MT ID)如表3.35所列。

表3.35 SBAS L5导航增强信号电文类型

MT ID(十进制)	类型	信息内容
0	0	不要用于生命安全服务(系统测试用)
31	31	PRN掩码分配
34、35、36	34、35、36	完好性信息
32	32	星钟-星历修正数及协方差矩阵
39	39	SBAS卫星的星历、星历-星钟协方差矩阵
40	40	
37	37	降效参数与双频测距误差标识(DFREI)尺度表

（续）

MT ID(十进制)	类型	信息内容
47	47	SBAS 卫星历书信息
42	42	SBAS 与 UTC 时差信息
62	62	SBAS L5 自测试信息
63	63	SBAS L5 空信息

为了保证不同电文类型(MT)所播发信息内容的关联性,采用 IOD 对电文类型进行标识,L5 电文类型之间的关系如图 3.54 所示,这些版本号包括:

IODN:卫星导航系统(GNSS)(下行信号播发的星钟、星历的)数据版本号(例如 GPS 的 IODC、IODE,BDS 的 IODC、IODE,Galileo 系统的 IODN 等)。

IODG:GEO 卫星(MT39/40 的)数据版本号。当用于修正 GEO 卫星的星历时,IODG 作用与 IODN 相似。

IODP:PRN 掩码数据版本号。

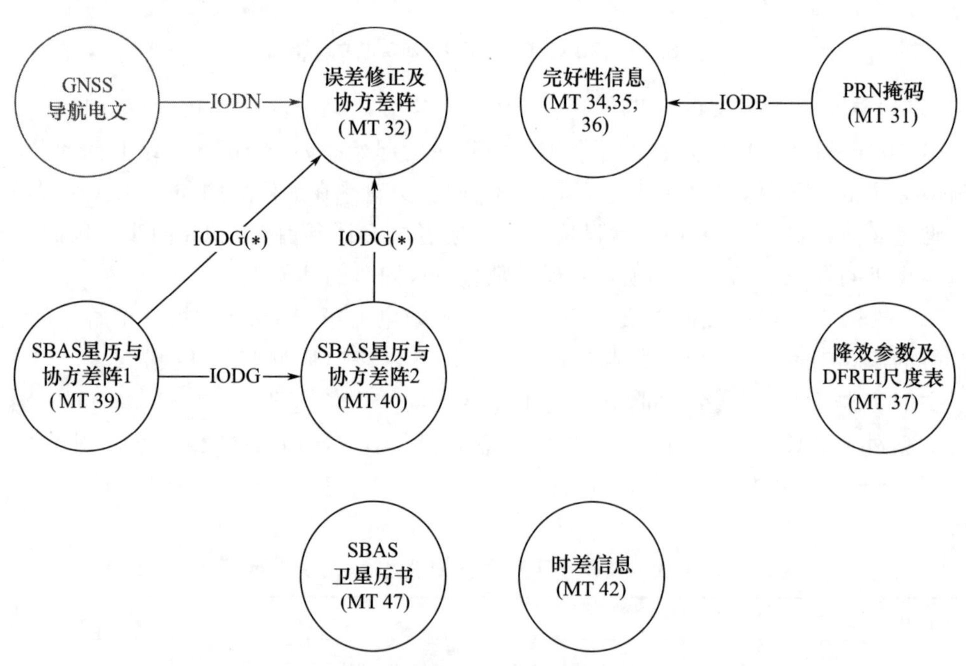

图 3.54　L5 电文类型之间的关系(见彩图)

如图 3.54 所示:①MT 32 与被增强的 GNSS 的导航电文通过 IODN 相关联。当 MT 32 中的 IODN 与被增强系统中的 IOD(例如 GPS 的 IODE)相同时,表示 MT 32 中播发的增强信息与被增强的 GNSS 的电文是匹配的,可以使用增强信息修正相应的导航电文;否则不能修正。②MT 31 与 MT 34、35、36 通过 IODP 相关联。这些电文类型中的 IODP 的值相同时,表示其是同一组数据,可以配合使用;否则表示不是同一组数据,不能配合使用。③MT 39 与 MT 40 通过 IODG 相关联。两个电文中的 IODG

相同时,表示两类型中的数据是同一组,可以配合使用;否则不能配合使用。此外,IODG 也可当作 SBAS 星历的数据版本号使用,与 GNSS 中 IOD 的作用类似。④MT 47、42、37 不与其他信息类型相关联。

SBAS L5 双频多星座接口控制文件《(SBAS L5 DFMC ICD)》给出了 SBAS L5 信号电文类型详细定义,详见文献[43]。

3.7 典型应用

3.7.1 美国广域增强系统

广域增强系统(WAAS)是美国的星基增强系统(SBAS)。FAA 于 1992 年开始建设 WAAS,主要用于民用航空服务,系统于 2003 年初步建成,WAAS 服务区包括美国大陆本土(CONUS)、阿拉斯加、加拿大和墨西哥[44]。WAAS 经历 4 个发展阶段:①具备初始运行能力(IOC),2003 年 7 月 10 日,FAA 宣布 WAAS 为民航提供服务,服务范围覆盖美国本土 95% 的区域以及阿拉斯加部分区域;②全面实现带垂直引导的航向定位性能(LPV)服务,2008 年已实现目标,并将服务区域扩展到加拿大和墨西哥;③全面实现决断高度为 200ft 的带垂直引导的航向定位性能(LPV-200)服务,2014 年 8 月,WAAS 可为全美提供 LPV-200 服务。④开展双频多星座(DFMC)增强服务研究,提升 WAAS 可用性,计划在 2028 年实现 DFMC 服务。

目前,WAAS 支持民航航路、终端、进近以及 LPV 导航服务,为美国和加拿大 1000 多个机场提供仪表垂直引导进近(vertically guided instrument approach)服务,以及为部分机场提供 LPV-200 进近服务,接近 CAT Ⅰ进近水平。

3.7.1.1 系统组成

WAAS 由地面段、空间段和用户段三部分组成,其中地面段由 38 个广域参考站(WRS)、3 个位于美国大陆两端的广域主控站(WMS)、6 个地面上行注入站(GUS)、2 个系统运行中心(OC)以及陆地通信网络(TCN)组成,其中地面上行注入站一般又称为地球站(GES)[44-48]。WAAS 的体系架构和运行控制环境如图 3.55 所示[49],WRS 的位置经测绘是确定的,WRS 接收 GPS 信号并将数据送给 WMS,WMS 处理所有数据并生成含有 GPS 信号差分改正数及系统完好性信息的增强电文,GUS 将增强电文注入给空间段 GEO 卫星,最后由 GEO 卫星将增强信息播发给地面用户。

WAAS 的两个 OC 分别被称为美国国家运行和控制中心(NOCC)及美国太平洋运行和控制中心(POCC),NOCC 和 POCC 的运行和维护(O&M)系统独立工作,同时互相监控和记录工作状态。接收和处理来自所有 WMS 的数据,计算星历误差和卫星钟差以及预定义格网点上的垂直电离层延迟误差和所有这几种误差的完好性信息。

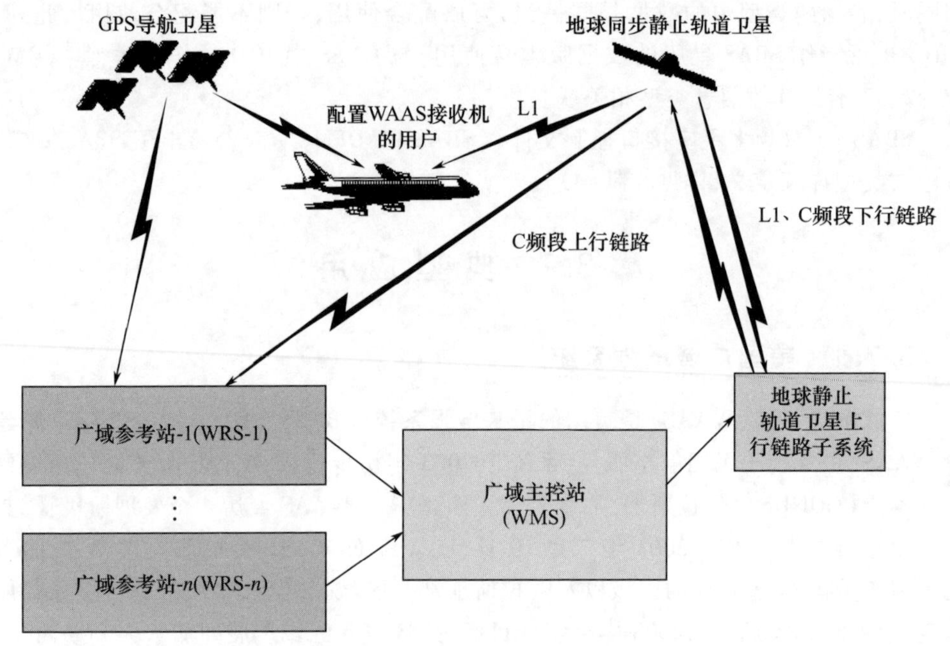

图 3.55　广域增强系统的体系架构和运行控制环境(见彩图)

WRS 利用双频接收机获取 L1 和 L2 频率上的伪码和载波相位测量值,通过选址、窄相关技术和基于软件消除法来减小多径效应。在每个广域参考站上都有一台原子钟以提供稳定的时间和频率基准。原始 GPS 观测值,包含伪距和载波相位观测值,通过网络传输到 WMS。此外,WRS 还负责将气象站测量得到的温度、压力和相对湿度信息等传输给 WMS,这些测量值将被用于模拟对流层造成的时延。

陆地通信网络(TCN)提供 WAAS 各个环节的通信联系并传递 WAAS 数据,TCN 由两套专用的、冗余的、不同体系的网络组成,为整个 WAAS 提供安全可靠的通信链路。WAAS 的运行几乎不需要人为干预,是一个自动化系统。

WAAS 空间段由 3 颗 GEO 卫星组成,称为完好性通道,透明转发由 WMS 生成的导航增强信息。WAAS 用户段通常配置嵌入 WAAS 模块的 GPS 接收机,能够在接收 GPS 信号的同时接收 GEO 卫星播发的增强信息,通信协议需要满足 RTCA MOPS DO 229 等 SBAS 相关标准。

WAAS 最早利用两颗海事卫星(Inmarsat-3F3 和 Inmarsat-3F4)广播 GPS 增强信息,增强信号只能实现单重覆盖。目前 WAAS 利用 3 颗商业地球静止轨道卫星播发增强信息,这 3 颗卫星分别是 Intelsat 公司的 Galaxy 15 卫星(CRW)、Telesat 公司的 Anik F1R 卫星(CRE)、Inmarsat 公司的 Inmarsat-4 F3 卫星(AMR),在美国本土能够实现三重覆盖,如图 3.56 所示。

每颗 GEO 卫星分别从地面上行注入站(GUS)的射频上行链路(RFU)发射装置

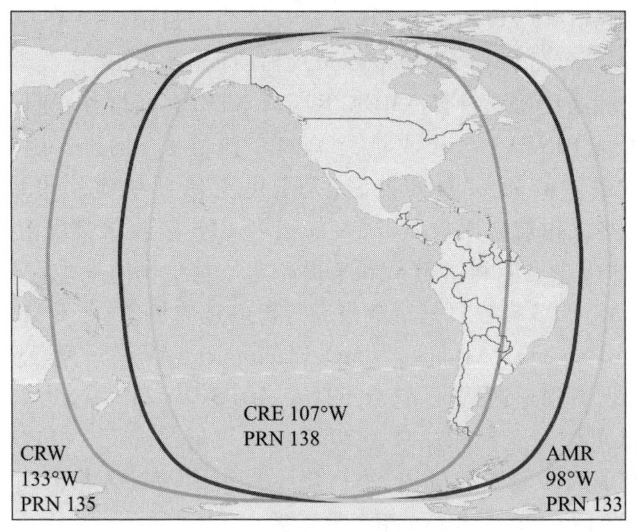

图 3.56 WAAS 两颗通信卫星覆盖范围(见彩图)

接收 C_{1up} 和 C_{5up} 两路上行 C 频段注入信号,然后作为透明转发器将 WAAS 信号广播给用户。与 GPS 卫星播发 Ll 频点(1575.42MHZ)的 C/A 码信号类似,WAAS GEO 卫星也通过 Ll 频点向用户广播 WAAS 增强数据,信号同时调制有 GPS LlC/A 测距码,因此,WAAS GEO 卫星也可以作为 GPS 的导航卫星使用。WAAS GEO 卫星轨位及 NMEA/PRN 编号如表 3.36 所列[50]。

表 3.36 WAAS GEO 卫星轨位及 NMEA/PRN 编号

卫星	NMEA/PRN 编号	轨位
Inmarsat-4F3(AMR)	NMEA#46/PRN#133	98°W
Galaxy 15(CRW)	NMEA#48/PRN#135	133°W
Telesat Anik F1R(CRE)	NMEA#51/PRN#138	107.3°W
Inmarsat-3F3(POR)停止服务	NMEA#47/PRN#134	178°E
Inmarsat-3F4(AOR-W)停止服务	NMEA#35/PRN#122	142°W
注:NMEA—美国国家海洋电子学会		

WAAS 规定从系统发现 GPS 异常到最终用户收到告警信息,整个过程时延要小于 6.2s,并且告警信息的播发通道与链路要独立于 GPS 自身的信息链路,因此,WAAS 选择采用地球静止轨道卫星配置 C/L 透明转发器作为完好性通道。WAAS 设计的成功之处是采用 GPS Ll 频点和 BPSK 调制方式向用户广播 WAAS 增强信号,播发增强信息的同时也提供测距服务,WAAS 信号和 GPS 信号可共用接收天线和射频信号处理电路,数字基带处理电路也基本一致。这样的系统设计,使 WAAS 增强型接收机的成本、功耗、体积与普通 GPS 接收机基本一致,扩大了 WAAS 的应用领域。

WAAS 用户段配置的增强接收机能够接收 GPS 信号和 WAAS GEO 卫星的增强

信号，可以共享射频（RF）模块，内置算法略有不同。目前，WAAS-GPS 接收机有芯片组（chipset）、混合器件（hybrid component）、辅助板卡（auxiliary card）3 种形式，解算结果的数据格式和通信协议符合 NMEA、RTCM、NTRIP（通过互联网进行 RTCM 网络传输的协议）以及 RINEX（与接收机无关的交换格式）标准。因此，用户段不受 WAAS 增强服务提供商和 FAA 的控制，完全由卫星导航应用市场来驱动。研制 WAAS 的初衷是为民用航空用户服务，目前很多 GPS 接收机都配置了 WAAS 模块，因此，其他行业的用户也能利用 WAAS 来提高定位精度同时获取完好性信息。取得适航资质的 WAAS-GPS 接收机是行业最高等级的接收机，目前 GARMIN、Honeywell、Rockwell Collins、Universal Avionics、CMC Electronics、Avidyne 等公司研发的机载 WAAS 接收机都已取得适航认证，符合 RTCA MOPS DO 229 等 SBAS 相关标准要求，用户利用 WAAS 可以在美国和加拿大 2000 多个机场实现 LPV/LP 进近服务。对于没有生命安全要求的一般导航应用，用户接收机利用 WAAS 信号时，则不需要一定遵守 RTCA MOPS DO 229 等 SBAS 相关标准要求。

3.7.1.2 工作原理

WAAS 工作原理如图 3.57 所示[30]，WAAS 参考站分布在规划的栅格节点上，全天候接收并处理 GPS 信号和 WAAS 增强信号以及信号传输环境（如电离层和对流层）的变化，获取双频伪距、卫星星历、电离层和对流层延迟等原始观测数据以及信号健康状态，将观测数据实时传送到主控站，主控站计算处理原始观测数据后得到卫星轨道和钟差改正数、电离层分布栅格及电离层延迟改正数、完好性等级及告警信息，然后通过 GUS 将增强信息注入 GEO 通信卫星，GEO 卫星作为透明转发器快速将 WAAS 电文转发给用户。用户同时接收 GPS 和 WAAS 数据可以得到更高精度、更高安全性的 PNT 服务。WAAS 提供导航服务的精度和完好性等指标接近仪表着陆系统（ILS）最低等级要求，可满足民航飞机在航路、终端区和部分精密进近阶段的导航性能要求。

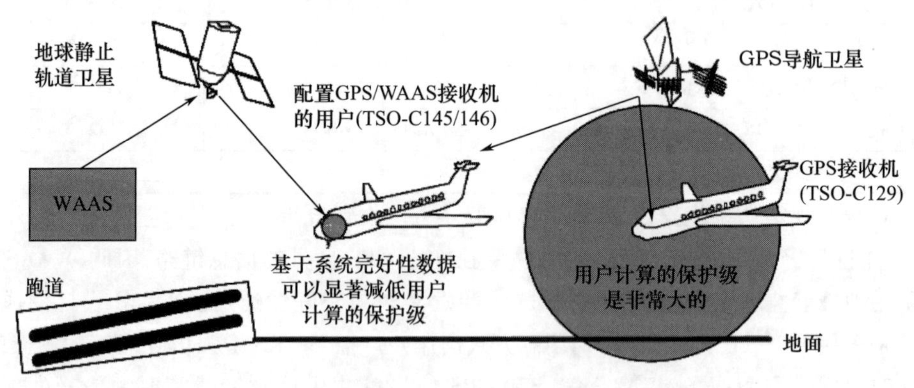

图 3.57 WAAS 工作原理

WAAS 的每个广域参考站（WRS）均配置三套广域参考设备（WRE），分别定义为 WRE-A、WRE-B 和 WRE-C，能够独立接收 WAAS GEO 卫星的信号，每套 WRE 包括

一台 L1 和 L2 双频 WAAS 接收机，一台高精度原子钟，一台数据采集处理器（DCP）。3 个主控站（为 WMS）均能独立开展 WAAS 差分改正和完好性数据处理任务，每个 WMS 均配置一个改正和验证（C&V）系统，C&V 系统由两台差分改正处理器（CP）和一台安全计算机（SC）组成，其中安全计算机又由两台安全处理器和一台比较器组成。C&V 系统接收 WRE 数据，其中 CP 计算卫星时钟和星历差分改正数，SC 计算电离层延迟改正数，同时给出具有较高置信度的卫星时钟、星历以及电离层延迟误差边界（error bounds），以确保 CP 的计算结果的有效性。然后通过陆地通信网络（TCN）将时钟、星历以及电离层延迟差分改正数据传递给 GUS，GUS 通过 C 频段上行链路将广域差分改正和系统完好性信息注入 WAAS 的 GEO 卫星。为了保持上行链路的可靠性，WAAS 选择位于不同地理位置的两个 GUS 给每颗 GEO 卫星注入 WAAS 电文数据。每个 GUS 配置导航信号生成子系统（SGS）和一个射频上行链路（RFU）发射装置，SGS 由 GUS 处理器（GP）和 WAAS 电文处理器（WMP）组成，GP 与 WMP 之间通过标准的 RS-232 同步串口建立通信链路。WMP 按规范生成 WAAS 导航增强电文，RFU 将 WAAS 电文注入 GEO 卫星。

WAAS 数据处理流程如图 3.58 所示[30]，参考站和主控站分别接收 GPS 信号并确定每颗卫星的差分改正数据和完好性信息，每颗卫星的差分改正数据和完好性信息被打包成为 WAAS 电文，地面上行注入站将 WAAS 电文上传给 GEO 卫星，GEO 卫星利用 GPS 的 L1 频点将 WAAS 增强信号透明转发给用户，WAAS L1 信号同 GPS L1 C/A 信号生成方式一致，每颗 WAAS 卫星也具有唯一的伪随机噪声（PRN）测距码，与 GPS 的测距码为一个码族，WAAS 电文被伪随机测距码扩频，WAAS 接收机接收 WAAS 增强信号后可以解调出每颗 GPS 卫星的差分改正数据和完好性信息，同时解算出当前的位置和保护级（PL），由于每颗 GEO 卫星也播发测距信号，因此，也可以近似作为 GPS 星座中的导航卫星使用，可以进一步改善 GPS 星座的 GDOP 值。

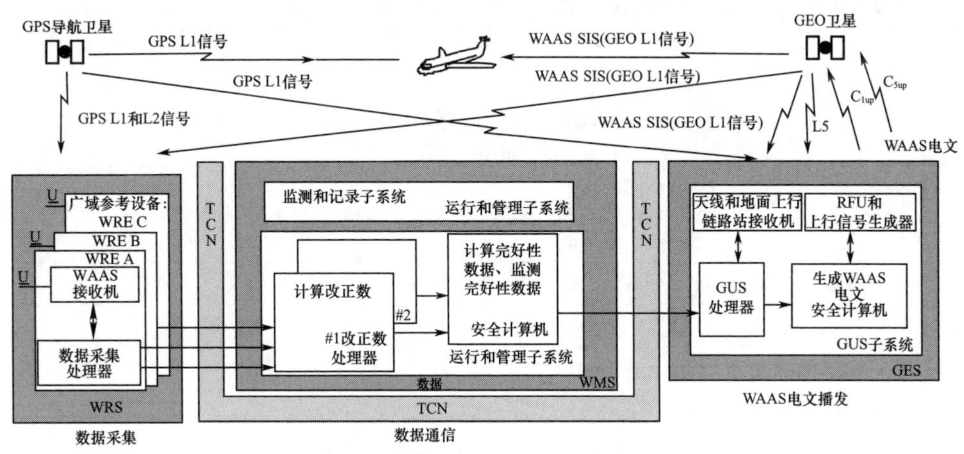

图 3.58　WAAS 数据处理流程

1）关于差分改正数

WAAS 利用多个地面参考站来监测 GPS 信号并产生矢量改正数，包括卫星时钟误差、卫星星历误差和电离层时延，矢量改正数使得广域差分用户不会像局域差分那样受空间解相关影响。首先系统参考站实时接收导航信号，然后在数据处理中心进行轨道、钟差和电离层误差估计，最后通过注入站将这些改正数注入 GEO 卫星。GEO 卫星按照 RTCA 的格式对所有误差改正进行播发。WAAS 数据处理模型如表 3.37 所列。

表 3.37 WAAS 数据处理模型

<table>
<tr><td>预处理</td><td>静态已知点位置编辑探测粗差。
从最优列表中选参考钟。
从最优列表中选参考站。
伪距：载波辅助平滑。
周跳探测</td></tr>
<tr><td rowspan="2">观测值</td><td>非差载波相位无电离层组合，LC。
非差伪距无电离层组合，PC</td></tr>
<tr><td>截止高度角：7°。
采样率：5min。
数据加权：LC 1cm，PC 1m</td></tr>
<tr><td>接收机天线偏心</td><td>应用 IGS 的 sinex 文件中计算的 N、E、U 方向上的偏差</td></tr>
<tr><td>天线相位中心变化</td><td>接收机天线类型和天线罩类型从 IGS sinex 解文件中获得。
应用 igs05. wwww. atx PCV 模型获取天线相位中心</td></tr>
<tr><td>右旋圆极化相位绕转</td><td>改正</td></tr>
<tr><td>电离层</td><td>一阶项：LC 和 PC 组合消除。
二阶项：用 Bassiri、Hajj 和 Kedar 提出的算法消除</td></tr>
<tr><td>对流层</td><td>先验模型：全球温度和气压（GPT）模型。
Davis 干分量延迟算法。
湿分量 10cm。
投影函数：全球对流层映射函数（GMF）。
估计：天顶对流层和水平梯度</td></tr>
<tr><td>板块运动</td><td>用监测站速度模型计算先验坐标</td></tr>
<tr><td>潮汐</td><td>地球固体潮：IERS2003 协议。
永久潮：未处理。
极潮：IERS2003 协议。
海潮负荷：周日项、半周日项、MF、MM 模型：FES04。
半年周期项：自洽平衡模型</td></tr>
<tr><td>非潮汐负荷</td><td>大气压：未处理。
海洋底部压力：未处理。
地表水文：未考虑</td></tr>
<tr><td>地球定向参数（EOP）</td><td>周日、半日、影响极移和 UT1 的长周期项 IERS2003 协议</td></tr>
<tr><td>卫星质量中心改正</td><td>igs05_wwww. atx 模型</td></tr>
<tr><td>卫星相位中心变化</td><td>igs05_www. atx 相对相位中心变化（PCV）模型</td></tr>
<tr><td>相对论</td><td>改正</td></tr>
<tr><td>GPS 姿态模型</td><td>Bar-Sever 的 GYM95 标称偏航率模型、偏航率模型应用于 Block Ⅱ 卫星</td></tr>
<tr><td colspan="2">注：LC—双频载波相位的无电离层组合；PC—双频载波的无电离层组合；UT1——类世界时；GYM—GPS 卫星偏航姿态模型；IERS—国际地球自转服务</td></tr>
</table>

GPS 用户依赖于广播星历的星历参数来计算接收机到卫星的几何距离，广播星历的精度在 1 ~ 2m，会给不同位置的用户造成不同大小的影响。美国国家航空航天局（NASA）的喷气推进实验室（JPL）开发的 GIPSY-OASIS（GPS 差分定位系统—轨道分析仿真软件）是国际上最负盛名的 GPS 精密定位定轨软件，1997 年 JPL 授权 FAA 用于 WAAS 的运行，同年还授权给美国雷神（Raytheon）公司用于建设日本的 MSAS 系统，另外 Raytheon 公司也参与了印度 GAGAN 系统的建设。在 GIPSY-OASIS 基础上改造开发的 RTG（实时处理 GIPSY）软件，SATLOC 公司用于 WADGPS 商业化运行，系统后来出售给了Fugro/OmniSTAR。

卫星时钟误差可以用广播星历来计算改正，由于广播星历的钟差改正精度不高，残余的误差在 1 ~ 2m。RTG 软件结合了精密的卫星动力学模型和一个平方根信息滤波器提供非常精确的卫星轨道和钟差估计，可以实现自动、实时的观测数据处理，从而进行定轨、定位计算。WAAS 轨道模型如表 3.38 所列。

表 3.38　WAAS 轨道模型

重力场模型	GGM02C 12 × 12
N 体引力	太阳、月亮其他行星。 历书：JPL DE405S
太阳辐射压	Block Ⅱ/ⅡA/ⅡR：JPL 太阳光压（SPR）经验模型，GSPM-04。 地球阴影模型：地球扁率圆锥模型，阴影和半阴影。 太阳光压地球反射：改正。 姿态模型：GYM95 偏航模型
潮汐力	地球固体潮：IERS 2003。 海洋潮汐：30 阶 FES2004。 海洋极潮：IERS 模型。 固体地球极潮：IERS 2003
相对论	应用
数值积分	变高阶 Adams 预测校正与二阶方程的直接集成的积分算法。 阶数：可变。 精简程序：RKF。 弧段长度：30h，以每天的 12:00 为中心

当 GPS 信号穿过电离层时，码相位被延迟而载波相位被提前。延迟量的大小与电离层的总电子含量成正比。大气电离层电子密度是地方时、磁纬度和太阳黑子周期的函数。大约在地方时下午 2:00 左右电离层密度达到最大值。电离层延迟与信号频率的平方成反比，并与穿过电离层区域的信号的路径长度有关，一般造成几米至几十米的影响。WAAS 的电离层模型算法最初在 1996 年采用了一种格网电离层算法，基于电离层单层假设，以 Klobuchar 模型作为背景场，将固定格网点周围一定范围内所有的实际观测值投影到格网点位置并取其加权平均。对于硬件延迟的处理，采用平方根信息滤波技术实时估计监测站和卫星码间偏差。斯坦福大学提出了基于经验正交函数的三维电离层模型、克里金插值方法的二维电离层模型等的 WAAS 电离层改正方法。目前 WAAS 采用了平面拟合的方法，将每个格网点周围一定范围视为

一个平面并进行拟合。

当 GPS 信号穿过大气时就会造成对流层时延，对流层时延是仰角的函数，造成的距离误差在 2～25m。多径效应是由于信号折射和反射，经过多条路径到达接收机的一种现象，它扭曲了调制信号，使得差分系统精度降低，对伪距和载波相位观测值都有影响。接收机噪声误差来自于接收机前端的热噪声，它可以大约描述为一个正态的白噪声，这些误差对码相位测量造成几米的距离误差，而对载波相位测量仅造成几毫米的距离误差。

这些误差中对流层延迟可以用模型的方法很好地消除，对于不能消除的大气中水蒸气相关的延迟部分可以用一定的参数在定位的时候进行估计。另外的多径和接收机噪声的影响都随用户的环境和硬件水平而变化，从而难以监测且其影响。而对于卫星钟差和轨道误差而言，可以通过参考站的观测数据计算出对应于每颗卫星的精确改正数，而用户也可以应用同样的改正信息获取高精度的定位结果。对于电离层延迟而言也可以利用区域的观测数据建立一个区域的电离层模型，并把相关的电离层信息播发给用户，这就是卫星导航系统误差消减的基本原理。

WAAS 首次采用了栅格化模式对服务区进行分割细化监控。通过在服务区内分布大量的参考站形成数据采集栅格，分别采集各自站点对卫星的观测数据、气象数据、电离层延迟数据上报主控站，主控站处理后形成服务区内不同栅格服务能力的等级划分，从而实现对整个服务区内导航服务质量全面的实时监测与评估。服务区栅格化的另一个重要作用是对导航服务区上空的电离层分布进行实时精确测量与监视。电离层受太阳光照光化学反应的影响，以及对流过程的影响，曲面分布不规则且变化复杂，只有利用栅格化监测方式，把复杂的电离层曲面细化分割，才能实现对导航服务区上空电离层分布曲面的整体描绘。电离层栅格分布向单频用户广播后，用户利用内插方式改正各卫星导航信号传播路径上的电离层延迟，减小这一主要误差项影响。

在提高精度方面，主要依靠对各种偏差改正数据的获取。WAAS 主控站计算偏差改正(DC)，然后生成差分改正电文，实时上注 WAAS 的 GEO 卫星(每 5s 上注一次)，地球静止轨道通信卫星再将差分改正电文转发给用户。WAAS 差分改正电文不是简单的伪距或距离校正信息，而是由主控站分离空间的相关性，分别计算出星历误差以及大气对流层、电离层时延误差的校正值以及导航卫星完好性信息。WAAS 电文调制先被伪随机测距码扩频，然后调制到 L1 载波信号上，WAAS 信号也可用于测距。

WAAS 规范要求在 95% 的时间提供 7.6m(水平方向和垂直方向)或更高的定位精度。系统的实际性能测试结果表明，在毗邻美国、加拿大和阿拉斯加的大部分地区系统能够提供水平方向优于 1.0m、高程方向优于 1.5m 的定位精度。WAAS 依靠独立的地面监控站网络，计算位置精度衰减因子(PDOP)，根据伪距和位置解算结果，利用数理统计学原理独立评估 GPS 所提供 PNT 服务的完好性，再将系统完好性信息上传到 GEO 卫星并透明转发给用户。

2）关于完好性信息

WAAS 以计算误差边界（error bounds）的方式给出系统完好性信息，在考虑所有误差源之后，误差边界用于计算系统保护级（PL）。完好性信息包括用户差分距离误差（UDRE）和格网点电离层垂直延迟改正数误差（GIVE）两部分数据，其中 UDRE 表征快变改正（FC）和慢变改正（LTC）项的残余误差（residual error），UDRE 用 FC 电文播发；GIVE 表征 IGP 改正数（IC）的残余误差，GIVE 和 IC 每 5min 播发一次。

WAAS 接收机通过接收 GPS 标准定位服务信号和 WAAS 播发的增强信号，可以较高置信度的误差边界获得高精度的位置解算结果，其中差分改正数据用于改正 GPS 标准定位服务的伪距观测量，完好性数据用于计算完好性边界（intcgrity bounds），完好性边界也称为保护级（PL）。根据具体的飞行任务，WAAS 用户接收机可以选择计算水平保护级（HPL）或者同时计算 HPL 和垂直保护级（VPL），通过比较保护级和告警门限（AL），WAAS 用户接收机可以给出告警信息，WAAS 可以保证的完好性告警时间（TTA）不超过 6.2s，否则 WAAS 接收机自主完好性监测/可用性评估相关函数会在 8s 内给出告警信息。

如果民航用 WAAS 垂直引导飞机起降，则机载接收机计算“保护圆柱（PC）”范围，PC 是由航空无线电技术委员会（RTCA）的最低运行性能标准（MOPS）定义，详见 RTCA/DO-229 相关内容，WAAS 完好性保护圆柱示意图如图 3.59 所示[30]。

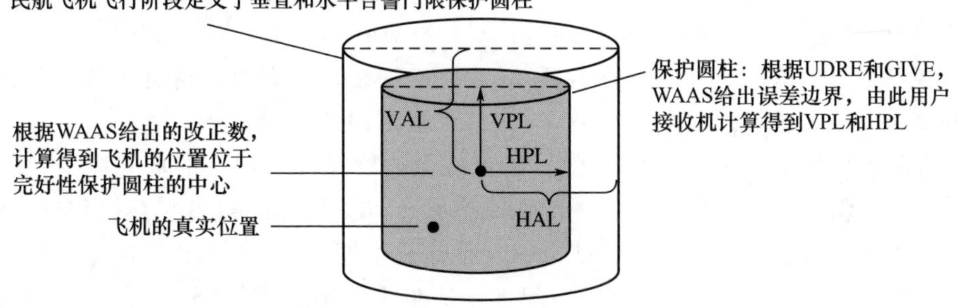

图 3.59　WAAS 完好性保护圆柱

WAAS 接收机首先应用 WAAS 伪距和星历差分改正数据计算当前的位置，然后利用 UDRE 数据、GIVE 数据计算 HPL 和 VPL，这些 PL 数据可以建立可视化的系统完好性保护圆柱，如图 3.59 中内部深色的圆柱所示。WAAS 完好性保护圆柱的中心线位于接收机计算的飞机位置坐标，计算结果具有不确定性，接收机的计算结果分别和 PL 及 AL 比较，对于每次飞行任务而言，AL 是一个确定的告警圆柱，如图 3.59 中外部的圆柱部分。告警门限圆柱的中心线与保护圆柱一致，也是接收机计算的飞机位置坐标，正常情况下，飞机的真实位置在图 3.59 所示的内部深色的完好性保护圆柱范围之内。

如果在飞行任务中，WAAS 给出的完好性数据导致 PL 范围太大以至于超出了完好性 AL 范围,机载 WAAS 接收机将给领航员系统不可用的指示信息。例如,如果 LPV 告警门限超出了设计指标,那么 WAAS 接收机将给领航员系统当前不可用的指示信息。此时,很可能由于水平导航(LNAV)的告警门限范围相对比较大,WAAS 接收机指示领航员系统当前 LNAV 仍然可用。如果用户的定位误差(PE)超出了系统 PL 的时间差超出了完好性告警时间(TTA),那么 WAAS 将给出 HMI。

如果在飞行任务中,WAAS 给出的定位结果导致 PL 范围太小以至没有覆盖飞机的真实位置时,这种情况被称为"下边界条件(underbound condition)",如果下边界条件的时间超出了完好性 TTA,那么 WAAS 也会给出 HMI 信息。WAAS 完好性算法将确保在任何情况下 UDRE 和 GIVE 两部分完好性数据不会造成下边界条件情况发生。

WAAS 的完好性监测与处理更强调安全性、可靠性与快速性,因此,系统采用了独立数据采集、数据并行处理、平行一致性检验,以及交叉验证结构。①每个参考站采用独立的 3 台接收机同时监测 GPS 导航卫星和 WAAS 卫星的信号,通过合理性检验与一致性检验算法,从中选择符合一致性要求的 2 台接收机的数据上主控站数据处理中心;②上报的两套数据分别在主、备两个主控站同时并行处理;③每个主控站收集齐所有参考站上报的两组数据,同时在两个独立的数据处理流程中并行处理,两个流程的结果必须通过平行一致性检验验证后才输出给地面上行注入站(GUS);④主、备两个主控站的处理结果分别送往对应注入站时,同时也交叉互送,实现对两个主控站处理结果的交叉正确性验证;⑤最终处理结果只有通过所有平行一致性检验和交叉正确性验证后,再通过 WAAS 完好性通道向外广播。

WAAS 增强信号必须与 GPS 信号联合使用才能保证对用户的增强服务,因此,WAAS 增强信号体制的设计最大限度地保持了与 GPS 信号的兼容与互操作性,既保证对 GPS 服务能力的增强,又不会对 GPS 原有服务造成干扰或不良影响。主要特点包括:①WAAS 采用与 GPS 同样的空间坐标基准,同时保持与 GPS 时间基准的同步;②WAAS 的导航信号频率、体制、调制方式,扩频码的类型、速率,到达地面的信号通量密度等主要参数保持与 GPS 的 L1 民用信号完全一致。这种系统设计缩小了 WAAS 用户接收机与一般 GPS 接收机的差异,极大地减少了研发成本,有利于系统在市场上的推广应用;③为了保持 WAAS 增强信号与 GPS 导航信号在空间传输上的一致性,WAAS 采用了一套复杂的控制方式,创造性地采用了天地系统闭环实时测量与控制的方式,解决了导航信号的时间、空间基准统一和扩频码与载波相位的相干性两个关键技术问题,简述如下。

首先是增强信号与基本导航信号的时间、空间基准统一问题。GPS 导航载荷的时间、频率基准都在星上,发射出来的信号都以卫星空间坐标和星上时间为起点,而 WAAS 的时间频率基准、发射信号的位置基准都在地面运行控制中心,通过 WAAS 卫星转发的整个传输过程中增加了很多环节的附加时延,导致 WAAS 的时间、空间

基准与 GPS 之间存在明显差异。WAAS 地面控制系统需要根据卫星位置的实时变化,动态调整扩频码的相位(包括在导航电文中改正时间的起始点),补偿上行路径延迟与各种传输时延,使 WAAS 信号的发射时间起始点始终虚拟保持在同步卫星上。

其次是扩频码与载波相位的相干性问题。GPS 导航信号的载波频率、扩频码速率、信息数据率之间保持整数倍关系,都是以 1.023MHz 为基准产生,具有强相关特性。这种特点使 GPS 扩频码测距的变化与载波相位测距的变化规律完全一致,一般静态或低动态用户常见的一种用法就是采用载波相位平滑伪距的算法,降低扩频测距的随机误差以得到更高的测量精度。而 WAAS 导航信号在传输过程中经过了地球静止轨道卫星透明转发器,由于转发器变频器本振的频率基准与地面频率基准完全不相关,破坏了 WAAS 导航信号扩频码与载波的相关特性,为此,WAAS 地面控制系统采用特殊数据处理方法动态调整地面钟,维持扩频码与载波的高度相关特性,使接收 WAAS 卫星信号的用户也可以沿用载波相位平滑伪距的算法。

WAAS 增强了 GPS 信号的完好性,能够更快地检测出错误信息。FAA 和美国斯坦福大学共同成立 WAAS 完好性与性能小组,以指导 WAAS 完好性监测指标的研究与发展。当 GPS 由于系统误差或其他因素的影响而不可用时,WASS 会向用户发出提示信息,另外,WAAS 是按照最严格的安全标准进行设计的,当出现任何可能引起 GPS 位置估值错误的误导性有害信息时,用户能够在 6s 之内接收到由系统发布的告警信息。

3.7.1.3 应用现状

WAAS 为民航提供 LNAV、LNAV/VNAV、LP、LPV 4 种类型的导航服务。利用与评估 GPS 标准定位服务完全兼容的监测接收机来评估 WAAS 性能,飞机进近过程中的要求如图 3.20 所示。

WAAS 定义完好性风险为系统估算的载体的位置精度超过预定的 HAL 或者 VAL 时,卫星导航系统在规定的告警时间内没有告警的概率。连续性风险定义为在系统正常工作过程中,系统没有生成告警信息的概率。WAAS 给出 HMI 的概率是每次进近(150s)小于1×10^{-7},水平或者垂直定位精度(95%)小于 1.6m。当 VPL 小于 50m 时,最大观测误差小于 12m(6σ),水平和垂直定位精度(95%)小于 4m。

WAAS 定义最低运行性能标准(MOPS)为差分改正的导航解在 VPL 以及 HPL 范围内的概率必须满足 99.99999%。因此,误差的真值(true error)在 10^7s 内超过保护限的次数不能多于一次。如果计算的保护级超过了相应的告警门限,那么系统将告警,测量的数据不能用于导航服务。如果系统在运行过程中发出了告警信息,必须针对告警信息给出处理措施,否则系统在整个周期内将被宣布不可用。

美国斯坦福大学在美国加利福尼亚州的国家卫星测试平台(NSTB),对静态用户开展了 WAAS 的二维平面定位性能评估测试,有关广域差分 GPS(WADGPS)以及 WAAS 的实时信息可以访问美国国家卫星测试平台(NSTB)网站。FAA 的技术中心网站 www. nstb. tc. faa. gov 给出当前实时的和历史的系统可用性云图。根据 WAAS 系统设计、分析和实测数据,WAAS 增强信号的性能指标如表 3.39 所列[30]。

表 3.39 WAAS 增强信号的性能指标

性能	性能指标	说明
告警时间	6.2s	符合要求
告警时间,接收机的 RAIM/FDE	8s	TSO-C 145/146
HMI 发生概率	$<1\times10^{-7}$/进近 (150s)	低于要求
连续性	$(1-8\times10^{-6})/(15s)$	符合要求
标称水平精度	1.6m(95%)	性能分析报告
最大水平精度	12m(最大观测量)	
水平精度门限	4m(95% 保守门限)	
标称垂直精度	1.6m(95%)	性能分析报告
最大垂直精度	12m(最大观测量)	
垂直精度门限	4m(95% 保守门限)	
可用性	实时可用性云图	www. nstb. tc. faa. gov

FAA 的技术中心负责测量和分析 WAAS 的系统性指标,WAAS 根据民航对 LPV-200 的导航要求发布当前服务水平(能力),LPV-200 服务水平在整个 WAAS 服务区域都是可用的;在服务能力不可用的局部区域,WAAS 在其 GEO 卫星播发的增强信号中要给出服务可用性降级程度的指示信息,如 LPV 或者 LNAV/VNAV,服务可用性区域可以实时显示在 WAAS 接收机屏幕上。WAAS 的航路导航、终端区导航、LNAV、LNAV/VNAV、LPV、LPV-200 的导航性能要求如表 3.40 所列[30,51]。

表 3.40 WAAS 导航性能需求

性能	航路	终端区	LNAV	LNAV/VNAV	LPV	LPV-200
TTA	15s	15s	10s	10s	6.2s	6.2s
HAL	2nm	1nm	556m	556m	40m	40m
VAL	N/A	N/A	N/A	50m	50m	35m
HMI 发生概率	10^{-7}/h	10^{-7}/h	10^{-7}/h	2×10^{-7}/进近	2×10^{-7}/进近	2×10^{-7}/进近
区域 1 连续性	$(1-10^{-5})$/h	$(1-10^{-5})$/h	$(1-10^{-5})$/h	$(1-5.5\times10^{-5})/(15s)$	$(1-8\times10^{-6})/(15s)$	$(1-8\times10^{-6})/(15s)$
水平精度(95%)	0.4 n mile	0.4 n mile	220m	220m	16m	16m
垂直精度(95%)	N/A	N/A	N/A	20m	20m	4m
可用性(区域 1 覆盖区)	0.99999 (100%)	0.99999 (100%)	0.99999 (100%)	0.99 (100%)	0.99 (80% ~100%)	0.99 (40% ~60%)

（续）

性能	航路	终端区	LNAV	LNAV/VNAV	LPV	LPV-200
可用性 （区域2覆盖区）	0.999 (100%)	0.999 (100%)	0.999 (100%)	0.95 (75%)	0.95 (75%)	N/A
可用性 （区域3覆盖区）	0.999 (100%)	0.999 (100%)	0.999 (100%)	N/A	N/A	N/A
可用性 （区域4覆盖区）	0.999 (100%)	0.999 (100%)	0.999 (100%)	N/A	N/A	N/A
可用性 （区域5覆盖区）	0.99999 (100%)	0.999 (100%)	0.999 (100%)	N/A	N/A	N/A

WAAS 设置Ⅰ类精密进近(CAT Ⅰ)的 HAL 为 30m，如果用户定位误差大于 HAL，但在 HPL 范围内，则会提升系统告警状态，将导致整个系统丧失可用性，即系统不可用(system unavailable)，也可能导致系统连续性出现风险。在任何情况下，真值和测量值之间的误差应小于 HPL，否则判定导航系统 HPL 失效。WAAS 的长期可用性指标是 99.9%，在系统正常运行(normal operation)时，水平定位的可用性指标为 99.999%；VAL 为 12m，在定位精度、系统完好性和连续性同时满足指标要求时，系统的可用性指标为 99.671%。

WAAS 在北美地区的定位精度已由 10m(95%)提高到水平 3m(95%)、垂直 3.5m (95%)，完好性满足航空导航规定的要求，可以实现民航飞机的 LPV 和 LPV-200 导航服务，可以使飞机在不具备仪表着陆系统(ILS)的机场仍可实现类似于 ILS 的高安全性着陆。ILS 是目前应用最广泛的飞机精密进近和着陆引导系统，ILS 由地面两束无线电信号实现航向道和下滑道指引，建立一条由跑道指向空中的虚拟路径，飞机通过机载接收设备，确定自身与该路径的相对位置，使飞机能够沿着正确方向飞向跑道并且平稳下降高度，最终实现安全着陆。

2003 年 07 月 10 日，WAAS 正式开始服务于民航系统，覆盖 95% 的美国领土。2008 年，FAA 开展了 WAAS 在直升机方面的应用。2009 年 12 月，西雅图地平线航空公司的一架从波特兰飞往西雅图的民航航班首次使用 WAAS 提供的导航服务实现 LPV 进近，西雅图地平线航空公司与 FAA 合作，提供长期的数据以评估 WAAS 在民航应用的安全性。2014 年 8 月，WAAS 可以为全美民航航班提供 LPV-200 精密进近服务，服务覆盖区域云图如图 3.60 所示[51-52]。

图 3.60 中深红色部分代表 WAAS 性能最好的区域，覆盖区的性能随时间、空间卫星几何分布以及空间电离层的变化而变化。WAAS 技术规范明确定位精度优于 7.6m(95%)，但实测水平定位精度优于 1.0m，垂直定位精度优于 1.5m，因此，WAAS 能够支持用户类 CAT Ⅰ精密进近(水平定位精度 16m，垂直定位精度 4m)。GPS 的地基增强系统——LAAS 覆盖半径为 48km 左右的区域，可以支持 CAT Ⅱ/Ⅲ(Ⅱ/Ⅲ类精密进近)；WAAS 与 LAAS 协同工作具备为用户提供航空飞行各个阶段的导航能力。2014 年，WAAS 在全美实现了 LPV-200 服务，目前已经公布了 3656 个 LPV 飞行

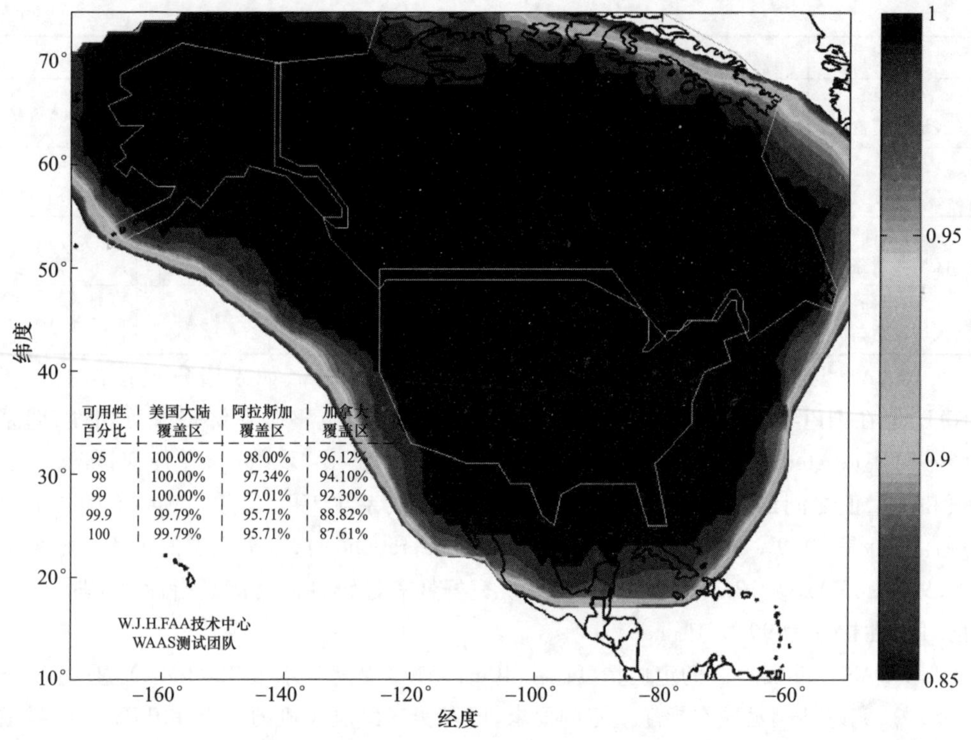

图 3.60 WAAS LPV-200 服务的覆盖区域云图(2014 年 8 月 14 日 1805 周第 4 天)(见彩图)

程序,在 89000 架通航飞机上安装了 WAAS 设备,全美实现 WAAS-LPV 进近服务的机场如图 3.61 所示[46]。

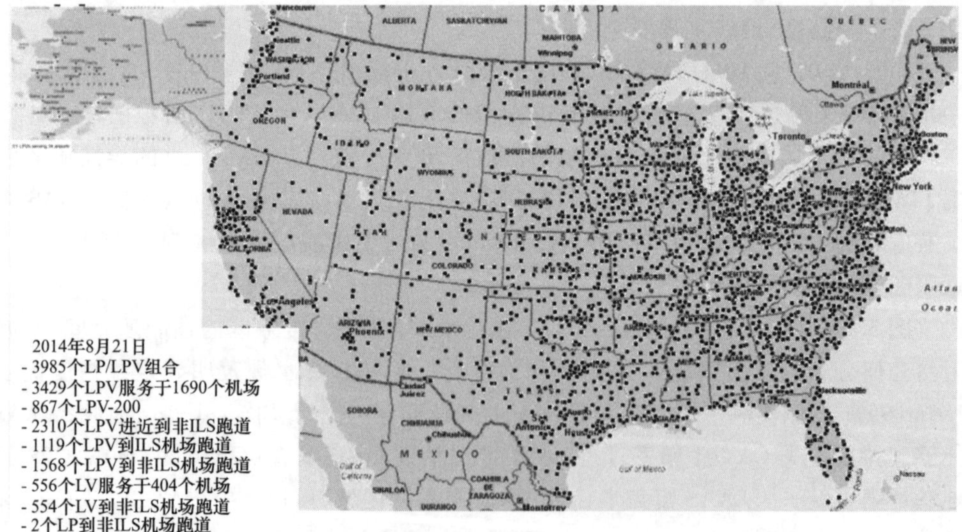

图 3.61 全美实现 WAAS-LPV 进近服务的机场分布(见彩图)

WAAS 为民航飞机提供安全可靠的导航服务，同时大幅降低机场的运行和维护成本。例如，在机场安装一套 ILS 设备需要 1000000 至 1500000 美元，在全美范围内，有 600 个机场安装了 ILS 设备，每年的维护费用是 8200 万美元，而 WAAS 可以为 5400 个机场提供服务，每年的维护费用相对要低得多。

目前 WAAS 在美国本土及周边区域提供 GPS 增强服务，WAAS 的目标是增强 GPS 的 PNT 服务的完好性和定位精度，为民航提供直至精密进场着陆的所有飞行阶段的导航服务。目前 FAA 正在开展双频（L1，L5）WAAS 建设，持续升级 GEO 卫星性能、更新现有地面设备[53]。

3.7.2 欧洲地球静止轨道卫星导航重叠服务

欧洲地球静止轨道卫星导航重叠服务（EGNOS）是欧洲的星基增强系统（SBAS），主要为 GPS 提供 PNT 增强服务。2002 年，欧盟（EU）和欧洲空间局（ESA）启动论证 EGNOS，2005 年建设地面运行控制系统并同步部署 GEO 卫星，2008 年 1 月，系统空间段卫星播发导航增强信号，2010 年 EGNOS 全面运营。EGNOS 通过 GEO 卫星广播 GPS 卫星轨道和时钟改正数、电离层延迟改正数、完好性信息，给出具有较高置信度的位置误差边界，达到增强 GPS 服务的目标。在欧洲民用航空委员会（ECAC）规定的服务区域内，EGNOS 从定位精度和完好性两个方面改善 GPS 性能。EGNOS 提供开放服务（OS）、生命安全（SOL）服务、商业数据分发服务（CDDS）[54-55]，简述如下。

（1）开放服务（OS）免费对欧洲公众用户开放使用，2009 年 10 月 1 日，OS 正式对用户提供服务。

（2）生命安全（SOL）服务为全欧洲涉及生命安全导航的用户提供最严格的导航信号服务，2011 年 3 月 2 日，SOL 正式对用户提供服务。

（3）商业数据分发服务（CDDS）为商业和专业用户提供增强性能的服务，CDDS 是付费服务，2010 年 4 月，CDDS 正式对用户提供服务。

EGNOS 是欧洲多模式 SBAS 服务的组成部分，为不同用户提供多方位的导航增强服务。为交通运输领域的航空、航海和铁路等涉及生命安全用户提供导航增强服务，特别是为民用航空提供垂直引导进近（APV）导航服务。

3.7.2.1 系统组成

EGNOS 系统核心架构由地面段、空间段、系统支持段 3 部分组成[56]，可参见图 2.1，地面段由 4 个任务控制中心（MCC）、41 个地面测距与完好性监测站（RIMS）、6 个地面导航增强信息注入站（简称“导航地面站（NLES）”）和一套 EGNOS 广域（通信）网（EWAN）组成。4 个 MCC 分别位于 Torrejon，Gatwick，Langen 和 Ciampino，负责任务控制和数据处理工作。RIMS 分布在欧洲内外 20 余个国家，负责监测 GPS 导航信号。空间段由 3 颗 GEO 卫星组成，播发中心频点为 1575.42MHz 的 EGNOS 增强信号。系统支持段由系统性能评估和检查机构（PACF）以及指定应用资格认证设施

(ASQF)组成,作为系统正常运行的支撑机构。

此外,EGNOS 系统还包括外部数据接入服务器(external data access server)和用户段(user segment)两个组成部分,但不是核心架构,外部数据接入服务器用于给用户传输 EGNOS 产品,支持 CDDS 服务,用户段则由 EGNOS 接收机和用户终端组成,EGNOS 系统核心架构和系统组成如图 3.62 所示[55,57]。

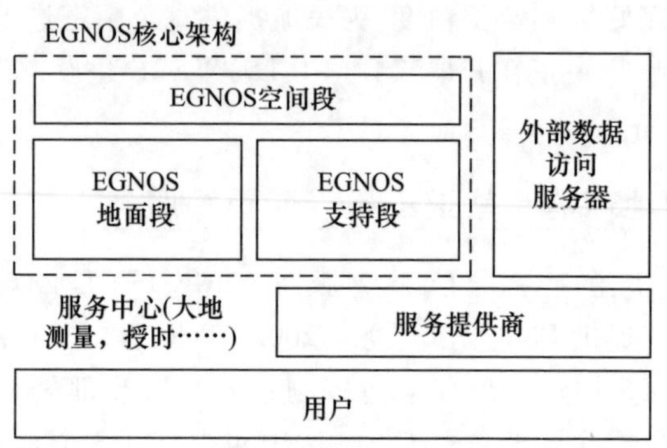

图 3.62　EGNOS 系统核心架构和系统组成

EGNOS 地面段 RIMS 的主要任务是监测 GPS、GLONASS 以及 EGNOS 系统自身 GEO 卫星播发的信号,将监测到的信号以及原始伪距观测数据以每秒一次的频度发送给 MCC 的中心处理设备(CPF),为了改善 EGNOS 系统性能同时扩大系统服务区域,EGNOS 系统在欧洲大陆设置了 41 个监测站,监测站分布如图 3.63 所示。

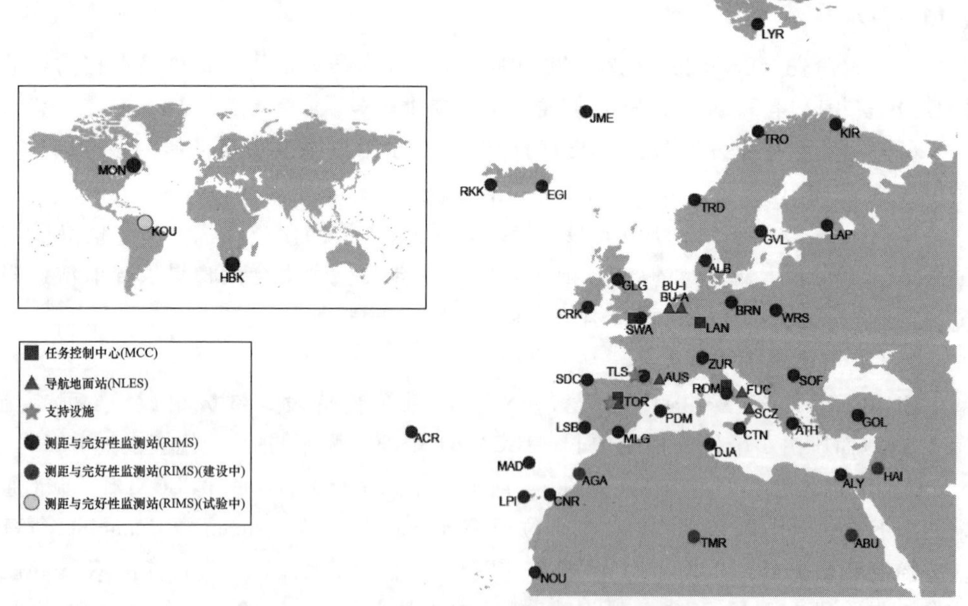

图 3.63　EGNOS 系统监测站分布(见彩图)

EGNOS 系统每个 MCC 配置一套中心控制设备(CCF),由工作人员值守,并不是一个自动化系统,用来控制 EGNOS 的运行,监测 EGNOS 的工作状态,确保系统服务的可用性。CCF 的功能主要包括监控 EGNOS 所有地面系统的运行状态,监控 EGNOS GEO 卫星的运行状态,监控并预测 EGNOS 系统的服务性能,将所有接收到的数据和系统生成的数据存档,为 EGNOS 系统 PACF、ASQF 以及为空中交通管理(ATC)提供数据接口。4 套 CCF 中,一个当班工作,两个热备份,一个冷备份,由此可以确保当其中一个 CCF 工作异常时,系统能够做到无缝切换以确保 EGNOS 系统服务的连续性[58]。

MCC 的核心是 CPF,CPF 负责接收并处理来自地面测距与完好性监测站(RIMS)的原始数据,精确给出监测站视野范围内每颗 GPS 卫星的钟差、星历差分改正数、电离层延迟改正数,这些差分改正数的精度与 RIMS 的配置有关,EGNOS 播发的电离层延迟改正数仅保证欧洲大陆用户的可用性,CPF 组成示意图如图 3.64 所示[59]。

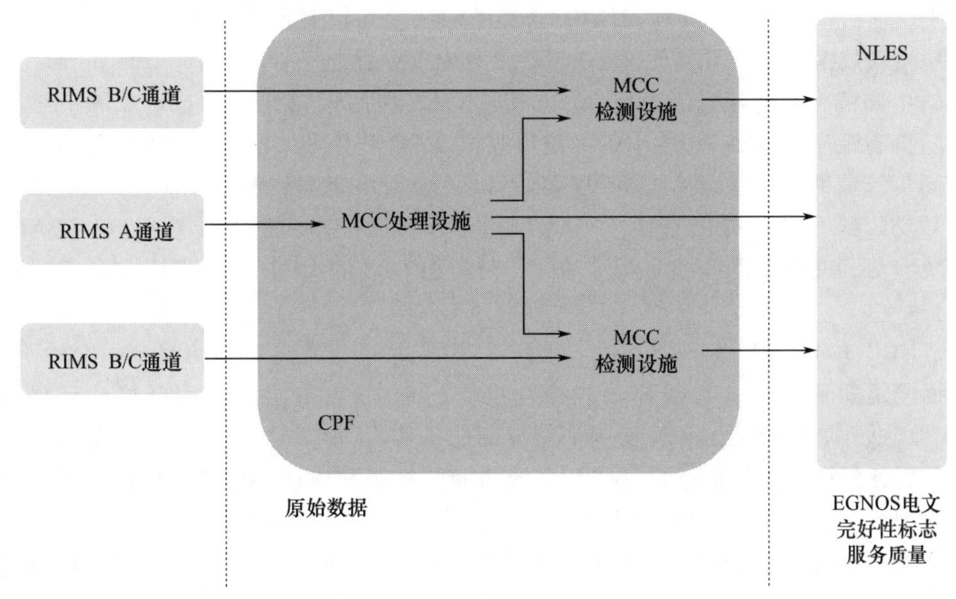

图 3.64　CPF 组成示意图

根据系统播发的差分改正数,MCC 的 CPF 还能进一步评估用户关心的改正数的残余误差,残余误差用 UDRE 和 GIVE 的方差两个参数来表征。UDRE 是用户采用系统播发的卫星的星历和星钟差分改正数后,对残余测距误差的估计值;GIVE 是用户采用系统播发的给定地理网格点的电离层延迟改正数后,对格网电离层垂直残余误差的估计。UDRE 和 GIVE 可用于确定水平和垂直定位误差总的误差边界。总的误差边界对于涉及生命安全的应用以及想知道位置解算结果的不确定性的用户是十分有益的。CPF 能够检测出 GPS、GLONASS 以及自身 GEO 信号存在的任何异常现象,如果误差超出系统设定的级,则可以在 6s 内给用户报出告警信息。

EGNOS 系统导航地面站(NLES)接收 MCC CPF 生成的增强电文,根据 CPF 给出的服务质量(QOS)和完好性标识,NLES 可以在 4 个 CPF 生成的增强电文中选择最优的一组数据。6 个地面 NLES 中,每 2 个注入站对应一颗 GEO 卫星,将 MCC 的 CPF 生成的增强电文上行注入 GEO 卫星,对应关系如表 3.41 所列[59]。

表 3.41 NLES 与 GEO 卫星的对应关系

NLES	GEO 卫星
Goonhilly(英国)、Aussaguel(法国)	Inmarsat AOR-E
Fucino(意大利)、Goonhilly(英国)	Inmarsat IOR-W
Torrejon(西班牙)、Scanzano(意大利)	ESA ARTEMIS

对应一颗 GEO 卫星的两个注入站完全可以互为备份,一主一备,由于注入站的内部设备原因或者系统完好性机制导致其中一个注入站不能正常工作时,MCC CPF 负责实施主备注入站的切换,EGNOS 系统在设计上可以避免两个注入站同时给一颗卫星注入数据。由于 EGNOS GEO 卫星没有配置星载原子钟,不能向 GPS 卫星那样在轨生成精确的伪随机测距码,所以需要 NLES 利用预先分配的 GPS C/A 码族的伪随机测距码扩频处理 EGNOS 系统增强电文,再利用与 GPS L1 C/A 信号时间完全同步的辅助信号生成 EGNOS 增强信号,最后利用变频调制技术将 EGNOS 增强信号变频到 C 频段并上行注入 GEO 卫星,GEO 卫星作为透明转发器,将 EGNOS 系统 C 频段增强信号下变频到 L 频段,仍利用 GPS 的 L1 频点将增强信号播发给用户。

MCC、RIMS、NLES、EWAN 共同维持 EGNOS 系统正常运行和控制,EGNOS 系统地面段还配置了系统性能评估和检查机构(PACF)以及指定应用资格认证设施(ASQF),开展系统维护和性能验证等方面的工作。PACF 对 EGNOS 系统运行提供支持服务包括性能分析、运行维护、系统功能的升级和验证,ASQF 提供民用航空认证管理服务,对不同的 EGNOS 应用开展资格验证和认证工作。PACF 和 ASQF 由 EGNOS 系统服务商(ESP)负责运行和管理。此外,为满足系统确认和验证 EGNOS 系统设计阶段的设计需求,EGNOS 建设前期设置了系统发展和验证平台(DVP),由仿真平台、实时测试平台、总装集成和部装平台三部分组成,目前 EGNOS 系统发展和 DVP 已合并到 PACF。

EGNOS 空间段由 4 颗 GEO 卫星组成,卫星用 L1 频点(1575,42MHz)播发 GPS 卫星的差分改正数据和系统完好性信息。GEO 卫星在轨工作状态基本不变,可能的更新会通过系统服务机构告诉用户。4 颗 GEO 卫星包括两颗 Inmarsat 通信卫星,两颗 Astra 通信卫星。目前,EGNOS 在轨正常工作 GEO 卫星卫星覆盖范围如图 3.65 所示[60],服务区覆盖整个欧洲,卫星主要信息如下。

(1) Inmarsat-3 通信卫星(Inmarsat-3F2 AOR-E),AOR-E 卫星定点在 15.5°W,分配的 PRN 号为 120。

(2) Inmarsat-4 通信卫星(Inmarsat-4F2 Emea),Emea 卫星定点在 64°E,分配的 PRN 号为 126。

(3) Astra Ses-5 卫星定点在 5°E,分配的 PRN 号为 136。

(4) Astra-5B 卫星定点在 31.5°E,分配的 PRN 号为 123。

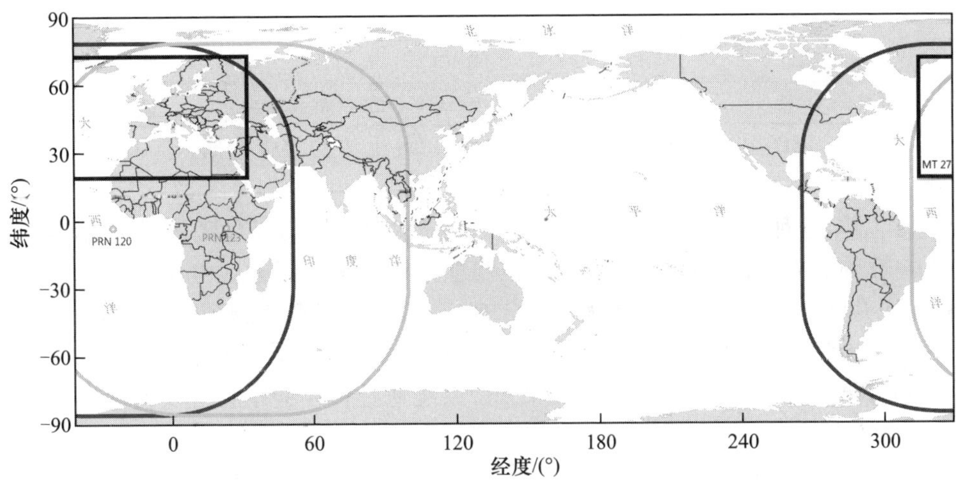

图 3.65 EGNOS 系统 GEO 卫星覆盖范围(见彩图)

EGNOS GEO 卫星定点位置主要的原则有 3 点:①改善用户观测几何精度因子,由此提高系统可用性;②用户观测角度最大化,由此降低 EGNOS 增强信号被遮挡的风险;③在核心服务区域内,确保为欧洲用户提供双重覆盖服务。

配置 EGNOS 透明转发器载荷的第一代 Inmarsat-3(F2 AOR-E)卫星于 1996 年 9 月发射入轨,第二颗卫星 Inmarsat-3 F5 IOR-W 于 1998 年 2 月发射入轨,Inmarsat-3 系列卫星由美国 Lockheed Martin 导弹和空间系统公司研制卫星平台,由欧洲 Astrium 宇航公司研制通信载荷。目前 EGNOS GEO 卫星中只有 Ses-5、Astra-5B、Emea 在轨正常工作,播发 EGNOS 导航增强信号。2019 年 1 月 1 日后,Ses-5、Astra-5B 卫星在轨正常工作,Emea 开展在轨测试任务,AOR-E 已退役并退出 EGNOS 空间段[53]。Inmarsat-3 通信卫星导航载荷可参见图 3.24。

入站链路采用 6455.5MHz C 频段信号,出站为 1575.5MHz L1 频段导航增强信号,放大器采用 SSPA,EIRP 为 27.5dBW。EGNOS 导航增强信号数据处理流程简述如下:首先是地面段的 RIMS 接收 GPS 和 EGNOS 的 GEO 卫星播发的导航信号,获取伪距原始观测量,同时将观测数据送给地面段的任务控制中心(MCC);然后 MCC 的中心处理设备(CPF)计算导航信号的实时差分改正数,包括电离层延迟、GPS 和 EGNOS GEO 卫星的星历以及钟差的差分改正数。地面段的 NLES 通过 C 频段上行链路将增强数据上行注入 GEO 卫星,由卫星将增强信号透明转发给地面用户。Inmarsat-3 通信卫星(AOR-E 和 IOR-W)和 ESA Artemis 通信卫星导航增强转发器载荷的关键参数如表3.42所列。

表3.42 星载导航增强转发器载荷的关键参数

参数	Inmarsat-3 通信卫星	ESA Artemis 通信卫星
覆盖区域边缘 EIRP/dBW	27.5	>27
带宽/MHz	2.2	4
极化方式	RHCP	RHCP
载波频率稳定性/10s	4.3×10^{-11}(AOR-E)、1.1×10^{-11}(AOR-W)	2×10^{-12}

EGNOS GEO卫星作为透明转发器播发NLES上注的增强数据,GEO卫星透明转发增强信号。一颗GEO卫星链路出现失效时,EGNOS空间段还有两颗GEO卫星能够正常工作,这种配置可以在整个服务区内具有较高程度的冗余度,确保导航增强服务的可靠性和安全性。EGNOS的运行控制理念是确保在服务区内任何位置都有两颗GEO卫星正常播发系统的增强信号。理论上,用户只要接收到一颗GEO卫星播发的系统增强信号,就能获得EGNOS位置解(需要同时接收GPS导航信号),在剩下的两颗卫星中有一颗意外服务中断情况下,系统通过切换链路就可以确保系统的可靠性。

3.7.2.2 工作原理

EGNOS体系结构复杂且高度冗余,系统的设计目标是满足ICAO制定的SBAS标准要求,具有4方面功能:①接收GPS、GLONASS及EGNOS-GEO卫星播发的信号和电文数据;②估计服务区的系统完好性数据和广域差分(WAD)改正数;③通过GEO卫星广播类似GPS卫星的增强信号,电文包含轨道和时钟改正数、电离层延迟改正数及系统完好性数据,信号同时具有测距功能;④验证上述完好性数据和改正数的正确性。EGNOS依靠高精度的GPS监测接收机提供的系统1秒脉冲(1 PPS)信号实现系统内部各个环节的时间同步功能,即EGNOS时与GPST保持时间同步。

EGNOS工作原理和美国WAAS基本一致,EGNOS地面测距与完好性监测站(RIMS)接收GPS、GLONASS导航信号以及EGNOS系统GEO卫星的增强信号,将原始数据送到任务控制中心(MCC),MCC的中心处理设备(CPF)开展导航信号改正数的实时计算,包括卫星星历、星载原子钟钟差、电离层延迟改正数以及系统完好性信息,然后NLES将EGNOS增强数据上行注入GEO卫星,最后由GEO卫星将EGNOS增强信号透明转发给用户,EGNOS系统框架如图3.66所示[61]。

MCC的CPF负责监测和控制(M&C)GPS、GLONASS及EGNOS-GEO信号,MCC由工作人员值守,如果主用MCC工作异常,那么另一个热备的MCC将立刻接管EGNOS系统信号监控的任务,另外2个MCC处于冷备状态,当主用和热备MCC都出现问题后,2个冷备状态的MCC则立即被激活。EGNOS系统是一个广域分布的、冗余的系统,各个子系统之间的数据流也具有不同程度的备份措施。

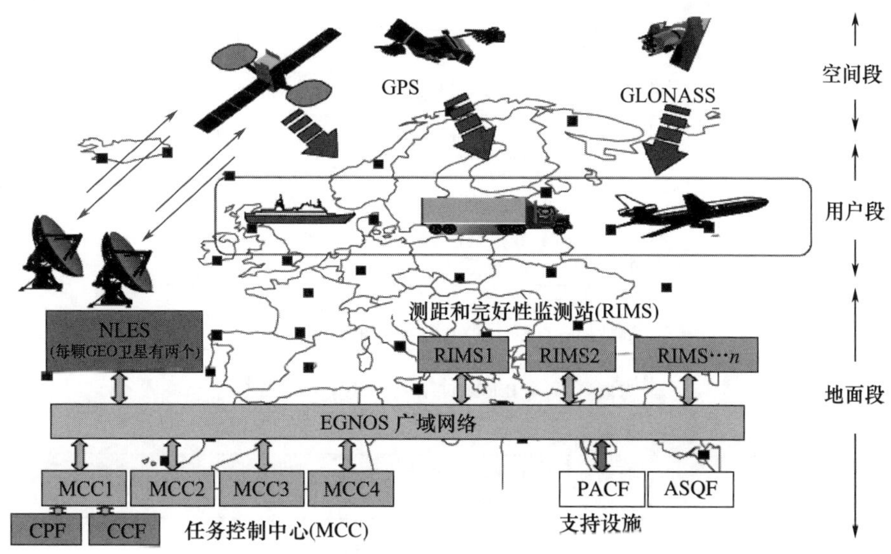

图3.66　EGNOS系统框架(见彩图)

BAHN是欧洲空间局/欧洲航天飞行控制中心(ESA/ESOC)生成ESA的IGS产品软件包NAPEOS(地球观测卫星导航软件包)的核心部分,用于轨道、钟差处理,EGNOS的数据处理软件在ESA的精密定位、定轨软件BAHN的基础上发展而来。EGNOS的定轨、钟差算法在BAHN基本架构的基础上增加了实时数据处理的能力,采用简化的动力学模型对轨道进行实时估计,并增加UDRE等估计功能。BAHN软件的观测模型如表3.43所列,轨道模型如表3.44所列[62]。

表3.43　BAHN软件的观测模型

预处理	对RINEX格式文件进行预筛选。 P1-C1码间偏差用cc2noncc软件改正。 用不同的观测值组合方式筛选数据,包括初始化接收机时钟、探测周跳、丢弃质量极差的观测数据。 对于剩余的数据,选择预定的监测站,根据网型最优确定另外的监测站
基本观测值	非差相位、伪距观测值。 截止高度角:10°。 采样率:30s。 加权:相位中误差0.01m,伪距0.1m。加权函数:1/sin(elev)。 码间偏差:C1-P2型数据改正到P1-P2
模型化观测值	非差观测值,用LC、PC组合消除1阶电离层影响
卫星天线质心偏差	卫星相关的z偏差、卫星型号相关的x、y偏差,利用IGS05_wwww.atx
天线相位中心改正	绝对PCV改正,应用IGS_wwww.atx,不应用方位角相关的偏差改正
GPS姿态模型	不应用,不估计偏航率
RHC相位旋转改正	相位缠绕改正

（续）

接收机天线相位中心偏差	绝对的高度角、方位角相关的 PCV 改正
天线整流罩校正	按照 igs 05_wwww. atx 的数据进行改正，如果没有就忽略
监测站标识与天线 ARP 偏心	dN、dE、dU 从一个 log 文件中读入，从而计算监测站坐标
对流层先验模型	天顶延迟用 Saastamoinen 模型，利用 GPT 模型的压力和温度，得到的天顶延迟用 GMF 投影到卫星方向，不考虑梯度
电离层	1 阶项：双频线性组合。 2 阶及以上项：不改正
潮汐	固体潮：IERS2003。 固体地球极潮：IERS2003，线性趋势移除平均项。 海潮：IERS 2003。 海潮负荷：与 IERS2003 保持一致
非潮汐负荷	不考虑
地球朝向变化	海潮：周日/半周日变化。 高频章动：IERS2003

表 3.44　轨道模型

重力场	12 阶 12 次 EIGEN-GL05C 模型。 考虑的漂移项：按照 IERS2003 计算出的 C21 和 S21。 地心引力常数 $G_M = 3.986004415 \times 10^{14} m^3/s^2$。 地球半径 $a = 6378136.3m$。 地球角速度 $\omega = 7292115 \times 10^{-11} rad/s$
重力场的潮汐变化	固体潮，海潮，固体地球极潮：IERS2003。 海洋极潮：不考虑
N 体摄动	太阳，月球，所有太阳系行星
太阳光压模型	蚀模型：考虑本影和半影。 地球反射：考虑。 月影：考虑本影和半影。 卫星姿态：不估计偏航率
相对论效应	动态改正：考虑。 重力时延：考虑
数值积分	Adams-Bashforth/Adams-Moulton 8 阶预报-校正多步法。 步数：120 步。 起步：8 阶 Runge Kutta
注：EIGEN—欧洲改进重力场模型	

EGNOS 播发的格网点电离层延迟采用了 NeQuick 模型，NeQuick 是国际理论物理中心（ICTP）开发的一个经验的三维时变电子密度模型。NeQuick 模型用 DGR 剖面公式描述了从 90km 到地球大气 F2 层波峰高度的电子密度，其中改进的 DGR 剖面函数包含 5 个 semi-Epstein 层以及模型厚度参数。模型使用了 3 个剖面关键点，包括 E 层峰值、F1 层峰值和 F2 层峰值，最上面采用经验参数刻画的 semi-Epstein 层，输入参数是位置、时间和太阳辐射通量，输出是给定位置的电子密度。

EGNOS 数据流分为信号处理环路（processing cycle）和信号检测环路（check cycle），如图 3.67 所示[58-59]。信号处理环路通过地面测距与完好性监测站（RIMS）的

A 通道接收 GPS、GLONASS、EGNOS-GEO 卫星信号,同时给出伪码和载波伪距观测量以及系统完好性信息,并生成增强信号。图中红线表示系统信号处理环路的实时数据流;信号检测环路通过 RIMS 的 B、C 通道接收 GPS、GLONASS、EGNOS-GEO 卫星信号,将原始数据送到 MCC 的中心控制设备(CCF),独立开展伪码和载波伪距观测量以及系统完好性信息的验证和存档工作;图中绿线表示信号检测环路实时数据流。两个环路数据流闭环处理时间不超过 6s,以满足 EGNOS 完好性对告警时间的要求。

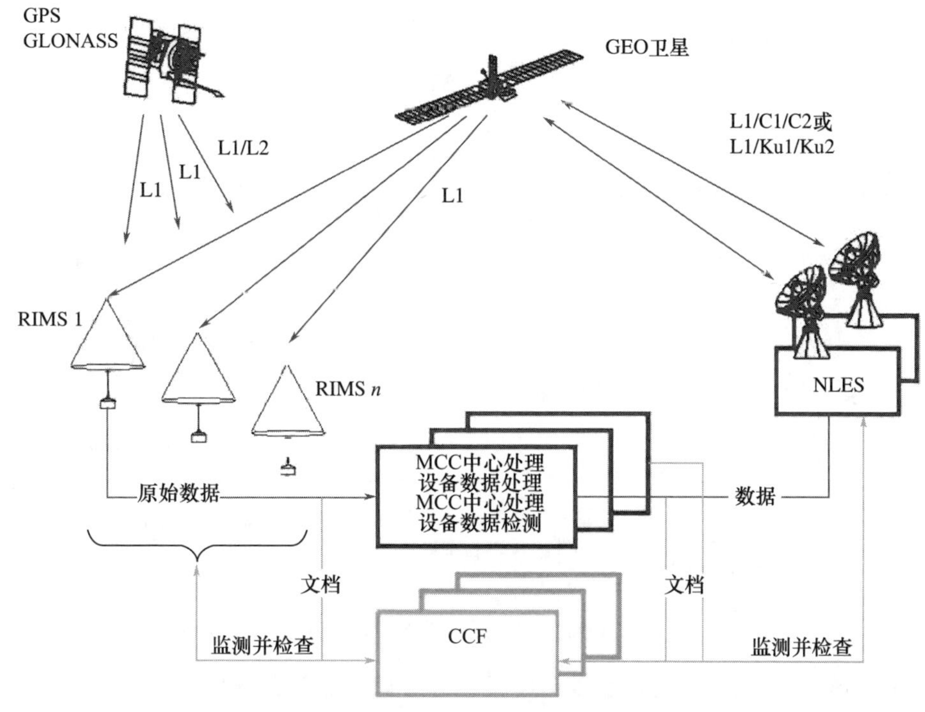

图 3.67 EGNOS 系统数据流(见彩图)

EGNOS 信号处理环路给出了 GPS、GLONASS、EGNOS-GEO 卫星信号的差分改正数和系统完好性信息,信号处理环路首先通过地面 RIMS 的 A 通道接收 GPS、GLONASS 以及 EGNOS-GEO 卫星播发的信号,给出伪码和载波伪距观测量和与协调世界时(UTC)的偏差。位于巴黎的 RIMS 的监测接收机时钟与 UTC 保持同步,计算任务主控中心(MCC)中心处理设备(CPF)的 EGNOS 系统网络时间(ENT)与 UTC 的偏差,ENT 与 UTC 的时间偏差信息通过增强电文 MT12 播发给用户,用户可以据此溯源 UTC 时间。

RIMS 将原始观测数据送到 MCC 的 CPF,处理并生成差分改正数和系统完好性信息,具体处理流程分为 4 步:①数据预处理和有效性验证,包括剔除电离层和对流层延迟等系统误差量,监测并剔除载波相位周跳,进行数据平滑处理以减少随机噪声,滤除残余多径干扰信号分量;②计算 EGNOS 增强数据,包括 GPS、GLONASS、

EGNOS-GEO 卫星星历、时钟差分和格网点电离层延迟改正数以及 UDRE 和 GIVE 残余误差的方差估计;③系统内部增强数据检查和质量估计,包括卫星完好性评估、应用差分改正后 UDRE 和 GIVE 残余误差估计的一致性、CPF 以服务质量标识形式反映结果的一致性,根据服务质量标识,导航地面站(NLES)可以选择主用 CPF 的数据;④根据 ICAO SBAS 标准生成格式化的增强电文,并确定增强电文的最优播发顺序。EGNOS 系统信号处理环路的实时关键数据流如图 3.68 所示[58-59]。

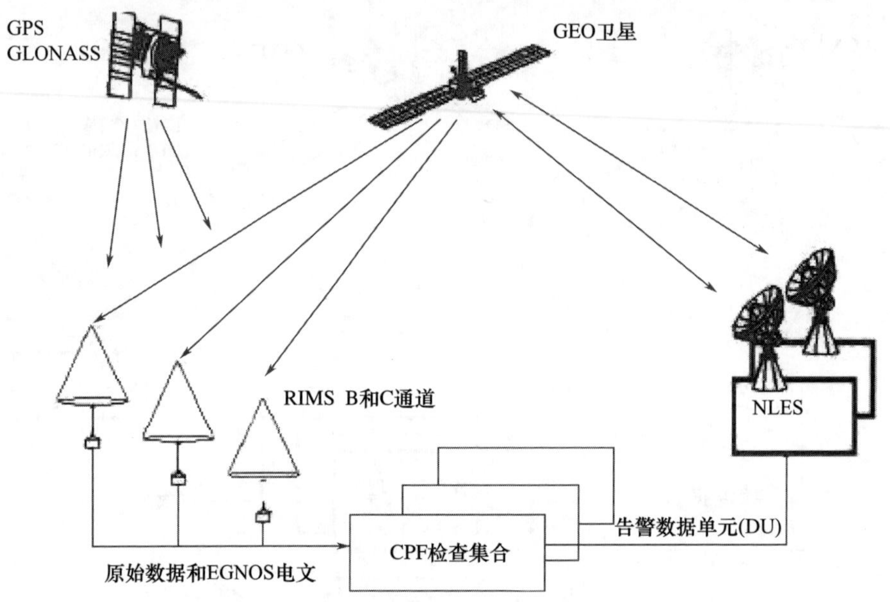

图 3.68 EGNOS 系统信号处理环路的实时关键数据流(见彩图)

MCC 的 CPF 的核心是一套复杂的系统完好性算法及其软件,决定了 EGNOS 的性能,其中对于 UDRE 和 GIVE 的计算是至关重要的,它们的误差边界确定了系统完好性,算法同时会影响系统的连续性和可用性指标评估结果。CPF 将生成并核对后的 EGNOS 电文通过 EWAN 送到 NLES,NLES 将 EGNOS 电文上行注入给系统的 GEO 卫星,由卫星播发给用户。

EGNOS 信号检测环路通过 RIMS 的 B、C 通道接收 GPS、GLONASS、EGNOS-GEO 卫星信号,在 MCC 的 CPF 生成 EGNOS 增强数据之前以及 GEO 卫星将其播发给用户之后,MCC 的 CCF 独立开展系统完好性的验证工作,CCF 同时开展数据统计试验,以验证差分改正数及其相应残余误差的可靠性。

对于用户等效距离误差(UERE)和用户差分距离误差(UDRE)来说,由多个 RIMS 同时观测一颗导航卫星,然后开展伪距观测误差数据的统计分析工作,获得 UERE 及其残余误差——UDRE。CPF 计算的差分改正数及其残余误差与 CCF 独立计算的相应数据进行比对,当两者计算结果偏离较大时,系统给出完好性告警标识——“没有监测(not monitored)”。对于格网点电离层垂直延迟(GIVD)和格网点

电离层垂直延迟改正数误差(GIVE)来说,CPF 计算的差分改正数及其残余误差同样也要和 CCF 独立计算的相应数据进行比对,当两者计算结果偏离较大时,系统也给出完好性告警标识——“没有监测”。

对于卫星信号和电离层格网点延迟对应的 UDRE 和 GIVE 两部分数据,EGNOS 系统完好性有“可用”和“不可用”两种级别的标示,UDRE 和 GIVE 表征系统采用广域差分改正后,卫星信号和电离层格网点延迟残余误差的统计估计值。在用户位置计算结果完好性评估中,UDRE 和 GIVE 用于计算误差边界。快变和慢变广域差分改正关系建立了不同误差源的时间差分改正模型,快变广域差分改正模型表征了卫星星历和星载时钟误差等快速误差变化量的改正关系,慢变广域差分改止模型表征卫星星历和星载时钟漂移等长期误差变化量的改正关系,电离层延迟改正量在预先定义的各网点上给出改正数据。

EGNOS 接收机研制商采用标准、开放的数据格式,主要有 NMEA,RTCM,NTRIP,SiSNET 和 RINEX,其中 SiSNET 为通过互联网传输卫星导航增强信息。EGNOS 增强信号的载波频率与 GPS L1 频点(1575.42MHz)一致,采用 GPS 的测距码,但是增强电文的数据格式不同,目前定义了 16 个不同的电文类型,电文每 6s 更新一次。对于生命安全(SOL)服务,EGNOS 接收机需要满足 ICAO 已经认证的相关 SBAS 标准,例如,机载设备需要完全满足 RTCA SBAS MOPS DO-229 标准,接收机天线设计需要完全满足 RTCA SBAS MOPS 228 和 301 标准,SBAS 设备需要完全满足 FAA TSO(C190,C145b,C146b)标准,此外,还应满足飞行管理系统(FMS)等其他航空综合电子设备要求。目前研发卫星导航星基增强设备的主要公司有 GARMIN、Honeywell、Rockwell Collins 及 General Avionics。

3.7.2.3 应用现状

EGNOS 用户段由 EGNOS 接收机组成,EGNOS 接收机可以采用一套 RF 模块和接收天线,就能同时接收 GPS 和 EGNOS 信号,内置数字基带和软件可以分别解调 EGNOS 增强电文和 GPS 电文,根据电文中的快变和慢变广域差分改正(WAD)数据,EGNOS 接收机计算卫星轨道、时钟误差和电离层延迟的改正数,EGNOS 接收机内置软件根据接收机的位置和当地时间还能进一步减缓对流层延迟的影响,提高GPSPNT 服务精度,同时获取系统完好性信息。

EGNOS 作为 GPS 在欧洲的星基增强系统,EGNOS GEO 卫星在 GPS 的 L1 频点(1575.42 MHz)采用右旋圆极化(RHCP)方式播发增强信号,增强电文数据速率 250bit/s,导航增强电文采用与前向误差纠错(FEC)的 1/2 卷积编码方案,电文数据流的符号速率是 500symbol/s。增强电文再与 1023bit 伪随机测距码模二和处理生成扩频信号,然后利用二进制相移键控(BPSK)技术将扩频信号调制到 L1 载波信号上,信号码速率 1.023 Mchip/s。EGNOS 增强信号结构符合 ICAO SARP 制定的 SBAS 星基增强标准[63]。在 EGNOS 开放式服务和生命安全服务的接口控制文件中详细定义了 EGNOS 增强信号结构,符合 MOPS DO 229 相关规定,包括载波频率、调制方式、电文结构、电文协议和内容。增强信号的主要特征如下。

(1) 载噪比(carrier phase noise):10Hz 单边噪声带宽时,单载波信号的相位噪声谱密度要使接收机锁相环路能够跟踪到载波信号的精度是 0.1rad(RMS)。

(2) 信号频谱(signal spectrum):利用 GPS 的 L1 频点播发 EGNOS 系统增强信号,中心频点 1575.42 MHz,信号带宽 2.2MHz,在中心频点 ±12MHz 带宽内,信号功率不小于 95%。

(3) 多普勒频移(Doppler shift):在最坏情况下,稳态用户的多普勒频移小于 40m/s,在 L1 频点的多普勒频移近似为 210 Hz。

(4) 载波频率稳定性(carrier frequency stability):排除电离层延迟和多普勒频移后,在用户接收机天线的输入端处的载波频率短期稳定性(Allan 方差的平方根值)优于 $5 \times 10^{-11}/(1 \sim 10s)$。

(5) 极化方式(polarization):右旋圆极化,轴比小于 2 dB。

(6) 相关损失(correlation loss):由于信号调制过程中的不理想或者转发器滤波损失引起的相关损失小于 1 dB。

(7) EGNOS 增强信号的落地电平(user received signal levels):−161 ~ −153dBW(5°以上仰角)。

根据 EGNOS 任务要求文件相关说明[64],EGNOS 系统性能指标如表 3.45 所示[55],主要包括服务类型、服务范围、定位精度、完好性、连续性和可用性,服务类型有开放服务(OS)、航路和非精密进近(NPA)、I 类垂直引导进近(APV-1)3 种,实际的性能指标会优于表 3.43 所中规定的性能指标,详见文献[58],EGNOS 会持续改进系统设计,不断提高系统性能和鲁棒性。欧洲卫星服务提供商(ESSP)会连续监测和分析 EGNOS 性能指标,详见 http://egnos-user-support.essp-sas.eu/egnos_ops。此外,欧洲空间局(ESA)也会连续监测和分析 EGNOS 性能指标,ESA 对 EGNOS 的监测和分析报告详见 http://www.egnos-pro.esa.int/IMAGEtech/imagetech_realtime.html。

表 3.45 EGNOS 系统性能指标

服务类型	服务范围	精度(95%)		完好性				连续性	可用性
		水平	垂直	HAL	VAL	TTA	完好性风险		
OS	欧盟大陆 25 个成员国(包括挪威和瑞士)	3m	4m	—	—	—	—	—	99%
航路和 NPA	ECAC 96 定义的飞行情报区	220m	—	556m	—	10s	$1 \times 10^{-7}/h$	$(1 - 1 \times 10^{-5})/h$	99.9%
APV-I	ECAC 96 定义的欧洲大陆区域	16m	20m	40m	50m	6s	$2 \times 10^{-7}/(150s)$	$(1 - 8 \times 10^{-6})/(15s)$	99%

表 3.45 所示的 EGNOS 的性能指标要求中,航路和非精密进近服务的范围是指欧洲民用航空委员会(ECAC)于 1996 年规定的飞行情报区(FIR),如图 3.69 所示,I 类垂直引导进近(APV-1)的范围是指 ECAC 于 1996 年规定的陆地区域(Land Mas-

ses)，如图 3.70 所示。

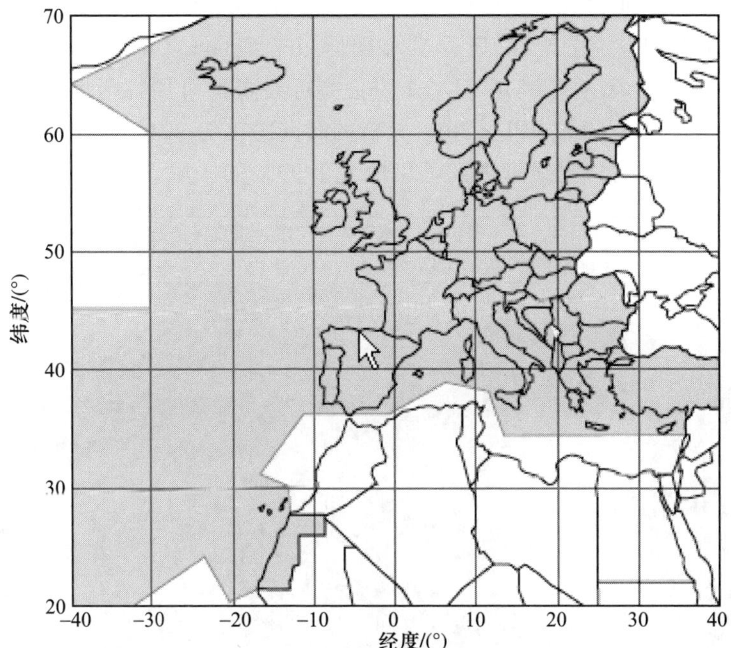

图 3.69 ECAC 96 规定的飞行情报区(见彩图)

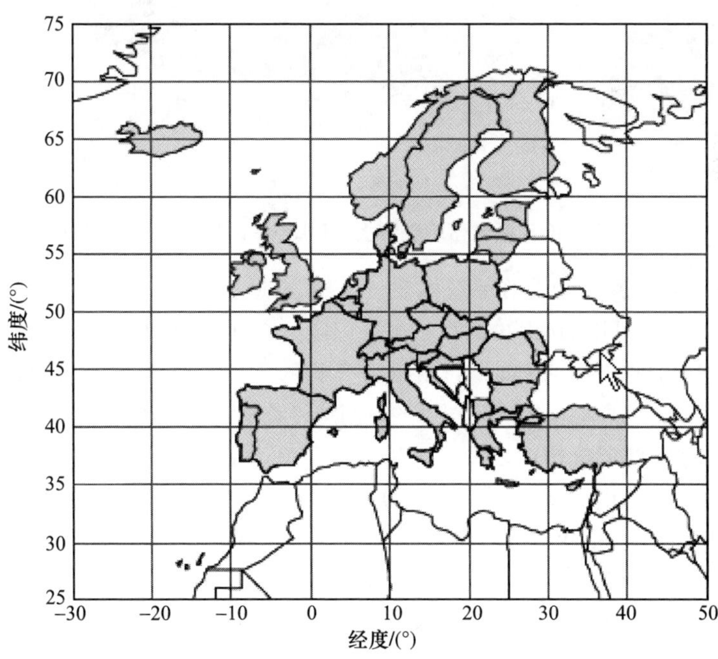

图 3.70 ECAC 96 规定的陆地区(见彩图)

EGNOS 的性能相关信息,用户可以在 EGNOS 信息服务器(EGNOS Message Server)查询,服务器地址为 ftp://ems. estec. esa. int/,例如 2011 年 2 月 7 日 EGNOS 的典型性能如图 3.71 ~ 图 3.74 所示[65],图像由"Eclayr Tool"软件生成(http://eclayr. gmv. com)。EGNOS 满足 APV-1 进近指标要求的可用性云图如图 3.71 所示,即可用性要求 HPL < 40m,VPL < 50m,分析的时间跨度为 2011 年 2 月 7 日的 24h,用户根据用户云图中的格网线可查询可用性大于 99% 的区域。

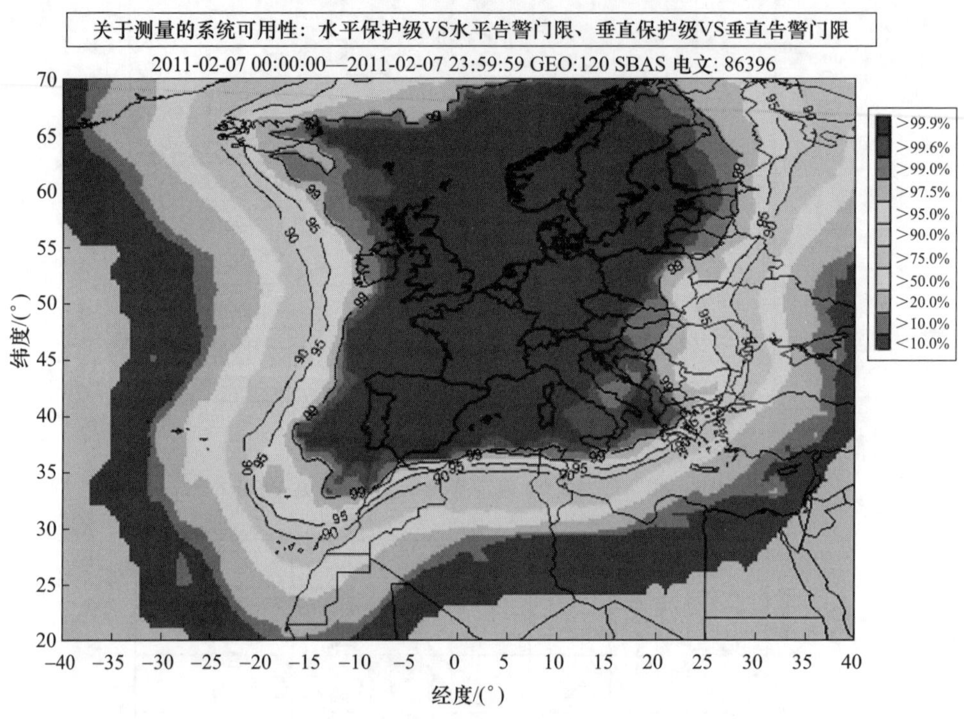

图 3.71 EGNOS 系统可用性云图(HPL-HAL、VPL-VAL)(见彩图)

EGNOS 连续性风险也是在系统满足 APV-1 进近指标要求下计算的,即,假设在设定过程初期系统是可用的(保护级小于告警门限),在连续 15s 内,发生连续性事件(保护级大于告警门限)的概率。例如,2011 年 2 月 7 日的 24h 内 EGNOS 系统的连续性风险云图如图 3.72 所示,用户根据用户云图中的格网线可查询连续性指标小于1×10^{-4}的区域。

EGNOS 的垂直定位精度云图(垂直定位误差(VPE)95%)如图 3.73 所示,单位是 m,分析的时间跨度为 2011 年 2 月 7 日的 24h,用户根据用户云图中的格网线查询垂直定位精度小于 2m(95%)的区域。

EGNOS 的垂直完好性裕度(vertical integrity margin)用最大垂直安全指数地图(maximum vertical safety index map)来表征,是用户垂直定位误差和用户垂直保护级之间的最大比值,指数小于 1 的区域意味着用户的垂直定位结果没有完好性失效风险,2011 年 2 月 7 日的 24h 内 EGNOS 的最大垂直安全指数地图如图 3.74 所示。

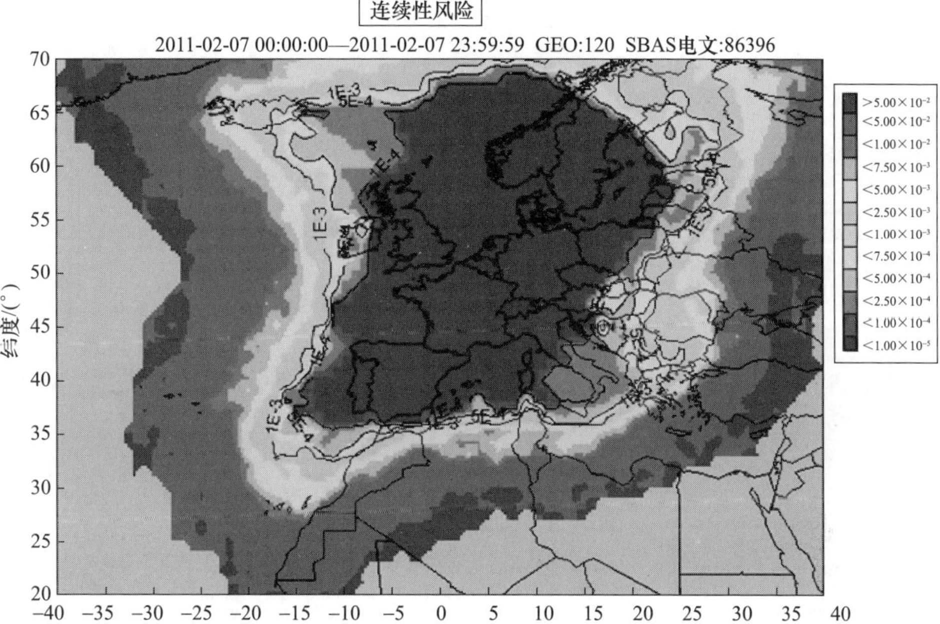

图 3.72　EGNOS 系统连续性风险云图(见彩图)

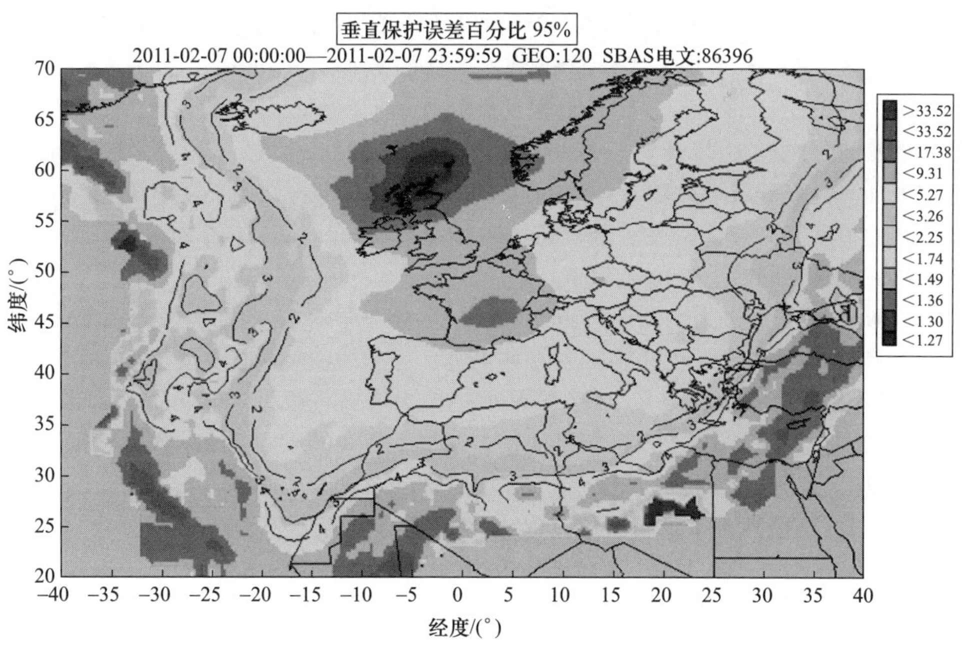

图 3.73　EGNOS 系统的垂直定位误差(VPE)云图(见彩图)

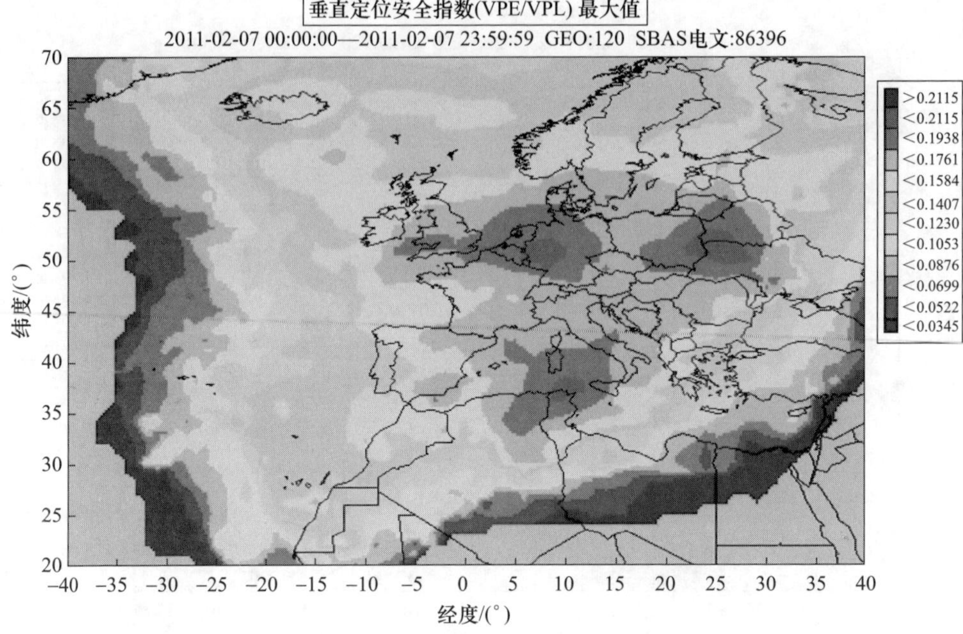

图 3.74 EGNOS 系统的最大垂直安全指数地图(VPE/VPL)(见彩图)

欧洲卫星服务提供商(ESSP)和欧洲空间局(ESA)连续监测 EGNOS 系统的性能指标,ESSP 除了监测系统的可用性、连续性以及完好性外,依据可用性和完好性数据还进一步预测 EGNOS 系统未来性能,ESSP 监测的数据详见 http://egnos-user-support.essp-sas.eu/egnos_ops。ESA 监测包括两个方面:一方面,ESA 分析 EGNOS 系统卫星播发的导航电文,以确定一些重要参数的状态,例如,GPS 卫星的状态、欧洲大陆上空大气电离层等级等参数;另一方面,ESA 监测不同参考站的环境状态,给出这些参考站的精度和完好性信息。ESA 监测的数据详见 http://www.egnos-pro.esa.int/IMAGEtech/imagetech_realtime.html。

EGNOS 系统能够为欧洲用户提供 GPS 的导航增强服务,向欧洲及周边地区的用户发送 GPS 的广域差分改正数和完好性信息。使用 EGNOS 增强系统后,用户的单点定位精度提高 3 倍(95%),水平误差小于 2.5m,高程误差小于 4.5m。2011 年,EGNOS 系统实现了 APV-Ⅰ服务,目前正在开展 LPV-200 性能测试,已经公布了 261 个 LPV 飞行程序。ICAO 对 NPA 和 APV 的性能需求如表 3.46 所示,其中 APV-Ⅰ是由于 EGNOS 不能达到Ⅰ类精密进近(CAT Ⅰ)而定义的。

表 3.46 ICAO 对 NPA 和 APV 的性能需求

性能	非精密进近	APV-Ⅰ
水平定位精度	220m	16m
垂直定位精度	无要求	20m

（续）

性能	非精密进近	APV-Ⅰ
完好性	$(1-1\times10^{-7})$/进近	$(1-2\times10^{-7})$/进近
水平告警门限	556m	40m
垂直告警门限	无要求	50m
告警时间	10s	10s
连续性	$(1-1\times10^{-4})$/h ~ $(1-1\times10^{-8})$/h	$(1-8\times10^{-6})$/(15s)
可用性	0.99 ~ 0.99999	0.99 ~ 0.99999

根据欧洲卫星导航系统项目经理 Paul Verhoef 公开发表的文章“European GNSS Programmes EGNOS and Galileo”，EGNOS 卫星自 2008 年 1 月开始播发导航增强信号，信号质量满足设计要求，2007 年 3 月—2008 年 8 月期间，EGNOS 空间导航信号（SIS）可用性统计如图 3.75 所示，详见文献[66]。

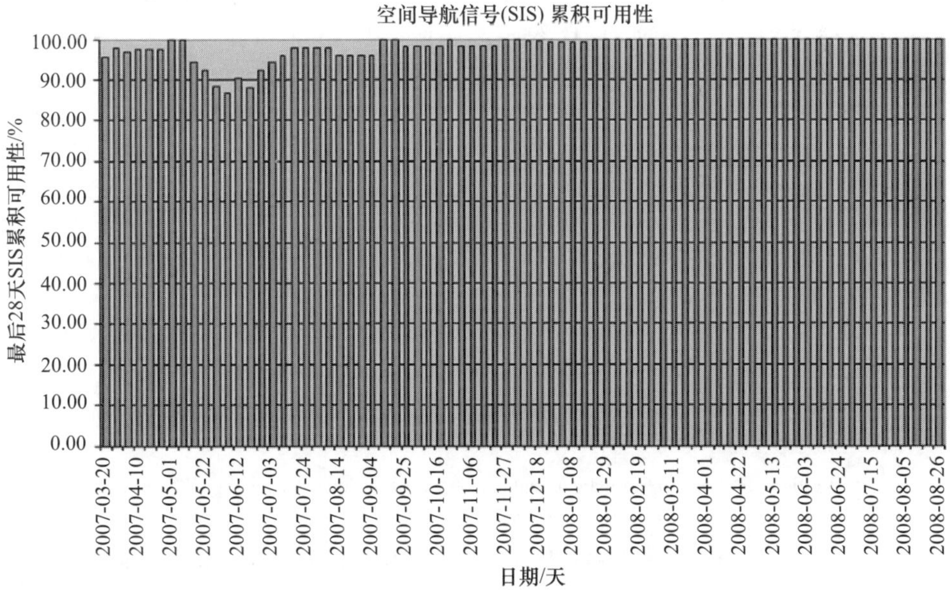

图 3.75　EGNOS 空间导航信号可用性统计（2007 年 3 月—2008 年 8 月）

2009 年 10 月 1 日，EGNOS 向欧洲公众用户免费提供开放服务（OS），连续监测表明在 99% 时间内，EGNOS 系统可以将 GPS 的定位精度提高到 1 ~ 2m。2011 年 3 月 2 日，欧盟委员会（EC）授权欧洲卫星服务提供商（ESSP）向欧洲航空用户提供最高等级的生命安全（SOL）服务，在 6s 内给出系统增强信号不可用完好性告警信息。2010 年 4 月，EGNOS 商业数据分发服务（CDDS）向商业和专业用户提供高精度的双频伪距和载波相位观测信息、实时差分改正数以及系统完好性信息。

参考文献

[1] ESA integrity[EB/OL].[2017-01-18]. http://www. navipedia. net/index. php/Integrity.

[2] ROBERTO S,TERRY M,SUBRAMANIAN R. Global navigation satellite systems performance analysis and augmentation strategies in aviation[J]. Progress in Aerospace Science,2017,95:45-98.

[3] SKILLICORN G. The past, present, and future of LAAS, integrated communications navigation and surveillance 2003[R]. Annapolis:ICNS,2003.

[4] WAAS and LAAS program status[EB/OL].[2008-11-15]. https://www. gps. gov/cgsic/meetings/2008/eldredge. pdf.

[5] EGNSS principles for GNSS training for its developers [EB/OL].[2019-10-20]. http://guide-gnss. net/contenuguide/uploads/2015/07/Training-Developers-part1-ISMB_rev1. pdf.

[6] FRUFHAUF H. WAAS,EGNOS,MSAS,and SNAS FOR telecom sync application[C]//18th European Frequency and Time Forum (EFTF 2004). Guildford:IET,2004.

[7] 刘慧芹. 广域差分 GPS 完好性监测研究[D]. 上海:同济大学,2007.

[8] Minimum operational performance standards for global positioning system/wide area augmentation systems airborne equipment:RTCA D0-229D[S]. Washington DC (USA):Radio Technical Commission for Aeronautics (RTCA) Special Committee No. 159,2006.

[9] Ionospheric propagation data and prediction methods required for the design of satellite services and systems:ITU-R P. 531-12[S]. Geneva (Switzerland):International Telecommunication Union (ITU),2013.

[10] KAPLAN D. GPS 原理与应用(第 2 版)[M]. 寇艳红,译. 北京:电子工业出版社,2007.

[11] Minimum operational performance standards for GPS/GBAS airborne equipment:RTCA D0-253C [S]. Washington DC (USA):Radio Technical Commission for Aeronautics (RTCA) Special Committee No. 159,2008.

[12] JAN S. Vertical guidance performance analysis of the L1 L5 dual frequency GPS/WAAS user avionics sensor[J]. Sensors,2010,10(4):2609-2625.

[13] 肖伟. GNSS 多系统自主完好性监测与信号质量评估技术研究[D]. 长沙:国防科学技术大学,2014.

[14] 蒋凯. 卫星导航系统完好性指标分析与算法研究[D]. 长沙:国防科学技术大学,2011.

[15] The SBAS Integrity Concept Standardized by ICAO [EB/OL].[2019-10-20]. https://gssc. esa. int/navipedia/index. php/The_SBAS_Integrity_Concept_Standardised_by_ICAO_Application_to_EGNOS.

[16] ESA navipedia,SBAS_fundamentals [EB/OL].[2019-08-06]. https://gssc. esa. int/navipedia/index. php/SBAS_Fundamentals.

[17] PAVLOFF M. European geostationary navigation overlay service(EGNOS) capability on sirius 5 satellite for SES[EB/OL].[2019-10-21]. http://web. stanford. edu/... /pnt/PNT09/presentation_slides/8_Pavloff_EGNOS_Sirius5. pdf.

[18] DIERENDONCK V,ROBERT C,OLEG R,et al. Inmarsat-4 navigation transponder test equipment

and Control Software for In-Orbit Tests[C]//Proceedings of the 16th international technical meeting of the satellite division of the institute of navigation september,2003,Portland:ION,2003.

[19] ICAO. Annex 10- aeronautical telecommunications- volume I- radio navigational aids[M]. 7th ed. Montreal:International Civil Aviation Organization,2018.

[20] 范昆飞,黄焕东,易桂轩．CORS网新增站点快变高精度坐标联测与精度评估[J]. 地理空间信息,2014(1):151-153.

[21] 吕小平．基于GNSS的终端区精密进近系统应用分析[J]. 中国民用航空,2010(10):70-74.

[22] 杜鹃．星基增强系统互操作及其关键技术研究[D]. 北京:中国科学院研究生院,2015.

[23] 倪育博．GNSS民航导航服务性能评估[D]. 天津:中国民航大学,2016.

[24] ESA Navipedia. SBAS systems[EB/OL]. [2016-03-20]. http://www. navipedia. net/index. php/SBAS_Systems.

[25] ICAO. Annex 10-aeronautical telecommunications- volume Ⅲ- communication systems [M]. 2nd ed. Montreal:International Civil Aviation Organization,2007.

[26] Global navigation satellite system (GNSS) manual [EB/OL]. [2006 - 03 - 15]. https://www. icao. int/Meetings/PBN-Symposium/Documents/9849_cons_en[1]. pdf.

[27] FAA AC 120-29 for CAT Ⅰ/Ⅱ,criteria for approval of category Ⅰ and category Ⅱ weather minima for approach[EB/OL]. [2019-10-01]. https://www. faa. gov/documentlibrary/media/Advisory_Circular/120. 29A. pdf.

[28] FAA AC 120-28 for CAT Ⅰ/Ⅱ,Criteria for approval of category Ⅲ weather minima for approach [EB/OL]. [2019-10-01]. https://www. faa. gov/documentlibrary/media/Advisory_Circular/120. 28. pdf.

[29] ELDREDGE L. GNSS evolutionary architecture study [R/OL]. [2010-9-20]. https://www. gps. gov/cgsic/meetings/2010/eldredge2. pdf.

[30] WAAS performance standard- global positioning system[EB/OL]. [2009 - 01 - 10]. https://www. gps. gov/technical/ps/2008-WAAS-performance-standard. pdf.

[31] WAAS performances[EB/OL]. [2019-10-20]. https://gssc. esa. int/navipedia/index. php/WAAS Performances.

[32] 陈金平,牛飞,范媚君,等．GNSS差分与完好性技术体系架构[J]. 测绘科学与工程,2014,034(001):44-49.

[33] EAGLE D. The long-term evolution of geosynchronous transfer orbits[J]. Aerospace,1992,40(3):407-418.

[34] CHIOU J C,WU S. On the generation of higher order numerical integration methods using lower order Adams-bashforth and Adams-Moulton methods[J]. Journal of Computational & Applied Mathematics,1999,108(1-2):19-29.

[35] 孟鑫,曹月玲,楼立志．基于RTCA标准的WAAS和EGNOS广播星历差分完好性服务性能研究[J]. 全球定位系统,2017,42(5):1-9.

[36] 吴添成．基于北斗系统的星基增强系统完好性指标分析与参数研究[D]. 天津:中国民航大学,2014.

[37] 吴显兵．广域实时精密差分定位系统关键技术研究[D]. 西安:长安大学,2016.

[38] 王源昕,曹月玲,胡小工,等. RTCA 协议下北斗完好性降效参数算法设计及检验[J]. 中国空间科学技术,2016,36(5):25-31.

[39] ALAN H,GEORGE V K. Inmarsat's third generation space segment:the american institute of aeronautics and astronautics (AIAA) structures, structural dynamics and materials (SDM) conference [R]. Reston:AIAA,1992.

[40] KINAL V,NAGLE J,LIPKE W. Inmarsat integrity channels for global navigation satellite systems [J]. IEEE Aerospace and Electronic Systems Magazine,2002,7(8):22-25.

[41] Minimum operational performance standards for global positioning system/satellite-based augmentation system airborne equipment: RTCA D0-229E [S]. Washington DC (USA): Radio Technical Commission for Aeronautics (RTCA),2016.

[42] DENNIS J,HEMSTAD M. Selecting among dual frequency multiple constellation (DFMC) satellite-based augmentation systems (SBAS) during en-route and non-precision flight operations [J]. Navigation,2016,63(1):65-83.

[43] Draft SBAS L5 interface control document (SBAS L5 ICD)[EB/OL]. [2014-01-28]. http://aaians. org/sites/default/files/eventdocument/EPO _ SBAS _ L5 _ ICD. 1. 1. draft _ 014% 28no% 20redlining% 29. docx.

[44] WAAS general introduction[EB/OL]. [2019-08-06]. https://gssc. esa. int/navipedia/index. php/WAAS General Introduction.

[45] WAAS performance standard - global positioning system [EB/OL]. [2010 - 05 - 28]. https://www. gps. gov/technical/ps/2008-WAAS-performance-standard. pdf.

[46] DEANE B. Wide area augmentation system (WAAS) status and history [C]//, ION GNSS 2014September 12,2014,FLorida:ION,2014.

[47] WAAS_architecture[EB/OL]. [2019-08-06]. https://gssc. esa. int/navipedia/index. php/WAAS_Architecture.

[48] Wide area augmentation system[EB/OL]. [2019-08-06]. http://en. wikipedia. org/wiki/wide_area_augmentation_system.

[49] BROWN W,EVANS S,HSU P,et al. Ionospheric delay validation using dual frequency signal from GPS at GEO uplink subsystem (GUS) locations [C]//ION GPS'99, 14 - 17 September 1999. Nashville:ION,1999.

[50] WAAS space segment[EB/OL]. [2019 - 08 - 06]. https://gssc. esa. int/navipedia/index. php/WAAS_SPACE_Segment.

[51] WAAS performances [EB/OL]. [2019 - 08 - 06]. https://gssc. esa. int/navipedia/index. php/WAAS Performances.

[52] FAA monitoring WAAS performances in real - time [EB/OL]. [2019 - 08 - 06]. http://www. nstb. tc. faa. gov/24hr_waaslpv200. htm.

[53] Global SBAS status. [EB/OL]. [2014-07-28]. https://www. faa. gov/about/office_org/headquarters_offices/ato/service_units/techops/navservices/gnss/Library/briefings/media/SBAS_Global_Status_June% 202014. pdf.

[54] EGNOS Service Access[EB/OL]. [2019-08-06]. http://egnos-portal. gsa. europa. eu/discover-egnos/

services/EGNOS_service_access.

[55] EGNOS general introduction[EB/OL]. [2019-08-06]. https://gssc. esa. int/navipedia/index. php/EGNOS_General_Introduction.

[56] ESA. EGNOS data access service (EDAS) service definition document[R]. Paris:ESA,2014.

[57] EGNOS Architecture - Navipedia[EB/OL]. [2020-07-15]. https://gssc. esa. int/navipedia/index. php/EGNOS_Architecture.

[58] EGNOS architecture[EB/OL]. [2019-08-06]. https://gssc. esa. int/navipedia/index. php/EGNOS_Architecture.

[59] EGNOS ground segment[EB/OL]. [2019-08-06]. https://gssc. esa. int/navipedia/index. php/EGNOS_Ground_Segment.

[60] GNOS GEO evolution[EB/OL]. [2019-08-06]. https://gssc. esa. int/navipedia/index. php/egnos_Space_Segment#cite_note-EGNOS_GEO_Evolution-1.

[61] CEDRIC S, DIDIER F. European geostationary navigation overlay service EGNOS status update [C]//23rd International Technical Meeting of the Satellite Division of The Institute of Navigation, September 21-24,2010. Portland:OR 2010.

[62] CARMEN A,JONE M. EGNOS performance and LPV implementation Status[C]//SBAS IWG 30, May 16-17,2016. Changsha:CSNC,2016.

[63] EGNOS Messages[EB/OL]. [2019-08-06]. http://www. navipedia. net/index. php/EGNOS_Messages.

[64] EGNOS mission requirements document[R]. znd ed. Paris:ESA,Galileo Joint Undertaking,2006.

[65] EGNOS Performances[EB/OL]. [2019-08-06]. http://www. navipedia. net/index. php/EGNOS_Performances.

[66] European GNSS programmes EGNOS and Galileo[EB/OL]. [2019-10-21]. https://www. gps. gov/governance/advisory/meetings/2009-05/verhoef. ppt.

第4章　地基增强系统

4.1　概　　述

全球卫星导航系统(GNSS)缺乏实时、快速的闭环监控手段,特别是民航精密进近时,GNSS 的 PNT 服务不能全面满足国际民航组织(ICAO)对定位精度和完好性为代表的性能指标要求。例如,GPS 标准定位服务(SPS)全球平均定位精度垂直误差不大于 15m(95%),在正常运行控制模式下,任意 1h 内,当 SPS 空间信号的瞬时用户测距误差超过导航容差(NTE)时,系统没有及时向用户告警的概率不大于 1×10^{-5},延迟告警的最坏情况为 6h[1]。ICAO 定义 CAT Ⅰ精密进近在垂直方向的定位精度为 4.0m,完好性要求为$(1-2\times10^{-7})$进近,告警时间为 6s;CAT Ⅱ 精密进近在垂直方向的定位精度为 2.0m,完好性要求为$(1-1\times10^{-9})$15s,告警时间要求为 1s[2-4]。

美国广域增强系统(WAAS)的目标是为民航飞机提供 CAT Ⅰ类精密进近安全导航服务[5]。2014 年 8 月,WAAS 为全美和加拿大 1000 多个机场提供决断高度为 200ft 的带垂直引导的航向定位性能(LPV-200)导航服务[6],接近 CAT Ⅰ精密进近指标要求,以 WAAS 为代表的星基增强系统(SBAS)还没实现 ICAO 定义的 CAT Ⅱ或者 CAT Ⅲ精密进近服务指标要求。地基增强系统(GBAS)的目标是在机场为民航提供精密进场、离场程序和终端区的安全导航服务。目前,ICAO 导航专家组(NSP)已经制定 CAT Ⅱ/Ⅲ精密进近导航服务要求,需要航空工业部门进一步推广验证[7]。文献[8]指出,在 ICAO 有关 GBAS 的标准与建议措施(SARP)中,ICAO 只定义了单频(L1)单系统(GPS)CAT Ⅰ精密进近导航服务的指标要求。

GBAS 通常是对 GNSS 的区域增强,电离层延迟和对流层延迟误差、星历误差、多径效应、地面接收机误差在时间和空间上具有的相关性特征,利用位置确定的参考站接收导航信号伪距观测量,采用局域差分全球卫星导航系统(LADGNSS)技术,实时计算误差的差分改正数,用户观测量和地面参考站观测量之间做差可以削弱甚至消除这些具有相关性的误差来提高伪距测量精度,进而提高用户的定位精度。同时通过完好性监视算法,给出系统的完好性信息,利用地面甚高频(VHF)无线电通信链路向用户播发差分改正数和完好性信息,进而提高 GNSS 定位精度、增强系统完好性以及可用性,超越了 SBAS 的性能指标。GBAS 服务范围一般为30～50km[9]。GBAS 主要功能[2]如下。

(1) 提供局域伪距差分改正数据。

(2) 提供 GBAS 相关数据。

(3) 提供最后进近航段(FAS)数据以支持精密进近服务。

(4) 提供预测的测距源(GNSS 信号)可用性数据。

(5) 提供测距源(GNSS 信号)完好性监测数据。

GBAS 信号接口要求详见文献[9],RTCA/D0-246D 地基增强系统信号接口控制文件是地基增强系统运行的标准。GBAS 服务区域十分有限,美国联邦航空管理局(FAA)曾经将 GBAS 称为局域增强系统(LAAS)[10]。目前,GBAS 定义的 GBAS 进近服务类型(GAST)中的 GAST C 类导航服务已在美国多个机场得到应用,Honeywell SLS-4000 系统在 2009 年 9 月获得 FAA 设计认证。FAA 目前在制定 Type-D 类 GBAS 进近服务(GAST D),对应 CAT Ⅲ服务,以便机场可以只采用 GBAS 来支持民航飞机精密进近全过程导航服务[11]。

GBAS 可以加强飞行员对飞机位置的态势感知能力,飞机位置信息可以帮助飞行员识别并确定正确的飞行路线,同时监测飞机是否沿着民航空管部门规定的路线前进。在所有可视条件下,均可以改善飞行员的态势感知能力,特别是在复杂机场环境下实施精密进近操作显得尤为重要。目前,在 GBAS、广播式自动相关监视(ADS-B)系统以及座舱显示技术支持下,飞行员可以在低可视条件下实施着陆操作。

4.2　系统组成

地基增强系统(GBAS)由卫星星座、地面站和机载接收机 3 部分组成,如图 4.1 所示[11]。卫星星座就是 GNSS 星座的所有导航卫星。地面站配置多个高精度卫星导航监测接收机,接收机天线位置安装在位置精确测绘的坐标点上,1 套全向甚高频无线电发射机和 1 套信息处理计算机。机载设备接收 GBAS 广播的差分改正数并计算飞机位置,评估 GBAS 的完好性等级,检测并处理机载 GBAS 相关设备故障。

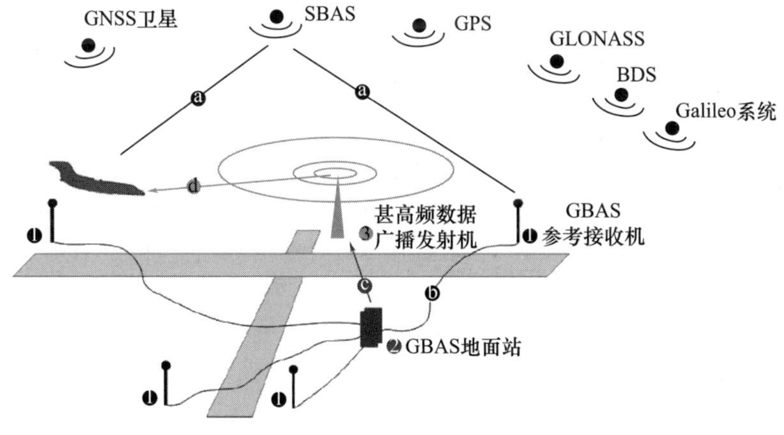

图 4.1　地基增强系统组成(见彩图)

4.2.1 地面站

GBAS 地面站跟踪导航卫星,监测导航信号质量和可用性,将伪距观测量和位置解算数据发送给信息处理计算机,信息处理计算机由此计算每颗导航卫星的差分改正数、完好性参数以及精密进近路径点数据,检测地面站设备和卫星是否发生故障,按照接口控制文件规定的数据类型和格式定义生成 GBAS 增强电文,利用甚高频无线电通信链路向用户广播导航地基增强数据,简称为甚高频数据广播(VDB)。一个地面站可以包括多台 VDB 发射机并共享一个 GBAS 标识(GBAS ID)以及频率和电文数据,GBAS 地面子系统组成如图 4.2 所示[12]。

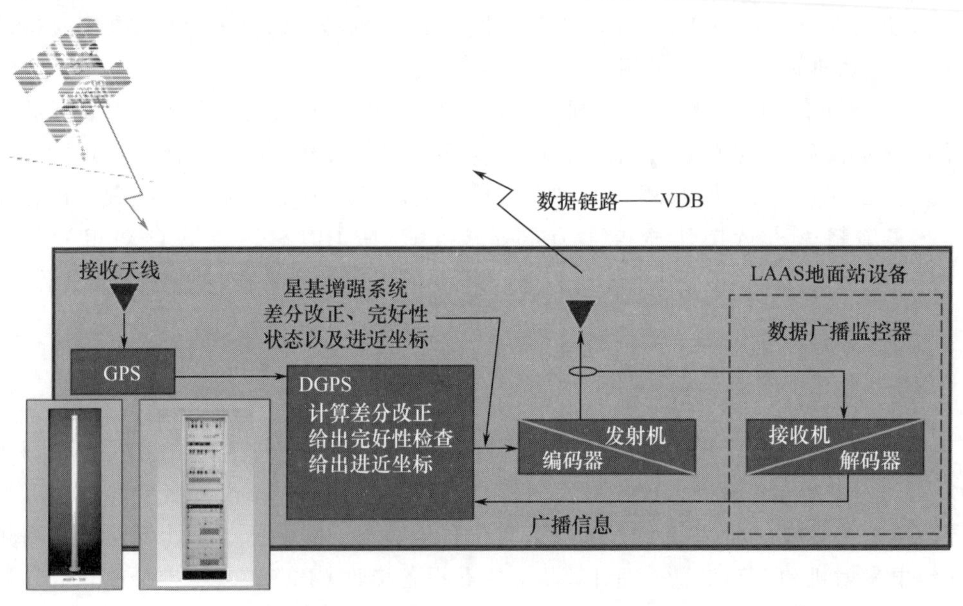

图 4.2 GBAS 地面子系统组成(见彩图)

4.2.2 机载设备

4.2.2.1 机载设备功能

在甚高频(VHF)无线电通信链路覆盖范围内,GBAS 机载设备接收和处理对应 GBAS 地面站播发差分改正数的 GNSS 卫星的导航信号,即,机载多模接收机(MMR)同时接收 GNSS 信号和 VDB 地基增强信号,MMR 直接对 GNSS 信号进行差分改正,由此实时得到飞机高精度的位置信息。机载接收机设备组成如图 4.3 所示[12],MMR 根据 VOR、ILS、GNSS、MarkerBeacon、微波着陆系统(MLS)提供的测量数据,联合解算飞机位置和位置解的完好性。根据飞机位置信息和路径点数据,机载接收机内置软件可以计算给出飞机偏航信息,机载导航系统由此可以实施精密进近操作。

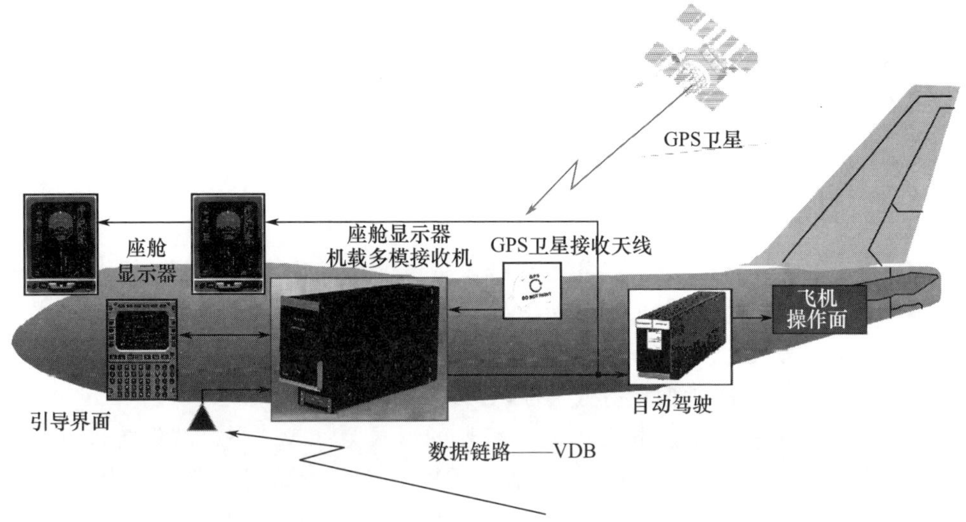

图4.3 GBAS机载接收机设备组成(见彩图)

根据国际民航组织(ICAO)制定的标准与建议措施(SARP)相关规定,允许多个系统共同提供进近服务,为此航空工业部门研发了集成VOR/ILS/MarkerBeacon/MLS/GNSS(GBAS和SBAS)功能的MMR,MMR根据接收到的不同系统的导航信息联合解算飞机位置和服务完好性信息。GBAS机载接收机和地面站之间的通信链路数据传输标准有多种,核心的技术指标是信号带宽、链路预算以及数据率[9]。GBAS地面站采用VHF频段播发VDB地基增强信号,需要给每架实施进近操作的飞机独立配置一个不同的VDB频点。

GBAS机载相关电子设备必须满足ICAO《航空电信卷1无线电助航标准》[2]以及RTCA/DO-253C[13]给出的相关要求。与ILS和MLS类似,在ICAO定义的最后进近过程以及滑行路径阶段,GBAS必须给用户提供水平和垂直引导导航服务。根据民航机载系统集成原则,为了减低对ILS等现有机载设备使用的影响,机载GBAS相关电子设备的用户界面、显示比例、偏航输出方式与ILS完全一致,在人机接口(HMI)层次实现最大程度的互操作功能,在ICAO定义的最后进近过程以及滑行路径阶段,允许机载综合电子设备与ILS和MLS设备共同为MMR和飞行员提供导航信息,提高完好性水平。GBAS的工作原理、信号性能和信号特征完全不同于ILS,同ILS精密进近导航服务相比,GBAS具有如下显著的优点。

(1)降低了ILS的临界范围和敏感区域。

(2)有可能实现曲线精密进近。

(3)在终端机动区域(TMA)为区域导航(RNAV)提供定位服务。

(4)在同一机场为多个跑道提供定位服务。

(5)提供多个进近滑行角和位移阈值。

(6)为失误进近提供引导服务。

(7) VDB 覆盖区内,一个 GBAS 可以为临近机场提供服务。

4.2.2.2 机载设备分类

GBAS 机载设备可以支持或者不支持 GBAS 地面子系统提供的多路不同类型进近服务。GBAS 机载设备分类(GAEC)用来说明机载设备具体可以支持 GBAS 地面子系统提供的哪种类型进近服务。GAEC 由机载设备进近服务类型(AAST)和测距源类型两个要素组成。AAST 用英文字母 A ~ D 标识,表示当前 GBAS 地面子系统提供的 GAST,例如,AAST C 表示 GBAS 机载设备仅仅支持 GAST C 类进近服务,AAST ABCD 表示 GBAS 机载设备可以支持 GAST A、GAST B、GAST C 以及 GAST D 四种类型进近服务。测距源类型表示 GBAS 机载设备可以接收使用的 GNSS 信号类型,测距源类型编码与 GBAS 地面设备分类标识一致。

GAEC 编号由一组参数组成,GAEC 编号的形式为:GAEC = 机载设备进近服务类型/测距源类型。例如:GAEC C/G1 表示 GBAS 机载设备可以接收使用 GPS 信号,同时支持 GAST C 类进近服务;GAEC ABC/G1G4 表示 GBAS 机载设备可以接收使用 GPS 和 Galileo 卫星导航信号,同时支持 GAST A、GAST B、GAST C 类进近服务。

GBAS 地面子系统所有的无线电发射机用同一个 GBAS 标识的 VHF 频点,播发同样的地基导航增强信号,GBAS 机载设备不需要也不可能区分所接收的地基导航增强电文来自同一个地面子系统的哪台无线电发射机。在两个无线电发射机信号覆盖交叉区域,机载接收机采用时分多址(TDMA)模式,接收和处理不同的时隙两份相同的电文。

GBAS 地面站和机载设备之间的兼容性必须满足 RTCA/DO - 253 相关规定。GBAS 地面子系统 VDB 增强信号的极化方式既可以是水平极化也可以是圆极化。大多数民航飞机配备水平极化 VDB 信号接收天线,可以接收 GBAS 水平极化的 VDB 增强信号(GBAS/H),也可以接收 GBAS 圆极化的 VDB 增强信号(GBAS/E)。因为安装空间的限制或者成本原因,也有一小部分飞机安装了垂直极化 VDB 信号接收天线,因此,这些飞机不能接收水平极化的 VDB 增强信号,只能接收圆极化的 VDB 增强信号。GBAS 服务商必须在航行资料汇编(AIP)对外公开发布 VDB 增强信号极化方式(GBAS/H 或者 GBAS/E)。

4.3 工作原理

地面站在机场跑道附近位置已知点安装高性能 GNSS 接收机,配置多径抑制天线并尽可能减小多径误差,监测可视导航卫星信号质量和可用性,将伪距观测量发送给地面信息处理计算机,信息处理计算机对伪码测距观测量进行平滑处理,计算每颗卫星的差分改正数、完好性参数以及精密进近路径点数据,生成 GBAS 增强电文,播发 VHF 地基增强信号。GBAS 工作原理如图 4.4 所示[8]。

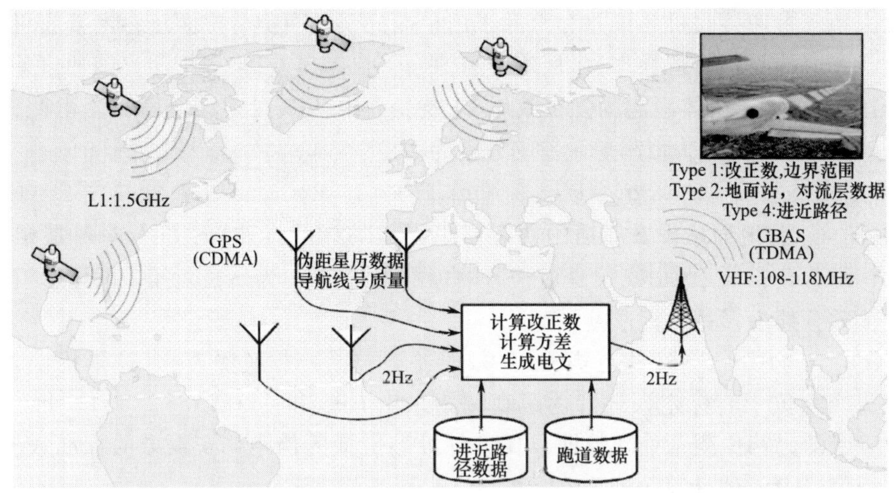

图4.4　GBAS工作原理

GBAS地面站主要功能包括提供局域伪距观测量差分改正、提供GBAS相关数据、为精密进近提供最后进近段数据、提供GNSS测距源可用性数据、提供GNSS测距源完好性监测信息[11]。

4.3.1　差分改正

GNSS提供伪码和载波相位两种不同的伪距观测形式，载波相位测量噪声低、精度高，但存在求解难度大的整周模糊度问题；伪码测距不存在整周模糊度问题，但噪声大、精度低。GBAS利用一组监测接收机来观测地面站可见卫星，采用载波平滑的伪码测距观测量，利用测量噪声较大的伪码测距的平均值作为噪声较小的载波相位测量的中心，所以可以提高测量精度，又无整周模糊度的影响。

伪距改正时，首先要精确地测量参考站在地理坐标系中的位置坐标，根据广播星历得到第n颗卫星的位置坐标，计算卫星和参考站之间的几何距离；然后，参考站将计算出的几何距离与伪距测量值相减，形成差分改正数据。为了使不同接收机的伪距改正值具有可比性，则必须去除接收机时钟偏差的影响，得到每颗卫星的伪码和载波相位伪距测量的平均改正值，机载接收机差分定位时也采用载波相位平滑技术[14]。

差分定位采用载波相位平滑技术，根据第n颗卫星在历元t时刻平滑后的测量方程，利用GBAS地面站广播的差分改正数据处理伪距测量值，泰勒级数展开所得到三维的位置矢量、时间偏差与测量值之间的线性方程，由线性加权的最小二乘法得到状态矢量的估计值。

GBAS地面站广播差分改正数据，对于地面站参考接收机和机载接收机来说，GNSS卫星的钟差被认为是相同的，在差分定位过程中可以去除，机载接收机还包括参考接收机中与之不相关的误差，因此，根据误差的来源不同，将差分定位中的误差分为来源于参考接收机的误差和来源于用户端的误差两类。来源于参考接收机的误差包括参考接收机通道噪声、多径效应和信号干扰等误差,来源于用户端的误差包括用户接收机噪声、机体引起的多径效应、干扰信号和大气延迟残余噪声。由此,得到GBAS差分改正后的伪距测量误差的方差为[2]:

$$\sigma_i^2 = \sigma_{\text{pr\_gnd},i}^2 + \sigma_{\text{tropo},i}^2 + \sigma_{\text{air},i}^2 + \sigma_{\text{iono},i}^2 \tag{4.1}$$

式中:$\sigma_{\text{pr_gnd},i}^2$为地面站设备广播的伪距修正误差的标准方差;$\sigma_{\text{tropo},i}^2$为对流层延迟误差的标准方差;$\sigma_{\text{iono},i}^2$为电离层延迟误差的标准方差;$\sigma_{\text{air},i}^2$为飞机对第 i 颗导航卫星伪距观测差分残余误差的标准差。

$\sigma_{\text{pr_gnd},i}^2$与用户 GAST 进近类型有关,误差源包括接收机噪声、多径干扰误差、接收机天线相位中心标定误差。伪距观测量采用 GPS 和 GLONASS 导航信号的 100s 载波平滑的码相位测量处理数据,GBAS 地面站广播的伪距修正误差的标准方差,即均方根值(RMS)的计算公式为[2,15]

$$\text{RMS}_{\text{pr\_gnd}} = \sigma_{\text{pr\_gnd}}(\theta) \leqslant \sqrt{\frac{a_0 + a_1 e^{-\theta_n/\theta_0}}{M} + a_2^2} \tag{4.2}$$

式中:M 为 GNSS 参考接收机的数量,由 GBAS 电文参数给出,当参数编码为“不可用”时,M 的数值定义为“1”;n 为第 n 个测距源;θ_n 为用户对第 n 个测距源的观测仰角,也称为第 i 颗卫星的高度角。对于每个确定的地基精度标识(GAD),参数 a_0、a_1、a_2和 θ_0 的含意如表 4.1 和表 4.2 所列,其中 A 表示带有标准相关器的接收机和单孔径天线类型的性能指标,B 表示带有窄相关器的接收机和单孔径天线类型的性能指标,C 表示带有窄相关器的接收机和多径抑制天线类型的性能指标。

表 4.1 GBAS-GPS 精度要求参数

地面精度代号	θ_n/(°)	a_0/m	a_1/m	θ_0/(°)	a_2/m
A	≥5	0.5	1.65	14.3	0.08
B	≥5	0.16	1.07	15.5	0.08
C	>35	0.15	0.84	15.5	0.04
	5~35	0.24	0		0.04

表 4.2 GBAS-GLONASS 精度要求参数

地面精度代号	θ_n/(°)	a_0/m	a_1/m	θ_0/(°)	a_2/m
A	≥5	1.58	5.18	14.3	0.078
B	≥5	0.3	2.12	15.5	0.078
C	>35	0.3	1.68	15.5	0.042
	5~35	0.48	0		0.042

GBAS 地面站参考接收机和机载接收机之间的空间位置差异会造成大气电离层和对流层延迟误差的残余误差,根据航空无线电技术委员会(RTCA)制定的最低航空系统性能标准(MASPS),确定差分改正后残余对流层延迟误差的标准差 σ_{tropo} 的计

算公式为[2,15]，

$$\sigma_{\text{tropo}}(\theta)=\sigma_N h_0\frac{10^{-6}}{\sqrt{0.002+\sin^2(\theta)}}(1-\mathrm{e}^{-\Delta h/h_0}) \tag{4.3}$$

式中：σ_N 为残余的对流层折射误差的标准差，反映对流层折射不确定性，由 GBAS 播发的电文类型 Type 2 给出；θ 为第 i 颗导航卫星的高度角；Δh 为地面站参考接收机和机载接收机之间的高度差；h_0 为对流层均质大气高度。3 个参数由地面站设备提供，如果不能提供实时精确的估计值，则必须设置为最坏情况下的常量。

飞机对第 i 颗导航卫星伪距观测差分残余误差的标准差 $\sigma^2_{\text{air},i}$ 由机载接收机噪声、干扰和飞机机身的多径效应等因素引起，计算公式为[2]

$$\sigma_{\text{pr\_air}}=\sqrt{\sigma^2_{\text{receiver}}(\mathrm{El}_i)+\sigma^2_{\text{multipath}}(\mathrm{El}_i)} \tag{4.4}$$

式中：$\sigma_{\text{multipath}}(\mathrm{El}_i)=0.13+0.53\mathrm{e}^{\mathrm{El}_i/10°}$，为飞机机身的多径效应造成的误差；$\mathrm{El}_i$ 为第 i 颗可用卫星的仰角。当观测 GPS 和 GLONASS 导航信号的伪距时，机载接收机引入误差的标准方差，即总均方根值（RMS）的计算公式为[2]

$$\mathrm{RMS}_{\text{pr\_air}}(\theta_n)\leqslant a_0+a_1\times\mathrm{e}^{-\theta_n/\theta_0} \tag{4.5}$$

式中：n 为第 n 个测距源；θ_n 为用户对第 n 个测距源的观测仰角。参数 a_0、a_1 和 θ_0 的含意如表 4.3 和表 4.4 所列，其中 A 表示带有标准相关器的接收机和单孔径天线类型的性能指标，B 表示带有窄相关器的接收机和单孔径天线类型的性能指标。

表 4.3　机载 GPS 接收机精度要求

飞机精度指示	θ_n/(°)	a_0/m	a_1/m	θ_0/(°)
A	≥5	0.15	0.43	6.9
B	≥5	0.11	0.13	4

表 4.4　机载 GLONASS 接收机精度要求

飞机精度指示	θ_n/(°)	a_0/m	a_1/m	θ_0/(°)
A	≥5	0.39	0.9	5.7
B	≥5	0.105	0.25	5.5

由于电离层延迟效应具有一定的时空不相关特性，当经过 GBAS 差分修正后，不确定的残余电离层误差的标准差 σ_{iono} 定义为[2,15]

$$\sigma_{\text{iono}}=F_{\text{pp}}\times\sigma_{\text{vig}}\times(x_{\text{air}}+2\times\tau\times v_{\text{air}}),\quad F_{\text{pp}}=\left[1-\left(\frac{R_{\text{e}}\cos\theta_i}{R_{\text{e}}+h_{\text{I}}}\right)^2\right]^{-\frac{1}{2}} \tag{4.6}$$

式中：F_{pp} 为对于一颗给定导航卫星的倾斜因子；R_{e} 为地球半径（6378.1363km）；h_{I} 为电离层厚度（350km）；θ_i 为第 i 颗可用卫星的仰角；σ_{vig} 为由于空间不相关导致的残余电离层不确定性误差的标准差，与用户 GAST 进近类型有关，对于 GAST D 类进近，$\sigma_{\text{vig}}=\sigma_{\text{vert\_iono\_gradient D}}$，数据取值范围为 $0\sim25.5\times10^{-6}$m/m，分辨力是 0.1×10^{-6}m/m；x_{air} 为飞机到参考接收机之间的距离；v_{air} 为飞机的水平进近速度；τ 与用户 GAST 进近类型

有关，对于 GAST A，B 或 C 类进近，$\tau = 100\text{s}$，对于 GAST D 类进近，当 σ_{iono} 用于完好性边界计算时，$\tau = 100\text{s}$，当 σ_{iono} 用于测量权重计算时，$\tau = 30\text{s}$。

机载接收机误差是导航卫星在当地水平面高度角的函数，定义为[15]

$$\sigma_{\text{receiver}}(\theta) = a_0 + a_1 e^{-\theta_i/\theta_0} \tag{4.7}$$

式中：θ_i 为第 i 颗卫星的高度角，参数 e、a_0、a_1 和 θ_0 表示机载精度标识（AAD）。飞机多径干扰误差也是卫星高度角的函数，机架多径标识（AMD）用来标识飞机多径干扰误差对伪距观测的影响，LAAS 的 MASPS 定义 A 和 B 两种类型的飞机多径干扰误差，计算公式分别为[15]

$$\sigma^{\text{A}}_{\text{multipath}}[i] = 0.13 + 0.53\text{e}^{-\theta_i/10} \tag{4.8}$$

$$\sigma^{\text{B}}_{\text{multipath}}[i] = \frac{0.13 + 0.53\text{e}^{-\theta_i/10}}{2} \tag{4.9}$$

AMD 类型 A 的模型是 FAA 的研究成果，目的是研究和量化飞机进近和着陆过程中，来自机架和地面多径干扰误差对伪距观测的影响。FAA 的这项研究项目还包括机架多径干扰对 GNSS 信号幅度、时延以及相位的影响，经验公式（4.8）和公式（4.9）是利用 B777-300ER 和 B737-NG 民航客机大量飞行试验数据统计分析的结果，飞机多径干扰误差 AMD 类型 A 是一个保守估计，在可以采用更可靠的类型 B 的模型之前，类型 A 模型适用于所有情况[16]。

GBAS 利用差分载波相位平滑伪距改正算法增强 GNSS 标准服务，改正数据通过 VHF 频段向视距内的飞机广播，覆盖机场周围小区域。与 SBAS 相比，GBAS 具有更高的定位精度、可用性、连续性和完好性，完好性监测着重在机场小区域范围，告警速度也更快，可以提供垂直定位精度达到 0.5 ~ 1m，优于自动着陆的标准要求，可以直接应用于飞行器的自动起降过程[12]。

4.3.2　完好性监测

GBAS 地面子系统的主要任务是计算载波平滑的伪码测距差分改正数、提供飞机进场的路径信息以及系统的完好性，检测导航信号或地面设备的故障、无线电频率干扰、信噪比低于规定值、码载波测量的不一致性、码载波测量的相位突变和 GNSS 电文数据异常 6 种故障。当系统出现故障时，GBAS 需要在规定的时间内给用户报警。

下面以美国斯坦福大学 LAAS 完好性监测试验系统（IMT）为例阐述 GBAS 完好性监测过程，IMT 架构如图 4.5 所示[8]，IMT 功能模块可细分为 GPS 差分处理、完好性监测和执行监测（EXM）3 个部分。GPS 差分处理模块主要由空间（导航）信号接收和译码（SISAD）模块、平滑处理模块、差分改正模块、平均处理模块组成，负责完成导航信号接收、解调和译码，载波平滑伪距处理，生成伪距差分改正数以及平均观测量，将处理结果播发给用户，如图 4.5 中的黄色模块所示。完好性监测模块主要由测量质量监测（MQM）、数据质量监测（DQM）、多参考站一致性监测（MRCC）、标准差和

均值监测($\sigma\mu$-M)以及导航信号质量监测接收机(SQR)和导航信号质量监测(SQM)组成,如图 4.5 中的绿色模块所示。LAAS 地面设备(LGF)完好性监测算法的目标是尽可能检测出导航信号或者地面设备的可能的故障,设计上要确保在 3s 内,至少在 99.9% 时间里,检测出威胁系统安全运行的故障。每一种监测算法为每个通道(一个给定接收机跟踪一颗给定的导航卫星)或者每颗导航卫星生成一个二进制的“故障”或“正常”标志。模块如图 4.5 中的蓝色模块所示,在上述各完好性监测模块检测到故障并给出相应的报警标志时,执行监测(EXM)模块的任务是根据预定的逻辑推理给出可用的导航卫星和参考接收机,并对完好性监测结果采取适当的措施。如果在一部接收机上产生一个完好性报警标志,那么就要排除这个测量结果;如果在一部接收机上产生多个完好性报警标志,那么就要排除这部接收机的所有测量结果;如果多部接收机给出某颗卫星出现故障的报警标志,那么就要排除这颗卫星的信号参与定位解算过程。美国斯坦福大学定义 LAAS 完好性执行监测逻辑分为 EXM-Ⅰ和 EXM-Ⅱ两个过程。

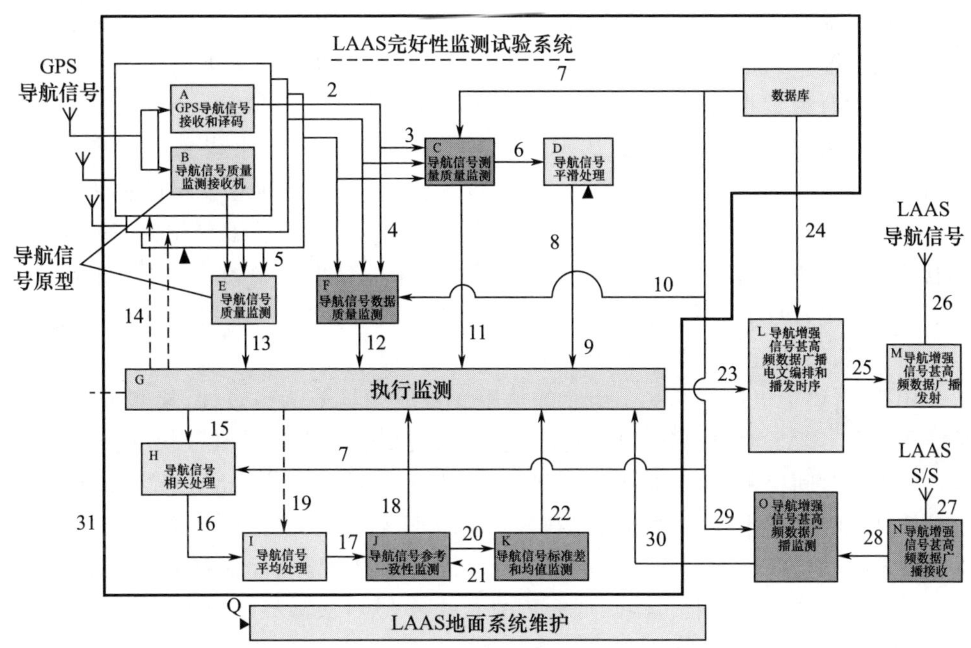

图 4.5　LAAS 完好性监测测试系统架构(见彩图)

EXM-Ⅰ及其监测过程中 SQM 模块的任务是检测 GNSS 信号的异常情况,包括导航信号畸变、伪距载波测距偏差、过大的伪距加速度、卫星播发的星历数据存在的错误,以阻止机载接收机接收会触发错误引导信息(MI)事件的导航信号。发生 MI 事件时,表明系统未检测到的飞机伪距差分误差大于系统所能容忍的最大允许伪距修正误差(MERR)。对于 GAST D 类型进近服务,还要求在伪距差分误差达到指定指标之前系统能够检测出来,相关指标为在任何机场跑道的着陆跑道入口点(LTP)

由测距源故障导致的误差$|E_r|\leqslant 1.6$m(30s 差分伪距平滑改正算法处理),系统没有检测出来,在1.5s内没有通过类型 Type 11 电文播发给用户的概率小于1×10^{-9}[2]。

SQM 模块通过 GNSS 信号质量监测接收机检测导航信号频谱、相位噪声、信号杂散、载波频率稳定度、伪码与载波信号相干性、无限带宽时的星座图、有限带宽时的星座图、不同带宽情况下不同分量的相关函数来评价导航信号的质量。通过载噪比(C/N_0)来评估接收的导航信号能量是否在规定解调范围内,如果C/N_0远远低于规定值,位置误差将会显著变大,并威胁系统完好性。对每一个通道(m,n)来说,平均C/N_0与历元t和$t-1$时刻的关系为[17],

$$C/N_{0\_\mathrm{avg}\_m\_n}(t)=\frac{1}{2}[C/N_{0,m,n}(t-1)+C/N_{0,m,n}(t)] \tag{4.10}$$

导航信号C/N_0与接收机硬件配置、天线安置地点、天线增益和电缆差损等因素的门限值有关,如果平均C/N_0值小于门限值,则此通道将设置报警标志。此外,一些 SQM 算法用来监测信号伪码与载波的一致性等参数。

DQM 模块验证接收到的卫星导航电文的可靠性。DQM 算法在导航卫星首次被 LAAS 地面站参考接收机跟踪或在导航报文信息出现更新的情况下用来检测 GPS 星历和卫星的时钟数据的正确性[18]。对于最新被跟踪的卫星来说,在以后的6h内,DQM 算法对根据广播星历得到的卫星位置和根据最新的历书得到的卫星位置每5min比较一次。卫星的星历参数每2h更新一次,而历书是所有卫星的星历数据的集合,它的更新频率和精度较低。DQM 算法能确保基于星历的卫星位置在基于历书的卫星位置的7000m范围内,所以级值是根据历书的精度设置的。对于导航电文信息更新的情况,DQM 算法根据新老星历表计算卫星的位置,并根据新老星历的一致性原则,确认该位置差在250m以内。

MQM 模块是根据持续几个历元的伪距和载波测量值的一致性,检测由于 GNSS 时钟异常和 GBAS 地面站参考接收故障引起的突变步长误差和其他快变误差,包括接收机锁定时间检测、载波累积步长测试和载波平滑的码相位测量更新测试3部分。如果从这3种测试中检测到通道的故障,则 MQM 就在此通道上设置报警标识。接收机锁定时间检测通过计算由相应参考接收机报告的锁定时间的差别来保证接收机连续的锁定相位。当接收机跟踪低仰角的卫星时,这种故障经常产生但危害较小,所以在 EXM-Ⅰ阶段,这种异常并没有设置通道故障报警标识。检测通道(m,n)在最后10个连续历元(如从历元t-9到历元t)的载波修正值Φ^*,利用这10个点拟合二阶多项式模型,通过最小二乘法求解模型的系数,得到斜率项和加速度项系数。如果斜率、加速度和步长中的任何一个超过门限值,则在相应的通道设置报警标志。载波平滑的码相位测量更新检验是检测原始伪距测量的脉冲和步长误差。如果两个或三个更新值超过门限,则在该通道设置报警标识。如果只是当前历元的更新值超过门限,则在此历元不能使用载波平滑的码相位修正方法。

EXM-Ⅰ故障处理的逻辑过程首先是建立跟踪矩阵($\boldsymbol{T}$)和判决矩阵($\boldsymbol{D}$)。$\boldsymbol{T}$矩

阵中的元素对应的是接收机和卫星组成的通道，**D** 矩阵为 **T** 矩阵元素的状态，包括报警、正常和没有跟踪3种情况。因此，每个接收机或卫星将会出现3种情况：①一个卫星对应一个参考接收机设置报警标志；②一个卫星对应多个参考接收机设置报警标志；③多个卫星对应一个接收机设置报警标志。如果满足情况①，则一个相应的测量不可用，如果满足②或③，则相应的卫星或接收机不可用，如果②和③都满足，那么所用的接收机和卫星都不可用，此时不必尝试判断是否由一颗卫星或接收机产生故障，因为没有特别的理由相信一个接收机或卫星比其他因素产生更大的故障。

一旦决定哪些通道被排除，就可以选择一个由参考接收机和卫星组成的可用集合 S_c。下面举例说明 S_c 的确定方法。首先，将跟踪到的所有卫星列表，如图4.6所示[19]；其次，标识参考接收机和卫星对应的属性，报警标识用“×”表示，正常用“√”表示，而没有跟踪到用“-”表示；最后，选择参考接收机和卫星集合，如果集合 S_c 包含被3个接收机跟踪的所有卫星，则每个接收机至少跟踪4颗卫星，否则，S_c 为被两个接收机跟踪的最大卫星集合。因此，将要选择的集合 S_c 是被实线而不是虚线包围的集合。假使不能确定一个至少包含4个卫星的可用集合，将清除所有属性并且重新启动完好性监测体系。

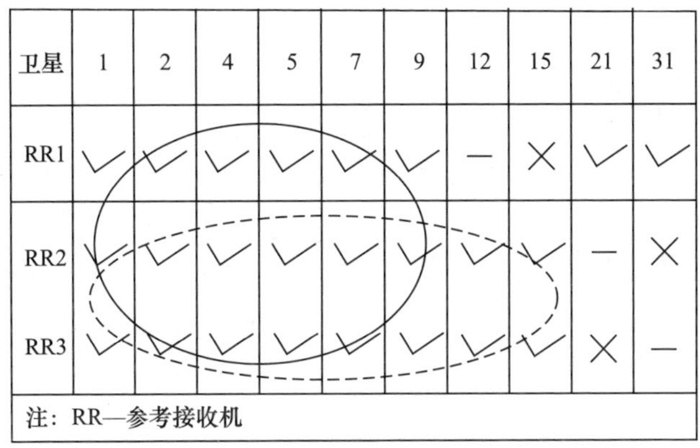

卫星	1	2	4	5	7	9	12	15	21	31
RR1	√	√	√	√	√	√	—	×	√	√
RR2	√	√	√	√	√	√	√	√	—	×
RR3	√	√	√	√	√	√	√	√	×	—

注：RR—参考接收机

图4.6　GBAS共用参考接收机和卫星集合选择方法

MRCC的功能是排除引起较大异常修正误差的接收机通道，通过 B 值检测每个卫星及其对应的接收机的一致性。对于接收机 m，可见卫星 n，在有一个接收机故障时，B 值被认为是伪距误差的估计值，B 值的计算公式为[20]

$$\begin{aligned} B_{\rho,m,n}(t) &= \rho_{\mathrm{sca},m,n}(t) - \frac{1}{M_n(t)-1}\sum_{\substack{i\in S_n(t)\\ i\neq m}}\rho_{\mathrm{sca},i,n}(t) \\ B_{\phi,m,n}(t) &= \phi_{\mathrm{ca},m,n}(t) - \frac{1}{M_n(t)-1}\sum_{\substack{i\in S_n(t)\\ i\neq m}}\left[\phi_{\mathrm{ca},i,n}(t) - \phi_{\mathrm{ca},i,n}(0)\right] \end{aligned} \tag{4.11}$$

式中：$\rho_{\mathrm{sca},i,n}$ 为去除接收机时钟偏差影响后的伪码相位伪距修正值；$\phi_{\mathrm{ca},i,n}$ 为去除接收机时钟偏差影响后的载波相位伪距修正值；$M_n(t)$为最大可用参考接收机的数量；$S_n(t)$为最大可用参考接收机的集合。

如果假设一个给定的参考接收机 m 出现故障，此时，真实的伪距修正值的最优估计是去除故障接收机后其余接收机产生伪距修正的平均值。B 值的含义是在故障接收机没有排除的情况下得出的错误结果，它被广播给用户，用户可以计算出垂直保护级（VPL）。MRCC 故障检测流程如图 4.7 所示[20]，MRCC 的流程首先判断是否有可用集合 S_c，如果不存在，则退出 MRCC 检测，否则，计算出伪距和载波的 B 值，与规定的门限 h 进行比较，如果 B 值小于门限值，给出状态 0，否则判断 B 值是否同时大于门限和最大的 B 值是否来自同一通道，并给出状态 1、2 和 3，最后返回 MRCC 检测的状态。

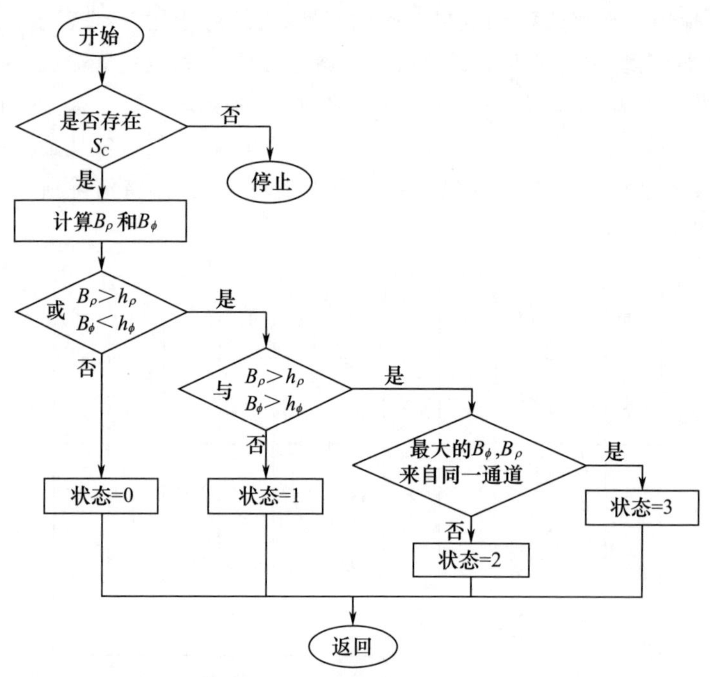

图 4.7　MRCC 故障检测流程

对于 MRCC 检测的结果，将提供一个过渡的监测执行处理逻辑，被称为“EXM-Ⅱ预筛选”，如图 4.8 所示。如果 MRCC 返回状态 0，则表示没有 B 值超过极限，那么不在任何通道设置报警标识；如果 MRCC 返回状态 2，则表示最大的 B_ρ和 B_Φ并不在同一个通道中，该过程并不能处理这样复杂的情况，并将其转到更加复杂的 EXM-Ⅱ处理。对于其余状态，在最大 B 值的通道上设置报警标识，并且使用其余的可用集合 S_C 来重新计算 B 值，重新执行 MRCC 检测，如果没有 MRCC 报警标识，那么说明这个预筛选过程是成功的，否则，表示故障被误处理，所以返回到原始 B 值，并将任务转移到 EXM-Ⅱ进一步处理。

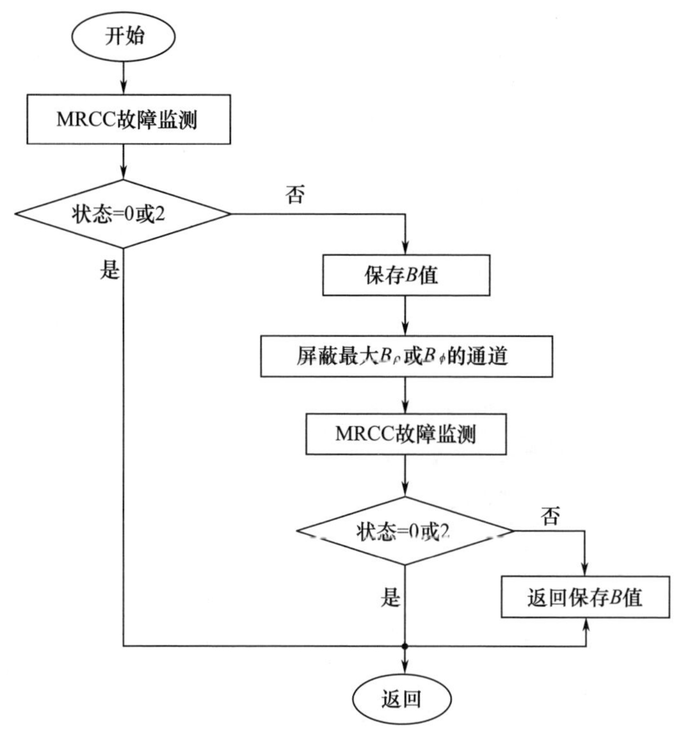

图 4.8　EXM-Ⅱ预筛选流程

MRCC 的 B 值数据送入标准差和均值监测（σμ-M）模块，通过监测伪距修正误差分布特性是否产生较大的偏移，来保证广播的标准差是真实误差分布的"边界"。Lee 为了检测均值和标准差的异常，使用统计质量控制理论中的 CUSUM 算法[21]，为了使 CUSUM 算法即能检测连续的中等偏移，又能一步检测较大的突然变化的偏移，甘兴利博士将组合 Shewhart-CUSUM 算法引入标准差和均值监测中，通过试验验证组合算法监测均值和标准差的性能优于单独应用 CUSUM 算法[19]。

电文范围监测（MFRT）模块的任务是使计算出的伪距修正和修正率在可信的范围内有效。这是 GBAS 完好性监测体系在允许修正值被广播出去之前的最后一项检测流程。计算的伪距修正值应该在 +125m 之内，而修正率的取值范围应该在 ±0.8m 的范围内，伪距修正率定义为[22]

$$R_{\rho_{\mathrm{corr},n}}(t) = \frac{\rho_{\mathrm{corr},n}(t) - \rho_{\mathrm{corr},n}(t-1)}{T_s} \tag{4.12}$$

式中：T_s 为采样时间间隔，一般取 0.5s。

完好性监测的一个重要功能是处理不同监测算法产生的报警标识，为了满足完好性的需要，EXM 模块会隔离那些被设置报警的故障通道。EXM-Ⅱ故障处理的逻辑过程排除基于 MRCC、σμ-M 和 MFRT 给出的一系列报警标识[23]。

处理 MRCC 设置的报警标识的过程比较复杂，当产生报警且减小可用集合 S_c

时，剩余 S_c 的差分修正和 B 值都要重新计算，并保证这个新的减小的可用集合 S_c 可以通过 MRCC 检验。EXM-Ⅱ的处理流程如图 4.9 所示[19]，EXM-Ⅱ“预筛选”过程在图 4.9 中进行了解释，当其返回的状态不为 0 时，将处理任务转移到“EXM-Ⅱ故障排除”，这步与 EXM-Ⅰ的处理逻辑相似，如果在一个通道上有 B 值报警标识，则该通道被去除，如果一个卫星（接收机）对应的多个接收机（卫星）设置 B 值报警标识，则相应的导航卫星或接收机不可用。为了限制 EXM-Ⅱ的处理时间，GBAS 一般规定循环的最大次数为 4 次，一般来说，EXM-Ⅱ执行多于 2 次的循环是相当少的。如果 EXM-Ⅱ“预筛选”返回的状态为 0，则要执行 σμ-M 和 MFRT 检测流程，来自这些检测的报警标识也都要使用“EXM-Ⅱ故障排除”步骤。

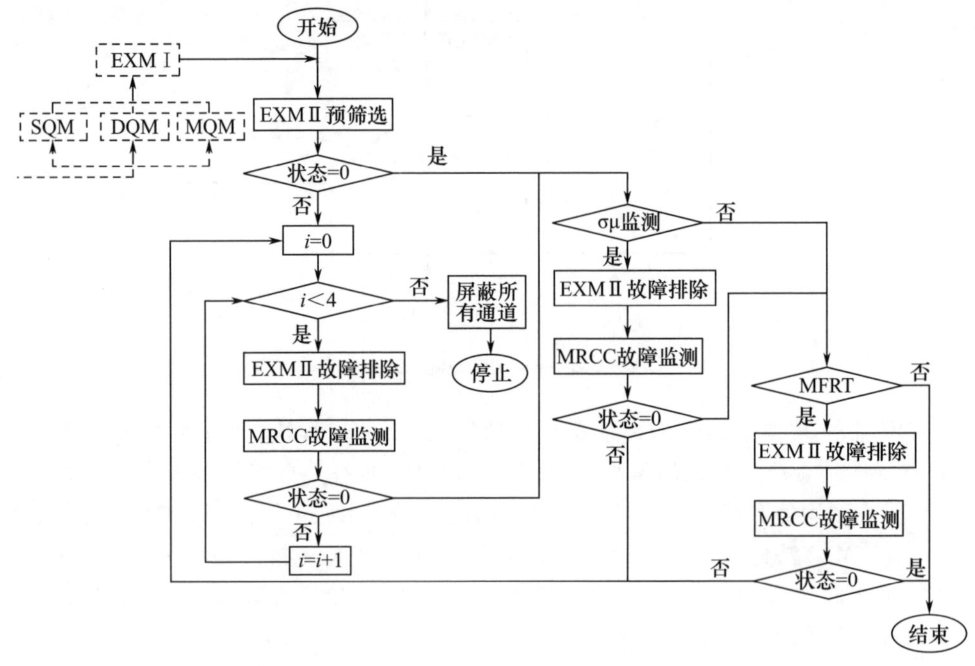

图 4.9 EXM-Ⅱ处理流程

EXM-Ⅱ处理完 MRCC、σμ-M 和 MFRT 的故障，不能保证这些被完好性监测算法检测到的故障不再出现。在大多数情况下，将已经排除的通道放入一个自主恢复的模式中，并且载波平滑滤波被重新初始化。自主恢复模式是把重新计算的载波平滑的测量值与 3σ 门限比较，而原来的门限大约在 6σ 水平。如果这些测量值都通过检测，就可以认为再次使用是安全的，并且重新放入可用集合 S_c 中。如果被排除的通道不能通过 3σ 门限检测，那它将再次进入恢复模式并重复恢复过程。

4.3.3 保护级计算

为了保证安全，飞机导航系统的定位误差不应超过某一边界，否则系统应发出报

警信号,这一边界被称为告警门限(AL),分为水平方向的水平告警门限(HAL)和垂直方向的垂直告警门限(VAL)。与此同时导航系统的误差应保持在一定范围内,该误差范围称为保护级(PL),水平方向的误差范围称为水平保护级(HPL),垂直方向的误差范围称为垂直保护级(VPL)。飞机导航系统的定位精度决定了保护级的大小,导航系统的定位精度越高则系统的保护级越小。系统的完好性监测功能主要表现为当导航系统正常运行时,PL 小于 AL,保证了系统的可用性;当飞机导航系统出现故障、定位精度下降时,PL 会超过 AL,系统应向用户报警,此时系统不可用。

GBAS 为终端机动区域(TMA)分段进近和曲线进近提供导航服务时,GBAS 机载接收机为导航计算机实时提供差分改正后的飞机位置、速度和时间信息,机载计算机连续将机载多模接收机(MMR)计算的飞机位置同 HPL 和 VPL 比较,并与当前飞行阶段设置的 AL 相比较,得到完好性监测数据信息。当飞机位置超出 HPL 或者 VPL 时,机载计算机会给导航员发出告警信息。另外,根据预报水平保护级(PHPL)和预报垂直保护级(PVPL),LAAS 引入 PL 的连续性指标要求,由此生成特定的警告标志[24]。

在垂直引导进近过程中,GBAS 借助气压高度计可以给出飞机的高度信息,在任务规划和路线规划过程中,引入预测的位置等参数可以进一步增强系统的完好性[25-26]。这类技术的主要缺点是这些辅助参数很难与由于飞机动态特性造成的误差联合建模,包括由于飞机自身结构特征和周围环境特征造成的接收天线遮挡、多普勒频移以及多径干扰误差。

GBAS 在计算保护级(PL)过程中有 H0 和 H1 两个假设,H0 假设在伪距观测过程中没有故障发生,在地面站据此计算差分改正数。H1 假设在一次或多次伪距观测过程中存在故障,且这些故障是由地面站的其中一部参考接收机造成的。H0 假设总测距误差模型详见式(4.1),H1 假设总测距误差模型为[7]

$$\boldsymbol{\sigma}_{i,\mathrm{H1}}^2 = \frac{M_i}{M_i - 1}\boldsymbol{\sigma}_{\mathrm{pseudorange_{gnd}},i}^2 + \boldsymbol{\sigma}_{\mathrm{tropo},i}^2 + \boldsymbol{\sigma}_{\mathrm{air},i}^2 + \boldsymbol{\sigma}_{\mathrm{iono},i}^2 \tag{4.13}$$

式中:M_i 为 GBAS 地面站用于观测第 i 颗导航卫星并计算差分改正数的参考接收机数量。根据观测矩阵 $\boldsymbol{G}$ 和权重矩阵 $\boldsymbol{W}$ 可以得到 SBAS/GBAS 的投影矩阵 $\boldsymbol{S}$,投影矩阵 $\boldsymbol{S}$ 的元素大小决定了 GBAS 的保护级,具体算法详见文献[4]RTCA DO-229D 相关说明。无故障垂直保护级 $\mathrm{VPL_{H0}}$ 计算公式为[27]

$$\mathrm{VPL_{H0}} = K_{\mathrm{ffmd}}\sqrt{\sum_{i=1}^{N} s_{\mathrm{Apr\_vert},i}^2 \boldsymbol{\sigma}_i^2} \tag{4.14}$$

式中:K_{ffmd} 为由接收机无故障下的漏检概率得到的乘数因子,如表 4.5 所列,详见 ICAO 航空电信卷 1 无线电导航辅助标准[2];N 为计算飞机位置时伪距观测的数量;$s_{\mathrm{Apr\_vert},i}$ 表示把对第 i 颗卫星的跟踪误差转化成垂直分量(投影为垂直分量),计算公式为

$$s_{\mathrm{Apr\_vert},i} = s_{v,i} + s_{x,i} \cdot \tan(\theta_{\mathrm{GS}}) \tag{4.15}$$

式中:θ_{GS} 为最后进近航段(FAS)路径的滑行路径角;H1 假设下,垂直保护级计算公

式为

$$\mathrm{VPL_{H1}} = \mathrm{MAX}\{\mathrm{VPL}_j\}, \quad \mathrm{VPL}_j = |B_{j,\mathrm{vert}}| + K_{\mathrm{md}}\sigma_{\mathrm{vert,H1}} \tag{4.16}$$

式中:j 为 GBAS 地面站参考接收机标识;K_{md}为 GBAS 地基子系统故障情况下由漏检概率给出的乘数因子,如表 4.5 所列,详见 ICAO 航空电信卷 1 无线电导航辅助标准[2];$B_{j,\mathrm{vert}}$为对第 i 颗卫星伪距误差在垂直方向和平面 x 方向的偏导数之和;$\sigma_{\mathrm{vert,H1}}$为与空间不相关性导致的残余电离层不确定性相关的标准偏差(在 H1 假设下)。$B_{i,j}$为播发的伪距差分改正数与排除 j 接收机的第 i 条观测数据的差分改正数之间的差异(见下式)。

表 4.5　GBAS 进近服务乘数因子 K

乘数	M_i			
	1①	2	3	4
K_{ffmd}	6.86	5.762	5.81	5.847
K_{md}	未使用	2.935	2.898	2.878
①支持 GAST A 类型进近服务的 Type 101 电文广播中不含 B 参数块				

$$B_{j,\mathrm{vert}} = \sum_{i=1}^{N} s_{\mathrm{vert},i} B_{i,j}, \quad \sigma^2_{\mathrm{vert,H1}} = \sum_{i=1}^{N} s^2_{\mathrm{vert},i}\sigma^2_{i,\mathrm{H1}} \tag{4.17}$$

无故障侧向保护级(LPL)计算公式为

$$\mathrm{LPL_{H0}} = K_{\mathrm{ffmd}}\sqrt{\sum_{i=1}^{N} s^2_{\mathrm{Apr\_lat},i}\sigma_i^2} \tag{4.18}$$

式中:$s_{\mathrm{Apr_lat},i}$表示把对第 i 颗卫星的跟踪误差转化成水平分量(投影为水平分量),H1 假设下,横向保护级计算公式为[15]。

$$\mathrm{LPL_{H1}} = \mathrm{MAX}\{\mathrm{LPL}_j\}, \mathrm{LPL}_j = |B_{j,\mathrm{lat}}| + K_{\mathrm{md}}\sigma_{\mathrm{lat,H1}} \tag{4.19}$$

$$B_{j,\mathrm{lat}} = \sum_{i=1}^{N} s_{\mathrm{lat},i} B_{i,j}, \quad \sigma^2_{\mathrm{lat,H1}} = \sum_{i=1}^{N} s^2_{\mathrm{lat},i}\sigma^2_{i,\mathrm{H1}} \tag{4.20}$$

式中:j 为 GBAS 地面站参考接收机标识。

如果 GBAS 提供 GBAS 服务等级(GSL)中的 GSL-E 或者 GSL-F 级地基增强服务,那么计算完好性保护级的前提是甚高频数据广播(VDB)的 VHF 地基增强信号必须满足连续性指标要求。RTCA DO-245A 定义 MASPS 预报垂直保护级(PVPL)和预报侧向保护级(PLPL)分别为[15]

$$\mathrm{PVPL} = \mathrm{MAX}\{\mathrm{PVPL_{H0}}, \mathrm{PVPL_{H1}}\}, \quad \mathrm{PLPL} = \mathrm{MAX}\{\mathrm{PLPL_{H0}}, \mathrm{PLPL_{H1}}\} \tag{4.21}$$

$$\begin{cases} \mathrm{PVPL_{H0}} = K_{\mathrm{ffmd}}\sqrt{\sum_{i=1}^{N} s^2_{\mathrm{vert},i}\sigma_i^2}, \quad \mathrm{PVPL_{H1}} = K_{\mathrm{ffd}}\sigma_{B,\mathrm{vert}} + K_{\mathrm{md}}\sigma_{\mathrm{vert,H1}} \\ \mathrm{PLPL_{H0}} = K_{\mathrm{ffmd}}\sqrt{\sum_{i=1}^{N} s^2_{\mathrm{lat},i}\sigma_i^2}, \quad \mathrm{PLPL_{H1}} = K_{\mathrm{ffd}}\sigma_{B,\mathrm{lat}} + K_{\mathrm{md}}\sigma_{\mathrm{lat,H1}} \end{cases} \tag{4.22}$$

式中:K_{ffd}为在一定误检概率下,M 个参考接收机无故障检测乘数因子(当每次进近的

误检概率为 1.5×10^{-7} 时，$K_{ffd}=5.26$；当每次进近的误检概率为 1.5×10^{-3} 时，$K_{ffd}=3.09$）；

$$\sigma_{B,vert}^2=\sum_{i=1}^{N}s_{vert,i}^2\frac{\sigma_{pr\_gnd,i}^2}{M_i-1},\quad \sigma_{B,vert}^2=\sum_{i=1}^{N}s_{lat,i}^2\frac{\sigma_{pr\_gnd,i}^2}{M_i-1} \tag{4.23}$$

垂直告警门限（VAL）定义了垂直保护级（VPL）和预报垂直保护级（PVPL），也就是说，当VPL超过VAL或者PVPL时，GBAS播发的VDB的VHF地基增强信号不能用于飞机导航服务。

4.4 服务类型

GBAS可以为服务区内提供飞机进近操作所需的进近数据、差分改正数以及完好性信息。GBAS可以为用户提供飞机进近和定位两种类型的服务。GBAS进近服务和定位服务的区别是GBAS电文是否给出星历误差定位边界（ephemeris error position bound）参数，定位服务必需播发星历误差定位边界参数，进近服务则不做要求。如果GBAS电文没有给出星历误差定位边界参数，则GBAS负责确保导航信号中星历数据的完好性。在进近服务区内的FAS，GBAS飞机进近服务为用户提供偏航引导（deviation guidance）。在定位服务区内，GBAS定位服务为区域导航（RNAV）操作提供水平定位信息定位服务。GBAS两种类型服务的性能指标不同，系统完好性要求也不同。

GBAS进近服务类型（GAST）分为GAST A、GAST B、GAST C以及GAST D 4种类型，其中GAST A、GAST B、GAST C分别支持Ⅰ类垂直引导进近（APV-Ⅰ）、Ⅱ类垂直引导进近（APV-Ⅱ）以及CAT Ⅰ精密进近。在能见度较低条件下，GAST D可以支持飞机着陆和起飞以及CAT Ⅲ精密进近服务。GBAS可以同时支持多种类型的服务。为了与GNSS标准保持一致，GAST有多种配置方案，典型配置如下。

（1）只支持GAST C类型GBAS进近服务。

（2）支持GAST A、GAST B、GAST C类型GBAS进近服务，同时广播附加的星历误差和位置边界参数。

（3）只支持GAST C、GAST D类型GBAS进近服务，同时GBAS定位服务广播附加的星历误差和位置边界参数。

（4）只支持GAST A类型GBAS进近服务和GBAS定位服务，并用于地基区域增强系统（GRAS）。

根据GBAS参数配置的不同选择，可对GBAS地面子系统分类。GBAS设备分类（GFC）由设备进近服务类型（FAST）、测距源类型、设备覆盖范围以及VDB地基增强信号极化方式4个要素组成。FAST可以表征GBAS地面子系统所支持的GBAS进近服务类型。例如，FAST C意味着GBAS地面子系统满足支持GAST C类进近服务所需要的所有功能和性能指标要求。FAST ACD表明GBAS地面子系统满足支持GAST A、

GAST C、GAST D 类进近服务所需要的所有功能和性能指标要求。测距源类型表明 GBAS 将增强哪个卫星导航系统的测距信号,测距源类型在 GBAS 电文中的编码如下。

(1) G1 表示测距源为 GPS。

(2) G2 表示测距源为 SBAS。

(3) G3 表示测距源为 GLONASS。

(4) G4 为 Galileo 系统保留。

(5) G5 + 为未来其他导航系统保留。

设备覆盖范围表明了 GBAS 服务最大可用距离。当设备覆盖范围在 GBAS 电文中的编码为“0”时,表明当前 GBAS 不支持定位服务。对于其他情况,用设备覆盖范围 D_{max} 半径来表示服务区域,单位 n mile。GBAS 电文中极化方式的编码为“E”时,表明 VDB 地基增强信号为椭圆极化方式,为“H”时,表明 VDB 地基增强信号为水平极化方式。

GBAS 设备分类的一般形式为:GFC = 设备进近服务类型/测距源类型/设备覆盖范围/VDB 地基增强信号极化方式,例如,GFC-C/G1/50/H 表示至少在一次进近过程中,GBAS 地面子系统满足支持 GAST C 类型 GBAS 进近服务的所有功能和性能指标要求,测距源为 GPS,GBAS 定位服务可用距离为 50n mile,VDB 地基增强信号极化方式为水平极化。GFC-CD/G1G2G3G4/0/E 表示至少在一次进近过程中,GBAS 地面子系统满足支持 GAST C 和 GAST D 类型 GBAS 进近服务的所有功能和性能指标要求,为 GPS,SBAS,GLONASS 以及 Galileo 卫星导航系统提供差分改正数,不支持 GBAS 定位服务,VDB 地基增强信号极化方式为椭圆极化。

在 GBAS 电文类型 Type 4 的 FAS 数据块中会给出所支持的进近类型及其性能参数。GBAS 电文类型 Type 2 中的 GBAS 连续性及完好性指示(GCID)参数给出了当前 GBAS 是否支持多种类型的进近服务。根据 GBAS 电文类型 Type 4 给出的进近性能指示(APD),机载接收机可以确认当前所选择的 GBAS 进近服务类型、当前 GCID 状态等信息。飞行员应该理解系统可用性也许受限于很多因素,包括领航员资格或者暂时空中导航服务提供商(ANSP)的限制,这些因素并不能反映到 APD 参数中。因此,不能把 APD 理解为系统可用性指示,APD 仅仅是给出机场跑道提供进近服务类型的指示。

根据 GBAS 电文类型 Type 4 给出的 APD,GBAS 机载设备可以自动选择 GBAS 进近服务类型。如果用户期望的 GBAS 进近服务类型不可用,则 GBAS 机载设备可以选择下一个等级的 GBAS 进近服务类型,并在显示屏上告知导航员相关信息。因此,GBAS 提供的进近导航服务有选择的服务类型(SST)和主动的服务类型(AST)两种工况。SST 是指对于用户所选择的进近导航服务,GBAS 机载设备能够使用的当前可用的进近服务类型,且是当前 GBAS 所能提供的最高等级的进近服务类型;AST 是指在一个特定的时间段,GBAS 机载设备实际选用的进近服务类型。如果基于某种原因使得 SST 不可用,那么 AST 是有别于 SST 的。根据 GBAS 机载设备给出 SST 或

者 AST 指示，GBAS 机载导航集成系统和操作程序会选择相应的工作流程。

GBAS 应该考虑每条机场跑道不同时段需要什么类型进近服务以及能够提供什么类型进近服务，通过电文类型 Type 4 的 FAS 数据块 APD，告知用户当前服务的可用性类型。当 GBAS 不满足 D 类设备进近服务类型(FAST D)的要求时，根据不符合要求的具体项目，GBAS 有几种处置办法：如果当前 GBAS 不满足 FAST D 定义的所有完好性相关要求规定，则在告警时间内，GBAS 就需要将 FAST D 服务移出当前服务范围；如果当前 GBAS 满足 FAST C 定义的完好性相关要求，则 GBAS 只需要将 FAST D 服务移出当前服务范围，而保留 FAST C 服务，此时 GBAS 电文 Type 2 中的 GCID 参数也需要相应调整，由“2”变为“1”；如果当前 GBAS 不满足 FAST D 定义的连续性相关要求，那么 GBAS 也不能提供 FAST D 类型近进服务，若此时 FAST D 定义的完好性指标仍然满足要求，则 GBAS 电文类型 Type 11 继续播发差分改正数，但是电文类型 Type 2 中的 GCID 参数也需要由“2”调整为“1”。另外，在飞机着陆过程进入最后进近阶段时，GBAS 规定机载接收机不再考虑电文类型 Type 2 中的 GCID 参数的变化。

GBAS 能够在同一机场不同跑道支持多个飞机的进近导航服务，一般也可以支持临近机场的地基导航服务，甚至可以支持同一跑道不同类型的进近导航服务。GBAS 提供的每种进近导航服务具有唯一的特征，因此，除了对 GBAS 相关设备进行分类外，也需要设计一个系统来分类或者定义每种进近导航服务。由此，GBAS 定义了进近设备标识(AFD)系统，GBAS 相关设备分类和进近设备定义之间的关系如图 4.10所示[2]。GBAS 相关设备分类可以用于机场塔台对民航飞机预飞规划(pre-flight planning)并将信息以航行资料汇编(AIP)形式发布，AIP 包括航路点、航路、机场跑道、标高、程序、管制区等所有信息。

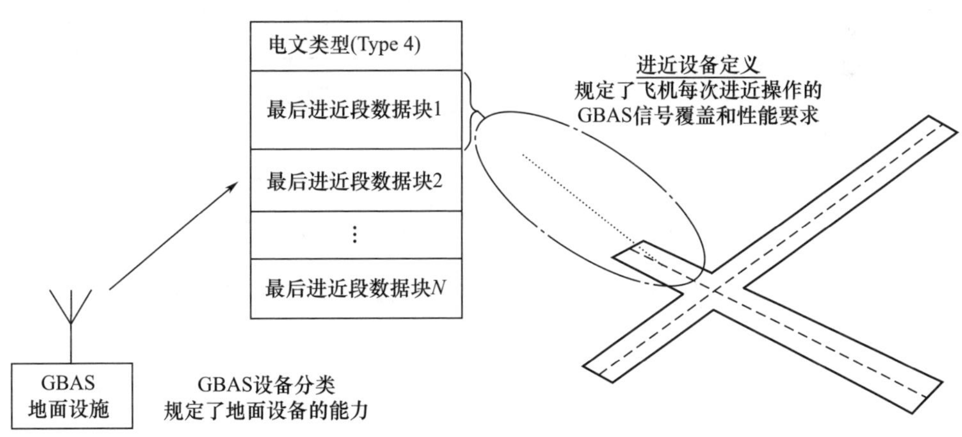

图 4.10　GBAS 设备分类和进近设备定义之间的关系

GBAS 支持的进近服务可以用 AFD 来表征，AFD 由 GBAS 识别字(GBAS identification)、进近识别字(pproach identifier)、通道号(channel number)、服务范围(approach service volume)以及支持的服务类型(supported service types)5 个要素组

成。GBAS 标识(GBAS ID)在电文中用 4 个字符给出 GBAS 支持相关进近服务的地面设备识别字。GBAS 在类型 Type 4 电文中也是用 4 个字符定义进近识别字,在 VDB 无线电信号覆盖范围内,对于每次进近服务来说进近识别字是唯一的。通道号与进近服务选择关联,通道号的范围是 20001 ~ 39999。对于每次进近服务,服务范围要么以最小决断高度(DH)表征,要么以 GBAS 点来表征,细分为 GBAS 点 A、B、C、T、D、E 或 S。GBAS 地面子系统提供 GAST A、GAST B、GAST C、GAST D 4 类进近服务,GBAS 地面子系统必须根据地面设备的能力给出相应服务的标识。

GBAS 点 A、B、C、T、D、E 与仪表着陆系统定义的 ILS 点在机场跑道上的位置是完全一致的,仪表着陆系统定义的着陆横向信标的波束和滑行路径转弯幅度界限如图 4.11 所示[2],GBAS 点 S 是新定义的机场跑道终止点。GBAS 点用来给飞行员指示标称进近过程中飞机在机场跑道上的位置或者给出沿着机场跑道不同位置经过验证的进近服务类型的性能。

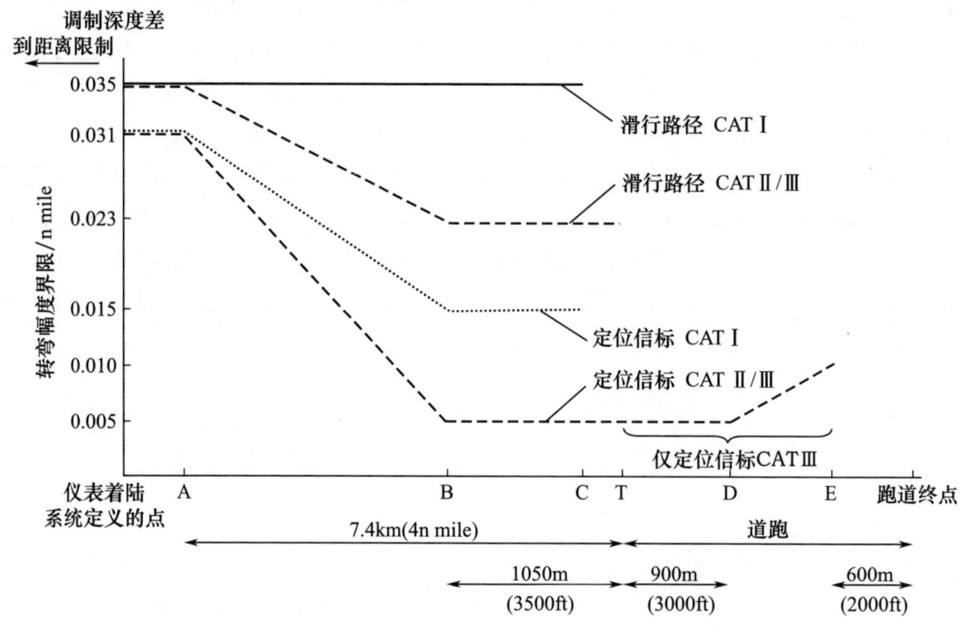

图 4.11 着陆横向信标的波束和滑行路径转弯幅度界限

如果用最小 DH 表征进近服务范围,那么近服务范围用是 DH 的一半所确定的区域。DH 或者 GBAS 点的编码选择取决于在机场跑道上的具体操作。例如,如果进近服务标识符合 ICAO CAT Ⅰ仪表进近程序,则自动着陆被授权时,进近服务范围将选择使用 GBAS 点。

进近设备编号由一组参数组成,具体参数及编排顺序为“GBAS 标识/进近标识/测距源/进近服务范围/需要的服务类型”,例如,美国华盛顿特区罗纳德里根国际机场(US Washington,DC Ronald Reagan International Airport)的 GBAS 进近设备编号为

“KDCA/XDCA/21279/150/CD”，其中“KDCA”表示支持当前进近服务的设备是安装在华盛顿特区罗纳德里根国际机场（DCA）的 GBAS 地面设备，“XDCA”表示当前进近服务的标识，“21279”表示所选择进近服务的通道号，“150”表示当前 GBAS 可以支持的最小决断高度 DH = 150ft，“CD”表示当前 GBAS 支持进近服务的类型是 GAST C和 GAST D。

4.5　系统指标

4.5.1　服务等级

GBAS 的性能同样由增强信号的性能来衡量，增强信号性能由服务的精度、完好性、连续性和可用性来表征[13]。GBAS 机载用户设备的“无故障”输出是 GBAS 的性能保证。GSL 给出了地基导航增强服务具体的精度、完好性和连续性指标要求。GBAS 的服务等级和性能指标要求如表 4.6 和表 4.7 所列[9]。目前，ICAO 仅认证了 GSL-C级地基增强系统性能指标，如何实现 GSL-D/E/F 级性能指标是地基增强系统的研究热点。

表 4.6　GBAS 服务等级

GSL	GSL 所支持的操作
A	具有垂直引导的进近操作（APV-Ⅰ 进近性能）
B	具有垂直引导的进近操作（APV-Ⅱ 进近性能）
C	最低指标为 CAT Ⅰ 精密进近
D	当与其他机载设备共同提供导航增强服务时，最低指标为 CAT Ⅲb 精密进近
E	最低指标为 CAT Ⅱ/Ⅲa 精密进近
F	最低指标为 CAT Ⅲb 精密进近

表 4.7　GBAS 服务性能指标

GSL	定位精度		完好性				连续性
	95% 水平导航系统误差	95% 垂直导航系统误差	丧失完好性的概率	告警时间	水平告警门限	垂直告警门限	丧失连续性的概率
A	16m	20m	$2\times10^{-7}/(150s)$	10s	40m	50m	$8\times10^{-6}/(15s)$
B	16m	8m	$2\times10^{-7}/(150s)$	6s	40m	50m	$8\times10^{-6}/(15s)$
C	16m	4m	$2\times10^{-7}/(150s)$	6s	40m	10m	$8\times10^{-6}/(15s)$
D	5m	2.9m	$10^{-9}/(15s)$（垂直）；$10^{-9}(30s)$（水平）	2s	17m	10m	$8\times10^{-6}/(15s)$
E	5m	2.9m	$10^{-9}/(15s)$（垂直）；$10^{-9}(30s)$（水平）	2s	17m	10m	$4\times10^{-6}/(15s)$
F	5m	2.9m	$10^{-9}/(15s)$（垂直）；$10^{-9}(30s)$（水平）	2s	17m	10m	$2\times10^{-6}/(15s)$（垂直）；30s（水平）

4.5.2 服务范围

GBAS 的最小服务范围或空域如图 4.12 所示[2],水平进近服务范围大于垂直进近服务范围。当地面站广播了附加星历误差位置边界参数时,差分改正数只能使用 Type 2 电文给出的最大可用距离(D_{max})之内的数据。在终止飞机进近程序之前,飞机位置和 GBAS 状态信息可以提高飞行员的态势感知能力,并在 GBAS 服务范围界限附近改善 GBAS 航向捕获能力。一般允许将 D_{max} 数据拓展应用到进近服务范围以外的区域,当地面站播发较大的或者没有限定的 D_{max} 数据时,需要考虑减小保护级、星历边界以及 VDB 信号连续性指标。

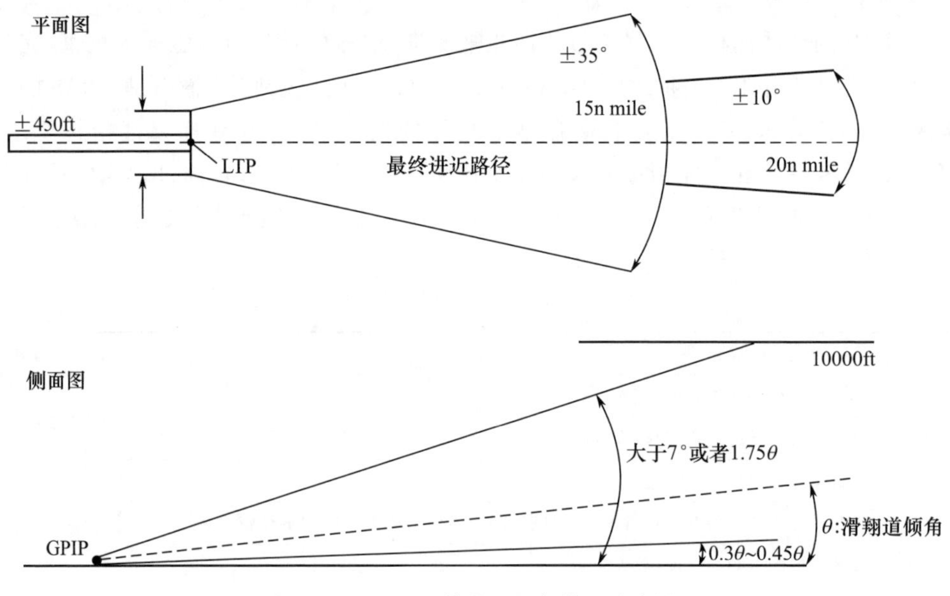

图 4.12 GBAS 的最小服务范围或空域

在 GBAS 服务区支持多种类型进近服务,用一部全向天线播发的 VDB 增强信号覆盖所有期望的服务区时,如果地理条件可行,则还需要考虑其他约束。除地理条件约束之外,GBAS 可以正常运行要求的最小进近服务范围要求是,横向定义为起始点在着陆跑道入口点(LTP)或者假定跑道入口点(FTP)两边 450ft 处,向最后进近路径的两边投影 ±35°,长度为从 LTP 算起的 15n mile 跑道,向最后进近路径的两边投影 ±10°,长度为从 LTP 算起的 20n mile 跑道。垂直方向定义为:在横向定义的覆盖范围内,起点在跑道滑行路径交点(GPIP)处,在地平线以上仰角最大为 7°或者滑翔道倾角(GPA)的 1.75 倍处,距地面高度门限(HAT)上限为 10000ft;另一个范围是起点在 GPIP 处,在地平线以上仰角最大为 0.3 ~ 0.45 倍 GPA 处,下限是最低为 DH 的一半。

GBAS 定位服务信息给出系统的最大可用距离(D_{max}),明确 GBAS 服务的边界范围,保证相关操作所需完好性距离范围以及可以用于定位服务或者精密进近导航服

务的差分改正数。在 D_{max} 确定的服务区域内，GBAS 增强信号的场强可能不满足 GBAS 水平极化信号的最低有效辐射功率（ERP）为 $-99dBW/m^2$、最高 ERP 为 $-35dBW/m^2$ 的要求[2]，因此，D_{max} 不能规划 GBAS 定义的增强信号场强是否与该区域提供的进近服务类型相匹配，但是，在 D_{max} 给定服务区域内，基于 GBAS 定位服务的操作可以通过最大可用距离内的服务区域来预测。一般可以利用 GBAS 地面站网络扩大 GBAS 定位服务范围，为了避免增强信号频率发生干扰，相邻 GBAS 地面站利用同一个频点不同时隙（有 8 个可用时隙）播发地基增强信号，也可以工作在不同频点。图 4.13 给出了如何在一个频点使用不同时隙以避免增强信号之间发生干扰[2]。

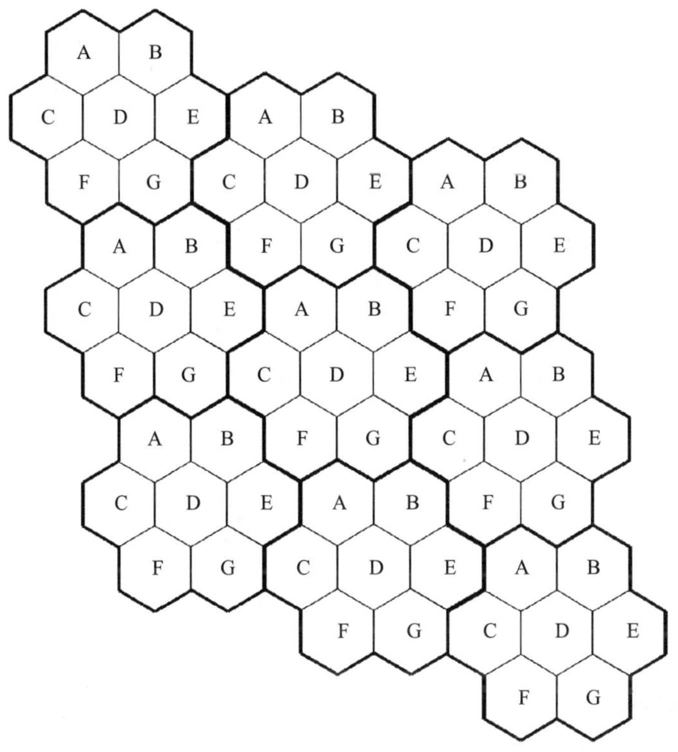

图 4.13　GBAS 单频多时隙 VHF 地面站网络

民航飞机着陆过程中不同的操作对 GBAS 覆盖范围要求不同。为了能够获得最优的服务范围，一般选择全向天线播发 VDB 信号。每个国家需要定义各自 GBAS 的覆盖范围，确保覆盖范围内 GNSS 信号性能满足 ICAO 航空电信卷 1 无线电导航辅助标准给出的相关要求，详见文献[2]。

FAS 路径是空间中的一条线，由 LTP/FTP、飞行路径对齐点（FPAP）、下滑道信号在跑道入口上方的高度（TCH）以及 GPA 定义，这些参数在 Type 4 电文的 FAS 数据块中给出，或者在飞行数据库中给出，这些参数和 FAS 路径的关系如图 4.14 所示[2]，飞机在 FAS 的图解如图 4.15 所示[9]。

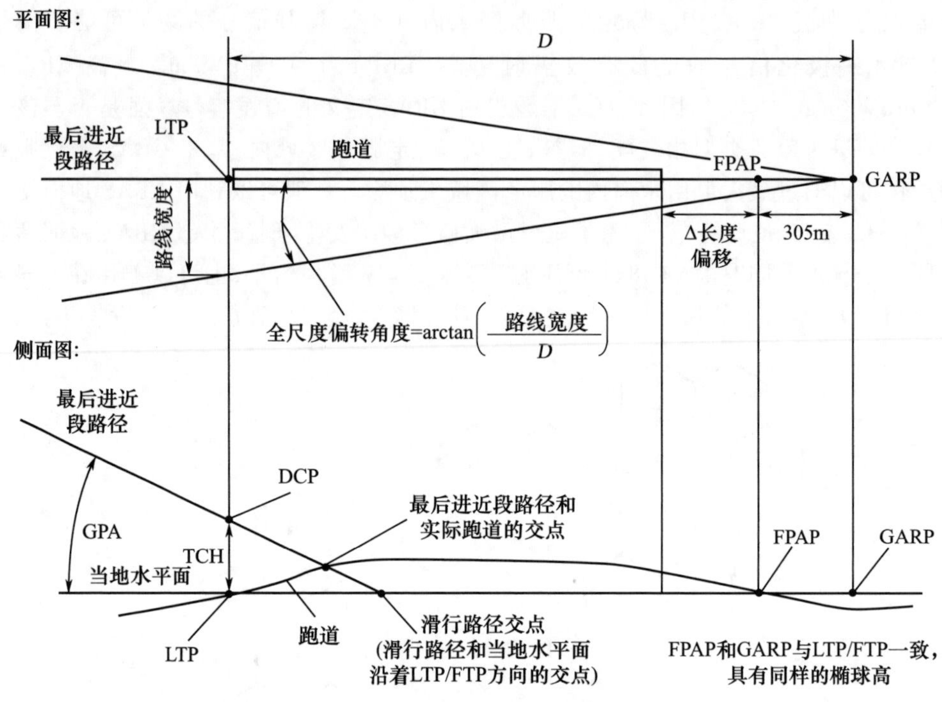

图 4.14 GBAS 最后进近段路径的定义

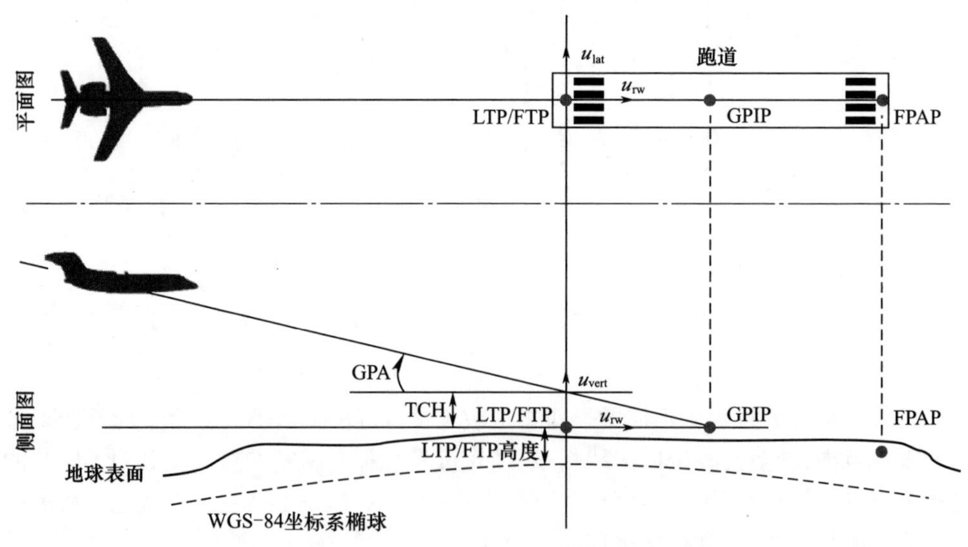

图 4.15 飞机在 FAS 的图解(见彩图)

GBAS 和 SBAS 进近服务的 FAS 数据块保存在同一个机载数据库中,当 GBAS 不播发 Type 4 电文 FAS 数据时,每个成员国家负责提供 FAS 数据以支持 APV。FAS 最后进近段数据结构如表 4.8 所列[2]。

表 4.8 GBAS 最后进近段数据结构

数据内容	使用的 bit 位	数值范围	数值分辨力
操作类型	4	0 ~ 15	1
SBAS 提供商 ID	4	0 ~ 15	1
机场 ID	32	—	—
跑道号	6	1 ~ 36	1
跑道字母	2	—	—
机场导航增强性能代号	3	0 ~ 7	1
线路指示器	5	—	—
参考路径数据选择器	8	0 ~ 48	1
参考路径标识符	32	—	—
LTP/FTP 纬度	32	±90.0°	0.0005arcsec(弧秒)
LTP/FTP 经度	32	±180.0°	0.0005arcsec
LTP/FTP 高度	16	-512.0 ~ 6041.5m	0.1m
ΔFPAP 纬度	24	±1.0°	0.0005arcsec
ΔFPAP 经度	24	±1.0°	0.0005arcsec
进近 TCH	15	0 ~ 1638.35m 或 0 ~ 3276.7ft	0.05m 或 0.1ft
进近 TCH 单位选择器	1	—	—
滑翔道倾角	16	0 ~ 90.0°	0.01°
路线宽度	8	80 ~ 143.75m	0.25m
Δ 长度偏移	8	0 ~ 2032m	8m
最后进近段 CRC	32	—	—

4.5.3 完好性

完好性是当卫星导航系统出现异常、故障或者服务精度不能满足指标要求时，系统向用户提供及时有效警告/警报的能力。没有完好性保证的卫星导航系统就无法成为用户可以依靠的系统。涉及生命安全的导航服务，对卫星导航系统的完好性提出了明确的指标要求，更加关注的是当系统处于 95% 服务可用性之外时，系统的完好性能力。为了确保定位误差(PE)处于可以接受的水平，需要定义告警门限(AL)来代表可以用于安全导航所允许的最大误差。在系统没有告知用户的情况下，定位误差不能不能超过告警门限。

基于 GBAS 的飞机进近和定位服务，不同阶段的操作有着不同等级的完好性指标要求，例如，对于进近服务来说，GBAS 增强信号的完好性风险是 2×10^{-7}/进近；为终端区操作提供定位服务时，GBAS 增强信号的完好性风险是 1×10^{-7}/h，因此，有必要增加其他测量手段以支持 GBAS 定位服务的要求[2]。GBAS 增强信号的完好性风险指标可以分解为地面子系统完好性风险和保护级完好性风险两个部分。地面子系统完好性风险涵盖地面子系统设备失效、GNSS 星座失效以及 SBAS 失效,例如导航信号质量和卫星星历出现问题时都可以认为是 GNSS 星座或 SBAS 失效。对于 GAST A、GAST B、GAST C 3 种类型的 GBAS 进近服务,保护级完好性风险指标分配涵盖罕见的无故障定位性能风险和监测站参考接收机测量失效风险。设置保护级时,需要考虑机载无故障接收机接收 GNSS 信号时导航卫星几何精度衰减因子(GDOP)对定位精度的影响。对于 GAST D 类型的 GBAS 进近服务(GAST D),定位域完好性特指为机载接收机和进近服务 D 类设备类型提供的所监测的其他数据和测距信号。在低能见度条件下且不满足 CAT Ⅰ精密进近最低要求时,应用 GAST D 的其他完好性要求可以支持精密进近和自动着陆服务。

同样,在给定保护级内确定位置解的边界时要求与告警门限相比较,除了电离层异常导致单台地面参考接收机发生故障并产生错误位置解算结果外,还需要考虑所有的误差源。一般将电离层异常情况导致的误差归算到机载接收机中。GAST D 进近服务对 GBAS 地面子系统完好性风险要求限定了地面子系统失效的概率。对于 CAT Ⅲ精密进近垂直引导操作而言,典型的地面子系统失效引发的危急时间是 CAT Ⅰ精密进近决断高度(DA 为 200ft)和高度门限 HAT 为 50ft 之间的那段时间,这段时间通常只有 15s,时间长短与飞机进近的速度有关。CAT Ⅲ精密进近横向引导操作时,典型的地面子系统失效引发的危急时间是 CAT Ⅰ精密进近决断高度和飞机完成侧倾飞行之间的那段时间,这时飞机会减速到安全的滑行速度,典型的滑行速度一般小于 30kn(节),这段时间通常只有 30s,同样时间长短与飞机进近的速度和加速度有关。

在能见度较低情况下,引导起飞过程中导致横向引导失效的危机时间是 60s,其影响比在 CAT Ⅲ类精密进近过程中发生错误或者引导失效的危害要低,且不会对 GBAS 地面子系统的完好性要求引入任何变化。

对于相对于 GBAS 参考点的误差以及水平和横向空间不相关性导致的误差,GBAS 地面子系统定义了改正的伪距误差不确定度,这些不确定度可以通过零均值、正态分布的方差模型表征。通过将伪距误差变换到位置域,用户接收机可以利用每一个误差不确定度建立导航解的误差模型。通过建立误差的方差模型可以保证 GBAS 的保护级完好性风险相关要求。侧向保护级(LPL)是从完好性要求角度给具有一定概率的侧向定位误差(LPE)定义的边界。类似,垂直保护级(VPL)是从完好性要求角度给具有一定概率的垂直定位误差(VPE)定义的边界。对于进近服务,如果计算的 LPL 超过了侧向告警门限(LAL)或者 VPL 超过了垂直告警门限(VAL),则当前系统的完好性指标不足以支持用户所选定的进近服务类型。对于定位服务,GBAS 相关标准没有定义告警门限,只需要考虑水平保护级和星历误差边界。一般根据具体的操作类型选定相应的告警门限。机载多模接收机会使用计算的保护级(PL)和星历误差边界来验证当前的 PL 小于告警门限(AL)。GBAS 完好性概念如图 4.16 所示[12]。

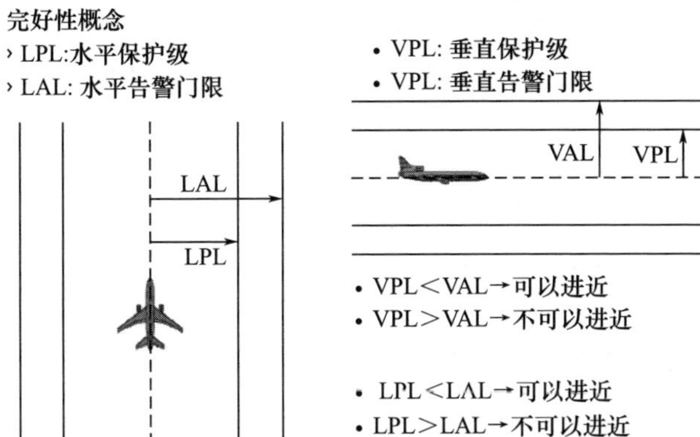

图 4.16　GBAS 完好性概念(见彩图)

GBAS 在计算 PL 过程中有 H0 和 H1 两个假设,H0 假设认为在伪距观测过程中所有的参考接收机均是无故障的(正常测量条件),H1 假设认为其中一台参考接收机出现故障(故障测量条件)。此外,GBAS 定义了星历误差定位边界来表征卫星的星历误差造成的测距误差。对于进近服务,GBAS 定义了横向星历误差边界(LEB)和垂直星历误差边界(VEB)。对于定位服务,GBAS 定义了水平星历误差边界(HEB)。

GBAS 增强信号完好性风险定义为:采用无故障接收机解算结果的前提下,根据 GBAS 地面子系统提供的导航增强信息,机载接收机给出的横向或者垂直相对定位误差超出容限,且没有在最大告警时间内给出告警信号的概率。横向或者垂直相对定位误差超出容限定义为:如果增强电文给出了星历误差边界,定位误差超出 GBAS 进近服务规定的保护级,则 GBAS 地面子系统必须提供一套相容的数据,使得保护级以规定的完好性风险要求给出定位误差范围。为了保证计算的保护级以规定概率要求给出定位误差范围,在某些情况下,有必要放大或者调整一些参数。例如,为了应对异常电离层对导航信号的影响,可以采用的一个策略是放大差分改正的伪距精度的标准方差(σ_{pr_gnd})以及电离层不确定度残余误差的标准方差($\sigma_{vert\_iono\_gradient}$),以确保机载接收机利用符合协议的数据计算的保护级具有足够的置信度。改正的伪距精度的标准方差的误差源包括接收机热噪声、多径干扰、天线相位中心的标定误差。

星历误差造成的伪距误差具有空间不相关特性,因此,不同地点的接收机具有不同的星历误差。当用户距离 GBAS 地面参考站相对较近时,星历误差造成的残余差分误差相对较小,差分改正数和改正的伪距精度的标准方差可以有效改正原始观测量并给出保护级。检测星历误差的一般方法有长基线法、星基增强系统法、星历数据监测法以及 Delta-V 监测法。

一个典型 GBAS 地面子系统处理位于参考点附近 2 ~4 台参考接收机的伪距观测量。对于 GAST A、GAST B、GAST C 以及 GAST D 4 种类型的进近服务,根据 Type 1或 Type 101 增强电文给出的 B 参数以及比较保护级和告警门限的大小,机载接收机可以规避地面参考接收机的故障状态或者错误的计算结果。利用正常测量条件(VPL/H0 和 LPL/H0)计算得到的保护级、接收机无故障下的漏检概率乘数因子、差分改正的伪距精度的标准方差,就可以计算系统的完好性指标。

ICAO 将精密进近分为 CAT Ⅰ、CAT Ⅱ和 CAT Ⅲ3 个阶段,各阶段对 GNSS 信号性能要求如表 4.9 所列[28],决断高度、定位精度、告警门限和告警时间等完好性指标要求如表 4.10 所列[29-30],表中 NSE 表示导航系统误差。在 CAT Ⅰ精密进近起始阶段,飞机距离地面的最小高度为 200ft,这个最小高度又称为 DH,VAL 为 10m,报警时间小于 6s,完好性风险不超过 2×10^{-7}/进近。CAT Ⅱ和 CAT Ⅲ阶段判决高度的数值更低,所以完好性和报警极限要求也更加严格,随着判决高度的降低,飞机的导航精度要求越来越高。

表 4.9 航空各阶段对 GNSS 信号性能的要求[3-4,7,15]

操作类型	水平、垂直定位精度(95%)	连续性	可用性	完好性	TTA	HAL/VAL
航路海洋区域	3700m/NA	$(1-10^{-4})$/h ~ $(1-10^{-8})$/h	0.99 ~ 0.99999	$(1-10^{-7})$/h	5min	7408m/NA
航路国内区域	3700m/NA	$(1-10^{-4})$/h ~ $(1-10^{-8})$/h	0.99 ~ 0.99999	$(1-10^{-7})$/h	5min	3704m/NA
航路终端区	740m/NA	$(1-10^{-4})$/h ~ $(1-10^{-8})$/h	0.99 ~ 0.99999	$(1-10^{-7})$/h	15s	1852m/NA
APV-Ⅰ	16m/20m	$(1-8\times10^{-6})$/(15s)	0.99 ~ 0.999	$(1-2\times10^{-7})$/进近	10s	40m/50m
APV-Ⅱ	16m/8m	$(1-8\times10^{-6})$/(15s)	0.99 ~ 0.999	$(1-2\times10^{-7})$/进近	6s	40m/20m
CAT Ⅰ	16m/4m	$(1-8\times10^{-6})$/(15s)	0.99 ~ 0.99999	$(1-2\times10^{-7})$/进近	6s	40m/10m
CAT Ⅱ	6.9m/2m	$(1-4\times10^{-6})$/(15s)	0.99 ~ 0.99999	$(1-10^{-9})$/(15s)	1s	17.3m/5.3m
CAT Ⅲ	6.2m/2m	$(1-2\times10^{-6})$/(30s)水平	0.99 ~ 0.99999	$(1-10^{-9})$/(30s)水平	1s	15.5m/5.3m
		$(1-2\times10^{-6})$/(15s)垂直		$(1-10^{-9})$/(15s)垂直		
注:NA—不适用						

表 4.10 CAT Ⅰ、CAT Ⅱ和 CAT ⅢB 精密进近完好性要求

类型	CAT Ⅰ	CAT Ⅱ	CAT ⅢB
决断高度	>200ft	>100ft	>50ft
侧向定位精度	16.0m(NSE)	6.9m(NSE)	6.2m(NSE)
垂向定位精度	4.0m(NSE)	2.0m(NSE)	2.0m(NSE)
侧向告警门限	40.0m	17.3m	15.5m
垂向告警门限	10.0m	5.3m	5.3m
告警时间	6s	1s	1s
允许的完好性风险	2×10^{-7}/进近	1×10^{-7}/进近	1×10^{-7}/进近

GBAS 增强信号告警时间(TTA)定义为从当机载接收机在无故障状态下给出的飞机定位结果超出告警门限开始,直到机载接收机给出系统播发的告警信号为止,系统所允许的最长时间[2]。GBAS 给出的告警时间绝对不能超出告警门限,其目的是在机载接收机定位结果在水平(横向)或者垂直告警门限以外时,明确引导时间,保护飞机安全。ICAO 标准与建议措施(SARP)航空电信标准附件 10 卷 1 无线电导航辅助将 GBAS 增强信号告警时间分配为两部分:一是 GBAS 地基子系统告警时间,当地面站参考接收机在无故障状态下检测出相关伪距观测数据超出容差时,地基子系统给出告警标识的时间。GBAS 通过 VDB 播发的 Type 1、Type 11 或 Type 101 增强电文给出告警标识,分配给 GBAS 地基子系统告警时间为 3s。二是机载接收机可能的暂时丢失接收电文的时间,对于 C 类 GBAS 进近服务类型(GAST C),在飞机最后进近阶段,如果机载接收机在 3.5s 内没有接收到 Type 1 增强电文,那么机载接收机会生成告警信号。对于 D 类 GBAS 进近服务类型(GAST D),当飞机在精密进近过程中的高度低于机场跑道高度门限(HAT)为 200ft 时,如果机载接收机在 1.5s 内没有收到Type 1、Type 11 增强电文信息,同时也没有接收到改正 Z 计数,那么机载接收机会生成告警信号或者变更 GBAS 进近服务类型。注意,当 GBAS 停止正常的电文播发,而是播发告警电文信息时,说明机载接收机得到的 GBAS 增强信号告警时间为系统暂停工作时间。GBAS 信号告警时间分配以及预期告警时间的作用距离如表 4.11所列[2]。

表 4.11　GBAS 地基增强信号告警时间分配

完好性风险要求和服务类型	地面子系统完好性告警时间①	飞机中的电文超时时间⑤	导航信号的告警时间(标称)⑥	导航信号的告警时间(最长)⑦
App B,3.6.7.1.2.1.1.1 和 3.6.7.1.2.2.1 (GAST A,B,C)	3.0s②	3.5s	3.0s	6.0s
App B,3.6.7.1.2.1.1.2 和 3.6.7.1.2.2.1 (GAST D)	3.0s②,⑧	3.5s(>200ft HAT) 1.5s(<200ft HAT)	3.0s 3.0s	6.0s 4.0s
App B,3.6.7.1.2.1.1.3 (GAST D)	1.5s	3.5s(>200ft HAT) 1.5s(<200ft HAT)	1.5s 1.5s	4.5s③ 2.5s③
App B,3.6.7.3.3 (GAST D)	1.5s⑨	3.5s(>200ft HAT) 1.5s(<200ft HAT)	1.5s 1.5s	4.5s④ 2.5s④

①这些 GBAS 地基子系统的告警时间要求适用于地基子系统播发的 Type 1 地基增强电文。地基子系统播发的 Tyoe 101 地基增强电文有 5.5s TTA。

②这些 GBAS 地基子系统的告警时间要求适用于测距信号被系统弃用,在 Type 1 地基增强电文中标识所有的导航信号均不可用或者地面站停止播发甚高频数据广播(VDB)。当一个测距信号被标识不可用或者被系统弃用时,也许不会导致机载接收机生成告警信号(取决于该测距信号在求解飞机位置过程中的作用)。

（续）

完好性风险要求和服务类型	地面子系统完好性告警时间①	飞机中的电文超时时间⑤	导航信号的告警时间（标称）⑥	导航信号的告警时间（最长）⑦
③这些设计要求适用于 GBAS 地基子系统的内部完好性情况功能（不包括地面站单个参考接收机出现故障情况）。该设计要求包括 GBAS 地基子系统对 GNSS 信号完好性检测能力。GBAS 地基子系统设备发生故障并导致系统播发不符合规定的信息（non-compliant information）。 ④这些设计要求适用于 GBAS 地基子系统对 GNSS 信号完好性检测，并假定导航信号对确定飞机位置是十分关键的情况。当一个测距信号被标识不可用或者被系统弃用时，机载接收机不一定会生成告警信号（取决于该测距信号在求解飞机位置过程中的作用）。 ⑤机载接收机丢失接收电文的时间始于所接收的最后一帧电文的时间，而不是所接收的第一帧电文的时间，因此，机载接收机丢失接收电文的时间要比 GBAS 地基增强信号告警时间长 0.5s。 ⑥如果地基子系统连续播发电文且没有发生丢帧现象，那么本列数据是“标称值（nominal）”，这个时间包括地基子系统的最坏情况。 ⑦最长 GBAS 信号告警时间（指 SIS TTA）包括地基子系统最坏情况下的告警时间以及机载接收机可能的暂时丢失接收电文的时间。如果地基子系统停止播发电文，那么本列数据是“最大值”，计算最长 SIS TTA 时，要加上地基子系统 TTA，同时减去机载接收机丢失接收电文的 0.5s 时间。 ⑧虽然表中的数据与 GAST D 定义下的 D 类地基子系统服务类型 FAST D 以及最大 TTA 有关，且大于 CAT Ⅱ/Ⅲ精密进近时的历史数据，但是该时间与系统支持 CAT Ⅱ/Ⅲ精密进近导航服务时的完好性要求无关。这些 TTA 数据均有适用的边界条件，因此，与导航信号无故障以及定位结果超过了保护级的全部风险有关系。TTA 数值更大时不应该被解释为，在任何着陆过程中可能会发生大于 1×10^{-9} 的概率，从而发生定位误差在接近或超出告警门限的范围。 ⑨这是“检测和广播时间”，另外还适用其他地基子系统要求				

在机载接收机没有丢失电文时，GBAS 完好性标称告警时间分配如图 4.17 所示[2]，对于 D 类 GBAS 进近服务类型（GAST D），当飞机在精密进近过程中的高度低于机场跑道高度门限（HAT = 200ft）时，电文丢失的影响如图 4.18 所示[2]，其中工况 1 描述电文丢失时的情况，工况 2 描述地面站停止播发 VDB 时的情况。

图 4.18 以 GAST D 进近为例图解说明 HAT 为 200ft 以下时，机载接收机丢失了两帧电文，但接收到第三帧电文时，对 GBAS 完好性标称告警时间的影响，因此，飞机可以继续实施进近操作，除非第三帧电文被标识为故障情况并会导致接收机生成报警信号。当机载接收机连续丢失三帧电文，完好性算法判定机载接收机输出无效时，GBAS 信号 TTA 由原来的地基子系统 TTA 加上飞机从初始进近位置到 LTP 航速所确定的时间，替换为机载接收机完好性信息处理时间。HAT 在 200ft 以上时，情况类似，但是机载接收机可以允许分配更长的电文丢失时间，详见航空无线电技术委员会（RTCA）制定的标准 RTCA DO-253D 相关规定。

关于 GBAS 信号完好性，TTA 的起算点是无故障机载接收机的输出结果超出了 GBAS 定义容差范围的时刻。SIS TTA 的终止点还是以机载接收机的输出结果合理与否为判据。地基子系统 TTA 或者故障检测时间的起算点是 VDB 播发的第一帧电

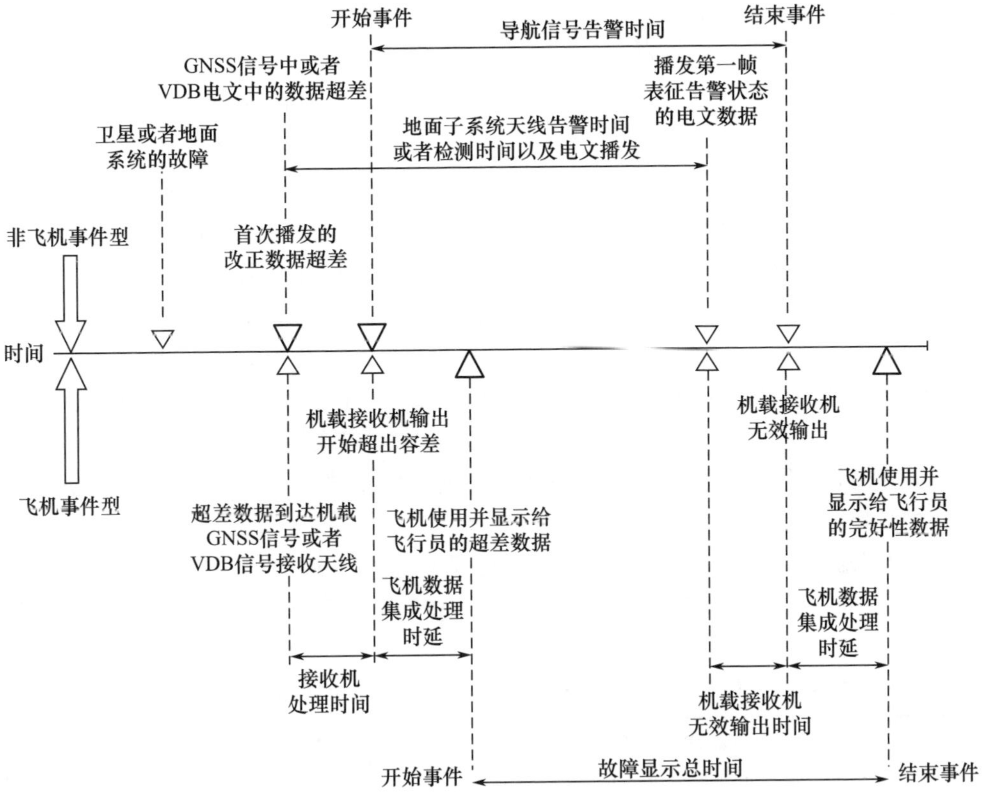

开始事件
导航信号告警时间
结束事件
GNSS信号中或者
VDB电文中的数据超差
播发第一帧
表征告警状态
的电文数据
地面子系统天线告警时间
或者检测时间以及电文播发
卫星或者地面
系统的故障
非飞机事件型
首次播发的
改正数据超差
时间
机载接收机输出
开始超出容差
机载接收机
无效输出
飞机使用并
显示给飞行员
的完好性数据
飞机事件型
超差数据到达机载
GNSS信号或者
VDB信号接收天线
飞机使用并显示给
飞行员的超差数据
飞机数据
集成处理
时延
飞机数据
集成处理
时延
接收机
处理时间
机载接收机
无效输出时间
开始事件
故障显示总时间
结束事件

图 4.17　GBAS 完好性标称告警时间分配

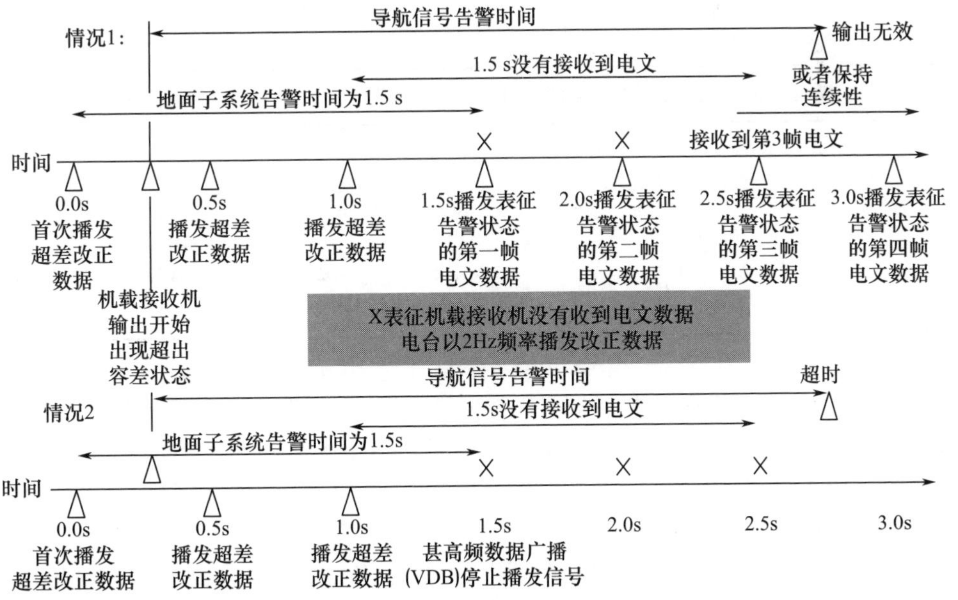

图 4.18　电文丢失的影响对 GAST D 进近 GBAS 完好性标称告警时间的影响

文的最后一个 bit 数据(GAST D 进近服务的 Type 1 和 Type 11 地基增强电文),包括超出了 GBAS 定义容差范围的数据。

对于 GBAS 地面设备发生故障或者停止播发 VDB 信号的情况,起算点是地面站播发的第一帧电文(包含差分改正数、完好性信息以及精密进近路径点数据)不符合 GBAS 增强信号可用性以及地基子系统完好性相关要求。对于导航卫星故障,起算点是差分改正后的伪距观测量超出了 GBAS 定义的性能要求。故障终止点则是 VDB 播发的第一帧电文的最后一个 bit 数据(GAST D 进近服务的 Type 1 和 Type 11 地基增强电文)删除了超出 GBAS 定义容差范围数据,或者删除了 VDB 播发的电文数据无效的标志。图 4.17 给出的 GBAS 完好性标称告警时间分配简图中,尽管 GBAS 信号 TTA 与地基子系统 TTA 计算的起始点和终止点不同,但是 ANSP 假定它们是一致的。

国际民航组织《航空电信卷 1 无线电导航辅助标准》给出计算 GAST C 和 GAST D 类型进近服务侧向和垂直方向告警门限的定义,如表 4.12 和表 4.13 所列,这些计算参数与图 4.19 给出的“D”和“H”的含意是完全一致的,详见文献[2],表中,FASLAL表示最后进近航段的侧向告警门限,FASVAL 表示最后进近航段的垂直告警门限。

表 4.12　GAST C 和 GAST D 类型进近服务水平方向告警门限

飞机的位置离 LTP/FTP 的水平距离, 沿着最终进近路径折算/m	侧向告警门限/m
$D \leqslant 873$	FASLAL
$873 < D \leqslant 7500$	$0.0044D(\mathrm{m}) + \mathrm{FASLAL} - 3.85$
$D > 7500$	FASLAL + 29.15

表 4.13　GAST C 和 GAST D 类型进近服务垂直方向告警门限

飞机的位置距离 LTP/FTP 的高度, 折算到最终进近路径/ft	垂直告警门限/m
$H \leqslant 200$	FASVAL
$200 < H \leqslant 1340$	$0.02925H(\mathrm{ft}) + \mathrm{FASVAL} - 5.85$
$H > 1340$	FASVAL + 33.35

图 4.19 中,GARP 表示 GBAS 方位基准点,DCP 表示基准交叉点。

当 GBAS 提供 GAST C 和 GAST D 类型进近服务时,垂直方向告警门限在 FTP/LTP 之上 60m(200ft)按比例排列设置。当进近过程中的 DH 大于 60m(200ft)时,DH 的垂直方向告警门限将大于增强电文播发的最后进近航段的垂直告警门限(FASVAL)值,FASVAL 是 Type 4 电文给出的 FAS 垂直方向告警门限范围,一般不超过 10m。对于 GBAS 提供的 GAST A 类型进近服务,且通道号的范围是 40001 ~ 99999 时,侧向和垂直方向告警门限的计算方式与 SBAS 相同。

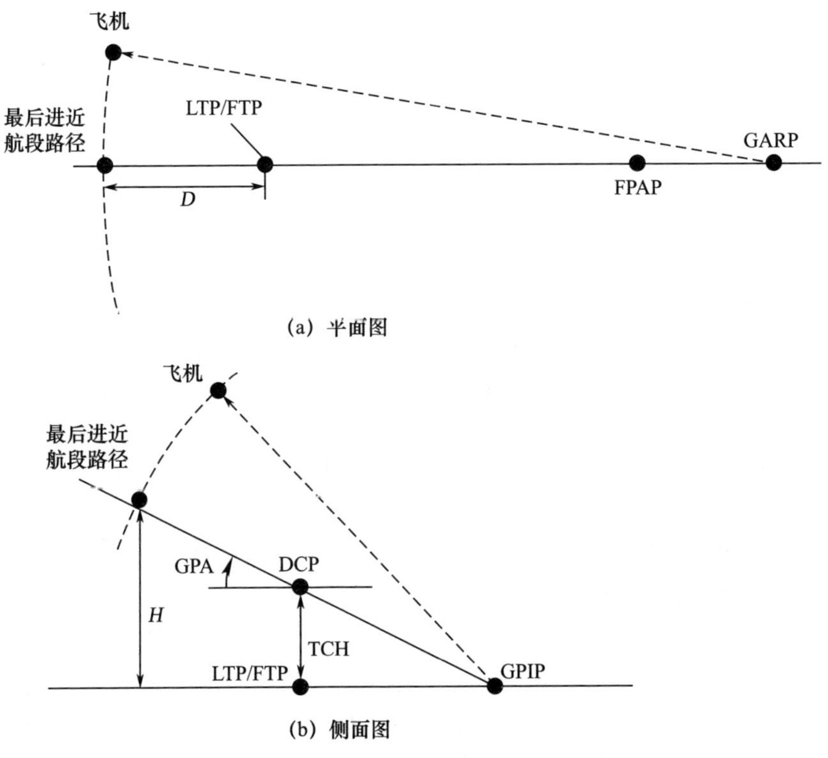

图 4.19　计算告警门限时相关参数含意

4.5.4　可用性

一个 GBAS 地面子系统可同时为多个机场跑道多个用户提供多种类型的进近服务，不同类型的进近服务具有不同的可用性，当一种类型的进近服务可用时，另一种类型的进近服务可能不可用。另外，GBAS 的一些参数是可选的，例如增强哪个 GNSS 星座或者是否使用 SBAS 测距信号，因此，不同用户所得到的导航服务能力也是不同的。所以，在任何给定时间预测一个用户使用一个指定进近服务类型的可用性是不现实的。GBAS 服务提供商所能掌握的信息只能是 GBAS 地面子系统的工作状态以及 GNSS 星座的工作状态。基于假设的性能指标要求和标称用户的需求，GBAS 服务提供商可以评估 GBAS 地面子系统是否满足特定进近服务类型所规定的性能指标，GBAS 服务提供商也可以评估一个指定进近服务类型的可用性。标称用户的定义包括增强哪个 GNSS 星座、选择星座内哪些导航卫星解算用户位置。

对于 GBAS 提供的 GAST D 类进近服务，为了确保在指定 GBAS 机载设备分类(GAEC)特征下飞机具有足够的着陆性能，评估其可用性将更为复杂。较传统导航辅助手段而言，预测全球卫星导航系统增强服务的可用性是比较困难的。GBAS 机载设备能力的时变性将导致一种类型的进近服务对一些是可用的,而对另一些是不可用的。

4.5.5 连续性

GBAS 连续性及完好性指示(GCID)为用户提供反映 GBAS 地面子系统当前工作能力的标识,用于机载接收机选择进近服务类型。GCID 数值为“1”时,说明 GBAS 地面子系统满足 GAST A、GAST B、GAST C 类进近服务的功能和性能要求。GCID 数值为“2”时,说明 GBAS 地面子系统满足 GAST A、GAST B、GAST C 及 GAST D 类进近服务的功能和性能要求。GCID 数值“3”和“4”用于表征未来比 GAST D 类更加严格的进近服务类型。GCID 不能取代 Type 1 或 Type 101 电文给出的系统完好性标识。

为了支持 GAST A、GAST B、GAST C 类进近服务,GBAS 地面子系统服务连续性的指标至少为$(1-8.0\times10^{-6})/15s$,因此,需要引入其他辅助手段来保证系统的连续性指标,一个办法就是引入 ABAS,利用足够精度的冗余数据。GBAS 定位服务的连续性的指标为$(1-10\times10^{-4})/(1h)$[2]。

GBAS 地面子系统提供 GAST D 类进近服务时,服务连续性的指标首先要满足 GAST A、GAST B、GAST C 类进近服务提出的$(1-8.0\times10^{-6})/(15s)$指标要求,其次还要满足如下要求:一是 GBAS 地面子系统失效概率或者虚概率不能超过$2.0\times10^{-6}/(15s)$,不包括测距源监测过程中造成的非计划服务中断时间超过 1.5s 的情况;二是由于地面完好性监测单元的误检测概率,GBAS 地面子系统弃用 Type 1 或 Type 101 电文给出的任何一个无故障测距源的差分改正数的概率不能超过$2.0\times10^{-7}/(15s)$[2]。

一般通过两个要求来定义 GBAS 地面子系统连续性指标:一是包括参考接收机在内的 VDB 相关的必要组成部分的失效指标,也包括由于 GBAS 地面子系统完好性失效触发系统告警造成的进近服务能力丧失;二是与无故障检测相关的完好性监测单元的连续性指标。VDB 相关环节包含会导致丢失地基增强信号的所有失效模式,完好性监测单元的连续性则从增强电文中排除了故障卫星的影响。虽然这不一定必然导致机载接收机丢失 GBAS 增强信号,但是,上述要求使得在开展 GBAS 地面子系统设计时可以不考虑视场范围内 GNSS 卫星的实际数量要求或者对于某次进近影响服务质量卫星的数量要求。当考虑 GNSS 卫星和机载完好性监测单元对系统连续性的影响时,需要由机载用户(多模接收机)来全面评估所获取的各个环节的连续性数据。

4.6 通信体制

GBAS 地面站除了要与甚高频全向信标(VOR)导航辅助系统地面站保持一定的

地理间隔距离,建设 GBAS 地面站时还需要考虑如下因素:一是服务范围、GBAS 信号最小场强和有效全向辐射功率(EIRP);二是周边 GBAS 地面站和 VOR 地面站的服务范围、GBAS 信号最小场强和 EIRP;三是 VDB 接收机的性能,包括多通道和相邻信道抑制、抗调频(FM)广播信号交调信号干扰等性能;四是 VOR 接收机的性能,包括多通道和相邻信道抑制等性能,因为 VOR 接收机最初设计时并没有要求抗 VDB 信号发射干扰,只能给出对多通道和相邻信道 VDB 信号抑制的期望/非期望(D/U)信号比率的经验值,如表 4.14 所列[2];五是对于地区/区域频率拥塞情况,需要用适当的准则精确确定频率间隔;六是对于一个特定的 GBAS 地面子系统,在给定的 VHF 无线电频率范围内,在 GBAS VDB 信号发射机之间参考路径数据选择器(RPDS)编号和参考站数据选择器(RSDS)编号必须是唯一的;七是对于一个特定的 GBAS 地面子系统,在给定的 VHF 无线电频率范围内,在 GBAS VDB 信号发射机之间参考路径标识也是唯一的;八是利用 4 个字符的 GBAS 标识(GBAS ID)来区分 GBAS 地面子系统,GBAS ID 通常与飞机场的位置标识是一致的;九是在机载接收机处理增强信号之前,机载接收机接收处需要接收多个时隙的增强电文的情况下,对 GBAS 地面子系统电文的相对时隙分配会影响系统性能。

表 4.14 保护 VOR 接收机不受 GBAS VDB 信号干扰的 $[D/U]_{要求}$ 信号比率

频率偏移	保护 VOR 接收机所需要的 $[D/U]_{要求}$ 比率/dB
同频率	26
$\vert f_{VOR}-f_{VDB}\vert=25$kHz	0
$\vert f_{VOR}-f_{VDB}\vert=50$kHz	-34
$\vert f_{VOR}-f_{VDB}\vert=75$kHz	-46
$\vert f_{VOR}-f_{VDB}\vert=100$kHz	-65

4.6.1 射频特征

GBAS 地基增强信号射频特征主要包括载波频率稳定度(carrier frequency stability)、比特相位转换编码(bit-to-phase-change encoding)、调制波形及脉冲成型滤波器(modulation wave form and pulse shaping filters)、误差矢量幅值(error vector magnitude)、射频信号数据速率(RF data rate)以及在未分配时隙的信号发射(emissions in unassigned time slots)、信号杂散(unwanted emissions)等内容,具体含意解释如下。

(1) 载波频率稳定度:GBAS 增强信号在分配频点处的载波频率稳定度应维持在 ±0.0002% 以内。

(2) 比特相位转换编码:GBAS 增强电文编码过程中,3 个连续 bit 电文数据形成一个符号,在每帧数据最后,如有必要,添加 1bit 或 2bit 数据形成最后一个 3bit 电文符号。根据表 4.15 所列数据编码方案[2],将电文符号转换为差分八相相移键控

(D8PSK)载波相位移动($\Delta\phi_k$),其中符号与相位映射关系为 $\phi_k=\phi_{k-1}+\Delta\phi_k$。

表 4.15 GBAS 增强信号数据编码方案

电文 bit 位			符号相移
I_{3K-2}	I_{3K-1}	I_{3K}	$\Delta\phi_k$
0	0	0	0π/4
0	0	1	1π/4
0	1	1	2π/4
0	1	0	3π/4
1	1	0	4π/4
1	1	1	5π/4
1	0	1	6π/4
1	0	0	7π/4
注:I_j 是播发的第 j 个 bit 数据,I_1 是训练序列的第 1 个 bit 数据			

(3)调制波形及脉冲成型滤波器:不同相位编码器的输出应通过脉冲成型滤波器滤波处理,其输出 $s(t)$ 计算公式为

$$s(t)=\sum_{k=-\infty}^{k=\infty}\mathrm{e}^{\mathrm{j}\phi_k}h(t-KT) \tag{4.24}$$

式中:h 为升余弦成型滤波器的脉冲响应;ϕ_k 为第 k 个符号的载波相位;t 为时间;T 为每个符号的周期,时间为 1/(10500s);调制波形及成型滤波器时间时域响应 $h(t)$ 和频域响应 $H(f)$ 分别如下:

$$h(t)=\frac{\sin\left(\dfrac{\pi t}{T}\right)\cos\left(\dfrac{\pi\alpha t}{T}\right)}{\dfrac{\pi t}{T}\left[1-\left(\dfrac{2\alpha t}{T}\right)^2\right]} \tag{4.25}$$

$$H(f)=\begin{cases}1 & 0\leqslant f<\dfrac{1-\alpha}{2T}\\ \dfrac{1-\sin\left(\dfrac{\pi}{2\alpha}(2fT-1)\right)}{2} & \dfrac{1-\alpha}{2T}\leqslant f\leqslant\dfrac{1+\alpha}{2T}\\ 0 & f>\dfrac{1+\alpha}{2T}\end{cases} \tag{4.26}$$

式中:$\alpha=0.6$。

(4)误差矢量幅值:地基增强信号误差矢量幅值的均方根值小于 0.65%(1σ)。

(5)射频信号数据速率:符号速率为 10500symbol/s ±0.005%,信息速率为 31500bit/s。

(6)未分配时隙的信号发射:在所有工作条件下,在分配的中心频点处,测量任何未分配的时隙,25kHz 通道带宽外最大功率不能超过 -105dBc。

(7) 信号杂散:GBAS 增强信号对信号杂波规定如表 4.16 所列,且谐杂波总功率不大于 -53dBm。

表 4.16　GBAS 增强信号杂散

频率	相对无用发射信号电平②	最大无用发射信号电平①
9 ~ 150kHz	-93dBc③	-55dBm/1kHz③
150kHz ~ 30MHz	-103dBc③	-55dBm/10kHz③
30 ~ 106.125MHz	-115dBc	-57dBm/100kHz
106.425MHz	-113dBc	-55dBm/100kHz
107.225MHz	-105dBc	-47dBm/100kHz
107.625MHz	-101.5dBc	-53.5dBm/10kHz
107.825MHz	-88.5dBc	-40.5dBm/10kHz
107.925MHz	-74dBc	-36dBm/1kHz
107.9625MHz	-71dBc	-33dBm/1kHz
107.975MHz	-65dBc	-27dBm/1kHz
118.000MHz	-65dBc	-27dBm/1kHz
118.0125MHz	-71dBc	-33dBm/1kHz
118.050MHz	-74dBc	-36dBm/1kHz
118.150MHz	-88.5dBc	-40.5dBm/10kHz
118.350MHz	-101.5dBc	-53.5dBm/10kHz
118.750MHz	-105dBc	-47dBm/100kHz
119.550MHz	-113dBc	-55dBm/100kHz
119.850MHz ~ 1GHz	-115dBc	-57dBm/100kHz
1 ~ 1.7GHz	-115dBc	-47dBm/1MHz

①如果授权发射机功率超过 150W,那么最大信号杂散电平(绝对功率)需满足本表。

②对于期望的信号和杂散信号,需要使用同样的带宽来相对信号杂散电平;需要使用本表给出的最大信号杂散电平对应的带宽来对杂散信号的测量进行转换。

③表中给出的数据受限于测量手段,实际的性能预计会更好。

注:表中给出的相邻信道所规划的单个相邻点之间的关系是现行的

GBAS 地基增强信号链路标称预算如表 4.17 所列[2],假定接收机在低仰角接收增强信号,且表格中显示的距离通常大于 50n mile,因此,表中没有给出信号衰减情况下的裕度。实际上,信号衰减情况的裕度取决于飞机高度、到 VDB 信号发射机的距离、接收天线类型以及地面反射情况等多个参数的影响。

表 4.17　GBAS 地基增强信号标称链路预算

<table>
<tr><th colspan="6">VDB 链路预算</th></tr>
<tr><th colspan="2">用于进近导航服务</th><th colspan="2">在服务区边缘的垂直分量</th><th colspan="2">在服务区边缘的水平分量</th></tr>
<tr><td colspan="2">所需要的接收机灵敏度/dBm</td><td colspan="2">-87</td><td colspan="2">-87</td></tr>
<tr><td colspan="2">飞机接收 VDB 信号过程中的最大损耗/dB</td><td colspan="2">11</td><td colspan="2">15</td></tr>
<tr><td colspan="2">机载接收天线后的 VDB 信号功率电平/dBm</td><td colspan="2">-76</td><td colspan="2">-72</td></tr>
<tr><td colspan="2">操作余量/dB</td><td colspan="2">3</td><td colspan="2">3</td></tr>
<tr><td colspan="2">衰减余量/dB</td><td colspan="2">10</td><td colspan="2">10</td></tr>
<tr><td colspan="2">43km(23n mile)处的自由空间路径损耗/dB</td><td colspan="2">106</td><td colspan="2">106</td></tr>
<tr><td colspan="2">标称有效全向辐射功率(EIRP)/dBm</td><td colspan="2">43</td><td colspan="2">47</td></tr>
<tr><th colspan="2">适用于较长距离及低辐射角相关的定位服务</th><th colspan="2">垂直分量</th><th colspan="2">水平分量</th></tr>
<tr><td colspan="2">所需要的接收机灵敏度/dBm</td><td colspan="2">-87</td><td colspan="2">-87</td></tr>
<tr><td colspan="2">飞机接收 VDB 信号过程中的最大损耗/dB</td><td colspan="2">11</td><td colspan="2">15</td></tr>
<tr><td colspan="2">机载接收天线后的 VDB 信号功率电平/dBm</td><td colspan="2">-76</td><td colspan="2">-72</td></tr>
<tr><td colspan="2">操作余量/dB</td><td colspan="2">3</td><td colspan="2">3</td></tr>
<tr><td colspan="2">衰减余量/dB</td><td colspan="2">0</td><td colspan="2">0</td></tr>
<tr><td colspan="6">标称有效全向辐射功率(EIRP)/dBm</td></tr>
<tr><td>距离/(km(n mile))</td><td>自由空间损耗/dB</td><td>EIRP/dBm</td><td>EIRP/W</td><td>EIRP/dBm</td><td>EIRP/W</td></tr>
<tr><td>93(50)</td><td>113</td><td>39.9</td><td>10</td><td>43.9</td><td>25</td></tr>
<tr><td>185(100)</td><td>119</td><td>45.9</td><td>39</td><td>49.9</td><td>98</td></tr>
<tr><td>278(150)</td><td>122</td><td>49.4</td><td>87</td><td>53.4</td><td>219</td></tr>
<tr><td>390(200)</td><td>125</td><td>51.9</td><td>155</td><td>55.9</td><td>389</td></tr>
<tr><td colspan="6">注:①需要考虑多径干扰信号以及局部地形对 GBAS VDB 发射天线的影响,要保证 VDB 有效辐射功率满足进近服务的场强信号强度要求。
②用户可以平衡匹配实际机载设备损耗(包括天线增益、失配损耗以及电缆插损)以及实际接收机灵敏度,以获得期望的链路裕度。
③表中链路裕度没有考虑信号衰减情况,因此,远距离 VDB 信号标称链路预算不会优于表中给出的数据</td></tr>
</table>

GBAS 地面站可以采用水平极化(GBAS/H)方式或者椭圆极化(GBAS/E)方式播发增强信号,当采用 GBAS/E 方式播发增强信号时,信号中同时含有水平极化(HPOL)分量和垂直极化(VPOL)分量。利用 VPOL 分量是不能操作 GBAS/H 机载接收机相关设备的。

GABS 规定的最低和最高地基增强信号场强要求,与用户距离 VDB 发射天线最小 80m(263ft)到最远覆盖范围 43km(23n mile)的要求是对应的。当 VDB 发射天线的位置约束 GBAS 所支持的进近服务时,可以调整 GBAS 服务范围以满足规定的进近操作相关要求。在 EIRP 为 47dBm 前提下,当对距离 VDB 发射天线最小 80m 半径

范围外的 GBAS 服务区域没有产生影响时，这种调整 GBAS 服务范围的方案才是合理可行的。GBAS 地面站利用 GBAS/H 方式播发地基增强信号时，在 GBAS 规定的服务区内，信号 EIRP 的最小场强为 215μV/m（ -99dBW/m^2），最大场强为 0.879V/m（ -27dBW/m^2）。当 GBAS 地面站利用 GBAS/E 方式播发地基增强信号时，HPOL 分量场强要求与 GBAS/H 方式播发地基增强信号时的要求相同，VPOL 分量的最小场强为 136μV/m（ -103dBW/m^2），最大场强为 0.555V/m（ -31dBW/m^2）[2]。

当 GBAS 地面站只播发 GBAS/H 信号时，通过提出信号场强要求就可以满足接收信号功率的最低灵敏度要求。当 GBAS 地面站播发 GBAS/E 信号，HPOL 分量和 VPOL 分量的相位偏差为 90°时，在整个 GBAS 服务区飞机正常机动过程中，为了保证机载接收机能够保持接收到合适的功率，GBAS 地面站应该设计成同时播发相位偏差为 90°的 HPOL 分量和 VPOL 分量信号，开展链路预算时，需要考虑 90°相位偏差的非理想情况，保证极化损失导致的信号衰减不会危及机载接收机的最小灵敏度要求。GBAS 开展鉴定和飞行检验过程中，需要考虑存在偏差非理想情况，VDB 信号发射机需要保证整个 GBAS 服务区的信号强度满足 ICAO 相关要求。

GBAS 地面站和 VOR 地面站的发射频点除了满足频率间隔准则外，还需要考虑与调频（FM）广播信号的兼容性，否则需要考虑选择其他频点。因为 107.7MHz 以上 FM 广播信号的大量级辐射发射的非信道分量将干扰工作频点为 108.025MHz 和 108.050MHz 的 GBAS VDB 信号，所以 FM 广播信号的载波频率不能高于 107.7MHz，除非在那些 FM 广播台数量比较小的地理区域，且不太可能对 VDB 信号接收机产生干扰的条件下，FM 广播信号的载波频率才能选择 107.7MHz。当 GBAS 地面站 VDB 信号的频点在 108.1MHz 以下时，需要考虑 FM 广播信号交调分量对 VDB 信号的不利影响。

此外 GBAS 地面站 VDB 信号的频率选择还要考虑与仪表着陆系统（ILS）以及地面其他 VHF 频段通信服务的兼容性，包括频率隔离、空间距离隔离、信号场强、极化方式、接收机灵敏度等内容。当 GBAS 地面站 VDB 信号的频点在 112.025MHz 以下时，需要考虑 VDB 信号与 ILS 信号的频率兼容性问题。当 GBAS 地面站 VDB 信号的频点在 116.400MHz 以上时，需要考虑 VDB 信号与地面其他 VHF 频段通信服务的兼容性问题。当 GBAS 地面站 VDB 信号（圆极化）发射机的最大隔离为 150W，或者水平极化为 100W 时，距离发射机 80m 处，25kHz 带宽信号的强度应低于 -112dBm。详见文献[2]中《ICAO 航空电信卷 1 无线电导航辅助标准》相关规定。VDB 发射机与发射机 ILS 空间距离最小为 3n mile。

4.6.2　信号体制

GBAS 地面站按 RTCA 定义的格式，生成增强电文，利用 VHF 无线电链路向用户广播地基增强信号 VDB，VHF 信号载波频率范围是 108.025～117.950MHz，分配频率间隔或者通道间隔是 25kHz。GBAS 地面站 VDB 发射机的频率分配以及地理间隔准则如表4.18所列,在25kHz带宽内的相邻信道信号功率不应超过规定数值,如表4.19所列[2]。

表4.18 典型GBAS频率分配准则及地理间隔准则

同一时隙中不期望的VDB通道	自由空间损耗/dB	T_{XU} =47dBm及 $P_{D,min}$ = -72dBm时,所需要的最小地理分隔距离/km(n mile)
同信道	145	361(195)
第一相邻频道(±25kHz)	101	67(36)
第二相邻频道(±50kHz)	76	44(24)
第三相邻频道(±75kHz)	73	没有限制
第四相邻频道(±100kHz)	73	没有限制

注:①对发射机的地理间隔没有限制的含意是期望播发同频(co-frequency)、相邻时隙(adjacent time slots)信号的VDB发射机天线的位置至少远离期望的地基增强信号最低场强80m外处。
②$P_{D,min}$最小-72dBm是理想各向同性天线的输出功率

表4.19 GBAS增强信号相邻信道信号功率

信道	相对功率	最大功率
第1相邻信道	-40dBc	12dBm
第2相邻信道	-65dBc	-13dBm
第4相邻信道	-74dBc	-22dBm
第8相邻信道	-88.5dBc	-36.5dBm
第16相邻信道	-101.5dBc	-49.5dBm
第32相邻信道	-105dBc	-53dBm
第64相邻信道	-113dBc	-61dBm
第76相邻信道及以外信道	-115dBc	-63dBm

注:①如果授权VDB发射机超过150W,则可以使用最大功率。
②两个单个相邻信道之间的关系是线性的

4.6.3 数据结构

GBAS地面站播发的导航增强电文主要包括伪距差分改正数、参考时间和完好性数据,GBAS相关数据,支持精密进近服务的FAS数据以及预测GNSS信号的可用性和完好性数据等内容。根据电文帧结构和时隙要求,VDB地基增强信号采用TDMA技术确定数据广播的数据结构。导航增强电文采用固定帧结构设计方案,每秒2帧,每帧电文播发时间为500ms,在每个UTC定义的1s时间内播发两帧电文。第一帧电文在UTC的起始点播发,第二帧电文在UTC起始后的0.5s播发。每帧电文被时分为多个地址,每个地址又由8个时隙组成(A~H),每个时隙播发时间为62.5ms,GBAS增强信号TDMA帧结构如图4.20所示[11]。

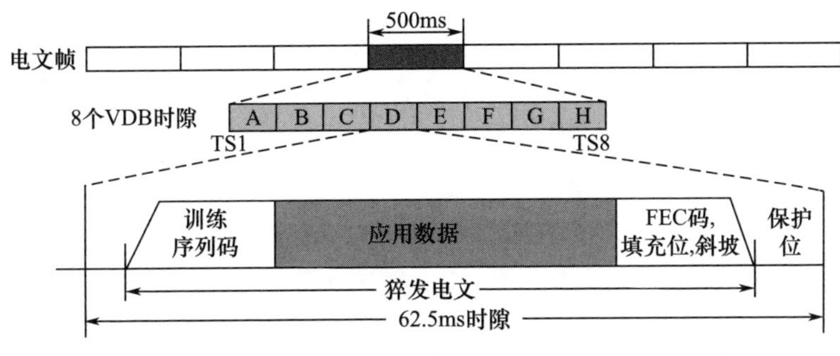

图4.20 GBAS增强信号TDMA帧结构(见彩图)

每个分配的时隙最多包含一个脉冲信号,GBAS地面站应当在每5个连续的增强电文帧中播发一个脉冲信号,脉冲信号包含的电文内容及长度根据需要可以调整。脉冲信号时间预算如表4.20所列[2],GBAS电文数据采用3个连续bit形成一个符号,在每帧数据最后,必要时添加1bit或2bit数据形成最后一个符号。采用差分八相相移键控(D8PSK)技术将增强数据调制到载波信号中,数据符号速率为10500symbol/s[2,9]。

表4.20 GBAS脉冲信号时间预算

事件	标称事件持续时间	稳态功率标称百分比
斜坡上升沿	190.5μs	0% ~90%
发射机功率稳定	285.7μs	90% ~100%
时间同步和模糊分辨力	1523.8μs	100%
传输加密数据	58761.9μs	100%
斜坡下降沿	285.7μs①	100% ~0%

注:1. 这些时间要求提供了一个1259μs的信号传播警戒时间,允许信号单向传播距离约为370km(200n mile)。
2. 当在370km(200n mile)外的地点接收到一个GBAS地面站播发的脉冲信号,这个距离超过了另一个GBAS地面站用相邻时隙播发的脉冲信号时,需要用更长的信号传播警戒时间来避免用户接收不到两个GBAS地面站播发的脉冲信号。为了提供更长的信号传播警戒时间,需要限制第一个脉冲信号中应用数据的长度不超过1744bit,由此可以使得信号单向传播距离增加692km(372n mile),且不会发生信号冲突。
①播发加扰数据(scrambled data)的信号持续时间表明最大的应用数据长度为1776bit

GBAS脉冲信号数据内容如表4.21所列,电文编码顺序为应用数据、训练序列前向误差修正码、应用数据前向误差修正码、加扰bit位,加扰数据填充的bit位是可选择的数据。

表4.21 GBAS脉冲信号内容

组成	数据内容	位数
猝发信号开始	全零	15
功率稳定		
时间同步和模糊分辨力	3.6.3.2.1	48
加密数据:	3.6.3.3	

（续）

组成	数据内容	位数
地面站时隙识别字（SSID）	3.6.3.3.1	3
传输数据长度	3.6.3.3.2	17
训练序列 FEC	3.6.3.3.3	5
应用数据	3.6.3.3.4	最高 1776
应用数据 FEC	3.6.3.3.5	48
填充位	3.6.2.2	0～2

表4.21中时间同步和模糊分辨力是一个48bit的二进制码序列（010 001 111 101 111 110 001 100 011 101 100 000 011 110 010 000）电文帧同步头，最右边的bit数据先播发。

表4.21中加扰数据内容包括地面站时隙识别字（SSID）、播发长度、训练序列前向纠错（FEC）码、应用数据、应用数据前向修正码、训练序列前向修正码以及加扰bit。SSID用3bit二进制数表示，其数值与字母A～H对应，分别对应电文帧的每个地址的8个时隙。播发长度给出了应用数据和应用数据前向误差修正码的全部bit数。训练序列前向（误差）纠错码由时隙识别字和播发长度计算得到，生成方程为

$$[P_1,\cdots,P_5]=[\mathrm{SSID}_1,\cdots,\mathrm{SSID}_3,\mathrm{TL}_1,\cdots,\mathrm{TL}_{17}]\boldsymbol{H}^{\mathrm{T}} \tag{4.27}$$

式中：P_n 为训练序列前向（误差）纠错码的第 n 个bit数据；SSID_n 为地面站时隙识别字的第 n 个bit数据；TL_n 为播发长度的第 n 个bit数据；$\boldsymbol{H}^{\mathrm{T}}$ 为奇偶校验矩阵的转置，定义如下：

$$\boldsymbol{H}^{\mathrm{T}}=\begin{bmatrix}0&0&0&0&0&0&0&0&1&1&1&1&1&1&1&1&1&1&1&1\\0&0&1&1&1&1&1&1&0&0&0&0&1&1&1&1&1&1&1&1\\1&1&0&0&0&1&1&1&0&0&1&1&0&0&0&0&1&1&1&1\\1&1&0&1&1&0&1&1&0&1&0&1&0&0&1&1&0&0&1&1\\0&1&1&0&1&0&0&1&1&1&1&0&0&1&0&1&0&1&0&1\end{bmatrix}^{\mathrm{T}} \tag{4.28}$$

应用数据由一帧或者多帧电文组成，一帧电文由帧头、电文数据和32bit循环冗余校验（CRC）码组成。利用有系统固定长度的Reed-Solomon前向（误差）纠错码（（R-S）（255,249））对应用数据开展误差修正。

GBAS增强电文帧格式如表4.22所列[2]，由帧头、电文数据和32bit CRC组成，所有的有符号的参数用二进制补码表示，所有的无符号参数用无符号不动点数（unsigned fixed point numbers）表示。GBAS增强电文帧中定义的所有数据要根据

表4.22　GBAS电文帧格式

电文帧	位
电文帧头	48
电文	最高 1696
应用	32

相关电文表指定的顺序播发，通常电文数据的最低有效位（LSB）先播发。

GBAS 电文帧帧头由电文帧标识、GBAS 标识、电文类型标识以及电文长度组成，如表 4.23 所列[2]，其中电文帧标识由 8bit 二进制数据组成，用来表征 GBAS 电文的工作模式，编码“1010 1010”表示正常状态 GBAS 的电文，编码“1111 1111”表示处于相同测试状态下的 GBAS 电文，其他编码为相同保留状态。GBAS 标识由 4 个字符组成，用来区分机场附近不同的 GBAS 地面子系统。

表 4.23　GBAS 电文帧帧头格式

数据区	位
电文帧标识	8
GBAS 标识	24
电文类型标识	8
电文长度	8

GBAS 地面设备一般分配 2 个时隙播发数据，为了扩大 VDB 信号覆盖范围，一些地面站使用多个 VDB 发射机播发增强信号，因此，需要分配更多的时隙。这种情况下，需要制定 VDB 发射机天线的顺序关系和播发电文规划，以使得服务区内各个位置满足 GABS 规定的最低和最高 VDB 信号播发速率要求，同时还需要考虑接收增强信号时，机载接收机在给定时隙适应增强信号场强的变化的能力，机载接收机性能指标要符合 RTCA DO-253D 相关规定。在给定时隙、两个连续的突发信号之间，机载接收机平均接收的增强信号功率比变化不能超过 40dB[2]。GBAS 增强信号多频 TDMA规划方案如图 4.21 所示[11]。图中有时隙（time slot）、中心频率（center freguency）、频数（frequency number）三大部分。

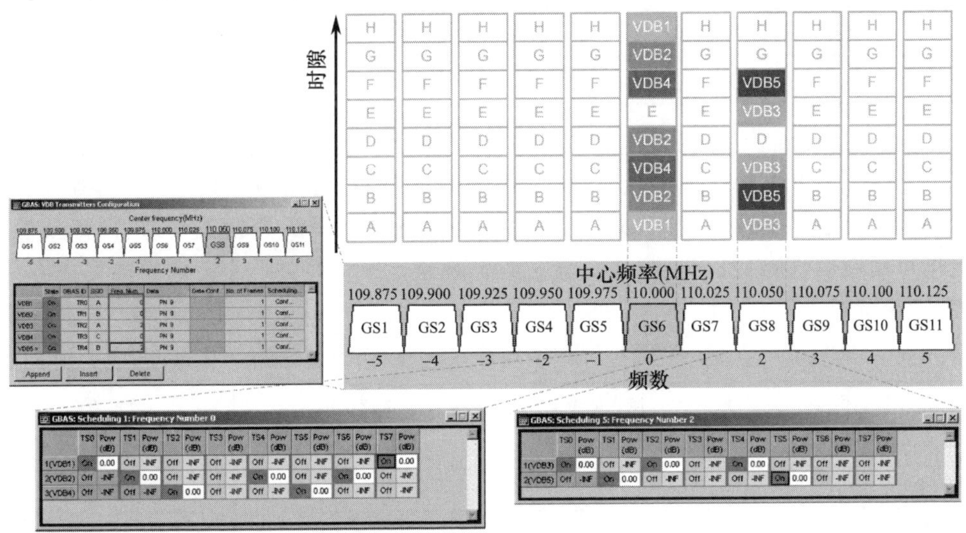

图 4.21　GBAS 增强信号多频 TDMA 规划方案（见彩图）

4.6.4 电文类型

ICAO 航空电信卷 1 无线电导航辅助标准给出 GBAS 增强电文类型的定义，如表 4.24 所列[2]，其中 Type 1 电文表征 GBAS 伪距差分改正数据，Type 2 电文表征 GBAS 相关数据，Type 3 电文为空电文，Type 4 电文表征 GBAS 最后进近段（FAS），Type 5 电文表征预测测距源的可用性，Type 6 电文为 CAT Ⅱ或者 CAT Ⅲ精密进近服务预留电文，Type 7 电文为美国国内 GBAS 服务预留电文，Type 8 电文为 GBAS 试验应用预留电文，Type 101 电文表征地基区域增强系统（GRAS）伪距差分改正，Type 11 电文表征 30s 载波平滑伪码相位测量的伪距差分改正数。

表 4.24　GBAS 增强电文类型

电文类型标识	电文名称
0	备用
1	伪距改正
2	GBAS 相关数据
3	空电文
4	FAS 数据
5	预测测距源可用性
6	预留
7	预留供美国国家应用备用
8	保留用于测试应用
9 ~ 100	备用
101	GRAS 伪距改正
102 ~ 255	备用

Type 1 电文为每个 GNSS 信号提供差分改正数据，包含电文信息（时间有效性、附加电文标志、观测的数量以及测量类型）、低频信息（星历去相关参数、循环校验、卫星可用性信息）以及卫星数据观测电文 3 部分。Type 1 伪距改正电文数据内容如表 4.25 所列。

表 4.25　Type 1 伪距改正电文数据内容

数据内容	使用的位	取值范围	分辨力
修改的 Z 计数	14	0 ~ 199.9s	0.1s
附加电文标志	2	0 ~ 3	1
测量次数（N）	5	0 ~ 18	1
测量类型	3	0 ~ 7	1

（续）

数据内容	使用的位	取值范围	分辨力
星历解相关参数（P）	8	$0 \sim 1.275 \times 10^{-3}$m/m	5×10^{-6}m/m
星历循环冗余校验（CRC）	16	—	—
测距源可用性持续时间	8	0 ~ 2540s	10s
用于 N 次测量数据块			
测距源 ID	8	1 ~ 255	1
数据期号（版本号）	8	0 ~ 255	1
伪距改正（PRC）	16	±327.67m	0.01m
距离变化率改正（RRC）	16	±32.767m/s	0.001m/s
$\sigma_{pr\ gnd}$	8	0 ~ 5.08m	0.02m
B_1	8	±6.35m	0.05m
B_2	8	±6.35m	0.05m
B_3	8	±6.35m	0.05m
B_4	8	±6.35m	0.05m

Type 2 电文为 GBAS 相关数据，包括 GBAS 地面子系统配置 GNSS 参考接收机的数量、表征 GBAS 增强信号的最低精度的地面精度标识、表征工作状态中的 GBAS 连续性及完好性指示（GCID）、GBAS 参考点局域当地磁场变化、用于标定 GBAS 局域对流层差分改正的对流层折射指数（N_r）、用于标定 GBAS 局域对流层差分改正和残余对流层不确定度的比例因子（h_0）、GBAS 当地局域对流层折射不确定度的标准偏差（σ_n）、GBAS 地面站参考点的经度、纬度和高程（WGS-84 椭球）等信息，TYPE 2 GBAS 相关数据内容如表 4.26 所列。

表 4.26　Type 2 GBAS 相关数据内容

数据内容	使用的位	取值范围	分辨力
GBAS 参考接收机	2	2 ~ 4	—
地面精度指示字母	2	—	—
备用	1	—	—
GBAS 连续性、完好性指示	3	0 ~ 7	1
地球局部磁场变化	11	±180°	0.25°
备用	5	—	—
$\sigma_{vert\_iono\_gradient}$	8	$0 \sim 25.5 \times 10^{-6}$m/m	0.1×10^{-6}m/m
大气对流层折射率	8	16 ~ 781	3
标尺高度	8	0 ~ 25500m	100m
大气对流层折射率不确定性	8	0 ~ 255	1
纬度	32	±90°	0.0005arcsec

（续）

数据内容	使用的位	取值范围	分辨力
经度	32	±180°	0.0005arcsec
GBAS 参考点高度	24	±83886.07m	0.01m
附加数据块 1(如果有)			
参考站数据选择器	8	0～48	1
最大使用距离	8	2～510km	2km
$K_{md\_c\_POS,GPS}$	8	0～12.75	0.05
$K_{md\_c,GPS}$	8	0～12.75	0.05
$K_{md\_c\_POS,GLONASS}$	8	0～12.75	0.05
$K_{md\_c,GLONASS}$	8	0～12.75	0.05
附加数据块 2(如果有)			
附加数据块长度	8	2～255	1
附加数据块数量	8	2～255	1
附加数据参数	变量	—	—

Type 3 电文为空电文,用于 GBAS 地面子系统支持认证协议。

Type 4 电文包含一组或者多组 FAS 数据,FAS 数据定义 I 类精密进近方式,Type 4 电文数据内容如表 4.27 所列[2],每个 Type 4 电文数据集合包含数据集合长度、FAS 数据块、FAS 垂直告警门限/进近状态、FAS 侧向告警门限/进近状态数据,数据集合长度指数据集合中字节的数量。

表 4.27　Type 4 FAS 电文数据内容

数据内容	使用的位	取值范围	分辨力
变量			
数据集合长度	8	2～212	1byte
最后进近段数据块	304	—	—
最后进近段垂直告警门限、进近状态	8		
(1)当相关的进近性能指示(APD)的编码为 0 时		0～50.8m	0.2m
(2)当相关的进近性能指示(APD)的未编码为 0 时		0～25.4m	0.1m
最后进近段水平告警门限、进近状态	8	0～50.8m	0.2m

Type 5 电文为预测测距源的可用性相关内容,当用户使用 Type 5 电文相关数据时,Type 5 电文应该包含当前导航信号的可见弧段信息或者用户能够接收到的测距源(导航信号)信息,Type 5 电文内容应当包括修改 Z 计数、受影响的测距源数量、测距源识别号、测距源可用性灵敏度、测距源可用性、受阻进近次数、本次进近受影响测距源的数量、参考路径数据选择器等内容,Type 5 预测测距源的可用性电文内容如表 4.28所列[2]。

表 4.28　TYPE 5 预估测距源可用性电文内容

数据内容	使用的位	取值范围	分辨力
修改的 Z 计数	14	0 ~ 1199.9s	0.1s
备用	2	—	—
受影响的测距源的数量(N)	8	0 ~ 31	1
对于第 N 个受影响的测距源			
测距源 ID	8	1 ~ 255	1
测距源可用性持续灵敏度	1	—	—
测距源可用性持续时间	7	0 ~ 1270s	10s
受阻碍进近操作的次数(A)	8	0 ~ 255	1
对于第 A 次受阻碍进近操作			
参考路径数据选择器	8	0 ~ 48	—
对于本次进近受影响的测距源的数量(N_A)	8	1 ~ 31	1
对于本次进近受影响的测距源 N_A			
测距源 ID	8	1 ~ 255	1
测距源可用性持续灵敏度	1	—	—
测距源可用性持续时间	7	0 ~ 1270s	10s

Type 101 电文给出了地基区域增强系统(GRAS)伪距差分改正相关参数,为每个 GNSS 导航信号提供差分改正数,Type 101 电文应该包括电文信息(时间有效性、附加电文标志、观测的数量以及测量类型)、低频信息(星历去相关参数、循环校验、卫星可用性信息)以及卫星数据观测电文 3 部分组成。Type 101 地基区域增强系统伪距差分改正电文如表 4.29 所列[2]。

表 4.29　Type 101 地基区域增强系统伪距差分改正电文

数据内容	使用的位	取值范围	分辨力
修改的 Z 计数	14	0 ~ 1199.9s	0.1s
附加电文标志	2	0 ~ 3	1
测量次数(N)	5	0 ~ 18	1
测量类型	3	0 ~ 7	1
星历解相关参数(P)	8	$0 \sim 1.275 \times 10^{-3}$ m/m	5×10^{-6} m/m
星历循环冗余校验(CRC)	16	—	—
测距源可用性持续时间	8	0 ~ 2540s	10s
B 参数的数量	1	0 或 4	—

（续）

数据内容	使用的位	取值范围	分辨力
备用	7	—	—
对于第 N 次测量数据块			
测距源 ID	8	1 ~ 255	1
数据期号（版本号）	8	0 ~ 255	1
伪距改正（PRC）	16	±327.67m	0.01m
伪距变化率改正（RRC）	16	±32.767m/s	0.001m/s
σ_{pr_gnd}	8	0 ~ 50.8m	0.2m
B 参数数据块（如果提供）			
B_1	8	±25.4m	0.2m
B_2	8	±25.4m	0.2m
B_3	8	±25.4m	0.2m
B_4	8	±25.4m	0.2m

Type 11 电文为 GNSS 导航信号提供 30s 载波平滑伪码相位测量的伪距差分改正数，Type 11 电文包括电文信息（时间有效性、附加电文标志、观测的数量以及测量类型）、低频信息（星历去相关参数）以及卫星数据观测电文 3 部分组成，其中播发为 SBAS 测距信号低频信息是选择项，Type 11 电文内容如表 4.30 所列[2]。

表 4.30 Type 11 伪距差分改正数（30s 载波平滑伪码相位测量）

数据内容	使用的位	取值范围	分辨力
修改的 Z 计数	14	0 ~ 1199.9s	0.1s
附加电文标志	2	0 ~ 3	1
测量次数（N）	5	0 ~ 18	1
测量类型	3	0 ~ 7	1
星历解相关参数 $D(P_D)$ ①③	8	$0 \sim 1.275 \times 10^{-3}$ m/m	5×10^{-6} m/m
对于第 N 次测量数据块			
测距源 ID	8	1 ~ 255	1
伪距改正（PRC_{30}）	16	±327.67m	0.01m
距离变化率改正（RRC_{30}）	16	±32.767m/s	0.001m/s
Sigma_PR_gnd_D（$\sigma_{pr\_gnd\ D}$）②	8	0 ~ 5.08m	0.02m
Sigma_PR_gnd_30（$\sigma_{pr\_gnd\ 30}$）②	8	0 ~ 5.08m	0.02m
①对于 SBAS 卫星，参数应该置为 0。 ②“1111 1111”表明测距源（导航信号）是无效的。 ③参数与播发的第一帧测量数据有关			

在 GBAS 服务区，根据地面子系统提供的服务类型，GBAS 地面站需要播发相应

电文类型,如表4.31所列[2],每个GBAS地面子系统Type 2电文支持期望的进近操作。当GBAS地面子系统提供GAST B、GAST C以及GAST D类型进近服务时,在Type 4电文中应该给出FAS电文参数。如果GBAS地面子系统提供GAST A、GAST B类型进近服务,且没有播发FAS电文参数,那么应该在类型Type 2电文中给出相关附加电文参数。

表4.31　对应进近服务类型所需要播发的GBAS电文类型

测量类型	GAST A①	GAST B①	GAST C①	GAST D①
MT1	可选择的②	要求的	要求的	要求的
MT2	要求的	要求的	要求的	要求的
MT2-ADB1	可选择的③	可选择的③	可选择的③	要求的
MT2-ADB2	可选择的④	可选择的④	可选择的④	可选择的
MT2-ADB3	未使用的	未使用的	未使用的	要求的
MT2-ADB4	建议的	建议的	建议的	要求的
MT3⑤	建议的	建议的	建议的	要求的
MT4	可选择的	要求的	要求的	要求的
MT5	可选择的	可选择的	可选择的	可选择的
MT11⑥	未使用的	未使用的	未使用的	要求的
MT101	可选择的②	不允许的	不允许的	不允许的

①术语定义:
要求的—当支持某类服务类型时,需要播发的电文。
可选的—当支持这类服务时,电文的播发是可选择的用户可以选择使用这些电文类型,部分或全部的机载系统不使用该信息。
推荐的—当支持这类服务时,用户可以选择使用这些电文类型,但系统推荐用户使用这类电文。
不可用的—机载子系统未将这些电文类型用于此服务。
不允许的—当支持某类服务类型时,不允许播发的电文。
②GBAS地面子系统可以播发Type 1或101电文,以支持GAST A类型进近服务。
③如果提供定位服务,则需要播发MT2-ADB1电文。
④如果提供GRAS服务,则需要播发MT2-ADB2电文。
⑤为了满足电文时隙占用要求,推荐播发MT3电文以支持GAST A、B、C类型进近服务,要求播发MT3电文以支持GAST D类型进近服务。
⑥Type 1电文使用方法详见文献[2]附件D 7.20节

如果用户使用类型Type 5电文给出的相关电文参数,则GBAS地面子系统需要以规定的信息速率播发地基增强数据,数据广播信息速率要求如表4.32所列[2]。飞机在指定的进近过程中,如果在5°仰角条件下,GBAS地面参考接收机或者机载接收机对导航卫星的可见性受到影响,那么Type 5电文用于给机载接收机播发附加增强信息。

表 4.32 GBAS VHF 数据广播信息速率

电文类型	最低播发速率	最高播发速率
1 或 101	对于每次测量类型： 每帧一次所有的测量块数据①	对于每次测量类型： 每个小时隙一次所有的测量块数据
2	每 20 个连续电文帧一次	每个电文帧一次
3	信息速率取决于电文长度和其他电文的播发计划	每个时隙 1 次，每个帧电文 8 次
4	每 20 个连续电文帧一次，包括所有的 FAS 数据块	每个电文帧一次，包括所有的 FAS 数据块
5	每 20 个连续电文帧一次，包括所有受影响的测距源	每 5 个连续电文帧一次，包括所有受影响的测距源
11	对于每次的测量类型 每个电文帧一次所有的测量数据块①	对于每次的测量类型 每个时隙一次所有的测量数据块

①利用附加的电文标识可以将 Type 1、Type 11 或 101 电文关联起来

GBAS 服务区内任何地点都要符合表 4.32 给出的最低信息播发速率要求，同时，GBAS 地面子系统所有 VDB 发射机组合给出的全部电文不能超过表 4.32 给出的信息播发速率要求。

4.7 典型应用

4.7.1 美国 LAAS

4.7.1.1 系统组成

在差分 GPS(DGPS)体系结构下，美国联邦航空管理局(FAA)组织研发了广域增强系统(WAAS)和局域增强系统(LAAS)两种 GPS 的增强系统，以提高 GPS 的定位精度和完好性。局域增强系统又称为地基增强系统(GBAS)，利用局域差分定位技术，支持民航的精密进近服务。LAAS 提供参考接收机和机载接收机共同误差的差分改正数和系统完好性信息，利用甚高频无线电广播这些数据，覆盖距离为 30n mile，能够支持民航所有类型的进近、着陆、场面滑行直至精密进近的导航服务[15]。1993 年，RTCA 成立了 159 专门委员会(SC. 159)，为 LAAS 制定最低航空系统性能标准(MASPS)，重点制定 CAT Ⅰ的性能指标，且强调使用最少的成本。大量飞行试验证明 LAAS 能够满足 CAT Ⅰ精密进近的性能要求。

1996 年，为制定 CAT Ⅱ/Ⅲ类精密进近的最小性能标准，FAA 要求 SC. 159 修订 MASPS，在加利福尼亚 Palm Springs 举行的 IEEE 会议上，FAA 负责 LAAS 官员向会议报告了 LAAS 的设计要点，具体如下。

(1) DGPS 差分改正信号将使用 VOR(108 ~ 118MHz)频段进行播发，并允许通

过现有的 VOR 导航接收机来接收这些信号,DGPS 差分改正数将以时分多址(TDMA)模式每秒广播两次。

(2) 机场将安装一个或更多能广播类 GPS 信号的地基“伪卫星”,伪卫星的数量取决于机场跑道分布和 GPS 卫星最小可见数目及其在任意时间的位置。

(3) 用于 CAT Ⅰ工作的每个 LAAS 地面站将配备两部 GPS 接收机,以便相互检验。同时,用于 CAT Ⅱ类服务的台站有可能配备三部接收机。使用载波相位测量来平滑每颗 GPS 卫星的伪码测距观测量,以校正由接收机噪声引起的瞬时误差。

(4) 为了减小 GPS 信号多径效应干扰误差,每个 LAAS 站均使用了双大线配置,一部用于接收低仰角卫星的信号,而另一部则可接收更高仰角卫星的信号。

LAAS 是为满足民用航空用户在精密进近时的需求而设计的增强系统。由空间段、地面段和用户段 3 部分组成,如图 4.22 所示[31]。空间段指 GPS 的导航卫星及 WAAS 的通信卫星,地面段为安装在机场场地的 GPS 信号监测接收机、完好性监测设备以及播发增强信号的发射机相关设备,用户段指机载接收机以及能够使用导航增强参数指导飞机着陆导航的系统。地面段是 LAAS 的核心,LAAS 地面设备(LGF)利用 2 ~4 个安装在机场位置坐标已知的高性能 GPS 监测接收机,观测所有可见卫星,计算可见 GPS 卫星的伪距差分改正数,同时,通过实时监测导航信号本身或者地面站的异常,形成卫星导航系统和地面段自身的完好性信息。然后,将 FAS 数据、差分改正数和完好性信息,通过 VDB 播发给机载用户。由 VDB 播发的数据和数据格式的定义符合地基增强系统空中信号接口控制规范,详见 RTCA/DO-246D。

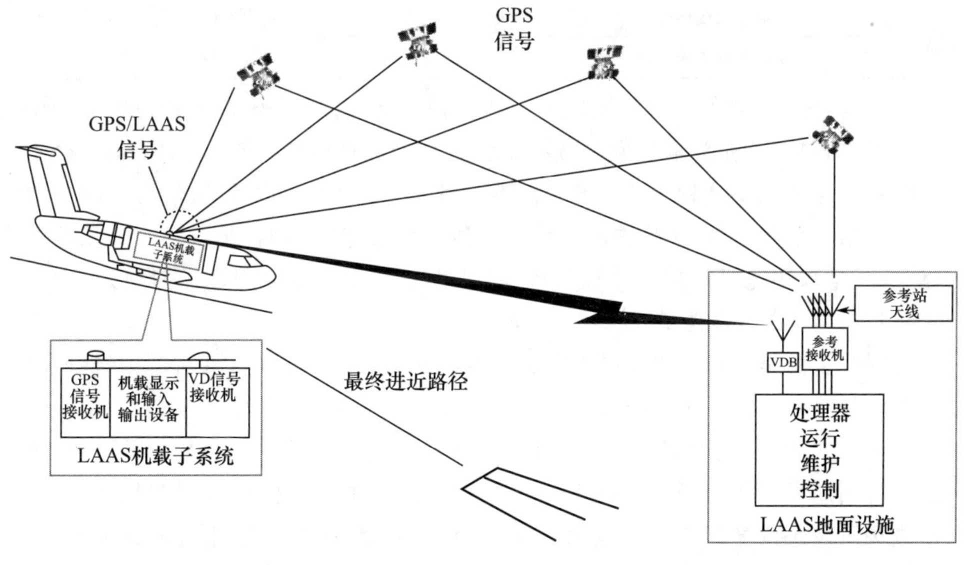

图 4.22　LAAS 组成

LAAS 地面站设备生成地面监测差分改正数和完好性信息以及其他数据,包括最终进近路径定义,它是为进近航空器进行导航的空中几何路径。最终进近路径是一条无限延伸的直线。其中完好性监测主要是确保伪距和载波相位差分修正不包含危险误导信息,它是 LAAS 最重要的功能。

LAAS 地面站 VHF 数据广播是将导航增强数据按格式和协议编排和编码,包括信息和误差控制,通过广播发送给机场附近用户。RTCA SC-159 制定了 VHF 数据广播的报文结构,频率为 108 ~ 117.95MHz,带宽 25kHz,采用 TDMA 模式,传播速率为每秒 2 帧,每帧包含 8 个时间段。调制方法为 31.5kbit/s 的八相相移键控。

机场伪卫星(APL)是一种类似 GPS 卫星的地面发射站,主要目的是为飞机精密进近提供附加的信号源,改善 GPS 卫星的几何分布,提高垂直定位精度。RTCA SC-159工作组建议 APL 只提供测距信号,不广播卫星差分修正数据,因此广播报文的容量很小,只包含 APL 身份标识和位置坐标。此外,RTCA 推荐采用一个宽频、低占空比的脉冲编码,它是由 GPS L1 载波频率调制的伪随机序列,码速率为 10.23Mchip/s,这种编码方式与 GPS P 码相似,具有较好的多径抑制能力,APL 的参数设置如表 4.33 所列[19,32]。

表 4.33　GBAS VHF 数据广播信息速率

实施细节	参数设置
运行频率	GPS-L1(1575.42MHz)
占空比	2% ~5%
调制方式和码速率	BPSK,10.23Mchip/s
报文发送速率	50bit/s
码和载波的相干性	1/154

为了减小附加接收机硬件模块和天线体积,APL 选择 GPS 标准定位服务的中心频率(1575.42MHz)作为信号发送频率,然而,由于远近效应的影响,APL 信号会干扰 GPS 信号。为了减小这种干扰,APL 在 2% ~5% 的低占空比下发送信号。因为参考接收机和用户接收 APL 发送的信号更易受到多径效应的影响,所以必须采用两种方法克服:一是采用宽频码抑制多径效应;二是 APL 发射天线采用多径抑制天线。

4.7.1.2　完好性监测

完好性主要是保证 GNSS 提供定位服务的品质,减小完好性风险,完好性监测的主要功能是对 GNSS 存在的影响定位精度的故障进行有效检测和排除,民用航空服务涉及生命安全,必须能够保证及时地检测出故障并向用户提出告警,GPS 从检测出故障到向用户发出告警通常需要 15min 甚至几个小时[33],这对于民航只有十几分钟精密进场阶段来说显然告警时间太长了。通常将 LAAS 的完好性监测分为两类:一是接收机自主完好性监测(RAIM);二是 LAAS 地面设备完好性监测(LGF-IM)体系。

LGF-IM完好性监测主要通过地面参考站监测GPS空间信号,并利用这些数据判断卫星的健康程度,一旦发现故障,通过地面完好性通道及时告知用户。在LAAS建设初期,地面站设备的完好性监测功能即被关注和研究[34],美国斯坦福大学建立了更加完整的地面站完好性监测功能和非常复杂的故障处理逻辑[17,22,35],但只能满足CAT Ⅰ的完好性要求,文献[36]研究了LAAS定位域监测技术,将LAAS的保护水平性能提高到满足CAT Ⅱ的要求。除了考虑GPS空间信号的完好性监测以外,系统还要考虑机场伪卫星的空间信号监测,当然这两种监测可以使用相同的监测体系结构。

LAAS完好性监测的用户端流程如图4.23所示[37],完好性监测的最后一步计算和判断都是在飞机的多模接收机上完成。LAAS地面站设备监测GPS的空间信号和接收机的状态,并向用户提供可用卫星的广播修正误差的标准差和B值数据,可以看到,计算保护水平和判断它们是否超出保护极限是完善性监测的重要一步,由此,可以判断系统是否可用。其实,即使GPS没有故障产生,但如果保护水平大于保护极限,则系统对于飞机精密进近来说仍被认为不可用。由于LAAS并不是实时地向用户提供卫星状态,在数据处理和广播过程中的时间延迟可能出现可用卫星突变为不可用的情况,因此,RAIM作为一种辅助的完善性监测过程存在,它的可用性不到80%。

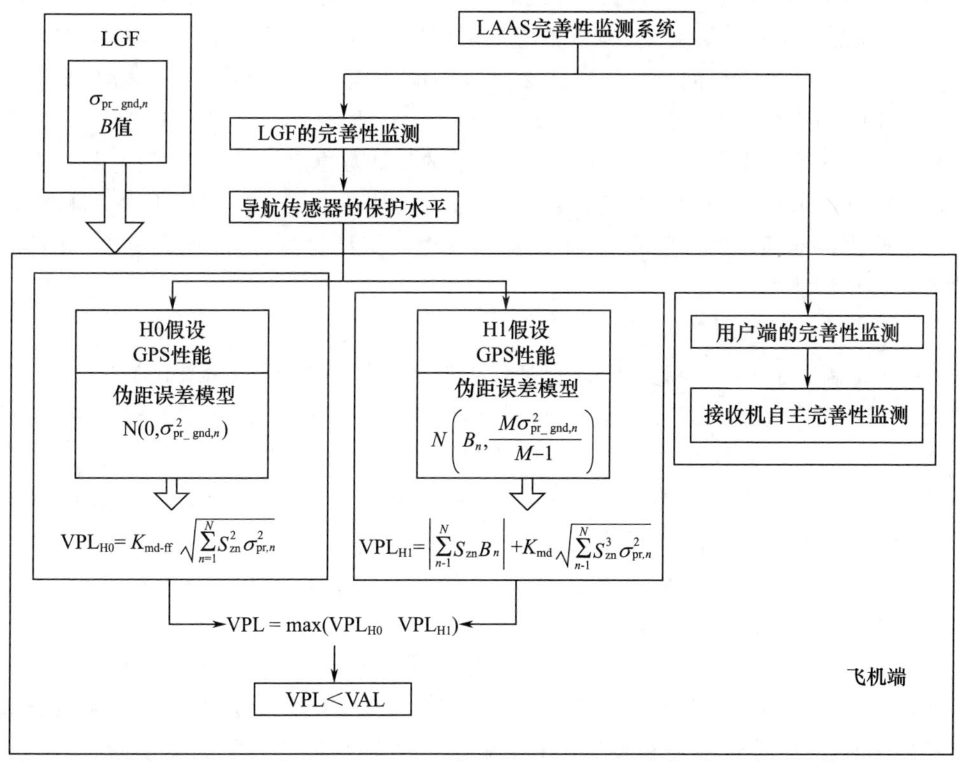

图4.23　LAAS完好性监测的用户端流程

在 LAAS 设计过程中存在许多技术挑战：首先，用户的定位误差有测量域的广播修正误差和飞机接收机差分残留误差计算，而前者是定位误差的主要影响成分，完好性研究的主要目的也是围绕确定修正误差的分布和大小进行。Pervan 和 Pullen 等[38]详细研究广播修正误差的计算方法，这种方法计算的标准差由接收机噪声、漫射多径和地面反射的多径误差的平方根组成，并且分布是零均值的高斯模型。另外，在不确定因素的影响下，理论方法计算的标准差会不适合真实的标准差。因为有限采样点和误差相关性影响，标准差需要膨胀来降低它们的完善性风险，保证系统具有足够的完好性，Pervan 和 Sayim 等[39]在零均值高斯分布模型下，推导了这些影响的最小可接受膨胀系数，然而实际的不确定因素更加复杂，例如，地面多径误差随环境的变化、参考接收机天线的安装误差等因素，造成修正误差是非零均值高斯分布或非高斯分布。那么如何在这两种分布情况下确定广播修正误差的标准差是一个关键问题。其次，根据 LAAS 广播的修正误差的标准差计算保护水平，基于两个假设，一是修正误差是零均值高斯分布，二是存在一个标准差膨胀的零均值高斯分布的尾部“覆盖”真实分布的尾部。要保证上述假设成立，必须确定计算标准差的数据完好，Pullen[40]首先将 CUSUM 算法引入地面和空间增强系统。可利用 CUSUM 算法监测修正误差的均值和标准差[21]。虽然 CUSUM 可以检测到中等的连续数据异常，对较大的数据异常不能快速检测，甚至检测不到，但是较大的标准差和均值异常对于 LAAS 的完好性来说威胁更大，通常希望在出现这种情况时，能够用一步算法完成检测。需要解决的第二个问题是采用什么算法能够实现一步检测较大的异常，又能检测这些中等的连续异常。当前的 RAIM 算法都是一种“快照”型的故障检测算法，它忽略历史的先验数据信息，认为故障只与当前的量测数据有关，这种假设对测量方程的数学模型的依赖很强，并对累积型的故障没有检测能力。甘兴利博士[19]的鲁棒检测过程改进标准的奇偶空间算法，既能检测故障又能排除故障，降低误警率，并且能够检测累积型故障。

4.7.1.3 系统服务

RTCA 制定了 LAAS 相关标准，包括最低航空系统性能标准(MASPS)[41]、接口控制文件(ICD)[42]、机载设备最低运行性能标准(MOPS)[43]。此外，FAA 制定了 LAAS 地面设备相关标准[44]。LAAS 为用户提供两类不同的服务：一是在最后进近航段(FAS)至机场飞机跑道，包括水平和垂直两个方向，通过给出偏差引导(deviation guidance)提供精密进近服务；二是通过播发差分改正数，提供差分改正定位服务。对于进近和着陆导航服务，LAAS 的性能指标根据 GBAS 服务等级(GSL)来分类。

LAAS 实现了 GSL-C 级地基增强系统性能指标要求，通过电子地图和数据库等机载设备的支持，可以提供机场场面滑行导航服务。LAAS 服务范围定义为系统满足特定 GSL 分类所要求的精度、完好性和连续性的区域，如图 4.24 所示[13]，图中 LTP 表示着陆跑道入口点，FTP 表示假定跑道入口点，GPIP 表示滑行路径交点，FPAP

表示飞行路径对齐点。

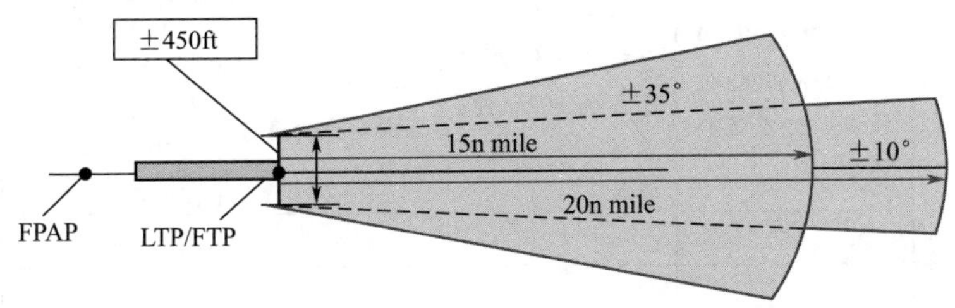

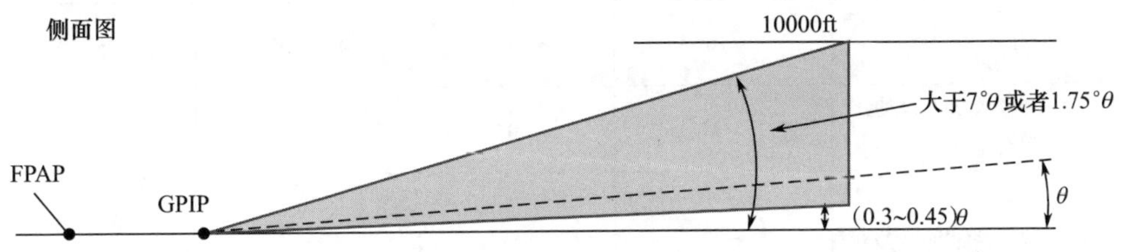

图 4.24　LAAS 支持 CAT Ⅰ、CAT Ⅱ、APV 进近的最小覆盖范围(见彩图)

LAAS 支持的 CAT Ⅰ、CAT Ⅱ、APV 进近的最小覆盖范围定义如下:横向方向定义为起始点在着陆跑道入口点(LTP)或者假定跑道入口点(FTP)两边 450ft 处,向最后进近路径的两边投影 ±35°,长度为从 LTP/FTP 算起的 20n mile 跑道;垂直方向定义为在水平方向定义的最小覆盖范围内,起点在滑行路径交点(GPIP)处,在地平线以上仰角最大为 7°或者滑翔道倾角(GPA)的 1.75 倍,距地面高度(AGL)最高为 10000ft 处;另一个范围是起点在 GPIP 处,在地平线以上仰角最小为 0.45 倍 GPA 的范围,下限是最低为决断高度(DH)的一半。

CAT Ⅲ精密进近或者自动的最小覆盖范围与 CAT Ⅱ精密进近定义的最小覆盖范围基本一致,不同点在于 LTP/FTP 两边 450ft 的覆盖范围要从机场跑道中心线延伸到跑道两端,从距地表高处 8 ~ 100ft 处。

LAAS 选择甚高频(VHF)航空无线电导航频谱(ARNS)中 108.000 ~ 117.975MHz 频段播发 VDB 地基增强信号,根据 ICAO/RTCA/FAA 对 VDB 广播信号的电磁兼容要求,LAAS 给出地基增强信号水平极化分量和垂直极化分量的链路预算,如表 4.34 所列[45],服务范半径在 23n mile 范围,且假定 LAAS 发射机天线和机载接收机天线之间的最短距离是 200m。LAAS 采用椭圆极化(EPOL)方式播发 VDB 地基增强信号,民用飞机主要配置水平极化(HPOL)天线,接收水平极化 VDB 信号;军用飞机主要配置垂直极化(VPOL)天线,接收垂直极化 VDB 信号。VDB 发射机的功率约为 150W,假定在信号发射天线处有 3dB 损耗,那么 VDB 地基增强信号的总功率约为 70W,其中 70% 的分量为 HPOL 信号(50W 或 +47dBm),30% 的分量为 VPOL 信号(20W 或 +43dBm)。

表 4.34 LAAS 地基增强信号标称 VDB 链路预算

序号	VDB 链路要素	水平覆盖边界(R=23n mile)信号水平分量链路预算	在信号发射天线和接收天线之间距离为 200m 处,信号水平分量链路预算	垂直覆盖边界(R=23 n mile)信号垂直分量链路预算	在信号发射天线和接收天线之间距离为 200m 处,信号垂直分量链路预算
1	有效辐射功率/dBm	47	47	43	43
2	应用覆盖区的自由空间路径损耗/dB	-106[1]	-59[2]	-106[1]	-59[2]
3	低于可用空间的衰减余量/dB	-10[3]	5[4]	-10[3]	5[4]
4	接收天线入口的工作余量/dB	-3[5]	0[6]	-3[5]	0[6]
5	机载各向同性天线的功率/dBm(μV/m){行 1 + 行 2 + 行 3 + 行 4}	-72 (215)	-7 (350,004)	-76 (136)	-11(220,838)
6	机载设备集成过程损耗/dB	-15[7]	6[8]	-11[7]	6[8]
7	接收机输入端最低功率/dBm	-87	-1	-87	-5

计算 LAAS 增强信号标称 VDB 链路预算的边界条件是:①在服务范围(半径在 23n mile 区域)内,对 117.975MHz 地基增强信号,计算最高 VDB 通道的最大自由空间损耗;②在 LAAS 发射机天线 200m 处,对最低的 108.000MHz 地基增强信号,计算自由空间损耗;③在覆盖区边缘,要考虑 10dB 信号衰降余量,信号发射天线要限制由于多径干扰和环境变化带来的信号衰降,不包括局部地形遮挡带来的信号衰降;④为了约束上边带动态范围(-1dBm),机载接收机与 VDB 信号发射天线之间的距离必须保持在 200m 以外,此处 5dB 代表所允许多径干扰的最坏情况;⑤服务区边缘处的 3dB 工作余量可以确保满足机载接收机的接收灵敏度要求;⑥在 VDB 信号发射天线附近没有工作余量要求;⑦15dB 预算包含机载接收机利用 HPOL 天线不能接收到 VDB 信号时的最坏情况,11dB 预算包含机载接收机利用 VPOL 天线不能接收到 VDB 信号时的最坏情况,正常情况下机载接收系统的损耗为 -6 ~ -9dB;⑧ +6dB 预算包含机载接收机天线正对着地面 VDB 信号发射天线的情况。

LAAS 同样采用差分八相相移键控(D8PSK)技术将增强信号调制到载波信号上,VDB 增强信号同样采用 TDMA 技术确定数据广播的时间结构。导航增强电文采用固定帧结构设计方案,每秒 2 帧,每帧电文播发时间为 500ms,每帧电文被时分为多个地址,每个地址又由 8 个时隙组成。VDB 增强信号总的数据速率为 31500bit/s。

增强电文包括帧头和 CRC 码，每个时隙有效的应用数据一共有 1776bit(222byte)，由此，每秒可以播发 28416bit 数据，即增强电文数据速率为 16×1776bit/s。

LAAS 增强信号 VDB 发射机频谱特性如表 4.18 所列[45]，VDB 发射机与 VOR 或者 ILS 系统接收机电磁兼容程度取决于 VDB 发射机频谱特性。文献[46]给出了确定 VDB/VDB、VOR/VDB 以及 ILS/VDB 之间频率干扰的方法。为了在航空无线电导航频谱(ARNS)108.000～117.975MHz 播发 GBAS VHF 增强信号，有必要明确 GBAS 和 VOR 发射机及 ILS 定位信标之间地理间隔的要求，为了避免干扰 ILS 定位信标和 VHF 空管通信服务，LAAS 增强信号 VDB 发射机分配的频率范围为 112.050～117.900MHz，不建议使用 112.025MHz 和 117.975MHz 边缘附近播发 VHF 信号。根据大量 VOR 接收机给出的经验性能数据，为了保护 VOR 发射机不受 VDB 发射机的影响，期望-非期望(D/U)信号比率要求如表 4.35 所列[46]。

表 4.35　保护 VOR 发射机不受 VDB 发射机影响的(D/U)信号比率要求

频率偏移	保护 VOR 接收机所需要的 D/U 比率/dB
同频率	+20
$\lvert f_{VOR}-f_{VDB}\rvert=25$kHz	0
$\lvert f_{VOR}-f_{VDB}\rvert=50$kHz	−34
$\lvert f_{VOR}-f_{VDB}\rvert=75$kHz 及以外频段	−46

在期望的 VDB 增强信号覆盖区边缘，也是期望的 VDB 增强信号强度最低的区域，GBAS 和 VOR 发射机及 ILS 定位信标之间地理间隔，或者频率复用距离，需要满足下面的关系式：

$$D/U \geqslant P_D/P_U \tag{4.29}$$

式中：D/U 表示为了保护期望的信号不受同一通道或者临近通道非期望的信号影响的信号比率；P_D 为期望信号的接收功率(场强)；P_U 为非期望信号的接收功率(场强)。期望的 VDB 增强信号最低强度定义为 $P_{D,\min}$，非期望信号的信号功率应满足 $P_U \leqslant P_{D,\min}/[D/U]$(mV/m)或者 $P_U \leqslant P_{D,\min}-[D/U]$(dB)，如图 4.25 所示[46]。

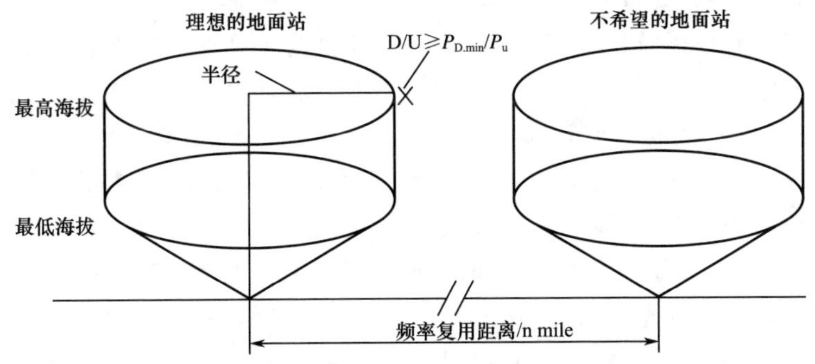

图 4.25　GBAS 和 VOR 发射机及 ILS 定位信标之间地理间隔示意

非期望信号的信号功率为 $P_U = Tx_U + L(dB)$,Tx_U 为非期望发射机的有效辐射功率;L 为非期望发射机的发射损失,包括自由空间损耗、大气衰减、地面效应,发射损失与非期望发射机和期望信号覆盖边缘之间的距离有关。因此,对于分配信道的约束应为 $L \geq P_{D,min} - [D/U] - Tx_U(dB)$,信号传播损失可从标准无线电传播模型计算得到。GBAS 地面站发射频点除了需要满足与 VOR 地面站的频率间隔,还需要考虑与调频(FM)广播信号的兼容性,如果 FM 广播信号违反这个准则,要么限定 GBAS 地面站的服务区,要么不能使用该通道数据。

LAAS 利用地面的参考站播发 GPS 差分改正数和完好性信息,参考站计算出所接收到的 GPS 信号的距离改止,此距离改正与空间具有很大的相关性,所以在距离参考站一定范围内改正效果高于 WAAS,但改正精度随着用户与参考站距离的增大而急剧降低。且 LAAS 需要保证用户接收机和参考站接收相同卫星的信号以保证误差的相关性。在有效覆盖范围内 LAAS 的水平方向和垂直方向精度均优于 1m,且建设成本较 WAAS 小,主要为机场(半径为 30~50km)范围内提供精密进场、离场程序和终端区作业服务[4]。

此外,美军研发了联合精确进近与着陆系统(JPALS),系统包括陆基 JPALS(LB-JPALS)和空基 JPALS(SB-JPALS),用于引导航空母舰舰载飞机的自动着陆。JPALS 利用 GPS 军用 P 码信号,采用 GPS 实时动态(RTK)定位技术,采用两个独立的数据通信链路,确保系统服务的可靠性。相对于 LAAS,JPALS 可以实现更高的定位精度,JPALS 代表引导飞机精密进近电话服务的最高水平,LB-JPALS 可以达到 2.0~4.0m 的定位精度,SBJPALS 可以达到 0.4m 的定位精度。系统利用完好性监测系统,当检测到空间信号异常或系统异常时,能够向用户提供告警信息[47]。

4.7.2 北斗 GBAS

2006 年—2008 年,北航张军院士团队(中国电子科技集团公司第二十研究所和北京航空航天大学国家空管新航行系统技术重点实验室)在西藏林芝机场开展了 GPS 地基增强试验。试验结果表明:GPS L1 信号的定位精度优于 1m(95%),VPL 优于 10m,HPL 优于 40m;VDB 广播成功率优于 0.999,系统可用性 0.995;验证了 GBAS 总体构架、数据流程以及核心算法(差分、完好性)的正确性。2006 年—2010 年,中国电子科技集团公司第二十研究所开展了基于 GPS 的 GBAS 技术研究,建立满足 RTCA 245 和 RTCA 246 标准的 GPS L1 地基增强系统原型样机,完成静态测试和 80 余架次的动态进近试验,飞行试验过程如图 4.26 所示,技术指标达到 CAT Ⅰ 精密进近水平。

2011 年—2015 年,中国电子科技集团公司第二十研究所开展了基于 GNSS 的 GBAS 技术研究,研制了 DFMC GPS/BDS 地基增强系统原型工程样机,在天津滨海机场开展了演示示范,静态测试和 20 余架次的动态测试结果表明,GPS L1/BDS B1I 和 B2I 地基增强系统技术指标达到 CAT Ⅱ/Ⅲ 精密进近水平。2016 年以来,第二十研究所开展了 GAST C 地基增强设备使用许可和 GAST D/F 技术研究相关工作,2019

年 4 月，利用运输飞机对 LGF-1A GBAS 设备开展验证飞行，进行静态检查、滑行检查 GBAS 接收、飞行试验（长五边模式、标准五边模式自动着陆和着陆滑跑），试验表明 LGF-1A GBAS 设备能够提供航空器精密进近、自动着陆和滑跑引导服务，提供的服务满足现行规范要求[48]。

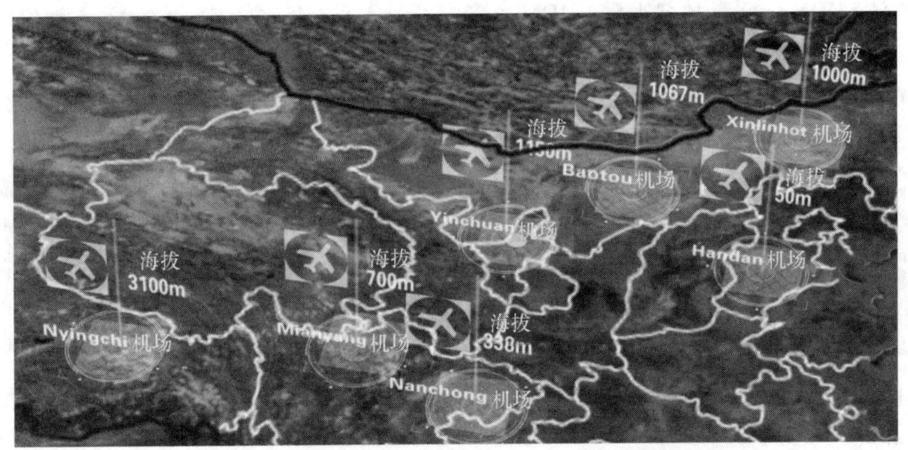

图 4.26　GPS L1 地基增强系统原型样机飞行试验过程（见彩图）

4.7.2.1　系统组成

北斗地基增强系统（GBAS）由地面站、北斗卫星和机载设备组成，其中地面站包括 4 对参考接收机和天线、地面数据处理设备、VDB 设备，VDB 天线等，地面站架构如图 4.27 所示。地面数据处理设备通过结合来自每个参考接收机的测量值产生可见卫星的差分校正值；同时，通过实时监测导航信号本身或者是地面站的异常，形成卫星导航系统和站自身的完好性信息；然后将 FAS 数据、差分修正值和完好性信息通过 VDB 播发给机载用户。

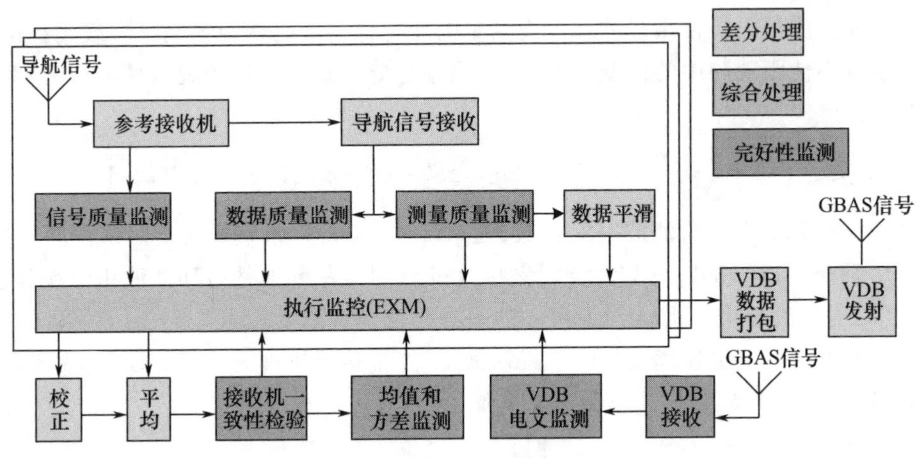

图 4.27　北斗 GBAS 地面站架构（见彩图）

地面数据处理包括差分处理、完好性监测和执行监控3个环节。差分处理是对导航信号进行解码，载波平滑伪距，产生伪距差分修正数，广播差分改正数等，同时为后续完好性监测算法提供数据；完好性监测是对导航信号以及地面设备本身可能出现的异常情况进行监视，保证导航系统的完好性，包括信号质量监测（SQM），数据质量监测（DQM）、测量质量监测（MQM）、多参考站一致性监测（MRCC）、标准差和均值监测（σμ-M）、电文范围监测（MFRT）。这些监测算法针对不同的故障模式而设计，SQM监视导航信号相关峰、导航信号功率和测距码载波相位一致性，监测和识别导航信号的异常状态，包括导航信号自身的异常和监测接收机本地的干扰信号，保证导航信号没有发生畸变以及信号功率处于正常水平。卫星在轨姿态和轨道调整、广播星历参数计算误差和地面运控系统注入校正参数时数据链路故障等原因都有可能出现星历误差，DQM在有新的卫星出现在视野中和接收到新的导航电文时检查卫星星历和时间数据，保证接收到的导航数据足够可靠。MQM由于卫星星载时钟异常或参考接收机故障引起的瞬时跳变和其他快变误差，包括监测接收机锁定时间，监测载波信号上的脉冲、阶跃或者加速度等快变信号，监测载波平滑码更新，确定伪距和载波相位观测量在最近几个历元内的一致性。MRCC检查每颗卫星校正值在多接收机间的一致性，排除可能引起较大差分校正值误差的单接收机异常。均值和方差监测保证校正值的标准差包络实际误差。MFRT验证平均伪距校正值和校正值率符合电文有效格式。

执行监控（EXM）是一系列的复杂故障处理逻辑。每个完好性监视算法可能对一个通道或一颗卫星生成一个故障告警，EXM对所有的告警进行综合，然后隔离故障测量值。EXM第一阶段（EXM-Ⅰ）将有告警的测量值排除，未被排除的测量值用于计算差分校正。EXM第二阶段（EXM-Ⅱ）基于MRCC、均值和方差监测和MFRT进行一系列故障排除。

4.7.2.2 系统原理[48-50]

1）监测接收机载波平滑处理

地面监测接收机使用载波相位观测量的变化值平滑码伪距观测量。载波相位平滑用于减小伪距观测中的快变误差，基本原理为对于每个信道的观测量进行HATCH滤波：

$$\rho_{s,m,n}(k)=\frac{1}{N}\rho_{m,n}(k)+\frac{N-1}{N}[\rho_{s,m,n}(k-1)+\phi_{m,n}(k)-\phi_{m,n}(k-1)] \quad (4.30)$$

式中：$N=\tau/T$，τ为平滑滤波时间常数，通常取100s，T为原始观测量的采样间隔，通常取0.5s；$\rho_{m,n}(k)$和$\phi_{m,n}(k)$为k时刻接收机m对卫星n的伪码和载波相位观测量；$\rho_{s,m,n}(k)$为k时刻接收机m对卫星n的平滑码伪距观测量。

滤波中需要卫星连续被接收机跟踪锁定，如果接收机失去卫星的锁定，或者执行监测（EXM）逻辑要求时，滤波器需要重置。

2）校正

对地面监测接收机接收到的码伪距及载波相位伪距同已知的真实距离做差分，

计算伪距和载波相位测量值的校正值。通道(m,n)的平滑伪距校正值ρ_{sc}和载波相位校正值ϕ_c为

$$\begin{cases}\rho_{sc,m,n}(k)=\rho_{s,m,n}(k)-R_{m,n}(k)+\tau_{m,n}(k)\\ \phi_{c,m,n}(k)=\phi_{m,n}(k)-R_{m,n}(k)+\tau_{m,n}(k)-\phi_{c,m,n}(0)\end{cases}\tag{4.31}$$

式中:$\rho_{sc,m,n}(k)$为平滑后的伪距校正值;$\phi_{c,m,n}(k)$为载波相位校正值;$R_{m,n}(k)$为参考接收机天线到卫星的真实距离(基于已知的参考天线位置和广播星历计算得到),$\tau_{m,n}(k)$为卫星钟校正,$R_{m,n}$和$\tau_{m,n}$都是使用DQM验证的卫星导航数据计算得到的;$\phi_{c,m,n}(0)$是初始载波相位校正值,$\phi_{c,m,n}(0)=\phi_{m,n}(0)-R_{m,n}(0)+\tau_{m,n}(k)$,并且消除了整周模糊度。由于需要载波自0历元开始持续跟踪,如果某历元发生了周跳,则该历元被重新定义为0历元。

3) 平均

利用不同信道产生的伪距差分及相位差分来调整地面监测接收机时钟偏差,并使广播的差分改正数值尽可能小,以减少需要发送的数据。假设对地面站存在M个无故障接收机,接收到N颗导航卫星数据,对于某一接收机到所有的卫星的观测量之中都含有同样的接收机钟差。因此,一种消除这类钟差的方法就是利用所有的伪距校正值估计该接收机钟差,并在改正值中减去该估计,得到不含接收机钟差的伪距校正值。经调整,消除接收机钟差后的平滑伪距为

$$\begin{cases}\rho_{sca,m,n}(k)=\rho_{sc,m,n}(k)-\dfrac{1}{N_c(k)}\sum\limits_{j\in S_c(k)}\rho_{sc,m,j}(k)\\ \phi_{ca,m,n}(k)=\phi_{c,m,n}(k)-\dfrac{1}{N_c(k)}\sum\limits_{j\in S_c(k)}\phi_{c,m,j}(k)\end{cases}\tag{4.32}$$

式中;$S_c(k)$为代表经EXM-Ⅰ执行监测后确定的最大可用的测距源个数。

对于每个卫星其平均校正值为

$$\begin{cases}\rho_{corr,n}(k)=\dfrac{1}{M_n(k)}\sum\limits_{i\in S_n(k)}\rho_{sca,i,n}(k)\\ \phi_{corr,n}(k)=\dfrac{1}{M_n(k)}\left[\sum\limits_{i\in S_c(k)}\phi_{ca,i,n}(k)-\phi_{ca,i,n}(0)\right]\end{cases}\tag{4.33}$$

式中:$M_n(k)$为参考接收机的个数;$\phi_{ca,i,n}(0)$为通道(m,n)在第一个测量点的载波相位估计值;$\rho_{corr,n}(k)$和$\phi_{corr,n}(k)$为通过数据广播发送给机载用户的平均校正值。

4) 机载接收机载波平滑处理

同北斗GBAS地面子系统一致,机载接收机也需对接收的测量值进行载波平滑处理。目前,码载波的漂移率达到0.01m/s,平滑滤波器的输出需要在初始化200s内达到小于0.1m的误差,同滤波器的稳态响应有关:

$$\begin{cases}P_{proj}=P_{n-1}+\dfrac{\lambda}{2\pi}(\phi_n-\phi_{n-1})\\ P_n=\alpha\rho_n+(1-\alpha)P_{proj}\end{cases}\tag{4.34}$$

式中：P_n 为载波平滑的伪距(m)；P_{n-1} 为前一时刻载波平滑的伪距(m)；P_{proj} 为映射的伪距(m)；ρ_n 为原始伪距测量值(码回路载波驱动，1 阶或高阶，单边噪声带宽大于或者等于 0.125Hz)；λ 为波长(m)；ϕ_n 为累积的载波相位测量值(rad)；ϕ_{n-1} 为前一时刻累积的载波相位测量值(rad)；α 为滤波权重函数(最小单位)，等于采样点与 100s 时间常数的比值。

需要注意的是机载载波平滑滤波器和地面载波平滑滤波器都是用来匹配从而避免由电离层差异引起的相关误差。平滑可以同时同捕获过程一起执行，这样可以更快得到平滑值。

5) 机载接收机差分校正

校正的伪距可以计算如下：

$$P_{\text{corr}} = P_n + \text{PRC} + \text{RRC} \times (t - t_{\text{zcount}}) + \text{TC} \tag{4.35}$$

式中：P_{corr} 为当前时间的校正伪距(m)；P_n 为当前时间的平滑伪距(m)；PRC 为从报文中获得的伪距校正(m)；RRC 为从报文中获得的钟率校正(m/s)；t 为当前时间(m)；t_{zcount} 为报文中 PRC 应用时间(s)；TC 为对流层校正。

6) 对流层校正

机载接收机需要校正差分对流层延时误差：

$$\text{TC} = N_{\text{R}} h_0 \frac{10^{-6}}{\sin\theta}(1 - \mathrm{e}^{-\Delta h/h_0}) \tag{4.36}$$

式中：N_{R} 为从北斗 GBAS 地面站播发的电文中获取的折射率；Δh 为机载接收机相对于地面站参考接收机的高度(m)；θ 为卫星仰角(°)；h_0 为从报文中获得的从北斗地基增强系统地面站播发的电文中获取的对流层均质大气高度。

7) 完好性监测算法——质量监测(QM)

QM 包括 SQM、DQM、MQM，SQM 的目的是检测和识别接收到的北斗卫星导航系统(BDS)测距信号中的异常，包括卫星信号异常和本地干扰，SQM 内容包括相关峰监视、信号功率监视和伪码/载波测距值偏离(CCD)监视 3 个功能。卫星的异常机动、广播星历参数计算误差和地面控制站注入校正参数时由于数据链故障等原因可能导致较大的卫星星历误差。DQM 计算根据星历和历书分别得出的卫星位置之差，验证卫星导航数据足够可信。MQM 检测由时钟异常和地面站参考接收机故障导致的阶跃等快变误差，包括接收机锁定时间监测，载波加速-斜坡-阶跃(acceleration-ramp-step)监测和载波平滑码更新(innovation)监测。

接收机锁定时间监测：接收机失锁情况一般发生在卫星的仰角比较小时，可以通过设定阈值的方式来保证接收机的锁定状态。载波加速-斜坡-阶跃测试：该误差假定载波相位测量上存在脉冲、阶跃，或者加速度等快变，这些快变会导致伪距校正或者载波相位校正的误差。计算方法如下：

计算距 k 最近的 10 个连续的已知点的载波相位(如 k-9 ~ k)

$$\phi^*_{m,n}(k) = \phi_{c,m,n}(k) - \frac{1}{N_m} \sum_{j \in S_m(k)} \phi_{c,m,j}(k) \tag{4.37}$$

式中：$S_m(k)$为接收机跟踪的卫星集合；N_m 为接收机跟踪的卫星个数。通过最小二乘法，利用计算的10个已知点来拟合方程：

$$\phi_{m,n}^{*}(k)=\phi_{0,m,n}^{*}(k)-\frac{\mathrm{d}\phi_{m,n}^{*}(k,t)}{\mathrm{d}t}t+\frac{\mathrm{d}^{2}\phi_{m,n}^{*}(k,t)}{\mathrm{d}t^{2}}\cdot\frac{t^{2}}{2} \tag{4.38}$$

通过拟合方程获得的二次、一次和常数项，则得到加速、斜坡以及阶跃定义如下：

$$\begin{cases}\mathrm{Acceleration}_{m,n}(k)=\dfrac{\mathrm{d}^{2}\phi_{m,n}^{*}(k,t)}{\mathrm{d}t^{2}},\mathrm{Ramp}_{m,n}(k)=\dfrac{\mathrm{d}\phi_{m,n}^{*}(k,t)}{\mathrm{d}t},\\ \mathrm{Step}_{m,n}(k)=\phi_{\mathrm{meas},m,n}^{*}(k)-\phi_{\mathrm{pred},m,n}^{*}(k)\end{cases} \tag{4.39}$$

式中：$\phi_{\mathrm{meas},m,n}^{*}(k)$为已知值；$\phi_{\mathrm{pred},m,n}^{*}(k)$为通过拟合式计算值。三者中任何一个超出极限则做出完好性风险标记。判决逻辑如图4.28所示。

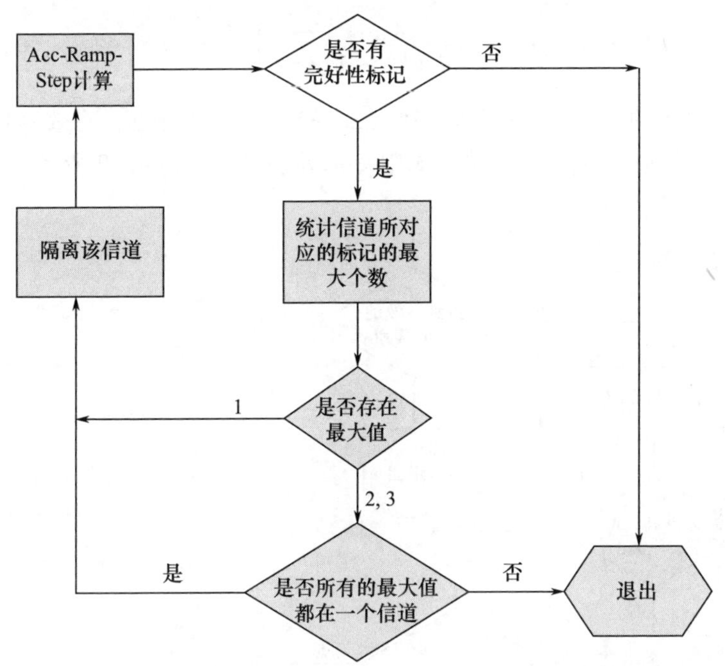

图4.28 北斗GBAS加速，斜坡以及阶跃监测流程

载波平滑码变更测试用于检测原始伪距测量中的脉冲和阶跃误差，定义如下：

$$\mathrm{Inno}_{m,n}(k)=\rho_{m,n}(k)-[\rho_{\mathrm{s},m,n}(k-1)+\phi_{m,n}(k)-\phi_{m,n}(k-1)] \tag{4.40}$$

如果连续3个Inno值都超过极限，则产生一个完好性标记，此信道会通过后续的综合执行逻辑被排除。如果只有一个Inno值超出极限，则在平滑过程中跳过该时刻的伪距原始值，在载波平滑码中只用载波相位测量值做出完好性。

8）第一阶段执行监控器（EXM-Ⅰ）

在SQM、DQM、MQM任意一环节被标记的通道都要被排除。如果单颗卫星在单台接收机上产生标记，则排除该通道；如果单颗卫星在多台接收机上产生标记，则排除该颗卫星;如果多颗卫星在单台接收机上产生标记,则排除该台接收机。卫星集合为 S_c,如果所有 3 个接收机能够同时跟踪 4 颗以上的卫星,则 S_c 包含这所有的被跟踪的卫星,否则 S_c 是被任何两个接收机跟踪的最大卫星集合。如果跟踪的卫星不超过 4 颗,也没有产生星座告警,则需要排除所有的测量方式,重新启动北斗 GBAS。

9) 多参考站一致性监测(MRCC)

MRCC 用于隔离单台发生异常的接收机,一般用 B 值来衡量,用于广播至用户产生"H1"的保护级。

$$\begin{cases} B_{\rho,m,n}(k) = \rho_{\text{corr},n}(k) - \dfrac{1}{M_n(k)-1}\sum\limits_{\substack{i\in S_m(k)\\ i\neq m}}\rho_{\text{sca},i,n}(k) \\ B_{\phi,m,n}(k) = \phi_{\text{corr},n}(k) - \dfrac{1}{M_n(k)-1}\sum\limits_{\substack{i\in S_m(k)\\ i\neq m}}\left[\phi_{\text{ca},i,n}(k) - \phi_{\text{ca},i,n}(0)\right] \end{cases} \tag{4.41}$$

式中:参考接收机的数量为 m;卫星的数量为 n;$S_m(k)$ 是对卫星 i 有效测量的接收机的集合;$M_n(k)$ 是集合 S_m 的成员数。MRCC 的处理逻辑如图 4.29 所示。

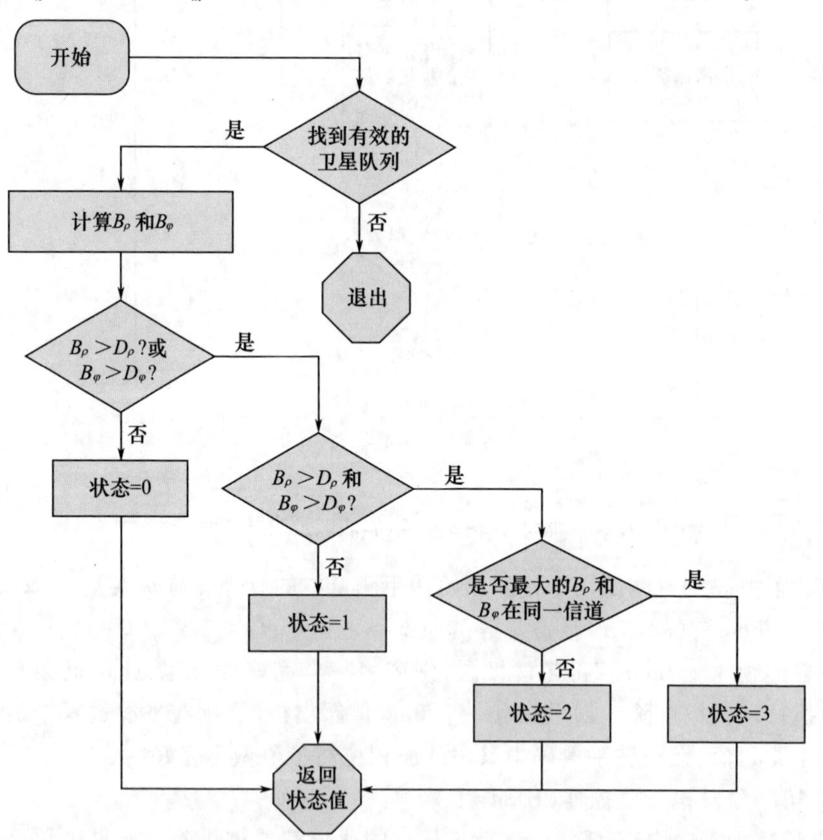

图 4.29 北斗 GBAS MRCC 流程

MRCC 与 EXM-Ⅱ预处理紧密相连,因为如果最大的 B_ρ 和 B_φ 不在同一通道,则这种情况复杂,需要送至 EXM-Ⅱ解决。EXM-Ⅱ预处理的逻辑流程如图 4.30 所示。

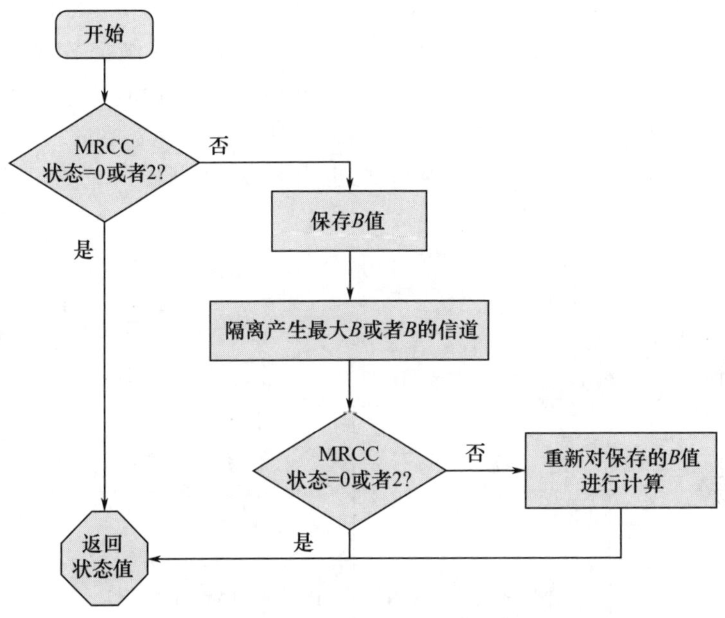

图 4.30 北斗 GBAS EXM-Ⅱ预处理流程

10) 标准差-均值(σ-μ)监测

sigma 估计中首先对求得的 B 值进行处理,将 B 值标准化,即用 B 值除以 B 值标准差。

$$B_{\rho\_\text{normal},m,n}(k)=\frac{B_{\rho,m,n}(k)-\mu_{B_\rho,n}(k)}{\sigma_{B_\rho,n}(k)},\quad \sigma_{B_\rho,n}(k)=\frac{\sigma_{\text{pr\_gnd},n}(k)}{\sqrt{M_n(k)-1}} \tag{4.42}$$

式中:$M_n(k)$是 k 时刻接收机的数目,求出的 M_n 个 B 值只有 M_n-1 个是独立的,可利用求得的标准化的 B 值求得 sigma 的估计值:

$$\begin{cases}\hat{\sigma}_{B_{\rho\_\text{normal},m,n}}(k)=\sqrt{\dfrac{1}{k-1}\displaystyle\sum_{i=1}^{k}\left[B_{B_{\rho\_\text{normal},m,n}}(k)-\mu_{B_{\rho\_\text{normal},m,n}}(k)\right]^2}\\ \hat{\mu}_{B_{\rho\_\text{normal},m,n}}(k)\approx\text{Normal}\left[\mu_{B_{\rho\_\text{normal},m,n}}(k),\dfrac{\mu_{B_{\rho\_\text{normal},m,n}}(k)}{\sqrt{N(k)}}\right]\end{cases} \tag{4.43}$$

11) MFRT

MFRT 用于保证计算出的平均伪距校正以及校正率在一定的范围内,条件较为宽泛,和数据质量监测前后对应。但对于接收机卫星矢量垂直的误差无法监测。

$$\begin{cases}\rho_{\text{corr}}<125\text{m}\\ R_{\rho_{\text{corr}},n}(k)=\dfrac{\rho_{\text{corr},n}(k)-\rho_{\text{corr},n}(k-1)}{T_s}<\pm0.8(\text{m/s})\end{cases} \tag{4.44}$$

12）第二阶段执行监控器（EXM-Ⅱ）

在 MRCC 处理的基础上，EXM-Ⅱ在 EXM-Ⅱ预处理之后进行。如果 EXM-Ⅱ预处理不能隔离失效的统计量，判断故障源，则将 flags 信息传至 EXM-Ⅱ隔离模块。EXM-Ⅱ隔离同 EXM-Ⅰ一致，对产生标记的进行隔离。为了满足 EXM-Ⅱ所要求的处理时间，进行四次递归处理，重复进行 EXM-Ⅱ隔离—MRCC 失效检测过程，直到放弃或者排除所有失效的测量值。对于 EXM-Ⅱ来说，很少需要进行一到两次的隔离。同时所有的测量值需要通过其他测试，也是 EXM-Ⅱ排除的重要逻辑。EXM-Ⅱ处理的逻辑流程如图 4.31 所示。

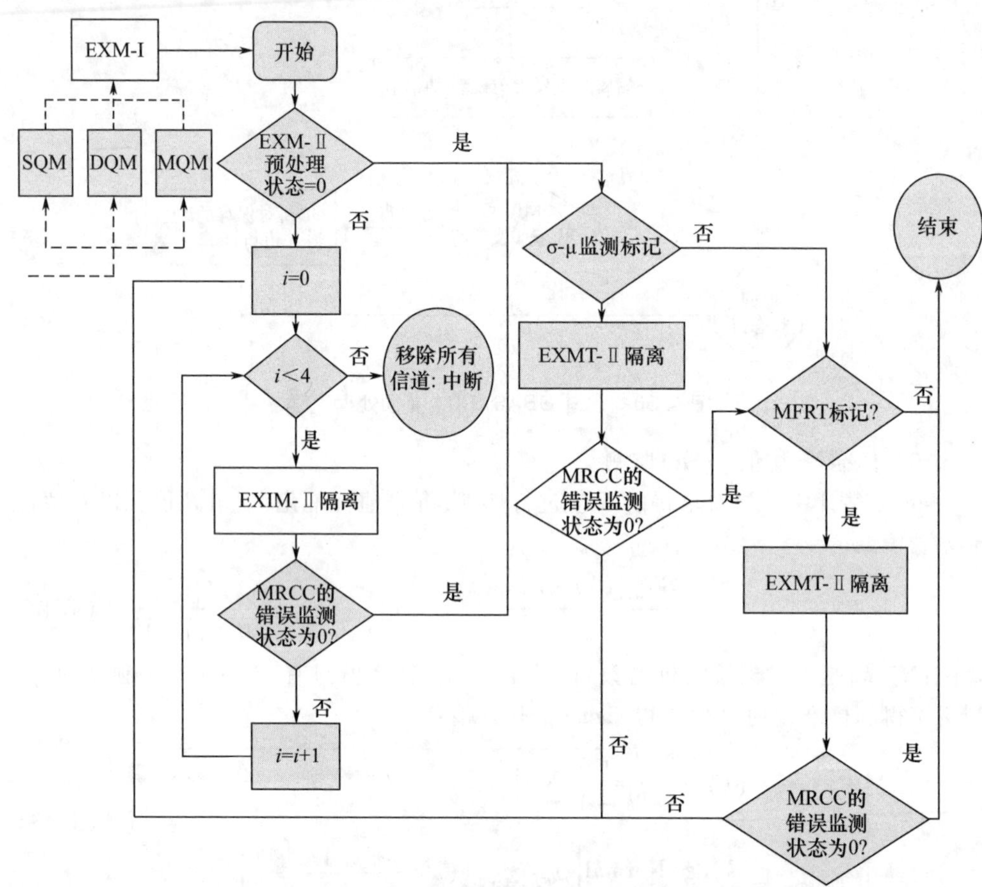

图 4.31 北斗 GBAS EXM-Ⅱ处理流程

4.7.2.3 系统验证[50]

北斗系统的 GBAS 地面参考站组成与 GPS 的 LAAS 参考地面站设备类似，配置 4 台北斗双频参考接收机，1 台北斗授时接收机，1 台数据库，2 台数据处理机，2 台 VDB 接收电台，2 台 VDB 发射电台，地面站数据处理包括 BD2 B1/B2 单频 GBAS 和 BD2 双频 GBAS 处理能力，北斗 GBAS 地面子系统配置如表 4.36 所列。

表 4.36　北斗 GBAS 地面子系统配置

序号	名称	数量	功能	备注
1	GNSS 参考接收机及天线	4 套	接收 GNSS 卫星导航数据,获得导航数据和观测数据	BD2 B1 B2
2	数据处理机	2 台	处理接收机数据,进行差分、完好性处理,生成差分修正量等,打包 Type1、Type2、Type4 数据	具备单频、双频处理能力
3	授时设备	1 台	提供精密定位服务(PPS)授时信号	
4	导航数据库	1 台	存储 BDS 数据、GBAS 地面站参数和 FAS 数据等	
5	VDB 接收电台	2 台	播发 GBAS 地面站 Type1、Type2、Type4 数据	
6	VDB 发射电台	2 台	接收 GBAS 地面站 Type1、Type2、Type4 数据,为地面站对播发的差分信息做闭环监测	

北斗 GBAS 地面子系统由中国电子科技集团公司第二十研究所研制,机载用户设备采用的是北京航空航天大学研制的 GNSS 多模导航接收机。北斗 GBAS 地面验证试验于 2014 年 11 月 19 日 9 时至 16 时进行,采用的是地面静态试验与地面模拟动态跑车试验验证的方式,测试基线距离约 22km,经过测试处理分析,得到的静态、动态试验结果如图 4.32、图 4.33 所示,北斗 GBAS 差分静态试验和动态试验定位误差统计结果如表 4.37 和表 4.38 所列。

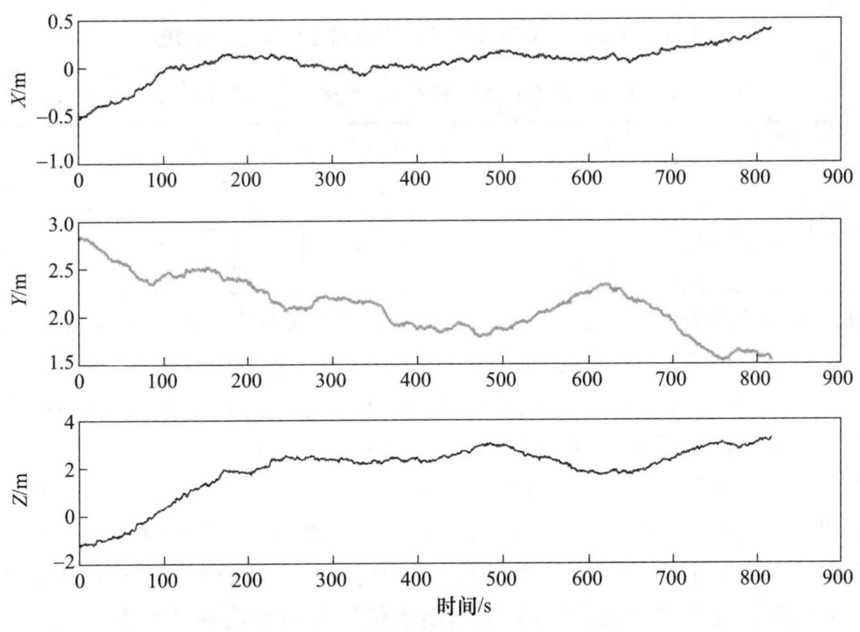

图 4.32　BD2 B1 GBAS 地面静态试验定位误差(见彩图)

表 4.37 北斗 GBAS 静态定位误差统计(BD2 B1 信号)

测试项	最大值	最小值	均值	标准差
水平 X 方向/m	0.3963	-0.5261	0.0310	0.2441
水平 Y 方向/m	2.8345	1.5314	1.0115	0.2971
高度 Z/m	3.2527	-1.1822	1.6405	1.0774

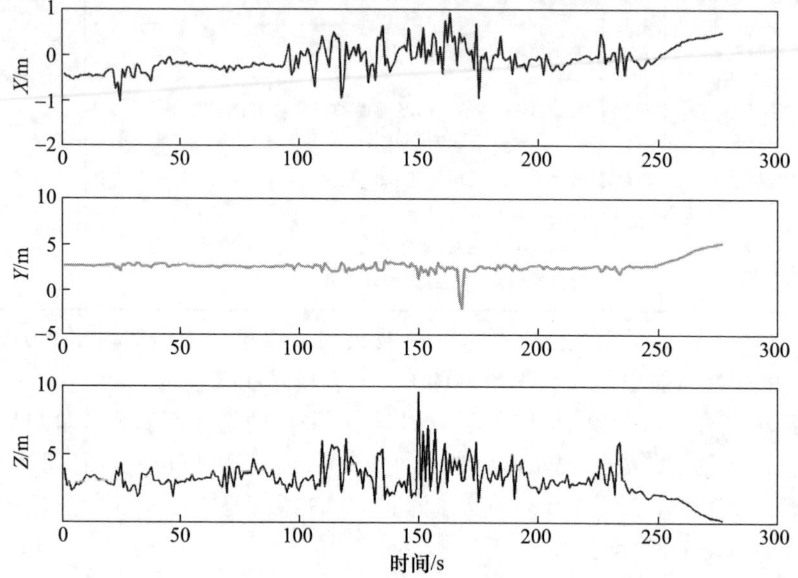

图 4.33 BD2 B1 GBAS 地面动态试验定位误差(见彩图)

表 4.38 北斗 GBAS 动态定位误差统计(BD2 B1 信号)

测试项	最大值	最小值	均值	标准差
水平 X 方向/m	0.9402	-1.0348	-0.0939	0.3128
水平 Y 方向/m	5.1167	-2.1587	2.0911	0.7017
高度 Z/m	9.6421	0.2254	2.5503	1.2234

从试验结果来看,动态用户差分定位由于受道路两旁边树木及建筑的影响,低仰角卫星受到的影响特别大,造成 DOP 增大,从而影响了差分定位精度,使得定位偏差过大,运行结果基本满足 CAT Ⅰ定位精度的指标要求。通过本次地面试验,明确了北斗卫星导航系统应用于民航地基导航增强服务是可行的。

同时中国电子科技集团公司第二十研究所程松等搭建了北斗 GBAS 地面站完好性监测平台,实现了地面站从数据接收解析、处理到数据播发的全部功能。接收 BDS B1I 信号实时数据进行监测分析,验证完好性算法。完好性监测算法中对处理后的观测值要同其额定的阈值相比较,对于超出阈值的监测算法则做出标记。关于阈值的选取通常做法是从能够包络实际分布尾部的高斯分布中计算中极限值。一般在航

电中都假设测量值误差是高斯分布的。采用故障场景模拟故障的检出情况，在原始伪距中加入伪距跳变故障后 MFRT 的监测结果，跳变点超出了级值时，故障被检出。

导航卫星数目是衡量卫星导航系统性能的一项措施。监测有多少颗卫星被 GBAS 用于进行差分修正然后进行数据广播的措施是系统可用性的通用指标。保护级是由机载接收机计算出的一个值，用于确定 GBAS 的性能是否满足精密进近的完好性要求。完好性是衡量 GBAS 差分修正信号可信程度的一种方式。完好性要求当系统提供的信号不可用时需给用户及时提供有效告警。误差累积概率分布图用于描述实时定位误差的统计结果，可以通过累计概率分布曲线图直观地看出水平及垂直误差的分布范围和小于某误差值的对应累积概率值。

北斗 GBAS 的应用需要通过建设地面试验验证平台，包括地面站数据处理子系统、机载模拟数据处理子系统，实现对差分验证以及对 BDS 完好性、可用性的长期监测，对模拟机载子系统仿真数据进行后期处理和分析，确定北斗 GBAS 差分性能方面是否能够满足 GBAS 运行标准，达到了 CAT Ⅰ的引导能力。还需要通过长期的试验验证，制定出地面设备标准、空地数据链数接口标准以及北斗机载设备标准。同时，展开 BDS CAT Ⅱ/Ⅲ类精密进近引导着陆性能指标要求的验证工作。

GBAS 是对 GNSS 的有效补充，建设北斗 GBAS 时，应充分借鉴美国 LAAS 建设过程中的经验和教训，更好地规划北斗 GBAS 的发展方向，开展全国范围的集智攻关，加强顶层设计，提供全国范围内以航空用户精密进近为代表的北斗地基增强服务。

参考文献

[1] Global positioning system standard positioning service (SPS) standard[EB/OL]. [2020-04-26]. https://www.gps.gov/technical/ps/2020-SPS-performance-standard.pdf.

[2] ICAO. Annex 10-aeronautical telecommunications-volume I-Radio navigational aids[M]. 7th ed. Montreal: International Civil Aviation Organization, 2018.

[3] Explanatory note[EB/OL]. [2019-12-07]. http://www.icao.int/safety/airnavigation/documents/gnss_cat_ii_iii.pdf.

[4] Minimum operational performance standards for global positioning system/wide area augmentation systems airborne equipment: RTCA DO-229D[S]. Washington DC (USA): Radio Technical Commission for Aeronautics (RTCA) Special Committee No. 159, 2006.

[5] WALTER T, ENGE P, REDDAN P. Modernizing WAAS[C]//Proceedings of the Institute of Navigation GNSS Meeting (ION GNSS 2004), September 21-24, 2004, Long Beach Convention Center, Long Beach, California. c2004: 3115-3122.

[6] WAAS performances[EB/OL]. [2019-08-16]. https://gssc.esa.int/navipedia/index.php/WAAS_Performances.

[7] ROBERTO S, TERRY M, SUBRAMANIAN R. Global navigation satellite systems performance analy-

sis and augmentation strategies in aviation[J]. Progress in Aerospace Science,2017,95: 45-98.

[8] The next generation integrity monitor testbed (IMT) for ground system development and validation testing[EB/OL]. [2019-10-27]. https://web. stanford. edu/group/scpnt/gpslab/pubs/papers/Normark_IONGPS_2001. pdf.

[9] GNSS-based precision approach local area augmentation system (LAAS) signal-in-space interface control document (ICD): DO-246D[S]. Washington DC (USA): Radio Technical Commission for Aeronautics (RTCA) Special Committee No. 159,2008.

[10] Navigation programs-ground based augmentation system (GBAS)[EB/OL]. [2019-08-20]. https://www. faa. gov/about/office_org/headquarters_offices/ato/service_units/techops/navservices/gnss/laas/.

[11] Avionics standards digital standards for R&S SMBV operating manual[EB/OL]. [2019-08-16] https://cdn. rohde-schwarz. com/pws/dl_downloads/dl_common_library/dl_manuals/gb_1/s/digital_standards_for_signal_generators/SMBV_Avioncs_Operating_en_08. pdf.

[12] Ground based augmentation system technology[EB/OL]. [2013-5-16]. https://www. ion-ch. ch/media/navigare13/pdf/NAVIGARE2013_GBAS_Technology_Skyguide. pdf.

[13] Minimum operational performance standards for GPS/GBAS airborne equipment: RTCA DO-253C [S]. Washington DC (USA): Radio Technical Commission for Aeronautics (RTCA) Special Committee No. 159,2008.

[14] 陈金平,许其凤,刘广军. GPS RAIM 水平定位误差保护限制算法分析[J]. 测绘学院学报,2001(9):1-3.

[15] Minimum aviation system performance standards (MASPS) for the local area augmentation system (LAAS): RTCA DO-245A[S]. Washington DC (USA): Radio Technical Commission for Aeronautics (RTCA) Special Committee No. 159,2004.

[16] MURPHY T,FRIEDMAN R,BOOTH J,et al. Program for the investigation of airborne multipath errors[C]//Proceedings of the 2004 National Technical Meeting of The Institute of Navigation,January 26-28,2004,The Catamaran Resort Hotel,San Diego,CA,c2004: 781-792.

[17] Quality monitoring of GPS signals[EB/OL]. [2019-04-26]. https://www. ucalgary. ca/engo_webdocs/GL/01. 20149. AJakab. pdf.

[18] MATSUMOTO S,PULLEN S,ROTKOWITZ M,et al. GPS ephemeris verification for local area augmentation system (LAAS) ground stations[C]//Proceedings of the 12th International Technical Meeting of the Satellite Division of The Institute of Navigation (ION GPS 1999),September 14-17,1999,Nashville,Tennessee. c1999: 14-17.

[19] 甘兴利. GPS 局域增强系统的完善性监测技术研究[D]. 哈尔滨:哈尔滨工程大学,2008.

[20] STURZA M A. Navigation system integrity monitoring using redundant measurements[J]. Navigation,1988,35(4): 483-501.

[21] LAAS sigma-mean monitor analysis and failure-test verification[EB/OL]. [2019-04-26]. https://web. stanford. edu/group/scpnt/gpslab/pubs/papers/Lee_IONAM_2001. pdf.

[22] XIE G,PULLE S,LUO M,et al. Integrity design and updated test results for the Stanford LAAS integrity monitor testbed[C]// Proceedings of the 57th Annual Meeting of The Institute of Naviga-

tion, June 11-13, 2001, Albuquerque, NM. c2001: 681-693.

[23] PULLEN S, LUO M, GLEASON S, et al. GBAS validation methodology and test results from the Stanford LAAS integrity monitor testbed[C]//Proceedings of the 13th International Technical Meeting of the Satellite Division of The Institute of Navigation (ION GPS 2000), September 19-22, 2000, Salt Palace Convention Center, Salt Lake City, UT, c2000: 1191-1201.

[24] Guide for ground based augmentation systems implementation[EB/OL]. [2020-04-26]. https://www.icao.int/SAM/eDocuments/GBASGuide.pdf#:~:text=Guide%20for%20Ground%20Based%20Augmentation%20System%20Implementation%201, aids%20%28NAVAIDs%29%20must%20meet%20the%20requirements%20of%20accuracy%20C.

[25] Fault detection and elimination for Galileo-GPS vertical guidance[EB/OL]. [2020-04-26]. https://web.stanford.edu/group/scpnt/gpslab/pubs/papers/Ene_IONNTM_2007.pdf.

[26] An optimized multiple hypothesis RAIM algorithm for vertical guidance[EB/OL]. [2020-04-26]. https://web.stanford.edu/group/scpnt/gpslab/pubs/papers/Blanch_IONGNSS_2007.pdf.

[27] NIELL A E. Global mapping functions for the atmosphere delay at radio wavelengths[J]. Journal of Geophysical Research: Solid Earth, 1996, 101(B2): 3227-3246.

[28] SWIDER R, BRAFF R, WULLSCHLEGER V. The FAA's local area augmentation system (LAAS)[J]. The Journal of Navigation, 1997, 50(2): 183-192.

[29] Criteria for approval of category Ⅰ and category Ⅱ weather minima for approach[EB/OL]. [2002-8-12]. https://www.faa.gov/documentLibrary/media/Advisory_Circular/AC120-29A.pdf.

[30] Criteria for approval of category Ⅲ weather minima for approach[EB/OL]. [1999-7-13]. https://www.faa.gov/documentLibrary/media/Advisory_Circular/AC120-28D.pdf.

[31] Review of local area augmentation system (LAAS) flight inspection requirements, methodologies, and procedures for precision approach, terminal area path, and airport surface guidance operations[EB/OL]. [2019-7-13]. https://www.faa.gov/air_traffic/flight_info/avn/flightinspection/onlineinformation/pdf/tm_07-01_laas_final.pdf.

[32] CHRIS G B. Ranging airport pseudolite for local area augmentation using the global positioning system[D]. Ohio: Ohio University, 1998.

[33] LEE Y, VAN D K, et al. Summary of RTCA SC-159 GPS integrity working group activities[J]. Navigation, 1996, 43(3): 307-338.

[34] SKIDMORE T A, VAN G F. DGPS ground station integrity monitoring[C]//Proceedings of the 1994 National Technical Meeting of the ION, January 24-26, 1994, Catamaran Resort Hotel, San Diego, CA, c1994: 56-60.

[35] XIE G. Optimal on-airport monitoring of the integrity of GPS-based landing systems[D]. Stanford: Stanford University, 2004.

[36] LAAS position domain monitor analysis and test results for CAT Ⅱ/Ⅲ operations[EB/OL]. [2019-7-13]. https://web.stanford.edu/group/scpnt/gpslab/pubs/papers/Lee_IONGNSS_2004.pdf.

[37] Weighted RAIM for precision approach[EB/OL]. [2020-1-13]. http://web.stanford.edu/group/scpnt/gpslab/pubs/papers/Walter_IONGPS_1995_wraim.pdf.

[38] PERVAN B, PULLEN S, SAYIM I. Sigma estimation, inflation, and monitoring in the LAAS ground

system[C]//Proceedings of the 13th International Technical Meeting of the Satellite Division of The Institute of Navigation (ION GPS 2000), September 19-22, 2000, Salt Palace Convention Center, Salt Lake City, UT, c2000: 19-22.

[39] PERVAN B, SAYIM E. Sigma inflation for the local area augmentation of GPS[J]. IEEE Transactions on Aerospace and Electronic Systems, 2001, 37(4): 1301-1311.

[40] PULLEN S, LUO M, PERVAN B, et al. The use of CUSUMs to validate protection level over bounds for ground-based and space-based augmentations systems[C]//Proceedings of ISPA 2000, July 18-20, 2000, Munich, Germany, c2000: 18-20.

[41] LAAS performance for terminal area navigation[EB/OL]. [2019-6-10]. https://www.mitre.org/sites/default/files/pdf/braff_lass.pdf.

[42] European technical standard order[EB/OL]. [2012-6-28]. https://www.easa.europa.eu/download/etso/ETSO-C161a_CS-ETSO_7.pdf.

[43] Minimum operational performance standards for GPS/GBAS airborne equipment[EB/OL]. [2014-3-13]. https://laas.tc.faa.gov/documents/RTCA/2014/October/P05_Draft-LAAS-MOPS_Changes-Body_2014-03-13.pdf.

[44] Performance type one LAAS ground facility[EB/OL]. [2020-4-17]. https://www.mitrecaasd.org/library/documents/laas_requirements.pdf.

[45] SKIDMORE T A, WILSON A A, NYHUS O K. An overview of the LAAS VHF data broadcast[C]//Proceedings of the 12th International Technical Meeting of the Satellite Division of the Institute of Navigation (ION GPS 1999), September 14-17, 1999, Nashville, Tennessee, c1999: 671-680.

[46] RLA/00/009 project-GNSS augmentation tests[EB/OL]. [2019-8-1]. https://www.icao.int/SAM/eDocuments/RLA00009_ProjectFinalReport.pdf.

[47] 王雷,倪少杰,王飞雪. 地基增强系统发展及应用[J]. 全球定位系统,2014(4):26-30.

[48] 耿永超. 民用航空地基增强系统(GBAS)[C]//中国卫星导航系统管理办公室学术交流中心. 第十届中国卫星导航学术年会电子文集. 北京:中国卫星导航学术年会组委会,2019.

[49] 程松,梁绍一,高虎. 基于北斗的地基增强完好性监视方法研究[C]//中国卫星导航系统管理办公室学术交流中心. 第六届中国卫星导航学术年会电子文集. 北京:中国卫星导航学术年会组委会,2015.

[50] 耿永超,胡耀坤,梁绍一. 基于北斗的地基增强系统试验性能分析[C]//中国卫星导航系统管理办公室学术交流中心. 第六届中国卫星导航学术年会电子文集. 北京:中国卫星导航学术年会组委会,2015.

第5章　空基增强系统

5.1　概　　述

全球卫星导航系统(GNSS)不能为航空用户提供符合要求的PNT服务,特别是完好性指标不能满足民航CAT 1进近导航要求。GNSS完好性基本假设是可用的伪距观测量的数量要大于待确定未知量的数量,对于GNSS来说,待确定未知量的数量是3个位置量和一个时间偏差量。就故障检测算法而言,一个冗余的伪距观测量足以检测出GNSS位置解算过程中的一个伪距观测异常(故障)。对于完好性监测来说仅仅检测出故障是远远不够的。GNSS完好性要求系统至少具有故障检测和隔离(FDI)能力,ICAO定义所需的导航性能(RNP)要求系统应具备故障检测与排除(FDE)能力。FDI功能需要在GNSS位置解算过程中至少有两个冗余的伪距观测量,FDE功能则在同样的故障条件下,需要更多的冗余伪距观测量。

完好性风险定义为定位误差(PE)超过系统告警门限(AL)时,系统没有检测出来的概率。在两种情况下系统会丧失完好性:一是系统没有检测出不安全的状态,二是系统虽然检测出不安全的状态,但是用户没有在规定的告警时间(TTA)内收到告警信息。TTA定义为系统从检测到故障会导致不安全状态时刻起,到用户意识到发生故障并采取措施时刻止,所允许的最长时间[1]。AL定义了保证系统安全运行所允许的最大PE,当PE超过95%定位精度需求时,系统PNT服务仍然在AL内。GNSS增强系统的形式有多种,基本工作原理一致,都是利用辅助观测信息改善系统性能或者提高系统PNT服务的置信度。

除了SBAS和GBAS,还可以利用机载综合电子系统提供的其他信息来增强GNSS的性能,包括惯性导航系统(INS)、甚高频全向信标(VOR)、距离测量设备(DME)、战术空中导航(TACAN(塔康))系统、气压高度计、雷达、视距传感器以及外部时钟给出的信息。这些系统的工作原理与GNSS不同,因此,不会受到同样误差源或者同样干扰信号的影响。对于机载综合电子系统,完好性指标要求直接与机载系统提供的导航信息置信度有关,包括当导航系统不能用于所期望的飞行操作时,导航系统给飞行员提供及时、有效告警的能力。特别是机载导航电子系统必须在给定的时间周期内,系统出现任何功能失效或者定位结果超出告警门限时,给出告警信息。ICAO航空电信卷1无线电导航辅助标准定义这类GNSS增强系统为空基增强系统(ABAS)[2]。

ABAS 合成了一个或者多个 GNSS 提供的 PVT 信息，且使用无故障 GNSS 接收机和机载综合电子系统，因此，ABAS 的性能指标可以满足第 3 章表 3.5 给出的 ICAO 对 GNSS 信号的完好性、连续性以及可用性指标要求。ABAS 信息处理方案包括利用多个伪距观测量等冗余信息来监测位置解算的完好性、利用替代观测量信息来辅助位置解算的连续性、辅助位置解算的可用性、通过估计残余误差来辅助位置解算的精度 4 个方面。

ABAS 监测方案一般包括故障检测和故障排除两个功能。故障检测的目标是检测位置解算过程中存在的定位故障，通过适当的故障排除策略确定并排除故障源，从而使 GNSS 继续提供导航服务而不必中断服务。一般有接收机自主完好性监测(RAIM)和飞行器自主完好性监测(AAIM)方法。RAIM 只用 GNSS 信息实现完好性监测，用 GNSS 冗余观测量完成导航信号的完好性监测；AAIM 利用其他机载传感器信息实现完好性监测，包括气压高度计、外部时钟以及惯性导航系统(INS)。GNSS 解算位置过程中，非 GNSS 信息可以通过 2 种方式集成到 GNSS 信息中：一是在 GNSS 解算算法内集成，例如建立气压高度计数据模型作为 GNSS 高程观测的辅助数据；二是在 GNSS 解算算法外集成，例如比较气压高度计数据和 GNSS 高程解算结果的一致性，当出现结果不一致时，ABAS 给出告警标志。多传感器融合技术可以有效提高 GNSS PNT 服务的可靠性。

根据 ICAO GNSS 手册的定义，ABAS 利用 RAIM、AAIM 或者 GNSS 与其他传感器融合技术来提升 GNSS 或者机载导航系统的工作性能，包括定位精度、完好性、连续性以及可用性[3]。下面就从这 3 个方面分别介绍机载增强的实现方案及工作原理。

5.2 接收机自主完好性监测

GNSS 接收机自主完好性监测(RAIM)算法在军事和商业 PNT 服务均得到广泛应用，对 GNSS 接收机而言，RAIM 具有被动和局部的特点，RAIM 不需要大规模的、复杂的配套设施，并且导航接收机在系统完好性处理链条的末端，也是确定系统完好性过程中最为关键的环节。

RAIM 技术建立在统计检测理论的基础上，利用冗余 GNSS 观测量建立测量统计模型，由此推断系统是否存在故障。RAIM 的工作依据是通过评估接收机对用户位置结果的解算质量(精度)，检测 GNSS 系统级故障[4]。根据对可用的 GNSS 观测量的自我一致性核对(self-consistency check)就能识别系统存在的故障。RAIM 技术已被广泛用于涉及生命安全服务的航空完好性监测任务中，生命安全服务要求具有良好的导航信号接收条件，且要求具有定义完备的完好性模型。目前基于最小二乘(LS)法估计快照算法的 RAIM 技术应用广泛。

基于故障检测和排除的接收机自主完好性监测(FDE-RAIM)技术需要接收 6 颗或者更多颗 GNSS 导航卫星播发的信号，FDE-RAIM 技术可以识别故障卫星信号，在

求解用户位置过程中剔除对故障卫星的伪距观测量,利用剩余可视导航卫星播发的导航信号实现故障检测/排除任务,FDE-RAIM 也可以使用气压高度计辅助高程数据。FDE 功能是航空标准 TSO-C145a 和 C146a 的强制要求。

5.2.1 系统架构

RAIM 利用冗余信息对导航解的一致性进行检验,实现卫星故障监测和故障隔离。RAIM 主要任务是计算保护级(PL),并与保护限值比较判断其可用性。在用户端对卫星故障快速监测与隔离成为 GNSS 完好性研究的热点。RAIM 的目标是排除 GNSS 大的测量误差,例如,星载原子钟失效或者地面运行控制系统造成的卫星星历失效,都将会导致接收机定位结果出现较大的误差。这类误差发生频度很低,例如,GPS 的典型发生频度是每 18~24 个月一次[5]。基于故障检测的接收机自主完好性监测(FD-RAIM)技术为用户提供当前系统存在的故障以及哪颗卫星出现失效信息。FD-RAIM 算法依赖于用户能够接收到更多的导航信号,由此可以根据冗余的导航信号评估导航信号的完好性。

RAIM 算法一般需要接收 5 个 GNSS 信号以开展故障检测任务,如果有气压高度计辅助高程数据,那么也可以利用 4 个 GNSS 信号开展故障检测任务。然而,为了实现故障检测和排除功能,一般需要接收 6 颗以上 GNSS 卫星播发的信号。例如,GPS 为一般用户提供单频标准定位服务(SPS),虽然 RAIM 辅助接收机能够减低民航飞机飞行阶段对 GNSS 导航性能的要求,但是 RAIM 技术不可能为用户提供 CAT Ⅰ类精密进近导航服务。同传统接收机只接收 GPS 信号相比,由于可以接收到更多可用导航信号以及导航信号精度的大幅度改善,RAIM 辅助接收机能够显著提高故障检测水平。

虽然 RAIM 技术能够显著改善系统的完好性,但存在 RAIM 空洞(RAIM hole)问题,即用户视场范围内没有足够的 GNSS 导航卫星,在此期间内,接收机不能开展完好性的一致性核对。目前常用两种技术解决 RAIM 空洞问题:一是当可用性计算能力有限时,采用基于空间和时间采样间隔的技术;二是当可用性计算能力足够时,采用覆盖区域交叉的拓扑分析技术,精确计算导航卫星覆盖边界。

标准定位算法采用基于伪距的自主完好性监测(PRAIM)技术和基于载波相位自主完好性监测(CRAIM)技术来确保接收机位置解算结果的置信度水平。PRAIM 技术包括潜在故障检测处理和要求保护级推导两个环节,潜在故障检测处理需要利用冗余观测量建立试验—统计模型,然后给出系统存在故障时的阈值;根据未检测到的误差所导致的定位误差上限的估计值确定要求保护级,为了确认期望的操作是否被当前可用的 GNSS 所支持,PRAIM 算法需要同时给出系统 HPL 和 VPL。

当民航飞机执行高动态机动动作过程中,利用 CRAIM 技术计算用户位置和 HPL 及 VPL 时,需要处理载波相位观测整周模糊问题,因此,为了验证位置估计结果是否可信,CRAIM 技术必须采用高效、可靠的载波相位观测整周解模糊技术。扩展接收机自主完好性监测(e-RAIM)技术能够支持飞机高动态机动情况下的故障检测,从测量模型中隔离故障导航信号。大部分 e-RAIM 算法由 Gauss-Markov 状态参数的最小二乘(LS)估计推导得到故障导航信号。

近年来,为了在全世界范围内利用 GNSS 及其 SBAS、GBAS 增强系统,试验并推广 LPV-200 精密进近服务的可用性,航空工业部门提出了新一代完好性监测架构——先进 RAIM(ARAIM)和相对 RAIM(RRAIM)技术[6-7]。ARAIM 技术和RRAIM 技术的主要区别是定位方法不同,ARAIM 技术仅用伪码测距技术,而RRAIM技术同时采用伪码测距和载波相位差分改正技术,解决了载波相位观测整周模糊问题,因此,RRAIM 技术定位精度更高[8-9]。

RAIM 技术的效能取决于接收机和导航卫星之间的几何关系,即与 GDOP 值有关,也就是说 RAIM 技术也有可用性的约束。大量研究表明,一个 GNSS 不能提供所要求的 RAIM 可用性指标,必须利用增强系统才能实现从航路到非精密进近阶段的导航服务[10]。

根据检测和保护级数值,RAIM 技术计算系统完好性的过程比较复杂,影响因素包括在任何给定时间内可视导航卫星的数量,接收机和导航卫星之间的空间几何关系,每个导航信号误差分布的概率密度函数,每个导航信号的可用性(时间百分比),与 VOR/DME、气压高度计、INS 等其他传感器的集成。

GNSS 接收机集成 RAIM 技术时,对现有接收机硬件修改不大,因此,对于检测和减轻电子欺骗信号和电子干扰信号来说,RAIM 是一个可行且有效的方法。当 RAIM 服务中断时,ICAO 航空电信卷 1 附件 10 无线电导航辅助标准以及 ICAO 定义的基于性能的导航(PBN)用户手册要求空中导航服务提供商(ANSP)及时提供告警信息。

当 GNSS 作为唯一的导航服务手段时,在 RNAV/RNP 航线以及飞机起飞和降落过程中,FAA 要求 RAIM 技术具备预测分析功能。因此,RAIM 给出的预测分析结果要反馈给飞行员、航班调度员、空中交通管制员以及空域规划员。在服务不可用期间,飞行员和空中交通管制员可以利用 RAIM 预测分析结果制定合理的飞行计划。RAIM 技术不仅能够检测系统故障,而且可以评估完好性风险,所以,RAIM 的检测模块和评估模块会影响 RAIM 的性能。

在 GPS 实施现代化、GLONASS 全面部署、欧盟 Galileo 系统和中国 BDS 在全球范围内提供导航服务的背景下,RAIM 技术利用冗余伪距观测量可以获得可信的故障检测(FD)/故障检测与排除(FDE)结果,增强系统的完好性,同时降低对地基监测系统的需求。例如,在多个 GNSS 同时提供导航服务的情况下,利用 ARAIM 技术实现飞机垂直引导服务[11]。

5.2.2 工作原理

RAIM 算法一般分为快照法(snapshot methods)和滤波法(filtering methods)两大

类：快照法根据当前一个历元的观测数据，利用最小二乘法就可以评估/核对接收机位置解算结果的一致性；滤波法采用典型的并行卡尔曼滤波器结构算法，每个滤波器基于不同的假设条件，根据观测数据评估系统完好性[12]。文献[13]给出了一个滤波器方案，对历史测量数据进行平均或者滤波处理，给出用户位置和速度的最后估计值并用来预测即将接收到的伪距观测量。快照法包括伪距比较法(range comparison method)[14]，残差分析法(residual analysis method)[15-16]以及奇偶校验法(parity method)[17-18]。文献[13]给出了 RAIM 不同方法的比较，如表 5.1 所列。

表 5.1　RAIM 不同方法的比较

方法	分类	说明
奇偶校验法	快照法、接收机自主完好性监测、位置域	从误差变换到 $\boldsymbol{H}^{\mathrm{T}}$ 的零空间实验统计结果
残差分析法	快照法、接收机自主完好性监测、位置域	最小二乘残差实验统计结果
测距比较	快照法、接收机自主完好性监测、位置域	实际伪距测量值与告警阈值的比较
斜率	快照法、接收机自主完好性监测、伪距和位置域	水平定位误差和实验统计结果之间的线性关系，水平保护级(HPL)近似值是基于对卫星的模拟偏差和最少可观测到的实验统计结果得出的
位置解分离	快照法/滤波法、位置域	卡尔曼滤波器用于比较并行滤波器之间的位置估计结果
外推	滤波法、位置域	卡尔曼滤波器用于比较在不同周期长度内平均的残差分析法统计结果

RAIM 的基本算法一般限定单次伪距观测故障情况[19]，并假设 GNSS 同时发生多个故障(多颗导航卫星同时失效)的概率极低，故障概率是导航具体应用场景所能容忍误差幅值的函数，一般来说，随着用户对定位精度要求的提高，导航应用场景所能容忍的误差幅值将降低，一定程度上多个故障同时发生的概率也在增加。因此，RAIM 技术更需要检测 GNSS 的缓慢变化故障，那些大的、瞬态变化的或者是阶跃变化的故障一般是由系统硬件故障所导致，这些系统硬件故障很容易被发现和检测出来。

5.2.2.1　快照法[4]

快照法也可以利用历史的和当前的观测数据以及用户的先验知识来进一步确认位置解算结果的一致性。此外，根据 FDE 试验-统计模型的特点，RAIM 算法还可以进一步划分为位置域完好性算法(基于定位位置误差)和伪距域完好性算法(基于伪距观测误差)[12]。对于基于最小二乘法的快照法而言，位置域完好性算法和伪距域完好性算法是等效的，两者之间存在直接的数学变换关系。

如何选择快照法和滤波法取决于具体应用场景和机载多模接收机软件规模和硬件能力的限制。快照法不需要对系统如何进入当前状态设定假设条件，仅仅根据当前一个历元的观测数据来检查接收机位置解算结果的一致性，由此判断系统是否存在故障，具有物理概念直观、计算过程简单、便于实施的特点，能够以较小代价实现完好性告警时间要求，因此，快照法在 RAIM 技术中得到广泛应用。可以用一个线性系统方程组描述 RAIM 的基本测量关系，如下式：

$$\boldsymbol{y} = \boldsymbol{G}\boldsymbol{x}_{\text{true}} + \boldsymbol{\varepsilon} \tag{5.1}$$

式中：$\boldsymbol{y}$ 为实际测量伪距和基于名义用户位置以及钟差的预测距离之间的差别，为 $n \times 1$维矢量，n 为冗余观测量的数量；$\boldsymbol{x}_{\text{true}}$ 为真实位置（3 个分量）与用户名义位置（含用户钟差）之间的偏差，为 4×1 维矢量；$\boldsymbol{\varepsilon}$ 为由接收机噪声、信号传播过程的干扰、卫星星历和星载时钟误差、卫星信号异常等造成的测量误差，为 $n \times 1$ 维矢量；$\boldsymbol{G}$ 为线性连接矩阵，为 $n \times 4$ 维矩阵。

考虑故障检测，RAIM 常用的两个算法分别是 χ^2RAIM（chi-squared RAIM）和 SS RAIM（solution separation RAIM），χ^2RAIM 也称为基于奇偶校验的或者基于残余误差的 RAIM[20]。利用 LS 法估计 GNSS 误差和钟差，即

$$\hat{\boldsymbol{x}} = (\boldsymbol{H}^{\mathrm{T}}\boldsymbol{H})^{-1}\boldsymbol{H}^{\mathrm{T}}\boldsymbol{y}, \quad \hat{\boldsymbol{y}} = \boldsymbol{H}\hat{x} \tag{5.2}$$

式中：$\hat{\boldsymbol{x}}$ 为 $\boldsymbol{x}_{\text{true}}$的估计值；$\hat{\boldsymbol{y}}$ 为 $\boldsymbol{y}$ 的估计值；$\boldsymbol{H}$ 为观测矩阵。用预测值和测量值之间的残差来表征两者的不一致性，残差的计算公式为

$$\boldsymbol{w} = \boldsymbol{y} - \hat{\boldsymbol{y}} = [\boldsymbol{I} - \boldsymbol{H}(\boldsymbol{H}^{\mathrm{T}}\boldsymbol{H})^{-1}\boldsymbol{H}^{\mathrm{T}}]\boldsymbol{y} \tag{5.3}$$

该完好性监测方法中的观测量是残差的平方和，为一个正的标量，计算公式为

$$\text{SSE} = \boldsymbol{w}^{\mathrm{T}}\boldsymbol{w} \tag{5.4}$$

SSE 的方差为 σ_0^2。如果测量误差 $\boldsymbol{\varepsilon}$ 中的各分量服从零均值的 Gaussian 分布规律，那么残差的平方和具有自由度为 $n-4$ 的 χ^2 分布特性。为了使得卫星误差和对应试验-统计结果之间具有线性关系，可以用 $\sqrt{\text{SSE}/(n-4)} = \hat{\sigma}$ 表征预测值和测量值之间的不一致性程度。此外，还可以对实际测量距离和预测距离之间的差 $\boldsymbol{y}$ 作线性变换：

$$\begin{bmatrix} \hat{\boldsymbol{x}} \\ \vdots \\ \boldsymbol{p} \end{bmatrix} = \begin{bmatrix} (\boldsymbol{H}^{\mathrm{T}}\boldsymbol{H})^{-1}\boldsymbol{H}^{\mathrm{T}} \\ \vdots \\ \boldsymbol{P} \end{bmatrix} [\boldsymbol{y}] \tag{5.5}$$

$\boldsymbol{y}$ 与 $\boldsymbol{P}$ 矩阵相乘得到奇偶校验矢量 $\boldsymbol{p}$，$\boldsymbol{P}$ 矩阵由观测矩阵 $\boldsymbol{H}$ 的奇异值分解或者 QR 分解得到，这样使得 $\boldsymbol{P}$ 矩阵的每行相互正交，且幅值为 1。如果测量误差 $\boldsymbol{\varepsilon}$ 中各分量相互独立且具有零均值的正态分布统计规律，那么可以得到下式：

$$\boldsymbol{p} = \boldsymbol{P}\boldsymbol{w}, \quad \boldsymbol{p} = \boldsymbol{P}\boldsymbol{\varepsilon}, \quad \boldsymbol{p}^{\mathrm{T}}\boldsymbol{p} = \boldsymbol{w}^{\mathrm{T}}\boldsymbol{w} = \text{SSE} \tag{5.6}$$

这意味着奇偶校验矢量 $\boldsymbol{p}$ 和预测值与测量值之间的残差 $\boldsymbol{w}$ 是一致的，因此，可以利用残差的平方和 SSE 或者奇偶校验矢量 $\boldsymbol{p}$ 设置完好性告警门限。在测量误差 $\boldsymbol{\varepsilon}$ 中各分量相互独立且具有零均值正态分布统计规律的假设条件下（标准偏差为 σ_{E}），定义随机变量 λ 为符合自由度为$(n-4)$的 χ^2 分布统计规律，数学表达式为

$$\lambda = \| w \|^2 / \sigma_{\mathrm{E}}^2 \sim \chi^2(n-4) \tag{5.7}$$

 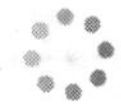

由此，可以为 FDE 试验-统计模型设置完好性告警门限 R，以获得在正常条件(NC)下的虚警(FA)概率，若随机变量 λ 的概率密度函数为 $f(S)$，则虚警概率的计算公式为

$$\boldsymbol{P}(\mathrm{FA}|\mathrm{NC}) = \boldsymbol{P}(\|\boldsymbol{w}\| > R|\mathrm{NC}) = \frac{1}{2^{(n-4)/2}\Gamma\left(\frac{n-4}{2}\right)}\int_{R^2/\sigma_E^2}^{\infty} S^{\left(\frac{n-4}{2}-1\right)}\mathrm{e}^{-\frac{S}{2}}\mathrm{d}S \tag{5.8}$$

式中：积分式是不完备的 Γ 函数，假设用户可视卫星的数量为 n，正常条件下 FA 概率、完好性告警门限 R 均可以求解，则可以给出完好性告警门限 R；S 为概率密度函数 $f(S)$ 的变量。通过上式可以确定检验统计量 SSE/σ_0^2 的监测级 T，则 $\hat{\sigma}$ 的检测级值为[21]

$$\sigma_T = \sigma_0 T/\sqrt{n-4} \tag{5.9}$$

如果存在故障卫星，$\hat{\sigma} > \sigma_T$，则表示检测到故障，系统向用户告警。由上式可知，故障检测级 σ_T 与 SSE 的方差为 σ_0^2、卫星数目 n、误警率 $\boldsymbol{P}(\mathrm{FA}|\mathrm{NC})$ 有关。由此，根据所需的导航性能(RNP)可以进一步确定保护半径或者告警门限。

当可视导航卫星数目多于 5 颗时，即使卫星几何分布不够理想，基于残差平方和进行故障检测也是有效的，对于导航定位也许是足够的，但是不利于发现完好性问题。因为几何精度衰减因子(GDOP)较大时，会导致定位误差，但残差的平方和 SSE 可能较小，由此导致漏检问题。因此，在开展 RAIM 计算之前，需要定量分析卫星几何条件是否满足需求，对算法的可用性做出判断。

RAIM 故障检测前，需实时计算各卫星对应的水平精度衰减因子(HDOP)变化量 $\delta\mathrm{HDOP}$，并取其中最大值为 $\delta\mathrm{HDOP}_{\max}$，即水平精度衰减因子最大变化量。若 $\delta\mathrm{HDOP}_{\max}$ 小于水平精度因子变化的限值，就表示出现一个卫星故障，类似 $\delta\mathrm{VDOP}_{\max}$ 表示为最大垂直精度衰减因子变化量，计算公式为[21]

$$\begin{cases} \delta\mathrm{HDOP}_{\max} = \max\sqrt{\dfrac{\boldsymbol{G}_{1i}^{*2} + \boldsymbol{G}_{2i}^{*2}}{\boldsymbol{Q}_{vii}}} = \sqrt{\mathrm{HDOP}_i^2 - \mathrm{HDOP}^2} \\ \delta\mathrm{VDOP}_{\max} = \max\sqrt{\dfrac{\boldsymbol{G}_{3i}^{*2}}{\boldsymbol{Q}_{vii}}} = \sqrt{\mathrm{VDOP}_i^2 - \mathrm{VDOP}^2} \end{cases} \tag{5.10}$$

式中：$\boldsymbol{G}^* = (\boldsymbol{G}^{\mathrm{T}}\boldsymbol{G})^{-1}\boldsymbol{G}^{\mathrm{T}}$，$\boldsymbol{G}_{ji}^*\ (j=1,2,3)$ 为 $\boldsymbol{G}^*$ 的第 j 行；HDOP_i 和 VDOP_i 分别为去掉第 i 颗导航卫星后的 HDOP 和 VDOP 值；$\boldsymbol{Q}_{vii}$ 为伪距残差矢量的逆矩阵。

通过计算误差保护级(PL)来保证 RAIM 的误警率和漏检率要求，其中水平和垂直误差保护限值计算公式分别为[21]

$$\begin{cases} \mathrm{HPL} = \delta\mathrm{HDOP}_{\max} \times \sigma_0 \times \sqrt{\lambda} \\ \mathrm{VPL} = \delta\mathrm{VDOP}_{\max} \times \sigma_0 \times \sqrt{\lambda} \end{cases} \tag{5.11}$$

将 PL 与 AL 比较，可以给出故障的完好性保证，得出 RAIM 故障监测的可用性：

如果 PL 小于 AL,则算法可用;反之,则算法不可用。其中,各个飞行阶段对卫星导航性能需求的具体指标如第 3 章表 3.6 给出的 ICAO 制定的告警门限。由表 3.6 可知,NPA 不需要垂直方向引导,HAL 为 556m,将 HPL 与 HAL 进行比较,给出 RAIM 算法的完好性保证,得出 RAIM 算法的可用性。综上所述,RAIM 可用性分析基本步骤如下。

(1) 首先,保证当前历元可视卫星数目≥5。

(2) 根据当前可视卫星数及系统漏检率、误警率,计算 PL 和 AL。

(3) 将 PL 与 AL 进行比较:若 PL > AL,则 RAIM 算法不可用,向用户发出告警,说明卫星几何条件不满足完好性需求;反之则算法可用。

(4) 根据此时系统观测值计算对应 $\hat{\sigma}$ 值:若 $\hat{\sigma} < \sigma_T$,则说明无故障;反之,则向用户发出告警,监测出系统故障,进一步识别故障。

(5) 若当前历元可视卫星数目≥6,则可进行故障识别,否则无法进行故障识别。

(6) 构造故障识别检验量,进行故障识别,剔除故障卫星。

5.2.2.2 滤波法[22]

卡尔曼滤波法比传统的基于奇偶校验算法的快照法具有更高的鲁棒性,其关键技术是利用试验-统计模型估计卫星原子钟的时间偏差。“估计接收机自主完好性监测(ERAIM)”算法利用伪距观测量的时间历程数据,通过卡尔曼滤波器生成试验-统计模型并用于接收机自主完好性监测。ERAIM 算法的理念是用卡尔曼滤波器估计用户位置(x,y,z)和时间(T)的差分改正数,同时估计伪距观测偏差的大小。试验-统计模型利用伪距观测偏差的大小来确定导航信号是否出现问题。ERAIM 算法有两个基本假设:一是连续性假设(sequentially assume),只有一个伪距观测量出现偏差,估计之,并利用下式确定 RAIM 决策结果为

$$\mathrm{MAX}:\left[\frac{\text{偏差估计}}{\text{偏差估计的标准偏差}}\right] \tag{5.12}$$

二是假设所有伪距观测量均存在偏差,估算所有的偏差,并利用上式确定 RAIM 决策结果。

GNSS 接收机根据伪距观测量可以解算出用户的位置和时间信息,假设估计的用户位置和时间分别为(x,y,z)及 T,那么测量伪距和估计伪距之间的差可以建立模型如下:

$$z_i = R_{\mathrm{si}} - R_{\mathrm{mi}} = c_{i1}\delta x + c_{i2}\delta y + c_{i3}\delta z + \delta T + n_i \tag{5.13}$$

式中:R_{si}为估计的伪距;R_{mi}为观测的伪距;$\delta x,\delta y,\delta z$ 为估计位置的 3 个误差分量;δT 为估计卫星时间的误差(换算成距离单位);n_i 为观测噪声;c_{i1},c_{i2},c_{i3}为用户到导航卫星的方向余弦分量。

GNSS 利用三边定位原理实现用户位置解算,一般需要 4 个以上的伪距观测量,有时还需要气压高度计辅助测量数据。式(5.13)的观测量集合可以写为

$$\boldsymbol{Z} = \boldsymbol{H}\boldsymbol{x} + \boldsymbol{n} \tag{5.14}$$

式中:$\boldsymbol{Z}$ 为观测量矢量,$\boldsymbol{Z} = [z_1 \quad z_2 \quad z_3 \quad \cdots \quad z_n]^{\mathrm{T}}$;$\boldsymbol{H}$ 为观测量矩阵,$\boldsymbol{H}$ 每行的前三

列分别是用户到导航卫星的的方向余弦，第四列均为"1"；$\boldsymbol{x}$ 为误差矢量，$\boldsymbol{x}=[\delta x \quad \delta y \quad \delta z \quad \delta T]^{\mathrm{T}}$；$\boldsymbol{n}$ 为噪声矢量，$\boldsymbol{n}=[n_1 \quad n_2 \quad \cdots \quad n_n]^{\mathrm{T}}$。未知量的最小范数解为

$$[\delta\hat{x} \quad \delta\hat{y} \quad \delta\hat{z} \quad \delta\hat{T}]^{\mathrm{T}}=(\boldsymbol{H}^{\mathrm{T}}\boldsymbol{H})^{-1}\boldsymbol{H}^{\mathrm{T}}\boldsymbol{Z}=K\boldsymbol{Z} \tag{5.15}$$

式中：K 为观测量增益，减去初始的估计值后，就可以得到用户位置和时间的估计值。假设在状态矢量中误差的协方差与每个观测量同样的噪声方差是一致的，如下式所示：

$$\mathrm{COV}=(\boldsymbol{H}^{\mathrm{T}}\boldsymbol{H})^{-1}\sigma_n^2 \tag{5.16}$$

式中：σ_n 为观测噪声的标准偏差。在决策处理程序中，一般假设仅仅一个观测量出现故障，或者说只有一颗导航卫星播发的信号出现问题。对观测量矩阵 $\boldsymbol{H}$ 进行 QR 分解，可以得到奇偶校验矩阵 **PM**，矩阵具有如下特性：

$$(\mathbf{PM})(\mathbf{PM}^{\mathrm{T}})=I, \quad \mathrm{PMH}=0 \tag{5.17}$$

分析奇偶校验矩阵 **PM** 是 RAIM 给出系统完好性的关键，奇偶校验矩阵 **PM** 的各行是正交的，由此，可以定义奇偶校验矢量为

$$\boldsymbol{P}=\mathbf{PM}Z \tag{5.18}$$

如果在观测量中没有误差，则 $\boldsymbol{P}=\mathbf{PMZ}=0$。奇偶校验矩阵 **PM** 可以拓展为

$$\mathbf{PM}=\begin{matrix} \boldsymbol{p}_1 & \boldsymbol{p}_2 & \boldsymbol{p}_3 & & \boldsymbol{p}_n \\ \end{matrix}\begin{bmatrix} \boldsymbol{p}_{11} & \boldsymbol{p}_{12} & \boldsymbol{p}_{13} & \cdots & \boldsymbol{p}_{1n} \\ \boldsymbol{p}_{21} & \boldsymbol{p}_{22} & \boldsymbol{p}_{23} & \cdots & \boldsymbol{p}_{2n} \\ \vdots & \vdots & \vdots & & \vdots \\ \boldsymbol{p}_{k1} & \boldsymbol{p}_{k2} & \boldsymbol{p}_{k3} & \cdots & \boldsymbol{p}_{kn} \end{bmatrix} \tag{5.19}$$

式中 $\boldsymbol{p}_1,\boldsymbol{p}_2,\boldsymbol{p}_3,\cdots,\boldsymbol{p}_n$ 为奇偶校验矩阵 **PM** 的列矢量；$k=n-4$。假设在观测量 z_2 中有误差量 b_2，则有 $\boldsymbol{P}=p_2b_2$，RAIM 检测系统完好性机制为：如果 $|\boldsymbol{P}|>$ 门限，那么系统存在故障。符号 $|\boldsymbol{P}|$ 表示矢量 $\boldsymbol{P}$ 的范数。需要科学选择门限的数值，虚警概率不能高于 10^{-5}。

另一个试验-统计模型是奇偶校验矢量在偏差方向上的投影，定义为 $\boldsymbol{p}_i/|\boldsymbol{p}_i|$，对于每一个观测量，这个投影定义为 $\tilde{\boldsymbol{b}}_i=\boldsymbol{p}_i^{\mathrm{T}}\cdot\boldsymbol{P}/|\boldsymbol{p}_i|$，与投影奇偶校验矢量 $\tilde{\boldsymbol{b}}_i$ 相关的测量称为 PP 变换矩阵，主要用于系统故障隔离。可以将投影奇偶校验矢量 $\tilde{\boldsymbol{b}}_i$ 写成集合形式为

$$\begin{bmatrix} \tilde{\boldsymbol{b}}_1\text{投影 }1 \\ \tilde{\boldsymbol{b}}_2\text{投影 }2 \\ \vdots \\ \tilde{\boldsymbol{b}}_n\text{投影 }n \end{bmatrix}=\underbrace{\begin{bmatrix} \boldsymbol{p}_1^{\mathrm{T}}/|\boldsymbol{p}|_1 \\ \boldsymbol{p}_2^{\mathrm{T}}/|\boldsymbol{p}|_2 \\ \vdots \\ \boldsymbol{p}_n^{\mathrm{T}}/|\boldsymbol{p}|_n \end{bmatrix}\overbrace{\begin{bmatrix} \boldsymbol{p}_{11} & \boldsymbol{p}_{12} & \boldsymbol{p}_{13} & \cdots & \boldsymbol{p}_{1n} \\ \boldsymbol{p}_{21} & \boldsymbol{p}_{22} & \boldsymbol{p}_{23} & \cdots & \boldsymbol{p}_{2n} \\ \vdots & \vdots & \vdots & & \vdots \\ \boldsymbol{p}_{m1} & \boldsymbol{p}_{m2} & \boldsymbol{p}_{m3} & \cdots & \boldsymbol{p}_{mn} \end{bmatrix}}^{PM}}_{PP}\begin{bmatrix} z_1 \\ z_1 \\ \vdots \\ z_n \end{bmatrix} \tag{5.20}$$

式中:$m=n-4$。奇偶校验矢量在偏差方向上的投影 $\tilde{\boldsymbol{b}}_i$的方差与测量噪声的方差 σ_n^2 是一致的,$E(\tilde{\boldsymbol{b}}_i|\boldsymbol{b}_i)=|p_i|b_i$ 是 $E(\tilde{\boldsymbol{b}}_i|\boldsymbol{b}_i)$,$j\neq i$,中的最大值。

对于只有一个伪距观测量出现偏差的情况,可以利用卡尔曼滤波器估计用户位置(x,y,z)和时间(T)的偏差,卡尔曼滤波器的状态矢量为

$$\boldsymbol{X}\equiv[\delta x\quad \delta y\quad \delta z\quad \delta T\quad b_i]^{\mathrm{T}} \tag{5.21}$$

式中:b_i 为测量偏差,i 为第 i 次观测量。初始误差的协方差矩阵为

$$\boldsymbol{M}=E[\boldsymbol{X}\boldsymbol{X}^{\mathrm{T}}]\equiv\begin{bmatrix}\infty & \cdots & 0\\ \vdots & & \vdots\\ 0 & \cdots & \bar{b}_i^2\end{bmatrix}^{\mathrm{T}} \tag{5.22}$$

式中:"∞"反映了利用历史观测数据估计当前状态的事实,即结果具有一定的不确定性。由此,观测方程可以写为

$$\boldsymbol{Z}\equiv\boldsymbol{H}\boldsymbol{x}+\boldsymbol{n} \tag{5.23}$$

式中:$\boldsymbol{Z}$ 为观测矢量;$\boldsymbol{H}$ 为观测矩阵,在只有一个伪距观测量出现偏差的情况下,$\boldsymbol{H}$ 可以写为

$$\boldsymbol{H}=\begin{bmatrix} & \vdots & 0\\ & \vdots & 0\\ \boldsymbol{H}_{\mathrm{m}} & \vdots & \vdots\\ & \vdots & 0\end{bmatrix} \tag{5.24}$$

$$n\times 4\quad n\times 1$$

式中:$\boldsymbol{H}_{\mathrm{m}}$ 是与系统前 4 个状态有关的观测矩阵,由此得到状态估计为

$$\hat{\boldsymbol{X}}=K\boldsymbol{Z},\quad K=\boldsymbol{P}\boldsymbol{H}^{\mathrm{T}}\boldsymbol{R}^{-1} \tag{5.25}$$

式中:K 是卡尔曼滤波器增益,代入新的观测量后,得到奇偶校验矢量的协方差为

$$\boldsymbol{P}=E[(\hat{\boldsymbol{X}}-\boldsymbol{X})(\hat{\boldsymbol{X}}-\boldsymbol{X})^{\mathrm{T}}]=(\boldsymbol{M}^{-1}+\boldsymbol{H}^{\mathrm{T}}\boldsymbol{R}^{-1}\boldsymbol{H})^{-1} \tag{5.26}$$

式中:$\boldsymbol{R}$ 是噪声的协方差,为 $\boldsymbol{I}\sigma_n$;$\boldsymbol{H}$ 是观测矩阵。由此,可以得到测量偏差的估计值为

$$\hat{b}_i=k_{51}\cdot z_1+k_{52}\cdot z_2+\cdots+k_{5n}\cdot z_n \tag{5.27}$$

式中:k_{5j}为卡尔曼滤波器的第 5 行增益系数。测量偏差的估计值的标准偏差为(假设所有的观测方差是相同的)

$$\sigma_{bi}=\left(\sqrt{k_{51}^2+k_{52}^2+\cdots+k_{5n}^2}\right)\sigma_n \tag{5.28}$$

可以利用比值 $\hat{b}_i/\sigma_{bi}$作为试验-统计模型,其方差为 1,该比值还可以写为

$$\hat{b}_i/\sigma_{bi}=\boldsymbol{K}_i\cdot\boldsymbol{Z} \tag{5.29}$$

式中:$\boldsymbol{K}_i$ 为利用观测量估计第 i 个测量偏差(被 σ_{bi}除)时的增益矢量;$\boldsymbol{Z}$ 为观测矢量。可以用上述处理流程处理每一个测量偏差。由此,可以得到的矢量

$$\begin{bmatrix} \hat{b}_1/\sigma_{b1} \\ \hat{b}_2/\sigma_{b2} \\ \hat{b}_3/\sigma_{b3} \\ \vdots \\ \hat{b}_n/\sigma_{bn} \end{bmatrix} = \begin{bmatrix} K_1 \\ K_2 \\ K_3 \\ \vdots \\ K_N \end{bmatrix} \boldsymbol{Z} = \boldsymbol{KK} \cdot \boldsymbol{Z} \tag{5.30}$$

式中:矩阵 $\boldsymbol{KK}$ 与生成映射奇偶矢量的变换矩阵 $\boldsymbol{PP}$ 按比例对应。对于多个伪距观测量出现偏差的情况,卡尔曼滤波器的状态矢量变为

$$\boldsymbol{X} \equiv [\delta x \ \ \delta y \ \ \delta z \ \ \delta T \ \ b_1 \ b_2 \ b_3 \cdots \ b_n]^{\mathrm{T}} \tag{5.31}$$

观测量矩阵 $\boldsymbol{H}$、初始协方差矩阵 $\boldsymbol{M}$ 分别变为

$$\boldsymbol{H} = \begin{bmatrix} & \cdots & 1 & 0 & 0 & \cdots & 0 \\ & \cdots & 0 & 1 & 0 & \cdots & 0 \\ \mathrm{H}_m & \cdots & 0 & 0 & 1 & \cdots & 0 \\ & \cdots & \vdots & \vdots & \vdots & \vdots & \vdots \\ & \cdots & 0 & 0 & 0 & \cdots & 1 \end{bmatrix}, \quad \boldsymbol{M} = \begin{bmatrix} \infty_{4\times4} & \cdots & 0 \\ \vdots & & \vdots \\ 0 & \cdots & \sigma_b^2 I_{(n-4)(n-4)} \end{bmatrix} \tag{5.32}$$

观测量偏差的卡尔曼滤波估计值为

$$\begin{bmatrix} \hat{b}_1 \\ \hat{b}_2 \\ \hat{b}_3 \\ \vdots \\ \hat{b}_n \end{bmatrix} = [\boldsymbol{K} \text{的最后 } n \text{ 行}] \boldsymbol{Z} \tag{5.33}$$

式中:矩阵 $\boldsymbol{K}$ 是卡尔曼滤波器增益。由此,可以得到如下试验-统计模型为

$$\begin{bmatrix} \hat{b}_1/\sigma_{b1} \\ \hat{b}_2/\sigma_{b2} \\ \hat{b}_3/\sigma_{b3} \\ \vdots \\ \hat{b}_n/\sigma_{bn} \end{bmatrix} = \underbrace{\begin{bmatrix} 1/\sigma_{b1} & 0 & \cdots & 0 \\ 0 & 1/\sigma_{b2} & \cdots & 0 \\ \vdots & \vdots & & \vdots \\ 0 & \vdots & \cdots & 1/\sigma_{bN} \end{bmatrix} [\boldsymbol{K} \text{的最后 } n \text{ 行}]}_{\text{乘积}=KK} \cdot \boldsymbol{Z} \tag{5.34}$$

5.3　飞行器自主完好性监测

5.3.1　系统架构

目前对 ABAS 的研究主要集中在如何将辅助信息引入 GNSS 位置解算过程,以提高集成导航系统位置解算的精度、连续性、完好性和可用性,特别是对于飞机精密

进近和着陆等涉及生命安全的导航服务，如何生成完好性信号是 ABAS 的关键。机载传感器将飞机导航数据、飞机发动机设置参数等相关飞行参数反馈给机载完好性标志生成器（IFG），利用 GNSS 给出的位置信息以及飞机相关飞行参数，IFG 可以生成系统完好性标志信号并显示在驾驶员座舱显示屏中，和/或将系统完好性标志信号反馈给听觉警告生成器（AWG）。因此，ABAS 中的飞行器自主完好性监测（AAIM）技术也可以称为基于航空综合电子设备的完好性增强（ABIA）技术。

ABIA 技术利用其他机载传感器（如气压高度计，惯性传感器等）来增强系统完好性监测能力，不仅实现简单，而且实时性高。FAA 制定的技术标准（TSO-C 129）已明确提出将气压高度计作为机载 GNSS 导航系统的支撑设备，应用于航路、终端和非精密进近等阶段[23-24]。ABIA 系统主要由 GNSS 接收机模块、机载传感器模块、完好性告警单元、驾驶舱显示屏或声音报警装置等多个部分组成，无人和有人驾驶航空器 ABIA 系统组成如图 5.1 所示[25]。GNSS 接收机模块利用不同可见卫星的伪距测量值、信号质量、多普勒频差、多径测量等信息来监测卫星导航信号的完好性；机载传感器除独立提供导航信息外，还可监测机身硬件（如发动机）健康状态，此信息用来增强 GNSS 接收机的监测信息，GNSS 接收机和传感器信息共同输入 IFG，IFG 利用内部的机载计算机或并行处理单元对监测信息进行分析，若超过告警门限，则立即产生告警信号，并显示在驾驶舱显示屏或触发声音报警装置，从而为驾驶员安全驾驶提供完好性信息。AAIM 系统亦可用于民用和军用的无人飞行系统，提供连续实时的完好

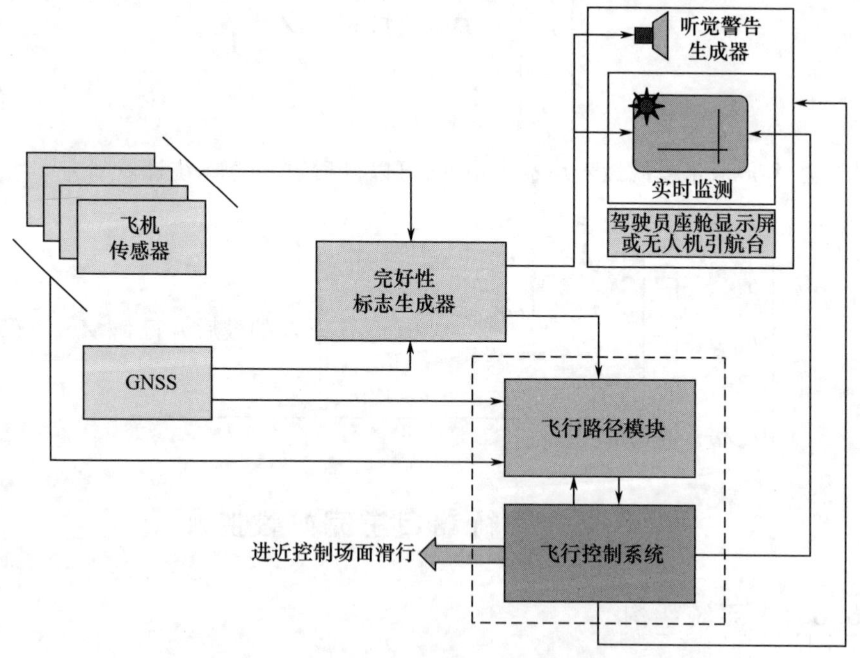

图 5.1　无人和有人驾驶航空器 ABIA 系统组成（见彩图）

性监测服务。当GNSS定位精度恶化或导航服务中断时，系统会立即产生告警信号，并发送遥控指令到无人机飞行控制系统，避免飞机出现危险驾驶情形，并使其迅速恢复到所要求提供的导航性能。

ABIA 系统体现了 GNSS 完好性增强的预测性和反应性的本质特征，ABIA 系统对完好性告警和告警时间(TTA)的定义如下[4,25]：

(1) 完好性警报标志(CIF)：对于当前和计划的飞行任务，当发给航空综合电子设备的 GNSS 定位结果将要超出所需的导航性能(RNP)级时，ABIA 系统给出的一种预测性通告(GNSS 警报状态)。

(2) 完好性警告标志(WIF)：对于当前和计划的飞行任务，当发给航空综合电子设备的 GNSS 定位结果已经超出 RNP 级时，ABIA 系统给出的一种反应性的通告(GNSS 故障状态)。

(3) ABIA 警报时间(TTC)：在 GNSS 发生故障导致飞行不安全状态之前，所允许的完好性警报标志播发给用户的最短时间。

(4) ABIA 警告时间(TTW)：从 GNSS 故障导致飞行不安全状态被检测时刻开始，到 ABIA 系统给用户播发警告标志终止，所允许的最长时间。

基于上述定义，ABIA 系统定义了与预测-规避(PA)函数和反应-修正(RC)函数相关联的两个时间响应模型，PA 时间响应定义为[4,25]

$$\Delta T_{\mathrm{PA}} = \Delta T_{\mathrm{Predict}} + \Delta T_{\mathrm{C\_report}} + \Delta T_{\mathrm{Avoid}} \tag{5.35}$$

式中：$\Delta T_{\mathrm{Predict}}$为预测一个临界状态所需要的时间；$\Delta T_{\mathrm{C_report}}$为将预测的故障传递给飞行路径引导(FPG)模块所需要的时间；$\Delta T_{\mathrm{Avoid}}$为执行规避机动操作所需要的时间。

在这种情况下，$\Delta T_{\mathrm{Avoid}} \leqslant \mathrm{TTC}$。如果在可用的 $\Delta T_{\mathrm{Avoid}}$时间内不足以执行一个充分的规避机动操作所需要的时间，即 $\Delta T_{\mathrm{Avoid}} > \mathrm{TTC}$，飞机将不可避免地进入临界状态，造成 GNSS 数据失效或者定位结果不可用。在这种情况下，RC 时间响应定义为[4,25]

$$\Delta T_{\mathrm{RC}} = \Delta T_{\mathrm{Detect}} + \Delta T_{\mathrm{W\_report}} + \Delta T_{\mathrm{Correct}} \tag{5.36}$$

式中：$\Delta T_{\mathrm{Detect}}$为检测一个临界状态所需要的时间；$\Delta T_{\mathrm{W_report}}$为将故障反馈给 FPG 模块所需要的时间；$\Delta T_{\mathrm{Correct}}$为执行修正机动操作所需要的时间。一般情况下，需要满足的条件可以表示为

$$\Delta T_{\mathrm{Detect}} + \Delta T_{\mathrm{W\_report}} \leqslant \mathrm{TTW} \tag{5.37}$$

RC 时间响应本质上与当前的 SBAS 和 GBAS 完好性告警时间相当。ABIA 系统 PA 功能和 RC 功能的对比如图 5.2 所示[4,25]。

一旦不满足 $\Delta T_{\mathrm{Avoid}} \leqslant \mathrm{TTC}$ 条件，在 IFG 模块中采用合适的算法就能启动早期的误差修正机动。在这种情况下，直接的预测-修正(PC)时间响应定义为

$$\Delta T_{\mathrm{PC}} = \Delta T_{\mathrm{Predict}} + \Delta T_{\mathrm{C\_report}} + \Delta T_{\mathrm{Early\quad Correct}} \tag{5.38}$$

式中：$\Delta T_{\mathrm{Early\quad Correct}}$表示执行一个提前的修正机动操作所需要的时间。

预测-修正(PC)时间响应的概念图解如图 5.3 所示[4,25]，与如图 5.2 比较可知，

如果下面的不等式验证成立,则 ABIA 系统能够减少从临界状态恢复到正常状态所需要的时间。

$$\Delta T_{\text{Early Correct}} < \text{TTC} + \Delta T_{\text{Detect}} + \Delta T_{\text{C\_report}} + \Delta T_{\text{Correct}} \tag{5.39}$$

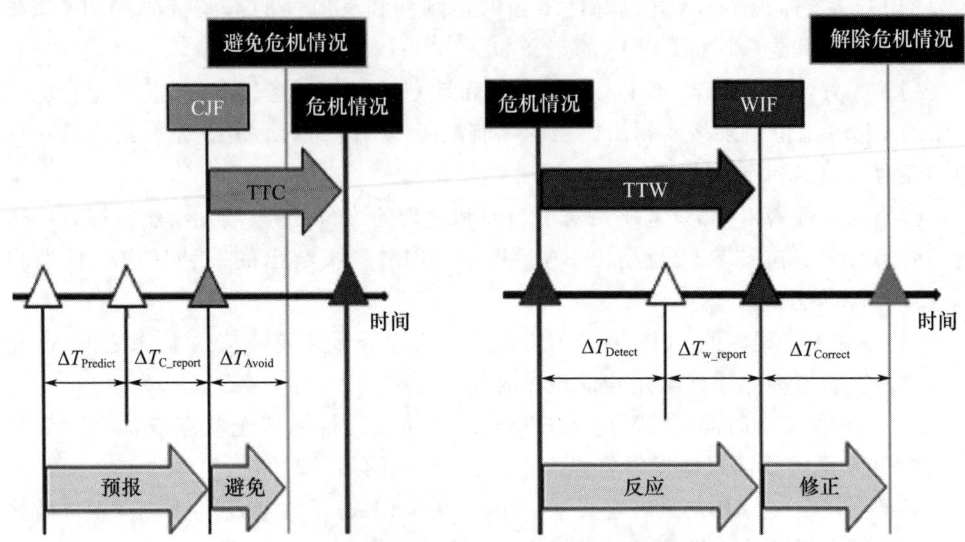

图 5.2 ABIA 系统 PA 功能和 RC 功能(见彩图)

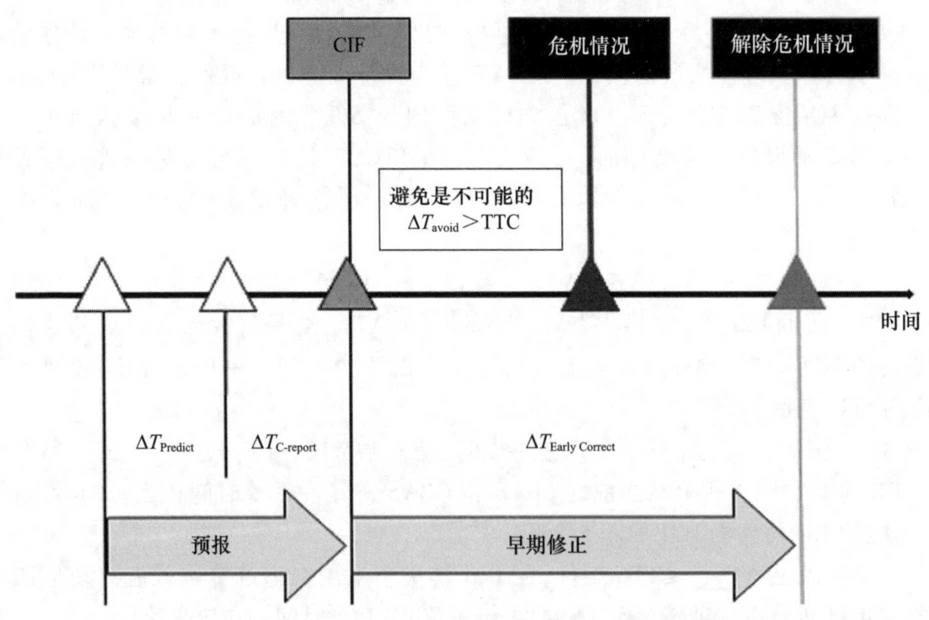

图 5.3 ABIA 系统预测-修正(PC)时间响应概念图解(见彩图)

ABIA 系统配置 FPG 模块后,当 GNSS 误差变大或者数据丢失时,ABIA 系统可以为飞行员提供飞机转向信息、给无人驾驶空中监视(UAS)飞行控制系统(FCS)发出

电控指令,实现实时连续的完好性监测,从而快速恢复 RNP,从而避免飞行状态失控。ABIA 系统架构如图 5.4 所示[4]。

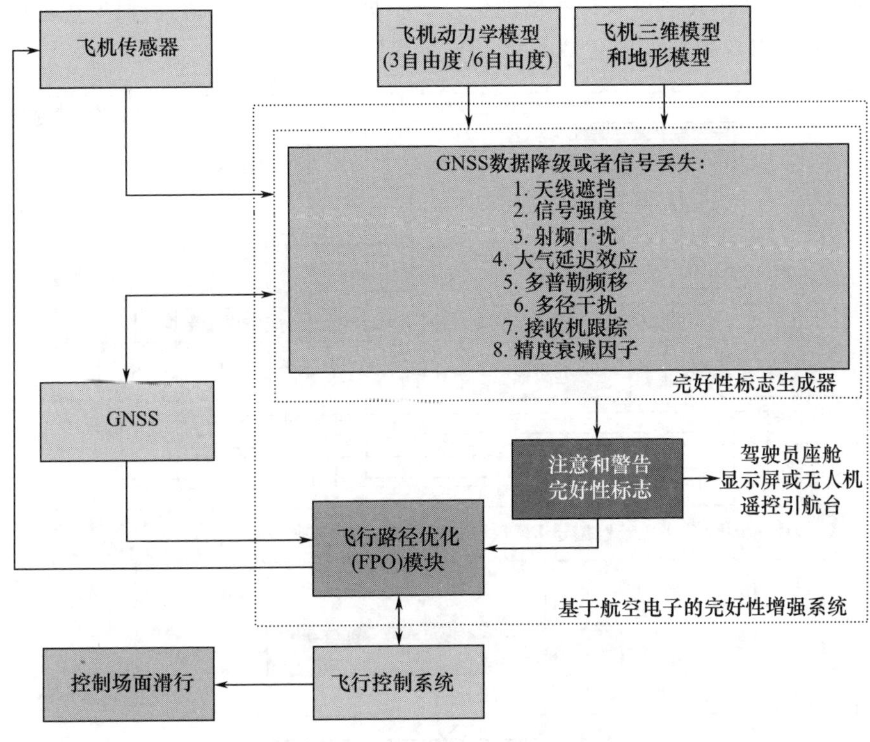

图 5.4 ABIA 系统架构(见彩图)

为了确定 GNSS 导航的飞行包络界限,实施 ABIA 过程中,还需要考虑下面的模型[25-26]。

(1) 方位角和仰角方向天线遮挡矩阵(AOM),AOM 是飞机姿态角(滚动、俯仰和偏航角度)的函数。

(2) GNSS 信号载噪比(carrier-to-noise)和干信比(jamming-to-signal)模型(CJM),表征相应的发射机/接收机特性、导航信号传播损耗以及射频(RF)干扰。

(3) 多径信号模型(MSM),包括飞机机身多径、机翼多径、地面路径衰减分量以及相关的测距误差。

(4) 多普勒频移模型(DSM)以及造成 GNSS 接收机跟踪问题的相关临近条件。

采用合适的飞机动力学模型,可以确定飞机在不同飞行条件下的机动包络范围。采用 AOM、CJM、MSM 以及 DSM,连同 GNSS 导航接收机跟踪模型以及特定飞行任务的机动要求,就可以识别对机载 GNSS 接收机造成潜在临界情况的边界条件,同时为 ABIA 系统 CIF 和 WIF 设置合理的级,由此,当飞机在执行关键的机动任务时,若 GNSS 导航信号质量下降或者丢失,则可以及时地生成告警信息。

ABIA 系统的 IFG 的架构及其接口关系如图 5.5 所示[25]，包括 GNSS 和传感器层(GSL)、数据提取层(DEL)以及完好性处理层(IPL)三部分，IFG 模块的输入是 GNSS 接收机解算结果和其他机载传感器的信息。根据所有相关的飞行阶段所规定的 TTC 和 TTW 要求，IFG 模块实时生成系统 CIF 和 WIF。

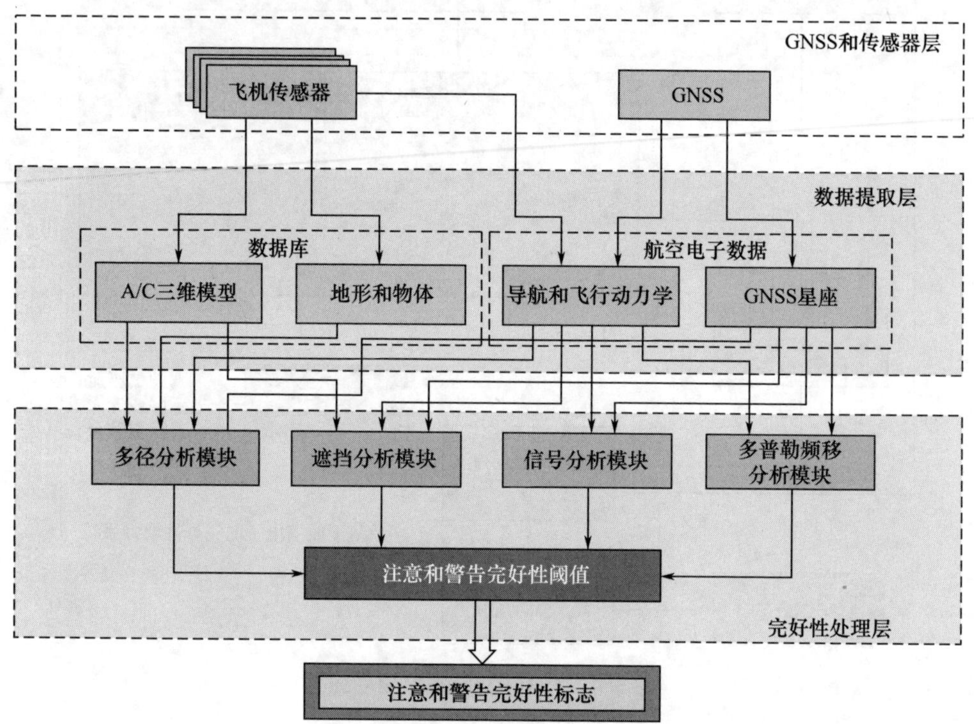

图 5.5　ABIA 系统的 IFG 架构及其接口关系(见彩图)

GNSS 和传感器层(GSL)包括 GNSS 接收机和各类机载传感器，GNSS 接收机给出飞机的位置、速度和时间(PVT)，机载惯性导航系统(INS)和机载数据计算机给出机身的姿态角数据。GSL 将 GNSS 伪距观测量和 PVT 信息、姿态角数据以及 FCS 执行机构数据反馈给 DEL。DEL 中的飞机三维模型(3DM)数据库利用三维建模软件建立飞机详细的三维几何模型。地形和目标数据库(TOD)利用数字地形高程数据库(DTED)以及附加人造目标数据来获取飞机附近详细的地表地图数据。

IPL 中的多普勒分析模块(DAM)通过处理导航和飞行动力学(NFD)模块和 GNSS 星座数据(GCD)模块给出的数据，计算导航信号多普勒频移。IPL 中的多径分析模块(MAM)通过处理 3DM、TOD、GNSS 星座模拟器(GCS)以及 NFD 模块给出的数据，计算来自飞机(机翼/机身)的多径信号以及来自飞机附近地面/物体的多径信号。IPL 中的遮挡分析模块(OAM)通过处理 3DM、GCS 以及 NFD 模块给出的数据，计算飞机在不同机动条件下 GNSS 天线的遮挡矩阵。在大气传播存在干扰环境以及存在射频干扰环境下，IPL 中的信号分析模块(SAM)计算机载接收机接收到的直达

GNSS 信号的链路预算。

ABIA 系统的 IFG 利用一套预先定义的 CIF 级和 WIF 级来触发生成与机载接收机遮挡、多普勒频移、多径干扰、载波大气传播干扰、射频干扰、卫星几何劣化相关联的完好性警报标志和完好性警告标志。

5.3.2 工作原理

5.3.2.1 气压高度计增强[23]

气压高度计给出的高程测量结果被融入 GNSS 基本的定位解算方程中，可为机载导航系统的故障检测、识别提供额外维度的信息，称为气压计辅助的 AAIM 技术。在无任何技术手段增强的情况下，GNSS 基本定位原理可表示为如下线性方程

$$\begin{bmatrix} \Delta\rho_1 \\ \Delta\rho_2 \\ \vdots \\ \Delta\rho_n \end{bmatrix} = \boldsymbol{G}\begin{bmatrix} \Delta x \\ \Delta y \\ \Delta z \\ \Delta t \end{bmatrix} + \begin{bmatrix} \varepsilon_1 \\ \varepsilon_2 \\ \vdots \\ \varepsilon_n \end{bmatrix} \tag{5.40}$$

式中：$\Delta\rho_i$ 为伪距测量值与伪距预测值（利用 GNSS 位置和时钟钟差推算得到）之差；$\boldsymbol{G}$ 为一个维度为 $n\times 4$ 的几何因子矩阵（用户观测矢量的方向余弦），其将测量值与三维位置、钟差联系起来；$\Delta x,\Delta y,\Delta z,\Delta t$ 为理想三维位置和钟差的抖动量；ε_i 为第 i 颗卫星的伪距误差。气压计辅助的 AAIM 可利用气压高度计的测量信息，为式（5.40）提供增强，可写为如下的线性方程：

$$\Delta B = \begin{bmatrix} 0 & 0 & 1 & 0 \end{bmatrix}\begin{bmatrix} \Delta x \\ \Delta y \\ \Delta z \\ \Delta t \end{bmatrix} + \varepsilon_{\mathrm{baro}} \tag{5.41}$$

式中：ΔB 为气压高度计实际测量值与伪距预测值（例如，基于 GNSS 位置推算得到）的偏差，气压高度计测量的高度值将转换到 WGS-84 中，并经过 GNSS 测量值或者本地气压修正量的校准；$\varepsilon_{\mathrm{baro}}$ 表示气压计高度（同样转换到 WGS-84 中，并经过 GNSS 测量值或者本地气压修正量的校准）测量误差。

传统 RAIM 算法（例如最小二乘残差 RAIM 方法）中，通常假设所有独立的传感器测量误差均具有相同的方差。AAIM 同 RAIM 保持一致的处理方式，由于式（5.41）中 $\varepsilon_{\mathrm{baro}}$ 的标准差不同于卫星伪距测量噪声 $\varepsilon_{\mathrm{sv}}$，因此需将其适当修正以适应 GNSS 基本测量方程，如下：

$$\frac{\Delta B}{(\sigma_{\mathrm{baro}}/\sigma_{\mathrm{sv}})} = \begin{bmatrix} 0 & 0 & \dfrac{1}{(\sigma_{\mathrm{baro}}/\sigma_{\mathrm{sv}})} & 0 \end{bmatrix}\begin{bmatrix} \Delta x \\ \Delta y \\ \Delta z \\ \Delta t \end{bmatrix} + \frac{\varepsilon_{\mathrm{baro}}}{(\sigma_{\mathrm{baro}}/\sigma_{\mathrm{sv}})} \tag{5.42}$$

式中：σ_{baro} 为气压高度计测量误差 $\varepsilon_{\mathrm{baro}}$ 的标准差；σ_{sv} 为卫星伪距测量误差的标准差。

将式(5.42)等号右侧表征几何因子的行矢量扩充到式(5.40)中的几何因子矩阵 $\boldsymbol{G}$ 后,可获得新的几何因子矩阵

$$\boldsymbol{G}' = \begin{bmatrix} & & \boldsymbol{G} & \\ 0 & 0 & \dfrac{1}{(\sigma_{\text{baro}}/\sigma_{\text{sv}})} & 0 \end{bmatrix} \tag{5.43}$$

式(5.43)决定了机载 AAIM 对 GNSS 卫星的可见性。

根据气压高度计校准方式,气压高度计增强的 AAIM 通常分为两类:一类气压高度计测量的高度数据由 GNSS 校准;另一类气压高度计的高度测量值由本地气压修正量来校准。第一类方法气压高度计通常处于标准设置(不使用当地温度和气压的校准数据),具体步骤如下[27]。

(1) 当 GNSS 卫星可单独为机载系统提供 RAIM,气压高度计可不对 RAIM 进行增强,即 AAIM 此时不必采用。在此期间,若观测卫星具有良好的空间几何分布,并且保证 GNSS 垂直方向定位完好性水平满足要求,才可通过获取气压高度计测量的高度与 GNSS 估计出的高度之差,来对气压计测量数据进行校准。

(2) 若单独采用 GNSS 不足以保证机载系统的完好性监测功能,则需利用步骤(1)环节经过 GNSS 校准后的气压计测量数据对 RAIM 进行增强,即采用 AAIM 进行完好性监测。式(5.43)中 σ_{baro} 与采用气压高度计增强后的 GNSS 几何因子息息相关,因此,σ_{baro} 数值的选取将会影响机载接收机对 GNSS 的可见性。传统气压高度计辅助的 AAIM 方法依据不同的飞行过程选择不同的 σ_{baro} 常量,但其不能如实反映高度计测量误差。本节对 σ_{baro} 精确建模,分别考虑 GNSS 校准误差和气压高度量与几何高度量的转换误差两种气压计误差来源。由于上述两种误差相互独立,最终 σ_{baro} 将由两者之和的平方根(RSS)计算得到。

当单独使用 RAIM 算法即可保证机载系统的完好性水准(此时系统无告警)时,气压计可使用 GNSS 定位信息进行校准。若所有可见卫星的伪距测量值均正常,则有下式:

$$\sigma_h = (\text{所有视场可见 VDOP 值集合}) \times (1\sigma\ \text{伪距误差}) \tag{5.44}$$

式中:σ_h 为 GNSS 垂直方向定位误差的标准差;VDOP 为垂直精度衰减因子。此时,可将 σ_h 视作气压高度计校准误差的标准差。需要说明的是,在使用 GNSS 校准气压高度计测量数据前,必须保证 GNSS 垂直方向定位数据的有效性。只有当机载系统未告警的情况下,才对气压计校准。不存在完好性监测告警仅仅意味着卫星高程定位误差不会超过保护级,有一定概率存在某一颗卫星定位误差较大却未被 RAIM 算法监测到。此时,气压高度计将被错误的垂直定位信息校准,当其用来增强机载系统的完好性监测时,监测结果未必可信。因此,GNSS 校准气压高度计的误差计算同 GNSS 垂直定位的完好性监测水平(保护级)相互耦合[28-29]。文献[23]给出了 HPL 和 VPL 分别为

$$\text{HPL} = 3 \times (\text{worst subset HDOP}) \times$$

$$(1\sigma \text{ pesudorange error})$$

$$\text{VPL} = 3 \times (\text{worst subset VDOP}) \times (1\sigma \text{ 伪距误差}) \tag{5.45}$$

式中:HDOP为水平精度衰减因子;worst subset HDOP表示HDOP的最差子集;worst subset VDOP表示VDOP的最差子集。

航空无线电技术委员会RTCA DO-316标准规定机载增强系统的漏检测概率(missed detection probability)为0.001,这意味着当某颗可见导航卫星伪距测量数据劣化时,其超过保护级的概率小于0.001。一般很难建立用于校准气压高度计的GNSS高程定位误差的概率分布函数模型,通常假定其服从正态分布,其方差可由完好性监测的误警率来决定。在当前假设下,保护级数值为高程定位误差标准差的3.3倍,若将其简化为3倍,可得到如下公式[30]:

$$\sigma_{\text{baro calib}} = \text{VDOP的最差子集} \times (1\sigma \text{ 伪距误差}) \tag{5.46}$$

式中:$\sigma_{\text{baro calib}}$即气压计校准误差的标准差。利用式(5.46),可估计出$\sigma_{\text{baro calib}}$的数值,可根据实际情况妥善选择是否对气压高度计校准,若$\sigma_{\text{baro calib}}$过大,校准误差的变化率将快于由于飞行高度变化导致的气压变化率,此时不必对气压高度计校准。

5.3.2.2　时钟增强[23,31]

接收机时钟增强的AAIM步骤与上节气压高度计增强AAIM大致相同。当GNSS卫星几何精度衰减因子较优时,GNSS定位信息可以用来校准接收机时钟;当GNSS卫星几何精度衰减因子较差以至于不能提供可信的RAIM服务时,接收机时钟增强的AAIM算法开始生效,接收机时钟测量值可用于完好性监测模型:

$$\Delta T = [0 \quad 0 \quad 0 \quad 1]\begin{bmatrix}\Delta x \\ \Delta y \\ \Delta z \\ \Delta t\end{bmatrix} + \varepsilon_{\text{clock}} \tag{5.47}$$

式中:ΔT为使用GNSS校准过的机载接收机时钟实际测量值与GNSS时钟时间理论值之间的偏差;$\varepsilon_{\text{clock}}$为GNSS卫星接收机时钟时间测量误差(用GNSS校准后)。若式(5.47)中$\varepsilon_{\text{clock}}$的标准差不同于卫星伪距测量噪声$\varepsilon_{\text{sv}}$,为与RAIM保持一致的处理方式,将其适当修正为

$$\frac{\Delta T}{(\sigma_{\text{clock}}/\sigma_{\text{sv}})} = \begin{bmatrix}0 & 0 & 0 & \dfrac{1}{(\sigma_{\text{clock}}/\sigma_{\text{sv}})}\end{bmatrix}\begin{bmatrix}\Delta x \\ \Delta y \\ \Delta z \\ \Delta t\end{bmatrix} + \frac{\varepsilon_{\text{clock}}}{(\sigma_{\text{clock}}/\sigma_{\text{sv}})} \tag{5.48}$$

式中:σ_{clock}为时钟时间测量误差$\varepsilon_{\text{clock}}$的标准差,其由校准误差和接收机时钟漂移误差决定,由于这两项误差相互独立,通过计算它们和的平方根即可获取σ_{clock};σ_{sv}为卫星伪距测量误差的标准差。同样,式(5.40)中的几何因子矩阵$\boldsymbol{G}$可用$\boldsymbol{G}'$来代替:

$$\boldsymbol{G}' = \begin{bmatrix} & \boldsymbol{G} & & \\ 0 & 0 & 0 & \dfrac{1}{(\sigma_{\text{baro}}/\sigma_{\text{sv}})}\end{bmatrix} \tag{5.49}$$

式(5.49)决定了机载 AAIM 对 GNSS 卫星的可见性。

类似于上节对气压高度计校准误差的分析,利用 GNSS 时间估计值对接收机时钟校准也须保证 GNSS 时间的完好性;与式(5.46)形式保持一致,气压计校准误差可写为 $\sigma_{\text{clock calib}} = (\text{worst subset TDOP}) \times (1\sigma \text{ pesudorange error})$。式中:TDOP 为时间精度衰减因子;worst subset TDOP 表示 TDOP 的最差子集,表示$n-1$颗卫星(共 n 颗可见卫星)中最大的时间精度衰减因子。同样可根据实际情况妥善选择是否对接收机时钟校准,若不能保证 GNSS 时间估计量处于较优的完好性水平,则不可对接收机时钟进行校准。

接收机时钟存在钟漂,使其时间测量值的不确定度逐渐增大。与气压计不同的是,飞行器飞行轨迹并不会影响到接收机时间的不确定度。对于温控性能良好的晶体振荡器,其时钟漂移率约在10^{-9}左右。

5.4 GNSS 与 INS 融合

5.4.1 系统架构

目前飞行器导航仪采用 GNSS 实施导航操作过程,主要存在三方面问题:一是 GNSS 接收机较低的数据速率和较大的时延使其很难满足高性能航迹分析的要求,对于实时性要求高的航空任务,通常需要 20Hz 的数据更新速率,以 GPS 为例,其可提供的数据率通常仅在 1~10Hz 左右[32];二是飞行器操纵灵活,轨迹多变,高动态对 GNSS 接收机的伪码和载波环路的正常收敛影响较大,将频繁出现信号失锁或者“周跳”现象;三是若机载终端与参考站之间的基线长度较大,则出于电离层误差空间相关性的考虑,高精度差分定位系统的定位精度会受到影响[33]。

GNSS 与其他传感器融合技术则是利用其他传感器提升机载导航系统的性能。GNSS 与其他传感器融合系统由 GNSS 测量模块、非 GNSS 传感器、数据融合算法 3 个部分组成,GNSS 测量模块使用至少 4 颗可见卫星,可获得飞行器的位置(P)、速度(V)和时间(T)信息,详见文献[34]相关说明。

GNSS 观测量可以很方便地与其他导航传感器/系统的测量数据融合,典型的导航传感器/系统包括惯性导航系统(INS)、基于视觉的导航传感器(VBN)、天文导航传感器(CNS)、飞行器动力学模型(ADM)虚拟传感器。另外,城市的蜂窝网络信号基站信号、WiFi 网络信号也可为机载增强提供支持。

INS 有时也称为惯性导航单元(INU),是一种三维航位推测系统,由一组惯性传感器和导航处理器组成,惯性传感器也称为惯性测量单元(IMU)。惯性传感器通常包含 3 个方向轴相互垂直的 3 个加速度计和 3 个陀螺仪。集成 IMU 的导航处理器输出系统的位置、速度和姿态,典型惯性导航系统组成如图 5.6 所示。

陀螺仪测量系统的角速率,导航处理器根据角速率测量结果来保持 INS 的姿态

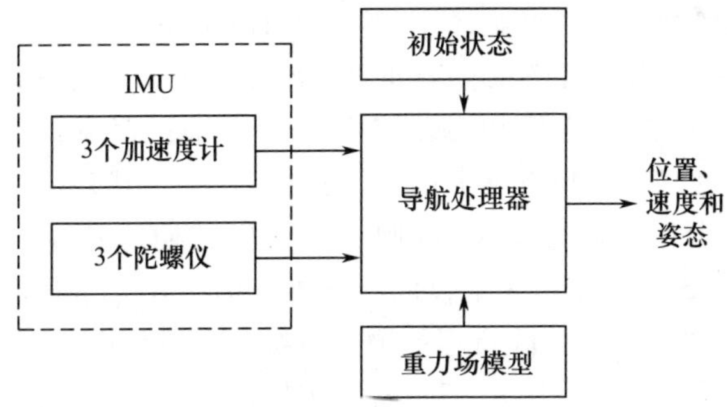

图 5.6 典型惯性导航系统组成

解,加速度计测量系统受到的作用力,根据牛顿第二定律换算得到系统的加速度。加速度计一般有弹簧式加速度计和振弦式加速度计两种形式。当前,越来越多的陀螺仪和加速度计均采用微机电系统(MEMS)方案,优点是功耗低、尺寸小、重量轻和抗扰强,缺点是性能略低。

惯性导航处理器的工作原理图如图 5.7 所示[35],导航方程求解过程包括姿态更新、坐标系转换、速度更新、位置更新四个步骤。此外,需要根据重力模型将指定的力转换为加速度。通过积分陀螺仪给出的角速率测量结果来更新系统姿态角,通过积分加速度结果来更新系统速度,通过积分速度结果来更新系统位置。

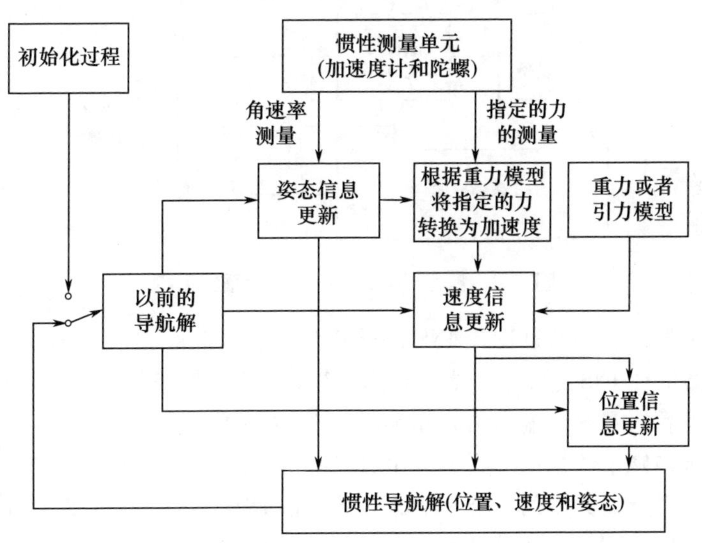

图 5.7 惯性导航处理器工作原理图

惯性导航系统的求解是一个迭代过程,当前时刻导航信息的先验估计值可利用前一时刻的状态估计值,随后经过 IMU 的测量值进行校正,从而算出当前时刻的导航信息。因此,在惯性导航系统能够正常工作之前,必须对系统初始化。对于惯性导航系统而言,IMU、系统初始化以及求解导航方程都会产生误差且误差会随着时间逐渐累积,因此,还需要利用集成算法修正 IMU 的输出结果。

INS 可以连续输出系统有效的姿态角度(滚动、俯仰和偏航)、角速率、加速度测量值,同时给出系统的位置、速度和姿态信息,IMU 具有故障率低、短期噪声低、输出带宽宽(至少 50Hz)的优点,缺点是惯性测量器件的误差会随着时间逐渐累积,惯性系统导航解的精度会逐渐降低。GNSS 则可以提供长期的米级高精度位置测量结果,同 INS 相比,GNSS 信息输出速率较低,一般是 10Hz,基于伪码测距的定位结果的短期噪声较高,标准的 GNSS 接收机不能测量系统的姿态角度,此外,GNSS 导航信号很容易受到遮挡和干扰,导致 GNSS 不能提供连续的导航解。

显然,GNSS 和 INS 的优点和缺点可以互为补充,通过集成 GNSS 和 INS,可以为用户提供连续的、宽输出带宽的、短期和长期噪声均较低的、完备的导航解,GNSS/INS 组合可以规避惯性系统的输出结果漂移误差,同时惯性系统又可以平滑 GNSS 定位结果且规避 GNSS 导航信号中断问题。典型 GNSS/INS 组合架构如图 5.8 所示[35],集成系统数据流如图中的虚线所示,集成系统可以不考虑 GNSS 信号的可用性,确保连续输出导航解。

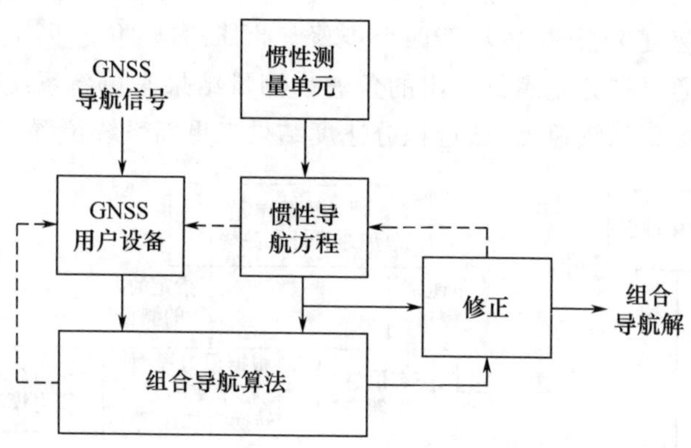

图 5.8　典型 GNSS/INS 组合系统架构

图中集成算法模块通过比较 INS 的输出结果和 GNSS 接收机的输出结果,利用卡尔曼滤波器估计 INS 输出的位置、速度和姿态角度的修正量,通常也包括其他参数的修正。修正后的 INS 的输出结果作为 GNSS/INS 的输出。

根据如何将修正数据应用到 INS 中、INS 和集成算法如何辅助 GNSS 接收机位置解算结果以及用什么类型的 GNSS 测量结果修正 INS,可以将 GNSS/INS 集成导航系统分为不同架构,包括松耦合(loosely coupled)、紧耦合(tightly coupled)、超紧耦合(ultratightly coupled)、紧密耦合(closely coupled)、深耦合(deep coupled)以及级联耦合(cascaded coupled)等多种形式。下面简要介绍 GNSS/INS 的松耦合系统、紧耦合系统和深耦合系统。

5.4.1.1　松耦合 GNSS/INS

松耦合 GNSS/INS 利用 GNSS 给出的位置和速度解算结果作为集成算法的输入,

而不关注 INS 修正数据的类型或者 GNSS 辅助数据的类型。松耦合 GNSS/INS 采用级联架构，其中 GNSS 接收机内集成了导航滤波器。松耦合 GNSS/INS 架构如图 5.9 所示[35]，GNSS 给出的位置和/或速度是 GNSS/INS 集成卡尔曼滤波器的输入，并用于估计 INS 的测量误差，集成导航系统给出的导航解是 INS 的输出结果，并用卡尔曼滤波器估计误差[36]。

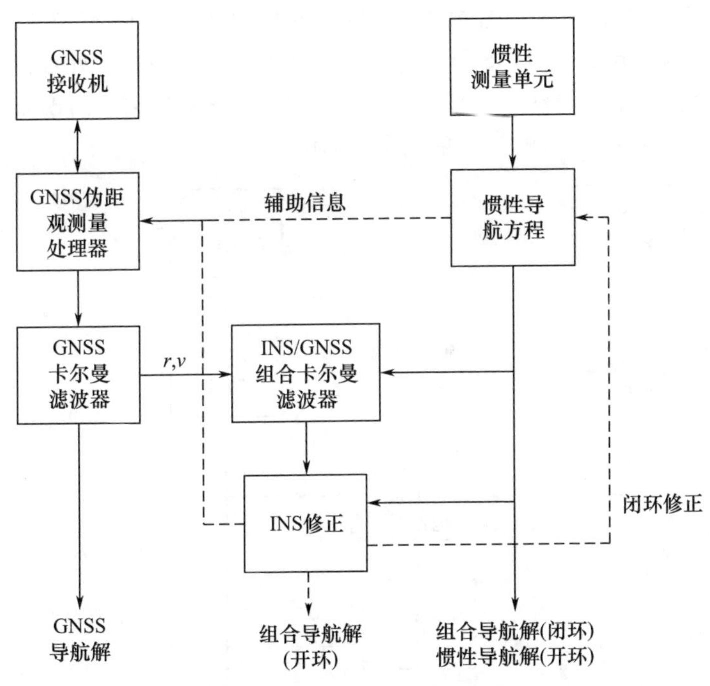

图 5.9 松耦合 GNSS/INS 架构

松耦合 GNSS/INS 的主要优点是结构简单和系统冗余。结构简单的原因在于系统可以采用任何类型的 INS 和任何类型的 GNSS 接收机，特别适合改装应用。在松耦合 GNSS/INS 中，INS 和 GNSS 接收机仍然可以独立输出导航解，因此，可以用来作为系统完好性监测。松耦合 GNSS/INS 的主要缺点是需要使用级联卡尔曼滤波器结构，即 GNSS 的卡尔曼滤波器的输出是集成 GNSS/INS 卡尔曼滤波器的输入，卡尔曼滤波器输出误差与时间相关，但在松耦合 GNSS/INS 中需要假定卡尔曼滤波器输出误差与时间不相关。实际与时间相关的测量结果会破坏卡尔曼滤波器的状态估计，除非降低滤波器增益或者能够估计出相关误差。GNSS 导航解算误差的相关时间是变化的，估计系统速度时一般是 20s，估计系统位置时一般是 100s，在如此短的时间内一般很难估计相关误差。

因此，在松耦合 GNSS/INS 中如何选择卡尔曼滤波器的增益以及测量迭代速率将影响系统输出结果的精度，如果测量处理速度过快，则会导致滤波器处于不稳定的工作状态；反之，如果测量处理速度过慢，INS 误差的可观测性将降低。出于系统稳定性考量，集成 GNSS/INS 卡尔曼滤波器的带宽必须小于 GNSS 卡尔曼滤波器的带宽。松耦合 GNSS/INS 的测量更新时间间隔一般是 10s。

5.4.1.2 紧耦合 GNSS/INS

紧耦合 GNSS/INS 利用 GNSS 伪距观测量和伪距变化率，伪距变化量或累积的伪距变化量（ADR）测量结果作为集成算法的输入，同样也不关注 INS 修正数据的类型或者 GNSS 辅助数据的类型。紧耦合 GNSS/INS 架构如图 5.10 所示[35]，GNSS 的卡尔曼滤波器被纳入到 GNSS/INS 集成滤波器中，GNSS 的伪距观测处理器给出的伪距和伪距变化率作为卡尔曼滤波器的输入，用于估计 INS 和 GNSS 的误差。同松耦合系统一样，修正的 INS 导航解作为集成系统的解。

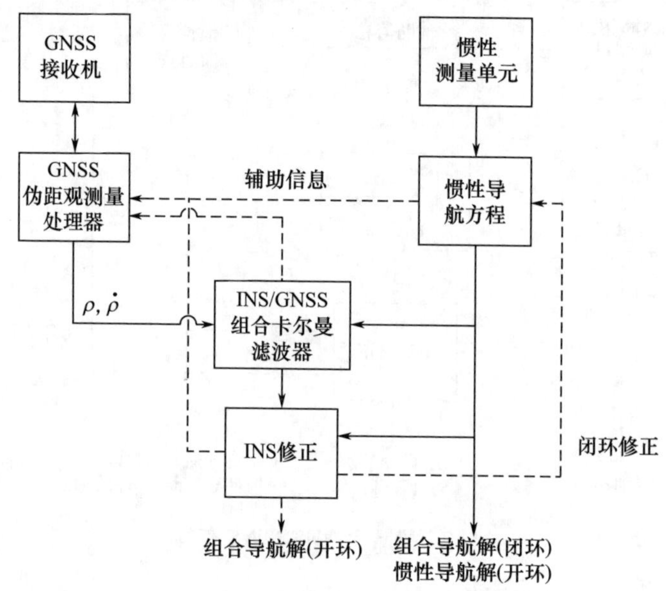

图 5.10 紧耦合 GNSS/INS 架构

紧耦合 GNSS/INS 的主要优点是将松耦合 GNSS/INS 中的两个卡尔曼滤波器合并为一个滤波器，因此，解决了用一个卡尔曼滤波器的解作为另一个卡尔曼滤波器的测量的观测量问题。同样，卡尔曼滤波器的带宽必须小于 GNSS 接收机跟踪环路带宽，以防止与时间相关的跟踪噪声影响卡尔曼滤波器的状态估计。此外，紧耦合 GNSS/INS 不需要用完备的 GNSS 解算结果来辅助 INS 求解，即使只有一颗导航卫星可用，GNSS 的伪距观测量也可以作为 GNSS/INS 集成系统卡尔曼滤波器的输入。紧耦合 GNSS/INS 的主要缺点是系统没有独立的 GNSS 位置解算结果。文献[37]研究表明，在配置相同的 INS 和 GNSS 接收机条件下，紧耦合 GNSS/INS 的精度和鲁棒性要优于松耦合 GNSS/INS。

在紧耦合 GNSS/INS 和松耦合 GNSS/INS 中，INS 给出的导航解可以为 GNSS 接收机伪距观测处理器提供用户近似的位置和速度参数，限定导航信号捕获的搜索范

围,由此辅助 GNSS 接收机捕获和跟踪导航信号。重新捕获导航信号时,由于导航卫星的位置和速度是已知的,接收机的时钟是标定过的,导航信号的伪码相位和载波多普勒频率的搜索范围较小,因此,导航信号稳定捕获时间可以保持很久。文献[38]研究表明,在载噪比(C/N_0)低至 10dBHz 情况下,INS 辅助 GNSS 接收机捕获导航信号依然是可行的。

GNSS 接收机跟踪环路带宽选择是动态响应和噪声抑制两个因素的权衡结果,如果 GNSS 接收机跟踪环路有 INS 导航解的辅助跟踪,那么跟踪环路只需考虑接收机时钟噪声和 INS 导航解的误差,不需要再考虑接收机天线的动态响应,因此,可以进一步缩小 GNSS 接收机跟踪环路带宽,改善噪声抑制能力,并在较低载噪比情况下保持捕获能力。

5.4.1.3　深耦合 GNSS/INS

深耦合 GNSS/INS 具有闭环 INS 修正环路,根据修正后的 INS 导航解、GNSS 导航电文获取的可视卫星的位置和速度以及其他 GNSS 误差估计结果,GNSS 接收机数字基带可以精确调整伪码和载波数字控制振荡器(NCO)的输出。GNSS 接收机数字基带积分相关器的输出,即 I 支路和 Q 支路输出,直接馈入基于卡尔曼滤波器的集成算法软件模块中,集成算法软件模块给出 INS 和 GNSS 导航解的误差估计。修正后的 INS 导航解作为深耦合 GNSS/INS 的解算结果,深耦合 GNSS/INS 架构如图 5.11 所示[35]。

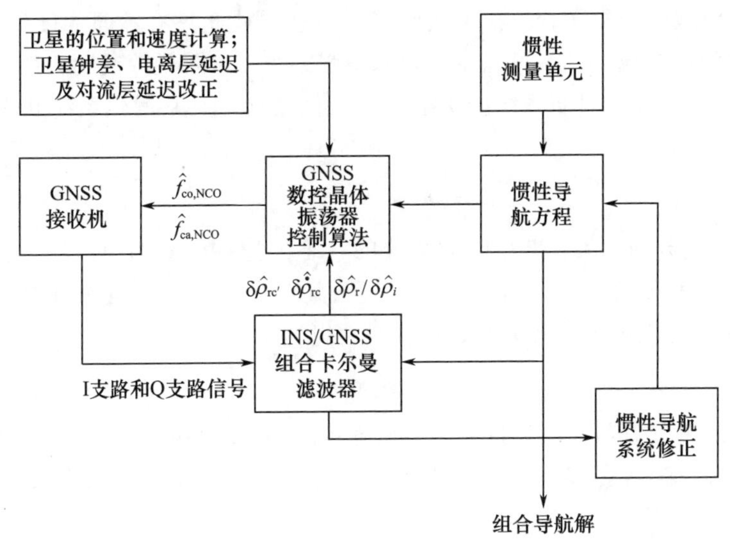

图 5.11　深耦合 GNSS/INS 架构

深耦合 GNSS/INS 的主要优点是只需要跟踪 INS 导航解的误差,由此,只需要较低的跟踪带宽就能够实现 GNSS 信号的跟踪,提高了系统抗噪声干扰能力。在有限时间内,当用户可视 GNSS 卫星不到 4 颗时,深耦合 GNSS/INS 也能正常工作。同紧耦合 GNSS/INS 相比,当 GNSS 伪距观测量或者伪距变化率输出时间间隔超过跟踪环路时间常数时，深耦合 GNSS/INS 可以避免调整 GNSS 接收机数字基带积分相关器的输出权重，由此可以避免调整卡尔曼滤波器增益系数。这样，在 GNSS 导航信号载噪比较低的情况下，深耦合 GNSS/INS 也可以正常工作。深耦合 GNSS/INS 算法可以通过改变测量结果权重来适应不同 GNSS 导航信号载噪比环境。此外，由于可以消除跟踪环路滤波器和集成系统卡尔曼滤波器之间的级联滤波器，因此深耦合 GNSS/INS 是最优化的融合导航系统。在 GNSS 导航信号中断过程中，为 GNSS 接收机数字基带的伪码和载波跟踪环路提供辅助数据是深耦合 GNSS/INS 的固有优势。

GPS 和 GLONASS 导航数据速率是 50bit/s，即卫星导航接收机数字基带积分相关器的输出信号频率为 50Hz，因此，卫星导航接收机内置伪码和载波 NCO 的调整频率也需要保持在 50Hz。如果提高系统数据处理速率可以降低通信时延，就需要集成算法识别导航电文数据 bit 的转换位置，由此，GNSS 接收机数字基带才能实施 I 支路和 Q 支路的相关积分计算。这样在 GNSS 接收机和集成算法模块之间需要一个新的、高速通信接口，这是深耦合 GNSS/INS 的主要不足之处。

5.4.2 工作原理

卡尔曼滤波凭借其固有的递归计算特性，广泛应用于多传感器数据融合领域。利用卡尔曼滤波的数据融合算法可允许多个传感器彼此具有不同的硬件结构，并传递相互独立的数据流，因此，可以用于空基增强系统。卡尔曼滤波利用严密的递归数学计算，对连续或离散时间系统的状态进行最优估计。空基增强系统状态方程通常可表示为如下形式[39]：

$$\boldsymbol{x}_k = \boldsymbol{\Phi}_{k,k-1}\boldsymbol{x}_{k-1} + \boldsymbol{w}_{k-1} \tag{5.50}$$

式中：$\boldsymbol{x}_{k-1}$ 和 $\boldsymbol{x}_k$ 分别为 t_{k-1} 和 t_k 时刻系统的状态矢量；$\boldsymbol{\Phi}_{k,k-1}$ 为由时刻 t_{k-1} 转移到时刻 t_k 的状态转移矩阵；$\boldsymbol{w}_{k-1}$ 为过程噪声矢量，其对应的协方差矩阵为 $\boldsymbol{Q}_{k-1}$。t_k 时刻的观测矢量 $\boldsymbol{z}_k$ 可表示为状态矢量的任意线性组合：

$$\boldsymbol{z}_k = \boldsymbol{H}_k\boldsymbol{x}_k + \boldsymbol{v}_k \tag{5.51}$$

式中：$\boldsymbol{H}_k$ 为观测矢量与状态矢量的关系矩阵；$\boldsymbol{v}_k$ 为观测噪声矢量，其对应的协方差矩阵为 $\boldsymbol{R}_k$。多传感器融合系统的观测矢量分别来自于多个独立的测量传感器，因此，矢量 $\boldsymbol{z}_k$ 的内部结构可写为

$$\boldsymbol{z}_k = [\boldsymbol{z}_{1k}^{\mathrm{T}}, \cdots, \boldsymbol{z}_{ik}^{\mathrm{T}}] \tag{5.52}$$

式中：观测子矢量 $\boldsymbol{z}_{ik}$ 代表 t_k 时刻的第 i 个传感器，任何单独的子矢量 $\boldsymbol{z}_{ik}$ 与系统状态矢量线性相关，可表示为

$$\boldsymbol{z}_{ik} = \boldsymbol{H}_{ik}\boldsymbol{x}_k + \boldsymbol{v}_{ik} \tag{5.53}$$

式中：$\boldsymbol{H}_{ik}$ 为观测子矢量与状态矢量的关系矩阵；$\boldsymbol{v}_{ik}$ 为第 i 个传感器的观测噪声；同

理，t_k 时刻的系统状态矢量也由 i 个局部状态子矢量构成，见下式：

$$\boldsymbol{x}_k = [\boldsymbol{x}_{1k}^{\mathrm{T}}, \cdots, \boldsymbol{x}_{ik}^{\mathrm{T}}] \tag{5.54}$$

式中：$\boldsymbol{x}_{ik}$的状态递归过程可表示为

$$\boldsymbol{x}_{ik} = \boldsymbol{\Phi}_{k,k-1}^{i} \boldsymbol{x}_{i,k-1} + \boldsymbol{w}_{i,k-1} \tag{5.55}$$

于是 $\boldsymbol{z}_{ik}$还可写成 $\boldsymbol{x}_{ik}$的线性组合：

$$\boldsymbol{z}_{ik} = \boldsymbol{A}_{ik} \boldsymbol{x}_{ik} + \boldsymbol{v}_{ik} \tag{5.56}$$

式中：$\boldsymbol{A}_{ik}$为观测子矢量与状态子矢量的关系矩阵。根据上述数学模型，可将数据融合算法分为集中卡尔曼滤波数据融合算法和分散卡尔曼滤波数据融合算法两大类。集中滤波数据融合架构如图 5.12 所示[40]，系统仅包含一个滤波器，对全局系统状态观测量的 $\boldsymbol{x}_k$ 进行预测，并利用式(5.52)中包含 i 个传感器观测值的 $\boldsymbol{z}_{ik}$对预测后的系统状态先验值进行更新，从而达到对系统状态的最优估计。由于此架构对所有传感器的状态做统一处理，因此会给系统造成较大的计算负担；另外，若某一个传感器出现故障，则将对整个系统的健康状态造成影响。

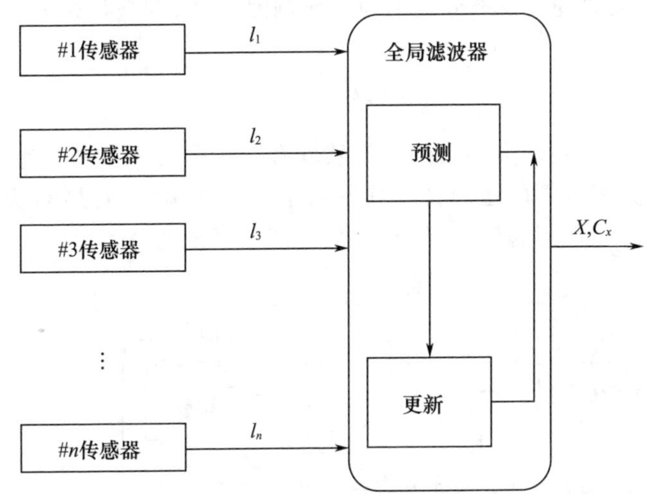

图 5.12　集中卡尔曼滤波数据融合架构

分散卡尔曼滤波数据融合架构如图 5.13 所示[40]，此算法包含 1 个全局滤波器以及 i 个局部子滤波器（对应 i 个独立的传感器）。数据融合算法分为 2 个阶段：首先，每个局部滤波器分别看作一个独立系统，局部状态利用式(5.55)进行预测，并由式(5.56)对局部系统预测后的系统状态先验值完成更新，从而达到对 i 个局部状态的最优估计；然后全局滤波器对 i 个局部状态进行数据融合，最终产生全局最优解。由于 i 个局部滤波器可以并行开展运算，因此分散架构可以大幅度降低算法运算量。

分散卡尔曼架构可有效降低系统算法运算量，但系统容错能力并未被充分挖掘。Carlson 等学者提出了一种分散卡尔曼架构的特殊变种，被称为联合卡尔曼滤

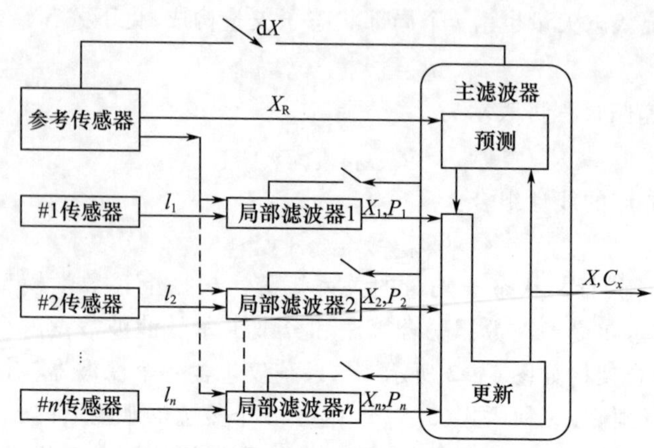

图 5.13　分散卡尔曼滤波数据融合架构

波架构，算法架构如图 5.14 所示[40]，它尽可能地共享局部传感器的信息，通常情况对 i 个局部系统的过程噪声分配不同的比例因子 β_n，并满足如下信息共享规则：

$$\sum_{n=1}^{i} \beta_n = 1 \tag{5.57}$$

从而达到提升系统容错能力的目的。虽然联合卡尔曼架构可以归为分散卡尔曼架构范畴，但信息共享规则的运用又使其不同于分散架构；它对局部状态权衡处理，不能达到局部最优，但可获取全局最优解，提高了系统的鲁棒性。

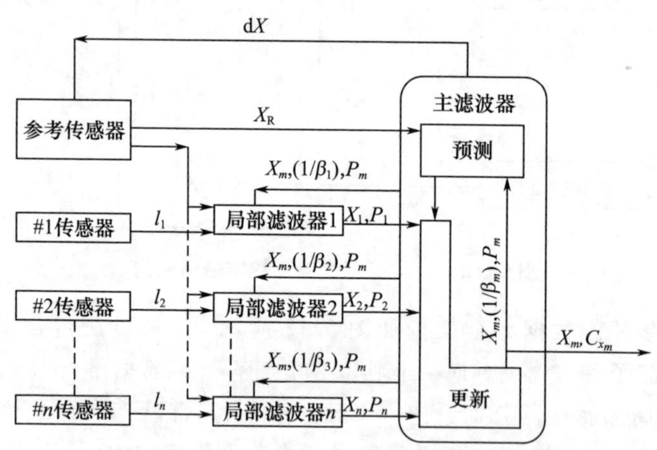

图 5.14　联合卡尔曼滤波数据融合架构

GNSS 定位误差一般呈高频特性，而 INS 最终输出的定位误差则呈低频特性。集中架构的理论模型如图 5.15 所示[34]，$x+e_1$ 和 $x+e_2$ 分别代表 GNSS 和 INS 输出的定位信息，e_1 和 e_2 分别呈高频噪声和低频噪声，$G(s)$ 表示呈低频特性的卡尔曼滤波器，利用拉普拉斯变换分析信号处理过程，可得

$$\hat{X}(s) = X(s) + E_1(s) - (E_1(s) - E_2(s))G(s) \tag{5.58}$$

首先将两个不同系统输出的定位信息 $x+e_1$ 和 $x+e_2$ 相减，可获得混合噪声 e_1-e_2，经过卡尔曼滤波后，可估计出高频噪声 e_1，将滤波结果前馈给 GNSS 定位系统，从而可获得定位信息 x 的精确估计值。

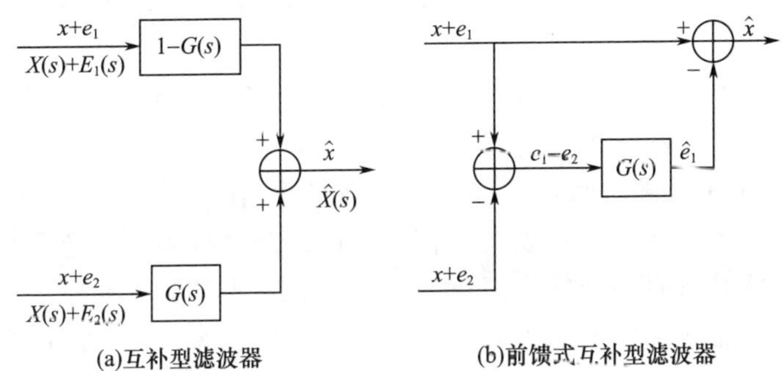

图 5.15　集中架构的理论模型

GNSS 和 INS 的数据融合一般分为 3 类：开环 GNSS 辅助系统，闭环 GNSS 辅助系统，以及全融合 GNSS[4]。INS 的定位结果误差将随时间累积，若长时间不对其校正，其测量的导航信息将会影响系统安全。如图 5.16 所示[4]，开环 GNSS 辅助系统正是借助 GNSS 测量信息定期校正 INS 输出的定位结果。

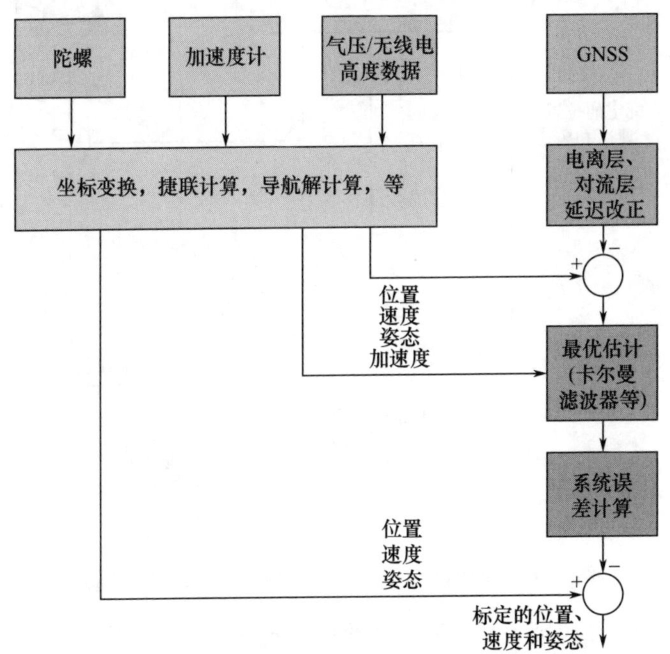

图 5.16　开环 GNSS 辅助系统原理框图(见彩图)

值得注意的是,“开环”是指 GNSS 信息并没有校正 INS 的内部测量过程,仅前馈到其输出结果。因此,尽管 GNSS 周期性校正系统输出定位结果,但 INS 内部传感器测量误差仍然不断累积。开环系统实现最为简单,尤其适用于高精度 INS 或者 GNSS 短时中断场景,例如高动态环境中的平台式 INS。开环结构的优点是即使 GNSS 定位结果不够精确,也只会影响到数据融合算法,而不会影响到 INS 的定位解算过程。

图 5.17 描述了闭环 GNSS 辅助系统[4],和上述开环系统不同的是,GNSS 的定位结果将直接对 INS 内部的惯性导航处理单元进行校正,在 GNSS 可用性较好的情况下,INS 处理单元随时间累积误差的缺陷将得到改善。对于捷联 INS,飞行器本体的剧烈振荡和较大的加速度将会使 INS 内部测量误差短期急剧变大,此时开环辅助系统将无法保证系统输出高精度的定位结果,因此,闭环辅助极其适应于捷联 INS 系统中。但当 GNSS 卫星导航信号受到遮蔽时,系统的稳定性会受到影响。

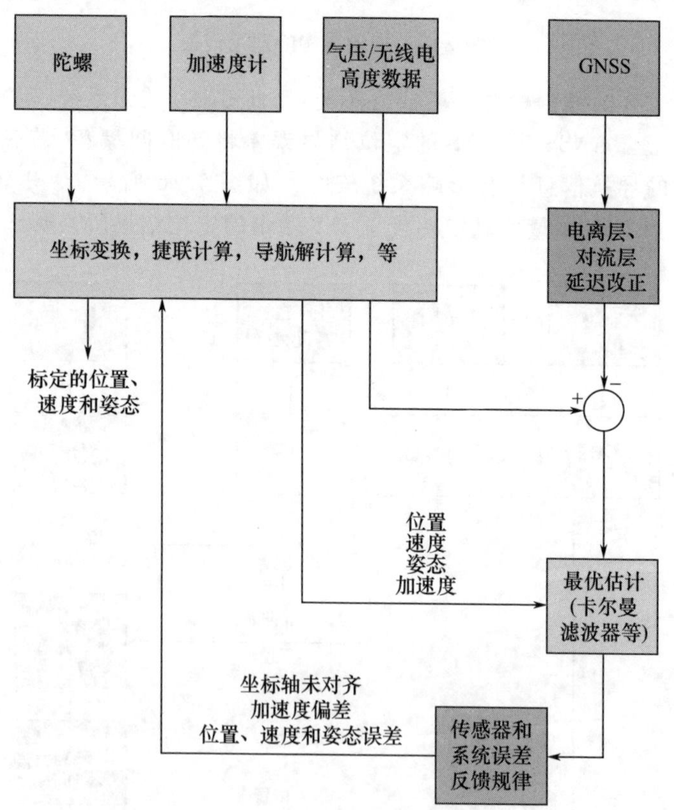

图 5.17　闭环 GNSS 辅助系统原理框图(见彩图)

全融合 GNSS 在闭环 GNSS 辅助系统的基础上,增加了综合 INS 和 GNSS 的测量信息对伪距进行估计的功能,如图 5.18 所示[4]。当 GNSS 卫星导航信号受到遮蔽时,无法得到 GNSS 伪距观测量,此过渡期可单独利用 INS 的测量结果对伪距进行解算，因此，与上述两种辅助系统相比，全融合 GNSS 的定位精度得到提高。

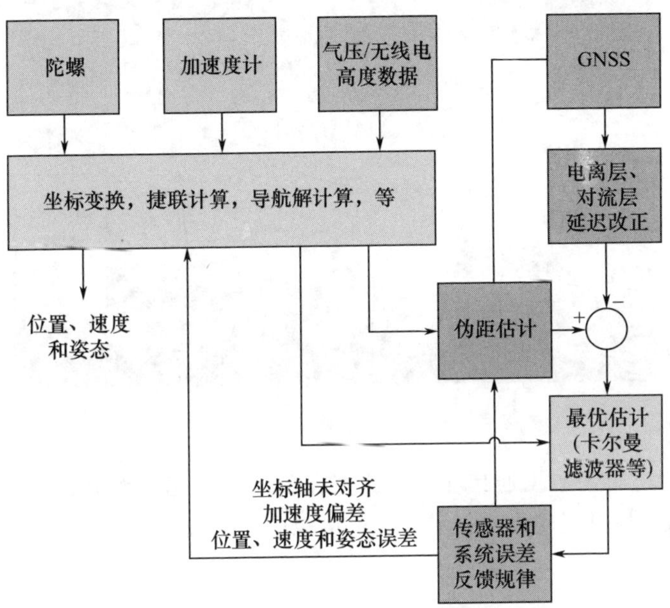

图 5.18　全融合 GNSS 原理框图(见彩图)

5.5　典型应用

1993 年，GPS 提供初始服务时，FAA 仅授权具备 RAIM 功能的飞机才能使用 GPS PNT 服务[41]。美国国防部(US DOD)主导的联合精确进近与着陆系统(JPALS)研究中，提出了基于局域差分 GPS(LDGPS)和舰载相对 GPS(SRGPS)两种定位方案，LDGPS 是 FAA 局域增强系统(LAAS)的军用版，SRGPS 基于载波观测量的相对精密定位着陆系统。SRGPS 由舰载参考站、机载系统和 GNSS 3 部分组成，舰载参考站和机载系统之间由双向通信链路连接，如图 5.19 所示[42]。SRGPS 为用户提供高精度的动态相对定位服务，实现舰载机在航空母舰和两栖攻击舰上的精密进近和自动着陆，SRGPS 垂直告警门限(VAL)要求为 1.1m，远高于 LPV-200 的 35m 要求，可用性至少为 99.7%[43]。

SRGPS 的工作范围分为进近覆盖区域(AC)、空中交通管制区域(ATCC)、TACAN 服务覆盖区域和岸基区域 4 个部分，如图 5.20 所示[44]。AC 区域为着陆目标船舶中心 20n mile 以内的区域，支持舰船 360°全向精密进近导航，引导精度达到 0.3m(95%)，远高于 CAT Ⅱ和 CAT Ⅲ标准，支持舰载机复飞操作。ATCC 为着陆目标船舶中心 50n mile 以内的区域，飞机舰船之间数据双向通信，进行自动相关监视(ADS)和位置报告，同时按照 NATOPS(北约海军航空训练和操作程序标准化)到达方式沿着 4-D 直线最佳线路引导，支持无人机自动着陆。TACAN 服务覆盖区域为着陆目标船舶中心 200n mile

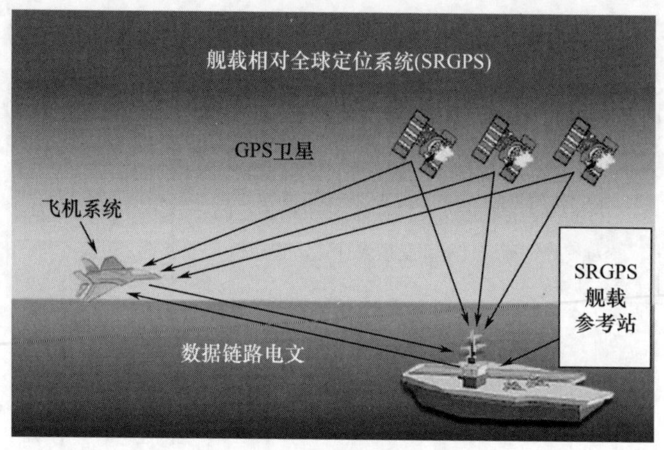

图 5.19　SRGPS 组成

以内的区域,通过单向数据通信实现全天候条件下的舰船位置确定,水平引导精度为5m。岸基区域为岸基机场中心区域 20n mile 以内的区域,SRGPS 导航性能将兼容民航相关标准。

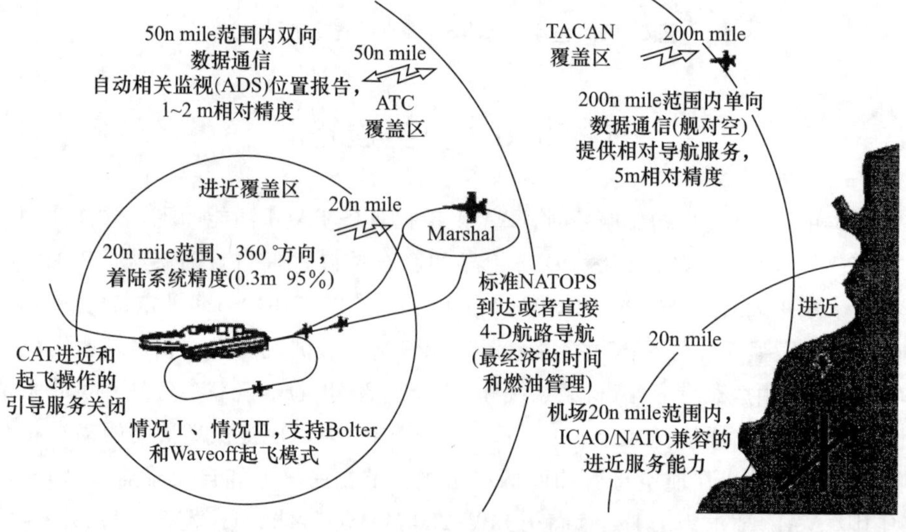

图 5.20　SRGPS 工作范围

舰载机在航空母舰和两栖攻击舰上的精密进近和自动着陆过程中对导航性能指标要求较高,受船体结构形变影响的船舶参考点(SRP)与参考天线位置、船舶高度估计的不确定性、海面反射产生的多径干扰以及船舶的电磁环境均会影响 SRGPS 的导航性能[41],因此,需要借助 ABIA 技术来提升 SRGPS 性能。

英国 Nottingham 大学与 Cranfield University 大学将研发的 ABIA 原理样机集成在 MB-339CD,TORNADO 和 TYPHOON 多型号战斗机机型中,并联合意大利空军飞行测试中心开展飞行试验，推进了 ABIA 系统在对适航性和安全性高需求飞行任务中的应用[45]。

由于战斗机的机动性较强，飞行过程常伴随姿态的变化，导致机身、机翼、机尾遮蔽到 GNSS 接收天线，从而影响机载系统 GNSS 的可见性。利用战斗机机身形状（三维）、飞行器动力学（俯仰、滚动和偏航的变化），以及可见 GNSS 卫星的相对运动等信息，可确定卫星与接收机天线之间的视线（LOS）角（即卫星相对于天线的方位角和俯仰角），从而判读卫星信号是否被遮蔽。ABIA 系统 GNSS 接收机天线的方向图可见性如图 5.21 所示，天线的增益可由下式表示[25]：

$$G_r = 9.8756\sin E - 4.7567 \tag{5.59}$$

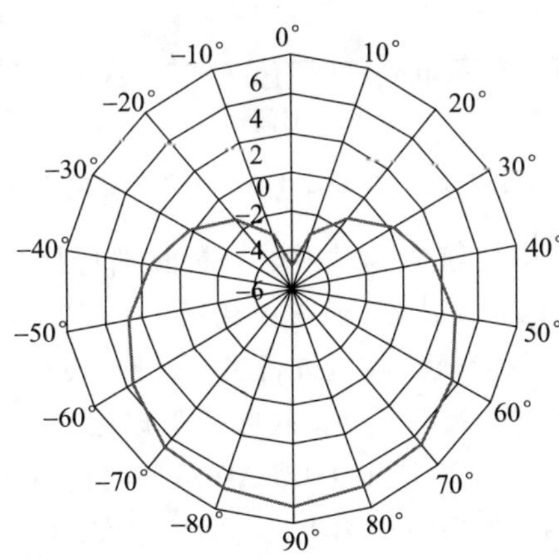

图 5.21　ABIA 系统 GNSS 接收机天线方向图（见彩图）

TORNADO 战斗机执行转弯下降机动轨迹（持续时间为 300s）如图 5.22 所示[46]，在此期间接收天线对 GPS/Galileo 卫星的可见性分析结果如图 5.23 所示，可视导航卫星的数量在 7～16 中不断变化[46-47]。

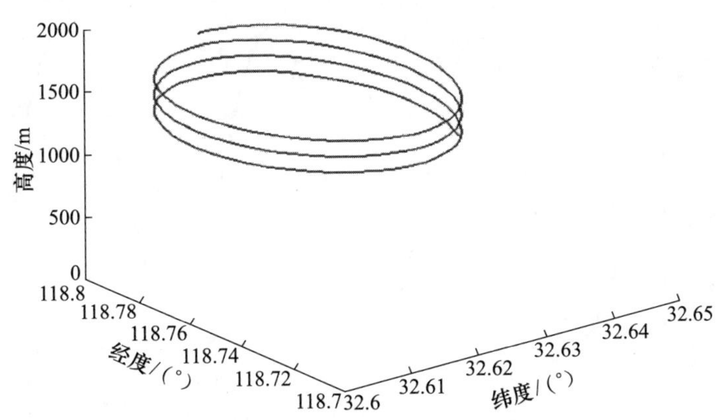

图 5.22　TORNADO 战斗机转弯下降机动轨迹

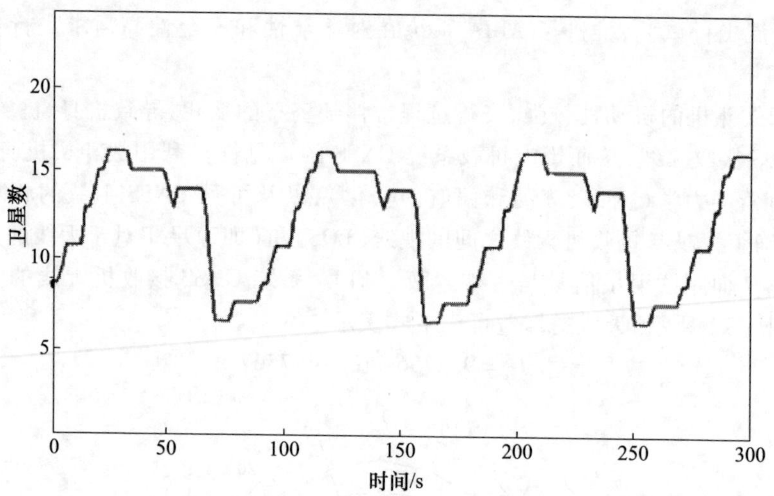

图 5.23　机载接收天线对 GPS/GALILEO 卫星的可见性分析结果

GNSS 接收信号强度由导航信号发射端及接收端特性、传输路径衰减、干扰(此处忽略多径效应)等多种因素所决定,通常由载噪比 C/N_0 和干信比 J/S 表示。对搭载在 TORNADO 战斗机上的导航接收机进行飞行试验,飞行试验结果表明,在存在干扰的高动态环境中,载噪比为 25dBHz 时,接收机可以跟踪可见导航卫星。将接收机跟踪门限设为 25dBHz,以图 5.22 所示 TORNADO 战斗机执行转弯下降动作为例,可获得在此期间机载接收机接收 PRN-14GPS 卫星导航信号的载噪比约为37dBHz,如图 5.24所示,相应的干信比性能如表 5.2 所列[25]。

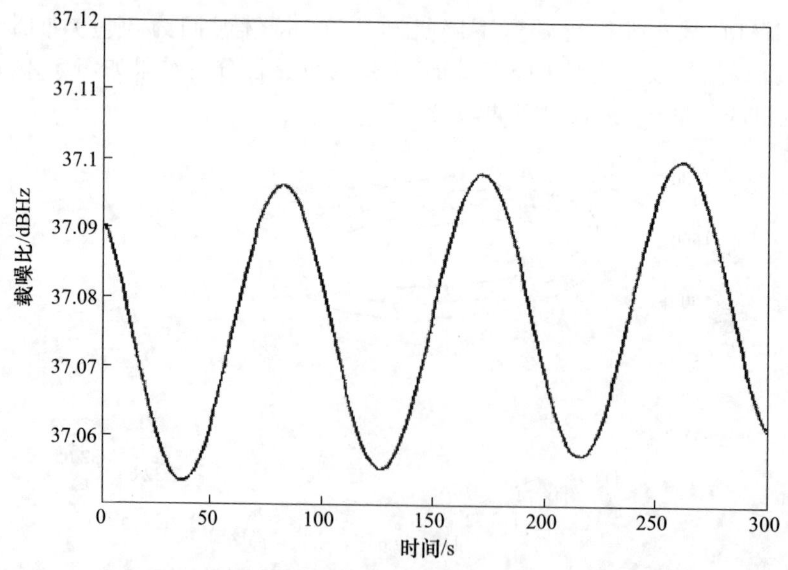

图 5.24　TORNADO 战斗机机载接收机接收 PRN-14GPS 卫星导航信号的载噪比

表5.2　接收机干信比

干扰类型	处理增益调整因子 Q①	码速率 R_c/(chip/s)	$(C/N_0)_{MIN}$	C/N_0	J/S
窄带干扰	1	1.023×10^6	25dBHz	37dBHz	34.82
扩频干扰	1.5	1.023×10^6	25dBHz	37dBHz	36.58
宽带高斯干扰	2	1.023×10^6	25dBHz	37dBHz	37.83

①对于窄带干扰 $Q=1$,对于扩频干扰 $Q=1.5$,对于宽带高斯干扰 $Q=2$

当观测者(机载接收机)与信号源(卫星)之间存在相对运动时,接收信号的频率会发生改变,其改变量称作多普勒频偏。多次飞行试验(最高速度达1000km/h)数据表明对于卫星导航载波频率L1频点来讲,相对运动导致的多普勒频偏最大值为15kHz。此数值小于GPS信号的带宽以及高动态载波环路积分带宽,因此,多普勒频偏不会造成跟踪环路失锁,然而会增加接收机的捕获时间。飞行试验表明,即使搭载满足高动态性能的接收机,接收机捕获GNSS信号的时间最长也会达到40s。不同情形下的捕获时间如图5.25所示[25]。

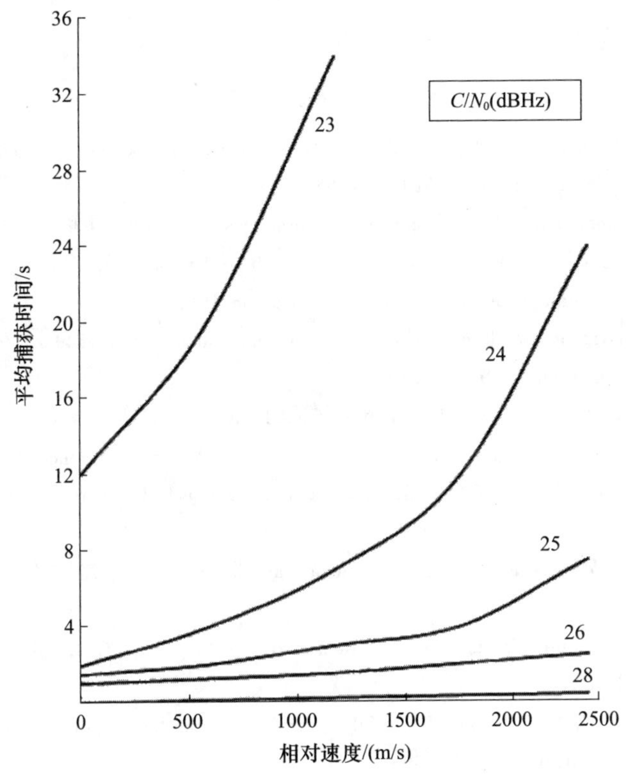

图5.25　多普勒频偏情形下机载接收机的捕获时间[3]

多径效应指的是卫星发射信号经过地面和飞行器机身反射后,被导航接收机天线接收,从而导致接收机定位性能恶化的现象。多径效应对机载接收机的影响主要取决于接收天线周边环境的几何形状，周边物体、地形的反射系数，以及可见卫星的高度角。对于机载系统而言，其多径信号主要来自于机翼反射、机身反射，以及地面回波。根据美国各类飞机航线试验数据，机载多径伪距误差可建模为[48-49]

$$\sigma_{\text{multipath}} = 0.13 + 0.53e^{(-E/10)} \tag{5.60}$$

式中：E 为卫星高度角，ICAO、RTCA 的标准[47,50]也用该模型计算机载多径伪距误差。GNSS 增强系统在航空领域的贡献主要包括 3 个方面：一是提高跑道通行能力，提供更直接的航路飞行路径以及新的精密进近导航服务；二是减少、简化机载航空导航综合电子设备；三是逐渐弱化一些地基导航辅助手段，包括 VOR 和 ILS 等地基导航系统，大幅度降低 ANSP 的成本。ABAS、SBAS 和 GBAS 组合可以扩展 GNSS 信号完好性检测、增强系统的完好性，同时可以有效提高 GNSS 的定位精度，在一些情况下可以提高系统可用性，由此民航飞机可以在不同飞行阶段组合利用 ABAS、SBAS 和 GBAS 的技术优点。

参考文献

[1] OCHIENG W Y, SAUER K, WALSH D, et al. GPS integrity and potential impact on aviation safety [J]. Journal of Navigation, 2003, 56(1): 51-65.

[2] ICAO. International standards and recommended practices: aeronautical telecommunication (Annex 10 to the Convention on International Civil Aviation): volume I radio navigation aids: Doc 85 AN 10-2[S]. Montreal: International Civil Aviation Organization, 1987.

[3] ICAO. Global navigation satellite system (GNSS) manual: volume I Doc 9849 AN/457 [S]. Montreal: International Civil Aviation Organization, 2005.

[4] ROBERTO S, TERRY M, SUBRAMANIAN R. Global navigation satellite systems performance analysis and augmentation strategies in aviation[J]. Progress in Aerospace Science, 2017, 95: 45-98.

[5] GLEASON S, GEBRE E D. GNSS applications and methods [M]. London: Artech House, 2009, 306-324.

[6] Federal aviation administration. GNSS evolutionary architecture study, GEAS phase I [R]. Washington DC: FAA, 2008.

[7] Federal aviation administration. GNSS evolutionary architecture study, GEAS phase II [R]. Washington DC: FAA, 2010.

[8] JIANG Y, WANG J. A-RAIM and R-RAIM performance using the classic and MHSS methods [J]. Journal of Navigation, 2014, 67(1): 49-61.

[9] DING W, WANG J. Precise velocity estimation with a stand-alone GPS receiver[J]. Journal of Navigation, 2011, 64(2): 311-325.

[10] SANG J, KUBIK K, FENG Y. Proceedings of the 8th international technical meeting of the satellite division of the institute of navigation (ION GPS 1995)[C]. Palm Spring: The Institute of Navigation, 1995.

[11] EU-US Cooperation on Satellite Navigation Working Group C-ARAIM Technical Subgroup. Report ARAIM technical subgroup milestone 1 report,2012[EB/OL]. [2019-10-01]. http://ec. europa. eu/enterprise/newsroom/cf/_getdocument. cfm? doc_id = 7793.

[12] YOUNG R S,MCGRAW G A. Proceedings of the 15th international technical meeting of the satellite division of the institute of navigation(ION GPS 2002)[C]. Portland,OR:The Institute of Navigation,2002.

[13] HOFMAN W B,LEGAT K,WIESER M. Navigation:principles of positioning and guidance [M]. Berlin:Springer-Verlag,2003.

[14] LEE Y C. Proceedings of the 42nd annual meeting of the institute of navigation[C]. June 24-26, 1986,Seattle,Washington:The Institute of Navigation,1986.

[15] LEE Y C. Proceedings of the 17th international technical meeting of the satellite division of the institute of navigation[C]. Long Beach,CA:The Institute of Navigation,2004.

[16] MARTINI I, HEIN G W. Proceedings of IEEE/ION PLANS 2006 [C]. San Diego, CA: IEEE/ION,2006.

[17] MA S. Navigation system integrity using redundant measurements[J]. Journal of the Institute of Navigation,1988,35(1):483-501.

[18] VAN G F, FARRELL J L. Proceedings of the 49th annual meeting of the institute of navigation [C]. Cambridge,MA:The Institute of Navigation,1993.

[19] NIKIFOROV I,ROTURIER B. Proceedings of the 18th international technical meeting of the satellite division of the institute of navigation[C]. Long Beach,CA:The Institute of Navigation,2005.

[20] WALTER T,ENGE P. Proceedings of the 8th international technical meeting of the satellite division of the institute of navigation[C]. Palm Springs,CA:The Institute of Navigation,1995.

[21] 王尔申,杨永明,张芝贤,等. GPS接收机自主完好性监测算法可用性分析[J]. 大连海事大学学报,2015,41(1):91-95.

[22] ROME H J,KRAEMER J H. Proceedings of the 53rd annual meeting of the institute of navigation [C]. Albuquerque,NM:The Institute of Navigation,1997.

[23] PARKINSON B W, ENGE P K, SPILKER J J. Global positioning system: theory and applications volume I[M]. Washington DC:AIAA Inc,1996.

[24] FAA. Airborne supplemental navigation equipment using the global positioning system(GPS):TSO-C129[S]. Washington,DC:Federal Aviation Administration,1992.

[25] SABATINI R, MOORE T, HILL C. A new avionics-based GNSS integrity augmentation system: Part 1-fundamentals[J]. Journal of Navigation,2013,66(3):363-384.

[26] SABATINI R, MOORE T, HILL C. A new avionics-based GNSS integrity augmentation system: Part 2-integrity flags[J]. Journal of Navigation,2013,66(4):501-522.

[27] LEE Y C. RAIM availability for GPS augmented with barometric altimeter aiding and clock coasting [J]. Journal of the Institute of Navigation,1993,40(2):179-198.

[28] BROWN R G,MCBRUNEY P W. Self-contained integrity check using maximum solution separation [J]. Journal of the Institute of Navigation,1988,35(1):41-53.

[29] LEE Y. Performance analysis of self-contained methods for GPS integrity function:MTR-88W89

[R]. Mc Lean. VA:The MITRE Corporation,1988.

[30] RTCA. Minimum operational performance standards for global positioning system/aircraft-based augmentation system airborne:RTCA DO-316 [S]. Washington, DC:Radio Technical Commission for Aeronautics,2009.

[31] LEE Y C,RAIM availability for GPS augmented with barometric altimeter aiding and clock coasting [J]. Journal of the Institute of Navigation,1993,40(2):179-198.

[32] ATKINS E M. Aerospace avionics systems[M]. Hoboken:John Wiley & Sons,Ltd,1993.

[33] HEIN G W,ERTEL M M. High-precision aircraft navigation using DGPS/INS integration [R]. Neubiberg:Institute of Astronomical and Physical Geodesy(IAPG),1993.

[34] 谢钢.GPS原理与接收机设计[M]. 北京:电子工业出版社,2009.

[35] GROVES P D. Principles of GNSS, inertial, and multisensor integrated navigation systems [M]. London:Artech House,2008.

[36] TITTERTON D H,WESTON J L. Strapdown inertial navigation technology[M]. 2nd ed. Stevenage: the Institution of Electrical Engineers,2004.

[37] GREWAL M S,WEILL L R,ANDREWS A P. Global positioning systems,inertial navigation,and integration[M]. New York:Wiley,2001.

[38] GROVES P D,LONG D C. Proceedings of the 18th international technical meeting of the satellite division of the institute of navigation[C]. Long Beach,CA:The Institute of Navigation,2005.

[39] WEI M,SCHWARZ K P. IEEE Symposium on Position Location and Navigation[C]. Las Vegas: IEEE,1990.

[40] GAO Y,KRAKIWSKY E J,et al. Comparison and analysis of centralized,decentralized,and federated filters[J]. Journal of the Institute of Navigation,1993,40(1):69-86.

[41] LEE Y C. Proceedings of the 1994 national technical meeting of the institute of navigation [C]. San Diego,CA:The Institute of Navigation,1994.

[42] GEBRE E D,SHAO Y. Model for JPALS/SRGPS flexure and attitude error allocation[J]. IEEE Transactions on Aerospace and Electronic Systems,2010,46(2):483-495.

[43] JPALS Test Planning Working Group. Architecture and requirements definition:test and evaluation master plans for JPALS[R]. Waltham:JPALS TPWG,1999.

[44] JOHN W,JACK W,GLENN C,et al. Test Results of an F/A-18 automatic carrier landing using shipboard relative global positioning system:NAWCADPAX/RTR-2003/122[R]. Lakehurst, NJ: Naval Air Warfare Center,2003.

[45] SABATINI R,MOORE T,HILL C. Proceedings of the 25th international technical meeting of the satellite division of the institute of the navigation[C]. Nashville, TN:The Institute of Navigation, 2012.

[46] SABATINI R,PALMERINI G. Differential global positioning system(DGPS) for flight testing:RTO-AG-160[R]. Pomezia:Italian Air Force,2008.

[47] RTCA. Minimum aviation system performance standards(MASPS) for the local area augmentation system(LAAS):RTCA DO-245A[S]. Washington DC:Radio Technical Commission for Aeronautics Inc. ,2004.

[48] MURPHY T, FRIEDMAN R, et al. Proceedings of the 2004 national technical meeting of the institute of navigation[C]. San Diego, CA: The Institute of Navigation, 2004.

[49] BOOTH J, MURPHY T, LIU F. Proceedings of the IAIN world congress and the 56th annual meeting of the institute of navigation[C]. San Diego, CA: The Institute of Navigation, 2000.

[50] RTCA. Minimum operational system performance standards for global positioning system/wide area augmentation systems: RTCA DO - 229D [S]. Washington DC: Radio Technical Commission for Aeronautics Inc. ,2006

第6章 差分系统

6.1 概述

民航飞机的精密进近、自动着陆等操作涉及生命安全,GNSS 自身并不能为航空用户提供足够高的定位精度和完好性等级,因此,对于依靠 GNSS 作为主要导航手段的用户必须采取适当的措施。以地理测绘和大地测量等为代表的典型用户对定位精度和距离测量精度提出了更高的要求,只有采用差分卫星导航系统技术,才能满足高精度的定位和测量的要求。差分改正技术利用在空间坐标已知的位置点处设置控制或者参考接收机,测量 GNSS 的误差;利用 GNSS 误差的时间和空间相关性来消除参考站和用户之间的公共误差,在参考接收机附近的用户通过接收差分改正数就能够有效提高 GNSS 的定位精度。按服务范围大小,差分系统有局域差分(LAD)系统和广域差分(WAD)系统两类:采用的技术有基于伪码测距的差分系统和基于载波相位测距的差分系统两类:载波相位测距精度高,可以实现厘米级定位精度,但存在整周模糊和周跳问题,一旦发生周跳问题,就需要修复,重新计算整周模糊度;伪码测距精度低,仅可以实现2 ~5m的定位精度,但是计算过程更加稳健,且不存在周跳问题,因此,也不需要再次初始化。

差分全球卫星导航系统(DGNSS)由位置已知的参考接收机(RR)和用户接收机(UR)组成,RR 及其接收天线和差分处理系统及数据链路相关设备统称为参考站(RS),UR 和 RR 数据可以先存储后处理,或者借助数据链路把数据传输给预定的地点实时处理,典型 DGNSS 架构如图 6.1 所示[1]。

海事无线电技术委员会(RTCM)制定的 RTCM SC -104 是 GPS 标准定位服务(SPS)差分 GPS(DGPS)的第一部 DGNSS 标准。北大西洋公约组织(NATO)标准化协议(STANAG)定义了 STANAG 4392 文件,约定 NATO 用户使用 DGPS 的数据交换格式。STANAG 4392 文件与 RTCM SC -104 标准是兼容的,标准主要用于 DGPS 的实时差分改正,涵盖了 DGPS 大部分的测量类型。大部分 SPS DGPS 接收机均兼容 RTCM SC -104 标准定义的差分电文格式。RTCA 为航空用户制定了 DGPS 标准 RCTA DO -217,可以满足特殊 CAT Ⅰ精密进近导航服务要求。2008 年,美国国防部(US DOD)和联邦航空管理局(FAA)制定了 GPS 广域增强系统(WAAS)性能标准,RTCA DO -246D 是 RTCA 制定了局域增强系统(LAAS)的空间信号接口控制文件(ICD),用于基于 GNSS 精密进近的导航服务。这两个标准定义了 WAAS 和 LAAS

的最低运行性能标准(MOPS),WAAS 可以支持 CAT Ⅰ精密进近导航服务[2],LAAS 可以支持 CAT Ⅲb 精密进近导航服务[3]。

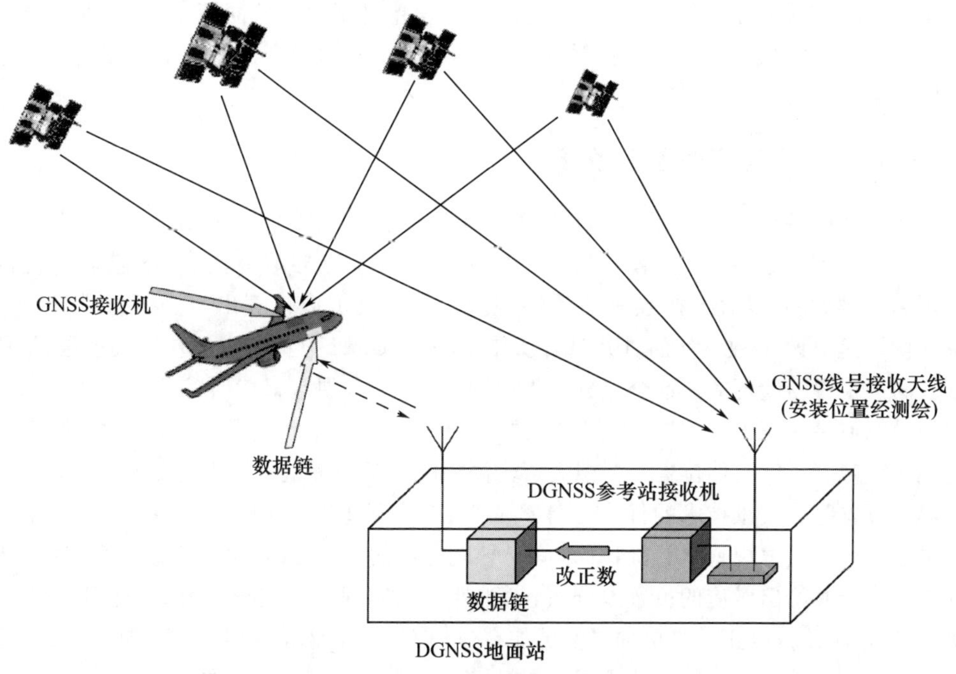

图 6.1 典型 DGNSS 架构(见彩图)

6.2 工作原理

DGNSS 的工作原理是在同一地理位置附近的接收机同时接收同一颗导航卫星播发的信号时,所受到的误差影响几乎是一致的。一般来说,UR 使用 RR 的测量数据可以消除两者的共有误差,由此,UR 必须接收和 RR 一致的测距信号,DGNSS 定位方程才能消除共有误差。UR 和 RR 共有误差包括导航信号穿过大气层时的路径时延、卫星钟差和星历误差。接收机测量噪声和多径干扰对每台接收机来说是特有的误差,需要 UR 和 RR 采用辅助的递归处理算法,给出平均、平滑或者滤波解,才能消除这些误差。

根据用户不同的定位精度要求、在哪里处理数据以及是否需要实时获取差分改正结果,可以选择不同的 DGNSS 的技术体制。如果用户需要实时获取差分改正数据,那么就需要配置数据通信链路,否则数据可以先存储、事后处理。差分改正后的定位精度取决于采用伪码还是载波相位观测量以及具体的算法。时钟和频率偏差不受导航信号传播路径和传播距离远近的影响,因此,一颗导航卫星的时钟和频率偏差对所有用户来说都是相同的。不同用户相对某颗导航卫星的位置和相对速度都是不同的,因此,不同用户的伪距观测量和多普勒频移也是不同的。在同一个地理位置附近的接收机,导航信号在大气电离层和对流层的传播延迟具有基本相同的误差,具有空间相关性特点,但随着接收机之间距离的增加,这种误差相关性逐渐弱化直至变得不相关。星历误差是三维的,有的方向的星历误差是用户的共同测距误差,有的方向的星历误差是将成为星历误差的残余误差。星历误差的残余误差对于同样观测仰角的用户来说具有非常小的量级。

6.2.1 伪码测距差分改正

伪码测距差分改正技术采用 RS 的伪距观测量来计算 UR 的伪距或者位置差分改正数。根据测绘的 RS 位置和精密定轨参数可以确定导航卫星和 RS 接收机之间的距离真值,再减去 RS 接收机的伪距观测量,RS 就可以计算出每一颗可见导航卫星的伪距差分改正数。然后,UR 选择所跟踪的每颗导航卫星对应的差分改正数,把所获取的伪距观测量再减去这个差分改正数即可。UR 必须且只能跟踪差分改正数所对应的导航卫星的信号。如果 RS 提供位置差分改正数而不是伪距差分改正数,那么通过把伪距观测所确定的位置坐标减去事先测绘的位置坐标就可以很简便地获取差分改正数。位置差分改正技术的优点是计算简单,缺点是 RR 和 UR 必须接收同一组导航卫星的信号。通过规划 RR 和 UR 之间对导航卫星的选择,或者由 RS 规划每一组可能的卫星组合并给出对应的位置差分改正数,就可以实现位置差分。因此,对用户来说,RS 给出伪距差分改正数是更加灵活更加有效的方案。RTCA、NATO STANAG 和 RTCM 均是基于伪距差分改正技术给出了卫星导航系统差分改正相关标准。

位置差分改正和伪距差分改正均与伪距观测时间紧密相关,例如,对于 GPS SPS 的差分改正数据,2min 后的用户测量数据和差分改正数据之间将变得完全不相关。UR 使用 2min 后的差分改正数据所给出的位置解算精度将低于单独接收 GPS SPS 信号时的定位精度。对于实时差分改正系统,还需要 RS 计算差分改正数的变化率,这样可以减小数据延迟对系统解算精度的影响。

伪距差分改正数据处理有事后(post-mission)处理和实时(real-time)处理两种类型,事后处理过程中用户可以检测数据野值、分析解算结果的残差,因此,可以获得更高的精度,缺点是不能立即获取可用的位置解算结果。

两台接收机(k 和 l)和两颗导航卫星(p 和 q)之间的伪距测量如图 6.2 所示,其中接收机 k 表示用户 UR,接收机 l 表示参考站 RR,通过差分 RR 和 UR 的同一时刻的伪距观测量,就可以消除导航卫星的时钟误差以及卫星的轨道误差。利用单差处理就可以消除大部分的电离层和对流层延迟误差。接收机之间伪距观测量的单差数学模型如下[1]:

$$P_{\mathrm{k}}^{\mathrm{p}} - P_{\mathrm{l}}^{\mathrm{p}} = \rho_{\mathrm{k}}^{\mathrm{p}} - \rho_{\mathrm{l}}^{\mathrm{p}} - (\mathrm{d}t_{\mathrm{k}} - \mathrm{d}t_{\mathrm{l}})c + d_{\mathrm{k,p}} - d_{\mathrm{l,p}} + d_{\mathrm{k,p}}^{\mathrm{p}} - d_{\mathrm{l,p}}^{\mathrm{p}} + \Delta\varepsilon_{\mathrm{p}} \tag{6.1}$$

式中:P_k^{p}、$P_{\mathrm{l}}^{\mathrm{p}}$ 分别为 k 和 l 接收机与导航卫星 p 之间的伪距测量;$\rho_{\mathrm{k}}^{\mathrm{p}}$、$\rho_{\mathrm{l}}^{\mathrm{p}}$ 分别为 k 和 l 接收机与导航卫星 p 之间的几何距离;$\mathrm{d}t_{\mathrm{k}}$、$\mathrm{d}t_{\mathrm{l}}$ 分别为 k 和 l 接收机的时钟偏差;$d_{\mathrm{k,p}}$、$d_{\mathrm{l,p}}$分别为 k 和 l 接收机接收导航卫星 p 信号时的硬件伪码延迟;$d_{\mathrm{k,p}}^{\mathrm{p}}$、$d_{\mathrm{l,p}}^{\mathrm{p}}$分别为 k 和

l 接收机接收导航卫星 p 信号时的多径干扰误差；$\Delta\varepsilon_{\mathrm{p}}$ 为测量噪声；c 为光速。

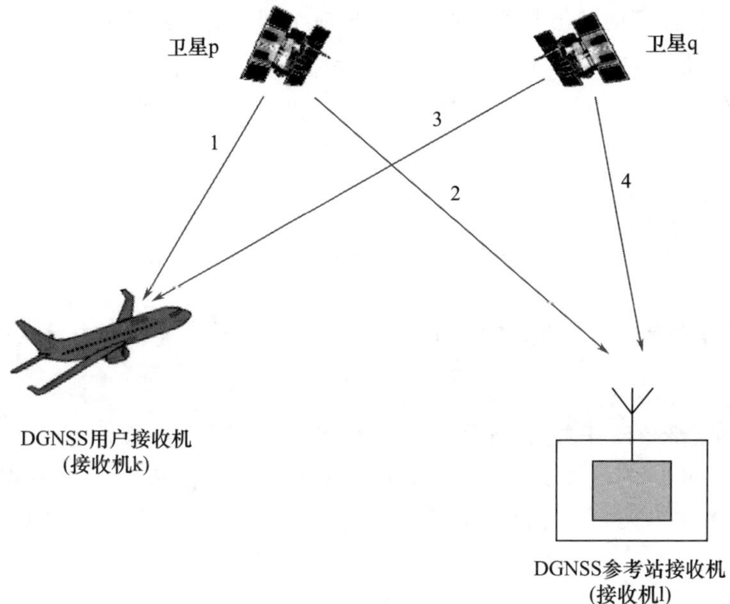

图 6.2　典型 DGNSS 架构（见彩图）

式(6.1)表征了不同参考站同步观测同一颗导航卫星所得的伪距观测量之差，参考站 RR 接收机 l 的位置坐标是精确测绘的已知量，式(6.1)中有用户接收机 k 的位置坐标和接收机时钟偏差的 4 个未知量，因此，需要用户同步观测 4 颗导航卫星，建立 4 个伪距观测量的单差方程，才能求解这 4 个未知量。单差方程消除了卫星钟差，基本清除了大气电离层和电离层延迟误差。

可以建立图 6.2 中两台接收机(k 和 l)和两颗导航卫星(p 和 q)伪距观测量的单差之差模型，得到双差方程为[1]

$$P_{\mathrm{k}}^{\mathrm{p}} - P_{\mathrm{k}}^{\mathrm{q}} - P_{\mathrm{l}}^{\mathrm{p}} - P_{\mathrm{l}}^{\mathrm{q}} = \rho_{\mathrm{k}}^{\mathrm{p}} - \rho_{\mathrm{k}}^{\mathrm{q}} - \rho_{\mathrm{l}}^{\mathrm{p}} - \rho_{\mathrm{l}}^{\mathrm{q}} + d_{i,\mathrm{p}}^{j} \tag{6.2}$$

式中：$d_{i,\mathrm{p}}^{j}$ 为总的多径效应，式(6.2)中有用户接收机 k 的位置坐标 3 个未知量，因此，需要用户同步观测至少 4 颗导航卫星，才能建立 3 个伪距观测量的双差方程，求解这 3 个未知量。根据误差传递规律，双差伪距观测量的方差是纯伪距观测量方差的 2 倍，即有

$$\sigma_{\mathrm{DD}} = \sqrt{\sigma_{\mathrm{P}}^{2} + \sigma_{\mathrm{P}}^{2} + \sigma_{\mathrm{P}}^{2} + \sigma_{\mathrm{P}}^{2}} = 2\sigma_{\mathrm{P}} \tag{6.3}$$

双差方程消除了卫星钟差、卫星轨道误差，进一步消除了大气电离层和电离层延迟误差，因此，双差伪距观测量更为精确。由于不能建立多径干扰误差模型，多径干扰误差与接收机无关，因此，双差方程不能消除多径干扰误差。

6.2.2　载波相位差分改正

接收机 A 和导航卫星 i 之间的载波相位观测方程为[2]

$$\Phi_{A}^{i}(\tau)=\Phi^{i}(t)-\Phi_{A}(\tau) \tag{6.4}$$

式中：$\Phi_{A}^{i}(\tau)$为读到的载波相位（在τ时刻导航卫星 i 播发的信号，接收机 A 所读到的载波相位数值）；$\Phi^{i}(t)$为接收的信号载波相位（在t时刻，接收机 A 所接收到的载波相位数值）；$\Phi_{A}(\tau)$为接收机生成的信号载波相位（在τ时刻接收机 A 生成的载波信号相位）；如果$\rho_{A}^{i}(t)$是接收机 A 和导航卫星 i 之间的伪距，则有$t=\tau-\rho_{A}^{i}(t)/c$，c为光速。式（6.4）可写为

$$\Phi_{A}^{i}(\tau)=\Phi^{i}(\tau)-\frac{f}{c}\rho_{A}^{i}(t)-\Phi_{A}(\tau)+N_{A}^{i} \tag{6.5}$$

式中：$\frac{f}{c}\rho_{A}^{i}(t)$为导航信号波长的数量；$f$为导航信号标称频率；$N_{A}^{i}$为导航信号整周模糊度。

载波相位差分改正技术利用参考站（RS）的载波相位观测量和用户接收机（UR）的载波相位观测量之间的差分来提高 UR 的定位精度。单差观测量是两台接收机（A 和 B）和一颗导航卫星 i 之间实时载波相位观测量之间的差分，如下式所示[1]：

$$\Phi_{AB}^{i}(\tau)=\Phi_{B}^{i}(\tau)-\Phi_{A}^{i}(\tau) \tag{6.6}$$

将式（6.5）代入式（6.6）中，可以得到

$$\Phi_{AB}^{i}(\tau)=\frac{f}{c}\rho_{AB}^{i}(t)+\Phi_{AB}(\tau)-N_{AB}^{i} \tag{6.7}$$

式中：$\Phi_{AB}(\tau)=\Phi_{A}(\tau)-\Phi_{B}(\tau)$；$N_{AB}^{i}=N_{B}^{i}-N_{A}^{i}$；$\rho_{AB}^{i}(t)=\rho_{A}^{i}(t)-\rho_{B}^{i}(t)$。如果两台接收机（A 和 B）可以同时观测 4 颗导航卫星 i、j、k、l 之间的载波相位观测量，那么有下述方程组：

$$\begin{cases}\Phi_{AB}^{i}(\tau)=\frac{f}{c}\rho_{AB}^{i}(t)+\Phi_{AB}(\tau)-N_{AB}^{i}\\ \Phi_{AB}^{j}(\tau)=\frac{f}{c}\rho_{AB}^{j}(t)+\Phi_{AB}(\tau)-N_{AB}^{j}\\ \Phi_{AB}^{k}(\tau)=\frac{f}{c}\rho_{AB}^{k}(t)+\Phi_{AB}(\tau)-N_{AB}^{k}\\ \Phi_{AB}^{l}(\tau)=\frac{f}{c}\rho_{AB}^{l}(t)+\Phi_{AB}(\tau)-N_{AB}^{l}\end{cases} \tag{6.8}$$

进一步，对两台接收机（A 和 B）和两颗导航卫星 i、j 之间实时载波相位观测量之间的单差再差分，就可以得到载波相位观测量之间的双差方程：

$$\Phi_{AB}^{ij}(\tau)=\Phi_{AB}^{j}(\tau)-\Phi_{AB}^{i}(\tau)=\frac{f}{c}\rho_{AB}^{ij}(t)-N_{AB}^{ij} \tag{6.9}$$

式中：N_{AB}^{ij}为双差模糊度，$N_{AB}^{ij}=N_{AB}^{j}-N_{AB}^{i}$。由此，利用两台接收机（A 和 B）分别与三组导航卫星（i、j）、（i、k）和（i、l）之间实时载波相位观测量之间的单差再差分，就可以得到 3 个双差方程：

$$\begin{cases}\Phi_{AB}^{ij}(\tau)=\dfrac{f}{c}\rho_{AB}^{ik}(t)-N_{AB}^{ik}\\ \Phi_{AB}^{ik}(\tau)=\dfrac{f}{c}\rho_{AB}^{ij}(t)-N_{AB}^{ij}\\ \Phi_{AB}^{il}(\tau)=\dfrac{f}{c}\rho_{AB}^{il}(t)-N_{AB}^{il}\end{cases}\tag{6.10}$$

双差方程组包含两台接收机的坐标和 3 个双差模糊度,如果知道参考站的位置,则利用这 3 个双差测量方程就可以求解出用户位置的差分改正数。

第一个差分方程式(6.6)是两台接收机(A 和 B)同步观测同一颗导航卫星所得的载波相位观测量之差,消除了对所有用户来说是公共误差的导航卫星时钟误差,同样两台接收机可以同步观测另一颗导航卫星得到载波相位观测量之差。第二个差分方程式(6.9)是对上述两个载波相位观测量的单差方程再做差,即两台接收机和一组导航卫星载波相位观测量的单差之差,消除了对单差方程来说是公共误差的两台接收机时钟误差。双差技术消除了卫星和接收机的时钟误差。

6.3　差分模式

差分模式可分为状态空间域差分和观测值域差分两种类型,状态空间域差分对不同类型的 GNSS 误差源分别建模,主要包括卫星轨道误差、卫星钟差与电离层延迟误差,状态空间域差分不受参考站距离的影响,可以实现广域范围内同精度的差分改正。观测值域差分不区分误差源,只对定位造成影响的综合误差建模,观测值域差分与参考站空间分布关联,差分改正性能与参考站距离有关,差分改正服务区域(距离)有限。

基于状态空间域差分模式,用户获取广域范围的差分改正数,采用伪距标准单点定位(SPP)、载波精密单点定位(PPP)等算法,形成广域差分系统和广域精密定位系统;基于观测值域差分模式,用户获取局域范围的差分改正数,采用伪距双差分、载波双差分等算法,形成局域差分系统和局域精密定位系统。差分系统的模式及其演化过程如图 6.3 所示。

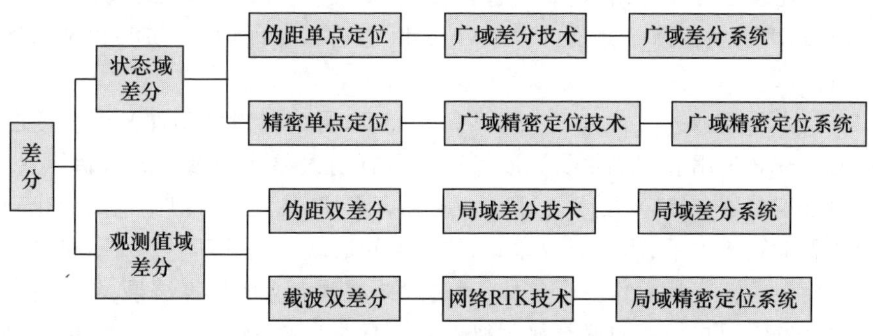

图 6.3　差分系统的模式及其技术演化过程

广域差分技术是一种矢量化误差改正技术，一般是在方圆几千千米区域内布设30～40个参考站，主要利用伪距观测量（辅以载波观测量）进行可视卫星轨道、钟差以及空间电离层延迟精确估计，并向服务区内用户实时广播相对导航电文的星历、钟差和电离层格网改正数，用户在利用导航卫星观测伪距和导航电文进行定位处理的同时，利用所接收到的改正参数进行差分改正处理。一般是通过GEO卫星向用户播发星历及卫星钟差及改正数、电离层延迟等参数的修正信息，提高GNSS的定位精度。新一代GPS在导航电文中也定义了星历和钟差改正数的播发协议，将星历改正数由位置改正形式定义为轨道根数改正形式。经广域差分改正后，空间信号用户测距误差（URE）一般能优于米级，因此，用户定位精度可达3m左右。

广域精密定位技术与广域差分技术的实现原理和工作过程基本相同，主要区别是利用参考站的载波观测量进行卫星轨道、钟差以及空间电离层延迟精密估计，用户利用双频载波观测量进行精密单点差分改正处理，因此，可以实现分米级定位精度。载波观测量差分改正初始化时间一般需要20min左右。广域精密定位信息一般由商业机构租用GEO卫星进行广播，也可以利用地面互联网向用户提供广域精密定位信息。

局域差分技术是一种标量化改正技术，一般是在方圆几十千米区域内布设3～4个参考站，利用伪距观测量（辅以载波观测量）和距离计算量进行可视卫星伪距及导航电文误差综合改正处理，并向服务区域内用户实时广播这些改正参数，用户在利用导航卫星观测伪距和导航电文进行定位处理的同时，利用所接收的改正参数进行差分定位处理。局域差分改正数一般通过甚高频（VHF）链路播发。经局域差分改正后，用户定位精度一般可达亚米级。

局域精密定位系统是在一定区域内由一定数量的参考站对可视卫星进行连续观测，区域内用户可申请获取相对较近参考站的原始载波观测量或经一定模式处理得到区域误差改正参数，再结合用户自身载波观测量进行相对定位处理。如果是单参考站，一般又称单基站实时动态（RTK）载波相位差分技术。如果是较大区域内较多参考站（参考站间距为几十千米）组网工作，则一般又称为网络RTK技术，所构成的系统又称为连续运行参考站（CORS）。网络RTK技术主要有虚拟参考站（VRS）、区域改正数（FKP）、主辅站差分改正（MAX）技术、综合误差内插法（CBI）以及网络参考站（NRS）技术。

VRS技术采用双差方式解算参考站间模糊度，得到参考站间厘米级精度的误差改正数据。FKP采用非差卡尔曼滤波算法将所有的误差作为参数进行解算，得到各种误差的改正参数。MAX技术通过参考站间单差，将参考站的相位距离简化到一个公共的整周未知数水平，当组成双差时，整周未知数就被消除了。CBI不对各项误差源进行分离而是统一地看作一个整体，通过双差观测方程的计算结果，将求解得出的综合误差播发给用户。用户联合接收机的观测数据、接收到的参考站坐标和综合差分改正数，通过接收机解算软件内置的综合误差内插方法，得到高精度的定位测量结

果。NRS技术以VRS技术为主体，融合FKP和MAX技术的优点，仍然使用用户所处位置周边3个参考站的观测数据在用户附近生成一个虚拟参考站，但是其差分改正数是对网中所有参考站的观测数据进行处理内插生成的，从而使改正数的精度有了明显的改善，用户定位的精度也会有所提高。各种网络RTK技术特点对比如表6.1所列[3-4]。

表6.1 网络RTK技术特点对比

比较内容	VRS	FKP	MAX	CBI	NRS
双向通信	是	否	否	否	是
数据负荷	较小	大	较小	小	较小
差分改正数生成位置	服务器	移动站	移动站	移动站	服务器
最少卫星数	3	3	2	2	3
兼容性	高	低	高	低	高
解算精度	高	高	较高	高	较高
解算稳定性	稳定	非常稳定	非常稳定	稳定	非常稳定

各种技术手段之间的组合形成了不同的卫星导航差分改正和完好性增强系统，通过不同的技术手段，可以实现不同范围和性能的精度或完好性增强服务，差分改正系统和完好性增强系统技术特点对比如表6.2所列[5]。

表6.2 差分改正系统和完好性增强系统技术特点对比

<table>
<tr><th rowspan="3">系统</th><th colspan="8">对比方面</th></tr>
<tr><th rowspan="2">服务区域</th><th rowspan="2">地面站数量</th><th colspan="2">信息播发</th><th colspan="2">增强能力</th><th colspan="2">用户特点</th></tr>
<tr><th>播发方式</th><th>信息格式</th><th>精度</th><th>完好性</th><th>动态特性</th><th>初始化时间</th></tr>
<tr><td>广域精密定位系统</td><td>数千千米</td><td>数十个参考站</td><td>星基播发</td><td>自定义协议，信息速率500～2000bit/s</td><td>dm/cm</td><td>无</td><td>低动态及静态用户</td><td>15～30min</td></tr>
<tr><td>局域精密定位系统</td><td>数十千米</td><td>数个参考站</td><td>地基播发（通用分组无线业务（GPRS）/互联网/电台等）</td><td>RTCM协议，信息速率1000～2000bit/s</td><td>dm/cm/mm（事后）</td><td>无</td><td>低动态及静态用户</td><td>数秒～1min</td></tr>
<tr><td>广域完好性增强系统</td><td>数千千米</td><td>数十个参考站</td><td>星基播发（国际标准频段）</td><td>RTCA协议，信息速率250bit/s</td><td>米级/亚米</td><td>已实现APV－Ⅰ</td><td rowspan="2">高动态用户（航空、铁路）</td><td rowspan="2">无</td></tr>
<tr><td>局域完好性增强系统</td><td>数十千米</td><td>数个参考站</td><td>地基播发（专用电台等）</td><td>RTCM协议，信息速率250bit/s</td><td>米级/亚米</td><td>已实现CAT Ⅰ</td></tr>
</table>

一般而言，广域差分对应系统级差分改正，所需地面监测站较少，通常采用星基播发手段，局域差分对应用户级差分改正，所需地面监测站较密，通常采用地基播发手段。广域精密定位系统覆盖范围广，但需要较长的载波初始化收敛时间；局域精密

定位系统收敛速度很快，但覆盖范围受站点布设的限制。虽然精度增强与完好性增强主要功能及面向对象不同，但两者在体系架构、技术手段、接收终端等方面均具有相似性，因此，可以统筹设计和建设。

6.3.1 局域差分系统

局域差分全球卫星导航系统（LADGNSS）的工作原理建立在参考站和用户的误差具有时空相关基础上，通过差分改正技术可以消除参考站与用户之间的公共误差，但随着用户距参考站距离的增加、对流层和电离层误差公共性逐渐减弱，定位精度从而降低。参考站和用户之间的距离对用户定位精度有着决定性的影响。当参考站和用户之间的距离间隔小于 150km 时，用户定位精度一般优于 5m。随着参考站和用户之间的距离增大，特别是间隔大于 300km 时，参考站和用户之间定位误差的相关性就会减弱，用户定位精度就会迅速降低。一般如果参考站发射机的精度为 1m，然后每隔 150km，误差增加 1m[6]。对于一个参考站而言，其有效覆盖范围主要由差分系统定位精度要求和数据通信链路的性能决定。单基站差分系统是最简单的 DGNSS，是以一个参考站所提供的差分修正值来进行改正。单基站差分系统只在很小的一个地理区域（用户距离参考站的距离小于 10～100km）内起作用[7]。

LADGNSS 包括参考站、数据通信链路和用户终端 3 部分，如图 6.4 所示。区域差分系统的参考站具有厘米级精度的三维位置坐标，配置的监测接收机可以给出伪距和载波相位观测信息，同时自动气象记录仪给出相关气象信息。参考站测定视场内每颗可见卫星的伪距校正值，采用 100kHz～1.5GHz 无线数据通信链路将伪距差分改正数广播给附近用户。

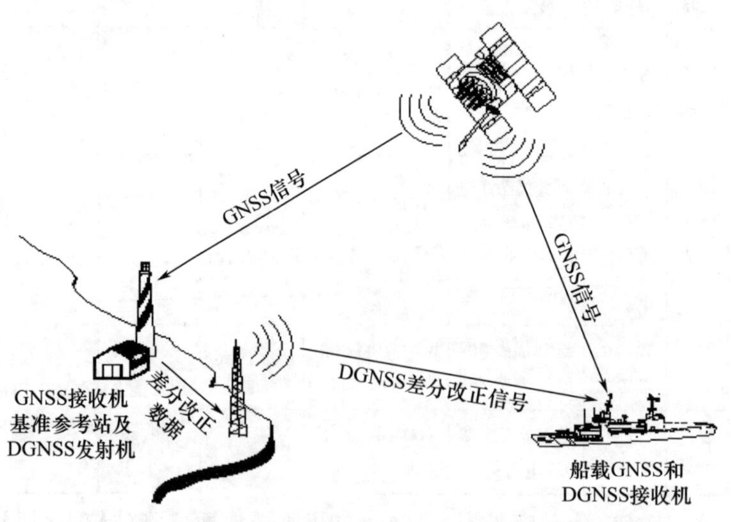

图 6.4 LADGNSS 组成及信息流

通过建立多参考站 LADGNSS 网，可以实现城市和海域附近高精度的实时定位

服务。1999年3月，美国海岸警卫队（USCG）海上差分GPS（MDGPS）提供服务，系统采用285~325kHz频段，广播RTCM SC-104电文格式的GPS差分改正数，数据传输速率有50bit/s、100bit/s、200bit/s三挡，覆盖了美国沿海区域、大湖地区、美国大陆的内河水路、夏威夷、阿拉斯加等地区。即使在GPS实施选择可用性（SA）期间，MDGPS也能为离参考站100km的用户提供1~10m（95%）的定位精度。MDGPS承诺在覆盖区内为用户提供的定位精度为10m（2DRMS），典型定位精度一般为1~3m[7]。

6.3.2 广域差分系统

LADGNSS只有一个参考站，当用户远离参考站时，用户定位精度将逐渐恶化。为了解决这个问题，美国研发了广域差分GPS（WADGPS）。WADGPS将观测误差按误差的不同来源划分为星历误差、卫星钟差以及大气对流层和电离层延迟误差，建立每一个误差源的模型，估计服务区各个分量的差分改正数，利用数据通信链路广播给用户，克服了差分改正精度和参考站与用户之间时间和空间强相关的限制。用户使用单频接收机，通过接收WADGPS播发的差分改正数，也能获得较高的定位精度。

WADGPS由一个参考站网络、一个或多个主控站、一颗地球静止轨道（GEO）通信卫星组成，如图6.5所示。每个参考站包含一台或多台GPS监测接收机，测量可见卫星的伪距观测量并将测量结果传输给主控站，主控站计算卫星慢变改正数、卫星快变改正数、电离层延迟改正数，然后上传给GEO卫星，由卫星再把差分改正数广播给地面用户。

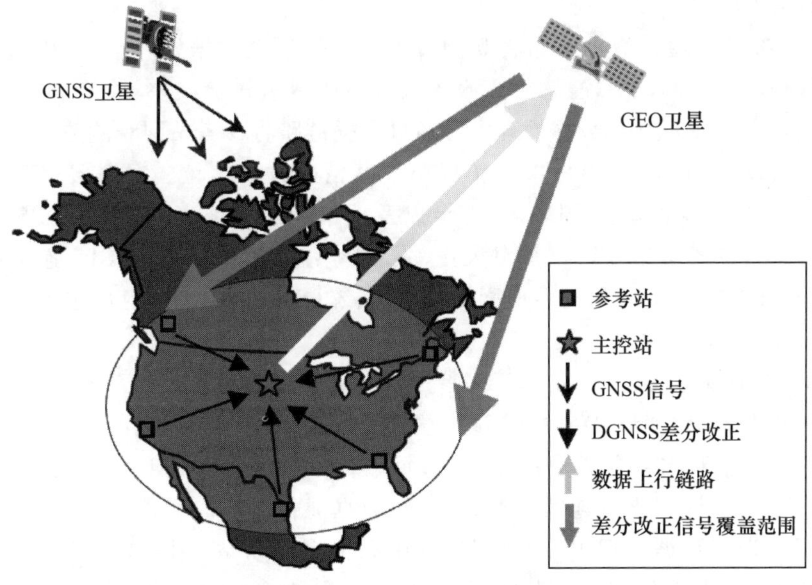

图6.5 WADGPS组成及信息流

卫星播发的差分改正数中:快变改正数为用户提供星载原子钟钟差、选择可用性等快速变化分量的改正信息,以标量形式播发,广播频率6次/s;慢变改正数为用户提供缓慢变化的导航卫星轨道误差和星载原子钟钟差的误差改正数,以四维矢量的形式播发误差,广播频率1次/120s;主控站使用电离层网格模型,播发各个格网点电离层延迟改正数,用户接收到网格点数据后,按照内插法计算本地电离层延迟,广播频率1次/300s。

1999年3月15日,美国海岸警卫队导航中心(USCG/NAVCEN)宣布美国国家差分GPS(NDGPS)提供服务,NDGPS播发RTCM SC-104格式差分改正电文,数据传输速率有50bit/s、100bit/s、200bit/s 3挡,采用最小频移键控(MSK)技术调制差分改正信号,通过285~325kHz海事无线电信标频段实时播发GPS差分改正数。NDGPS播发的GPS差分改正信号在美国大陆本土(CONUS)92%的区域实现了单重覆盖,在65%的区域实现了双重覆盖[8],为用户提供1~3m定位精度服务[9]。

6.3.3 连续运行参考站

在大地测量、形变监测、道路施工、精准农业等领域,对卫星导航系统提出了动态厘米级、静态毫米级的定位精度需求,然而仅靠GNSS自身无法满足如此高的定位需求,连续运行参考站(CORS)就是为满足这些需求发展起来的。国家测绘局定义CORS为一个或者若干个固定的、连续运行的GPS参考站,利用现代计算机、数据通信和互联网技术组成的网络,实时地向不同类型、不同需求、不同层次的用户自动提供经过检验的不同类型的GPS观测值(载波相位、伪距),各种改正数,状态信息,以及其他有关GPS服务的系统[10]。

CORS参考站通过数据链路将观测数据实时传送至数据处理中心,数据处理中心建立服务区域内的误差模型,解算服务区域内的卫星轨道误差、钟差、电离层和对流层延迟等误差改正数。数据处理中心通过数据链路将参考站网观测数据及误差模型播发给流动站(用户),用户由此实现用户高精度载波定位。根据覆盖范围的大小,CORS可以分为全球级、国家级、省级以及地市级和行业级。国外CORS主要有美国连续运行参考站(CORS)、加拿大主动控制系统(CACS)、日本GPS连续应变监测系统(COSMOS)、澳大利亚悉尼网络RTK系统(SydNet)、德国卫星定位与导航服务计划(SAPOS)。

CORS是地基差分系统,是基于多参考站模式的局域精密定位系统,由在一定区域范围内建立若干GNSS参考站(相距一般不超过数十千米)组成的参考站网络、数据处理中心以及双向数据通信链路组成,每个参考站配置双频卫星导航接收机,参考站按规定的采样率进行连续观测,并通过数据通信链实时将伪距、载波相位测量观测数据传送给数据处理中心,数据处理中心根据流动站(用户)送来的近似坐标(可据伪距法单点定位求得)判断出该站位于由哪3个参考站所组成的三角形内,然后根据这三个参考站的观测资料求出流动站处所收到的系统误差,并播发给用

户来进行误差修正,必要时可将误差修正过程迭代多次,基于载波快速解算技术为用户提供静态毫米级、动态厘米级的高精度定位服务。CORS的工作原理如图6.6所示。

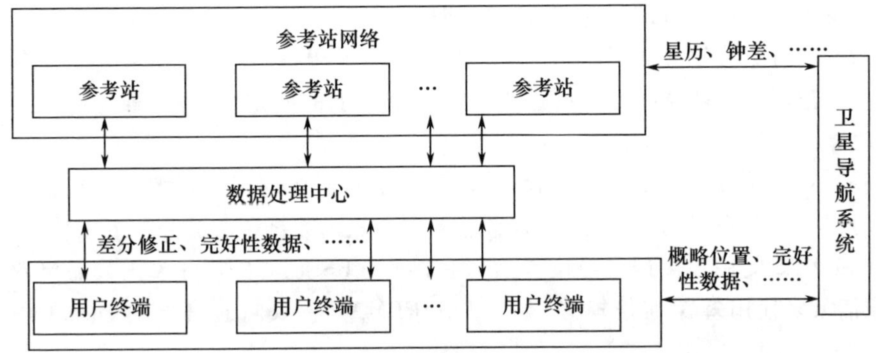

图6.6 连续运行参考站(CORS)工作原理

CORS应用多基站网络RTK技术解决了参考站差分改正数据作用距离有限的问题,线性衰减的单点导航差分误差模型被区域型的导航差分网络误差模型取代,通过多个参考站组成的导航网络估计一个地区的误差模型,并为覆盖地区的用户提供差分改正数。数据处理中心利用数据通信链路播发修正数据,数据通信链路有单向和双向两种工作方式:在单向方式中,用户从数据处理中心得到一致的修正数据;在双向方式中,用户将自己的大概位置传送给数据处理中心,数据处理中心将更为精确的差分改正数据播发给的用户,由此实时得到更高精度的定位结果。CORS的工作原理要求每个基站与数据处理中心保持单向数据通信能力,每个用户与数据处理中心需要保持双向数据通信的能力。

数据处理中心是CORS的核心,CORS处理参考站网给出的伪距、载波相位测量观测数据,得到服务区内精确的差分改正数,应用较广泛的CORS技术有Trimble公司的VRS技术和Leica公司的主MAX技术,这两种技术都是将所有的固定参考站数据发送到数据处理中心,进行联合解算,再以RTCM等标准格式播发到移动站,但两者也存在一定的差别。

2001年,Trimble Terrasat公司提出VRS技术,集GPS硬件、软件和网络通信技术于一体[11]。VRS技术的工作原理是在特定区域建立永久的固定参考站(通常相距50~70km),数据处理中心实时接收各个参考站的卫星观测数据并对接收到的观测数据进行实时检测和解算,通过双差观测值对各个误差进行分离,建立区域内的误差模型。用户接收机通过地面移动通信网络的短信息功能向控制中心发送一个概略坐标,数据处理中心根据用户的位置,选择一组最佳的参考站,利用特定的模型算法,相当于在用户位置附近建立一个虚拟参考站,并利用此参考站产生高精度的差分改正信息,数据处理中心将标准格式的差分改正信息发送给用户接收机进行载波相位差分改正,从而产生厘米级的定位结果,解决了RTK技术作业距离限制上的问题口。

VRS 技术的主要特点如下[12-13]。

(1) VRS 通过接收用户的大概位置,为用户生成一个虚拟参考站,向用户发送差分改正信息,与常规 RTK 测量作业模式基本一致,因此,移动站端设备无需升级,只需具备蜂窝通信设备即可,操作简单,使用方便。

(2) 通过基线解算之后,VRS 技术需要对误差源进行分离,分别建立差分改正模型。改正模型一般选择用户周边 3 个或 3 个以上的固定参考站,通过各个参考站的实时观测数据建立而成。

(3) VRS 接收用户的大概位置,其差分改正插值等计算过程大多是在数据处理中心的服务器端完成的,如果用户数量过多则会超出数据中心服务器的工作能力。

(4) VRS 的用户发送自身位置信息和接收 VRS 信息与差分改正数需要双向通信,通信大多使用蜂窝通信模式,如 GPRS、CDMA 等,双向通信模式增加了用户的成本。

(5) VRS 用户只接收到系统发送的 VRS 信息,而不知道固定参考站的信息,从而移动站接收机不能根据距实际参考站的距离确定使用哪种方法解算整周未知数。

MAX 技术的工作原理是利用多基站、多系统、多频及多信号非差处理算法,解算整周模糊度,利用卡尔曼滤波进行平差处理[14]。MAX 技术采用 Leica 公司开发的 SpiderNET 软件包,利用最小二乘模糊度降相关平差法(LAMBDA)快速解算整周模糊度,采用卡尔曼滤波进行平差处理。利用网络处理软件将网络中所有参考站相位距离归算到一个公共的整周未知数水平,并据此对每一对卫星/接收机以及每一个频率计算出弥散性(误差值与频率有关)和非弥散性(误差值与频率无关)误差,并将此误差的差分改正数作为网络的改正数据播发给流动站。MAX 技术克服了 VRS 技术需要双向通信的缺陷,且无网络容量大小限制,也没有网中台站及流动用户的数量限制。MAX 技术通过 RTCM Ver3.0 的格式进行差分改正数的播发,使网络 RTK 的技术更加成熟,主要特点如下。

(1) MAX 技术的数据内容包括主参考站的坐标值、差分改正数、单元内辅助参考站相对于主参考站的坐标差值、差分改正数差值,克服了传统的网络 RTK 技术在数据播发过程中产生的数据冗余,使差分改正信息及参考站的观测数据高度压缩,节省数据的通信量,减少通信费用。

(2) MAX 技术无需移动站用户向数据中心提供用户的大概位置信息,从而不需要双向通信,减少了数据中心定位解算的压力;因为移动端用户坐标的解算是在移动站接收机解算软件中完成的,所以用户的数量没有限制。

(3) MAX 技术通过 RTCM Ver3.0 向用户播发的观测数据和差分改正信息中,包含真实的参考站的观测数据和信息,而不是虚拟的参考站,因此,用户接收机软件可以根据距离真实参考站的位置,选择最优的整周未知数解算方法进行计算。

(4) MAX 技术中包括 LAMBDA、卡尔曼滤波等多种 GNSS 的数据处理算法,并且应用了 Leica 公司的 CORS 软件 SpiderNET,与其他的方法相比性能方面有所提升。

(5) MAX 技术能够应对突发事件的发生。当网络中有一个参考站不能正常工作时,系统会自动重新选择主要参考站和辅助参考站,并且重新计算改正模型,因此能够在部分参考站不能正常工作时,系统依然可以发布服务,使用户继续进行正常的野外测量工作。

(6) 利用 MAX 技术定位时,移动站接收机主要改正数是参考站的坐标差分改正数,解算软件自动选择一个辅助参考站的差分改正数进行加权计算最终得到相对精确的定位结果。

目前,CORS 采用的主流算法是 VRS 算法,在 CORS 覆盖区域内,无论用户在哪里,数据处理中心都可根据用户当前所在的大概位置,为该用户计算出所需的差分改正数,好像在用户的附近建立了一个临时虚拟基站,从而保证用户可以连续地进行高精度定位,避免用户不断切换基站的问题。VRS 算法已被美国 Trimble 公司申请专利,在建设北斗 CORS 以及北斗地基差分系统过程中,如何正确使用现有的技术资源,同时又规避 CORS 相关知识产权纠纷,是建设北斗地基差分系统过程中要考虑的问题。

6.4 美国国家差分 GPS(NDGPS)

20 世纪 80 年代,为了满足美国舰船对海上定位和导航的需求,美国海岸警卫队导航中心(USCG/NAVCEN)研发了海上差分 GPS(MDGPS)。1989 年,USCG 决定在全美拓展无线电信标 DGPS 的覆盖范围,称为国家差分 GPS(NDGPS),由 USCG、美国空军空战司令部(ACC)、美国联邦铁路管理局(FRA)、美国联邦高速公路管理局(FHWA)、美国国家海洋与大气管理局(NOAA)、美国陆军工程兵团(USACE)、美国交通部(DOT)合作建设。1999 年 3 月 15 日,USCG/NAVCEN 宣布 NDGPS 提供服务,在服务区内,NDGPS 可以为用户提供优于 10m 的定位精度服务。实际用户的定位精度要高得多,典型精度是 1 ~ 3m。如果发射机位置精度为 1m,则每隔 150km,误差增加 1m[15]。此外,NDGPS 为海事用户提供精度 10m(2DRMS)、10s 完好性告警服务[16]。

6.4.1 系统组成

NDGPS 由地面主控站、数据中继网络、参考站组成,NDGPS 组成如图 6.7 所示[17],每个参考站配置两台 GPS 监测接收机,生成伪距观测量和差分改正数。参考站有时也配置完好性监测器,完好性监测器由另外两台 GPS 监测接收机和无线电信标接收机组成。通过数据中继网络,地面主控站可以 24h 连续监测所有参考站和完好性监测器的工作状态,当参考站和完好性监测器的主份接收机出现异常时,可以遥控切换到备份接收机。

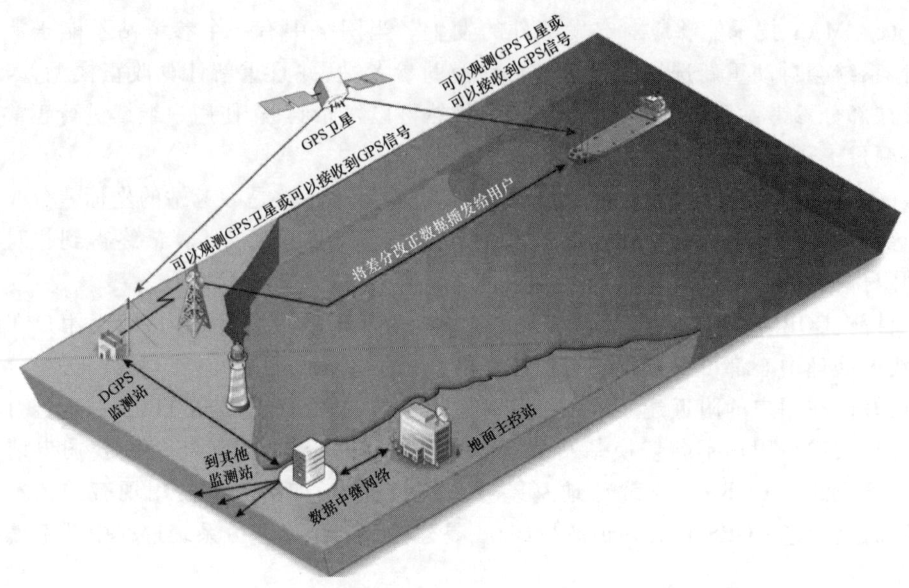

图 6.7 NDGPS 组成(见彩图)

NDGPS 差分改正信号播发流程如图 6.8 所示,参考站生成伪距观测量和差分改正数,原始伪距观测量按预定数据格式封装和调制,由发射机将调制信号传输给双工器;差分改正数按海事无线电技术委员会(RTCM)定义的数据格式封装和调制,由另一台发射机将调制信号传输给双工器;伪距观测量和差分改正数信号双工合成后,播发给用户和地面主控站以及其他参考站。

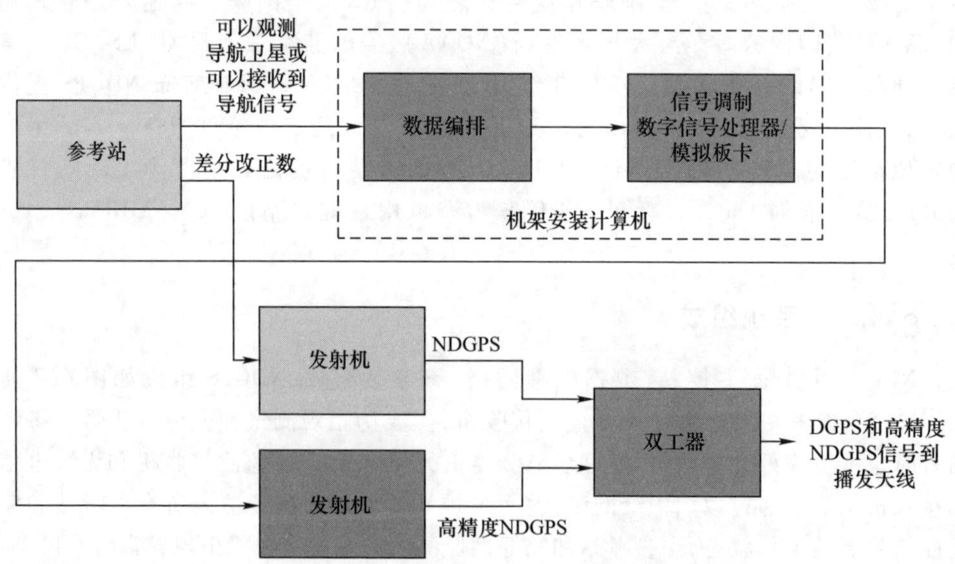

图 6.8 NDGPS 差分改正信号播发流程(见彩图)

参考站完好性监测器接收 GPS 信号和参考站给出的差分改正数，计算参考站的位置和精密测绘位置之间的差异，如果差异超出了预先设定的门限，系统可以识别出导致计算结果异常的信号，同时在播发给用户的差分改正电文中会自动剔除相关卫星的差分改正数。这样，用户通过接收差分改正电文就可以知道卫星的健康状态或者参考站的健康状态，由此提高了系统播发差分改正数的完好性。

NDGPS 的参考站按照 RTCM 制定的 RTCM SC-104 电文格式生成数字差分改正数和系统完好性信息，RTCM SC-104 3.0 版电文帧长度可变，每帧电文的开头是 8bit 的同步头 11010011，随后是 6bit 的保留位和一个 10bit 的电文长度，随后是范围在 0～1024字节（byte）之间变化的电文数据，其后是 24bit 的用于检测电文错误的奇偶校验位，也称为 CRC 码。RTCM SC-104 3.0 版电文格式如图 6.9 所示[18]。

同步头	保留字	电文长度	变长数据电文	循环冗余校验
11010011	6bit	10bit	0～1024 byte	24bit

图 6.9　RTCM SC-104 3.0 版电文格式

NDGPS 采用最小频移键控（MSK）技术调制差分改正信号和完好性数据，按照 RTCM 制定的 RTCMSC-104 电文格式要求，在 285kHz 和 325kHz 海事无线电信标频点播发 NDGPS 信号，数据传输速率为 50bit/s、100bit/s、200bit/s 三挡，所有数据均没有加密，为移动和静态用户提供 GPS 实时差分改正数，NDGPS 差分改正信号服务特征如表 6.3 所列[19]。

表 6.3　NDGPS 差分改正信号服务特征

定位精度（2DRMS）	可用性	覆盖范围	完好性	可靠性	位置解算速率	位置解算维度	系统容量	解模糊
<10m	99.9% 选择区域 98.5% 所有其他区域	美国大陆，包括沿海地带，夏威夷、阿拉斯加及波多黎各自由邦选择区域	现场完好性监测及 24h 控制中心	每 1000000h 中断次数小于 500 次	（1～20）次/s	三维	无限	没有

6.4.2　服务指标

NDGPS 在美国大陆本土（CONUS）及周边地区建设了 84 个国家级 NDGPS 远程广播台，播发的 GPS 差分改正信号在 CONUS 92% 的区域实现了单重覆盖[20]，在 65% 的区域实现了双重重覆盖[21-22]，差分定位速率为（1～20）次/s[23]。NDGPS 在全美及周边地区覆盖范围如图 6.10 所示[20,24]。NDGPS 定位精度优于 10m，给用户的完好性告警时间为 10s，可用性为 99.7%，满足港口导航和船舶进港导航精度要求[20]。

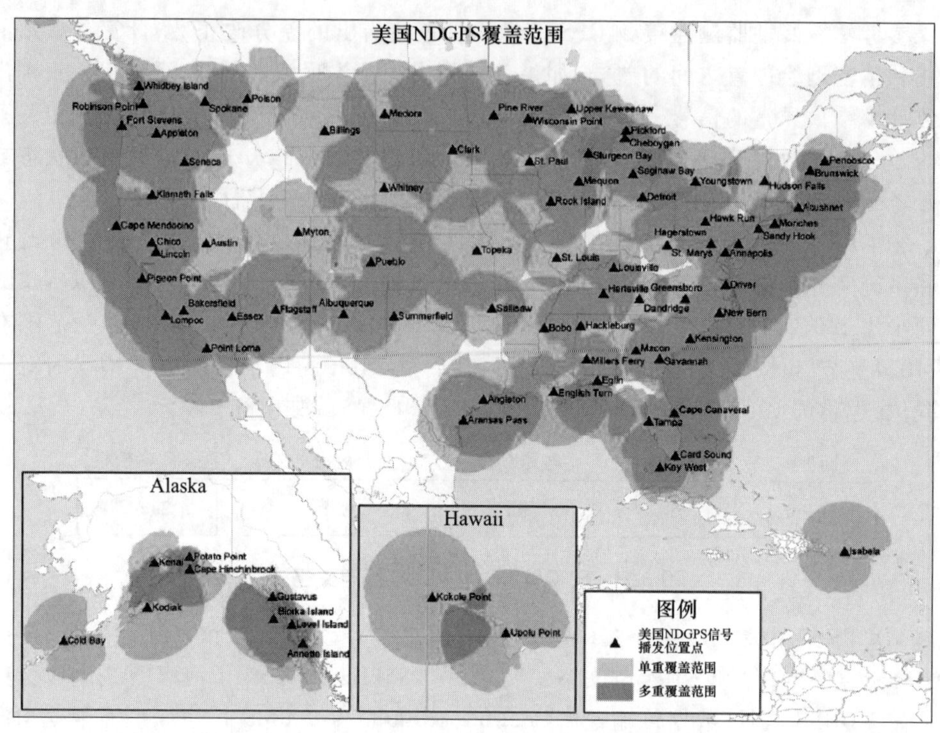

图 6.10 NDGPS 在全美及周边地区覆盖范围(见彩图)

6.4.3 发展趋势

2015 年 9 月 15 日,在 GPS 民用服务接口委员会(CGSIC)会议上,USCG/NAVCEN 的 NDGPS 项目经理 Jacobsen 做了“NDGPS 的未来”大会报告,报告指出 2015 年在全美有 84 个 NDGPS 远程广播台,尽管可为美国大陆本土(CONUS)大约 92% 的区域提供 1 ~ 3m 定位精度服务,但 NDGPS 的用户并不多,为数不多的用户主要集中在海事部门和精密船舶驾驶导航行业。因此,美国海岸警卫队、美国交通部、美国陆军工程兵团计划仅在美国海岸附近保留 21 个 NDGPS 远程广播台,保留美国陆军工程兵团的 1 个 NDGPS 远程广播台,2016 年 1 月 15 日终止其他 62 个远程广播台的服务[20]。

文献[16]指出,从 2016 年起,USCG/NAVCEN 持续评估 GPS 及其 WAAS 的定位精度和完好性指标,评估结果表明 GPS 和 WAAS 可以满足 USCG 的任务要求以及航道导航的安全性要求。2016 年 USCG/NAVCEN 终止了 45 个 NDGPS 远程广播台的服务,包括美国交通部所属的 28 个远程广播台、美国陆军工程兵团所属的 7 个远程广播台以及 USCG 所属的 10 个远程广播台。随着 GPS 精度和完好性指标的日益提高,USCG/NAVCEN 几乎没有了播发 NDGPS 差分改正信号的需求。此外,其他商业和政府的 GPS 增强系统对用户是开放的,目前 GPS 及其增强系统可以满足船舶在港口和航道导航 10m 定位精度的需求。从 2018 年起,USCG/NAVCEN 逐渐减少远程

广播台的服务,2020 年 USCG/NAVCEN 终止播发 NDGPS 差分改正服务。

2008 年 3 月,美国航空无线电通信公司(ARINC)为美国交通部联邦高速公路管理局提交了 NDGPS 评估报告,报告指出对于实时高精度定位应用,美国联邦航空管理局(FAA)认证的 WAAS 和商业导航增强系统可以替代 NDGPS。商业导航增强系统可以为用户提供几米级到亚米级的高精度定位服务,但要求用户购买授权服务的装置或者软件,并为每台接收机缴纳年费才能获取服务。在理想情况下,WAAS 可以为用户提供 3m(95%)定位精度。精准农业是这些高精度商业服务的主要用户[25]。

6.5 北斗地基增强系统(BDSGAS)

BDSGAS 采用先进系统架构、数据处理系统、软件和多种播发手段,实现在一个系统进行多个导航卫星系统、多种模式的定位精度增强,利用多种手段播发增强数据产品,可以提供从米级、分米、厘米级精度实时定位服务到后处理毫米级定位服务,可以满足国民经济各行业和人民群众对高精度位置服务的需求。

2014 年,我国启动了 BDSGAS 研制和建设工作,由中国兵器工业集团公司联合交通运输部、国家测绘地理信息局、中国气象局、中国地震局、国土资源部、中国科学院、武汉大学等多家单位联合承担。作为北斗系统重要组成部分与地面基础设施,按照“统一方案、共建共管、数据分享、分步实施、持续发展”原则,整合国内相关资源,建设全国统一的北斗高精度地面参考站网,满足行业和大众对北斗高精度时空应用的需求[5]。2016 年,完成系统第一阶段研制建设任务,开始提供实时厘米级、后处理毫米级服务。2017 年,发布了北斗地基增强系统服务性能规范 1.0 版,支持测绘、交通、气象、地震、国土等行业开展多项高精度应用。2018 年,基本完成系统第二阶段研制建设任务,全面进入系统测试。2019 年,完成北斗地基增强系统验收,正式提供实时米级、分米级精度定位服务[26]。

商业运营方面,中国兵器工业集团公司与阿里巴巴集团于 2015 年 8 月联合成立“千寻位置网络有限公司”,注册资本 20 亿元,成为全球最大的地基增强系统运营商,开创了北斗卫星导航应用新的商业模式。通过互联网融合,北斗地基增强体系基于阿里云计算和数据技术,针对具体应用场景推出多种特色产品和服务,并已在危房监测、精准农业、自动驾驶等领域实现应用[5]。

6.5.1 系统组成

BDSGAS 由北斗参考站网、通信网络系统、国家数据综合处理系统、数据播发系统、行业数据处理系统、北斗/GNSS 增强用户终端组成,如图 6.11 所示[26]。通过地面参考站接收导航信号并实时传输到数据处理中心,经过差分处理后生成差分增强数据产品,具备移动通信、数字广播、卫星等多种播发手段,覆盖我国陆地及领海,实现信号覆盖范围内广域米级/分米级、区域厘米级和后处理毫米级的高精度定位服务。BDSGAS 第一阶段研制建设包括 150 个框架网参考站、1200 个加密网参考站、1 个国家综合数据处理中心、6 个行业数据处理中心等。2019 年初开展全系统测试工作[27]。

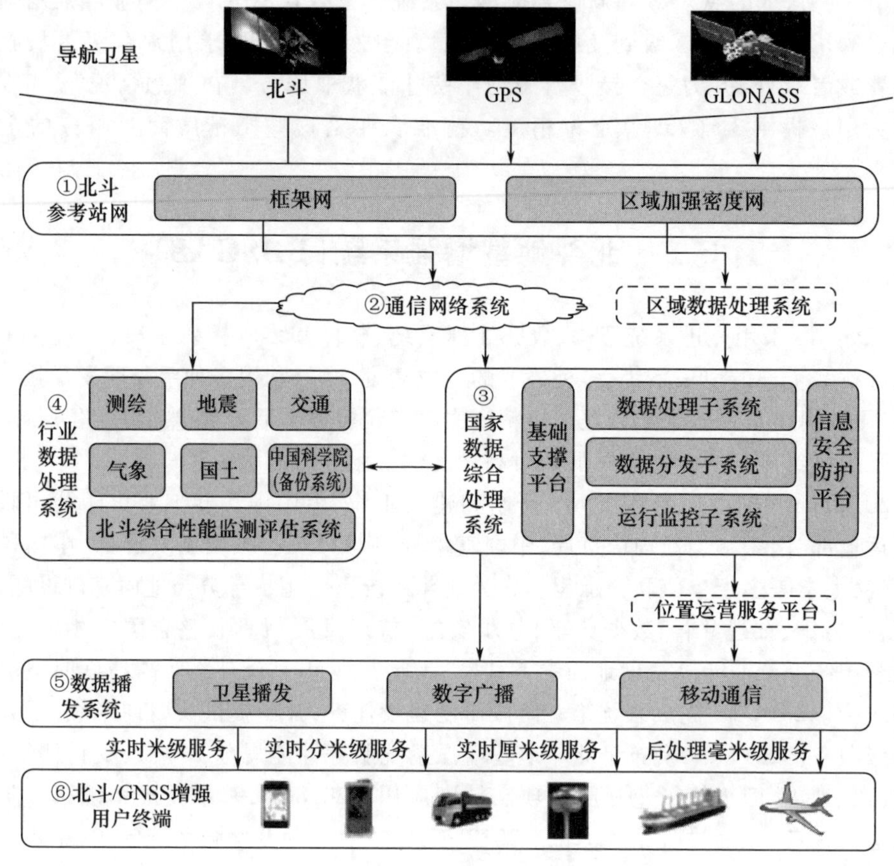

图 6.11　北斗地基增强系统组成(见彩图)

6.5.1.1　北斗参考站网

BDSGAS 参考站是在控制点上架设 GNSS 测量型接收机和通信终端设备,在一定时间内连续观测、接收导航卫星信号,并将数据传输给北斗地基增强系统国家数据综合处理系统,由其处理后播发差分改正数据的设施[28]。北斗参考站通过通信网络将原始观测数据送到国家数据综合处理系统和行业数据处理系统,将北斗参考站和数据处理系统连成“一张网”。北斗地基增强系统参考站网是由若干参考站、国家数据综合处理系统及数据通信网络组成的,提供卫星导航信号数据采集、存储、传输及服务的系统,简称参考站网。

北斗参考站网包括框架网和区域加强密度网两部分,框架网参考站按 155 个设计,并适情补充,155 个框架网参考站大致均匀地布设在中国陆地和沿海岛礁,满足北斗地

基增强系统提供广域实时米级、分米级增强服务以及后处理毫米级高精度服务。

北斗区域加强密度网参考站以省、直辖市或自治区为区域单位布设，根据各自的面积、地理环境、人口分布、社会经济发展情况进行覆盖，满足北斗地基增强系统提供区域实时厘米级增强服务、后处理毫米级高精度服务所需的组网要求。从全国接收原始观测数据质量较好的1200个北斗导航增强站中选择336个站作为北斗地基增强系统的北斗广域增强测试站，其分布如图6.12所示。[27]

北斗参考站应能够全天候24h连续实时采集BDS(B1/B2/B3)、GPS(L1/L2/L5)、GLONASS(L1/L2)3系统8个频点信号的码伪距、信噪比、载波相位值、多普勒频移、导航电文等数据。根据需要，可以进行扩展。参考站应具备导航卫星观测数据采集、数据传输、数据存储、运行状态远程被监控、维护保障及安全防护等基本功能，如表6.4所列[29]。

表6.4 参考站的功能

序号	功能	框架参考站		区域站
		观测站	监测站	
1	基本功能	●	●	●
2	导航卫星观测数据采集功能	●	●	●
3	数据传输功能	●	●	●
4	数据存储功能	●	—	●
5	运行状态远程被监控功能	●	●	●
6	差分数据产品质量监测功能	—	●	—
7	维护保障功能	●	●	●
8	安全防护功能	●	●	●
9	气象数据采集功能	●	●	○

参考站能够按标准规定的数据格式与传输协议传输。传输内容包括观测数据、监测数据、机柜状态监控与告警数据、设备运行状态与告警数据、气象数据等。

6.5.1.2 通信网络系统

BDSGAS的通信网络系统包括从框架网和区域加强密度网到国家数据综合处理系统/数据备份系统，从国家数据综合处理系统到行业数据处理系统、北斗综合性能监测评估系统、位置服务运营平台、数据播发系统间的通信网络及相关设备，通信协议包括传输控制协议(TCP)、NTRIP2.0，实现数据传输，网络配置与监控等功能。

6.5.1.3 国家数据综合处理系统

BDSGAS的国家数据综合处理系统由数据接收子系统、数据分发子系统、数据存储子系统、数据处理子系统组成，负责从北斗参考站网实时接收、存储和处理北斗、GPS、GLONASS卫星的观测数据流，生成北斗参考站观测数据文件、广域增强数据产

图 6.12 北斗地基增强系统 336 个测试站的分布示意图(见彩图)

品、区域增强数据产品、后处理高精度数据产品等,并推送至数据播发系统、位置服务运营平台、行业数据处理系统[27]。国家数据综合处理系统接口包括与框架参考站中观测站、监测站之间的接口,与行业数据处理系统之间的接口,与区域数据处理系统之间的接口,与数据播发系统之间的接口,如图6.13所示。

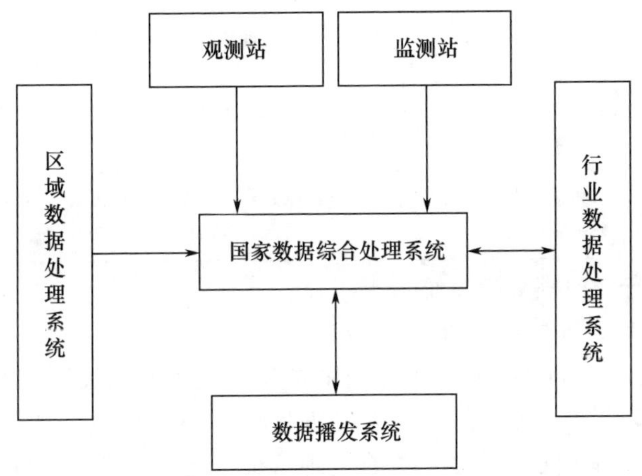

图6.13 国家数据综合处理系统的接口关系

国家数据综合处理系统的输入数据包括原始观测数据、站点信息、气象数据、参考站工作状态信息及差分数据监测数据等。增强数据产品包括导航卫星钟差、卫星轨道、电离层、对流层误差修正参数,国家数据综合处理系统将原始观测数据和增强数据产品传送至行业数据处理系统,行业数据处理系统进行再加工,提供行业北斗/GNSS增强精度定位服务[26]。

国家数据综合处理系统输入输出的接口类型、发送方、接收方、信息内容及通信协议如表6.5所列[29]。北斗地基增强系统提供的数据产品按照RTCM 10403.2的数据封装格式进行封装。每条电文分别进行封装(电文内容长度不超过1023byte)。详细电文格式及电文类型参见《北斗地基增强系统国家数据综合处理系统数据接口规范:BD 440015-2017》。

表6.5 国家数据综合处理系统的接口

序号	接口类型	发送方	接收方	信息内容	通信协议
1	输入接口	观测站	国家数据综合处理系统	原始观测数据、站点信息、气象数据、参考站工作状态等	TCP
2		监测站	国家数据综合处理系统	原始观测数据、站点信息、气象数据、参考站工作状态、差分数据监测数据等	TCP
3		行业数据处理系统	国家数据综合处理系统	原始观测数据、站点信息、气象数据等	NTRIP2.0

（续）

序号	接口类型	发送方	接收方	信息内容	通信协议
4	输入接口	区域数据处理系统	国家数据综合处理系统	原始观测数据、站点信息、气象数据等	TCP
5		数据播发系统	国家数据综合处理系统	播发设备的运行状态等	TCP
6	输出接口	国家数据综合处理系统	数据播发系统	广域差分数据产品、区域差分数据产品等	NTRIP2.0
7		国家数据综合处理系统	行业数据处理系统	原始观测数据、气象数据、广域差分数据产品、区域差分数据产品等	NTRIP2.0

6.5.1.4 行业数据处理系统

行业数据处理系统包括交通运输部、国家测绘地理信息局、中国地震局、中国气象局、国土资源部及中国科学院共6个行业数据处理中心以及国家北斗数据处理备份系统，国家数据综合处理系统与行业数据处理系统接口关系如图6.14所示[26]。行业数据处理子系统接收国家数据综合处理系统的北斗参考站观测数据和生成的增强数据产品，针对行业应用特点进行增强数据产品的再处理，形成支持各自行业深度应用的增强数据产品。北斗地基增强系统的国家数据处理备份系统为北斗地基增强系统参考站网观测数据提供基本的远程数据备份服务，确保当国家数据综合处理系统观测数据丢失或损坏后，能够从远程备份系统进行恢复。

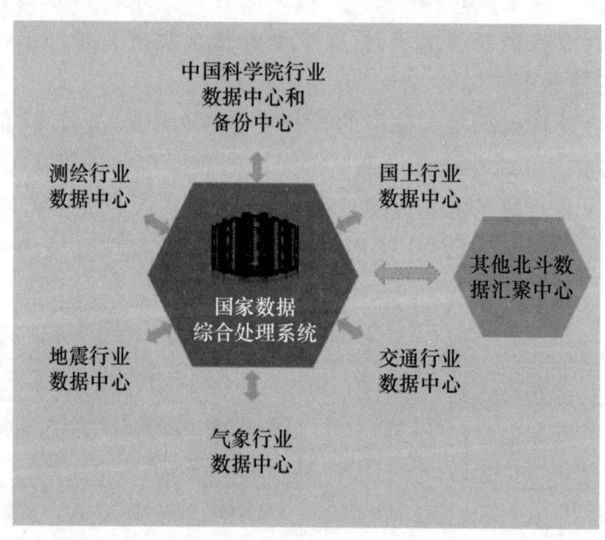

图6.14 国家数据综合处理系统与行业数据处理系统接口（见彩图）

6.5.1.5 数据播发系统

数据播发系统接收国家数据综合处理系统生成的各类增强数据产品，针对各类

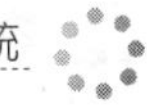

数据产品播发需求，按照国际标准协议进行编排、处理和封装，再通过卫星播发、数字广播、移动通信（2G/3G/4G）等国家基础设施进行播发，供用户使用。此外，通过互联网接入可提供后处理毫米级定位服务[26]。数据播发系统由服务器和播发软件组成，如图6.15所示[30]。

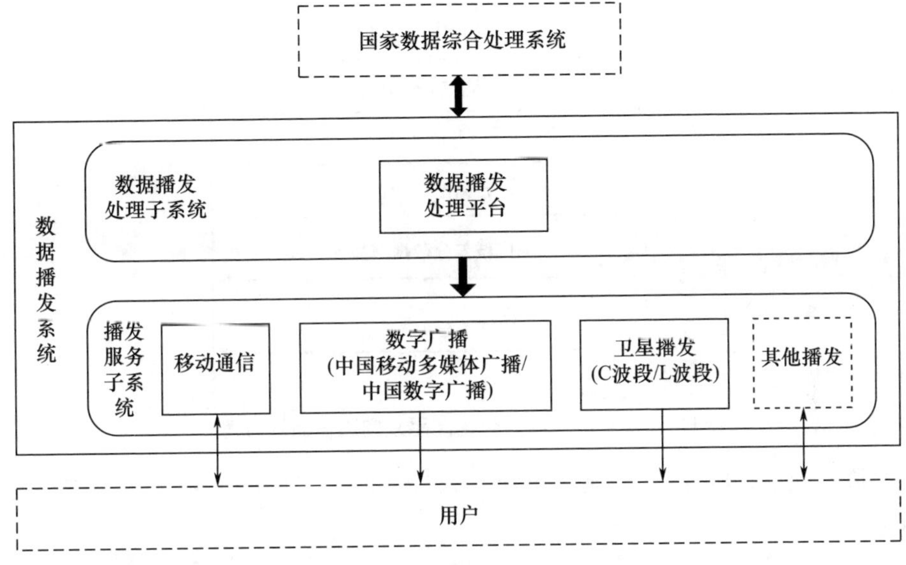

图6.15　数据播发系统组成示意图

BDSGAS数据播发系统目前由移动通信链路进行播发，基于移动通信网数据播发可采用移动通信播发平台双向通信模式和移动通信播发平台单向通信模式。双向通信模式采用“请求-响应”的交互方式，即用户向移动通信播发平台发起差分数据产品请求，移动通信播发平台向用户发送差分数据产品，此时移动通信网作为数据传输通道。移动通信播发平台单向通信模式中移动通信播发平台将差分数据产品分发至移动通信网中的服务移动位置中心，用户与服务移动位置中心进行交互以获取差分数据产品。

当用户请求广域增强数据产品时，用户提交一次服务申请后，移动通信播发平台向用户提供连续的广域增强数据产品播发服务，其双向通信播发流程如图6.16所示[30]，图中虚线表示仅需交互一次，实线表示可以多次交互。当用户与移动通信播发平台之间的连接断开时，短时间内重连后直接重新发送服务申请信息并按正常服务流程接收即可，否则需重新发送认证申请信息，之后按照正常流程进行交互。

当用户请求区域差分数据产品时，用户每提交一次服务申请，移动通信播发平台就向用户提供一次区域差分数据产品播发服务，用户每次提交服务申请时，需提交该用户的概略位置信息，区域差分数据产品双向通信播发流程如图6.17所示[30]，图中虚线表示仅需交互一次，实线表示需多次交互。当用户与移动通信播发平台之间的连接断开时，短期时间内重连直接重新发送服务申请信息（含用户概略位置信息）并

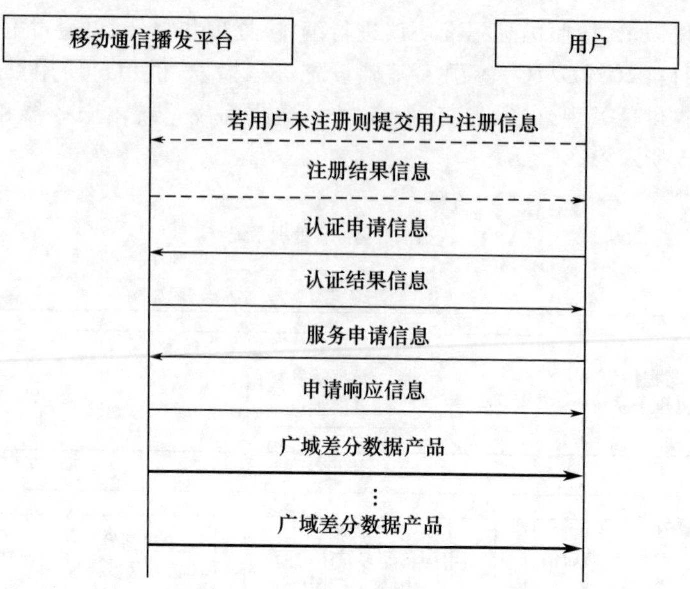

图 6.16 广域增强数据产品双向通信播发流程

按正常服务流程接收即可,否则需重新发送认证申请信息,之后按照正常流程进行交互。

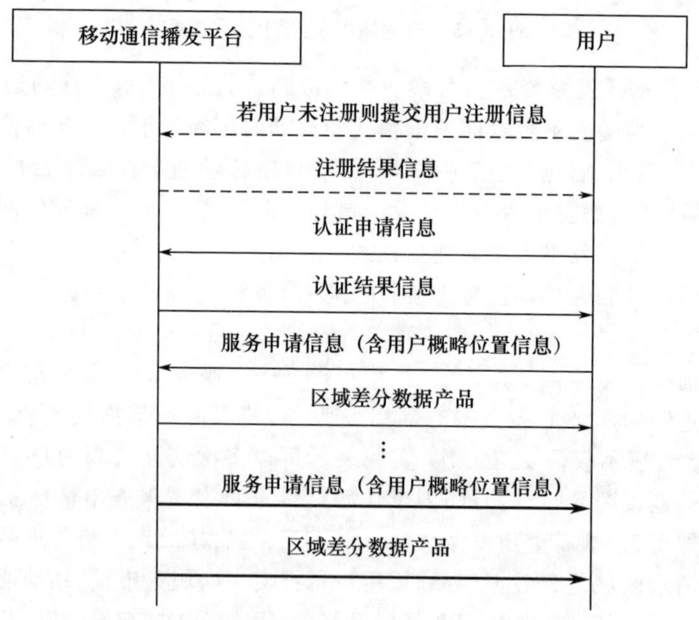

图 6.17 区域增强数据产品双向通信播发流程

6.5.1.6 北斗/GNSS 增强用户终端

BDSGAS 用户终端(接收机)接收北斗卫星导航系统的导航信号,同时接收

BDSGAS数据播发系统卫星、数字广播、移动通信(2G/3G/4G)播发的北斗地基增强精度数据产品,联合接收北斗标准信号和精度增强信号同时解算用户位置,工作模式有广域单频伪距模式、广域单频载波相位模式、广域双频载波相位模式、网络 RTK 模式,实现北斗高精度定位服务。用户终端包括北斗增强服务测试车、北斗高精度测试设备、北斗高精度手机、北斗高精度导航仪、北斗魔盒/伴侣[26],北斗地基增强系统用户终端如图 6.18 所示。

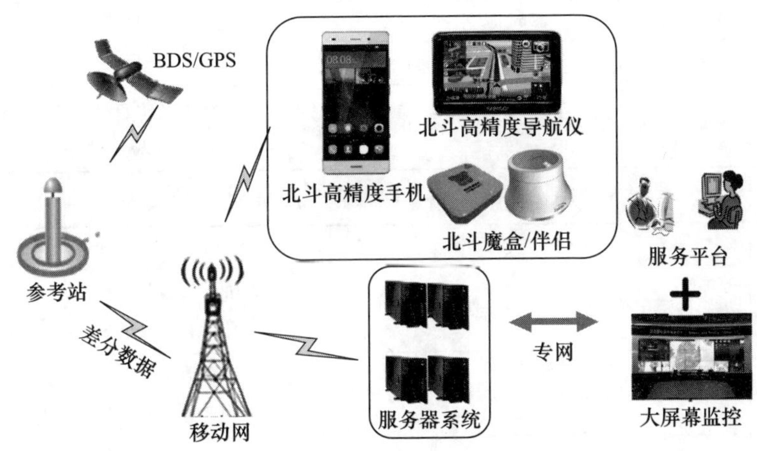

图 6.18　北斗地基增强系统用户终端(见彩图)

BDSGAS 应用于精细农业、国土测绘、建筑桥梁、公共设施等形变和位移监测,山体滑坡、地震和地质灾害测报,为公共安全提供了重要监测手段。BDSGAS 的建设,使基于北斗的位置服务迅速广泛地进入大众消费和民生领域,老人儿童关爱、共享单车、北斗物流等多种创新应用模式相继涌现,改变着人们的生活,为大众提供了更多便利。

6.5.2　服务指标

BDSGAS 广域增强精度服务范围为播发范围内中国陆地及领海。区域增强精度服务范围参照区域加强密度网站点分布,区域加强密度站分布可参见图 6.12 所示的北斗地基增强系统 336 个测试站分布示意图,以区域服务系统发布的服务范围为准。后处理高精度服务范围为播发范围内中国陆地及领海。BDSGAS 各类服务产品播发频率如表 6.6 所列[30]。

表 6.6　BDSGAS 各类服务产品播发频率

产品分类	产品播发频率
广域增强数据产品	钟差、轨道改正数:1s,电离层改正数:30s
区域增强数据产品	1s
注:“产品播发频率”是指“钟差、轨道和电离层改正数播发的时间间隔”	

定位精度是指在约束条件下,各服务范围内用户使用相应产品后所获得的位置与用户的真实位置之差的统计值,包括水平定位精度和垂直定位精度。BDSGAS 定位精度指标如表 6.7 ~ 6.10 所列[27],未说明连续观测时间要求的默认为连续观测 24h 后的定位精度指标。

表 6.7 BDSGAS 北斗广域定位精度指标

产品分类	定位精度(95%)	约束条件
广域增强数据产品	单频伪距定位:水平≤2m,垂直≤4m	北斗有效卫星数>4,PDOP 值<4
	单频载波相位精密单点定位:水平≤1.2m,垂直≤2m	北斗有效卫星数>4,PDOP 值<4
	双频载波相位精密单点定位:水平≤0.5m,垂直≤1m	北斗有效卫星数>4,PDOP 值<4,初始化时间 30 ~ 60min

表 6.8 BDSGAS 北斗 GPS 组合广域定位精度指标

产品分类	定位精度(95%)	约束条件
广域增强数据产品	单频伪距定位:水平≤2m,垂直≤3m	北斗有效卫星数>4 GPS 有效卫星数>4,PDOP 值<4
	单频载波相位精密单点定位:水平≤1.2m,垂直≤2m	北斗有效卫星数>4 GPS 有效卫星数>4,PDOP 值<4
	双频载波相位精密单点定位:水平≤0.5m,垂直≤1m	北斗有效卫星数>4 GPS 有效卫星数>4,PDOP 值<4,初始化时间 30 ~ 60min

表 6.9 BDSGAS 区域定位精度指标

产品分类	定位精度(RMS)	约束条件
区域增强数据产品	水平≤5cm,垂直≤10cm	北斗有效卫星数>4 或 GPS 有效卫星数>4 或 GLONASS 有效卫星数>4,PDOP 值<4,初始化时间≤60s

表 6.10 BDSGAS 后处理定位精度指标

产品分类	定位精度(RMS)	约束条件
后处理高精度数据产品	水平 $\leq 5\text{mm} \pm 1 \times 10^{-6} \times D$ 垂直 $\leq 10\text{mm} \pm 2 \times 10^{-6} \times D$	北斗有效卫星数>4 或 GPS 有效卫星数>4,PDOP 值<4,连续观测 2h 以上
注:D 表示基线距离		

6.5.3 产品特征

基于公开服务原则,BDSGAS 提供广域增强服务、区域增强服务、后处理高精度服务共 3 类服务,BDSGAS 服务说明如表 6.11 所列[30],表中序号 1、2、3 分别对应广域增强数据产品、区域增强数据产品、后处理高精度数据产品共 3 类产品,广域增强数据产品、区域增强数据产品通过移动通信方式提供服务,后处理高精度数据产品通过文件下载方式提供服务。

表 6.11　BDSGAS 服务说明

序号	服务分类	服务方式	服务类型
1	广域增强服务	卫星广播，数字广播，移动通信	公开免费
2	区域增强服务	移动通信	公开收费
3	后处理高精度服务	文件下载	公开免费
4	北斗参考站观测数据服务	移动通信，文件下载	授权
5	地基增强系统完好性服务	卫星广播，移动通信	公开免费

BDSGAS 广域增强数据产品包括北斗/GPS 卫星精密轨道改正、钟差改正数、电离层改正数等；区域增强数据产品包括北斗/GPS/GLONASS 区域综合误差改正数；后处理高精度数据产品包括北斗/GPS 事后处理的精密轨道、精密钟差、地球定向参数（EOP）、电离层产品等。BDSGAS 基于移动通信网数据播发服务，可用于 BDS、GPS、GLONASS 等多个卫星导航系统的广域增强、区域差分定位及辅助定位服务。

6.5.4　数据格式[30]

BDSGAS 提供的广域增强数据产品由多条电文组成，参照 RTCM3.2 的数据封装格式进行封装。每条电文分别进行封装（电文内容长度不超过 1023byte），封装格式如表 6.12 所列。电文由前导码、保留位、电文长度、电文内容（长度可变）和循环冗余校验（CRC）位组成，电文封装的内容如表 6.13 所列。

表 6.12　BDSGAS 数据产品封装格式示意图

前导码（8bit）	保留位（6bit）	电文长度（10bit）	电文内容（≤1023byte）	校验位（24bit）

表 6.13　电文封装内容表

名称	长度	备注
前导码	8bit	固定比特“11010011”
保留位	6bit	保留字段“000000”
电文长度	10bit	值由电文内容长度确定
电文内容	0 ~ 1023byte	包含电文头和数据内容，长度可变，最大不超过 1023byte，内容长度非整字节时在最后的字节处补 0 至整字节
校验位	24bit	采用 CRC-24Q 校验算法
注：①电文内容由各数据字段组成，按比特位进行拼接，若电文内容的有效比特数不为 8 的整数倍（内容长度非整字节），为保证差分电文内容最后一个字节的完整性，在最后的字节处补 0 至整字节；电文长度按不小于实际电文内容字节数的最小整数计算，如 55.125byte 按照 56byte 计算。 ②CRC-24Q 算法详见 RTCM3.2		

BDSGAS 提供的广域增强数据产品包含北斗组合轨道钟差改正电文、GPS 组合轨道钟差改正电文、电离层球谐模型电文共 3 条电文，各电文编号及长度如表 6.14 所列。

表 6.14　广域增强数据产品电文信息

电文编号	电文名称	电文内容字节数
1303	北斗组合轨道钟差改正电文	$8.5+25.625\times N_s$
1060	GPS 组合轨道钟差改正电文	$8.5+25.625\times N_s$
1330	电离层球谐模型电文	$9.5+2.25\times N_i$
注：N_s 为北斗/GPS 卫星数量，N_i =（球谐阶数 +1）×（球谐次 +1），最大不超过 128		

北斗组合轨道钟差电文将卫星钟差改正和轨道改正组合成一条电文，保证轨道和钟差改正数据的时间一致性。北斗组合轨道钟差电文包含电文头和数据内容两部分，北斗组合轨道钟差电文的电文头和数据内容如表 6.15、表 6.16 所列。

表 6.15　北斗组合轨道钟差电文的电文头

数据字段	数据字段号	数据类型	比特数	备注
电文编号	DF002	uint12	12	电文编号 1303
北斗历元时间（指 SOW）	DF549	uint20	20	—
SSR 更新间隔	DF391	bit(4)	4	—
多电文标识	DF388	bit(1)	1	—
卫星参考基准	DF375	bit(1)	1	—
IOD SSR	DF413	uint4	4	—
SSR 提供者 ID	DF414	uint16	16	—
SSR 解算方案 ID	DF415	uint4	4	—
卫星数量	DF387	uint6	6	—
合计			68	—
注：SSR—状态空间表示				

表 6.16　北斗组合轨道钟差电文的数据内容

数据字段	数据字段号	数据类型	比特数	备注
北斗卫星号	DF532	uint6	6	—
北斗 IODE	DF541	uint8	8	—
轨道面径向改正值	DF365	int22	22	—
轨道面切向改正值	DF366	int20	20	—
轨道面法向改正值	DF367	int20	20	—
轨道面径向改正值变化率	DF368	int21	21	—
轨道面切向改正值变化率	DF369	int19	19	—
轨道面法向改正值变化率	DF370	int19	19	—
钟差改正系数 C0	DF376	int22	22	—
钟差改正系数 C1	DF377	int21	21	—

（续）

数据字段	数据字段号	数据类型	比特数	备注
钟差改正系数 C2	DF378	int27	27	—
合计	—	—	205	—

GPS 组合轨道钟差电文将卫星的钟差改正和轨道改正合成一条电文，保证轨道和钟差改正数据的时间一致性。GPS 组合轨道钟差电文包含电文头和数据内容两部分，GPS 组合轨道钟差电文的电文头和数据内容如表 6.17、表 6.18 所列。

表 6.17　GPS 组合轨道钟差电文的电文头

数据字段	数据字段号	数据类型	比特数	备注
电文编号	DF002	uint12	12	电文编号 1060
GPS 历元时间（指 SOW）	DF385	uint20	20	—
SSR 更新间隔	DF391	bit(4)	4	—
多电文标识	DF388	bit(1)	1	—
卫星参考基准	DF375	bit(1)	1	—
IOD SSR	DF413	uint4	4	—
SSR 提供者 ID	DF414	uint16	16	—
SSR 解算方案 ID	DF415	uint4	4	—
卫星数量	DF387	uint6	6	—
合计	—	—	68	—

表 6.18　GPS 组合轨道钟差电文的数据内容

数据字段	数据字段号	数据类型	比特数	备注
GPS 卫星号	DF068	uint6	6	—
GPS IODE	DF071	uint8	8	—
轨道面径向改正值	DF365	int22	22	—
轨道面切向改正值	DF366	int20	20	—
轨道面法向改正值	DF367	int20	20	—
轨道面径向改正值变化率	DF368	int21	21	—
轨道面切向改正值变化率	DF369	int19	19	—
轨道面法向改正值变化率	DF370	int19	19	—
钟差改正系数 C0	DF376	int22	22	—
钟差改正系数 C1	DF377	int21	21	—
钟差改正系数 C2	DF378	int27	27	—
合计	—	—	205	—

电离层球谐模型不依赖于具体使用的卫星导航系统，该电文可用于计算电离层延迟信息，其数据内容详见表 6.19 所列。

表 6.19　电离层球谐模型电文的电文头

数据字段	数据字段号	数据类型	比特数	备注
电文编号	DF002	uint12	12	电文编号 1332
历元时间(指 SOW)	DF385	uint20	20	—
SSR 更新间隔	DF391	bit(4)	4	—
多电文标识	DF388	bit(1)	1	—
IOD SSR	DF413	uint4	4	—
SSR 提供者 ID	DF414	uint16	16	—
SSR 解算方案 ID	DF415	uint4	4	—
电离层高度	DF501	uint7	7	—
球谐阶数	DF502	uint4	4	—
球谐次数	DF503	uint4	4	—
合计	—	—	76	—
注:表中的球谐阶数不小于球谐次数				

电离层球谐模型电文的数据内容包含球谐系数 C 和球谐系数 S。对球谐系数 C 和 S 的编码顺序按照下式矩阵(从上到下,从左到右)的顺序进行编码:

$$\begin{matrix} C_{00} \\ S_{11} & C_{10} & C_{11} \\ S_{22} & S_{21} & C_{20} & C_{21} & C_{22} \\ & \vdots \\ S_{n,n} & \cdots & S_{n,1} & C_{n,0} & C_{n,1} & \cdots & C_{n,n} \end{matrix} \tag{6.11}$$

式中:C_{ij},S_{ij}为第 i 阶 j 次所对应的余弦、正弦系数;n 为球谐模型电文头的球谐阶数。上述矩阵中默认球谐阶数(设为 n)与球谐次数(设为 m)相同;若 $n>m$,则从第 m 行开始,每一行均为 $2m+1$ 个系数,即系数变成为:$S_{k,m}$,$S_{k,m-1}$,…,$S_{k,1}$,$C_{k,0}$,$C_{k,1}$,…,$C_{k,m}$,其中 $m\leqslant k\leqslant n$。电离层球谐模型电文的数据内容如表 6.20 所列。

表 6.20　电离层球谐模型电文的数据内容

数据字段	数据字段号	数据类型	比特数	备注
球谐系数 C	DF504	int18	18	—
球谐系数 S	DF505	int18	18	—
合计			36	—

电文内容一般由电文头和数据区组成,电文内容的电文头在前,数据区在后,进行拼接。若电文的数据区包含多个相同结构的数据内容,则各数据内容按照先后顺序依次拼接。电文头和数据内容分别由若干数据字段组成,每个数据字段根据定义的先后顺序依次拼接,组成电文头和数据内容,拼接过程按比特对齐。例如,北斗组合轨道钟差改正电文(电文编号 1303)内容的拼接示意图如图 6.19 所示。

数据字段为各电文中可能使用的数据,广域增强数据产品各数据字段的定义如

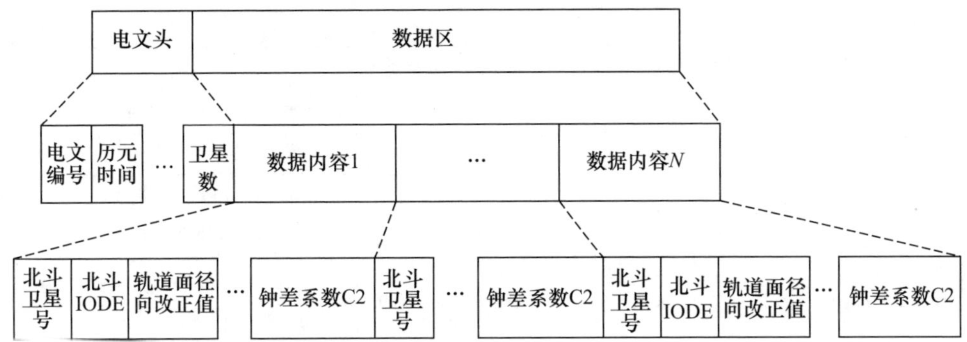

图6.19　电文内容拼接示意图

表6.21所列。

表6.21　广域增强数据产品各数据字段定义表

字段号	字段名称	取值范围	比例因子	数据类型	备注
DF002	电文编号	0～4095	—	uint12	不同电文的标志
DF068	GPS卫星号	1～32	1	uint6	表示GPS卫星号
DF071	GPS IODE	—	1	uint8	广播星历的数据龄期用于差分改正的计算
DF365	轨道面径向改正值	±209.7151m	1×10^{-4}m	int22	广播星历径向轨道修正
DF366	轨道面切向改正值	±209.7148m	4×10^{-4}m	int20	广播星历切向轨道修正
DF367	轨道面法向改正值	±209.7148m	4×10^{-4}m	int20	广播星历法向轨道修正
DF368	轨道面径向改正值变化率	±1.048575m/s	1×10^{-7}m/s	int21	广播星历径向轨道修正值的变化率
DF369	轨道面切向改正值变化率	±1.048572m/s	4×10^{-7}m/s	int19	广播星历切向轨道修正值的变化率
DF370	轨道面法向改正值变化率	±1.048572m/s	4×10^{-7}m/s	int19	广播星历法向轨道修正值的变化率
DF375	卫星参考基准	0～1	N/A	bit(1)	轨道改正采用的卫星参考基准。0—国际地球参考框架(ITRF)基准；1—区域性的
DF376	钟差改正系数C0	±209.7151m	0.1mm	int22	广播卫星时钟校正多项式系数。参考时刻 t_0 是历元时间(DF385,DF549)加上½SSR更新间隔。参考时刻 t_0 对应SSR更新间隔"0"时历元时刻

（续）

字段号	字段名称	取值范围	比例因子	数据类型	备注
DF377	钟差改正系数 C1	±1.048575m/s	1×10^{-6}m/s	int21	广播卫星时钟校正多项式系数。参考时刻 t_0 见 DF376 中的说明
DF378	钟差改正系数 C2	±1.34217726m/s^2	2×10^{-8}m/s^2	int27	广播卫星时钟校正多项式系数。参考时刻 t_0 见 DF376 中的说明
DF385	GPS 历元时间 1s	0～604799s	1s	uint20	从当前 GPS 周开始的整周内秒(SOW)数
DF387	卫星数量	0～63	1	uint6	电文中包含的卫星总数
DF388	多电文标识	0～1	—	bit(1)	相同历元时刻下,同种电文分多条传输的标志:0—非多电文序列或最后一条信息序列;1—后续还要传输其他系列电文
DF391	SSR 更新间隔	0～15	1	bit(4)	0=1s;1=2s;2=5s;3=10s;4=15s;5=30s;6=60s;7=120s;8=240s;9=300s;10=600s;11=900s;12=1800s;13=3600s;14=7200s;15=10800s。为确保多模系统的同步操作,所有 GNSS 的 SSR 更新间隔、所有 SSR 参数起始于每周(北斗系统或 GPS)时间 00:00:00
DF413	SSR 数据龄期	0～15	1	uint4	SSR 数据龄期变化表明 SSR 生成配置的变化,它可能与流动站操作有关
DF414	SSR 提供者 ID	0～65535	1	uint16	SSR 提供者 ID 是由 RTCM 对 SSR 服务请求识别的,提供者 ID 是全球唯一的
DF415	SSR 解算方案 ID	0～15	1	uint4	SSR 解算 ID 表明了一个 SSR 提供者提供的不同 SSR 服务
DF501	电离层高度	0～128×10^4m	10^4m	uint7	表示电离层高度,其默认值为 450000m
DF502	球谐次数	0～15	1	uint4	最高次数为 15
DF503	球谐阶数	0～15	1	uint4	最高阶数为 15
DF504	球谐系数 C	0～2048	2－6	int18	编码的时候球谐系数乘以 64
DF505	球谐系数 S	0～2048	2－6	int18	编码的时候球谐系数乘以 64
DF532	北斗卫星号	0～63	1	uint6	本字段标识北斗系统的卫星号,可表示范围为 0～63,全零表示 64 号卫星

(续)

字段号	字段名称	取值范围	比例因子	数据类型	备注
DF541	北斗 IODE	0~255	1	uint8	本字段表示差分改正所采用的 IODE 值。目前北斗广播星历中该 IODE 项所有卫星所有时刻保持一个常数,无法作为差分电文中的 IODE 提供用户使用。为了保证与广播星历的正确且唯一地匹配,北斗系统和 GPS 差分改正电文采用自定义的 IODE 生成算法,广播星历的 IODE 计算算法如下:iode = $(t_{oe}/720)$ Mod240
DF549	北斗历元时刻	0~604799s	1s	uint20	从当前北斗周开始的整周内秒(SOW)数

6.5.5 测试结果[26]

从北斗导航增强站全国“一张网”中,选择1200个北斗导航增强站进行原始观测数据平均可用性测试,各测站分布如图6.20所示。2018年1月1日零点至12月31日零点,对每天、每个站原始观测数据的可用性进行分析,计算出平均可用性。按参考站所在省份分析全年原始观测数据的可用性,计算出平均可用性,1200个参考站获取的原始观测数据平均可用性统计曲线如图6.21所示。

2019年5月8日、9日和11日(共72h)。在1355个参考站中,选择在全国分布大致均匀336个参考站作为广域静态定位精度测试点。测试模式为BDS、GPS、BDS+GPS广域单频伪距、单频载波相位/双频载波相位增强。在测试时间内,用336个测试点传回的原始观测数据与国家数据综合处理系统生成的广域增强数据进行解算,获得3种广域增强模式的定位精度及其分布。测试结果如表6.22所列,表明3种北斗广域增强模式的静态定位精度测试值满足系统设计要求。

表6.22 336个测试点的北斗广域增强静态定位精度测试结果汇总

系统增强模式	系统设计值(2σ)	水平测试达标率(95%)	高程测试达标率(95%)
单频伪距	水平2.0m,高程3.0m	98.81%	98.21%
单频载波相位	水平1.2m,高程2.0m	97.92%	96.13%
双频载波相位	水平0.5m,高程1.0m	99.70%	100%

2019年2月、3月、4月,在南京、北京、成都、西安开展了动态定位精度测试,测试模式为BDS、GPS、BDS+GPS广域单频伪距定位精度,测试方法为:在测试时间内,用高精度惯性系统/北斗地基增强系统的实时厘米级(网络RTK)定位服务作为参考,采集测试时间内的广域单频伪距定位数据,挑选北斗、GPS卫星数各5颗以上、PDOP<4的历元,计算和统计动态单频伪距定位精度的测试值。2019年3月南京—

图 6.20 进行测试的 BDSGAS1200 个北斗增强站及其分布示意图(见彩图)

北京动态定位精度测试结果如表6.23所列。

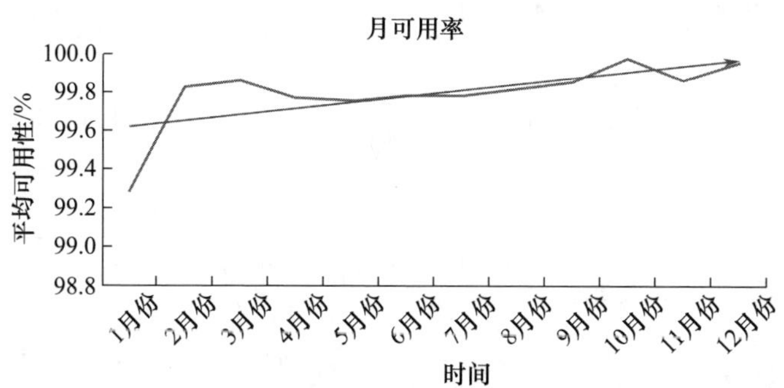

图6.21 BDSGAS1200个北斗增强站获取的原始观测数据平均可用性统计曲线

表6.23 2019年3月南京—北京动态定位精度测试结果

日期	测试时间	地点	系统	水平精度/m(95%)	高程精度/m(95%)
3月25日	17:49—18:33	南京—曲阜	BDS	1.26	2.24
			GPS	1.29	3.0
			B+G	1.19	1.63
3月26日	8:00—14:00	曲阜—北京	BDS	1.25	1.84
			GPS	1.27	3.0
			B+G	1.43	1.04
4月1日	11:45—16:00	北京	BDS	1.36	2.58
			GPS	—	—
			B+G	1.21	1.04
4月2日	9:00—14:50	南京	BDS	1.21	1.54
			GPS	—	—
			B+G	1.56	1.35

北斗地基增强系统基于移动通信网数据播发服务,可用于BDS、GPS、GLONASS等多种卫星导航系统的广域增强、区域差分定位及辅助定位,服务的典型应用如表6.24所列[30]。

表6.24 北斗地基增强系统播发服务典型应用

服务类型	子服务类型	终端类型	应用场景	播发数据	带宽要求
广域增强数据产品播发服务	米级服务	单频伪距终端,单频载波相位终端	用于大众用户的日常定位	组合轨道钟差改正电文,电离层电文	≥25kbit/s
	亚米级服务	双频伪距终端,双频载波相位终端	用于配备了双频终端的大众/行业用户使用	组合轨道钟差改正电文	≥21kbit/s

（续）

服务类型	子服务类型	终端类型	应用场景	播发数据	带宽要求
广域增强数据产品播发服务	增强型米级服务	单频伪距终端，单频载波相位终端	在米级服务基础上提升了服务的可用性及可靠性，适用于行业用户	轨道改正电文，高频钟差改正电文，用户测距精度（URA）电文，码偏差电文，电离层电文	≥41kbit/s
	增强型亚米级服务	双频伪距终端，双频载波相位终端	在亚米级服务基础上提升了服务的可用性及可靠性，适用于行业用户	轨道改正电文，高频钟差改正电文，URA电文，码偏差电文	≥37kbit/s
区域差分数据产品播发服务	厘米级服务	双频载波相位终端	用于测绘等行业进行高精度定位	BDS区域实时动态（RTK）定位电文组，GPS区域RTK电文组，GLONASS区域RTK电文组，区域RTK参考站及天线电文组	≥15kbit/s
	米级服务	单频伪距终端	用于大众用户定位，但定位精度受区域站分布情况影响	区域实时伪距差分（TRD）电文组	≥6kbit/s
辅助定位数据播发服务	—	单频终端	—	符合全球移动通信系统2G（YD/T 1214），3G（YD/T 1547、YD/T 1367、YD/T 1558），4G（YD/T 2575、YD/T 2577）对应标准的要求	

注：①播发数据中组合轨道钟差改正电文、轨道改正电文、高频钟差改正电文、URA电文、码偏差电文中包括BDS、GLONASS、GPS三系统的电文。
②带宽按照BDS卫星35颗、GLONASS卫星32颗、GPS卫星32颗所计算得出，该带宽为峰值带宽，实际服务时由于播发策略的不同，实际带宽小于该带宽。
③电离层电文指电离层球谐模型电文或电离层格网模型电文。
④辅助定位数据播发服务提供缩短首次定位时间的功能，对定位精度无改善

参考文献

[1] SABATINI R, MOORE T, RAMASAMY S. Global navigation satellite systems performance analysis and augmentation strategies in aviation[J]. Progress in Aerospace Science, 2017, 95: 45-98.

[2] ASHKENAZI V. Principles of GPS and observables, lecture notes[M]. IESSG: University of Nottingham, 1995.

[3] 龚真春,朱建华,安治国,等. CORS 中几种主流网络 RTK 技术的分析与比较[J]. 测绘通报, 2010,增刊:142-145.

[4] 刘彦芳,何建国,张现礼,等. 几种网络 RTK 技术的比较分析[J]. 地理空间信息,2009,7(2): 89-91.

[5] 郭树人,刘成,高为广. 卫星导航增强系统建设与发展[J]. 全球定位系统,2019,2:1-12.

[6] CHOP J, et al. Local corrections. disparate users: cooperation spawns National Differential GPS[J]. GPS World, 2002, 4: 55-58.

[7] BAYBURA T, TIRYAKIOLU B, UUR M A, et al. Examining the accuracy of network RTK and long base RTK methods with repetitive measurements[J]. Journal of Sensors, 2019, 2019(4):1-12.

[8] RAY E C. The global positioning system: policy, program status and international activities [R]. Busan, Republic of Korea, 15th Korean Global Navigation Satellite System(GNSS) Workshop, 2008.

[9] Nationwide differential GPS general information [EB/OL]. [2018-10-20]. https://www.navcen.uscg.gov/Nationwide Differential GPS General Information.html.

[10] 国家测绘局. 全球卫星导航系统连续运行参考站网建设规范:CH/T 2008-2005[S]. 北京:测绘出版社,2005:12.

[11] 李成钢,黄丁发,周乐韬,等. GPS/VRS 参考站网络的对流层误差建模技术研究[J]. 测绘科学,2007,32(4):29-31.

[12] 黄丁发,李成钢,吴耀强,等. GPS/VRS 实时网络改正数生成算法研究[J]. 测绘学报,2007,36(3):256-262.

[13] 林瑜滢. 主辅站技术定位原理及算法研究[D]. 河南:解放军信息工程大学,2010.

[14] 王雷,倪少杰,王飞雪. 地基增强系统发展及应用[J]. 全球定位系统,2014,39(004):26-30.

[15] KAPLAN E D. GPS 原理与应用:第 2 版 [M]. 寇艳红,译. 北京:电子工业出版社,2007.

[16] NDGPS general information [EB/OL]. [2019-5-22]. https://www.navcen.uscg.gov/ndgps general information.html.

[17] U.S. Department of Defense, Department of Homeland Security, and Department of Transportation. 2017 Federal radionavigation plan: DOT-VNTSC-OST-R-15-01 [R]. Springfield, Virginia 22161: U.S. the National Technical Information Service, 2017.

[18] Radio technical commission for maritime services: differential GNSS(Global navigation satellite systems) services-version 3 + amendment 1: RTCM Standard 10403.3 [S]. [2020-5-10]. https://rtcm.myshopify.com/products/rtcm-10403-2-differential-gnss-global-navigation-satellite-systems-services-version-3-february-1-2013.

[19] U.S. Department of Defense, Department of Homeland Security, and Department of Transportation. 2014 Federal radionavigation plan: DOT-VNTSC-OST-R-15-01:A17 ~ A19[R]. Springfield, Virginia 22161: U.S. the National Technical Information Service, 2014.

[20] JACOBSEN L T. Future of U.S. NDGPS [EB/OL]. [2015-09-15]. https://www.gps.gov/cgsic/meetings/2015/jacobsen.pdf.

[21] TIMOTHY A K. Nationwide Differential Global Positioning System(NDGPS) Status [R]. Wash-

ington: Civil GPS Service Interface Committee (CGSIC), U. S. States and Localities Subcommittee (USSLS), 2008.

[22] TIMOTHY A K. Nationwide differential global positioning system (NDGPS) -capabilities and potential [R]. Washington Civil GPS Service Interface Committee (CGSIC), U. S. States and Localities Subcommittee (USSLS), 2009.

[23] TIMOTHY A K. Proceedings of the 21st international technical meeting of the satellite divisions of the institute of navigation, september 16-19, 2008 [C]. Savannah, GA: The Institute of Navigation, 2008.

[24] USDGPS_coverage. jpg [EB/OL]. [2020-5-10]. https://gssc. esa. int/navipedia/index. php/File: USDGPS_coverage. jpg.

[25] NDGPS Assessment final report, ARINC incorporated [R]. Contract or Grant No. DTFH61-04-D-00002, Washington, DC 20590: U. S. Department of Transportation, 2008.

[26] 蔡毅. 北斗地基增强系统定位精度能力测试[C]//第10届中国卫星导航年会,北京: 斯普林格出版社,2019.

[27] 中国卫星导航系统管理办公室. 北斗地基增强系统服务性能规范1.0版[EB/OL]. [2017-7-25] http://www. beidou. gov. cn/yw/gfgg/201712/W020171225741081830975. pdf.

[28] 中国卫星导航系统管理办公室. 北斗卫星导航系统发展报告3.0版[EB/OL]. [2018-12-27] http://www. beidou. gov. cn/xt/gfxz/201812/P020181227529525428336. pdf.

[29] 中国卫星导航系统管理办公室. 北斗地基增强系统基准站建设技术规范: BD 440013-2017 [S]. 北京: 中国卫星导航系统管理办公室,2017.

[30] 中国卫星导航系统管理办公室. 北斗地基增强系统基于中国移动通信网数据播发接口规范: BD 440018-2017[S]. 北京: 中国卫星导航系统管理办公室,2017.

第7章 展　　望

7.1 低轨卫星导航增强

卫星导航系统一般采用卫星无线电导航业务(RNSS)工作原理,卫星播发导航信号,接收机测量导航信号的传播时延,从而获得接收机与卫星之间的距离,利用三球交汇原理解算出用户的位置坐标。导航信号从生成、播发、传播到接收的各个环节存在许多风险。导航卫星受空间天气的影响可能出现故障,地面运控系统生成导航数据并上注给卫星的过程中也可能出现故障,两者都将导致卫星导航系统无法提供正常的 PNT 服务。卫星导航信号弱、穿透能力差、容易受干扰;在物理遮挡(森林、城市峡谷、室内、地下、水下)、电磁干扰(无意干扰、敌意干扰)、轨道外用户(同步轨道以外空间)等场景,卫星导航本身的连续性、完好性和可用性存在风险,因此,卫星导航系统不能全面满足用户使用需要[1]。

当前全球卫星导航系统(GNSS)一般可以实现定位精度 10m(95%),授时精度 100ns(95%)的服务。例如,一个单频 GPS 标准定位服务(SPS)用户在全世界范围内通常可以获得优于 10m(95%)的定位精度和 20ns(95%)的授时精度[2]。10m 定位精度和 100ns 授时精度可以满足大部分用户的要求,但是无法满足高精度用户的需求,例如,在船舶进港、船舶靠岸等场景,定位精度要求为米级;大地测量、地理测绘等特殊应用领域,定位精度要求到厘米级甚至毫米级;水库或水电站的大坝由于水负荷的重压而产生变形,危及坝体的安全,需要对大坝形变进行连续而精密的监测,监测精度则要求为亚毫米级。如此高的定位精度要求,仅仅依靠卫星导航系统自身的能力是无法实现的。

完好性是卫星导航系统提供 PNT 服务的性能可信度的表征,一般用错误引导信息(MI)发生的概率度量。当 GNSS 出现异常、故障或者服务精度不能满足指标要求时,在规定的时间内向用户告警可以减小 MI 事件的发生,提高系统完好性。GNSS 自身具有一定的完好性监测能力,地面运控系统通过接收导航信号和卫星自身健康状态来监测卫星的状态,然后将监测的告警信息上注卫星并再由卫星以导航电文方式广播给用户,这个周期一般是 1h,最短一般也需要 15min。显然,GNSS 的完好性指标不能满足涉及生命安全导航服务用户的需求。例如,民航Ⅰ类精密进近(CAT Ⅰ)利用卫星导航系统提供民航飞机导航服务时,要求水平定位精度为 16m(95%),高程定位精度为 4m(95%);完好性告警门限水平定位精度为 40m,高程为 10m;告警时间 6s,完好性$(1-2\times10^{-7})$/进近,连续性$(1-8\times10^{-6})/(15s)$,可用性 0.99 ~ 0.99999[3]。涉及生命安全的导航服务,用户更加关注的是当系统处于 95% 服务可用性之外时,系统的完好性。

GNSS 是一个开环系统,卫星播发调制有测距码和导航数据的无线电信号,用户只要接收导航信号就能解算自身的位置并获取一定程度的完好性信息。卫星导航增强的任务是建立天地一体化闭环控制系统,增强导航系统的完好性,提高导航系统的定位精度。卫星导航增强系统是对基本导航系统的性能增强,有信号增强和信息增强两种类型,信号增强是对导航信号功率、信号频点等进行增强,例如,GPS 在 L1 和 L2 载波信号上采用"频谱复用"技术调制军用 M 测距码信号,实现了军民导航信号分离,一方面为导航战提供了技术保障,另一方面军用 M 码信号可以实现全球和重点区域工作方式的切换,在重点区域的卫星信号功率较目前功率提高 100 倍,这将大幅度增强系统战时的抗干扰能力。信息增强包括精度提高和完好性增强两个方面,利用一定数量的地面参考站对导航信号进行连续观测,生成电离层延迟、卫星星历以及星载原子钟误差的差分改正数和系统完好性信息,并通过数据通信链路播发给用户。

增强技术与系统种类繁多,各增强技术和系统之间的分散式建设和非体系化发展,不仅不利于导航资源之间的统筹共享和协同工作,也在概念与专业术语上产生了一定的混淆,给用户的认知和使用带来了困难,不利于导航应用完整"生态圈"的形成[4]。例如,日本 QZSS 在基本系统基础上,一体化建设和提供星基增强系统(SBAS)及精密单点定位(PPP)技术服务[5]。在开阔环境下,实时动态(RTK)载波相位差分技术能满足实时高精度应用需求,但是需要区域密集参考站网的支持,PPP 技术虽然不依赖于密集的参考站,但其定位的首次初始化时间较长,且信号失锁后的重新初始化时间与首次初始化时间几乎一样长,还难以满足实时性的要求。在高楼和立交桥日益增加的城市环境下,大部分卫星信号被遮挡,RTK 和 PPP 均无法提供连续可用的导航定位服务[6]。

GNSS 已成为主导信息化战争的高技术系统之一,能够极大地提高军队的指挥控制、多军兵种协同作战和快速反应能力,大幅度地提高武器装备的打击精度和效能。在频谱对抗日趋激烈的战场电磁环境中,GNSS 信号发射功率低、穿透能力差等固有弱点,极易受到电磁干扰和电子欺骗威胁。试验表明,使用干扰功率为 1W 的干扰机,在 1600MHz 频带上调频噪声干扰,就可以使 22km 范围内的 GPS 接收机不能正常工作,而且发射功率每增加 6dB,有效干扰距离就增加一倍[7]。鉴于 GPS 的脆弱性和抗干扰能力不足问题,以及战时 GPS 一定会遭到对方干扰的事实,为了维持 GPS 在导航领域的技术优势,1997 年,美军开展导航战(NavWar)论证,并在美国西海岸开展 GPS 卫星抗阻塞试验。美军对导航战的定义是"在复杂电磁环境中,使美军能够有效地利用卫星导航系统,同时阻止对方使用该系统"。实施导航战计划的目的是在战争中确保美军及盟军不受干扰地使用卫星导航系统,也是战时争夺制导航权的一项具体措施[8]。

在20世纪末,出现了用于移动通信的低地球轨道(LEO)卫星星座,典型代表是美国的铱星(Iridium)星座和全球星(Globalstar)星座。近年来,美国的OneWeb[9]、SpaceX[10-11]和Boeing[12]、中国航天科技集团公司[13]和中国航天科工集团公司[14],先后宣布部署商用低轨星座,卫星数量由数十颗至数千颗不等,为用户提供全球范围内、无缝稳定的宽带互联网通信服务。典型全球组网星座比较如表7.1所列[15]。

表7.1 典型全球组网星座比较

系统	轨道类型	卫星数量	轨道高度/km	轨道倾角/(°)	全面投入运营时间	应用
Transit	LEO	5-10	1100	90	1964	导航
Parus/Tsikada	LEO	10	990	83	1976	导航
GPS	MEO	31	20200	55	1995	导航
GLONASS	MEO	24	19100	64	2001	导航
Galileo	MEO	24	23200	56	2020**	导航
Beidou	MEO IGSO	35	21500 35786	55	2020**	导航
Globalstar	LEO	48	1400	52	2000	话音
lridium	LEO	66	780	87	1998	话音
lridium NEXT	LEO	66	780	87	2018	宽带
Teledesic	LEO	288	1400	98	2002年取消了	宽带
OneWeb	LEO	648	1200	88	2019*	宽带
Boeing	LEO	2956	1200	455588	?	宽带
SpaceX	LEO	4025	1100	?	2020*	宽带
Samsung	LEO	4600	<1500	?	?	宽带

近年来,国内外学者提出通过低轨卫星星座,利用低轨卫星播发导航信号来实现GNSS的低轨导航增强的构想[16]。低轨移动通信卫星既可播发卫星导航系统的差分改正数据起到导航增强的作用,也可像地面移动通信网络那样,为卫星导航用户终端提供初始的位置、时间和频谱辅助,提高导航终端的复杂环境适应性,起到辅助导航的作用。由于这些潜在的发展能力,基于低轨卫星星座的导航增强备受瞩目。可以预见,未来5~10年内将有数百颗低轨小卫星在轨运行,为提高应用效益,多功能卫星系统是小卫星的一个重要发展趋势,尤其是商业化运营的卫星系统。因此,利用低轨卫星星座,并利用已有的信道资源,播发导航信号及导航增强信息,与GNSS融合,将极大改善目前GNSS自身的"脆弱性"。低轨移动通信卫星可以与地面移动通信网络相结合,在5G通信下行信号基本体制LTE-OFDM(长期演进-正交频分复用)的基础上,天地一体、导航通信一体,是今后基于移动通信网络导航增强与辅助服务的一个技术发展方向。

与中高轨卫星相比,低轨卫星具有轨道高度低、运行速度快、受到摄动影响大的特点;其次低轨卫星运动速度高,卫星空间几何变化快,1000km轨道高度的低轨卫星相比 GPS 卫星空间几何变化快约 40 倍,有利于精密单点定位服务的快速收敛;再次是导航增强通过与低轨通信卫星融合发展,无需独立建设庞大的低轨星座,有效降低建设成本,使全球低轨增强成为可能。全球低轨通信星座,配置星间链路,支持用户与卫星间、星座卫星间、星座卫星与地面系统间的近实时数据传输,为导航增强实时精密星历生成与发播提供了实时传输网络支撑。此外,通过通信导航信号创新融合设计,在不降低通信性能的基础上,使通信信号可用于高精度导航定位服务,充分利用了频谱资源和功率资源。

武汉大学张小红教授系统地分析了低轨卫星星座的优势和劣势:优势为低轨卫星运行速度快,多普勒频移明显,有利于提高测速的精度和基于多普勒观测值的载波相位周跳探测效果,有望从根本上解决载波相位模糊度参数收敛和固定慢的问题,进而实现快速精密定位;短时间内反射信号不再是静态的,与直达信号更易分离,多径相关时间短,对信号相关峰和正交性影响减小,抗多径效果好;劣势为卫星工作轨道低,单星地面覆盖范围小,捕获过程中多普勒搜索范围更大,捕获速度降低[6]。低轨卫星精密定轨与预报难度大,低轨卫星所受到的大气阻力、地球非球形引力和广义相对论作用均明显高于中高轨卫星,需要选用更精细的力模型参数和处理策略进行精密定轨才能达到厘米级的定轨精度[17],预报轨道根数的拟合参数多[18];由于低轨道的空气阻力大,卫星速度会逐渐降低,轨道高度也会降低,需要频繁启动进行轨道维持,但携带的燃料却是有限的,低轨卫星寿命较短。

低轨卫星运行速度快,一方面造成卫星过境时间变短,在电文上注时需要更多的地面注入站或依靠星间链路通信进行电文信息传递,另一方面多普勒频移大,接收机信号捕获更加困难,短时间内星地连线方向的距离变化大,使得接收信号强度变化大,导致伪距噪声变化不均匀,影响码观测值精度,站星连线方向加速度较大,引起载波频率和码相位的大幅变化,容易产生信号失锁、更大的多普勒预测不确定性和更短的相干积分时间要求,给信号的高精度稳定跟踪带来挑战[19]。

7.1.1 高 GPS 完好性(iGPS)项目

美国 GPS 现代化涉及导航卫星、地面运行控制段以及用户终端,针对 GPS 现代化方案主要是增强导航卫星能力,导致建设成本较高、周期较长问题,美国国会预算办公室(CBO)审查了 GPS 现代化方案,并于 2011 年 10 月 28 日发布了《GPS 军事用户:当前的现代化计划和替代方案》,报告给出了美国国防部(DOD)提出的 GPS 现代化计划的替代方案,替代方案可以改善 GPS 在电磁干扰环境下的性能、降低 GPS 现代化方案的成本、控制 GPS 星座规模、降低研发 BlockⅢB 和 BlockⅢC 卫星的技术风险。替代方案选项一是通过研发性能更好的接收天线、集成紧耦合惯性导航系统(INS),来提高当前 GPS 接收机的性能;替代方案选项二是研发 iGPS 项目,也称为高完好性 GPS 项目,通过 GPS 接收机接收铱星移动通信系统播发的信息,来改善 GPS 接收机在电磁干扰环境下的性能;替代方案选项三是同时实施替代方案的选项一和选项二[20]。

7.1.1.1 铱星移动通信系统

铱星移动卫星通信公司的空间星座由66颗卫星组成,卫星分布在6个极地圆轨道面上,每个轨道面有11颗,高度485英里(1英里≈1.6×10^3m),倾角86.4°,轨道周期100min,顺行轨道面夹角31.6°,逆行轨道面夹角22°,顺行轨道面间相邻主星相位差16.4°[21]。每颗铱星向地面播发48个点波束信号,可以形成48个相同的蜂窝小区,在最小仰角8.2°的情况下,每个小区直径为600km,每颗卫星的覆盖区直径约4700km,铱星星座对全球地面形成无缝蜂窝覆盖,如图7.1所示[22-23],铱星星座设计能够保证全球任何地点在任何时间至少有一颗卫星覆盖。

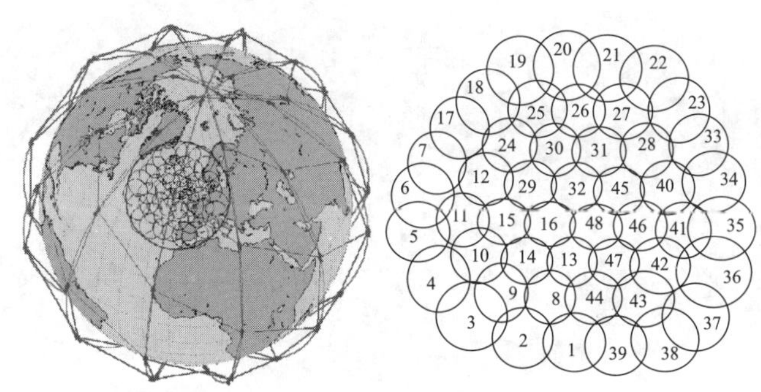

图7.1 铱星移动通信系统66颗卫星组成的星座及点波束信号配置(见彩图)

铱星移动通信系统主要由空间段、控制段、用户段、关口站段4部分组成,系统核心要素如图7.2所示[23],控制段负责铱星系统的运行和控制,系统控制中心有两个接口,一个接到关口站,一个接到卫星。关口站控制用户接入并提供与地面公众电话交换网的互联,关口站分为供用户接入铱星网络专用的地球终端和负责呼叫处理及与地面系统互联的交换设备两大子系统。

用户终端设备包括铱星电话设备(ISU)和消息接收终端(MTD),用户终端与卫星之间的通信采用全双工频分多址-时分多址(FDMA-TDMA)方式,传送2400bit短报文数据和4800bit/s话音数字信号,采用卷积编码和交织技术对数字信号加以保护。通过使用卫星手持电话机,可在地球上的任何地方拨出和接收电话。铱系统星座网提供手机到关口站的接入信令链路、关口站到关口站的网路信令链路、关口站到系统控制段的管理链路。每个卫星天线可提供960条话音信道,每个卫星最多能有两个天线指向一个关口站,因此,每个卫星最多能提供1920条话音信道[24]。

铱星系统通信链路规划如图7.3所示,卫星与用户之间的链路采用L频段(1616~1626.5MHz),在10.5MHz频带内按频分多址(FDMA)方式划分为12个频带,采用TDMA数据结构,每帧支持4个50kbit/s用户连接,信号采用符号速率为25ksymbol/s的QPSK调制方式,信号帧长度为90ms,发射和接收以TDMA方式分别在小区之间和收发之间进行,信号多址方式为频分多址/时分多址/空分多址/时分双工(FDMA/TDMA/SDMA/TDD)。卫星与地面站的馈电链路采用Ka频段,上行链路频段为

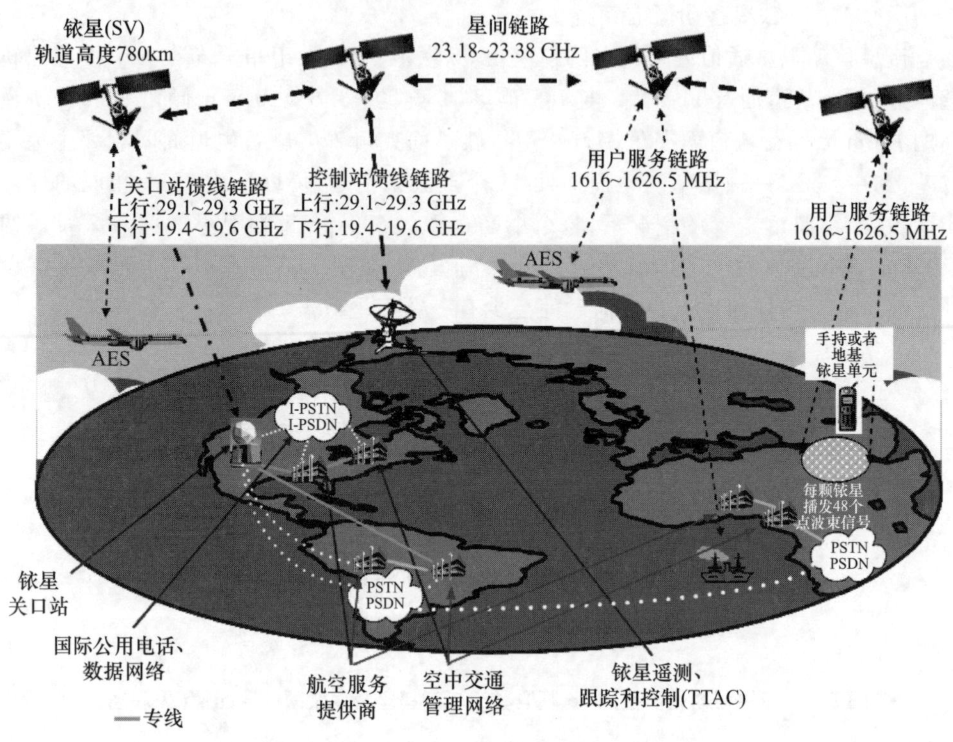

图 7.2 铱星移动通信系统核心要素(见彩图)

29.1～29.3GHz,下行链路频段为 19.4～19.6GHz,Ka 频段关口站可支持每颗卫星与多个关口站之间同时通信。星座中卫星与卫星之间利用星间链路实现互连互通,每颗卫星有 4 条星间链路与周边 4 颗卫星实现星间通信:一条为上行链路;一条为下行链路,实现同一轨道平面内的前后两颗卫星的通信连接;另外两条为交叉链路,实现相邻轨道面的两颗卫星的通信。星间链路通信采用 Ka 频段(23.18～23.38GHz),通信速率 8Mbit/s。

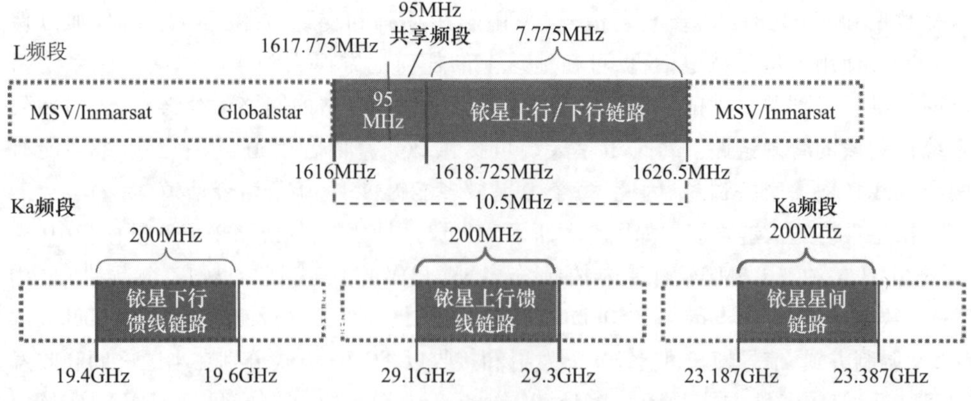

图 7.3 铱星系统通信链路规划(见彩图)

当地面上的用户使用卫星手机打电话时，该区域上空的卫星会先确认使用者的账号和位置，接着自动选择最近的路径传送电话信号。如果用户是在一个人烟稀少的地区，电话将直接由卫星星间链路转达目的地；如果是在一个地面移动电话系统（全球移动通信系统（GSM）或 CDMA 移动通信系统）的邻近区域，则控制系统会使用地面移动通信系统的网络传送电话信号。我们使用的 GSM 和 CDMA 地面移动通信系统只适于在人口密集的区域使用，对于覆盖地球大部分、人烟稀少的地区则根本无法使用。也就是说，铱星系统的市场目标定位是需要在全球任何一个区域范围内都能够进行电话通信的移动客户。

铱星星间交换方式与路由算法等关键技术尚未公开。针对网络拓扑动态变化问题，铱星系统星上路由采用了 Extended Bellman Ford 算法或 Darting 算法等。铱星系统为用户提供话音和数据传输服务，数据传输的方式有电话交换数据服务和报文交换的数据服务两种。使用电话交换的数据服务的开销建立和话音电话一样。报文交换数据服务分为短脉冲数据（SBD）和短消息服务（SMS）两种。SBD 低速数传速率 2.4kbit/s，采用标准 IP 协议；另外还提供基于路由器的无限制数字互通连接解决方案（RUDICS）业务，速率 250byte/s，也采用标准 IP 协议。

7.1.1.2 铱星移动通信系统 GPS 增强

美国国会预算办公室（CBO）GPS 现代化替代方案中的高 GPS 完好性（iGPS）项目的目标是利用铱星移动通信网络，改善 GPS 接收机在强电磁干扰环境下的信号捕获、跟踪和接收能力。iGPS 由铱星网络运行中心、iGPS 参考站、铱星以及地面用户 4 部分组成。铱星网络运行中心位于美国 Virginia 州 Leesburg，将 GPS 星历数据以及对应时刻铱星的空间位置数据送给 iGPS 参考站，iGPS 参考站同时也接收 GPS 卫星播发的信号同时获取 GPS 卫星的空间位置信息。iGPS 参考站位生成导航数据、GPS 差分改正数、相对铱星的时间参考信息。铱星播发 GPS 卫星位置信息等数据。地面用户使用升级改造后的 GPS 接收机，能够接收铱星下行信号，对于军用用户，接收机将是国防高级 GPS 接收机（DAGR）的升级版本。iGPS 组成及对 GPS 增强如图 7.4 所示[25]，GPS 地面用户必须位于 iGPS 参考站 750 英里范围内才能接收到铱星播发的 GPS 增强信号。

iGPS 首先建立从铱星网络到用户的单向通信链路，铱星接收 iGPS 参考站上注的数据，数据主要包括距离 iGPS 参考站 750 英里范围内 GPS 卫星空间位置信息，然后将 GPS 卫星空间位置信息转发给 iGPS 参考站 750 英里范围内的 GPS 用户，根据铱星播发的 GPS 卫星空间位置，GPS 接收机可以大幅度缩短 GPS 信号捕获和跟踪时间。用户接收机通过连续接收天顶方向的铱星所播发的增强信号，可以提高接收机在电磁干扰环境下保持对 GPS 信后的跟踪能力。此外，GPS 信号落地功率约 -160dBW，铱星下行信号落地功率比 GPS 信号高 20 ~ 30dB，因此，在强电磁干扰环境下，GPS 接收机利用铱星播发的导航增强数据，可以辅助用户捕获和锁定 GPS 信号，大幅度提升 GPS 的抗干扰能力。

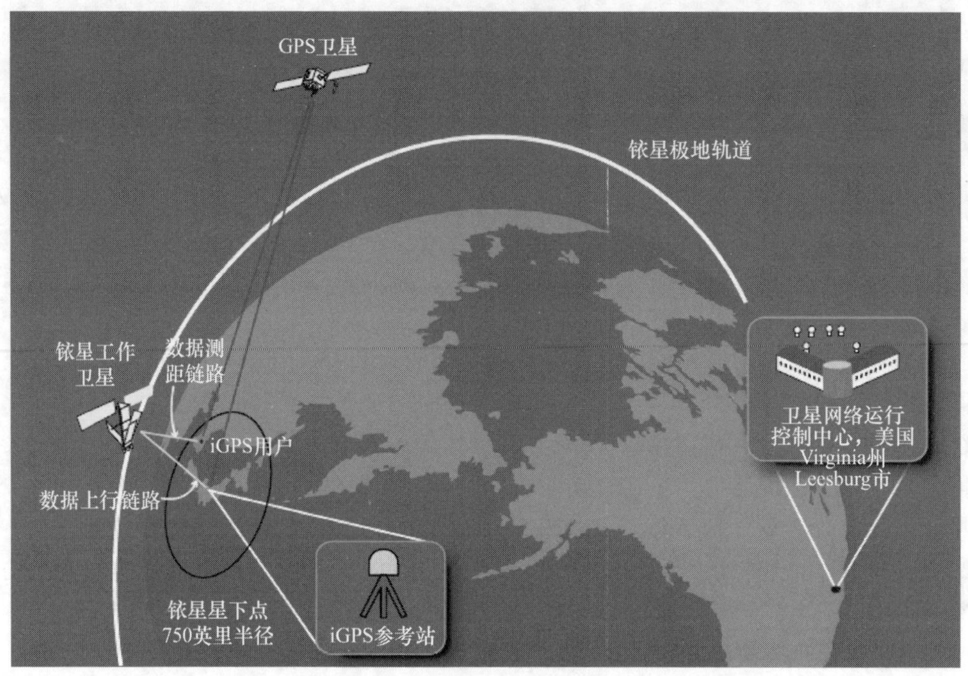

图 7.4　iGPS 组成及对 GPS 增强示意(见彩图)

铱星下行频段(1616～1626.5MHz)接近 GPS 的 L1C/A、L1C、L1P(Y)、L1M 信号和 Galileo 系统的 E1-OS 和 E1-PRS 信号的中心频点 1575.42MHz,其中 GPS L1 信号带宽为 24MHz,Galileo 系统 E1 信号带宽为 32.736MHz,因此,用户同时接收 GNSS 信号和铱星增强信号在技术上是可行的(共用接收机天线和射频前端,数字信号处理基带不同),内置 iGPS 模块的军用 DAGR 接收机如图 7.5 所示。

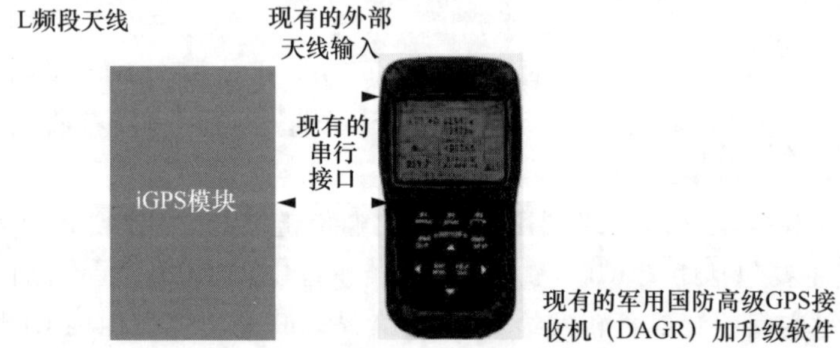

图 7.5　内置 iGPS 模块的军用 DAGR 接收机

2019 年 1 月 11 日,新一代铱星移动通信系统(Iridium NEXT)完成了卫星的升级换代,新一代铱星空间段由 66 颗工作卫星和 9 颗备份卫星组成[26]。新一代铱星业务主要性能为话音支持 4.8kbit/s、数据传输速率 9.6kbit/s～1Mbit/s、车载业务最高 10Mbit/s。新一代铱星移动通信系统对通信信号进行了升级,由 Satelles 公司取得唯

一授权播发卫星授时与定位(STL)脉冲信号,STL信号既可以提供独立的导航、定位和授时服务,也能增强GPS信号[27]。STL信号可独立于GPS和其他GNSS信号为用户提供位置和时间信息,信号落地功率比GPS信号高30dB,因此,具有较强抗干扰能力,并可以实现在室内接收;信号被加密,因此,具有固有的防欺骗能力,对民用用户开放,用户可以订购接收STL信号。STL信号与传统GNSS信号的对比如表7.2所列[28],虽然精度比GPS低,但其落地功率比GPS高约30dB,战时可以作为GPS的备份系统。

表7.2 STL信号与传统GNSS信号的对比

性能	信号	
	GNSS信号	SIL信号
授时精度(UTC时间)	20ns	200ns
定位精度	3m	30~50m
首次定位时间	100s	几秒/(500km),10min/覆盖区域
反欺骗能力	GPS:只限军事用户 Galileo系统:PRS	具备,信号加密
抗干扰能力	信号微弱,很容易被干扰	具备,30~40dB
覆盖范围	全球,在两极地区定位精度降低;GLONASS在高纬度地区定位精度更高	全球,在两极地区扩大服务区域
注:PRS—(Galileo系统)公共管制服务		

STL信号中心频点为1620MHz,信号带宽25kHz,采用正交相移键控(QPSK)技术调制导航数据和测距码信号,扩频信号帧长度为90ms,信号短脉冲数据(SBD)速率平均为1次1.4s。STL信号在GNSS信号L1频点的上边带,STL信号频谱范围及与GPS L1信号功率谱的比较如图7.6所示[28],因此,传统GNSS接收机射频前端及接收机半球天线无需改动就能够接收STL信号。

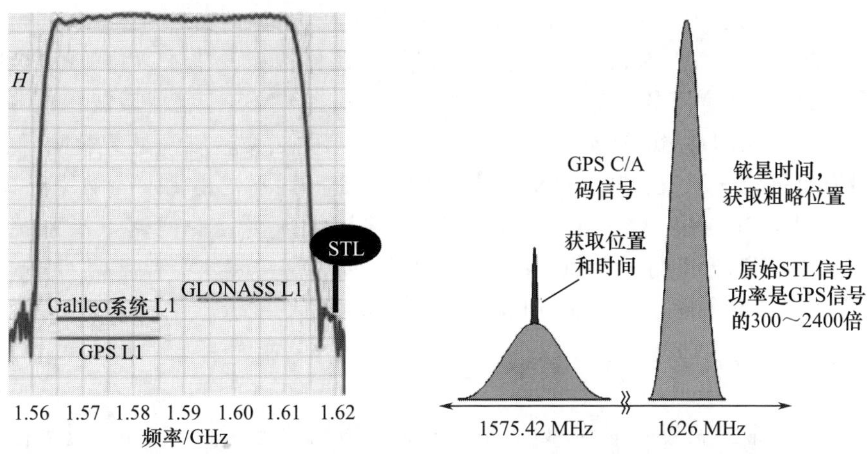

图7.6 STL信号频谱范围及与GPS L1信号功率谱的比较(见彩图)

铱星运行速度为 7.5km/s,多普勒频移为 ±40kHz,因此,铱星系统卫星过境时间相对较短,用户可以看到一颗铱星的时间约为 10min。铱星高速运动,轨道位置几何变化快,信号多普勒频率变化大,用户在短时间间隔内可以获得多次多普勒测量值,因此,可用多普勒测量技术实现用户定位,构建独立的 PNT 体系。在铱星两个点波束信号覆盖重叠区域,根据铱星 STL 信号波束连续变化原则就可以实现定位,如图 7.7 所示[28]。

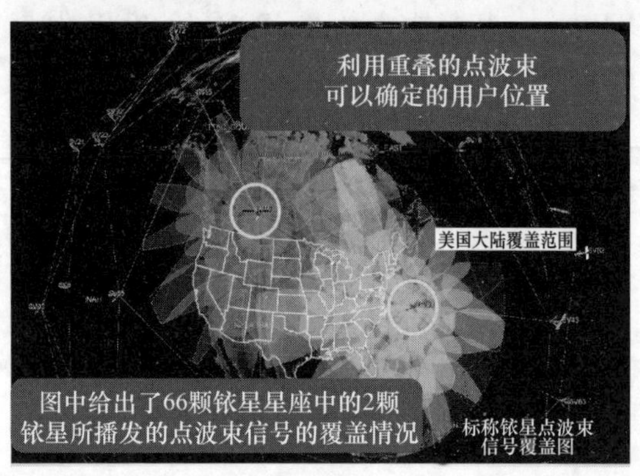

图 7.7　铱星两个点波束信号覆盖重叠区域示意(见彩图)

每颗铱星向地面播发 48 个点波束信号可用于对用户的位置初始定位,用户利用铱星 STL 信号可以实现 20 ~ 50m 定位精度。STL 信号的时间与 UTC 的时间同步误差在 ±500ns 之内,典型数值是 100 ~ 200ns。

美国利用铱星移动通信系统一方面增强 GPS,另一方面,通过搭载 STL 载荷,独立提供定位和授时服务,启示我们利用低地球轨道(LEO)卫星星座播发导航定位和完好性增强信号,一是可以提高卫星导航系统的环境适应性,包括提高抗干扰能力(提高落地信号电平和提升抗干扰能力)、抗欺骗能力(播发专用信号,提升抗欺骗能力),例如,铱星播发功率相对比较大的 STL 导航增强信号,落地信号电平和抗干扰能力较 GPS 信号提升 30dB,可以使得 GPS 接收机在干扰环境中具有更高的抗干扰能力,二是 LEO 低轨卫星相对于导航用户终端的几何构型变化快,用户观测数据几何变化明显,卫星信号多普勒频偏较大,可以大幅缩短 GNSS 高精度载波相位测量整周模糊度收敛时间、缩短 RTK 定位的初始化时间。例如,文献[29]研究表明,低轨卫星数量充足的情况下,长基线 RTK 模糊度首次固定时间平均由 12min 缩短至 2min,固定成功率由 76% 提升至 96% 。可以预见,利用全球覆盖的低轨卫星系统播发 GNSS 差分改正数及完好性信息,甚至独立的定位和授时信号,可以增强 GNSS 的完好性,提高武器装备的作战效能,加强民用导航市场的竞争力。

7.1.2　低轨移动通信 GNSS 增强

LEO 卫星轨道高度一般为 400 ~ 1500km,轨道周期为 92 ~ 120min,覆盖范围为直径 600 ~ 5800km 区域(10° 仰角),卫星导航系统的卫星运行在中圆地球轨道

(MEO),轨道高度为20000km左右,两者星下覆盖范围比较如图7.8所示,轨道高度比较如图7.9所示。LEO的高度远远低于MEO的高度,因此,LEO卫星信号空间传播衰减小,落地电平较大,更加容易适应复杂电磁环境用户对信号的捕获。

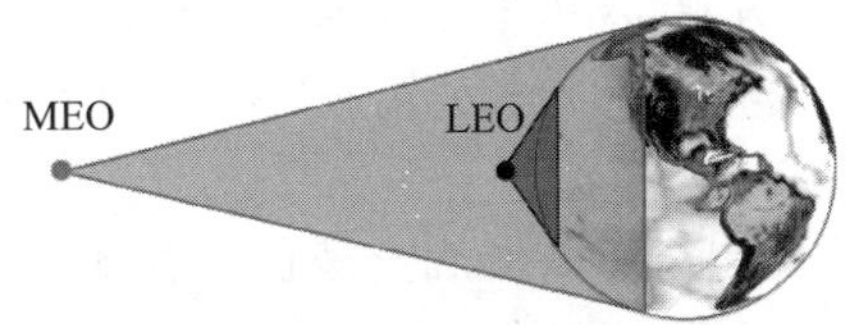

图7.8 LEO、MEO卫星覆盖范围比较

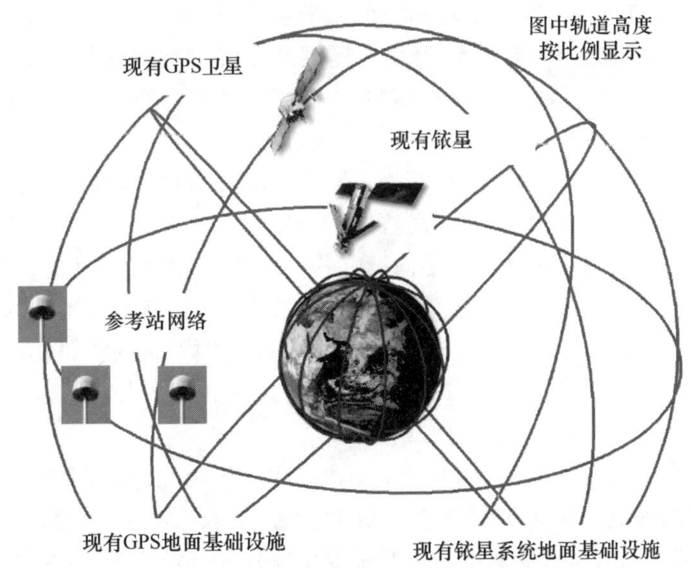

图7.9 LEO、MEO卫星轨道高度比较(见彩图)

低轨通信卫星具有较大的信号带宽与较高的信息速率,可作为卫星导航基本电文及差分改正电文的播发通道,且由于低轨星座一般全球组网,因此播发范围可覆盖全球。播发基本导航电文时,可缩短接收机冷启动首次定位时间(TTFF),起到类似辅助GPS(A-GPS)的作用;播发差分改正电文时,可实现广域精度增强,起到PPP系统的作用。

卫星导航精密定轨需要全球覆盖的监测站进行观测,目前我国的海外监测站数量有限,因此,可在低轨卫星上搭载高精度GNSS监测接收机实现全球移动监测,从而构成天地一体化的监测网。低轨卫星将导航卫星测量数据通过星间链路和星地链路传回国内数据处理中心,联合地面区域监测站观测数据,通过综合处理完成中高轨导航卫星与低轨卫星的联合精密定轨。高中低轨联合精密定轨体制可大幅提升中高轨道卫星定轨精度,有效填补我国海外监测站点数量的不足、减少所需地面监测站数量。

传统 PPP 定位中,由于 GNSS 卫星轨道高、卫星空间几何图形变化慢,相邻历元间观测方程之间的相关性太强,因此,在进行定位参数估计时需要较长的时间才能估计和分离各类误差,进而固定载波相位模糊度、实现精密定位。相比较而言,低轨卫星轨道低、运动快,相邻历元间观测方程的相关性较 GNSS 卫星弱。因此,低轨卫星联合 GNSS 卫星进行 PPP 定位,有利于定位误差参数的快速估计,加快精密定位收敛过程。

7.1.2.1 鸿雁系统[13]

下面以中国航天科技集团公司的鸿雁全球低轨移动通信及宽带互联网系统为例,简要介绍国内低轨导航增强系统的技术方案。鸿雁星座将由 300 颗 LEO 小卫星及全球数据业务处理中心组成。计划在 2023 年建成由 60 颗左右卫星构成的窄带系统,在 2025 年建成由约 270 颗卫星构成的宽带系统,具有全天候、全时段及在复杂地形条件下的实时双向通信能力,可为用户提供全球实时数据通信和综合信息服务,2018 年底发射了首发卫星。鸿雁星座将融合导航增强功能,期望通过低轨导航增强,使得高性能导航服务从行业用户进入大众市场。

通过在低轨鸿雁卫星上配置高精度 GNSS 监测接收机,采用地面区域监测网 + 天基全球监测网的观测体制实现中高轨导航卫星与低轨通信卫星的联合精密定轨与钟差确定,解决我国海外建站的不足问题。作为导航信息源,通过播发精密轨道、精密钟差、完好性信息以及导航增强信号,实现动态分米级、静态厘米级的全球精密单点定位(GPPP),收敛时间从 30min 左右缩短到 1min 以内,同时提供类铱星的安全定位授时功能。基于鸿雁星座的全球导航增强系统有望解决当前增强系统在全球覆盖、低落地功率和 PPP 收敛时间过长的问题。

鸿雁全球导航增强系统由空间段、地面段及用户段组成,如图 7.10 所示。空间段包括 GNSS 和鸿雁卫星星座;地面系统主要由监测站、中心处理站、信息传输与分发网络组成;用户段为联合接收导航卫星及鸿雁卫星信号进行定位的用户接收机。采用四大 GNSS 双频监测,全球稀疏地面监测站,播发 GPPP 增强信息和双频增强信号实现精度、完好性、可用性和定位实时性增强。鸿雁星座的全球导航增强系统工作原理为鸿雁卫星通过配置高精度 GNSS 监测接收机,生成并驯服到 GNSS 的时频基准信号(10MHz 和 1PPS(1 秒脉冲)),卫星通信载荷基于该时频信号产生测量通信一体化信号向用户播发。同时,监测接收机观测数据通过星间链路下传到境内中心处理站,中心处理站利用地面监测站联合鸿雁卫星移动监测站观测数据生成精密星历,通过馈电链路和星间链路上传至卫星,然后通过用户通信链路广播。用户通过接收卫星通信链路播发的测量通信一体化信号实现精密星历的获取,实现全球精密单点定位。

基于鸿雁星座的全球导航增强系统具有 2 个特点:一是天地一体高精度 GNSS 监测处理,基于地面区域稀疏监测站 + 天基全球监测站(低轨高精度 GNSS 接收机),进行高中低地联合精密轨道与钟差确定,实时获取四大 GNSS 及低轨星座的精密轨道钟差等参数;二是实时高精度 PNT、安全 PNT,用户接收 GNSS/LEO 信号实现全球动态分米级、静态厘米级的 GPPP,收敛时间小于 1min;独立接收 LEO 星座信号实现

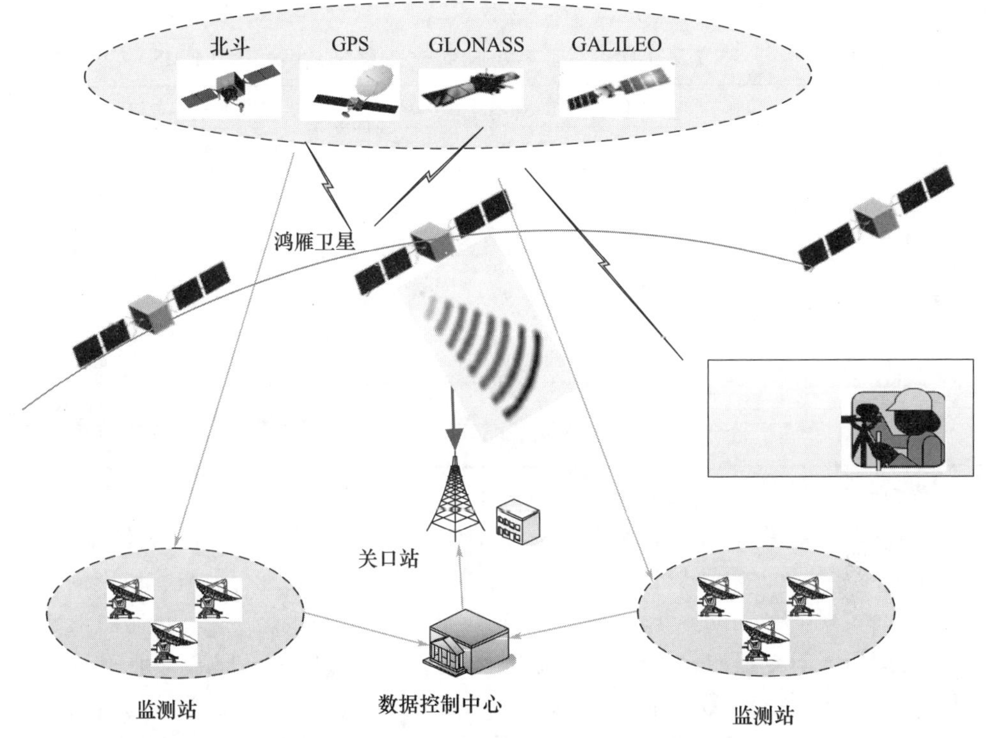

图7.10　基于鸿雁星座的全球导航增强系统原理框图(见彩图)

导航备份,增强复杂地形环境和复杂电磁环境下的导航服务能力。

传统的导航卫星精密定轨是利用全球布设的监测站对导航卫星进行伪距和载波相位测量,然后通过定轨处理实现导航卫星的精密定轨。我国由于国土疆域的限制及其他因素,难以实现全球建站。鸿雁系统在我国建设区域地面监测站,并通过在低轨卫星上配置高精度 GNSS 监测接收机实现全球移动监测,从而构成一个天地一体的监测网,实现高中低地联合精密定轨。低轨卫星将导航卫星测量数据通过星间链路和星地链路传回国内数据处理中心,联合地面区域监测站监测数据,通过数据综合处理完成中高轨导航卫星和低轨卫星精密定轨。鸿雁卫星作为"天基监测站"可以有效地填补我国海外站的不足,通过高中低地联合精密定轨实现实时精密星历获取。

采用北斗星座与鸿雁星座相结合,分别仿真了国内 8 个站 + 国内外 16 个站、国内 8 个站 +3 个 LEO 卫星以及 10 个 LEO 卫星三个方案,结果比较如表 7.3 所列。仅用 8 个地面区域监测站,GEO 卫星能够达到米级的定轨精度。当加入 3 颗 LEO 之后,GEO 卫星得到极大改善,特别是切向方向。其位置 RMS 从 262.98cm 降为 3.55cm,轨道精度提高 98.7% 。当 LEO 数量增加为 10 颗时,GEO 卫星的轨道精度得到进一步提升。对于 MEO 卫星,仅利用中国区域 8 个监测站的定轨精度为 24.28cm,这是由于使用了中国区域监测站。相比于仅用地面监测站的结果,当分别加入 3 颗、10 颗、20 颗 LEO 卫星之后,MEO 卫星的轨道精度均得到了大幅度提升,分别提升了84.8%、92.1%、92.9%。

表7.3　3种方案BDS卫星各方向重叠弧段平均均方差(RMS)　单位:cm

卫星类型	方向	国内8个站+国内外16个站	8个站+3颗LEO	8个站+10颗LEO
GEO	切向	420.60	5.34	3.06
	法向	129.26	2.58	2.44
	径向	73.48	1.02	0.98
	位置	262.98	3.55	2.39
MEO	切向	33.71	4.67	2.13
	法向	18.89	3.79	2.28
	径向	7.96	1.65	0.66
	位置	24.28	3.69	1.91

基于载波相位的PPP技术是目前开展精密定位的主要技术,导航卫星由于轨道高,几何图形变化慢,在建立精密定位法方程时相邻历元方程之间的相关性太强,在进行定位参数估计时需要较长的时间估计各类误差之后才能进行载波相位模糊度的固定,从而实现精密定位。低轨卫星具有轨道低、运动快的特点,卫星几何图形变化快,短时间历元间方程的相关性较导航卫星弱。因此,低轨卫星联合导航卫星进行PPP有利于定位误差参数的估计,从而可以加速精密定位的快速收敛。鸿雁系统为缩短PPP收敛时间将播发双频导航增强信号,仿真结果表明收敛时间将优于1min(收敛偏差10cm),当收敛偏差降低时,收敛时间也将大幅缩短。不同低轨卫星数情况下的收敛时间对比如图7.11所示。

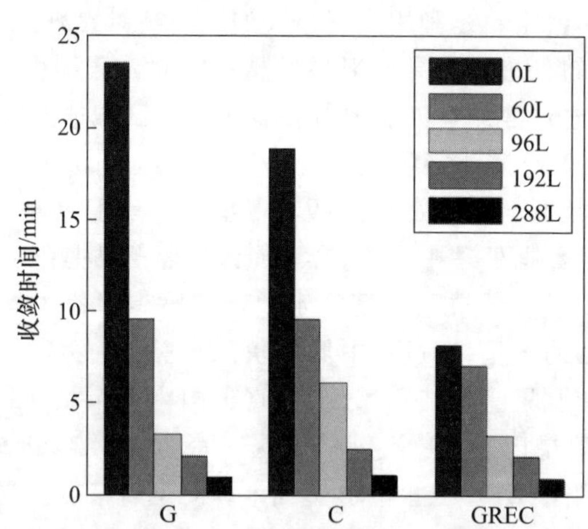

0L—0颗LEO卫星; G—GPS; R—GLONASS; E—Galileo; L—LEO; C—BDS。

图7.11　不同低轨卫星数情况下的收敛时间对比(见彩图)

7.1.2.2　关键技术

(1) 区域监测站条件下的低轨卫星与中高轨导航卫星联合定轨。考虑我国地基监测站无法全球均匀布设的现实约束条件，需要在低轨卫星上配置导航监测接收机，并联合地面区域监测站实现天地一体联合监测，用于 GNSS 卫星和低轨卫星的精密轨道与钟差确定。需要设计并选择合理分布的区域地面跟踪站网，综合考虑计算负荷、低轨星座的构型等要求，优化参与联合定轨的低轨卫星。融合区域地面跟踪网和星基跟踪站等多源观测数据，弥补地面跟踪站的不足，改善整个跟踪网的图形结构，实现不同轨道高度卫星群精密轨道的快速确定以满足实时应用的需求，从而丰富并发展导航卫星与低轨卫星精密联合定轨的理论与方法，生成厘米级实时精密轨道与钟差改正数。

(2) 低轨卫星星座增强北斗/GNSS 实时精密单点定位技术。由于低轨卫星观测弧段短、运行速度快、大气阻力影响大，导致地面站所接收到的低轨卫星观测数据中周跳较多、粗差影响大。因此，探究适用于低轨卫星数据预处理与质量控制方法是实现稳健可靠的精密定位服务的关键和首要环节，旨在为后续高精度数据处理提供“干净”的观测资料。多源异构星座的融合，既带来了成倍增长的观测值，也产生了各种各样的偏差，如码间、频间、系统间等偏差。在确定了低轨增强北斗/GNSS 精密定位数学模型后，就需要对观测模型中各偏差参数的可估条件进行分析。在多种星座融合的条件下，进一步分析低轨卫星和导航卫星观测值中的各类偏差的时域与空域特性，帮助确定精密定位中这些偏差的随机模型，如采用常数估计，或采用白噪声、随机游走等估计，以及这些偏差估计时约束的松紧程度，这些均影响精密定位的估计结果。联合低轨卫星增强 GNSS 精密定位时，处理高维及低轨卫星高动态、短弧段条件下的模糊度快速解算问题是待突破的难点。最终，需论证和评估低轨星座增强北斗/GNSS 实时精密单点定位性能。

(3) 卫星导航与卫星移动通信深度融合关键技术。频率资源是低轨通信星座最核心的资源，移动通信下行采用 L 频段播发，导航增强应充分与移动通信频段兼容以降低成本及风险，因此，卫星导航与卫星移动通信深度融合成为系统建设的关键技术。移动通信卫星一般采用多波束天线对地覆盖形成多个蜂窝小区，并采用频率复用技术提升用户容量，因此，需突破基于多波束天线的通导信号一体化设计技术，充分利用通信频率资源和功率资源，在 L 频段上实现通信和导航信号一体播发。

(4) 小型化、轻量化、低功耗和低成本导航增强载荷技术。低轨通信卫星平台小，重量、功耗和成本均需要精细控制，因此，在进行载荷设计时要面向低体积重量功耗进行设计，鸿雁卫星在进行导航增强载荷设计时采用高精度载荷硬件架构技术 + 片上系统芯片技术 + 可重构软件系统技术，实现高精度时空基准、载荷小型化低功耗，降低成本，采用软件定义载荷技术，实现在轨维护和升级扩展。

7.2 卫星自主完好性监测

当卫星导航系统广泛应用在以民航为代表的涉及生命安全领域时，系统的完好性才被逐渐重视,民航对卫星导航系统完好性提出了严格规范的量化要求,除此之外还包括精度、连续性和可用性共 4 方面性能需求[30]。接收机自主完好性监测(RAIM)技术利用导航接收机所接收的多颗导航卫星观测量进行定位的同时,采用最小二乘或奇偶空间矢量算法对多星冗余观测量进行故障卫星的检测和排除分析处理,从而及时得到定位完好性结果。RAIM 几乎不存在告警时延,一般只能针对单卫星较大故障进行监测,而且会降低系统可用性,完好性监测性能相对较弱,一般只用于航路阶段[31]。用户接收机如果组合了惯导或气压高度等辅助信息进行完好性监测处理又称飞行器自主完好性监测(AAIM)技术。用户接收机引入星基增强系统信息,二者可实现优势互补,又称相对接收机自主完好性监测(RRAIM)技术。多卫星系统组合进行完好性监测处理又称增强型先进接收机自主完好性监测(ARAIM)技术,完好性性能有望得到较大提高。

卫星自主完好性监测(SAIM)技术是卫星自主健康管理的一部分内容,在卫星上配置完好性监测接收机,直接对导航卫星播发的导航信号进行监测,一旦发现异常立即生成告警标志并向用户播发。卫星自主完好性监测的优势在于星上直接监测,避免了地面监测的时延,有利于缩短告警时间,是完好性监测体系的重要补充[32]。最新发展的北斗全球卫星导航系统,GPS BLOCK-Ⅲ系统均计划在星上配置卫星自主完好性监测载荷,进一步提升系统完好性服务能力[33]。

导航卫星完好性异常事件是指基于某种原因,导航卫星产生故障或性能恶化,使用户接收机产生过大定位误差,而未被系统监测到的事件。SAIM 通过在卫星上装载多台接收机同时对下行导航信号进行监测,采取冗余表决的方式生成告警信息。一旦多台接收机同时监测到异常则立即产生告警信息并向用户播发。因此,SAIM 只能对卫星自身异常进行监测,而不能监测空间传输段及用户段异常事件。

导航卫星可能发生的故障多种多样,如平台供电异常、卫星钟在轨故障、导航信号中断等,不是每一种故障都对用户产生完好性风险。导航接收机定位误差可以由下式定义:

$$\sigma_{u} = \mathrm{GDOP} \times \sigma_{\mathrm{UERE}} \tag{7.1}$$

式中:σ_u 为用户定位误差;GDOP 为几何精度衰减因子;σ_{UERE} 为用户等效测距误差的方差。

单星的卫星自主完好性监测与 GDOP 无关,只与卫星接收导航信号误差相关(不包括空间传输段和用户接收误差),而卫星引入的测距误差只是 σ_{UERE} 的一部分。

导航卫星导航载荷一般包括时频子系统、射频信号生成子系统,以及滤波/放大/合路,然后通过天线将信号播发给用户,如图 7.12 所示。时频子系统为下行导航信号提供信号生成所需的 10.23MHz 基准频率信号;射频信号生成子系统则根据时频子系统输出的基准频率,经过频率综合产生导航信号所需的各种频率生成基带导航信号,再上变频到射频;射频信号经过滤波、放大与合路然后通过导航天线将导航信号向用户播发。

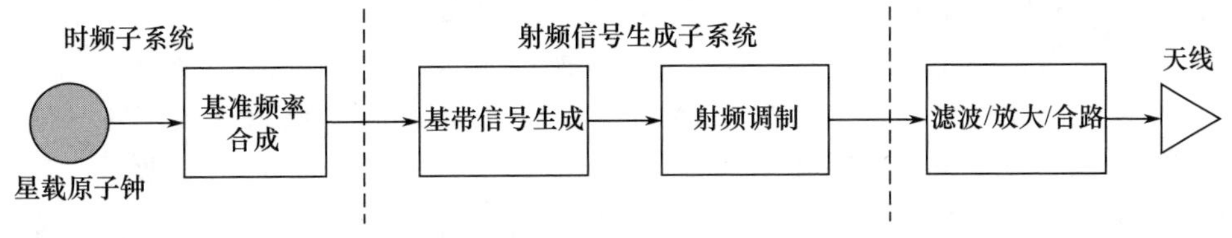

图 7.12 导航卫星导航载荷示意图

空间段卫星服务业务信息完好性异常事件来源主要包括卫星钟、导航信号和导航信息[34]。空间段卫星服务业务信息完好性异常事件如图 7.13 所示。导航卫星有效载荷的卫星钟为导航信号提供时间频率基准信号,一旦出现异常将导致所有导航信号出现故障,主要的故障形式包括相位跳变、相位滑变、频率跳变、频率滑变以及随机相位异常抖动,相位跳变将导致用户伪距出现阶跃式,其他故障将使得用户伪距产生滑变形故障,持续产生影响[35]。导航信号异常主要包括信号功率异常、信号时延异常、码/载波相位不一致和伪码畸变异常。信号功率的异常降低将使得用户接收信号 C/N_0 降低,使得用户测量误差增大;信号时延异常将导致用户伪距产生偏差;码/载波相位不一致将对利用载波相位进行定位解算的高精度用户产生不利影响;伪码异常畸变将使得相关峰产生畸变,不同前端滤波带宽和不同相关器间隔的接收机测距将不一致,且该故障不能通过差分的手段消除;导航信息异常主要包括导航数据比特翻转和导航信息误差较大。导航信息出现异常将导致用户解算的导航电文出现错误,从而对定位产生影响。

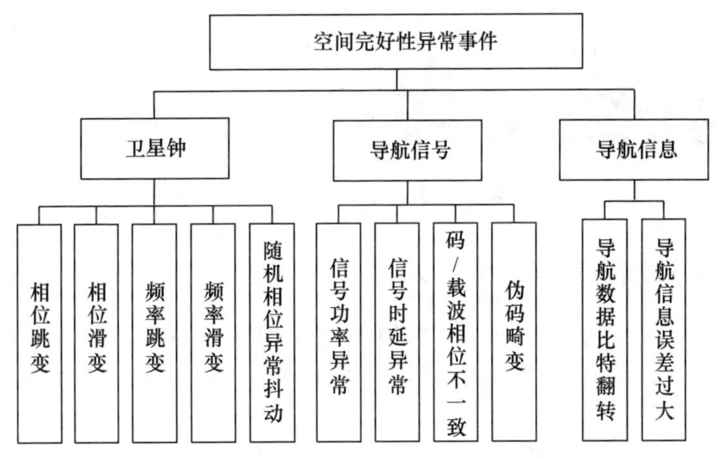

图 7.13 空间段卫星服务业务信息完好性异常事件分解

SAIM 在导航系统完好性监测方法里是一个全新的概念,打破了由地面段和用户端进行卫星状态监测和误差估计的传统,改为在卫星上让卫星对其自身进行完好性监测,这样星座中的每颗卫星时刻都在监测状态之中。一旦出现异常情况,排除监测接收机故障之后,它会在下一次信号更新时将告警信息注入卫星信号,向用户告警,从而用户遭受由卫星异常引起的完好性风险会大大降低。

卫星自主完好性监测的监测对象为卫星钟、导航信号、导航信息 3 方面。北斗卫星自主完好性监测总体方案如图 7.14 所示，卫星配置监测接收机接收下行导航信号，得到伪距、载波相位测量值、监测相关值、信号功率等观测量，同时接收星上用于生成导航信号的时频信号得到卫星钟相位跳变测量值和频率跳变测量值，然后通过处理综合得到导航信号完好性标志（SIF）。对接收到的导航信号进行解调，对关键导航信息进行解析并处理，并监测导航信号的完好性监测得到电文完好性标志。同时，卫星将伪距、载波相位测量值等观测量回传地面，地面可进行试验验证或完好性监测性能评估[36-37]。

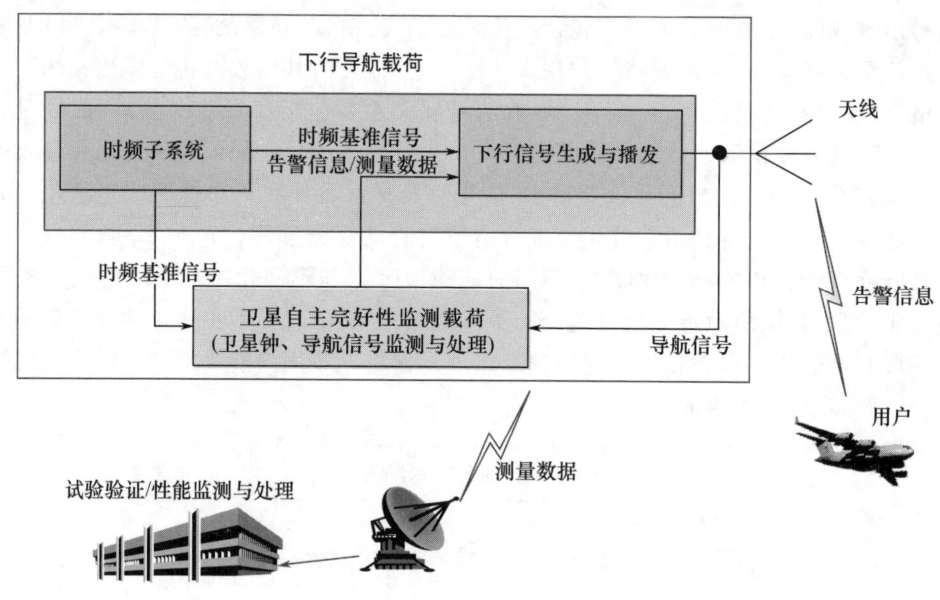

图 7.14　北斗卫星自主完好性监测总体方案（见彩图）

7.2.1　处理流程与告警方式

当前的北斗卫星自主完好性监测只对快变异常事件生成告警标志，实现了卫星钟、导航信号快变故障的监测，实际上对于空间段卫星系统，除了快变异常外还存在慢变异常，如轨道与钟差的慢变异常。

慢变故障的产生不会立即对用户完好性造成影响，但是随着时间的累积，误差最终将会超过告警门限，对用户产生影响。慢变的异常事件主要通过地面进行数据分析从而决策是否需要发出告警标志。通过对导航卫星在轨飞行情况进行分析，卫星钟的慢变异常是导航卫星在轨最频繁的故障形式。利用星间链路双向测距与通信技术监测导航卫星轨道和钟差，在空间将本地的卫星钟与星座内其他卫星钟通过星间链路建立链接，通过多个水平相当的原子钟互比，可以实现卫星轨道与钟差的慢变监

测，进而形成对 URA 的监测能力。对轨道与钟差的监测，进一步发展到对 URA 的监测，将是卫星自主完好性监测未来重要的技术发展趋势。

完好性监测告警主要由卫星钟异常和导航信号异常决定，如果发现卫星钟相位或频率异常跳变，并且超过预设的告警门限，则对所有信号均进行告警；如果某一支路信号的时延或功率发现异常跳变，则仅对该支路信号告警。同时卫星将伪距、载波相位、功率、相关值等信号测量信息回传地面，地面可进行进一步的分析处理，比如进行伪码/载波相位一致性长期监测、相关峰畸变引起 S 曲线过零点偏差评估等。

导航卫星服务业务信息完好性监测告警方式包括信息告警和信号告警。信息告警是将告警标志嵌入导航电文，随其他导航信息一起向用户播发；信号告警是将导航信号扩频码置为 0101 序列，即采用非标准码进行告警。

信息告警方式的告警时间主要受限于导航电文的播发周期；信号告警方式直接将导航信号扩频码置为 0101 序列，用户将无法使用该告警支路信号，告警时间主要是从故障产生到生成告警信息的时延。

7.2.2 导航信号监测

7.2.2.1 信号功率监测

由数字模数转换器件或放大器异常等各种原因引起的导航信号功率的下降使得用户接收机载噪比（C/N_0）降低，在理想情况下信号功率在围绕均值在一定范围内波动，通常小于 0.5dB。如果信号功率出现异常，则功率测量值将产生异常跳变，功率测量值可以由下式得到：

$$\mathrm{PW} = 10 \times \lg(I^2 + Q^2) + \Delta\mathrm{PW} \tag{7.2}$$

式中：PW 为信号功率；I 为信号接收的同相支路相关值；Q 为信号接收的正交支路相关值；ΔPW 为一个常数，用于功率零值的校准。如果功率产生异常跳变，则会被立即监测；如果超出预设的门限，则会产生告警信息。

7.2.2.2 信号时延监测

用户观测到的信号时延异常现象为伪距异常跳变，可能由伪码异常跳变、指令异常或其他载荷故障产生。星上没有动态应力，因此正常情况下监测接收机的伪距应为围绕均值在一定范围内波动的高斯分布。但是在实际设计过程中，由于接收机的频率源与星钟不同源，因此伪距的测量存在线性漂移，所以应在信号时延测量过程中进行钟差补偿。实际的信号时延测量值为

$$T_{\mathrm{Delay}} = \mathrm{PR} + \Delta T \tag{7.3}$$

式中：T_{Delay} 为信号时延测量值；PR 为伪距测量值；ΔT 为钟差。

如果有效载荷出现异常导致信号时延发生变化，则 T_{Delay} 将出现阶跃；如果超过告警门限则立即产生告警信息。

7.2.2.3 信号相关峰畸变异常监测

相关峰畸变是指采用不同射频前端滤波和相关器间隔的接收机测量的伪距存

在偏差。最早的相关峰畸变异常是在GPS-PRN19卫星观测到的，斯坦福大学GPS实验室提出了SQM2b模型，针对GPS C/A码信号畸变进行了参数化建模，从而能够量化地进行分析研究[38]。对于非相干的延迟锁定环（DLL），码环鉴别误差可以表示为

$$D(\varepsilon)=\frac{1}{2}(E^2-L^2)=\frac{1}{2}(|R(\varepsilon+\delta/2)|^2-|R(\varepsilon-\delta/2)|^2) \tag{7.4}$$

式中：$D(\varepsilon)$为鉴别误差；E为超前相关值；L为滞后相关值；ε为码相位误差；δ为相关器间隔。因此，相关峰的对称性直接影响不同相关器情况下的鉴别误差。

相关峰畸变监测可以采取两种方法：一是在伪距域进行监测，即采用多个接收通道，多个接收通道采用不同的相关器间隔获得多个伪距，然后监测伪距的离散度；二是选定一组相关器用于接收机环路跟踪，其他多对监测相关器进行相关值的采集，通过监测相关器的对称性进行相关峰畸变监测。信号相关峰畸变一般也称为信号质量监测（SQM）。对于信号相关峰畸变的监测包括基于伪距差的SQM算法和基于相关值的SQM算法。

1）基于伪距差的SQM算法

如果多个相关器对（具有不同的相关器间隔D）独立地进行跟踪，那么一个接收机将会产生多个伪距测量值，就可以通过伪距差来进行相关峰的对称性校验。

不同的相关器对，形成不同的伪距测量值，设它们的差为$\Delta\tau(d_1,d_2)$，对于一个正常的输入信号，$\Delta\tau_{\text{nom}}(d_1,d_2)$可计算如下：

$$\Delta\tau_{\text{nom}}(d_1,d_2)=\tau_{\text{nom}}(d_1)-\tau_{\text{nom}}(d_2) \tag{7.5}$$

式中：$\tau_{\text{nom}}(d_i)=\arg\left\{\tilde{R}_{\text{nom}}\left(\tau+\frac{d_i}{2}\right)-\tilde{R}_{\text{nom}}\left(\tau-\frac{d_i}{2}\right)=0\right\}$，$\tilde{R}_{\text{nom}}$为经过滤波后的C/A码的相关峰，$\tilde{R}_{\text{nom}}=h_{\text{pre}}*R_{\text{nom}}$，$h_{\text{pre}}$为滤波器的传递函数。

对于每一对独立的伪距差，波形正常情况下的伪距差从波形异常情况下的伪距差中减去之后，与一个固定的门限——最小可检测误差（MDE）进行比较，如大于MDE，则认为存在波形畸变风险。

$$\beta_{\text{PR}}=\max\begin{bmatrix}\dfrac{\Delta\tau_a(d_1,d_2)-\Delta\tau_{\text{nom}}(d_1,d_2)}{\text{MDE}(d_1,d_2)}\\ \dfrac{\Delta\tau_a(d_1,d_3)-\Delta\tau_{\text{nom}}(d_1,d_3)}{\text{MDE}(d_1,d_3)}\\ \vdots\\ \dfrac{\Delta\tau_a(d_1,d_C)-\Delta\tau_{\text{nom}}(d_1,d_C)}{\text{MDE}(d_1,d_C)}\end{bmatrix} \tag{7.6}$$

式中：τ_{a}为伪距；$\tau_{\text{a}}(d)=\arg\left\{\tilde{R}_{\text{a}}\left(\tau+\frac{d}{2}\right)-\tilde{R}_{\text{a}}\left(\tau-\frac{d}{2}\right)=0\right\}$。

如前所述，基于伪距差的SQM算法要求接收机的每一个相关器对都独立地对信

号进行跟踪，大多数 GPS 接收机一个通道只有一个独立的跟踪环路。因此，基于伪距差的 SQM 要求有多个通道，或者多个接收机。如果所要求的伪距差数量很大，那么进行 SQM 将会需要较高的成本及复杂度。

2）基于相关值的 SQM 算法

一个更为有效的方法是采用一个通道内有多个相关器的接收机对信号相关峰进行监测，从成本的角度来讲，这个方法比基于伪距差的 SQM 更具有可行性。采用这种方法，一个通道中只有一个相关器对进行跟踪，其他相关器对固定地排在跟踪相关器对两边，它们只进行相关值计算，而不进行跟踪功能的实现。

（1）Δ 检测。

第一种处理相关峰的方法称为 Δ 测试。假定载波环已被锁定，码环所有的正交分量都可以忽略不计（$Q=0$），那么 Δ 测试所需的相关监测量就可以由同向相关值 I 的形式表达：

$$\Delta_m = \frac{I_{\text{early},m} - I_{\text{late},m}}{I_{\text{prompt}}} \tag{7.7}$$

式中：I 都是归一化后的值，且 I_{prompt} 的最大值为 1。Δ 测试旨在监测由于测距码畸变所引起的相关峰左右不对称。同样，这里仍然把 Δ_m 与一个门限值进行比较，如果 $\Delta_m>$ 阈值，则确定测距码发生畸变。

（2）比率检测。

比率检测用来监测由于测距码畸变所引起的相关峰顶变平，或者出现异常尖峰的情况，表达式如下：

$$R_{\text{avg},P} = \frac{I_{\text{early},m} + I_{\text{late},m}}{I_{\text{prompt}}} \tag{7.8}$$

某些情况下，单边的相关峰受到的影响比较大，因此可以用单边的比率检测来监测此类情况：

$$R_{\text{early/late},\text{prompt}} = \frac{I_{\text{early/late}}}{I_{\text{prompt}}} \tag{7.9}$$

与 Δ 测试类似，在计算出这些监测量的值之后，与它们相应的门限进行比较，从而发现相关峰异常情况。如果大于门限值，则进行隔离报警。基于相关峰的 SQM 算法比基于伪距差的 SQM 算法更加有效，费效比更高。通过对相关峰的对称性进行验证，从而达到信号质量监测的目的。

7.2.2.4 码/载波相位不一致监测

通常高精度用户会将载波相位测量值纳入导航解算的观测量范围，地面观测到的码/载波相位不一致问题大多为电离层引起，星上产生码/载波相位不一致也是可能的，这是因为虽然伪码与载波都是溯源到星载钟，但是生成伪码与载波相位的频率信号所经过的路径不同，任一路径产生异常将导致伪码与载波相位不一致。

码/载波相位不一致可能会有 2 种故障形式：一是码/载波发散，即伪距和载波相位测量值变化的趋势不一致,其差值呈线性变化,通常是由于生成伪码和载波的时频信号异常引起;二是码/载波偏差,即伪码和载波之间的相位关系突然发生偏差。因此针对这两种故障形式都应该监测。

1)伪码/载波测距值偏离(CCD)

CCD 监测算法采用一个二阶滤波器估计伪码载波发散率(等效于两个一阶滤波器的串联),以降低码噪声的影响,滤波器的输入是原始的码伪距测量值减去载波伪距测量值,Laplace 域滤波器表示为

$$\hat{D}(s)=\frac{s}{(\tau_{d_1}s+1)(\tau_{d_2}s+1)}Z(s) \tag{7.10}$$

将上述系统转换到数字域,没有采用双线性变换 $s=\frac{2}{T}\frac{1-Z^{-1}}{1+Z^{-1}}$,而是采用 $s=\frac{1}{T}\cdot\frac{1-Z^{-1}}{Z^{-1}}$(矩形微分器 $y(n)=\frac{1}{T}[x(n)-x(n-1)]$),此时

$$\begin{cases} d_1(k)=\dfrac{\tau_{d_1}-T}{\tau_{d_1}}d_1(k-1)+\dfrac{1}{\tau_{d_1}}(z(k)-z(k-1)) \\ d_2(k)=\dfrac{\tau_{d_2}-T}{\tau_{d_2}}d_2(k-1)+\dfrac{1}{\tau_{d_2}}d_1(k-1) \end{cases} \tag{7.11}$$

式中:$z(k)=\mathrm{PR_r}(k)-\varphi(k)$,$\mathrm{PR_r}(k)$ 与 $\varphi(k)$ 分别为原始的码测量值和载波测量值;T 为码/载波测量值采样间隔;τ_{d_1} 与 τ_{d_2} 为时间常数。估算发散率的步骤如下。

(1)计算原始码伪距与载波伪距的差值,得到 $z(k)$。

(2)按照式(1)进行二阶数字滤波,得到 $d_2(k)$。

(3)将 $d_2(k)$ 与预设门限 TH_{d_2} 比较,判断是否需要告警。

2)伪码-载波测距偏差(CCB)

CCB 监测方法是计算码伪距(单位 m)增量和载波伪距(单位 m)增量之差是否超出门限。具体的步骤如下。

(1)计算原始的码伪距(单位 m)增量和载波伪距(单位 m)增量:

$$\Delta\mathrm{PR}(k)=\mathrm{PR}(k)-\mathrm{PR}(k-1),\Delta\phi(k)=\phi(k)-\phi(k-1)$$

(2)计算码伪距增量与载波伪距(单位 m)增量的差值:

$$\Delta I(k)=\Delta\mathrm{PR}(k)-\Delta\varphi(k)$$

(3)将码载波增量差与门限值比较,判断是否一致。

如果 $\Delta I(k)>\mathrm{TH}_{\Delta I}$,则判断伪码与载波不一致;如果 $\Delta I(k)\leqslant \mathrm{T}H_{\Delta I}$,则判断伪码与载波一致。

7.2.3 卫星钟监测技术

导航卫星的卫星钟一般为高精度、高稳定度的原子钟,卫星自主完好性监测载荷的参考钟为高稳定晶振,高稳晶振具有较好的短期稳定性,长期稳定性较差,因此自

主完好性监测只进行卫星钟相位或频率跳变，而不进行长期的稳定性监测。星载钟长期稳定性指标的恶化可由地面监测评估系统长期观测给出。

记连续三个时刻的卫星钟与本地参考晶振的钟差分别为 t_k、t_{k-1} 和 t_{k-2}，其中 k 代表当前时刻，假定在当前时刻卫星钟产生了相位跳变 x。为了去除由于卫星钟与本地参考频率的频偏引入的相位偏移，将相邻的测量值做差，如下：

$$\Delta T_1 = t_k + x - t_{k-1} = \Delta t_{f(k,k-1)} + x \tag{7.12}$$

$$\Delta T_2 = t_{k-1} - t_{k-2} = \Delta t_{f(k-1,k-2)} \tag{7.13}$$

式中：$\Delta t_{f(k,k-1)}$ 为由于卫星钟与本地参考晶振的频差引入的相位偏移。由于本地参考频率的频偏引入的相位偏移在连续的3s时间内波动很小，可忽略不计，故可近似认为 $\Delta t_{f(k,k-1)}$ 与 $\Delta t_{f(k-1,k-2)}$ 相等。

对 ΔT_1 与 ΔT_2 做差，如下：

$$\Delta T_1 - \Delta T_2 = (\Delta t_{f(k,k-1)} + x) - \Delta t_{f(k-1,k-2)} = x \tag{7.14}$$

由式(7.14)可得，对 ΔT_1 及 ΔT_2 做差后，由于本地参考频率的频偏引入的相位偏移抵消，从而得到卫星钟相位跳变量 x。卫星钟频率跳变的计算方法与相位跳变计算方法类似。

7.2.4　导航信息监测

导航信息监测主要进行导航电文误比特监测，以及导航电文一致性比对。导航电文误比特主要针对由于单粒子或软件错误导致的导航电文出错，导航电文一致性比对主要是对最新上注的导航电文与正在播发的导航电文的一致性进行比对，对最新上注电文的正确性进行监测[39]。

1）导航电文误比特监测

导航电文由于单粒子事件会发生0、1翻转，一旦发生误比特将可能使得用户接收到错误的导航电文。电文信息由地面生成并通过上行注入链路注入导航卫星，由上行注入接收机接收注入信号解出电文发送给导航任务处理机，导航任务处理机接收并存储电文信息并在指定的时间将电文下发。因此，导航电文误比特监测对从上行注入下发的所有环节进行监测，一旦发现发生误比特事件，将丢掉该包电文，并向地面系统报告。

2）导航电文一致性比对

地面生成导航电文或由于某种原因可能会使得导航电文内容出现错误，特别是跟轨道与时钟相关的关键参数出现错误将使得用户生成错误的定位信息。导航电文一致性比对是在最新的电文上注后，将当前的导航电文的轨道、钟差等用于用户定位的关键信息与正在下发的导航电文进行一致性比对，如果新旧电文的轨道、钟差在一定范围之内，则判定注入电文正确，如果误差超出一定门限则认定更新电文可能出现错误，并向地面运控系统报告。

7.3 北斗卫星导航星基增强系统

北斗三号系统是中国自主建设的全球卫星导航系统。在北斗一号和北斗二号基础上,北斗三号的目标是实现全球覆盖、达到更优的性能。北斗三号星座由30颗卫星构成,包括24颗中圆地球轨道(MEO)卫星、3颗地球静止轨道(GEO)卫星和3颗倾斜地球同步轨道(IGSO)卫星。其中:MEO构型设计为Walker星座,参数为24/3/1,轨道高度21528km,轨道倾角55°;GEO卫星轨道高度35786km,3颗卫星分别定点在东经80°、110.5°和140°;IGSO卫星轨道高度35786km,轨道倾角55°,星下点轨迹与赤道交点地理经度为东经118°。3颗卫星相位差120°,星座构型如图7.15所示。北斗三号卫星导航系统星座设计与其他GNSS有明显不同,体现了北斗特色:一是在全球覆盖基础上更加重视亚太地区性能;二是兼容北斗二号各类服务,确保平稳过渡;三是实现星基增强、卫星通信等功能与导航定位服务的融合[40]。

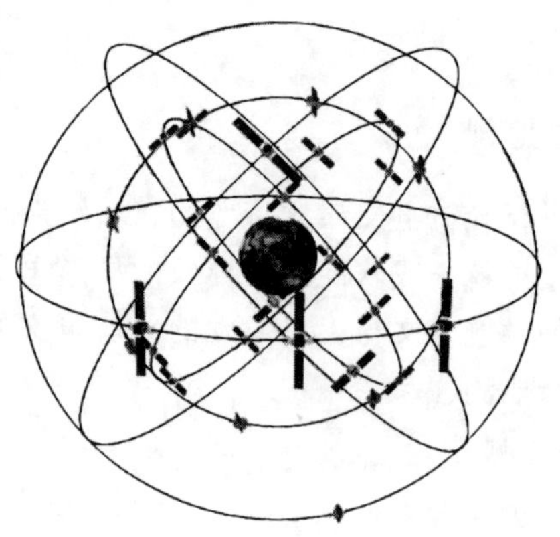

图7.15 北斗三号卫星导航系统星座

北斗三号卫星导航系统实现了导航定位与通信和增强服务的融合设计,在导航定位之外还提供了星基增强、精密定位信息播发、区域短报文通信、全球短报文通信和国际搜救共6类服务[41]。其中,导航定位、全球短报文、国际搜救3类服务覆盖全球,星基增强、区域短报文通信和精密定位信息播发服务3类服务覆盖中国及周边地区。

北斗三号卫星导航系统的北斗星基增强系统(BDSBAS)是北斗全球系统重要组成部分和6大服务之一,与北斗全球系统一体化相对独立建设,与北斗全球系统PPP服务共用GEO卫星及地面站资源,按照国际民航组织(ICAO)标准规范开展设计与建设,为中国及周边地区民航、海事、铁路等领域用户提供高完好性增强服务,兼具米级精度增强功能。BDSBAS将遵循ICAO标准,为中国及周边地区用户提供CAT Ⅰ

类精密进近服务。国际搜救服务将遵循国际海事组织相关标准,为全球用户提供免费遇险报警服务[42]。

7.3.1 系统方案

BDSBAS 由空间段、地面段和用户段三大部分构成,如图 7.16 所示,空间段包括 3 颗播发 SBAS 增强信号的北斗全球系统 GEO 卫星,轨道及频率信息如表 7.4 所列。其中,第一颗 GEO 卫星已于 2018 年 11 月 1 日成功发射,后续两颗 GEO 卫星于 2020 年 3 月 9 日和 6 月 23 日发射。地面段由主控站、数据处理中心、注入站及监测站组成,用户段包括面向民航、海事及铁路等行业应用的星基增强用户设备[4]。

表 7.4 BDSBAS GEO 卫星轨道与频率信息

轨位	下行信号频率	
	L1/B1C	L5/B2a
80°E	1575.42MHz	1176.45MHz
110.5°E	1575.42MHz	1176.45MHz
140°E	1575.42MHz	1176.45MHz

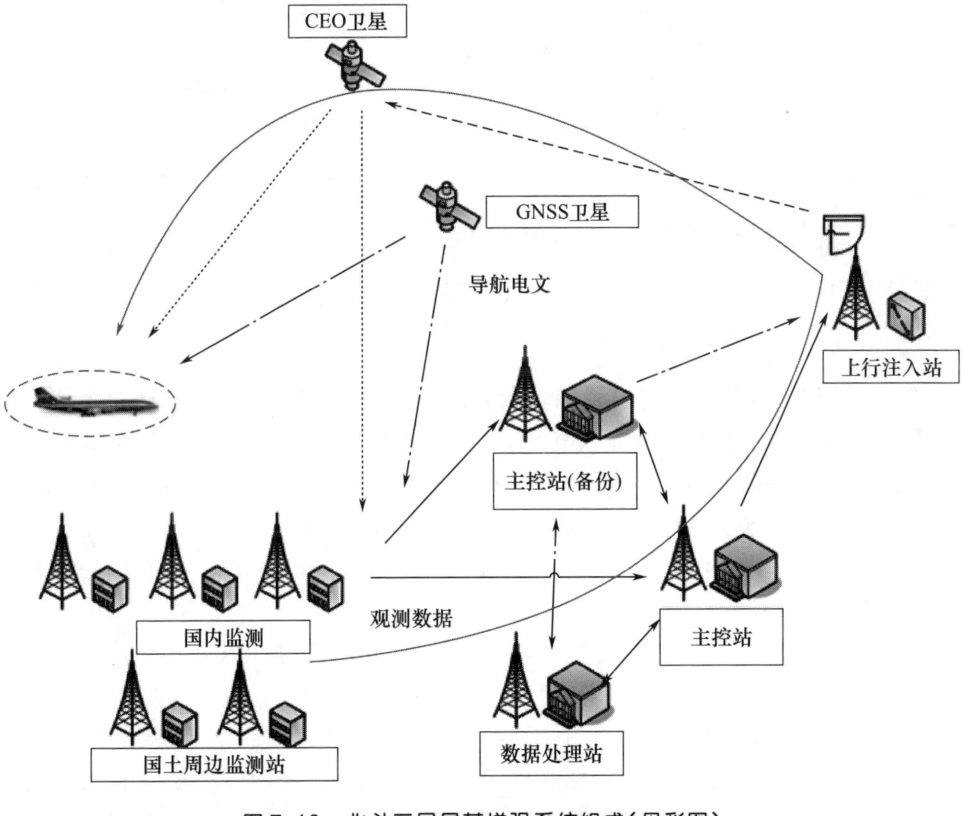

图 7.16 北斗三号星基增强系统组成(见彩图)

BDSBAS B1C 频点增强信号采用 ICAO 所确定的 SBAS L1 标准信号体制，BDSBAS B2a频点增强信号采用目前正在设计的 DFMC SBAS L5 标准信号体制。BDSBAS GEO 卫星采用更高性能的铷原子钟(稳定度 E-14 量级)和氢原子钟(稳定度 E-15 量级),空间信号精度优于 0.5m。

7.3.2 信号体制

北斗三号向下兼容北斗二号 B1I、B3I 信号,并增加了 B1C、B2a 两个新信号,兼容 GPS L1/L5 和 Galileo E1/E5a 信号,共提供 4 个频点的公开导航信号[43-47]。B1C、B2a 信号带宽更宽、测距精度更高、互操作性能更好,普遍增加了导频通道以调高弱信号接收灵敏度,采用多进制低密度奇偶校验(LDPC)信道编码提升弱信号解调性能,如表 7.5 所列。B1C、B2a 还调制了新的导航电文 B-CNAV1 和 B-CNAV2,采用了新的轨道参数及基于球谐函数的全球电离层模型 BDGIM,轨道描述精度和电离层改正精度比北斗二号都有显著提升[48]。

表 7.5 北斗三号公开服务信号体制

频带	信号分量	中心频率/MHz	调制方式	信息速率/(bit/s)	兼容互操作
B1	B1C_data	1575.42	BOC(1,1)	50	GPS L1
	B1C_pilot		QMBOC(6,1,4/33)	0	Galileo E1
	B1I	1561.098	BPSK(2)	50(MEO/IGSO),500(GEO)	—
B2	B2a_data	1176.45	QPSK(10)	100	GPS L5
	B2a_pilot			0	Galileo E5a
	B2b_I	1207.14	QPSK(10)	500	
	B2b_Q			500	Galileo E5b
B3	B3I	1268.52	BPSK(10)	50(MEO/IGSO),500(GEO)	
注:BOC—二进制偏移载波;QMBOC—正交复用二进制偏移载波					

2017 年 12 月中国卫星导航系统管理办公室发布的《北斗卫星导航系统发展报告(3.0 版)》,北斗三号将提供 RNSS、RDSS、SBAS、SAR(搜寻与救援)和 PPP 等 5 种服务。新启用的 3 个新导航信号 B1C 和 B2a/B2b 将搭载在所有 GEO/IGSO/MEO 卫星上,并将独立或者部分承载上述所有类型的全部 5 种公开服务,其中北斗三号 GEO 卫星将播发符合 ICAO 标准的 SBAS 信号——BDSBAS-B1C 和 BDSBAS-B2a。B1C 的信号载波频率为 1575.42MHz(B1/L1/E1),信号带宽为 32.736MHz,采用 BOC 和 QMBOC 的分裂谱设计,尽可能增大 Gabor 带宽,以改善测距精度,数据分量 BOC(1,1)与导频分量 BOC(6,1,4/33)正交,功率比为 1:3,力求改善低信噪比条件下的跟踪性能,提升抗遮挡能力,并具有较强的抗多径和抗干扰能力。B2a 信号的载波频率为 1176.45MHz(B2a/L5/E5a 频点),信号带宽为 20.46MHz;B2a 信号为采用 ACE-BOC 调制的 B2(B2a/b)信号的一个边带,可以视为采用数据与导频正交的 QPSK(10)结构;导频与数据分量的功

率比为 1:1;B2a 信号可以单独接收,也可以作为 ACE-BOC 信号与 B2b 信号联合接收,可提供更好的测距和抗干扰、抗多径性能[49]。

由于北斗三号 B1I、B1C 基于同一星载时钟分别产生并复用,由同一射频链路播发,故可视为一个特殊的双边带超宽带信号,可以作为一个信号整体接收,为北斗独有的特色。地面频谱仪接收到的北斗三号 GEO 卫星 B1 频点信号频谱如图 7.17 所示。联合接收 B1I、B1C 信号的自相关函数具有非常尖锐的主峰、最大的 Gabor 带宽,如图 7.18 所示,理论上具有极高的测距精度(B1I 的 5 倍),明显的抗干扰、抗多径优势[49]。

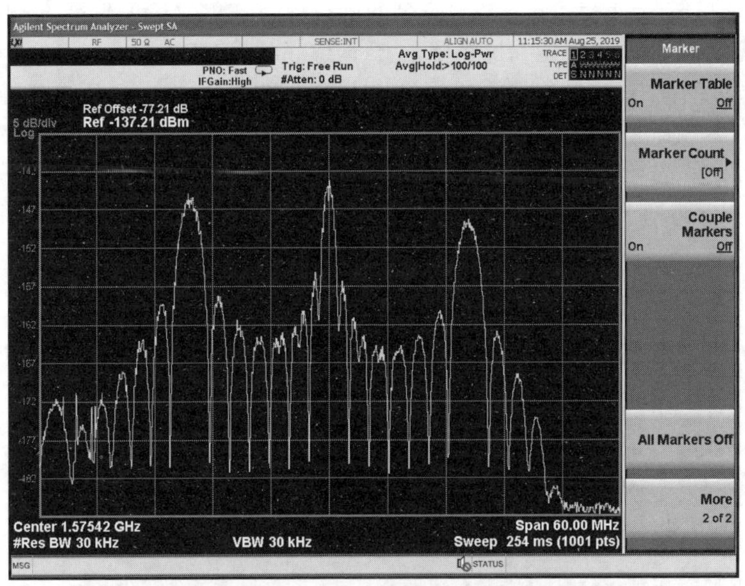

图 7.17 北斗三号 GEO 卫星 B1 频点信号频谱(见彩图)

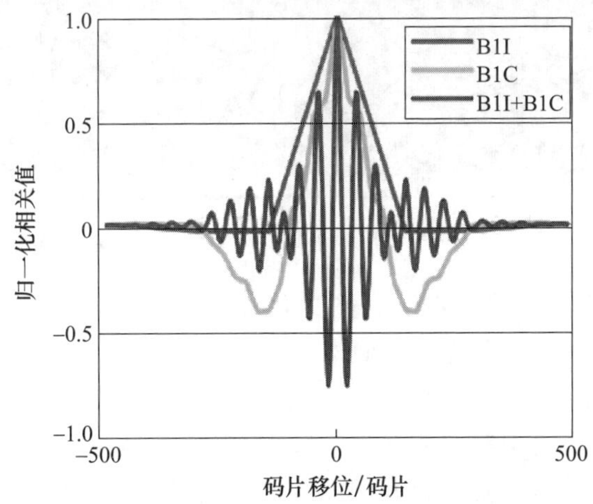

图 7.18 B1I、B1C 信号的自相关函数(见彩图)

B2a 是北斗三号的第二个公开服务信号,可用于生命安全和高精度测量等高性能服务,主要用于双频或三频接收设备。B2a 的主要设计约束是:与 GPS L5 和 Galileo E5a 信号兼容与互操作;工作在航空无线电导航(ARN)频段,需要有很强的抗脉冲干扰能力;应具有高精度测距和较强的抗多径能力;应考虑与 B2b 的协同设计,提供更好的性能、更多样化的接收方式。地面频谱仪接收到的北斗三号 GEO 卫星 B2 频点信号频谱如图 7.19 所示。B2 信号具有多频、多分量、宽带的特性,为接收机提供了多种复杂度和性能之间的权衡方案。北斗三号 GEO 卫星 B2a 信号与 GPS L5 和 Galileo E5a 相似,其基本的接收方法已日趋成熟;B2a 信号主要的接收方式包括 B2a 单频接收、B2a 单频匹配接收、B2 全匹配接收三种,B2 全匹配接收方式的复杂度较高,但可以获得更高的测距精度、更强的抗干扰和抗多径能力,能够超越 GPS L5 信号的性能。随着带宽与处理复杂度的提升,B2a 信号的相关峰越来越尖锐,测量精度和抗多径性能明显提升,如图 7.20 所示。为了充分获取 B2 频点宽带多载波复合信号(B2a/b)的性能优势,接收机可以把整个 B2 信号以 ACE-BOC 的接收方式接收,能获得比单独接收 B2a 更好的性能,B2a 与 L5、E5a 的互操作接收也能带来性能的进一步提升,具有更好的性价比。

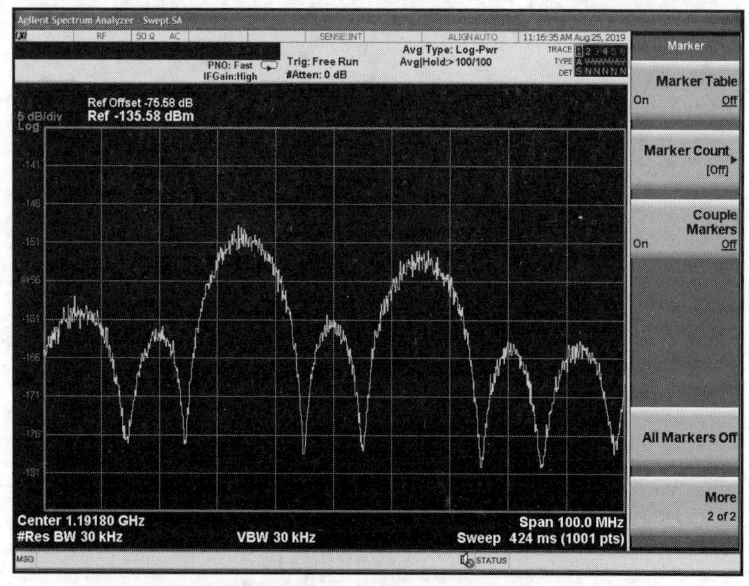

图 7.19　北斗三号 GEO 卫星 B2 频点信号频谱(见彩图)

卫星导航信号是卫星导航系统的重要组成部分,是现代卫星导航三边定位技术体制的核心载体,在卫星导航系统中具有特殊的地位与作用。北斗三号导航信号是北斗三号系统的核心技术之一,构思巧妙、技术先进、性能优异,与 GPS、Galileo 系统兼容与互操作能力强,并具有自主知识产权,代表着世界先进水平,为我国北斗三号的系统建设、应用推广和产业化以及国际合作与交流奠定了坚实基础,将成为“中国的北斗,世界的北斗”的主要标志。

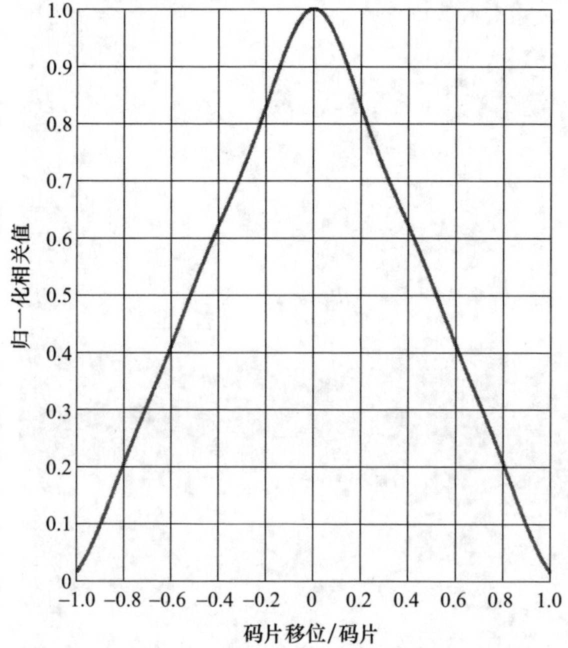

图 7.20 B2a 信号单频匹配接收的自相关函数

7.3.3 服务性能

2018 年 11 月 5 日,在 ICG-13 大会上,中国卫星导航系统管理办公室重点介绍了 BDS-3 系统建设、国际合作以及近期计划等情况,同时宣布 BDS-3 利用 3 颗 GEO 卫星(80°E,110.5°E,140°E)播发 B1C 和 B2a 两路增强信号,在中国及中国周边区域提供 CAT Ⅰ精密进近服务,技术指标如表 7.6 所列[50]。

表 7.6 北斗三号公开服务信号体制

服务精度(95%)	定位精度	单频	双频
		水平 <2.5m,垂直 <4.0m	水平 <1.5m,垂直 <2.0m
	授时精度	10ns	
	测速精度	0.1m/s	
服务可靠性	可用性	>99%	
	完好性	告警时间:6s; 风险概率:10^{-7}/进近(阈值:水平 40m,垂直 10 ~ 15m)	
	连续性	风险概率:10^{-16}/(15s)	

在服务区域方面,BDSBAS 将根据地面监测站布设范围、ICAO 信号双重覆盖及最低落地电平等要求,服务覆盖中国及其周边地区,服务区域如图 7.21 所示[4]。

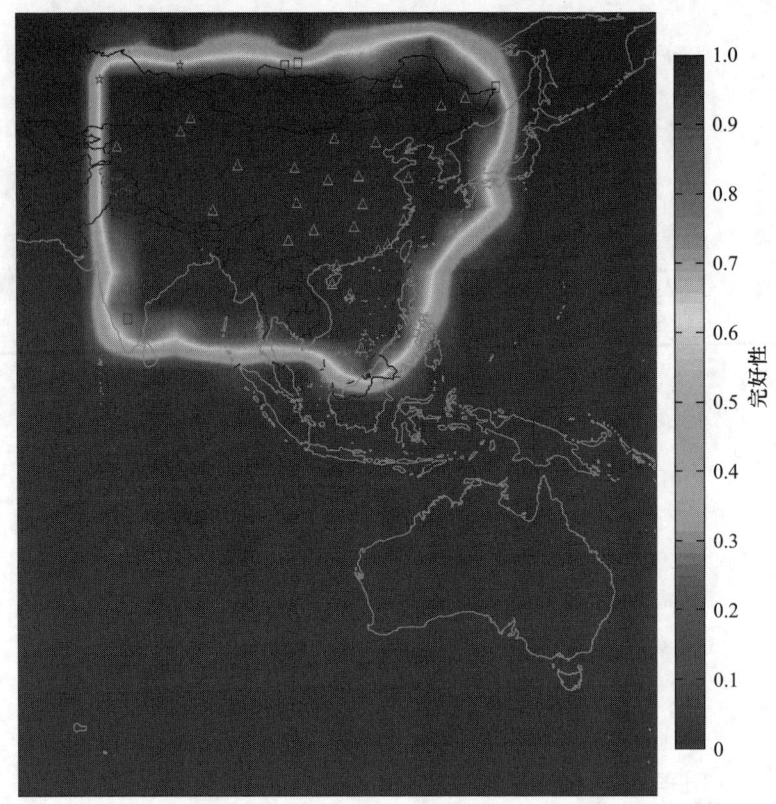

图 7.21 BDSBAS 目标服务区域(见彩图)

在服务模式方面,BDSBAS 将支持单频(SF)及双频多星座(DFMC)两种增强模式。其中,SF 服务模式基于 BDSBAS B1C 频点提供服务,DFMC 服务基于 BDSBAS B2a 频点提供服务。DFMC SBAS 服务将利用双频测距值消除电离层延迟误差,相比 SF SBAS 服务可有效提高系统可用性、连续性与精度,并实现全球范围的垂直引导。在性能等级方面,BDSBAS 将先期实现 APV - Ⅰ(Ⅰ类垂直引导进近),后续逐步满足 CAT Ⅰ服务等级要求。

2020 年 3 月 9 日和 6 月 23 日,BDSBAS 相继发射两颗北斗三号 GEO 卫星,完成了全球组网工程任务,地面段建设也逐步完善,具备了初始运行服务能力,能够为兼容航空无线电技术委员会(RTCA)标准的 SBAS 航空电子设备提供服务。

2019 年 12 月 14 日,中国民航局发布《中国民航北斗卫星导航系统应用实施路线图》,如图 7.22 所示,中国民航局提出要大力推进北斗系统应用,积极构建以北斗系统为核心的全球卫星导航系统(GNSS)技术应用体系,推动以星基定位、导航与授时技术为核心的新一代空中航行系统建设与运行,按照“从易到难,从便携到机载,从监视到导航,通用运输统筹推进”的总体实施路径,分步实施中国民航北斗卫星导

航系统应用。根据实施计划,中国民航北斗卫星导航系统应用实施分为近期(2019年—2021年)、中期(2022年—2025年)和远期(2026年—2035年)三个阶段,每个阶段均提出了本阶段要完成的主要任务、实现本阶段目标需要具备的条件。《中国民航北斗卫星导航系统应用实施路线图》是北斗系统在中国民航应用的首个系统性实施路径[51]。

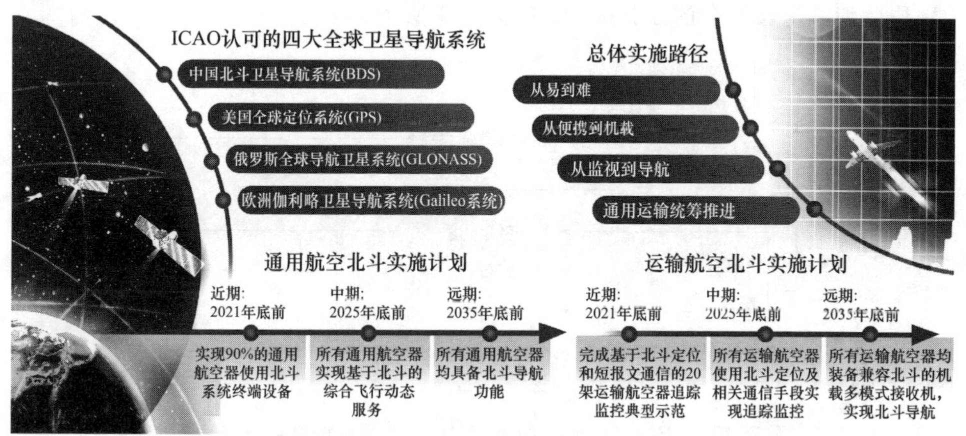

图7.22 中国民航北斗卫星导航系统应用实施路线图(见彩图)

《中国民航北斗卫星导航系统应用实施路线图》明确了中国民航北斗系统应用的基本原则、总体目标与应用策略,是指导中国民航北斗系统应用与发展的纲领性文件。推进北斗系统应用,要始终满足国家空管体制改革的需要。结合国家空管体制改革的进展,军民航的空管技术应该走融合发展的道路。北斗卫星导航系统应用是重要的切入点。要加快推进北斗在低空空域应用,提供低空通航监视信息,加快空管体制改革步伐。同时要做好自主知识产权的空管技术创新与应用的顶层设计,按照"四强空管"要求,探索出一条符合中国国情,符合中国空管体制要求的空管技术自主创新之路。

对照民航强国的要求不难看出,构建安全高效的空中交通管理体系,离不开北斗导航对空中交通导航监视运行的重要支撑;构建功能完善的通用航空体系,需要应用北斗建设低空空域监视系统,解决通用航空飞行"看不见"的问题;掌握制定国际民航规则标准的主导权和话语权,更离不开北斗系统这个重要的突破口,可以说,北斗系统不仅是中国成为民航强国的"必备",更是实现高质量发展的"刚需"。

7.4 空天地一体化增强网络[52]

在无人飞行器系统(UAS)的感知和避障(sense and avoid)操作等应用场景,当前SBAS和GBAS技术无法满足UAS对GNSS定位和导航服务完好性的苛刻要求。

SBAS 为民航飞机各个飞行阶段提供精密定位服务,GBAS 仅为民航飞机的进近阶段提供精密定位服务,另一方面,ABAS/ABIA 技术特别适合在涉及安全的关键任务中显著提高 GNSS 的完好性和定位精度,利用多传感器数据融合架构(multi-sensor data fusion architectures)则能提高系统服务的连续性。SBAS、GBAS 和 ABAS/ABIA 可以协同工作对 GNSS 实施增强,如图 7.23 所示,构建空天地一体化增强网络(SGAAN),特别适合涉及生命安全的导航服务,如图 7.24 所示。

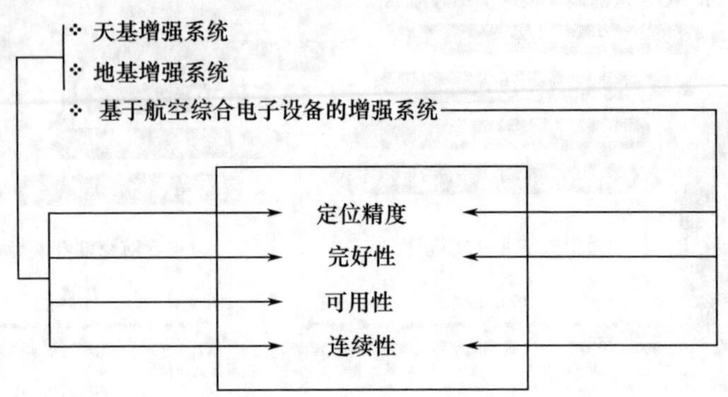

图 7.23　SBAS、GBAS 和 ABAS/ABIA 可以协同增强 GNSS

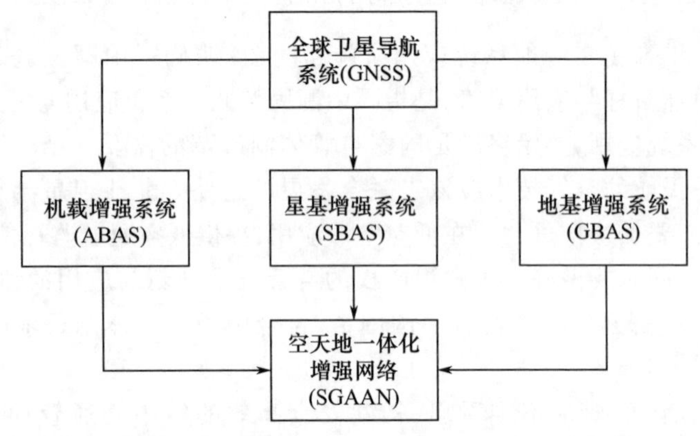

图 7.24　空天地一体化增强网络

一旦建立了 ABAS/SBAS/GBAS 的协同工作模型,则在 GNSS 信号丢失的临界条件下,专用的完好性标志生成器(IFG)就可以对飞行员或者 UAS 遥控操作员给出警示信息;SBAS 和 GBAS 的 IFG 模块具备计算 GNSS 的垂直保护级(VPL)和水平保护级(HPL)功能,并可以将计算得到的保护级分别与告警门限进行比较,如图 7.25 所示。

在民航飞行的各个阶段,根据指定的警报时间(TTC)以及警告时间(TTW)要求,ABAS 的 IFG 模块将给出实时的警报和警告。GNSS 接收机的输出参数以及飞行器动力学模型参数是 IFG 模块的输入参数。GNSS 星座模拟器(GCS)可以给出 GNSS

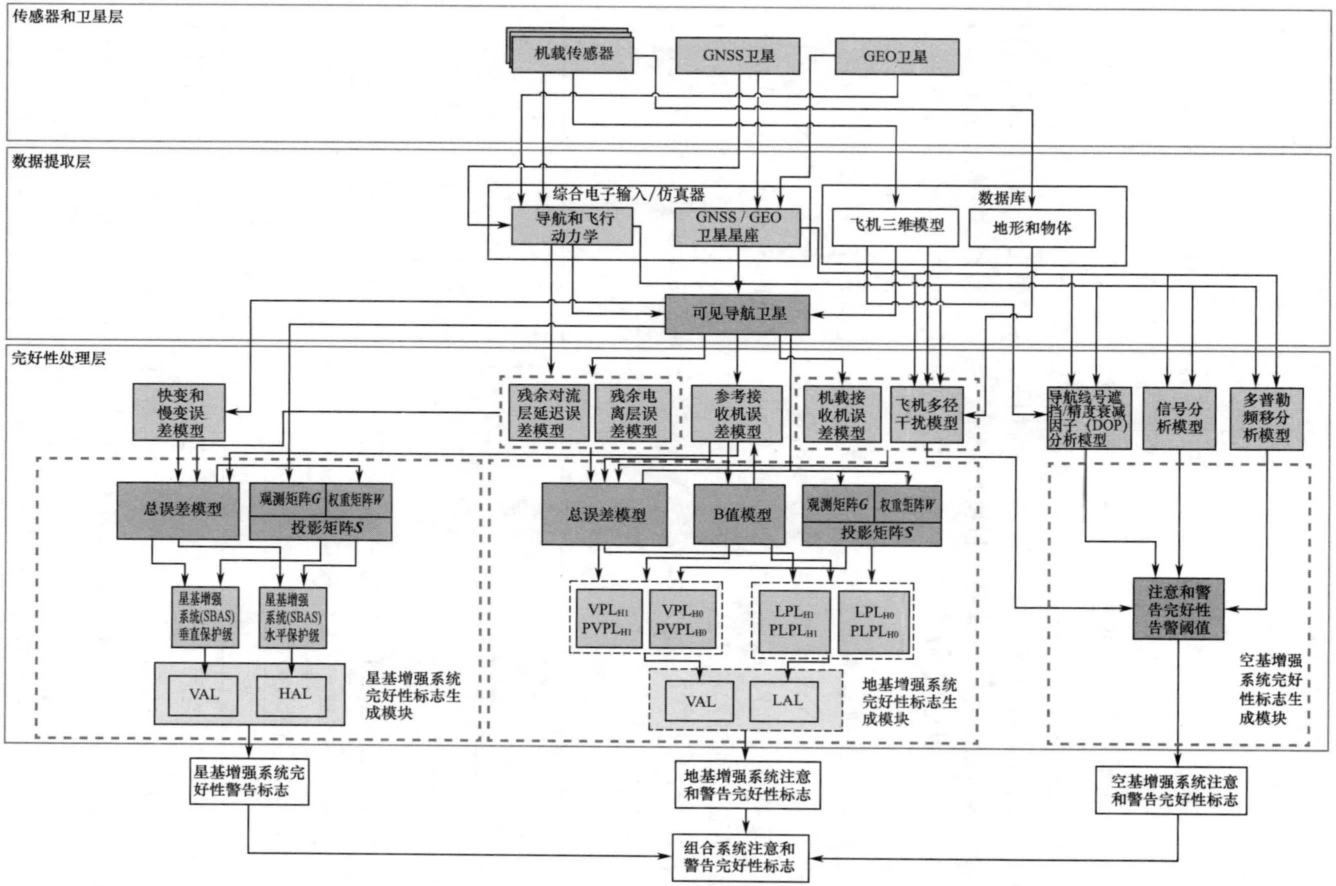

传感器和卫星层

机载传感器

GNSS卫星

GEO卫星

数据提取层

综合电子输入/仿真器

导航和飞行动力学

GNSS / GEO卫星星座

数据库

飞机三维模型

地形和物体

可见导航卫星

完好性处理层

快变和慢变误差模型

残余对流层延迟误差模型

残余电离层误差模型

参考接收机误差模型

机载接收机误差模型

飞机多径干扰模型

导航信号遮挡/精度衰减因子（DOP）分析模型

信号分析模型

多普勒频移分析模型

总误差模型

观测矩阵G 权重矩阵W

投影矩阵S

星基增强系统(SBAS)垂直保护级

星基增强系统(SBAS)水平保护级

VAL

HAL

星基增强系统完好性标志生成模块

总误差模型

B值模型

观测矩阵G 权重矩阵W

投影矩阵S

VPL_{H1} $PVPL_{H1}$

VPL_{H0} $PVPL_{H0}$

LPL_{H1} $PLPL_{H1}$

LPL_{H0} $PLPL_{H0}$

VAL

LAL

地基增强系统完好性标志生成模块

注意和警告完好性告警阈值

空基增强系统完好性标志生成模块

星基增强系统完好性警告标志

地基增强系统注意和警告完好性标志

空基增强系统注意和警告完好性标志

组合系统注意和警告完好性标志

图7.25 空天地一体化网络完好性增强架构（见彩图）

卫星的可见性、信号以及空间几何分布分析结果，飞行器动力学模拟器（ADS）可以给出飞机标称航迹和姿态角。利用 CATIA 等三维建模软件可以建立飞行器的三维模型（A3DM）及地形和目标数据库（TOD）数据，可以开展飞机多径干扰信号分析。根据数字地形高程数据库（DTED）数据，可以获取飞行器下方地形的详细地图。ADS 模块给出飞行器飞行轨迹参数，TOD 给出飞行器地形高程数据。通过处理 ADS 和 GCS 给出的参数，多普勒分析模块（DAM）可以计算得到飞机的多普勒频移。通过处理 A3DM、GCS、ADS 给出的参数，用多径分析模块（MAM）可以计算得到飞行器（机翼/机身）和飞行器周围地形/物体的多径干扰信号。在飞机机动飞行期间，通过处理 A3DM、GCS、ADS 给出的参数，用遮挡矩阵模块（OMM）可以计算得到 GNSS 接收天线的遮挡矩阵。在大气传播干扰以及射频信号干扰情况下，利用载噪比（C/N_0）和干信比（J/S）信号分析模块（SAM）可以计算得到 GNSS 直达信号的标称链路预算。ABAS 完好性阈值很大程度上取决于飞行器的动力学和几何特性。

如前所述，美国地基增强系统——局域增强系统（LAAS）的最低运行性能标准（MOPS）给出了 GNSS 预测完好性标志的概念，即预报垂直保护级（PVPL）和预报侧向保护级（PLPL）。但是，如何在实践中与 ABAS 协同工作，LAAS 的 MOPS 没有给出如何实施这些特性的详细指导细则。广域增强系统（WAAS）的 MOPS 则没有给出 PVPL 和 PLPL 概念，WAAS 给出的 VAL 和 HAL 定义如表 7.7 所列[53]。

表 7.7 WAAS 定义的 VAL 和 HAL

导航模式	VAL	HAL
海洋区域/远程	N/A	7408m
航路	N/A	3704m
终端区	N/A	1852m
水平导航进近或者水平导航/垂直导航进近	N/A	556m
水平导航/垂直导航进近（在最后进近航路点之后）	50m	556m
带垂直引导的定位信标性能或者没有垂直引导的航向道进近程序	50m	40m
带垂直引导的定位信标性能 Ⅱ	35m	40m

SBAS 定义 VAL 是用于生成垂直定位完好性标志的阈值，HAL 是用于生成水平定位完好性标志的阈值。对于海洋、航路、终端或者水平导航/垂直导航（LNAV/VNAV）进近导航，WAAS 的 MOPS 和 ICAO 的标准与建议措施（SARP）均没有定义 VAL[54-55]。LNAV/VNAV 技术利用 GNSS/GBAS 实现民航进近服务，横向告警门限是 556m；同时利用 GBAS 或气压高度计提供的高程数据实现垂直引导服务。不使用 GBAS 作为垂直引导功能的飞行器必须配备高度表以实现垂直导航服务，高度表通常与飞行管理系统（FMS）集成在一起。

利用 WAAS 和 EGNOS 的带垂直引导的航向定位性能(LPV)导航增强服务,可保证飞机安全下降到跑道上空 200 ~250ft 高度。LPV 进近与仪表着陆系统(ILS)性能相当,但是,星基增强系统不需要在机场跑道附近配置仪器设备,所以,星基增强运行成本更低。不带垂直引导的航向定位性能(LP)是一种非精密进近(NPA)服务,利用气压高度计进行垂直制导,利用 LPV 实现横向制导。LP 非精密进近只适用于配置 WAAS/EGNOS 机载接收机的飞行器。LP 非精密进近的最小下降高度高于跑道平面约 300ft。GBAS 服务等级(GSL)各个等级服务的 VAL 如表 7.8所列[56]。

表 7.8 GSL 各个等级服务的 VAL

预期的 GBAS 服务等级(GSL)	着陆跑道入口点/假定跑道入口点以上的高度/ft	告警门限/m
A	—	FASVAL
B	—	FASVAL
C	$H \leqslant 200$ $200 < H \leqslant 1340$ $H > 1340$	FASVAL 0.02925 · H(ft) + FASVAL − 5.85 FASVAL + 33.35
D,E,F	$H \leqslant 100$ $100 < H \leqslant 200$ $200 < H \leqslant 1340$ $H > 1340$	FASVAL FASVAL 0.02925 · H(ft) + FASVAL − 5.85 FASVAL + 33.35

类似地,侧向告警门限(LAL)定义了侧向保护级(LPL)和预报侧向保护级(PLPL)的阈值。GSL 各个级别的 LAL 如表 7.9 所列[56]。最后进近航段的垂直告警门限(FASVAL)和最后进近航段的侧向告警门限(FASLAL)如表 7.10 所列[56]。

表 7.9 GSL 各个级别的 LAL

预期的 GBAS 服务等级(GSL)	与着陆跑道入口点/假定跑道入口点的距离/m	告警门限/m
A,B	—	FASLAL
C	沿着跑道以及 D≤873 873 < D≤7500 D > 7500	FASLAL 0.0044 · D(m) + FASLAL − 3.85 FASLAL + 29.15
D,E,F	沿着跑道以及 D≤291 291 < D≤873 873 < D≤7500 D > 7500	FASLAL 0.03952 · D(m) + FASLAL − 11.5 0.0044 · D(m) + FASLAL + 19.15 FASLAL + 52.15

表 7.10 FASVAL 和 FASLAL

GSL	FASVAL	FASLAL
A,B,C	≤10m	≤40m
A,B,C,D	≤10m	≤17m
A,B,C,D,E	≤10m	≤17m
A,B,C,D,E,F	≤10m	≤17m

根据这些告警门限和限制条件,生成 SBAS/GBAS 完好性警报标志(CIF)和完好性警告标志(WIF)的准则如下。

(1) 当 SBAS 的 VPL 超过 VAL 或 SBAS 的 HPL 超过 HAL 时,生成 WIF。

(2) 当 GBAS 的 PVPL 超过 VAL 或 GBAS 的 PLPL 超过 LAL 时,生成 CIF。

(3) 当 GBAS 的 VPL 超过 VAL 或 GBAS 的 HPL 超过 HAL 时,生成 WIF。

在现有标准基础上增加 ABIA 模型可以提高 SBAS 和 GBAS 的性能[53,56-57]。鉴于 SBAS 和 GBAS 都利用冗余的 GNSS 卫星观测量来支持 GNSS 接收机内部的故障检测与排除(FDE)功能,所以,可引入一些附加的完好性标志及其准则。在 WAAS/RAIM 集成方案中,FDE 功能要求接收机最少要同时观测到 6 颗 GNSS 卫星。利用可观测的卫星数目可为 SBAS 和 GBAS 设置完好性门限[58-59]。地基区域增强系统(GRAS)结合了 SBAS 和 GBAS 的技术优点,可以引入 SGAAN 网络,由此改善 APV 性能,不需要地面无线电导航设备的支持,就可以提供连续的横向/垂直导航服务。最新研究表明,ABAS 可与 SBAS 和 GBAS 协同工作,可以提高从初始爬升到最终进近的所有飞行阶段的完好性水平[59]。

因此,ABAS/ABIA 与 SBAS 和 GBAS 的集成技术是未来 SGAAN 的研究方向,为载人和无人飞行器系统(UAS)的飞行测试、精密进近和自动着陆提供服务。用于 UAS 的典型 ABIA 系统架构如图 7.26 所示[60],与飞行员驾驶飞行器一样,用于 UAS 操作的 ABIA 系统通过分析 UAS 机动过程和 GNSS 精度下降或信号变化之间的关系,实现在 UAS 飞行过程中对 GNSS 的完好性水平进行连续监测,其中造成 GNSS 信号变化的因素主要有多普勒频移、多径干扰、天线遮挡、信噪比、干扰等方面。ABIA 系统一旦检测到或预测到任何完好性阈值超限的情况,系统将向无人机自动飞行控制系统(UAV AFCS)和地面控制站(GCS)发出警告(warning)或者警报(caution)信号,由此 UAV AFCS 和 GCS 可以采取及时措施以修正 UAS 机动动作和路线。

ABAS/ABIA 与 SBAS 和 GBAS 的集成技术提高了 GNSS 的完好性水平,因此,可以支持 UAS 在航路、终端区、进近、场面滑行、起飞和降落等所有飞行阶段的导航操作。一种可能的基于航空电子设备的完好性增强和传感规避(SAA)技术集成架构如图 7.27 所示[60],通过飞行器上的不同类型的机载导航传感器或者系统获得飞行器的位置、速度和姿态(PVA)观测量,即实施多传感器数据融合技术获取飞行器的 PVA 观测量。

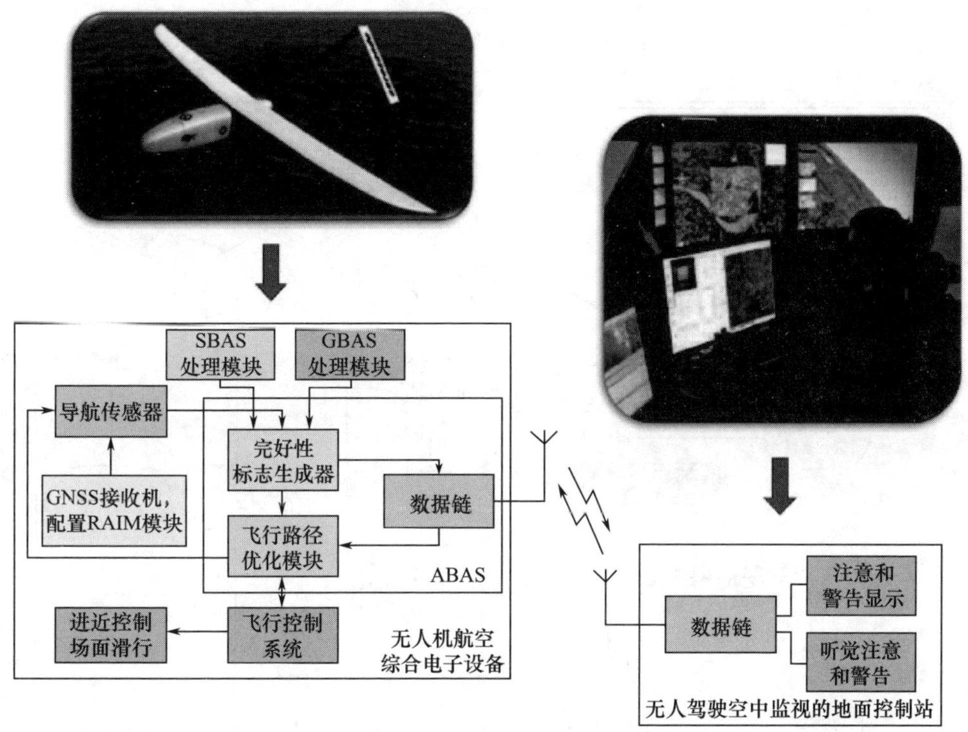

图 7.26 UAS 应用的 ABIA 系统架构(见彩图)

ABIA/SAA 系统集成的一个核心技术是通过评估碰撞风险(risk-of-collision)来实现安全避障(safe avoidance),然后系统自动识别并确定 UAS 的机动位置并实施机动,也可以由 GCS 的操作人员对 UAS 实施机动操作从而实现安全避障(任何机动动作都可在无人机作战飞行包络线内完成)。通过在间隔空域设置近程和中程碰撞事件的概率密度函数的阈值,可以评估 UAS 的碰撞风险。在安全机动位置点处,UAS 的碰撞风险为零。如果 UAS 飞行过程中的近程和中程碰撞事件的概率密度函数均超出设置的阈值,则说明系统检测出中程空中碰撞威胁,系统自动生成传感规避完好性警告标志(SAA WIF)。为避免生成 SAA WIF 以及发生空中碰撞事件,当系统发出第一个 CIF 时,UAS 飞行轨迹软件就会启动飞行路径优化程序,生成一个新的优化飞行轨迹,并可以避免完好性指标下降风险。根据计算的发生碰撞时间和生成最佳轨迹所需的计算时间之间的关系,飞行路径优化程序有不同的算法。飞行轨迹软件将新的优化飞行轨迹数据反馈给 UAV AFCS 以及地面控制站(GCS)遥控操作人员,执行新的飞行轨迹以防止发生空中碰撞。在优化飞行路径过程中,主要的计算约束条件是飞行器 3 自由度/6 自由度模型、GNSS 文献仰角以及飞行器航向速率。文献[60-62]研究结果表明,当 UAS 将 GNSS 作为导航数据的主要来源时,完好性增强的感知和规避(IAS)方案可以实现高完好性的 UAS 空中碰撞检测及其规避任务。

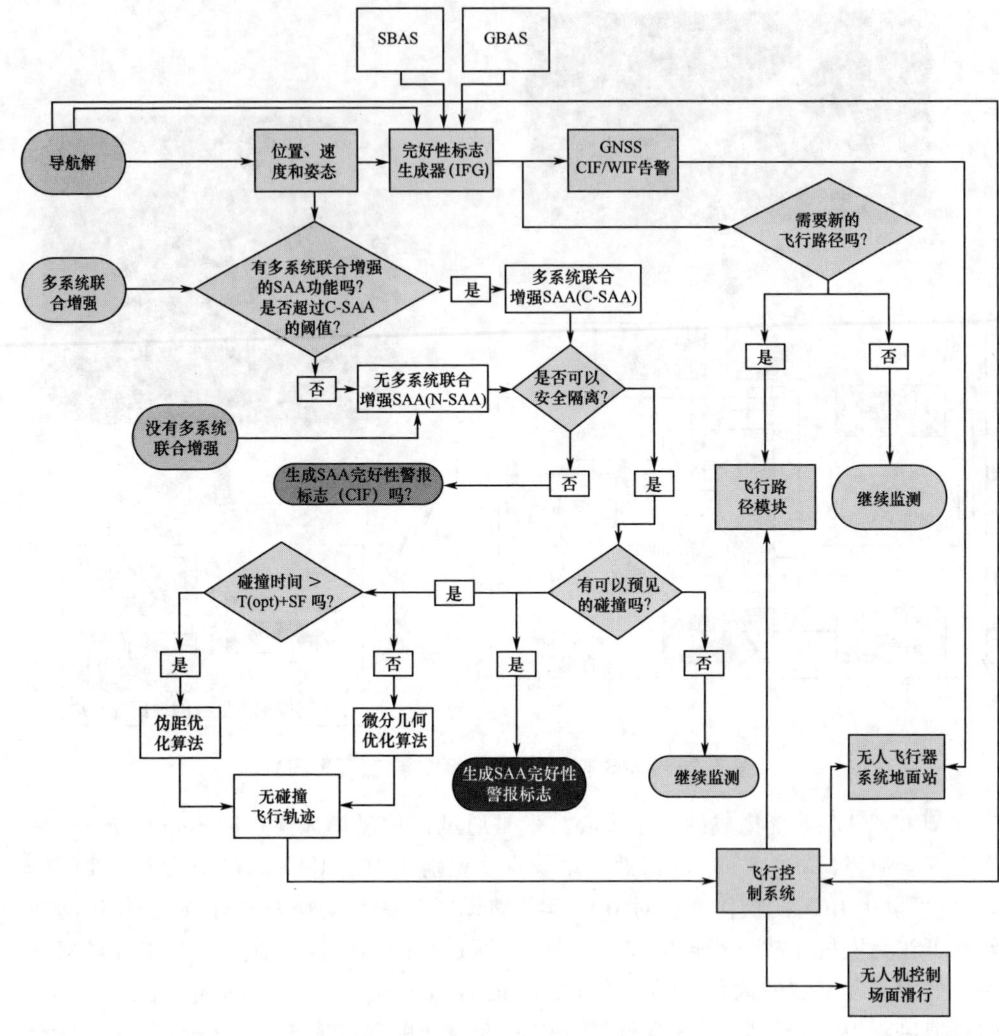

图 7.27 ABIA/SAA 系统集成架构(见彩图)

综上所述,SBAS/GBAS/ABAS 集成技术将使得未来空天地一体化增强网络(SGAAN)具有广泛的应用场景,SGAAN 不仅适用于民航飞机开展飞行测试、精密进近和自动着陆等涉及安全的 GNSS 导航服务,也适合 UAS 实施自主空中避障等各种关键任务。今后的研究将集中于以下主要领域。

(1) 评估 GNSS 完好性增强技术的潜力,以提高下一代通信、导航和监视/空中交通管理(CNS/ATM)决策支持系统的性能。

(2) 研究 GNSS 完好性增强技术的潜力,以提高载人和无人飞行器的下一代飞行管理系统(NG-FMS)的性能,这将需要改进现有的飞行管理系统(FMS)的体系结构,在所有飞行阶段引入四维航迹(4DT)规划和更新功能。

① 评估在 GNSS 完好性增强系统中引入电离层闪烁模型的可行性,特别当飞行

器飞行在受到强烈电离层闪烁或者预测到强烈电离层闪烁的影响区域时，飞行管理系统应给出可行的任务规划及实施方案。

② 进一步研究 GNSS 完好性增强技术的潜力，通过研究在天文导航传感器(CNS)场景中引入其他导航、通信等监视系统，从而支持可信的自主导航系统的应用。

③ 研究 GNSS 完好性增强技术，提高飞机在机场场面导航中的性能。

④ 研究 GNSS 增强技术在支持航空意外及事故调查应用的可行性。

⑤ 研究 GNSS 完好性增强系统如何在城市峡谷、弱信号和导航信号拒止环境中能够为用户提供持续 PNT 服务的能力。

参考文献

[1] 刘天雄. 卫星导航系统概论[M]. 北京:中国宇航出版社,2018.

[2] KAPLAN E D. GPS 原理与应用(第二版)[M]. 寇艳红,译. 北京:电子工业出版社,2007.

[3] Minimum operational performance standards for global positioning system/wide area augmentation Systems airborne equipment: RTCA DO-229D[S]. Washington DC:Radio Technical Commission for Aeronautics(RTCA)Special Committee No. 159,2006.

[4] 郭树人,刘成,高为广,等. 卫星导航增强系统建设与发展[J]. 全球定位系统,2019,44(2):1-12.

[5] Performance standard(PS-QZSS)and interface specification(IS-QZSS)[EB/OL]. [2019-12-30]. https://qzss. go. jp/en/technical/ps-is-qzss/ps-is-qzss. html.

[6] 张小红,马福建. 低轨导航增强 GNSS 发展综述[J]. 测绘学报,2019,48(9):1073-1087.

[7] 吴志金. 导航战技术发展趋势[J]. 国防科技,2005(12):24-26.

[8] 向吴辉,黄辉,罗一鸣. 关于导航战概念的探讨[J]. 现代防御技术,2006,34(5):65-68.

[9] Virgin,qualcomm invest in OneWeb satellite internet venture[EB/OL]. [2015-01-15]. http://spacenews. com/virgin-qualcomm-invest-in-global-satellite-internet-plan/.

[10] SpaceX to build 4000 broadband satellites in seattle[EB/OL]. [2015-01-15]. http://spacenews. com/spacex-opening-seattle-plant-to-build-4000-broadband-satellites/.

[11] SpaceX receives FCC approval to launch 7518 starlink satellites[EB/OL]. [2018-11-16]. http://www. satellitetoday. com/broadband/2018/11/16/spacex-receives-fcc-approval-to-deploy-7518-satellites/.

[12] Boeing proposes big satellite constellations in V-and C-bands[EB/OL]. [2016-06-23)]. http://spacenews. com/boeing proposes big satellite constellations in v-and c-bands/.

[13] 蒙艳松,边朗,王瑛,等. 基于"鸿雁"星座的全球导航增强系统[J]. 国际太空,2018(10):20-27.

[14] CASIC plans to launch 156 small satellites for the Hongyun program [EB/OL]. [2018-03-03]. http://en. chinabeidou. gov. cn/c/393. html.

[15] Navigation from leo current capability and future promise[EB/OL]. [2019-12-07]. https://

www. gpsworld. com/navigation-from-leo-current-capability-and-future-promise/.

[16] REID T G,NEISH A M,et al. Leveraging commercial broadband LEO constellations for navigating [C]//Proceedings of the 29th International Technical Meeting of the Satellite Division of the Institute of Navigation,September 12-16,2016,Oregon Convention Center,Oregon,Portland. c2016:2300-2314.

[17] LUTHCKE S B,ZELENSKY N P,et al. The 1-centimeter orbit:Jason-1 precision orbit determination using GPS,SLR,DORIS,and altimeter data special issue:Jason-1 calibration/validation [J]. Marine Geodesy,2003,26(3/4):399-421.

[18] XIE X,GENG T,ZHAO Q L,et al. Design and validation of broadcast ephemeris for low earth orbit satellites[J]. GPS Solutions,2018,22(2):54.

[19] WANG L,CHEN R Z,XU B Z,et al. The challenge of LEO based navigation augmentation system lessons learned from Luojia-1A satellite[C]//China Satellite Navigation,May 22-26,2019,GUOCE International Convention And Exhibition Center,Beijing,China. Singapore:Springer,c2019:298-310.

[20] The GPS for military users:current modernization plans and alternatives[EB/OL]. [2011-12-12]. http://www. cbo. gov/new_pubs. October 2011.

[21] JOERGER M,GRATTON L,PERVAN B,et al. Analysis of iridium augmented GPS for floating carrier phase positioning[J]. Navigation,2010,57(2):137-160.

[22] iGPS:integrated Nav&Com augmentation of GPS[EB/OL]. [2019-05-11]. http://citeseerx. ist. psu. edu/viewdoc/download? doi=10. 1. 1. 457. 657&rep=rep1&type=pdf. 2019,4.

[23] Manual for icao aeronautical mobile satellite(route)service Part 2-iridium draft v4. 0 21 March 2007 [EB/OL]. [2019-12-27]. https://www. icao. int/safety/acp/Inactive% 20working% 20groups% 20library/ACP-WG-M-Iridium-8/IRD-SWG08-IP05% 20-% 20AMS(R)S% 20Manual% 20Part% 20II% 20v4. 0. pdf.

[24] 铱星[EB/OL]. [2019-12-07]. https://baike. baidu. com/item/铱星/2943932? fr=aladdin&ivk_sa=1022817p.

[25] GPS for military users:current modernization plans and alternatives[EB/OL]. [2019-12-13]. https://www. cbo. gov/publication/42539.

[26] Iridium boss reflects as final NEXT satellite constellation launches[EB/OL]. [2019-01-11]. https://www. kc4mcq. us/? p=15784.

[27] STL-satellite time and location signals 1000 times stronger than GPS[EB/OL]. [2019-12-13]. http://www. satellesinc. com/wp content/uploads/2016/06/Satelles White Paper Final. pdf.

[28] STL-satellite time and location[EB/OL]. [2019-12-07]. https://www. unoosa. org/documents/pdf/icg/IDM6/idm6_2017_04. pdf.

[29] LI X X,LV H B,MA F J,et al. GNSS RTK positioning augmented with large LEO constellation [J]. Remote Sensing,2019,11(3):228.

[30] OCHIENG W Y,SAUER K,WALSH D,et al. GPS integrity and potential impact on aviation safety [J]. The Journal of Navigation. 2003,56(1):51-65.

[31] GNSS evolutionary architecture study,phase II[EB/OL]. [2019-12-07]. https://www. faa. gov/a-

bout/office _ org/headquarters _ offices/ato/service _ units/techops/navservices/gnss/library/documents/media/GEASPhaseII_Final. pdf.

[32] 边朗,韩虹,蒙艳松,等. 卫星自主完好性监测(SAIM)技术研究与发展建议[C]//中国卫星导航系统管理办公室学术交流中心. 第二届中国卫星导航学术年会电子文集. 北京:中国卫星导航学术年会组委会,2011.

[33] 庄钊文,王飞雪,欧钢,等. 北斗卫星导航系统安全和完好性监测现状与发展[J]. 科技导报,2017,35(10):13-18.

[34] HENG L,GAO G X,WALTER T,et al. GPS signal-in-space anomalies in the last decade:data mining of 400,000,000 GPS navigation messages[C]//Proceedings of the 23rd International Technical Meeting of The Satellite Division of the Institute of Navigation(ION GNSS 2010),September 21-24,2010,Oregon Convention Center,Oregon,Portland. c2010:3115-3122.

[35] MILNER C. Determination of the Effects of GPS Failures on Aviation Applications[D]. London:University of London,2009.

[36] BIAN L,MENG Y S,WANG X L,et al. A principle design for global integrity of COMPASS[C]//China Satellite Navigation,May 15-19,2012,Poly World Trade Center Exhibition Hall,Guangzhou,China. Berlin:Springer,c2012:45-55.

[37] BIAN L,LIU W S,YAN T,et al. Satellite integrity autonomous monitoring(SAIM) of BDS and onboard performance evaluation[C]//China Satellite Navigation,May 23-25,2018,Harbin international conference & exhibition center,Harbin,China. Singapore:Springer,c2018:819-832.

[38] PHELTS R E,AKOS D M,ENGE P. Robust signal quality monitoring and detection of evil waveforms[C]//Proceedings of International Technical Meeting of the Satellite Division of the Institute of Navigation,September 19-22,2000,Salt Palace Convention Center,Salt Lake City,UT. c2000:1180-1190.

[39] XIE G. Optimal on-airport monitoring of the integrity of GPS-based landing systems [D]. Stanford:Stanford University,2004.

[40] 郭树人,蔡洪亮,孟轶男,等. 北斗三号导航定位技术体制与服务性能[J]. 测绘学报,2019,48(7):810-821.

[41] YANG Y X,GAO W G,GUO S R,et al. Introduction to BeiDou3 navigation satellite system [J]. Navigation,2019,66(1):7-18.

[42] Civil Aviation Administration of China. The new service provider ID and UTC standard ID for BDSBAS:report of ICAO NSP 4th meeting[R]. Montreal:ICAO,2017.

[43] LU M Q,LI W Y,YAO Z,et al. Overview of BDSIII new signals[J]. Navigation,2019,66(1):19-35.

[44] 中国卫星导航系统管理办公室. 北斗卫星导航系统空间信号接口控制文件公开服务信号B1C(1.0 版)[EB/OL]. [2017-12-27]. http://www.beidou.gov.cn/yw/xwzx/201712/t20171226_11002.html.

[45] 中国卫星导航系统管理办公室. 北斗卫星导航系统空间信号接口控制文件公开服务信号B2a(1.0 版)[EB/OL]. [2017-12-27]. http://www.beidou.gov.cn/yw/xwzx/201712/t20171226_11002.html.

[46] 中国卫星导航系统管理办公室．北斗卫星导航系统空间信号接口控制文件公开服务信号 B3I(1.0 版)[EB/OL].[2018-02-09].http://www.beidou.gov.cn/yw/xwzx/201802/t20180209_14125.html.

[47] 中国卫星导航系统管理办公室．北斗卫星导航系统空间信号接口控制文件公开服务信号 B1I(3.0 版)[EB/OL].[2019-02-27].http://www.beidou.gov.cn/yw/gfgg/201902/t20190227_17397.html.

[48] YUAN Y B,WANG N B,LI Z S,et al. The BeiDou global broadcast ionospheric delay correction model(BDGIM) and its preliminary performance evaluation results[J]. Navigation,2019,66(1):55-69.

[49] 陆明泉．北斗三号导航信号的创新设计:第 10 届中国卫星导航年会报告[R]．北京:中国卫星导航年会,2019.

[50] MA J Q. Update on BeiDou navigation satellite system:13th meeting of the international committee on Global Navigation Satellite Systems[R]. Xi'an:ICG,2018.

[51] 民航局发布《中国民航北斗卫星导航系统应用实施路线图》[EB/OL].[2019-12-22].http://www.gov.cn/xinwen/2019-12/14/content_5461098.htm.

[52] ROBERTO S,TERRY M,SUBRAMANIAN R. Global navigation satellite systems performance analysis and augmentation strategies in aviation[J]. Progress in Aerospace Science,2017,95:45-98.

[53] Minimum Operational Performance Standards for Global Positioning System/Satellite-Based Augmentation System Airborne Equipment:RTCA DO-229E[S]. Washington DC(USA):Radio Technical Commission for Aeronautics(RTCA),2016.

[54] ICAO. Annex 19-Safety management[M]. 2nd ed. Montreal:International Civil Aviation Organization,2016.

[55] Explanatory note[EB/OL].[2019-12-07].http://www.icao.int/safety/airnavigation/documents/gnss_cat_ii_iii.pdf.

[56] Minimum aviation system performance standards(MASPS) for the local area augmentation system (LAAS):RTCA DO-245A[S]. Washington DC(USA):Radio Technical Commission for Aeronautics(RTCA)Special Committee No. 159,2004.

[57] Minimum operational performance standards for GPS/GBAS airborne equipment:RTCA DO-253C[S]. Washington DC(USA):Radio Technical Commission for Aeronautics(RTCA)Special Committee No. 159,2008.

[58] SABATINI R,MOORE T,HILL C,et al. Trajectory optimisation for avionics-based GNSS integrity augmentation systems[C]//Proceedings of the 35th AIAA/IEEE Digital Avionics Systems Conference(DASC2016),September 25-30,2016,Sacramento,CA.

[59] SABATINI R,MOORE T,HILL C. Avionics-based GNSS integrity augmentation synergies with SBAS and GBAS for unmanned aircraft applications[C]//Proceedings of the 35th AIAA/IEEE Digital Avionics Systems Conference(DASC2016),September 25-30,2016,Sacramento,CA.

[60] SABATINI R,MOORE T,HILL C. Avionics-based GNSS integrity augmentation for mission and safety critical applications[C]//Proceedings of the 25th International Technical Meeting of the Satellite Division of the Institute of Navigation(ION GNSS-2012),September 17-21,2012,Nashville

Convention Center, Nashville, Tennessee. c2012:743-763.

[61] SABATINI R, MOORE T, HILL C, et al. Investigation of GNSS integrity augmentation synergies with unmanned aircraft systems sense-and-avoid[C]//Proceedings of SAE AeroTech Congress 2015, September 22-24, 2015, Washington State Convention Center, Seattle, WA. New York: SAE Technical Paper.

[62] SABATINI R, MOORE T, HILL C. Avionics-based GNSS integrity augmentation for unmanned Aerial systems sense-and-avoid[C]//Proceedings of the 27th International Technical Meeting of the Satellite Division of the Institute of Navigation, September 8-12, 2014, Tampa, Florida. c2014: 3600-3617.

缩略语

1PPS	1 Pulse per Second	1 秒脉冲
3DM	Three-Dimensional Model	三维模型
4DT	4-Dimensional Trajectory	四维航迹
A3DM	Aircraft 3-Dimensional Model	飞行器的三维模型
A-GPS	Assisted GPS	辅助 GPS
AAD	Airborne Accuracy Designators	机载精度标识
AAIM	Aircraft Autonomous Integrity Monitoring	飞行器自主完好性监测
AAST	Airborne Approach Service Type	机载设备进近服务类型
ABAS	Aircraft Based Augmentation System	空基增强系统
ABIA	Avionics Based Integrity Augmentation	基于航空综合电子设备的完好性增强
AC	Approach Coverage	进近覆盖区域
ACARS	Aircraft Communications Addressing and Reporting System	飞机通信寻址与报告系统
ACC	Air Combat Command	美国空军空战司令部
ACE-BOC	Asymmetric Constant Envelope Binary Offset Carrier	非对称恒包络二进制偏移载波
ADM	Aircraft Dynamics Model	飞行器动力学模型
ADR	Accumulated Delta-Range	累积的伪距变化量
ADS	Aircraft Dynamics Simulator	飞行器动力学模拟器
	Automatic Dependent Surveillance	自动相关监视
ADS-B	Automatic Dependent Surveillance-Broadcast	广播式自动相关监视
AFD	Approach Facility Designation	进近设备标识
AFI	African and Indian Ocean	非洲和印度洋
AGL	Above Ground Level	距地面高度
AIP	Aeronautical Information Publication	航行资料汇编
AL	Alarm Limit	告警门限
AMD	Airframe Multipath Designator	机架多径标识
ANSP	Air Navigation Service Providers	空中导航服务提供商

AOM	Antenna Obscuration Matrixes	天线遮挡矩阵
APD	Approach Performance Designator	进近性能指示
APL	Airport Pseudolite	机场伪卫星
APV	Approach with Vertical Guidance	垂直引导进近
APV-Ⅰ	Approach with Vertical Guidance Ⅰ	Ⅰ类垂直引导进近
APV-Ⅱ	Approach with Vertical Guidance Ⅱ	Ⅱ类垂直引导进近
ARAIM	Advanced Receiver Autonomous Integrity Monitoring	先进接收机自主完好性监测
ARINC	Aeronautical Radio Incorporation	美国航空无线电通信公司
ARN	Aeronautical Radio Navigation	航空无线电导航
ARNS	Aeronautical Radio Navigation Spectral	航空无线电导航频谱
ASQF	Application Specific Qualification Facility	指定应用资格认证设施
AST	Active Service Type	主动的服务类型
ATC	Air Traffic Control	空中交通管理
ATCC	Air Traffic Control Coverage	空中交通管制区域
ATM	Air Traffic Management	空中交通管理
AWG	Aural Warning Generator	听觉警告生成器
BDS	BeiDou Navigation Satellite System	北斗卫星导航系统
BDSBAS	BDS Satellite Based Augmentation System	北斗星基增强系统
BDSGAS	BDS Ground Augmentation System	北斗地基增强系统
BETS	Beidou Experiment Tracking System	北斗试验跟踪系统
BIPM	Bureau International des Poids et Measure 或 French International Bureau of Weights and Measures	国际计量局
BOC	Binary Offset Carrier	二进制偏移载波
BPSK	Binary Phase-Shift Keying	二进制相移键控
C-SAA	Cooperative SAA	多系统联合增强 SAA
C&V	Corrections & Verification	改正和验证
CACS	Canadian Active Control System	加拿大主动控制系统(GPS 差分系统)
CAT Ⅰ	Category Ⅰ of Precision Approach	Ⅰ类精密进近
CBI	Combined Bias Interpolation	综合误差内插法
CBO	Congressional Budget Office	美国国会预算办公室
CCB	Code-Carrier Bias	伪码-载波测距偏差
CCD	Code Carrier Divergence	伪码/载波测距值偏离
CCF	Central Control Facility	中心控制设备
CDC	Clock Differential Correction	时钟差分改正

CDDS	Commercial Data Distribution Service	商业数据分发服务
CDMA	Code Division Multiple Access	码分多址
CEP	Circular Error Probable	圆概率误差
CGSIC	Civil GPS Service Interface Committee	GPS 民用服务接口委员会
CIF	Caution Integrity Flag	完好性警报标志
CJM	Carrier-to-Noise and Jamming-to-Signal Models	载噪比和干信比模型
CLAS	Centimeter Level Augmentation Service	厘米级增强服务
CMC	Code Minus Carrier	伪码和载波相位观测量之差
CNMC	Code Noise and Multipath Correction	伪码噪声和多径改正
CNS	Celestial Navigation Sensors	天文导航传感器
	Communication Navigation and Surveillance	通信、导航和监视
CONUS	Continental United States	美国大陆本土
CORS	Continuously Operating Reference Station	连续运行参考站
COSMOS	Continuous Strain Monitoring System	连续应变监测系统
CP	Corrections Processors	差分改正处理器
CPF	Central Processing Facility	中心处理设备
CRAIM	Carrier RAIM/Carrier-Phase RAIM	载波相位自主完好性监测
CRC	Cyclic Redundancy Check	循环冗余校验
CRL	Communications Research Laboratory	通信研究实验室
D8PSK	Differential 8 Phase Shift Keying	差分八相相移键控
D/U	Desired-to-Undesired	期望-非期望
DA	Decide Altitude	决断高度
DAGR	Defense Advanced GPS Receiver	国防高级 GPS 接收机
DAM	Doppler Analysis Module	多普勒分析模块
DC	Deviation Correction	偏差改正
DCP	Data Collection Processor	数据采集处理器
	Datum Crossing Point	基准交叉点
DEL	Data Extraction Layer	数据提取层
DF	Direction Finder	定向机
DFMC	Dual-Frequency Multi-Constellation	双频多星座
DFREI	Dual Frequency Range Error Indicator	双频测距误差标识
DGNSS	Differential GNSS	差分全球卫星导航系统
DGPS	Differential GPS	差分 GPS
DH	Decide Height/ Decision Height	决断高度
DLL	Delay Lock Loop	延迟锁定环

DME	Distance-Measuring Equipment	距离测量设备
DOP	Dilution of Precision	精度衰减因子
DOT	United States Department of Transportation	美国交通部
DQM	Data Quality Monitoring	数据质量监测
DRMS	Distance Root Mean Square Error	距离均方根误差
DSM	Doppler Shift Model	多普勒频移模型
DTED	Digital Terrain Elevation Database	数字地形高程数据库
DU	Data Unit	数据单元
DVP	Development & Verification Platform	系统发展和验证平台
EC	European Commission	欧盟委员会
ECAC	European Civil Aviation Conference	欧洲民用航空委员会
ECEF	Earth Centered Earth Fixed	地心地固(坐标系)
EDC	Ephemeris Differential Correction	星历差分改正
EGNOS	European Geostationary Navigation Overlay Service	欧洲地球静止轨道卫星导航重叠服务
EIGEN	European Improved Gravity Model of the Earth	欧洲改进重力场模型
EIRP	Effective Isotropically Radiated Power	有效全向辐射功率
ENT	EGNOS Network Time	EGNOS 系统网络时间
EOP	Earth Orientation Parameter	地球定向参数
EPOL	Elliptical Polarization	椭圆极化
ERAIM	Estimation Receiver Autonomous Integrity Monitoring	估计接收机自主完好性监测
ERP	Effective Radiated Power	有效辐射功率
ESA	European Space Agency	欧洲空间局
ESOC	European Space Operations Center	欧洲航天飞行控制中心
ESP	EGNOS Service Provider	EGNOS 系统服务商
ESSP	European Satellite Services Provider	欧洲卫星服务提供商
EU	European Union	欧盟
EWAN	EGNOS Wide Area Network	EGNOS 广域网
EXM	Executive Monitoring	执行监测
e-RAIM	Extended RAIM	扩展接收机自主完好性监测
FA	False Alarms	虚(假)警(报)
FAA	Federal Aviation Administration	美国联邦航空管理局
FAP	Final Approach Point	最终进近点
FAS	Final Approach Segment	最后进近航段
FASLAL	Final Approach Segment Lateral Alert Limits	最后进近航段的侧向告警门限

FAST	Facility Approach Service Type	设备进近服务类型
FASVAL	Final Approach Segment Vertical Alert Limits	最后进近航段的垂直告警门限
FC	Fast Corrections	快变改正
FCS	Flight Control System	飞行控制系统
FD	Fault Detection	故障检测
FD-RAIM	Fault Detection-Based RAIM	基于故障检测的接收机自主完好性监测
FDE	Fault Detection and Exclusion	故障检测与排除
FDE-RAIM	Fault Detection and Exclusion-based RAIM	基于故障检测和排除的接收机自主完好性监测
FDI	Fault Detection and Isolation	故障检测和隔离
FDMA	Frequency Division Multiple Access	频分多址
FEC	Forward Error Correction/Forward Error Correcting	前向纠错
FHWA	Federal Highway Administration	(美国)联邦高速公路管理局
FIR	Flight Information Regions	飞行情报区
FKP	Flächen Korrektur Parameter	区域改正数
FM	Frequency Modulation	调频
FMS	Flight Management Systems	飞行管理系统
FPAP	Flight Path Alignment Point	飞行路径对齐点
FPG	Flight Path Guidance	飞行路径引导
FRA	Federal Railroad Administration	美国联邦铁路管理局
FTP	Fictitious Threshold Point	假定跑道入口点
GAD	Ground Accuracy Designators	地基精度标识
GAEC	Airborne Equipment Classification	机载设备分类
GAGAN	GPS-Aided GEO Augmented Navigation	GPS 辅助型地球静止轨道卫星增强导航
GARP	GBAS Elevation Reference Point	GBAS 方位基准点
GAST	GBAS Approach Service Type	GBAS 进近服务类型
GBAS	Ground Based Augmentation System	地基增强系统
GBAS/E	GBAS/Elliptical Polarization	GBAS 圆极化的 VDB 增强信号
GBAS/H	GBAS/Horizontal Polarization	GBAS 水平极化的 VDB 增强信号
GBAS ID	GBAS Identification	GBAS 标识
GCD	GNSS Constellation Data	GNSS 星座数据

GCID	GBAS Continuity/Integrity Designator	GBAS 连续性及完好性指示
GCS	GNSS Constellation Simulator	GNSS 星座模拟器
	Ground Control Station	地面控制站
GDOP	Geometry Dilution of Precision	几何精度衰减因子
GEO	Geostationary Earth Orbit	地球静止轨道
GES	Ground Earth Stations	地球站
GFC	GBAS Facility Classification	GBAS 设备分类
GIC	GNSS Integrity Channel	CNSS 完好性通道
GIPSY-OASIS	GPS Inferred Positioning System - Orbit Analysis and Simulation Software	GPS 差分定位系统 - 轨道分析仿真软件
GIVD	Grid-Point-Ionospheric Vertical Delay	格网点电离层垂直延迟
GIVE	Grid-Point-Ionosphere Vertical Delay Error	格网点电离层垂直延迟改正数误差
GIVEI	Grid-Point-Ionospheric Vertical Delay Error Indicator	格网点电离层垂直延迟改正数误差指数
GLONASS	Global Navigation Satellite System	(俄罗斯)全球卫星导航系统
GMF	Global Mapping Function	全球对流层映射函数
GNSS	Global Navigation Satellite System	全球卫星导航系统
GNSSP	GNSS Panel	全球卫星导航系统专家组
GP	GUS Processor	GUS 处理器
GPA	Glide Path Angle	滑翔道倾角
GPIP	Glide Path Intersection Point	滑行路径交点
GPPP	Global Precise Point Positioning	全球精密单点定位
GPRS	General Packet Radio Service	通用分组无线业务
GPS	Global Positioning System	全球定位系统
GPST	GPS Time	GPS 时
GPT	Global Pressure and Temperature	全球温度和气压(模型)
GRAS	Ground-Based Regional Augmentation System	地基区域增强系统
GSL	GBAS Service Level	GBAS 服务等级
	GNSS and Sensors Layer	GNSS 和传感器层
GSM	Global System for Mobile Communication	全球移动通信系统
GUS	Ground Uplink Station	地面上行注入站
GYM	GPS Yaw Model	GPS 卫星偏航姿态模型
HA-NDGPS	High Accuracy NDGPS	高精度 NDGPS
HAL	Horizontal Alert Limit	水平告警门限

HAT	Height Above(the Runway)Threshold	高度门限
HDOP	Horizontal Dilution of Precision	水平精度衰减因子
HEB	Horizontal Ephemeris Error Bound	水平星历误差边界
HMI	Hazardously Misleading Information	危险错误引导信息
	Human-Machine Interface	人机接口
HPA	High-Power Amplifier	高功率放大器
HPE	Horizontal Position Error	水平位置误差
HPL	Horizontal Protection Level	水平保护级
HPOL	Horizontal Polarization	水平极化
IAP	Initial Approach Point	初始进近点
IAS	Integrity Augmented SAA	完好性增强的感知和规避
IC	Integrity Channel	完好性通道
	IGP Corrections	IGP 改正
ICAO	International Civil Aviation Organization	国际民航组织
ICD	Interface Control Document	接口控制文件
ICG	International Committee on GNSS	全球卫星导航系统国际委员会
ICTP	International Centre for Theoretical Physics	国际理论物理中心
ID	Identity Document	识别标识/号/字
IERS	International Earth Rotation Service	国际地球自转服务(机构)
IF	Integrity Flag	完好性标志
IFG	Integrity Flag Generator	完好性标志生成器
IFP	Instrument Flight Procedures	仪表飞行程序
IGP	Ionosphere Grid Point	电离层格网点
IGS	International GNSS Service	国际 GNSS 服务
IGSO	Inclined Geosynchronous Orbit	倾斜地球同步轨道
ILS	Instrument Landing System	仪表着陆系统
IMT	Integrity Monitoring Test Bed	完好性监测试验系统
IMU	Inertial Measurement Unit	惯性测量单元
INS	Inertial Navigation System	惯性导航系统
INU	Inertial Navigation Unit	惯性导航单元
IOC	Initial Operating Capability	初始运行能力
IOD	Issue of Data	数据版本号(或“期号”)
IODC	Index of Data Clock	时钟数据版本号
IODE	Issue of Data Ephemeris	星历数据版本号

IODF	IOD Fast Corrections	快变改正数据的数据版本号
IODG	IOD Data GEO	GEO 卫星数据版本号
IODI	IOD Ionospheric Grid Point Mask	电离层格网点掩码数据版本号
IODN	IOD Navigation	卫星导航系统数据版本号
IODP	IOD PRN Mask	PRN 掩码数据版本号
IODS	IOD Service Message	服务电文数据版本号
IPL	Integrity Processing Layer	完好性处理层
IPP	Ionosphere Penetrate Point/Ionosphere Pierce Point	电离层穿刺点
IRI	International Reference Ionosphere	国际参考电离层
IS	Integrity Station	完好性监测站
ISU	Iridium Subscriber Unit	铱星电话设备("或铱星移动电话终端")
ITRF	International Terrestrial Reference Frame	国际地球参考框架
IWG	Interoperability Working Group	互操作工作组
iGPS	Integrity GPS	GPS 完好性
JPALS	Joint Precision Approach and Landing System	联合精确进近与着陆系统
JPL	Jet Propulsion Laboratory	喷气推进实验室
LAAS	Local Area Augmentation System	局域增强系统
LAD	Local Area Differential	局域差分
LADGNSS	Local Area Differential GNSS	局域差分全球卫星导航系统
LAL	Lateral Alert Limit	侧向告警门限
LAMBDA	Least-Squares Ambiguity Decorrelation Adjustment	最小二乘模糊度降相关平差(法)
LDGPS	Local Differential GPS	局域差分 GPS
LDPC	Low Density Parity Check	低密度奇偶校验
LEB	Lateral Ephemeris Error Bound	横向星历误差边界
LEO	Low Earth Orbit	低地球轨道
LGF	LAAS Ground Facility	LAAS 地面设备
LGF-IM	LAAS Ground Facility Integrity Monitoring	LAAS 地面设备完好性监测
LHCP	Left Hand Circular Polarization	左旋圆极化
LNA	Low Noise Amplifier	低噪声放大器
LNAV	Lateral Navigation	水平导航
LOS	Line of Sight	视线
LP	Localizer Performance without Vertical Guidance	不带垂直引导的航向定位性能

LPE	Lateral Position Error	侧向定位误差
LPL	Lateral Protection Level	侧向保护级
LPV	Localizer Performance with Vertical Guidance	带垂直引导的航向定位性能
LPV-200	200ft Localizer Performance with Vertical Guidance	决断高度为200ft的带垂直引导的航向定位性能
LS	Least Square	最小二乘(法)
LSB	Least Significant Bit	最低有效位
LTC	Long Term Corrections	慢变改正
LTE-OFDM	Long Term Evolution-Orthogonal Frequency Division Multiplex	长期演进-正交频分复用
LTP	Landing Threshold Point	着陆跑道入口点
M&C	Monitoring and Control	监测和控制
MAM	Multipath Analysis Module	多径分析模块
MAS	Malaysian Augmentation System	马来西亚增强系统
MASPS	Minimum Aviation System Performance Standards	最低航空系统性能标准
MAX	Master Auxiliary Corrections	主辅站差分改正(技术)
MCC	Master Control Center/Mission Control Center	主控中心/任务控制中心
MDA	Minimum Decide Altitude	最小决断高度
MDE	Minimum Detectable Error	最小可检测误差
MDGPS	Marine Differential GPS	海上差分GPS
MEMS	Micro-Electro-Mechanical System	微机电系统
MEO	Medium Earth Orbit	中圆地球轨道
MERR	Maximum Error Range Revise	最大允许伪距修正误差
MGEX	Multi-GNSS Experiment	多GNSS试验
MFRT	Message Field Range Test	电文范围监测
MI	Misleading Information	错误引导信息/误导性信息
MLAT	Multi-Lateration	多点时差定位
MLS	Microwave Landing System	微波着陆系统
MMR	Multi-Mode Receiver	多模接收机
MOPS	Minimum Operating Performance Standards	最低运行性能标准
MQM	Measurement Quality Monitoring	测量质量监测
MRCC	Multiple Reference Consistency Check	多参考站一致性监测
MSAS	Multi-Functional Satellite Augmentation System	多功能卫星(星基)增强系统
MSI	Misleading Signal-in-Space Information	错误引导信号信息
MSB	Most Significant Bit	最高有效位

MSK	Minimum Shift Keying	最小频移键控
MSM	Multipath Signal Model	多径信号模型
MT ID	Message Type ID	电文类型标识
MTD	Message Termination Device	消息接收终端
MTSAT	Multifunctional Transport Satellite	多功能(传输)卫星
MV	Minimum Variance	最小方差
N-SAA	Non-Cooperative SAA	无多系统联合增强 SAA
NAPEOS	Navigation Package for Earth Observation Satellites	地球观测卫星导航软件包
NASA	National Aeronautics and Space Administration	美国国家航空航天局
NATO	North Atlantic Treaty Organization	北大西洋公约组织
NATOPS	Naval Air Training and Operating Procedures Standardization	北约海军航空训练和操作程序标准化
NAVAID	Navigation Aids	导航辅助
NavWar	Navigation Warfare	导航战
NB	Narrow Band	窄带
NC	Normal Conditions	正常条件
NCO	Numerically Controlled Oscillator	数字控制振荡器
NDB	Non Direction Beacon	无方向信标
NDGPS	Nationwide Differential GPS	国家差分 GPS
NFD	Navigation and Flight Dynamics	导航和飞行动力学
NG-FMS	Next Generation Flight Management Systems	下一代飞行管理系统
NIST	National Institute of Standards and Technology	美国国家标准与技术研究所
NLES	Navigation Land Earth Station	导航地面站
NMEA	National Marine Electronics Association	美国国家海洋电子学会
NOAA	National Oceanic and Atmospheric Administration	美国国家海洋与大气管理局
NOCC	National Operations and Control Center	美国国家运行和控制中心
NOTAM	Notice to Airman	(给飞行员的)航行通告
NPA	Non-Precision Approach	非精密进近
NRS	Network Reference Station	网络参考站
NSE	Navigation System Error	导航系统误差
NSP	Navigation Specialist Panel	导航专家组
NSTB	National Satellite Test Bed	国家卫星测试平台
NTE	Not to Exceed Tolerance	导航容差
NTRIP	Networked Transport of RTCM via Internet Protocol	通过互联网进行 RTCM 网络传输的协议

OAM	Obscuration Analysis Module	遮挡分析模块
OC	Operational Centers	运行中心
OMM	Obscuration Matrix Module	遮挡矩阵模块
OS	Open Service	开放服务
OTF	On-the-Fly	在航(模糊度解算)
PA	Product Assurance	产品保证
	Prediction-Avoidance	预测-规避
PACF	Performance Assessment and Check-out Facility	性能评估和检查机构
PBN	Performance Based Navigation	基于性能的导航
PC	Protection Cylinder	保护圆柱
	Prediction-Correction	预测-修正
PCV	Phase Center Variety	相位中心变化
PDOP	Position Dilution of Precision	位置精度衰减因子
PE	Position Error	定位误差
PHPL	Predicted Horizontal Protection Level	预报水平保护级
PL	Protection Level	保护级
PLL	Phase Lock Loop	锁相环
PLPL	Predicted Lateral Protection Level	预报侧向保护级
PNT	Positioning, Navigation and Timing	定位、导航与授时
POCC	Pacific Operations Control Center	美国太平洋运行和控制中心
PPP	Precise Point Positioning	精密单点定位(技术)
PPS	Precise Positioning Service	精密定位服务
PRAIM	Pseudorange RAIM/Pseudorange-Based RAIM	基于伪距的自主完好性监测
PRN	Pseudo-Random Noise	伪随机噪声(测距码)
PRS	Public Regulated Service	(Galileo 系统)公共管制服务
PVA	Position Velocity and Attitude	位置、速度和姿态
PVPL	Predicted Vertical Protection Level	预报垂直保护级
PVT	Position, Velocity and Time	位置、速度和时间
QM	Quality Monitoring	质量监测
QMBOC	Quadrature Multiplexed Binary Offset Carrier	正交复用二进制偏移载波
QOS	Quality of Service	服务质量
QPSK	Quadrature Phase Shift Keying	正交相移键控
RAIM	Receiver Autonomous Integrity Monitoring	接收机自主完好性监测
RC	Reaction-Correction	反应-修正
RDSS	Radio Determination Satellite Service	卫星无线电测定业务

RF	Radio Frequency	射频
RFU	RF Uplink	射频上行链路
RHCP	Right-Hand Circular Polarization	右旋圆极化
RIMS	Ranging and Integrity Monitoring Station	测距与完好性监测站
RINEX	Receiver Independent Exchange Format	与接收机无关的交换格式
RMS	Root Mean Square	均方根值
RNAV	Regional Navigation	区域导航
RNP	Required Navigation Performance	所需的导航性能
RNSS	Radio Navigation Satellite Service	卫星无线电导航业务
RPDS	Reference Path Data Selector	参考路径数据选择器
RR	Reference Receiver	参考接收机
RRAIM	Relative Receiver Autonomous Integrity Monitoring	相对接收机自主完好性监测
RRC	Range-Rate Corrections	距离变化率改正
RS	Reference Station	参考站
RSDS	Reference Station Data Selector	参考站数据选择器
RSS	Root-Sum-Square	和平方根
RTCA	Radio Technical Commission for Aeronautics	航空无线电技术委员会
RTCM	Radio Technical Commission for Maritime Services	海事无线电技术委员会
RTG	Real Time GIPSY	实时处理 GIPSY(软件)
RTK	Real Time Kinematic	实时动态
RTN	Real Time Network	实时网络
RUDICS	Router-Based Unrestricted Digital Internetworking Connectivity Solution	基于路由器的无限制数字互通连接解决方案(业务)
RVR	Runway Visual Range	跑道视程
SA	Selective Availability	选择可用性
SAA	Sense and Avoid	传感规避
SAA WIF	Sense and Avoid Warning Integrity Flag	传感规避完好性警告标志
SACCSA	Solución de Aumentación para Caribe, Centroy Sudamérica	中/南美洲和加载比海地区星基增强
SAIM	Satellite Autonomous Integrity Monitoring	卫星自主完好性监测(技术)
SAM	Signal Analysis Module	信号分析模块
SAPOS	Satellite Positioning Service of the German National Survey	德国卫星定位与导航服务计划
SAR	Search and Rescue	搜寻与救援
SARP	Standards and Recommended Practices	标准与建议措施

SAW	Surface Acoustic Wave	声表面波(滤波器)
SBAS	Satellite Based Augmentation System	星基增强系统
SBD	Short Burst Data	短脉冲数据
SC	Safety Computer	安全计算机
SDCM	System of Differential Correction and Monitoring	差分校正和监测系统
SDMA	Space Division Multiple Access	空分多址
SEP	Spherical Error Probable	球概率误差
SFSC	Single-Frequency Single-Constellation	单频点单星座服务
SGAAN	Space-Ground-Avionics Augmentation Network	空天地一体化增强网络
SGS	Signal Generation Subsystem	导航信号生成子系统
SIF	Signal Integrity Flag	导航信号完好性标志
SIS	Signals in Space	空间(导航)信号
SISA	Signals in Space Accuracy	空间信号精度
SISAD	Signal in Space Receive and Decode	空间信号接收和译码
SISE	Signals in Space Error	空间信号误差
SISMA	Signals in Space Monitor Accuracy	空间信号监测精度
SISMAI	Signal in Space Monitoring Accuracy Index	空间信号监测精度等级值
SiSNET	Signal in Space through Internet	通过互联网传输卫星导航增强信息
SMS	Short Message Service	短消息服务
SNT	SBAS Network Time	SBAS 网络时间
SOL	Safety of Life	生命安全
SOW	Second of Week	周内秒
SPP	Standard Point Positioning	标准单点定位
SPR	Solar Pressure Reflection	太阳光压
SPS	Standard Positioning Service	标准定位服务
SQM	Signal Quality Monitoring	信号质量监测
SQR	Signal Quality Receiver	信号质量监测接收机
SRDGNSS	Single Reference DGNSS	单参考站差分全球卫星导航系统
SRGPS	Shipboard-Relative GPS	舰载相对全球定位系统
SRP	Ship Reference Point	船舶参考点
SSID	Station Slot Identifier	地面站时隙识别字
SSPA	Solid State Power Amplifiers	固态功率放大器
SSR	Secondary Surveillance Radar	地面二次监视雷达

	State Space Representation	状态空间表示
SST	Selected Service Type	选择的服务类型
STANAG	Standardization Agreement	NATO 标准化协议
STL	Satellite Time and Location	卫星授时与定位
TACAN	Tactical Air Navigation	塔康(战术空中导航)
TBD	To Be Determined	待定
TC	Troposphere Correction	对流层延迟改正
TCH	Threshold Crossing Height	下滑道信号在跑道入口上方的高度
TCN	Terrestrial Communication Network	陆地通信网络
TCP	Transmission Control Protocol	传输控制协议
TD-SCDMA	Time Division-Synchronous Code Division Multiple Access	时分同步码分多址
TDD	Time Division Duplexing	时分双工
TDMA	Time Division Multiple Access	时分多址
TDOP	Time Dilution of Precision	时间精度衰减因子
TEC	Total Electron Content	(电离层)电子总含量
TMA	Terminal Maneuvering Area	终端机动区域
TOA	Time of Arrival	(信号)到达时间
TOD	Terrain and Objects Database	地形和目标数据库
TSO	Technical Standard Orders	技术标准规范
TTA	Time to Alert	告警时间
TTAC	Telemetry Tracking and Control	遥测、跟踪和控制
TTC	Time to Caution	警报时间
TTFF	Time to First Fix	首次定位时间
TTW	Time to Warning	警告时间
UAS	Unmanned Aerial Surveillance	无人驾驶空中监视
	Unmanned Aircraft Systems	无人飞行器系统
UAV AFCS	Unmanned Aerial Vehicle Automatic Flight Control System	无人机自动飞行控制系统
UDRA	User Differential Range Accuracy	用户差分距离精度
UDRE	User Differential Range Error	用户差分距离误差
UDREI	User Differential Range Error Index	UDRE 标识
UERE	User Equivalent Range Error	用户等效距离误差
UHF	Ultra High Frequency	特高频

UIRE	User Ionospheric Ranging Error	用户电离层测距误差
UIVE	User Ionosphere Vertical Error	用户电离层垂直误差
UR	User Receivers	用户接收机
URA	User Range Accuracy	用户测距精度
URAE	User Range Acceleration Error	用户测距加速度误差
URE	User Range Error	用户测距误差
URRE	User Range Rate Error	用户测距率误差
US DOD	United States Department of Defense	美国国防部
USACE	United States Army Corps of Engineers	美国陆军工程兵团
USCG	US Coast Guard	美国海岸警卫队
USCG/NAVCEN	U. S. Coast Guard Navigation Center	美国海岸警卫队导航中心
USNO	United States Naval Observatory	美国海军天文台
UT	Universal Time	世界时(或“格林尼治时间”)
UT1	Universal Time 1	一类世界时
UTC	Coordinated Universal Time	协调世界时
UTCOE	UTC Offset Error	协调世界时偏差误差
VAL	Vertical Alert Limit	垂直告警门限
VBN	Vision-Based Navigation Sensors	基于视觉的导航传感器
VDB	VHF Digital Broadcast	甚高频数据广播
VDOP	Vertical Dilution Of Precision	垂直精度衰减因子
VEB	Vertical Ephemeris Error Bound	垂直星历误差边界
VHF	Very High Frequency	甚高频
VNAV	Vertical Navigation	垂直导航
VOR	Very-High-Frequency Omnidirectional Range	甚高频全向信标
VPE	Vertical Position Error	垂直定位误差
VPL	Vertical Protection Level	垂直保护级
VPOL	Vertical Polarization	垂直极化
VRS	Virtual Reference Station	虚拟参考站
VTEC	Vertical(Ionosphere)Total Electron Content	垂直(电离层)电子总含量
WAAS	Wide Area Augmentation System	广域增强系统
WAD	Wide Area Differential	广域差分
WADGNSS	Wide Area Differential GNSS	广域差分全球卫星导航系统
WADGPS	Wide Area Differential GPS	广域差分全球定位系统
WB	Wide Band	宽带
WGS-84	World Geodetic System 1984	1984 世界大地坐标系

WIF	Warning Integrity Flag	完好性警告标志
WMP	WAAS Message Processor	WAAS 电文处理器
WMS	Wide-Area Master Stations	广域主控站
WN	Week Number	整周计数
WRE	Wide-Area Reference Equipment	广域参考设备
WRS	WAAS Reference Stations	WAAS 参考站
	Wide-Area Reference Stations	广域参考站